高等院校机电类专业规划教材

液压与气压传动

主　编　邹炳燕
副主编　李　颖

中国铁道出版社有限公司
CHINA RAILWAY PUBLISHING HOUSE CO., LTD.

内 容 简 介

本书内容选取贴近企业液压与气压传动应用技术岗位需求，分为两大模块，13个单元，1个附加单元（电子版），涵盖了流体力学基础知识，液压与气压传动技术基础元件的结构、工作原理、性能参数及选用，比例液压技术，液压系统装调试与故障诊断等。根据企业实际，适当减少了液压元件设计需要的流体力学等相关知识，增加了液压元件测试、液压系统设计需要的基础知识等内容。注重综合应用能力培养，增加了液压气动典型回路仿真、泵架设计、继电器控制电路设计等内容。

本书数字化资源中配有教学课件、思考与练习答案、教学图片及仿真回路等。

本书适合作为高等教育应用技术大学本科、高等职业教育相关专业液压与气压传动课程的教材，也可作为成人高等教育、自学考试和技能培训教材，亦可供企业相关技术人员参考。

图书在版编目（CIP）数据

液压与气压传动/邹炳燕主编. —北京：中国铁道出版社有限公司，2020.8

高等院校机电类专业规划教材

ISBN 978-7-113-26752-0

Ⅰ.①液… Ⅱ.①邹… Ⅲ.①液压传动-高等学校-教材②气压传动-高等学校-教材 Ⅳ.①TH137②TH138

中国版本图书馆CIP数据核字(2020)第110127号

书　　名：**液压与气压传动**
作　　者：邹炳燕

策　　划：祁　云　　　　编辑部电话：(010) 63549458
责任编辑：祁　云　包　宁
封面设计：尚明龙
责任校对：张玉华
责任印制：樊启鹏

出版发行：中国铁道出版社有限公司（100054，北京市西城区右安门西街8号）
网　　址：http://www.tdpress.com/51tds/
印　　刷：北京柏力行彩印有限公司
版　　次：2020年8月第1版　2020年8第1次印刷
开　　本：850 mm×1 168 mm 1/16　印张：21.25　字数：514千
书　　号：ISBN 978-7-113-26752-0
定　　价：56.00元

前 言

液压与气压传动是一种以流体作为传递介质，进行能量、信号传递与控制的技术，广泛应用于装备制造、航空航天、交通运输、化工、制药等国民经济各个领域，集机械、电子、通信等技术于一体。为满足高等教育应用技术大学及高等职业教育教学改革与发展需要，按照教育部教材编写相关要求，依据相关行业企业液压与气动应用技术开发岗位知识与能力需求，作者结合多年的企业液压传动与控制技术工作经历，多年高校教学中专业建设与课程建设经验、液压与气动技术教学实践经验，参考德国先进的应用技术教育教学理念，精心编写了本书。

本书为天津中德应用技术大学校级教学改革与建设项目：液压气动系统安装与调试课程线上教学与线下实践相结合的探索研究，项目编号 ZDJY2020-32。

本书以培养学生液压与气动技术应用能力为目标安排教学内容，以培养高水平技术技能型人才为主旨，理论联系实际，以液压气动系统设计、安装调试及故障诊断为主线，兼顾知识与技能、理论学习与动手能力的培养。每个单元都有明确的学习目标，元件理论学习后配合设计计算、系统设计、安装调试等实践环节，配有元件彩色图片及精心设计的仿真回路（扫描二维码可在线观看），及适量的来源于工业实践案例的思考与练习。

本书适合作为高等教育应用技术大学本科、高等职业教育相关专业液压与气压传动教材。也可作为成人高等教育、自学考试和技能培训教材，亦可供企业相关技术人员参考。

本书共 13 个单元，建议学时为 96 学时（含 40 自学学时）。

本书由天津中德应用技术大学邹炳燕任主编，李颖任副主编，杨建、郭爱东、韩钰参与编写。邹炳燕编写单元 2、单元 3、单元 5、单元 7、单元 8、单元 9、单元 10、单元 11、附录 A、附录 B，李颖编写单元 4、单元 6，郭爱东编写单元 1，韩钰编写单元 12，杨建编写单元 13。邹炳燕对全书进行统稿。

天津理工大学王收军教授作为本教材主审，对本书编写提出了许多宝贵意见；天津中德应用技术大学杨中力教授、小冶精通（天津）液压机械有限公司总工程师许鹤智、军事交通学院陈锦耀老师对本教材编写提供了很多帮助和支持，在此一并表示衷心感谢。

本书选用了同类教材和产品样本的部分图例，在此向相关作者表示感谢。限于编者水平，书中难免有疏漏与不足之处，敬请广大读者批评指正。

编 者

2020 年 3 月

目　录

模块1　液压传动技术

模块 2 气压传动技术

模块 1　液压传动技术

单元 1　液压传动基础知识

知识目标

课　件

液压传动基础知识

1. 掌握液压传动的概念、组成及工作原理；

2. 理解液压传动力比关系、运动关系及功率关系；

3. 了解液压传动的优缺点、发展概况及应用；

4. 理解液压系统对工作介质的要求，理解液压系统油液清洁度的重要性及污染控制方法；

5. 掌握压力的表示方法及常用压力单位换算；

6. 掌握帕斯卡原理在液压系统中的应用；

7. 掌握流量连续性方程在液压系统中的应用；

8. 了解伯努利方程的物理意义；

9. 掌握液体流态及其对液压系统压力损失的影响；

10. 理解液体在小孔中的流动特性。

能力目标

1. 具备利用帕斯卡原理分析液压系统力比关系的能力；

2. 具备利用流量的连续性方程分析液压系统运动关系的能力；

3. 具备解释液压千斤顶工作原理的能力。

1.1　液压传动概述

1.1.1　传动装置的概念与分类

任何一部完整的机器或机械上都有动力装置和执行装置，用在动力装置和执行装置之间实现能量传递和转换的中间环节，称为机器或机械上的传动装置。根据传动原理和所使用工作介质的不同，传动装置可分为四大类：机械传动、电力传动、气体传动和液体传动。

(1) 机械传动是通过齿轮、齿条、链轮、链条、传动带、钢丝绳、轴和轴承等机械零件传递动力和能量的传动形式。它具有传动准确可靠、设计及制造工艺成熟、受负荷及温度变化影响小等优点，但与其他传动形式相比较，有结构复杂笨重、远距离操纵困难、安装自由度小等缺点。

(2) 电力传动是利用电动机将电能转换为机械能以驱动机械工作的传动形式。电力传动由电动机、传输机械能的传动机构和控制电动机运转的电气控制装置等组成。电力传动可以分为交流电动机传动和直流电动机传动。不管是交流电动机传动还是直流电动机传动都需要有相应的电源供给和配备有适用的调速装置，因而电力传动的应用范围受到限制。

(3) 气体传动又称气压传动，是以压缩空气为工作介质，靠气体的压力传递动力或信息的传动形式。气压传动结构简单，操作方便，高压空气流动过程中压力损失小，传动介质从大气中获得，无供应困难，排气及漏气全部回到大气中去，无污染环境的弊端，通过调节供气量，很容易实现无级调速。气体传动的致命弱点是由于空气的可压缩性致使无法获得稳定的运动和传动比。因此，一般只用于那些对运动准确性和均匀性要求不高的场合，如气锤、风镐等。此外为了减少空气的泄漏及安全原因，气体传动系统的工作压力一般不超过 0.7～0.8 MPa，因而不宜用于大功率传动。

(4) 液体传动是以液体为工作介质进行能量传递、转换与控制的传动形式，根据工作原理的不同，分为液压传动、液力传动和液体黏性传动。

①液压传动是以液体为工作介质，利用液体的压力实现能量传递和转换的传动形式，所依据的基本原理是帕斯卡原理。

②液力传动是以液体为工作介质，在两个或两个以上的叶轮组成的工作腔内依靠液体动量矩的变化传递能量的传动形式。

③液体黏性传动是一种新型的流体传动技术，它以黏性液体为工作介质，利用存在于主从动摩擦片之间的油膜剪切作用传递动力并调节转速与力矩，能够长期在打滑情况下工作，进行无级调速，并且可以实现主从动轴之间的同步传动。液黏传动分为两大类，一类是运行中油膜厚度不变的液黏传动，如硅油风扇离合器，另一类是运行中油膜厚度可变的液黏传动，如液黏调速离合器、液黏制动器、液黏测功器、液黏联轴器、液黏调速装置等。液体黏性传动在大功率风机、水泵的调速节能方面有广泛的应用。

1.1.2 液压传动的工作原理和工作特性

液压传动是以液体为工作介质，依据帕斯卡原理实现能量传递和转换。

帕斯卡原理又称帕斯卡定律，也称静压传递原理，指加在密闭液体任何一部分上的压强，必然按照其原来的大小由液体向各个方向传递。物理学中“压强”的概念在液压传动领域中通常称为“压力”，代表的是单位面积上垂直于作用面的作用力的大小。

现以图 1-1 所示的液压千斤顶为例介绍液压传动的工作原理。由图 1-1(a)可知，杠杆手柄 1、小缸体 2、小活塞 3、单向阀 4 和 7 组成手动液压泵，大缸体 8 和大活塞 9 组成举升液压缸。如提起手柄使小活塞向上移动，小活塞下端油腔容积增大，形成局部真空，这时单向阀 4 打开，通过吸油管 5 从油箱 12 中吸油；压下手柄，小活塞下移，小缸体下腔压力升高，单向阀 4 关闭，单向阀 7 打开，小缸体下腔的油液经管道 6 输入大缸体 8 的下腔，迫使大活塞 9 向上移动，顶起重物。再次提起手柄吸油时，举升缸下腔的压力油被单向阀 7 阻止流入手动泵内，从而保证了重物不会自行下落。不断地往复提压手柄，就能不断地把油液从油箱吸到小缸体下腔再压到举升缸下腔，使重物逐渐升起。如果打开截止阀 11，举升缸下腔的油液通过管道 10、截止阀 11 流回油箱，大活塞在重物和自重作用下向下移动，回到原始位置。

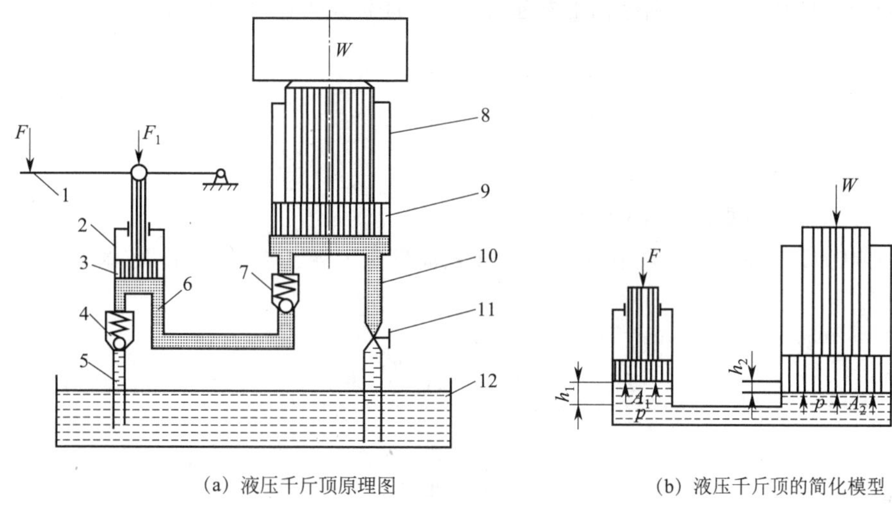

(a) 液压千斤顶原理图　　(b) 液压千斤顶的简化模型

图 1-1　液压千斤顶

1—杠杆手柄；2—小缸体；3—小活塞；4，7—单向阀；5—吸油管；6—管道；
8—大缸体；9—大活塞；10—管道；11—截止阀；12—油箱

图 1-1(b)所示为液压千斤顶的简化模型，依据此图可以分析两活塞之间的力比关系、运动关系和功率关系，也可依据此图及液压千斤顶的工作原理和工作过程得到液压传动的工作特性。

1. 力比关系

当大活塞上有重物负载 W 时，大活塞下腔的油液就将产生一定的压力 p，$p=W/A_2$，根据帕斯卡原理，要顶起大活塞及其重物负载 W，在小活塞下腔就必须要产生一个等值的压力 p，也就是说小活塞上必须施加力 F，$F=pA_1$，因而有

$$p=\frac{F}{A_1}=\frac{W}{A_2}$$

或

$$\frac{W}{F}=\frac{A_2}{A_1} \tag{1-1}$$

式中，A_1、A_2 分别为小活塞和大活塞的作用面积；F 为杠杆手柄作用在小活塞上的力。

式(1-1)是液压传动中力传递的基本公式。由于 $p=W/A_2$，因此，当负载 W 增大时，油液工作压力 p 也要随之增大，亦即 F 要随之增大；反之，若负载 W 很小，油液压力就很低，F 也就很小。由此建立了一个很重要的液压传动的工作特性，即在液压传动系统中，油液的工作压力取决于负载。对于“负载”有两种理解方法，一种是油液在液压系统内流动过程中产生的压力损失很小时，为简单起见，可将“负载”理解为液压系统中的执行元件对外做功需要抵抗的负载；另一种是把“负载”理解成“综合阻力”的概念，既包括液压系统中的执行元件对外做功需要抵抗的负载，也包括油液在液压系统内流动过程中所需要克服的阻力。

2. 运动关系

如果不考虑液体的可压缩性、泄漏损失和缸体、油管的变形，则从图 1-1(b)可以看出，被小活塞压出的油液的体积必然等于大活塞向上升起后大缸下腔扩大的容积，即

$$A_1 h_1 = A_2 h_2$$

或
$$\frac{h_2}{h_1} = \frac{A_1}{A_2} \tag{1-2}$$

式中，h_1、h_2分别为小活塞和大活塞的位移。

从式(1-2)可知，两活塞的位移和两活塞的面积成反比。将 $A_1 h_1 = A_2 h_2$ 两端同除以活塞移动的时间 t 得

$$A_1 \frac{h_1}{t} = A_2 \frac{h_2}{t}$$

即
$$\frac{v_2}{v_1} = \frac{A_1}{A_2} \tag{1-3}$$

式中，v_1、v_2分别为小活塞和大活塞的运动速度。

从式(1-3)可以看出，活塞的运动速度和活塞的作用面积成反比。Ah/t 的物理意义是单位时间内液体流过截面积为 A 的某一截面的体积，称为流量 q，即

$$q = Av$$

因此，
$$A_1 v_1 = A_2 v_2 \tag{1-4}$$

如果已知进入缸体的流量 q，则活塞的运动速度为

$$v = \frac{q}{A} \tag{1-5}$$

调节进入缸体的流量 q，即可调节活塞的运动速度 v，这就是液压传动能实现无级调速的基本原理。从式(1-5)可得到另一个液压传动的工作特性，即液压传动系统中执行机构的运动速度取决于进入执行机构的流量，而与液体压力大小无关。

3. 功率关系

由式(1-1)和式(1-3)可得

$$F_1 v_1 = W v_2 \tag{1-6}$$

式(1-6)左端为输入功率，右端为输出功率。这说明在不计损失的情况下输入功率等于输出功率。由式(1-6)还可得出

$$P = pA_1 v_1 = pA_2 v_2 = pq \tag{1-7}$$

由式(1-7)可以看出，液压传动中的功率 P 可以用压力 p 和流量 q 的乘积表示，压力 p 和流量 q 是液压传动中最基本、最重要的两个参数，它们相当于机械传动中的力 F 和速度 v，它们的乘积即为功率。

1.1.3　液压传动系统的组成及图形符号

图 1-2 所示为一驱动机床工作台的液压传动系统，它由油箱 1、滤油器 2、液压泵 3、溢流阀 4、换向阀 5、节流阀 6、换向阀 7、液压缸 8、工作台 9 以及连接这些元件的油管、管接头等组成。该系统的工作原理是：液压泵由电动机带动旋转后，从油箱中吸油，油液经滤油器进入液压泵的吸油腔，当它从液压泵中输出进入压力油路后，在图 1-2(a)所示状态下，通过换向阀 5、节流阀 6，经换向阀 7 进入液压缸左腔，此时液压缸右腔的油液经换向阀 7 和回油管排回油箱，液压缸中的活塞推动工作台 9 向右移动。

如果将换向阀 7 的手柄移动成图 1-2(b)所示的状态，则经节流阀的压力油将由换向阀 7 进入液压缸的右腔。此时液压缸左腔的油经换向阀 7 和回油管排回油箱，液压缸中的活塞将推动工作台向左移动。因而换向阀 7 的主要功用就是控制液压缸及工作台的运动方向。系统中换向阀 5 若处于图 1-2(c)所示的位置，则液压泵输出的压力油将经换向阀 5 直接回油箱，系统处于卸荷状态，液压油不能进入液压缸。

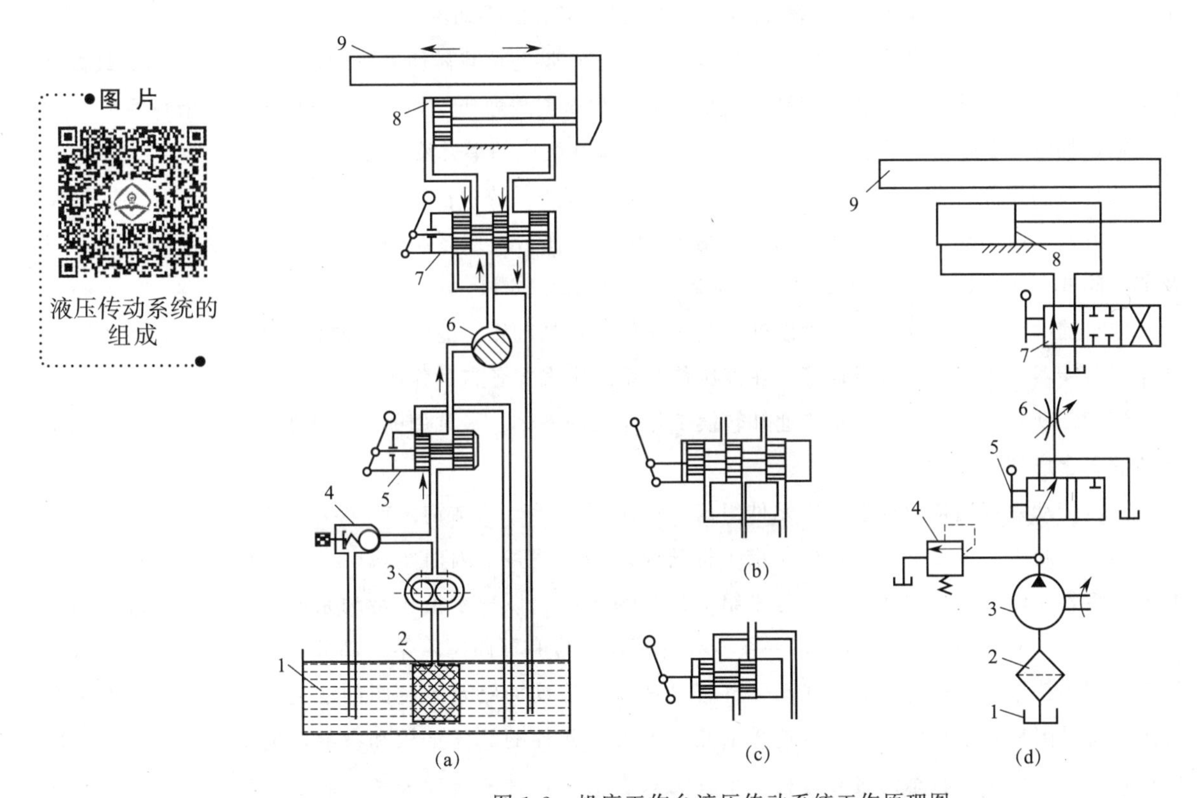

图 1-2　机床工作台液压传动系统工作原理图

1—油箱；2—滤油器；3—液压泵；4—溢流阀；5，7—换向阀；6—节流阀；8—液压缸；9—工作台

工作台的移动速度是通过节流阀调节的。当节流阀的开口大时，进入液压缸的油液流量就大，工作台移动速度就快；反之，工作台移动速度将减慢。因而节流阀 6 的主要功用是控制进入液压缸的流量，从而控制液压缸活塞的运动速度。

液压缸推动工作台移动时必须克服液压缸所受到的各种阻力，因而液压缸必须产生一个足够大的推力，这个推力是由液压缸中的油液压力产生的。在液压缸活塞面积一定的情况下，要克服的阻力越大，液压缸中的油液压力就越高，反之压力就越低。

系统中输入液压缸的油液的流量由节流阀调节，液压泵所输出的多余油液需经溢流阀和回油管排回油箱，这只有在压力管路中的油液压力对溢流阀的阀芯（图 1-2 中为钢球）的作用力等于或略大于溢流阀中弹簧的弹簧力时，油液才能顶开溢流阀中的钢球流回油箱，所以在图示系统中液压泵出口处的油液压力是由溢流阀决定的，它和液压缸中的压力（由负载决定的）不一样大。一般情况下，液压泵出口处的压力值应略大于液压缸中的油液压力，因而溢流阀在液压系统中的主要功用是控制系统的工作压力。

由机床工作台液压系统及前述液压千斤顶液压系统可以看出，液压传动系统主要由以下几部分组成：

（1）动力元件，即各类液压泵。其作用是将原动机提供的机械能转换为液体的压力能，向系统提供具有一定压力一定流量的液压油。如图 1-2 机床工作台液压系统中的液压泵，如图 1-1 液压千斤顶中由杠杆手柄 1、小缸体 2、小活塞 3、单向阀 4 和 7 组成的手动液压泵。

（2）执行元件，即各类液压缸和液压马达，液压缸带动负载做往复运动，液压马达带动负载做旋转运动。其作用是将液体的压力能转换为机械能，驱动负载做功。如图 1-2 机床工作台液压系统中的液压缸，如图 1-1 液压千斤顶中由大缸体 8 和大活塞 9 组成的举升液压缸。

（3）控制元件，即各类液压控制阀。其作用是在液压系统中控制和调节各部分液体的压力、流量和流动方向，以满足机械的工作要求。如图 1-2 机床工作台液压系统中的溢流阀 4、换向阀 5 和 7 以及节流阀 6，如图 1-1 液压千斤顶中的单向阀 4、7 和截止阀 11。

（4）辅助元件，指除以上三种以外的其他元件，包括油箱、滤油器、油管及管接头、密封件、冷却器、蓄能器、压力表、流量计等，在液压传动系统中发挥各自的作用。

（5）传动介质，指作为能量传递和转换工作介质的液体，最常用的是液压油，此外，还有乳化型传动液和合成型传动液等。

液压传动系统通常由许多液压元件组成，如果用各元件的结构图或半结构图来表达整个液压系统，则绘制起来非常复杂，而且往往难于将其原理表达清楚，因而实践中常以各种符号表示元件的职能，将各元件的符号用通路连接起来组成液压系统图，以表示液压传动系统的组成和原理。国家标准 GB/T 786.1—2009《流体传动系统及元件图形符号和回路图　第 1 部分：用于常规用途和数据处理的图形符号》中规定了液压气动元件符号和流体传动回路及系统图的绘制方法。液压元件及系统图形符号图只表示元件的职能和连接通路，不表示元件的具体结构和参数，也不表示从一个工作状态转到另一个工作状态的过渡过程，系统图只表示各元件的连接关系，而不表示系统布管的具体位置或元件在机器中的实际安装位置，系统图中的符号通常均以元件的静止位置或零位置表示。图 1-2(d) 为用图形符号表示的机床工作台液压系统。

1.1.4　液压传动的优缺点

1. 液压传动的优点

与其他各种传动形式相比，液压传动的主要优点是：

（1）能容量大，即较小质量和尺寸的液压件可传递较大的功率。例如，液压泵与同功率的电动机相比，外形尺寸为后者的 12%～13%，质量为后者的 10%～20%。这样就可以使整个机械的质量大大减小。

（2）易于大幅度减速，从而可获得较大的力和扭矩，并能实现较大范围的无级变速，调速比可达 10∶1 以上。

（3）易于实现直线往复运动，以直接驱动工作装置，各液压元件间可用管路连接，故安装位置自由度大，便于机械的总体布置。

（4）由于液压元件结构紧凑、质量小，而且液压油具有一定的吸振能力，所以液压系统的惯量小，启动快、工作平稳，易于实现快速而无冲击地变速与换向。

（5）液压系统易于实现安全保护，同时液压传动比机械传动操作简便省力，因而可提高效率和作业质量。

（6）液压传动的工作介质本身就是润滑油，可使各液压元件自行润滑，因而简化了机械的维护保养，并利于延长元件的使用寿命。

（7）液压元件易于实现标准化、系列化、通用化，便于组织专业性大批量生产，从而可提高生产率、提高产品质量、降低成本。

（8）与机械、电气及气压传动技术等相配合，可设计出性能好、自动化程度高的传动及控制系统。

2. 液压传动的缺点

与其他各种传动形式相比，液压传动的主要缺点是：

（1）液压油的泄漏难以避免，泄漏分为外漏和内漏，外漏会污染环境并造成液压油的浪费，内漏会降低传动效率，并影响传动的平稳性和准确性，因而液压传动不适用于要求定比传动的场合。液压传动也比机械传动的效率低。

（2）液压油的黏度随温度变化而变化，从而影响传动机构的工作性能，因此在低温及高温条件下，采用液压传动时宜采取隔绝、冷却、加热等措施，避免液压油温度过高或过低。

（3）由于液体流动中压力损失大，故单纯采用液压传动不适用于远距离传动。在需要远距离传动时，可采用与通信、电控相结合的方法。

（4）零件加工质量要求高，液压元件成本较高。

（5）使用和维修技术要求较高，出现故障时不容易找出原因。

1.1.5　液压传动的发展及应用

最古老的有文字记载的历史表明，公元前二百多年，古埃及人用“阿基米德输水螺杆”［见图 1-3(a)］机械将水位从低位提高到高位；在中国古代人们发明的“水车”［见图 1-3(b)］同样是通过对水进行做功，从而将水由低位提升到高位。然而，直到 17 世纪，水力学分支才首次得到应用。基于法国科学家帕斯卡发现的原理，该分支关联着封闭液体在传递动力、放大力和变换运动方面的应用。

简单地说，帕斯卡定律可表述为：外力施加在封闭液体上的压力毫无损失地沿所有方向传递，并以相等的力作用在相等的面积上，而且方向与作用面垂直。

1795年，英国人约瑟夫·布拉马在伦敦制造出了世界上第一台用于牧草打包以水为工作介质的压力机。约瑟夫·布拉马断定，如果一个小面积上的小力能在一个较大面积上产生一个成比例的较大的力，则机器所能产生的力的唯一限制在于压力对其施加的那个面积。这是液压千斤顶及水压机的工作原理。直到这时，液压技术才发生了划时代的变化。依此推算液压技术发展至今已有二百多年的历史了。

(a) 阿基米德输水螺杆(公元前二百多年)

(b) 中国式“水车”

图 1-3 提高水位的传动机械

17世纪中叶人们发明了压把式灭火器，该灭火器可以视为现代液压泵的原型。但是，液压传动在工业上广泛应用还是近几十年的事情。液压传动与机械传动相比还是比较年轻的技术。随着生产力的不断发展，从20世纪30年代开始，一些国家开始生产液压元件并将其应用于机床上。

在第二次世界大战期间，战争迫切需要反应快、精度高、输出功率大的液压传动和控制装置，用于装备飞机、坦克、大炮、军舰和雷达等，于是，促使液压技术在自动控制方面得到了发展，出现了电液伺服系统。

第二次世界大战后到20世纪50年代，液压技术很快转入民用工业，在机床、工程机械、农业机械、汽车、船舶、轻纺、冶金等行业都得到了较大的发展，特别是20世纪60年代以后，随着原子能科学、空间技术、电子技术的发展，不断对液压技术提出新的要求，液压技术便得到了很大的发展，使液压技术的应用与发展进入了一个崭新的历史阶段。

随着科学技术的进步和生产力的发展，当前液压技术正向高压、高速、大流量、大功率、提高效率、降低噪声、高度集成化和小型化、轻型化方向发展。提高元件可靠性和寿命、研制新型液压元件和工作介质、节省能耗、控制污染、使电子技术和液压技术紧密结合以及开发控制性能优越、可靠性高的电液转换元件等，都已成为当前液压技术发展的重要方向。

近年来电液比例技术有了突飞猛进的发展。这种性能介于普通的开关阀和高性能的伺服阀之间的电液比例阀由于它既能进行远程控制，又能进行闭环控制，特别是它与电控系统的高度融合使其能达到很高的控制精度，价格便宜，同时其对油液的清洁度要求也降低了。

我国的液压传动技术的发展从20世纪50年代引进苏联液压技术起步，到现在仍以引进技术为主，自主知识产权的产品较少，企业产品开发能力不强。

液压传动技术在各个领域的应用，如图1-4所示。

图 1-4　液压传动技术在各个领域的应用

1.2　液压传动工作介质

液压传动的工作介质是液体，最常用的工作介质是液压油，此外，还有乳化型传动液和合成型传动液等。

1.2.1　液压传动工作介质的性质

1. 密度

单位体积液体的质量称为该液体的密度。体积为 V、质量为 m 的液体密度 ρ 为

$$\rho=\frac{m}{V} \tag{1-8}$$

2. 重度

单位体积液体的重量称为该液体的重度。体积为 V、重量为 G 的液体重度 γ 为

$$\gamma=\frac{G}{V}=\rho g \tag{1-9}$$

液体的密度和重度随着液体温度的升高有所减小，随液体压力的增大而有所增大，但在通常使

用的温度和压力范围内变化量很小，可以忽略不计。

3. 可压缩性

液体受压力作用而发生体积减小的性质称为液体的可压缩性。压力为 p_0、体积为 V_0 的液体，如压力增大 Δp 时，体积减小 ΔV，则此液体的可压缩性可用体积压缩系数 k，即单位压力变化下的体积相对变化量来表示

$$k=-\frac{1}{\Delta p}\frac{\Delta V}{V_0} \tag{1-10}$$

由于压力增大时液体的体积减小，因此式(1-10)的右边需加一负号，以使 k 为正值。液体体积压缩系数的倒数，称为液体的体积弹性模量 K，简称体积模量，即 $K=\frac{1}{k}$。K 表示产生单位体积相对变化量所需要的压力增量。在实际应用中，常用 K 值说明液体抵抗压缩能力的大小。在常温下，纯净油液的体积模量 $K=(1.4\sim2.0)\times10^9$ Pa，而钢的弹性模量为 2.06×10^{11} Pa，油液的可压缩性是钢的100～150倍。即使是这样，油液的体积模量数值还是很大，一般可认为油液是不可压缩的。但在有些情况下，例如在研究液压传动中的动态特性，包括计算液流的冲击力、抗振稳定性、工作的过渡过程以及计算远距离操纵的液压机构时，往往必须考虑液压油的可压缩性。

K 值与温度、压力有关，温度升高时，K 值减小，在液压油正常工作的范围内，K 值会有5%～25%的变化；压力增大时，K 值增大，但这种变化为非线性的，且当 $p\geqslant3$ MPa 时，K 值基本不再增大。液压传动工作介质中混有气泡时，K 值将大大减小。

4. 膨胀性

液体的膨胀性是表示液体在压力不变的情况下，温度升高后其体积会增大、密度会减小的特性。膨胀性的大小可用热膨胀系数 α 表示，其定义为：当液体的温度改变1℃时，其体积 V 的相对变化值（ΔV 为体积变化值，Δt 为温度变化值），即

$$\alpha=\frac{1}{\Delta t}\cdot\frac{\Delta V}{V}\quad(1/℃) \tag{1-11}$$

常用液压油的膨胀系数为 $\alpha=(8.5\sim9.0)\times10^{-4}$ (1/℃)。

5. 黏性

液体在外力作用下流动（或有流动趋势）时，分子间的内聚力要阻止分子间的相对运动而产生内摩擦力的性质称为液体的黏性。液体流动（或有流动趋势）时才会呈现黏性，静止的液体不呈现黏性。黏性只能阻碍液体内部的相对滑动，但不能消除滑动。

液体的黏性会使液体内部各层间的速度大小不等，如图1-5所示，设两平行平板间充满液体，下平板不动，上平板以速度 u_0 向右平移。由于液体的黏性作用，紧贴下平板的液体层速度为零，紧贴上平板的液体层速度为 u_0，而中间各层液体的速度则根据它与下平板间的距离大小近似呈线性规律分布。

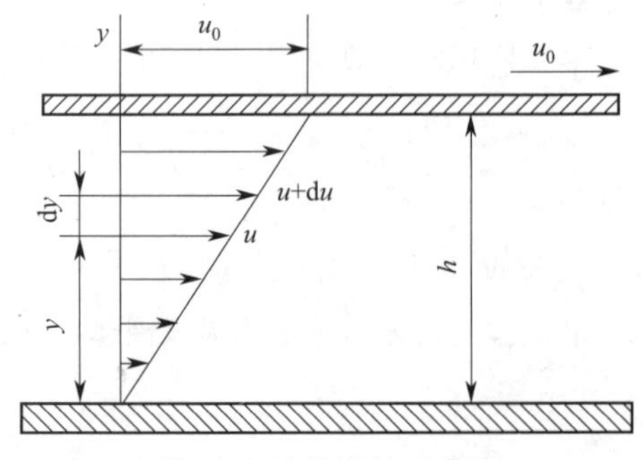

图1-5 液体黏性示意图

实验测定指出，液体流动时相邻液层间的内摩擦力 F_t 与液层接触面积 A、液层间的速度梯度 $\frac{du}{dy}$ 成正比，即

$$F_t=\mu A\frac{du}{dy} \tag{1-12}$$

如以 τ 表示切应力，即单位面积上的内摩擦力，则

$$\tau=\frac{F_t}{A}=\mu\frac{du}{dy} \tag{1-13}$$

式(1-12)称为牛顿液体内摩擦定律。

式(1-12)和式(1-13)中的 μ，称为动力黏滞性系数，简称为动力黏度。由式(1-13) 可得

$$\mu=\frac{\tau}{du/dy} \tag{1-14}$$

液体动力黏度的物理意义是液体在单位速度梯度下流动时液体内部产生的切应力的大小。黏度是衡量液体黏性的指标，黏度的表示方法除了动力黏度外还有运动黏度和相对黏度。动力黏度 μ 是各种黏度表示法的基础，其单位为 Pa・s（帕・秒），在以前的 CGS 制中，μ 的单位为 P（泊，$dyn \cdot s/cm^2$），1 Pa・s=10 P=10^3 cP（cP，厘泊）。

液体动力黏度与其密度的比值，称为液体的运动黏度 ν，即 $\nu=\mu/\rho$，单位为 m^2/s。在 CGS 制中，ν 的单位为 St（斯），1 $m^2/s=10^4$ St$=10^6$ cSt（厘斯）$=10^6$ mm^2/s。就物理意义来说，ν 不是一个黏度的量，但习惯上常用它来标志液体黏度。国际标准化组织 ISO 规定统一采用运动黏度来表示油液的黏度等级。我国生产的全损耗系统用油和液压油采用 40℃时的运动黏度值（mm^2/s）为其黏度等级标号，即油的牌号。例如，牌号为 L-HL32 的液压油，就是指这种油在 40℃时的运动黏度的平均值为 32 mm^2/s。

测得恩氏黏度后，可用下述近似经验公式换算成运动黏度：

$$\nu=\left(7.31{}^{\circ}E-\frac{6.31}{{}^{\circ}E}\right)\times10^{-6}(m^2/s) \tag{1-15}$$

液体的黏度随液体压力和温度的变化而变化。对液压传动工作介质来说，压力增大时，黏度增大。在一般液压系统使用的压力范围内，增大的数值很小，可以忽略不计。但液压传动工作介质的黏度对温度的变化十分敏感，如图 1-6 所示，温度升高黏度降低，这个变化率的大小直接影响液压传动工作介质的使用，其重要性不亚于黏度本身。

6. 其他性质

液压传动工作介质还有一些其他性质，如氧化安定性、防腐蚀和防锈蚀性、抗乳化性、润滑性、抗泡性和空气释放性、抗剪切性、水解安定性、过滤性、与材料的配伍性等，这些性质都对它的选择和使用有重要影响。对矿油型液压油来说，这些性质需要在精炼的矿物油中加入各种添加剂来获得。这些性质的含义及相应测定方法可查阅相关资料，此处不再详述。

1.2.2　液压系统对工作介质的要求

工作介质是液压系统中十分重要的组成部分，它在液压系统中要完成传递能量和信号，润滑元

件和轴承，减少摩擦和磨损，密封对偶摩擦副中的间隙，散热，防止锈蚀，传输、分离和沉淀系统中的非可溶性污染物质，为元件和系统失效提供和传递诊断信息等一系列重要功能。因此，液压系统能否可靠、有效、安全而经济地运行，与所选用的工作介质的性能密切相关。

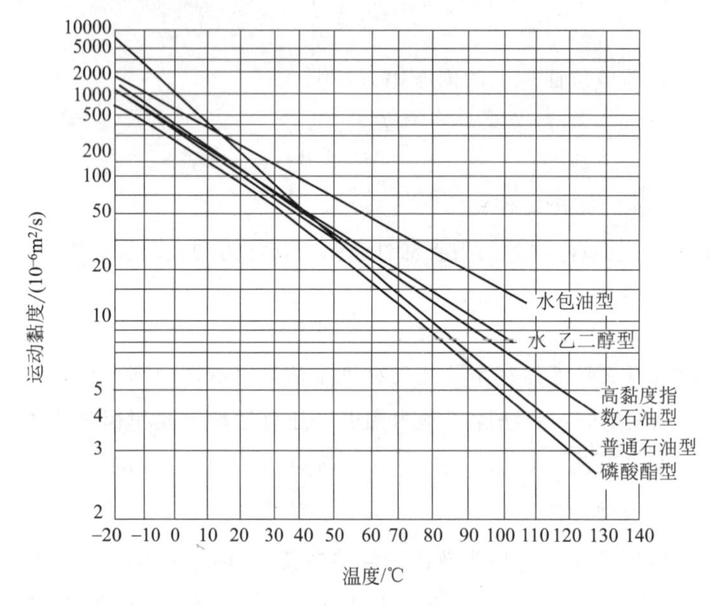

图 1-6　黏度和温度的关系

不同的工作机械、不同的使用情况对液压传动工作介质的要求有很大不同。为了很好地传递运动和动力，液压传动工作介质应具备如下性能：

(1) 合适的黏度，$\nu_{40}=(16\sim68)\times10^{-6}(m^2/s)$，较好的黏温特性；

(2) 润滑性能好；

(3) 质地纯净，杂质少；

(4) 对金属和密封件有良好的相容性；

(5) 对热、氧化、水解和剪切都有良好的稳定性；

(6) 抗泡沫好，抗乳化性好，腐蚀性小，防锈性好；

(7) 体积膨胀系数小，比热容大；

(8) 流动点和凝固点低，闪点和燃点高；

(9) 对人体无害，成本低；

(10) 与产品和环境相容。

1.2.3　工作介质的选择

正确选用工作介质对液压系统适应各种环境条件和工作状况、延长系统和元件的使用寿命、提高设备运转的可靠性、防止事故发生等都有重要意义。

选择工作介质主要应从工作介质的化学特性和使用的环境条件来考虑，而对黏度等各种物理特性，各种类型工作介质都有多种规格供选择。

选择工作介质应从以下几个方面综合考虑：

（1）首先应考虑使用的安全性，如：环境有无高温、起火和爆炸的危险，如果有则应考虑使用难燃液压液。

（2）一般应优先考虑使用矿物油型液压油和合成烃型液压油，并应根据液压系统工作介质的使用条件（如：液压泵的类型、工作压力、工作温度和温度范围、系统元件选用的密封材料、元件的材料及系统运转和维修时间等）进行选择。

（3）应考虑工作介质的经济性和可操作性。

1.2.4 液压系统的污染控制

工作介质的污染严重影响液压系统的可靠性及液压元件的寿命，是液压系统发生故障的主要原因。因此，工作介质的正确使用、管理以及污染控制，是提高液压系统的可靠性及延长液压元件使用寿命的重要手段。油液中的污染物质根据其物理形态可分为固体、液体和气体三种类型。其中液体污染物主要是从外界侵入系统的水；气体污染物主要是空气；固体污染物通常以颗粒状态存在于工作介质中，也是液压传动系统中最普遍、危害最大的污染物。

1. 污染的根源

如图1-7所示，进入工作介质的固体污染物的主要根源，1—外部的污染物；2—系统装配时造成的系统污染；3—启动造成的污染；4—内部污染；5—磨损造成的污染；6—新油带来的污染；7—维修时可能造成的污染等。它们可归为四类：已被污染的新油、残留污染、侵入污染和内部生成污染。

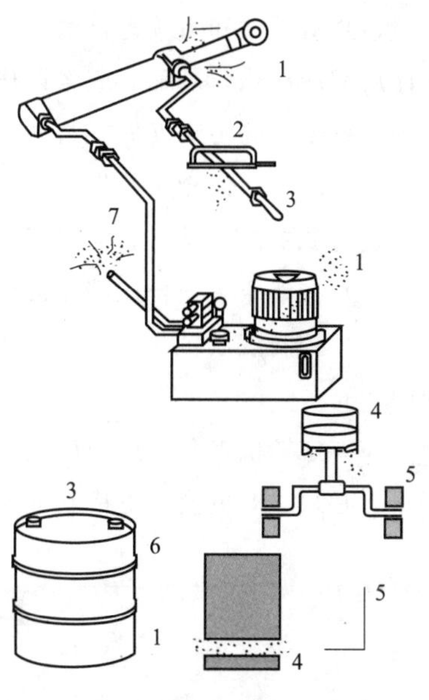

图1-7 油液的污染源

（1）已被污染的新油。虽然液压油和润滑油是在比较清洁的条件下精炼和调合的，但油液在运输和储存过程中受到管道、油桶和储油罐的污染，其污染物为灰尘、砂土、锈垢、水分和其他液体等。

（2）残留污染。液压系统和液压元件在装配和冲洗中的残留物，如毛刺、切屑、型砂、涂料、橡胶、焊渣和棉纱纤维等。

（3）侵入污染。液压系统运行过程中，由于油箱密封不完善以及元件密封装置损坏由系统外部侵入的污染物，如灰尘、砂土、切屑以及水分等。

（4）生成污染。液压系统运行中系统本身所生成的污染物，其中既有元件磨损剥离、被冲刷和腐蚀的金属颗粒或橡胶末，又有油液老化产生的污染物等。这类污染物最具有危险性。

2. 污染引起的危害

液压系统85%以上的故障是由液压油污染所引起的。污染物颗粒大多数是磨粒性的，它们与元件表面相互作用时，产生磨粒磨损和表面疲劳。从元件表面切削出碎片，加速元件磨损，使内泄漏增加，降低液压泵、液压阀等液压元件的效率和精度。这些变化起初很难觉察，尤其对液压泵来说，最终会引起失效。这种失效是不能恢复的退化失效。最容易引起磨损的颗粒是处于间隙尺寸的颗粒。

当一个大颗粒进入液压泵或液压阀时，可能使液压泵或液压阀卡死，或者堵塞液压阀的控制节流孔，引起突发失效。有时，颗粒或污染物妨碍液压阀的归位，使液压阀不能完全关闭，当液压阀再次打开时，该颗粒或污染物可能被冲走，于是，出现一种间歇失效，导致液压系统不能正常工作。

颗粒、污染物和油液氧化变质生成的黏性胶质堵塞过滤器，使液压泵运转困难，产生噪声。水分和空气的混入使液压油的润滑性能降低，并加速其氧化变质，产生气蚀，使液压元件加速腐蚀，液压系统出现振动和爬行等现象。

这些故障轻则影响液压系统的性能和使用寿命，重则损坏元件使元件失效，导致液压系统不能工作，危害是非常严重的。

3. 液压油污染的控制

液压油污染的原因很复杂，液压油自身又在不断产生污染物，因此要彻底解决液压油的污染问题是很困难的。为了延长液压元件的寿命，保证液压系统可靠地工作，将液压油的污染度控制在某一限度内是较为切实可行的办法。

为了减少液压油的污染，应采取如下一些措施：

（1）对元件和系统进行清洗，清除在加工和组装过程中残留的污染物，液压元件在加工的每道工序后都应净化，装配后应经严格的清洗。最后用系统工作时使用的工作介质对系统进行彻底冲洗，达到系统要求的污染度后，将冲洗液放掉，注入新的液压油后，才能正式运转。

（2）防止污染物从外界侵入，油箱呼吸孔上应装设高效的空气滤清器或采用密封油箱，液压油应通过过滤器注入系统，活塞杆端应装防尘密封。

（3）在液压系统合适部位设置合适的过滤器，并定期检查、清洗或更换。

（4）控制液压油的温度。液压油温度过高会加速其氧化变质，产生各种生成物，缩短其使用期限。

（5）定期检查和更换液压油。定期对液压系统的液压油进行抽样检查，分析其污染度，如已不合要求，必须立即更换。更换新的液压油前，必须将整个液压系统彻底清洗一遍。

1.3 液压流体力学基础

液压传动是以液体作为工作介质来进行能量传递的，因此，掌握液体平衡和运动的主要力学规律，对于正确理解液压传动原理以及合理设计和使用液压系统都是非常必要的。

从微观的观点来看，液压传动系统中用到的工作介质与其他液体相同，也是由一个一个的、不断做不规则运动的分子组成的。分子之间存在着间隙，它们是不连续的。但是由于分子之间的间隙是极其微小的，因而在研究宏观的机械运动时可以认为它是一种连续介质，这样就可以把油液的运动参数看作时间和空间的连续函数，并有可能利用语言来描述其运动规律。

另一方面，由于油液分子与分子间的内聚力极小，几乎不能抵抗任何拉力而只能承受较大的压力，不能抵抗剪切变形而只能对变形速度呈现阻力。不管作用的剪力怎样微小，油液总会发生连续的变形，这就是油液的易流性，它使得油液本身不能保持一定的形状，只能呈现所处容器的形状。

1.3.1　液体静力学

液体静力学主要是讨论液体静止时的平衡规律以及这些规律的应用。所谓“液体静止”指的是液体内部质点间没有相对运动，液体不呈现黏性，至于盛装液体的容器，不论它是静止的或是匀速、匀加速运动都没有关系。

1. 液体静压力及其特性

流体力学中把作用在液体上的力分为两类：一类是质量力；另一类是表面力。其中作用在液体每一质点上的，并与液体质量成正比的力称为质量力，如重力、惯性力等。单位质量液体的质量力称为单位质量力，它具有加速度的量纲。例如，在重力场中，作用在单位质量液体上的重力等于重力加速度。作用在液体表面上并与液体表面积成正比的力称为表面力，如固定壁面对液体的作用力、摩擦力等。表面力又可以分解为垂直作用于表面的法向力和平行作用于表面的切向力，以应力的形式分别表现为法向应力和切向应力。因为液体只能受压而不能受拉，所以法向应力只能是压力。切向应力就是液体内的摩擦力。当液体静止时，液体质点间没有相对运动，不存在摩擦力，所以静止液体所受到的表面力只有法向力。

液体内部某点处在面积 ΔA 上液体所受到的法向力 ΔF 与面积 ΔA 的比值，称为压力 p，即

$$p=\lim_{\Delta A\to 0}\frac{\Delta F}{\Delta A} \tag{1-16}$$

如法向力 F 均匀地作用于面积 A 上，则压力可表示为

$$p=\frac{F}{A} \tag{1-17}$$

液体静止时所受到的压力称为液体静压力，液体静压力有两个重要特性：

（1）液体静压力的方向总是指向作用面的内法线方向；

（2）静止液体内任一点的静压力在各个方向上大小都相等。

2. 液体静力学基本方程

在重力场中的静止液体，其受力情况如图 1-8(a)所示，除了液体的重力、液面上的压力 p_0 以外，还有容器壁面对液体的压力。现要求得液体内离液面深度为 h 的 A 点处的压力，可以在液体内取出一个通过该点的底面积为 ΔA 的垂直小液柱，如图 1-8(b)所示。小液柱的上顶面与液面重合，这个小液柱在重力及周围液体的压力作用下，处于平衡状态，于是有

$$p\Delta A=p_0\Delta A+F_G$$

这里的 F_G 即为液柱的重量，$F_G=\rho gh\Delta A$，所以有

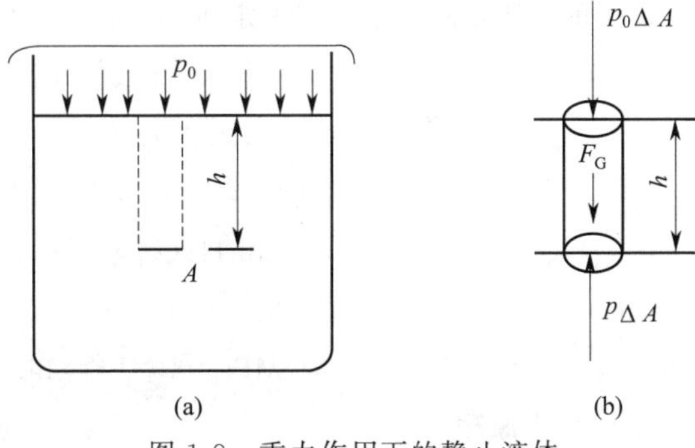

图 1-8　重力作用下的静止液体

$$p=p_0+\rho gh \tag{1-18}$$

式中　g——重力加速度。

式(1-18) 即为液体静力学基本方程，由此式可知：

(1) 静止液体内任一点处的压力由两部分组成：一部分是液面上的压力 p_0，另一部分是 ρg 与该点离液面深度 h 的乘积。当液面上只受大气压 p_a 作用时，点 A 处的静压力则为

$$p = p_a + \rho g h \tag{1-19}$$

(2) 同一容器中同一液体内的静压力随液体深度 h 的增加而线性地增加。

(3) 连通器内同一液体中深度相同的各点压力都相等，由压力相等的点组成的面称为等压面，在重力作用下静止液体中的等压面是一个水平面。

3. 压力的表示方法和单位

压力的表示方法有两种：一种是以绝对真空作为基准所表示的压力，称为绝对压力；另一种是以大气压力作为基准所表示的压力，称为相对压力。由于大多数测压仪表所测得的压力都是相对压力，故相对压力又称表压力。绝对压力与相对压力的关系为

$$绝对压力 = 相对压力 + 大气压力$$

如果液体中某点处的绝对压力小于大气压力，这时在这个点上的绝对压力比大气压力小的那部分数值称为真空度，即：真空度＝大气压力－绝对压力。只有绝对压力小于大气压力时才用到真空度的概念，所以真空度的数值永远是正数。

绝对压力、相对压力和真空度的相互关系如图 1-9 所示。

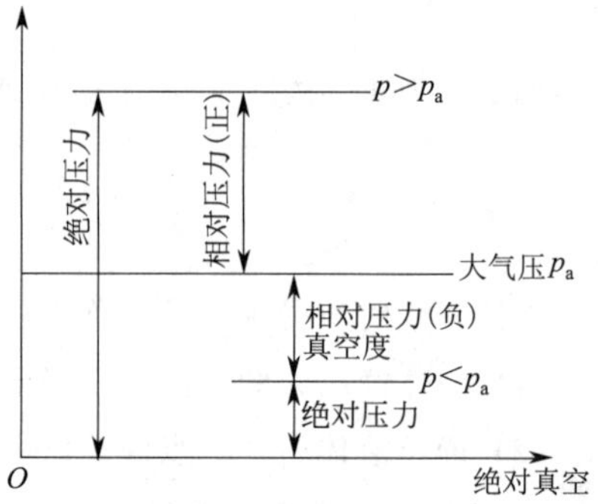

我国法定的压力单位称为帕斯卡，简称帕，符号为 Pa，1 Pa＝1 N/m^2。由于此单位很小，工程上使用不便，因此常采用千帕（10^3 帕）、兆帕（10^6 帕），符号分别为 kPa、MPa，1 kPa＝10^3 Pa，1 MPa＝10^6 Pa。

我国过去常采用工程大气压，也采用水柱高度或汞柱高度等作为压力单位。常用的压力单位还有标准大气压、巴等，一个标准大气压是用纬度为45°的海平面的常年平均气压规定的，巴是液压技术中目前还会见到的压力单位，符号为 bar。

图 1-9 绝对压力、相对压力和真空度

常用的非法定压力单位与法定压力单位帕（Pa、N/m^2）之间的换算关系为

1 atm(标准大气压)＝101 325 Pa

1 at(工程大气压)＝1 kgf/cm^2＝9.8 × 10^4 N/m^2

1 mH_2O(米水柱)＝9.8×10^3 N/m^2

1 mmHg(毫米汞柱)＝1.33×10^2 N/m^2

1 bar＝10^5 N/m^2＝10 N/cm^2≈1.02 kgf/cm^2

1 MPa＝10^6 Pa＝14.5 psi

4. 帕斯卡原理

盛放在密闭容器内的液体，其外加压力 p_0 发生变化时，只要液体仍保持其原来的静止状态不变，液体中任一点的压力均将发生同样大小的变化。这就是说，在密闭容器内，施加于静止液体上的压力将以等值同时传到各点。这就是静压传递原理或称帕斯卡原理。

下面以图 1-10 为例来说明液体的静压传递原理。图中垂直液压缸、水平液压缸的截面积为 A_1、A_2，活塞上作用的负载为 F_1、F_2。由于两缸互相连通，构成一个密闭容器，因此按帕斯卡原理，缸内压力处处相等，即 $p_1 \approx p_2$，于是

$$F_2 = \frac{A_2}{A_1} F_1$$

如果垂直液压缸的活塞上没有负载，则当略去活塞重量及其他阻力时，不论怎样推动水平液压缸的活塞，也不能在液体中形成压力，这说明液压系统中的压力是由外界负载决定的。

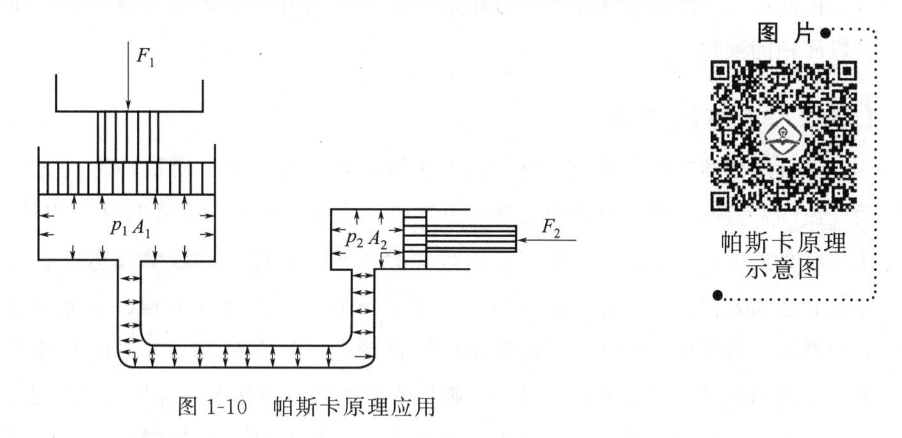

图 1-10　帕斯卡原理应用

5. 静止液体作用在固体壁面上的力

静止液体和固体壁面相接触时，固体壁面上各点在某一方向上所受静压作用力的总和，便是液体在该方向上作用于固体壁面上的力。在液压传动计算中，质量力（ρgh）可以忽略，静压力处处相等，所以可认为作用于固体壁面上的压力是均匀分布的。

当固体壁面是一个平面时，如图 1-11(a)所示，则压力 p 作用在活塞（活塞直径为 d、面积为 A）上的力 F 为

$$F = pA = p\,\frac{\pi D^2}{4}$$

当固体壁面是一个曲面时，作用在曲面各点的液体静压力是不平行的，但是静压力的大小是相等的，因而作用在曲面上的总作用力在不同的方向也就不一样，因此必须首先明确要计算的是曲面上哪一个方向的力。

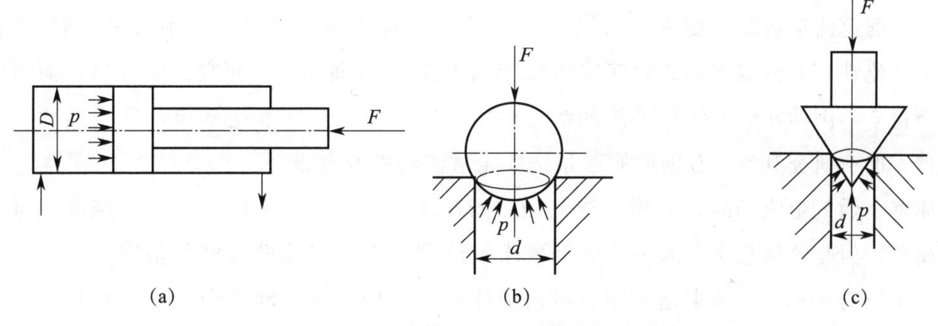

图 1-11　静止液体作用在固体壁面上的力

如图 1-11(b)、(c) 所示的球面和圆锥面，要求液体静压力 p 沿垂直方向作用在球面和圆锥面上的力 F，就等于该部分曲面在垂直方向的投影面积 A 与压力 p 的乘积，其作用点通过投影圆的圆心，其方向向上，即

$$F = pA = p\frac{\pi}{4}d^2$$

式中　d——承压部分曲面投影圆的直径。

由此可见，曲面上液压作用力在某一方向上的分力等于液体静压力和曲面在该方向的垂直面内投影面积的乘积。

1.3.2　液体动力学

在液压传动过程中液压油总是在不断流动，因此必须了解液体运动时的现象和规律。液体的运动（流动）遵循物理定律中的质量守恒定律、能量守恒定律和动量守恒定律（牛顿运动定律）。在流体连续介质的假设下，将上述三定律写成适合于运动液体的数学表达式后分别称为连续方程、能量方程和运动方程。本部分主要介绍三个基本方程——连续性方程、伯努利方程及动量方程，这三个方程是刚体力学中质量守恒、能量守恒以及动量守恒在流体力学中的具体体现，前两个用来解决压力、流速和流量之间的关系，后一个则用来解决流动液体与固体壁面之间相互作用力的问题。

液体在流动过程中，由于重力、惯性力、黏性摩擦力等的影响，其内部各处质点的运动状态是各不相同的，这些质点在不同时间、不同空间处的运动变化对液体的能量损耗有所影响，但对液压技术来说，人们感兴趣的只是整个液体在空间某特定点处或特定区域内的平均运动情况。此外，流动液体的状态还与液体的温度、黏度等参数有关。为了简化条件，便于分析起见，一般都在等温的条件下（因而可把黏度看作常量，密度只与压力有关，且近似为常数）来讨论液体的流动情况。

1. 基本概念

1）理想液体、定常流动和一维流动

研究液体流动的运动规律必须考虑液体黏性的影响，当压力发生变化时，液体的体积会发生变化，但由于这个问题比较复杂，所以在开始分析时可以先假定液体为无黏性、不可压缩的理想液体，然后根据实验结果，对理想液体的基本方程加以修正，使之比较符合实际情况。一般将既无黏性又不可压缩的液体称为理想液体。

液体流动时，若液体中任何一点的压力、速度和密度等参数都不随时间而变化，则这种流动称为定常流动（恒定流动或非时变流动）；反之，如压力、速度和密度等参数中有一个随时间而变化，就称为非定常流动（非恒定流动或时变流动）。定常流动与时间无关，研究比较方便，而研究非定常流动就复杂得多。因此在研究液压系统的静态性能时，往往将一些非定常流动适当简化，作为定常流动来处理。但在研究其动态性能时则必须按非定常流动来考虑。

当液体整个做线形流动时，称为一维流动；当作平面或空间流动时，称为二维或三维流动。一维流动最简单，但是严格意义上的一维流动要求液流截面上各点处的速度矢量完全相同，这种情况在实际液流中极为少见，一般常把封闭容器内液体的流动按一维流动处理，再用实验数据来修正其结果，液压传动中对油液流动的分析讨论就是这样进行的。

2）迹线、流线、流束和通流截面

迹线是流动液体的某一质点在某一时间间隔内在空间的运动轨迹。

流线是表示某一瞬时液流中各处质点运动状态的一条条曲线，在此瞬时，流线上各质点速度方向与该线相切，如图 1-12(a)所示。在非定常流动时，由于各点速度随时间变化，因此流线形状也随时间而变化。在定常流动时，流线不随时间而变化，这样流线就与迹线重合。由于流动液体中任一质点在某一瞬时只能有一个速度，所以流线之间不可能相交，也不可能突然转折，流线只能是一条光滑的曲线。

在液体的流动空间中任意画一不属流线的封闭曲线，沿经过此封闭曲线上的每一点作流线，由这些流线组合成的表面称为流管。流管内的流线群称为流束，如图 1-12(b)所示，定常流动时，流管和流束形状不变，且流线不能穿越流管，故流管与真实管流相似，将流管断面无限缩小趋近于零，就获得了微小流管或微小流束。微小流束实质上与流线一致，可以认为运动的液体是由无数微小流束所组成的。

流束中与所有流线正交的截面称为通流截面，如图 1-12(c)中的 A 面和 B 面，截面上每点处的流动速度都垂直于这个面。

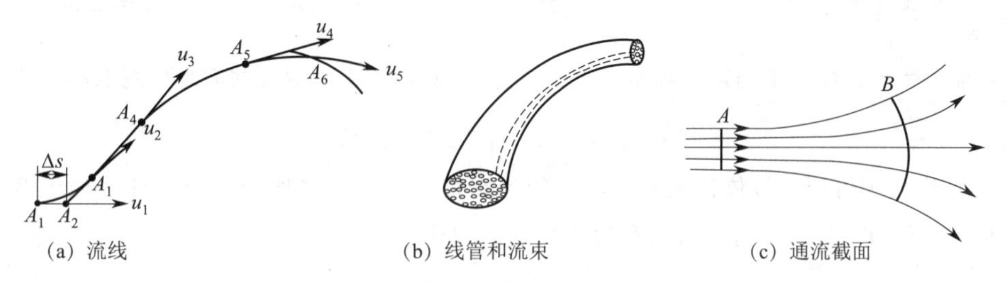

(a) 流线　(b) 线管和流束　(c) 通流截面

图 1-12　流线、流管和流束、通流截面

流线彼此平行的流动称为平行流动，流线夹角很小或流线曲率半径很大的流动称为缓变流动。平行流动和缓变流动都可算是一维流动。

3）流量和平均流速

单位时间内通过某通流截面的液体的体积称为流量。在法定计量单位制（或 SI 单位制）中流量的单位为 m^3/s（米^3/秒），在实际使用中，常用单位为 L/min（升/分）。

对于微小流束，由于通流截面积很小，可以认为通流截面上各点的流速 u 是相等的，所以通过该截面积 dA 的流量为 $dq=u dA$，对此式进行积分，可得到整个通流截面面积 A 上的流量为

$$q=\int_A u\,dA \tag{1-20}$$

在工程实际中，通流截面上的流速分布规律很难真正知道，故直接从上式来求流量是困难的。为了便于计算，引入平均流速的概念，假想在通流截面上流速是均匀分布的，则流量等于平均流速乘以通流截面面积。令此流量与实际的不均匀流速通过的流量相等，即

$$q=\int_A u\,dA=vA$$

故平均流速 v 为

$$v=\frac{q}{A} \tag{1-21}$$

流量也可以用流过其截面的液体质量来表示，即质量流量 q_m，即

$$q_m = \int_A \rho u \mathrm{d}A = \rho \int_A u \mathrm{d}A = \rho q \tag{1-22}$$

4）流动液体的压力

静止液体内任意点处的压力在各个方向上都是相等的，可是在流动液体内，由于惯性力和黏性力的影响，任意点处在各个方向上的压力并不相等，但数值相差甚微。当惯性力很小，且把液体当作理想液体时，流动液体内任意点处的压力在各个方向上的数值可以看作是相等的。

2. 连续性方程

连续性方程是质量守恒定律在流体力学中的一种表达形式。如果液体做定常流动，且不可压缩，那么任取一流管，如图 1-13 所示，两端通流截面面积为 A_1、A_2，在流管中取一微小流束，流束两端的截面积分别为 $\mathrm{d}A_1$ 和 $\mathrm{d}A_2$，在微小截面上各点的速度可以认为是相等的，且分别为 u_1 和 u_2。根据质量守恒定律，在 $\mathrm{d}t$ 时间内流入此微小流束的质量应等于从此微小流束流出的质量，故有 $\rho u_1 \mathrm{d}A_1 \mathrm{d}t = \rho u_2 \mathrm{d}A_2 \mathrm{d}t$，即 $u_1 \mathrm{d}A_1 = u_2 \mathrm{d}A_2$，对整个流管，显然是微小流束的集合，由上式积分得 $\int_{A_1} u_1 \mathrm{d}A_1 = \int_{A_2} u_2 \mathrm{d}A_2$，即 $q_1 = q_2$，如用平均速度表示，得 $v_1 A_1 = v_2 A_2$，由于两通流截面是任意取的，故有

$$q = v_1 A_1 = v_2 A_2 = vA = \text{常数} \tag{1-23}$$

式(1-23) 称为不可压缩液体作定常流动时的连续性方程。它说明通过流管任一通流截面的流量相等。此外还说明当流量一定时，流速和通流截面面积成反比。

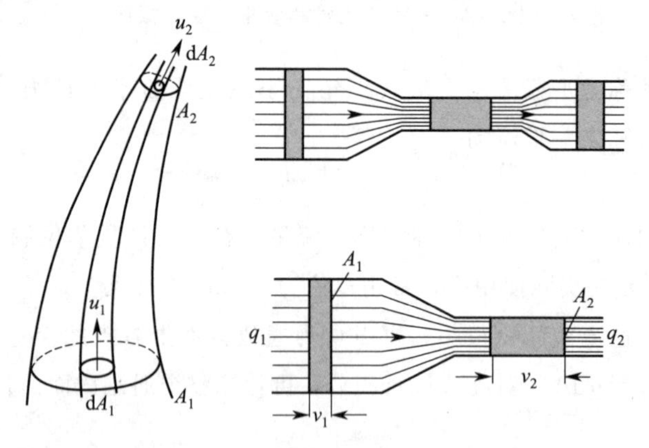

图 1-13 连续性方程推导简图

3. 伯努利方程

伯努利方程（能量方程）是能量守恒定律对运动液体的一种数学表达式。在实际问题中，如果只涉及机械能，那么，能量方程就仅仅是运动微分方程的一次积分，称为伯努利方程。

1）不可压缩液体的伯努利方程

$$\frac{v^2}{2g} + \frac{p}{\rho g} + z = C(\psi) \tag{1-24}$$

或

$$\frac{v^2}{2} + \frac{p}{\rho} + zg = C_1(\psi) \tag{1-25}$$

式中　　　v——过流截面的平均流速；

　　　　　z——过流两截面相对某基准面的垂直高度；

　　　　　g——重力加速度；

$C(\psi)$、$C_1(\psi)$——积分常数；沿同一条流线取同一常数值，不同的流线 ψ 可取不同的值。

式(1-24) 或式(1-25) 适用于理想不可压缩流体在重力作用下的定常流动。它们表示了单位质量或单位重量流体所具有的总机械能（即动能、压力能和位势能的总和）沿流线守恒。由于式(1-24) 左边各项都具有长度的量纲，因而又有明显的几何意义。第一项代表流体质点在真空中以初速 v 垂直方向上运动所能达到的高度，称为速度头；第二项相当于液柱底面静压为 p 时液柱的高度，称为压力头；第三项代表流体质点在流线上所处的位置高度，称为位势头。因而式(1-24) 表示速度头、压力头和位势头之和（称为总能头或总水头）沿流线不变，说明了总能头线是一条水平直线，如图 1-14 所示。三者之间可互相转化，但总和为一定值。

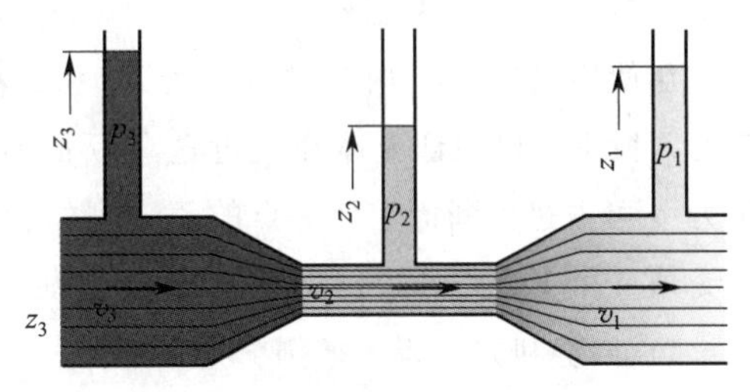

图 1-14　伯努利方程的几何意义

如果忽略重力或者流线是水平线，式(1-24) 或式(1-25) 则变为

$$p+\frac{1}{2}\rho v^2=p_0(\psi) \tag{1-26}$$

式中　p——液体的静压；

$\frac{1}{2}\rho v^2$——液体的动压；

$p_0(\psi)$——液体的总压，是流速为零的点上的压力。

式(1-26) 表示了沿同一流线，流速增大将导致压力减少，反之亦然。

2）一元定常管流中的伯努利方程

对于如图 1-15 所示的一元管流中，可以将管轴线看成一条流线，用过流断面上的平均值代替相应的流动参数，则可将式(1-24) 写成

$$\frac{v_1^2}{2g}+\frac{p_1}{\rho g}+z_1=\frac{v_2^2}{2g}+\frac{p_2}{\rho g}+z_2=\frac{v_3^2}{2g}+\frac{p_3}{\rho g}+z_3=\text{常数} \tag{1-27}$$

使用上述方程时要注意，从过流断面 A_1 到过流断面 A_2 及 A_3 时，沿程的总能量和流量都不变。

3）黏性液体中的伯努利方程

理想流体中的伯努利方程，可以通过简单地对黏性效应作修正的方法推广应用于黏性流体（真实流体）的运动中。

对于黏性不可压缩流体在重力作用下的一元定常管流，如果考虑到从过流断面 A_1 到过流断面 A_2 间沿程有机械能的损失，还可能装有与外界进行能量交换的流体机械（泵与马达），则可将式(1-27) 修改为

$$\frac{\alpha_1 v_1^2}{2g}+\frac{p_1}{\rho g}+z_1\pm H=\frac{\alpha_2 v_2^2}{2g}+\frac{p_2}{\rho g}+z_2+h_s \tag{1-28}$$

式(1-28) 即为黏性管流（总流）的伯努利方程。

式中　下标 1 和 2 分别代表上游过流断面 A_1 和下游过流断面 A_2；

v——过流截面的平均流速；

α——动能修正系数，(层流时 $\alpha=2$)，对工业管道，$\alpha=1.01\sim1.1$；

h_s——从断面 A_1 到 A_2 间，单位重量液体的机械能损失，又称为能头（水头）损失，包括沿程损失和局部损失；

H——从断面 A_1 到 A_2 间，单位重量液体与外界交换的能量。如果在 A_1 到 A_2 间装有泵，则 H 前取正号；装有马达，H 前取负号；没有泵与马达，则 $H=0$。

在使用式(1-28) 时，过流断面 A_1 和 A_2 是可以按实际需要任意选取的，但必须取在管道较为平直的区段上，以保证流体在流过这些断面时，是一种流线的曲率和流线间的夹角都很小的缓变流。压力 p 可取过流断面上任一点的值，例如管轴线与断面交点上的值，但必须相应地取该点位置高度的 z 值。由于方程两边都有 $p/\rho g$ 项，因此两边的压力 p 可同时取绝对压力或表压力。

4）伯努利方程应用举例

例 1-1　试推导图 1-15 所示的文丘里流量计的流量公式。

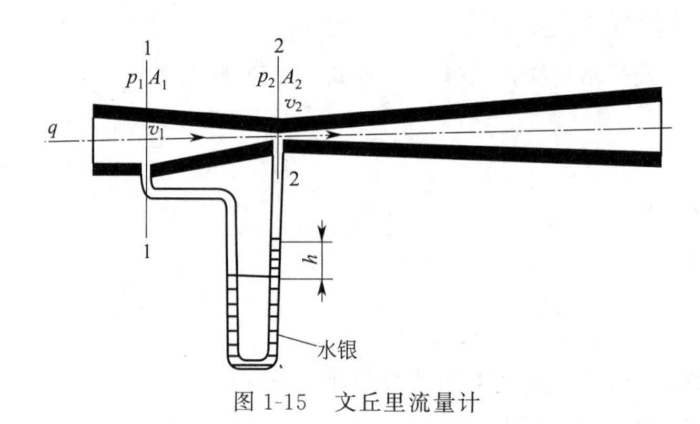

图 1-15　文丘里流量计

解：设 1—1 和 2—2 两个通流截面面积、平均流速和压力分别为 A_1、v_1、p_1 和 A_2、v_2、p_2，对通过此流量计的液流采用理想液体的伯努利方程（$h_1=h_2$），取 $\alpha_1=\alpha_2=1$，则有

$$\frac{p_1}{\rho g}+\frac{v_1^2}{2g}=\frac{p_2}{\rho g}+\frac{v_2^2}{2g}$$

根据液流的连续性方程有　　　　$A_1v_1=A_2v_2$

U 形管内的静压力平衡方程为（设液体和水银的密度分别为 ρ 和 ρ'）

$$p_1+\rho gh=p_2+\rho' gh$$

由以上三式经整理可得

$$q=v_2A_2=\frac{A_2}{\sqrt{1-\left(\frac{A_2}{A_1}\right)^2}}\sqrt{\frac{2}{\rho}(p_1-p_2)}=\frac{A_2}{\sqrt{1-\left(\frac{A_2}{A_1}\right)^2}}\sqrt{\frac{2g(\rho'-\rho)}{\rho}h}=c\sqrt{h}$$

即流量可直接由水银差压计读数换算得到（由于有能量损失，实际流量比上式算出的略小）。

例 1-2　如图 1-16 所示的水箱侧壁开有一小孔，水箱自由液面 1—1 与小孔 2—2 处的压力分别为 p_1 和 p_2，小孔中心到水箱自由液面的距离为 h，且 h 基本不变，若不计损失，求水从小孔流出的速度。

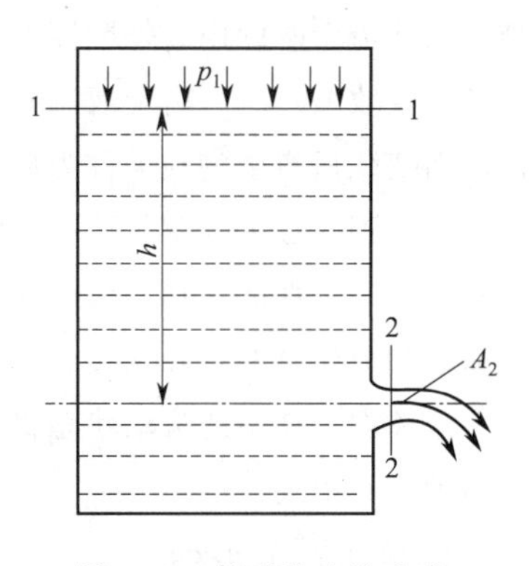

图 1-16　侧壁孔出流速度

解： 以小孔中心线为基准，选取截面 1—1 和 2—2 列伯努利方程：

在截面 1—1 处，$z_1 = h$，$v_1 \approx 0$（设 $\alpha_1 = \alpha_2 = 1$）

在截面 2—2 处，$z_2 = 0$，$p_2 = p_a$

列方程　$$z_1 + \frac{p_1}{\rho g} + \frac{\alpha_1 v_1^2}{2g} = z_2 + \frac{p_2}{\rho g} + \frac{\alpha_2 v_2^2}{2g}$$

代入各参数，即可写成

$$hg + \frac{p_1}{\rho} = \frac{p_a}{\rho} + \frac{v_2^2}{2}$$

所以　$$v_2 = \sqrt{2gh + 2(p_1 - p_a)/\rho}$$

当 $p_1 = p_a$ 时，$v_2 = \sqrt{2gh}$ 。

式 $v_2 = \sqrt{2gh}$ 即为物理学中的托里切利公式。液体从开口容器的小孔流出的速度与自由落体速度公式相同。当 $(p_1 - p_a)/\rho \gg 2gh$ 时，$2gh$ 项可以略去，此时，$v_2 = \sqrt{2(p_1 - p_a)/\rho} = \sqrt{2\Delta p/\rho}$。

例 1-3　计算液压泵的吸油腔的真空度或液压泵允许的最大吸油高度。

解： 如图 1-17 所示，设液压泵的吸油口比油箱液面高 h，取油箱液面 1—1 和液压泵进口处截面 2—2 列伯努利方程，并取截面 1—1 为基准平面，则有

$$\frac{p_1}{\rho g} + \frac{\alpha_1 v_1^2}{2g} = h + \frac{p_2}{\rho g} + \frac{\alpha_2 v_2^2}{2g} + h_w$$

式中　p_1——油箱液面压力，由于一般油箱液面与大气接触，故 $p_1 = p_a$；

v_2——液压泵的吸油口速度，一般取吸油管流速；

v_1——油箱液面流速，由于 $v_1 \ll v_2$，故可以将 v_1 忽略不计；

p_2——吸油口的绝对压力，$h_w g$ 为单位质量液体的能量损失。

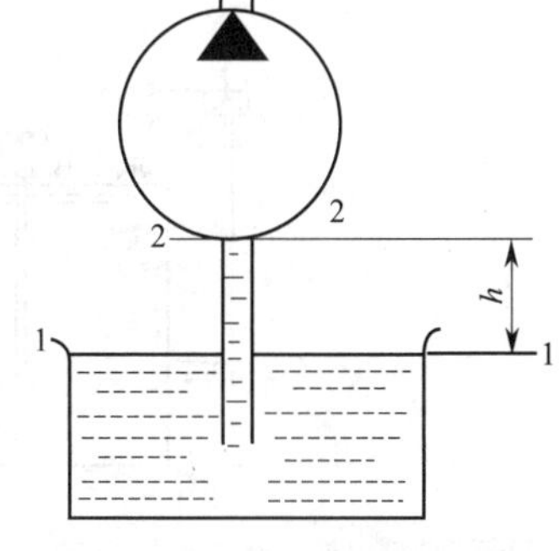

图 1-17　泵从油箱吸油示意图

据此，上式可简化为

$$\frac{p_a}{\rho g} = h + \frac{p_2}{\rho g} + \frac{\alpha_2 v_2^2}{2g} + h_w$$

液压泵吸油口的真空度为

$$p_a - p_2 = \rho g h + \rho g h_w + \rho \alpha_2 v_2^2/2 + \Delta p$$

由上式可知，液压泵吸油口的真空度由三部分组成：①把油液提升到一定高度所需的压力；②产生一定的流速所需的压力；③吸油管内压力损失。液压泵吸油口真空度不能太大，即泵吸油口处的绝对压力不能太低，否则就会产生气穴现象，导致液压泵噪声过大，因而在实际使用中 h 一般应小于 500 mm，有时为使吸油条件得以改善，采用浸入式或倒灌式安装，即使液压泵的吸油高度小于零。

1.3.3　液体流动中的压力损失

实际液体具有黏性，在流动时就有阻力，为了克服阻力，就必然要消耗能量，这样就有能量损失。在液压传动中，能量损失往往表现为压力的降低，因此又称压力损失。液压系统中的压力损失分为两类：一类是油液沿等直径直管流动时所产生的压力损失，称为沿程压力损失，这类压力损失

是由液体流动时的内、外摩擦力所引起的；另一类是油液流经局部障碍（如弯管、接头、管道截面突然扩大或收缩）时，由于液流的方向和速度的突然变化，在局部形成旋涡引起流速在某一局部受到扰动而变化所产生的损失称为局部压力损失。

压力损失过大也就是液压系统中功率损耗过大，这将导致油液发热加剧，泄漏量增加，效率下降和液压系统性能变坏。因此在液压技术中尽量准确估算压力损失的大小，从而寻求减少压力损失的途径和方法具有实际意义。

液体在管道中的流动状态将直接影响液流的压力损失，所以先介绍液流的两种流动状态，再介绍两种压力损失。

1. 液体的流动状态

1）层流和湍流

19 世纪末，雷诺（Reynolds）首先通过实验观察了水在圆管内的流动情况，发现当流速变化时，液体流动状态也变化。在低速流动时，着色液流的线条在注入点下游很长距离都能清楚看到；当流动受到干扰时，在扰动衰减后流动还能保持稳定；当流速大时，由于流动是不规则的，故使着色液体迅速扩散和混合。前一种状态称为层流，在层流时，液体质点互不干扰，液体的流动呈线性或层状，且平行于管道轴线；后一种状态为湍流，在湍流时，液体质点的运动杂乱无章，除了平行于管道轴线的运动外，还存在着剧烈的横向运动。图 1-18(b)所示为层流，图 1-18(c)中色线开始折断，层流开始被破坏，且上下波动，并出现断裂，流动已趋向湍流（变流），图 1-18(d)中色线消失，表明流动是湍流（紊流）。

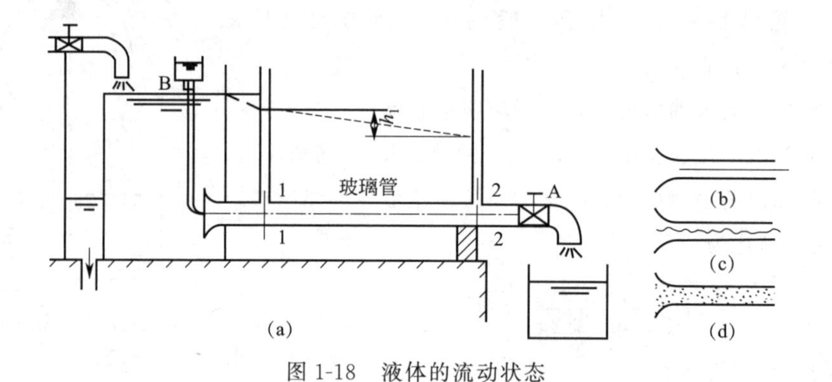

(a) (b) (c) (d)

图 1-18 液体的流动状态

层流和湍流是两种不同性质的流态，如图 1-19 所示。层流时，液体流速较低，质点受黏性制约，不能随意运动，黏性力起主导作用，但在湍流时，因液体流速较高，黏性的作用减弱，惯性力起主导作用。液体流动时究竟是层流还是湍流，须用雷诺数来判别。

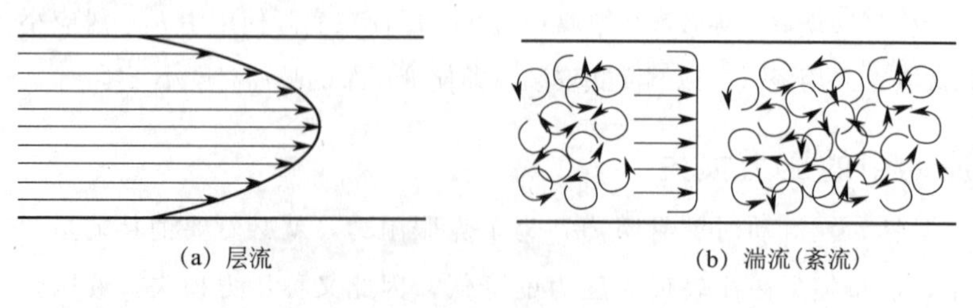

(a) 层流　(b) 湍流(紊流)

图 1-19 液体的层流与湍流（紊流）两种流态

视频

压力损失仿真回路

2）雷诺数

实验表明，液体在圆管中的流动状态不仅与管内的平均流速有关，还和管径及液体的运动黏度有关，但是真正决定液流流动状态的是这三个因数所组成的一个称为雷诺数 Re 的无量纲数，即

$$Re=\frac{vd}{\nu} \tag{1-29}$$

这就是说，液体流动时的雷诺数若相同，则它的流动状态也相同。另一方面液流由层流转变为湍流时的雷诺数和由湍流转变为层流的雷诺数是不同的，前者称为上临界雷诺数，后者为下临界雷诺数，后者数值较前者要小，所以一般都用下临界雷诺数作为判别液流状态的依据，简称临界雷诺数。当液流实际流动时的雷诺数小于临界雷诺数（Re_{cr}）时，液流为层流，反之液流为湍流。常见的液流管道的临界雷诺数可由实验求得，见表 1-1。

表 1-1　常见液流管道的临界雷诺数

管道的形状	临界雷诺数 Re_{cr}	管道的形状	临界雷诺数 Re_{cr}
光滑的金属圆管	2 000～2 300	有环槽的同心环状缝隙	700
橡胶软管	1 600～2 000	有环槽的偏心环状缝隙	400
光滑的同心环状缝隙	1 100	圆柱形滑阀阀口	260
光滑的偏心环状缝隙	1 000	锥阀阀口	20～100

对于非圆截面管道来说，Re 可用式(1-30)来计算

$$Re=\frac{4vR}{\nu} \tag{1-30}$$

式中　R——通流截面的水力半径。它等于管道的过流截面积 A 和其湿周（通流截面上与液体接触的固体壁面的周长）χ 之比，即

$$R=\frac{A}{\chi} \tag{1-31}$$

例如液体流经直径为 d 的圆截面管道时的水力半径为 $R=\frac{A}{\chi}=\frac{\pi d^2/4}{\pi d}=\frac{d}{4}$，又如正方形的管道每边长为 b，则湿周为 $4b$，因而水力半径 $R=b^2/(4b)=b/4$。水力半径大小对管道通流能力影响很大。水力半径大，表明液流与管壁接触少，通流能力大；水力半径小，表明液流与管壁接触多，通流能力小，容易堵塞。

2. 沿程压力损失计算

由于液体内部、液体和管壁间都有摩擦力存在，液体流动时沿其流动方向要损失一些能量，这部分能量损失称为沿程压力损失。它除了与管道的长度、内径和液体的流速、黏度等有关外，还与液体的流动状态有关。

层流时的压力损失按式(1-32)计算

$$\Delta p_f=\lambda\frac{l}{d}\frac{\rho v^2}{2} \tag{1-32}$$

式中，λ 称为沿程阻力系数，其理论值为 $64/Re$，水在作层流流动时的实际阻力系数和理论值是很接近的。液压油在金属圆管中作层流流动时，常取 $\lambda=75/Re$，在橡胶管中 $\lambda=80/Re$。d 为水力直径，$d=4A/\chi$（A 为过流截面积），对于圆管，水力直径即为圆管内径。如图 1-20 所示，Δp 为液体在管道中流动时产生的压力损失。

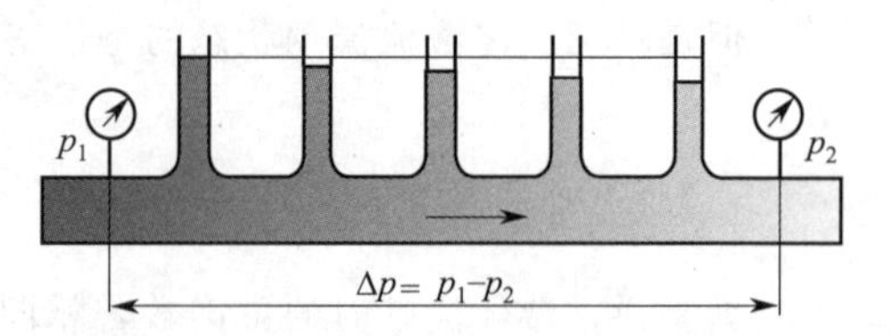

图 1-20　液体在管道中流动时的压力损失

3. 局部压力损失计算

局部压力损失是指液体流经阀口、弯管、通流截面突然变化等处时，流速的大小或方向发生急剧变化所引起的压力损失。液流通过这些局部阻力处时，由于流速大小和方向均发生急剧变化，在这些地方形成旋涡，使液体的质点间相互急剧摩擦，从而产生了能量损耗。

局部压力损失的计算公式为

$$\Delta P_r=\xi\frac{\rho v^2}{2} \tag{1-33}$$

式中，ξ 为局部阻力系数，一般由实验确定，也可查阅有关液压传动设计手册；v 为液体的平均流速，一般情况下均指局部阻力后部的流速。

4. 管路系统中的总压力损失与压力效率

管路系统总的压力损失等于所有直管中的沿程压力损失和局部压力损失之和，即

$$\sum\Delta p=\sum\lambda\frac{l}{d}\frac{\rho v^2}{2}+\sum\xi\frac{\rho v^2}{2} \tag{1-34}$$

必须指出，式(1-34)只有在两相邻局部损失之间的距离大于导管内径 10～20 倍时才成立，否则液流受前一个局部阻力的干扰还没稳定下来，就经历下一个局部阻力，它所受的扰动将更为严重，因而会使根据式(1-34) 算出的压力损失值比实际数值小。

考虑到存在着压力损失，一般液压系统中液压泵的工作压力 p_p 应比执行元件的工作压力 p_1 高 $\sum\Delta p$，即

$$p_p=p_1+\sum\Delta p$$

所以管路系统的压力效率为

$$\eta=\frac{p_1}{p_p}=\frac{p_p-\sum\Delta p}{p_p}=1-\frac{\sum\Delta p}{p_p} \tag{1-35}$$

1.4　液体在小孔中的流动特性

液压传动中常利用液体流经阀的小孔或缝隙来控制流量和压力，达到调速和调压的目的。液压元件的泄漏也属于缝隙流动，因而研究小孔和缝隙的流量计算，了解其影响因素，对于合理设计液压系统，正确分析液压元件和系统的工作性能，是很有必要的。

小孔可分为三种：当小孔的长径比 $l/d \leqslant 0.5$ 时，称为薄壁孔；当 $l/d > 4$ 时，称为细长孔；当 $0.5 < l/d \leqslant 4$ 时，称为短孔。

先研究薄壁孔的流量计算。图 1-21 所示为进口边做成锐缘的典型薄壁孔口。由于惯性作用，液流通过小孔时要发生收缩现象，在靠近孔口的后方出现收缩最大的过流断面。对于薄壁圆孔，当孔前通道直径与小孔直径之比 $d_1/d \geqslant 7$ 时，流束的收缩作用不受孔前通道内壁的影响，这时的收缩称为完全收缩；反之，当 $d_1/d < 7$ 时，孔前通道对液流进入小孔起导向作用，这时的收缩称为不完全收缩。

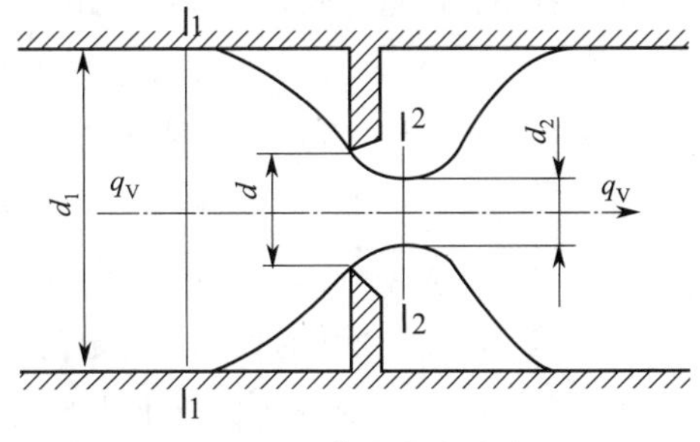

图 1-21　薄壁小孔液流

现对孔前通道断面 1—1 和收缩断面 2—2 之间列伯努利方程

$$p_1 + \rho g h_1 + \frac{1}{2}\rho\alpha_1 v_1^2 = p_2 + \rho g h_2 + \frac{1}{2}\rho\alpha_2 v_2^2 + \Delta p$$

式中，$h_1 = h_2$；因 $v_1 = v_2$，v_1 可以忽略不计；收缩断面的流速分布均匀，$\alpha_2 = 1$；而 Δp 仅为局部损失，即 $\Delta p = \xi \frac{\rho v_2^2}{2}$。代入上式后得

$$v_2 = \frac{1}{\sqrt{1+\xi}}\sqrt{\frac{2}{\rho}(p_1 - p_2)} = C_v\sqrt{\frac{2}{\rho}\Delta p} \tag{1-36}$$

式中　Δp——小孔前后的压力差，$\Delta p = p_1 - p_2$；

C_v——速度系数，$C_v = \frac{1}{\sqrt{1+\xi}}$。

由此可得通过薄壁小孔的流量公式为

$$q = A_2 v_2 = C_v C_c A_T\sqrt{\frac{2}{\rho}\Delta p} = C_q A_T\sqrt{\frac{2}{\rho}\Delta p} \tag{1-37}$$

式中　C_q——流量系数，$C_q = C_v C_c$；

C_c——收缩系数，$C_c = A_2/A_T = d_2^2/d^2$；

A_2——收缩断面的面积；

A_T——小孔过流断面面积，$A_T = \frac{\pi}{4}d^2$。

C_c、C_v、C_q 的数值可由实验确定，当液流完全收缩时，$C_c = 0.61 \sim 0.63$，$C_v = 0.97 \sim 0.98$，这时 $C_q = 0.6 \sim 0.62$，当不完全收缩时，$C_q = 0.6 \sim 0.62$。

薄壁孔由于流程很短，流量对油温的变化不敏感，因而流量稳定，宜做节流器用。但薄壁孔加工困难，实际应用较多的是短孔。

短孔的流量公式依然是式(1-37)，但流量系数 C_q 不同，一般 $C_q = 0.82$。

流经细长孔的液流，由于黏性而流动不畅，故多为层流。其流量计算可以应用圆管层流流量公式，即 $q = \frac{\pi d^4 \Delta p}{128\mu l}$。细长孔的流量和油液的黏度有关，当油温变化时，油的黏度变化，因而流量也随之发生变化。这一点是和薄壁小孔特性大不相同的。

纵观各小孔流量公式，可以归纳出一个通用公式

$$q=CA_T\Delta p^{\varphi} \tag{1-38}$$

式中 A_T、Δp——小孔的过流断面面积和两端压力差；

C——由孔的形状、尺寸和液体性质决定的系数，对细长孔，$C=d^2/32\mu l$；对薄壁孔和短孔，$C=C_q\sqrt{2/\rho}$；

φ——由孔的长径比决定的指数，薄壁孔 $\varphi=0.5$，细长孔 $\varphi=1$。

通用公式(1-38) 常作为分析小孔的流量压力特性之用。

1.5 液压冲击和气穴现象

在液压传动中，液压冲击和气穴现象会给系统的正常工作带来不利影响，因此需要了解这些现象产生的原因，并采取措施加以防治。

1.5.1 液压冲击

在液压系统中，常常由于某些原因而使液体压力突然急剧上升，形成很高的压力峰值，这种现象称为液压冲击。

1. 液压冲击产生的原因和危害

在阀门突然关闭或液压缸快速制动等情况下，液体在系统中的流动会突然受阻。这时，由于液流的惯性作用，液体就从受阻端开始，迅速将动能逐层转换为压力能，因而产生了压力冲击波，此后，又从另一端开始，将压力能逐层转换为动能，液体又反向流动，然后，又再次将动能转换为压力能，如此反复地进行能量转换。由于这种压力波的迅速往复传播，便在系统内形成压力振荡。实际上，由于液体受到摩擦力以及液体和管壁的弹性作用，不断消耗能量，才使振荡过程逐渐衰减而趋向稳定。

系统中出现液压冲击时，液体瞬时压力峰值可以比正常工作压力大好几倍。液压冲击会损坏密封装置、管道或液压元件，还会引起设备振动，产生很大噪声。有时，液压冲击使某些液压元件如压力继电器、顺序阀等产生误动作，影响系统正常工作。

2. 减小液压冲击的措施

(1) 延长阀门关闭和运动部件制动换向的时间。实践证明，运动部件制动换向时间若能大于0.2 s，冲击就大为减轻。在液压系统中采用换向时间可调的换向阀就可做到这一点。

(2) 限制管道流速及运动部件速度。

(3) 适当加大管道直径，尽量缩短管路长度。加大管道直径不仅可以降低流速，而且可以减小压力冲击波速度，缩短管道长度的目的是减小压力冲击波的传播时间，必要时还可在冲击区附近安装蓄能器等缓冲装置来达到此目的。

(4) 采用软管，以增加系统的弹性。

1.5.2 气穴

在液压系统中，如果某处的压力低于空气分离压时，原先溶解在液体中的空气就会分离出来，

导致液体中出现大量气泡的现象，称为气穴。如果液体中的压力进一步降低到饱和蒸气压时，液体将迅速汽化，产生大量蒸气泡，这时的气穴现象将会愈加严重。

当液压系统中出现气穴现象时，大量的气泡破坏了液流的连续性，造成流量和压力脉动，气泡随液流进入高压区时又急剧破灭，以致引起局部液压冲击，发出噪声并引起振动，当附着在金属表面上的气泡破灭时，它所产生的局部高温和高压会使金属剥蚀，这种由气穴造成的腐蚀作用称为气蚀。气蚀会使液压元件的工作性能变坏，并使其寿命大大缩短。

气穴多发生在阀口和液压泵的进口处。由于阀口的通道狭窄，液流的速度增大，压力则大幅度下降，以致产生气穴。当泵的安装高度过高，吸油管直径太小，吸油阻力太大，或泵的转速过高，造成进口处真空度过大，亦会产生气穴。

为减少气穴和气蚀的危害，通常采取下列措施：

(1) 减小小孔或缝隙前后的压力降。

(2) 降低泵的吸油高度，适当加大吸油管内径，限制吸油管的流速，尽量减少吸油管路中的压力损失（如及时清洗过滤器或更换滤芯等）。对于自吸能力差的泵需用辅助泵供油。

思考与练习

1. 传动装置分为哪几大类？举例说明。

2. 何谓液压传动？液压传动的基本工作原理是怎样的？

3. 液压传动系统有哪些基本组成部分？举例说明各组成部分的作用。

4. 液压传动的工作特性是什么？

5. 和其他传动方式相比较，液压传动有哪些主要优点和缺点？

6. 液压系统中的液压油如果黏度过低将会影响工作性能，为什么会这样？

7. 什么叫压力？何谓绝对压力、相对压力、真空度，三者的关系如何？

8. 试说明连续性原理、能量守恒定律、沿程压力损失、局部压力损失的概念。

9. 液压油的体积为 18 L，质量为 16.1 kg，求此液压油的密度及重度。

10. 某液压油在大气压下的体积是 50 L，当压力升高后，其体积减小到 49.9 L，设液压油的体积模量为 $K=700$ MPa，求压力升高值。

11. 如图 1-22 所示，具有一定真空度的容器用一根管子倒置于液面与大气相通的水槽中，液体在管中上升的高度 $h=1$ m，设液体的密度为 $\rho=1\ 000$ kg/m^3，试求容器内的真空度。

12. 如图 1-23 所示容器 A 中的液体的密度 $\rho_A=900$ kg/m^3，B 中液体的密度为 $\rho_B=1\ 200$ kg/m^3，$Z_A=200$ mm，$Z_B=180$ mm，$h=60$ mm，U 形管中的测压介质为汞，试求 A、B 之间的压力差。

13. 如图 1-24 所示水平截面是圆形的容器，内存 $\rho=900$ kg/m^3 的液体，上端开口，求作用在容器底面的作用力。若在开口端加一活塞，连活塞重量在内，作用力为 30 kN，问容器底面的总作用力为多少？

14. 液体在管中的流速 $v=4$ m/s，管道内径 $d=60$ mm，油液的运动黏度 $\nu=30$ cSt，试确定流态。若要保证其为层流，其流速应为多少？

15. 图 1-25 所示的液压泵的流量 $q=32$ L/min，液压泵吸油口距离液面高度 $h=500$ mm，吸油管直径 $d=20$ mm。粗滤网的压力降为 0.01 MPa，油液的密度 $\rho=900$ kg/m^3，油液的运动黏度为 $\nu=20$ cSt，求液压泵吸油口处的真空度。

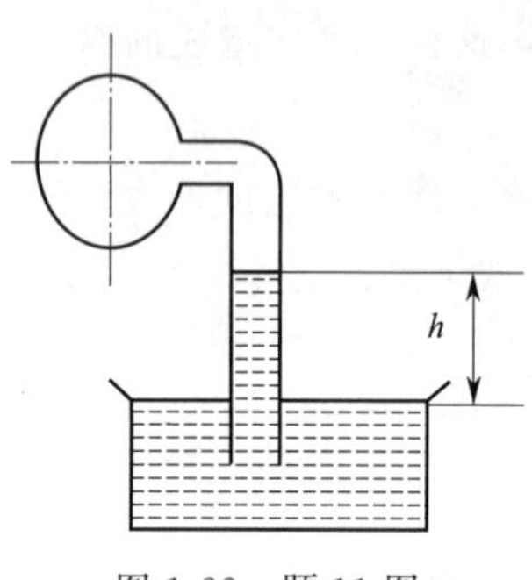

图 1-22　题 11 图

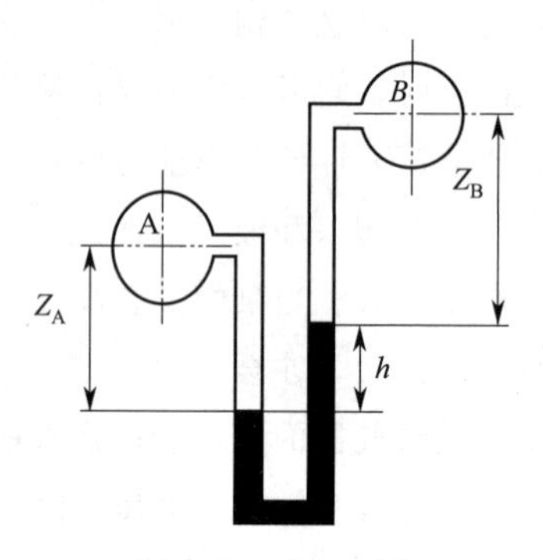

图 1-23　题 12 图

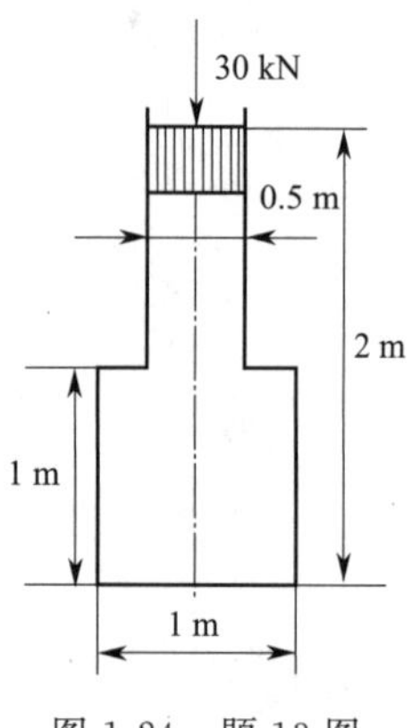

图 1-24　题 13 图

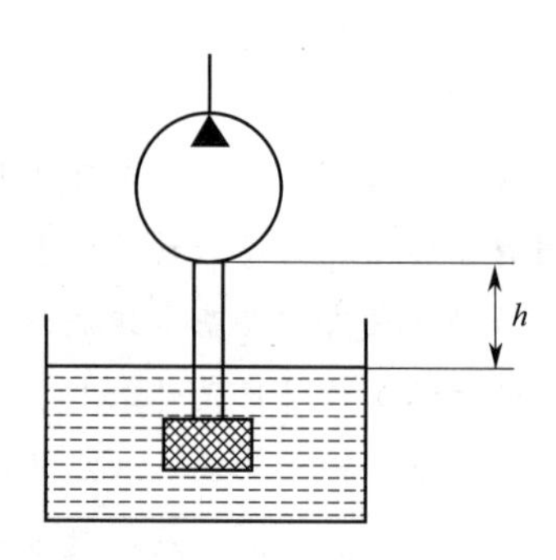

图 1-25　题 15 图

16. 运动黏度 $\nu=40$ cSt 的油液通过水平管道，油液密度 $\rho=900$ kg/m^3，管道内径 $d=10$ mm，$l=5$ m，进口压力 $p_1=4.0$ MPa，问流速为 3 m/s 时，出口压力 p_2 为多少？

17. 有一薄壁节流小孔，通过的流量 $q=25$ L/min 时，压力损失为 0.3 MPa，试求节流孔的通流面积。设流量系数 $C_d=0.61$，油液的密度 $\rho=900$ kg/m^3。

单元 2 液压动力元件认知与实践

知识目标

课 件

液压动力元件认知与实践

1. 掌握液压泵工作原理及职能符号；
2. 理解液压泵主要技术参数、物理含义及与元件选型相关的计算；
3. 掌握齿轮泵结构及工作原理，了解齿轮泵的结构特点；
4. 了解单作用叶片泵及双作用叶片泵的结构及工作原理，掌握恒压变量的工作原理；
5. 掌握斜盘式轴向柱塞泵的结构及工作原理、使用注意事项；
6. 了解斜轴式柱塞泵的结构及工作原理；
7. 了解液压泵特性曲线的物理意义。

能力目标

1. 具备识别各类常见液压泵的能力；
2. 具备识读常见液压泵产品样本参数及铭牌参数的能力；
3. 初步具备根据简单工况要求正确对液压泵进行选型的能力；
4. 具备辨别常见液压泵旋向与吸、排油口位置的能力；
5. 初步具备常见液压泵的正确安装调试能力。

2.1 液压动力元件认知

2.1.1 液压动力元件概述

液压动力元件即液压泵，是液压传动系统中的动力装置，是能量转换元件；液压泵由原动机（电动机或内燃机等）驱动，把输入的机械能转换成液体的压力能输出到系统中，为执行元件提供动力。液压泵是液压传动系统的核心元件，其性能好坏将直接影响系统性能及系统是否正常可靠工作。液压系统能量转换原理示意图如图 2-1 所示。

1. 液压泵的分类及符号

液压泵按排量是否可调，分为定量泵与变量泵两大类；排量不可调的液压泵称为定量泵，排量可调的液压泵称为变量泵。按液压泵的机械结构来划分，有齿轮泵、叶片泵、柱塞泵和螺杆泵等。液压泵的职能符号如表 2-1 所示。

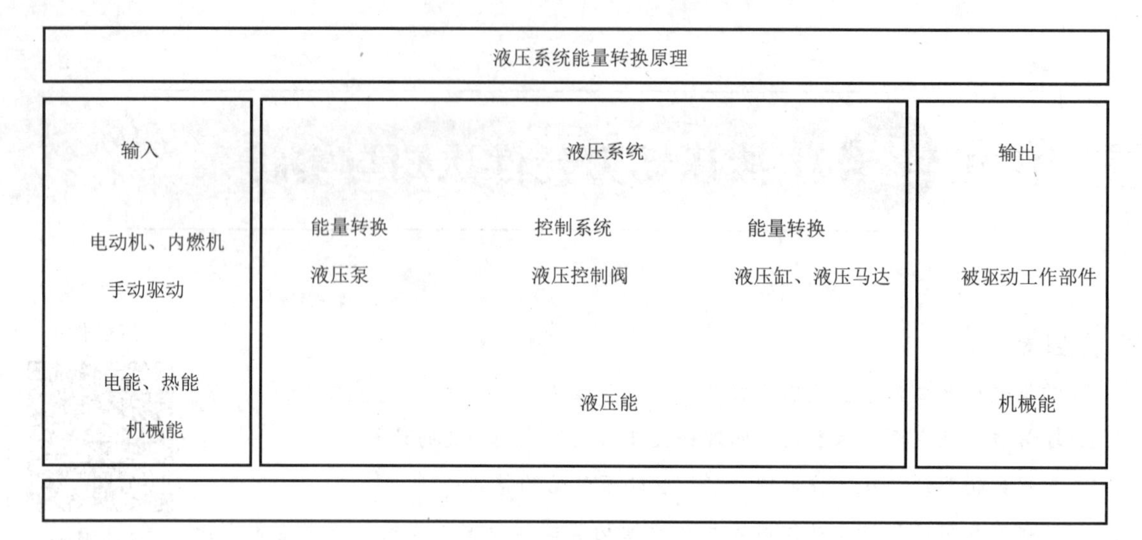

图 2-1 液压系统能量转换原理示意图

表 2-1 液压泵的职能符号

定量泵		变量泵	
单向定量泵	双向定量泵	单向变量泵	双向变量泵

液压泵的旋转方向：液压泵既可以被设计成左旋或右旋式，也可被设计成旋向可变式。常见的液压泵通常都是单向旋转的，这是由泵的内部结构所决定的。而在使用液压泵时，必须注意正确的旋转方向。如果持续以错误的转向运行，液压泵就会发生故障，甚至可能彻底报废。

液压泵的型号中，清晰地标明了旋转的方向。右旋通常在泵的型号中用 R 表示，右旋泵是指从液压泵动力输入轴的末端观察，泵轴顺时针旋转；左旋通常在泵的型号中用 L 表示，左旋泵是指从液压泵动力输入轴的末端观察，泵轴逆时针旋转。电动机做原动机的装置，直接看电动机冷却风扇的旋向即可。

使用注意事项：液压站首次启动调试，或维修三相驱动电动机后，首先要观察液压泵的旋向是否正确。

2. 液压泵的工作原理

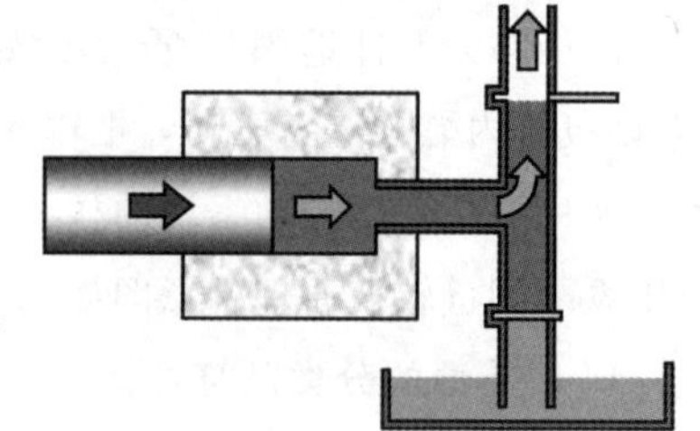

图 2-2 容积式液压泵的工作原理图

液压泵是靠密封容腔容积的变化来工作的。图 2-2 所示为容积式液压泵的工作原理图。柱塞在泵体内往复运动时，泵体内孔与柱塞外圆之间有良好的配合精度，使柱塞在泵体内孔中作往复运动时基本没有油液泄漏。柱塞左移时，泵体中密封工作腔的容积变大，产生真空，油箱中的油液便在大气压力作用下通过吸油阀吸入泵内，实现吸油；柱塞右移时，泵体中密封工作腔的容积变小，油液受挤压，通过压油阀输出到系统中去，实现压油。柱塞持续往复运动，液压泵就会不断地完成吸油和压油动作，因此就会连续不断地向液压系统供油。

容积式泵的特点：

（1）具有一个或多个密封容积；

（2）密封容腔的大小周期性变化；

（3）具有与周期性变化密封容积相协调的配流装置。

3. 液压泵的主要性能参数

液压泵主要性能参数是指液压泵的压力、排量和流量、功率和效率等。

1）压力

液压泵的压力参数主要是工作压力和额定压力。

（1）工作压力 p：液压泵工作压力是指液压泵在实际工作时输出油液的压力值，即泵输出口处压力值，又称系统压力。此压力取决于系统中阻止液体流动的阻力（主要是负载）。负载增大，工作压力升高；反之，则工作压力降低。液压泵的最高工作压力是由组成泵的机械结构和密封结构等决定的，随着泵的工作压力的提高，它的泄漏量增大，效率降低。

（2）额定压力：它是指液压泵在正常工作条件下，按试验标准规定连续运转的最高压力。是在保证液压泵的容积效率、使用寿命和额定转速的前提下，泵连续运转允许使用的压力最大限定值。

（3）液压泵的最大工作（允许）压力：它是指泵在短时间内所允许超载使用的极限压力，它受泵本身密封性能和零件强度等因素的限制；例如某公司规定该公司 A17FO 系列液压泵额定压力为 300 bar，最大压力为 350 bar；该系列泵最大压力每次允许运行 5～6 s（不同产品，要求不一样），累计不超过 50 h。液压泵压力与负载关系及最大工作压力与时间关系图如图 2-3 所示。各类常见液压泵部分参数如表 2-2 所示。

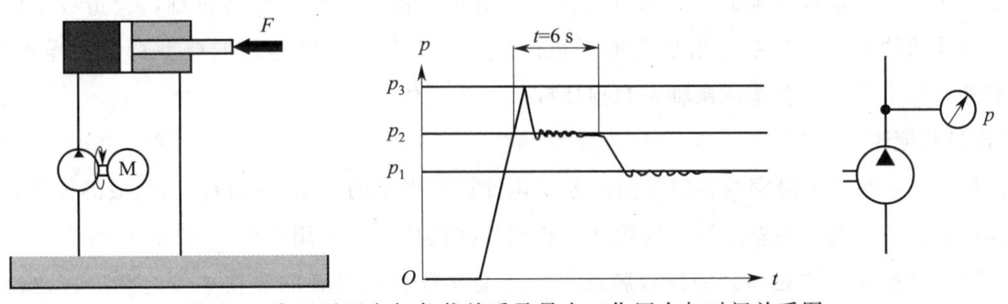

图 2-3　液压泵压力与负载关系及最大工作压力与时间关系图

表 2-2　各类常见液压泵部分参数

性能种类	额定压力/bar	转速范围/(r/min)	额定排量/(ml/rev)	定量/变量
外啮合齿轮泵	最高 280	500～6 000	1～100	定量
内啮合齿轮泵	最高 350	200～4 500	1.7～140	定量
叶片泵	最高 290	600～1 800	0.5～193	定量/变量
径向柱塞泵	最高 700	1 000～3 400	0.4～1 000	定量/变量
斜轴式轴向柱塞泵	最高 400	500～5 600	5～1 000	定量/变量
斜盘式轴向柱塞泵	最高 450	500～4 300	10～1 000	定量/变量

（4）吸油压力：它是指泵的吸油口处的压力。泵的吸油压力是一个范围，一般泵的最低吸油压力用该泵吸油口的最低允许绝对压力表示。吸油压力越低，越不利于泵的吸油。泵的吸油压力也不是越高越好，高于泵的最高吸油压力工作，容易造成泵的密封故障或其他故障。当液压泵样本没有明确要求时，约为绝对压力 0.7～0.8 bar，该推荐的最低值与液压泵的结构有关。该值的测量位置如图 2-4 所示，真空表距液压泵吸油口越近越好。为了满足液压泵吸油压力需求，液压泵吸油管要尽量短，并且要保证吸油管油液流速不大于 1 m/s。

（5）泄油口压力：液压泵和液压马达具有泄油口，一般需用管路单独连通到油箱。与泵的结构有关，齿轮泵没有泄油口。但几乎所有液压马达都有泄油口，含齿轮马达。卸油管路最大的背压值，约为绝对压力 2 bar 或表压力 1 bar。泄油压力大小与生产厂家及结构相关。需要强调的是，泄油管路应保证泵壳体内始终充满液压油，以保证液压泵的正常润滑及冷却。测量液压泵泄油口压力表安装位置示意图如图 2-5 所示。

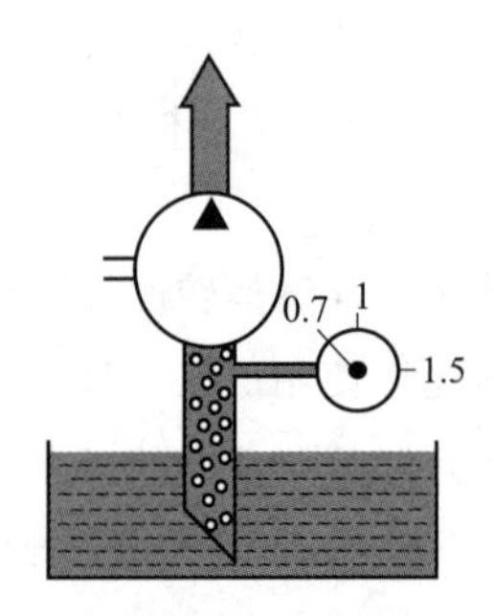

图 2-4 液压泵吸油压力测量位置示意图

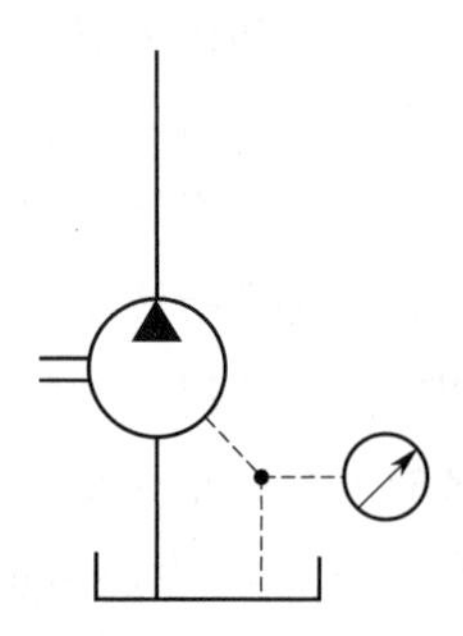

图 2-5 测量液压泵泄油口压力表安装位置示意图

使用注意事项：任何情况下，要求泵的工作压力小于或等于泵的额定压力，也就是液压泵不能超载使用；否则会造成液压泵的不可修复性损坏。液压泵的吸油管过长或过细，会造成泵的吸油压力过低，吸油滤油器堵塞，泵会出现吸油不足现象，这时液压系统运行的典型特征是噪声非常大。液压泵泄油口压力超压，会造成泵轴密封损坏或液压泵壳体开裂。

2）排量和流量

（1）排量 V：它是由泵密封容腔几何尺寸变化计算而得到的液压泵每转排出油液的体积，即在不考虑泄漏的情况下，泵的主轴每转一转理论上排出液体的体积，常用的单位为 ml/rev。

（2）理论流量 q_t：它是由泵密封容腔几何尺寸变化计算而得到的泵在单位时间内排出液体的体积，它等于排量 V 和转速 n 的乘积，测试中常以零压下的流量表示，即

$$q_t = V \cdot n \tag{2-1}$$

（3）实际流量 q：它是泵工作时的输出流量，这时的流量必须考虑到泵的泄漏。理论流量减去因泄漏损失的流量 Δq，即

$$q = q_t - \Delta q \tag{2-2}$$

通常 Δq 称为泵的容积损失，是由泵的内泄漏而产生的，它随着泵工作压力的升高而增大。

（4）额定流量 q_n：它是泵在额定转速和额定压力下的输出流量。

实际流量 q 和额定流量 q_n 都小于理论流量 q_t。

（5）容积效率 η_{pv}：实际上，液压泵在工作中是有能量损失的，因泄漏而产生的损失是容积损失。容积效率是对液压油泄漏损失的一种度量。被液压泵吸入的一部分液压油会在泵体本身的内部产生损耗，如内部泄漏。例如在齿轮泵中，液压油会经齿廓间隙和轴套部位而产生泄漏。由于存在这些容积损失，因而降低了液压泵的流量，并继而降低了液压泵的输出功率。容积效率是提供给液压系统的实际流量与理论流量之比，即

$$\eta_{pv}=\frac{q}{q_t} \tag{2-3}$$

当流量 q 单位为 L/min，排量 V 单位为 ml/rev，转速 n 单位为 r/min 时，

$$q=\frac{V\cdot n\cdot \eta_{pv}}{1\ 000} \tag{2-4}$$

由于各种结构液压泵内零件之间间隙很小，泄漏油液的流态可以看作层流，所以泄漏量 Δq 和泵工作压力 p 成正比关系。对于没有间隙补偿的液压泵，压力越高，泄漏量越大。

3）功率和效率

液压泵的输入能量为机械能，机械能参数为转矩 T 和转速 n；液压泵的输出能量为液压能，液压参数为压力 p 和流量 q。

（1）理论功率 P：它等于泵的理论流量 q_t 与泵进出口压差 Δp 的乘积，即

$$P=q_t\cdot \Delta p \tag{2-5}$$

考虑单位换算，当功率 P 单位为 kW，理论流量 q_t 单位为 L/min，压差 Δp 单位为 bar 时，

$$P=\frac{q_t\Delta p}{612} \tag{2-6}$$

由于泵的吸油压力很小，近似为零，所以在很多情况下，泵进出口压差可用其出口压力来代替。

（2）输入功率 P_i：它是实际驱动泵轴所需要的机械功率，其中 n 为转速，T 为扭矩，即

$$P_i=2\pi n\cdot T \tag{2-7}$$

（3）输出功率 P_o：它是用泵实际输出流量 q 与泵进出口压差 Δp 的乘积来表示，即

$$P_o=q\cdot \Delta p \tag{2-8}$$

当忽略能量转换及传递过程中的损失时，液压泵的输出功率应该等于输入功率。液压泵在工作中，因机械摩擦而产生的损失是机械损失。

（4）机械效率 η_{pm}：又称机械-液压效率，机械效率 η_{pm} 是泵所需要的理论转矩 T_t 与实际转矩 T 之间的比值。也等于理论功率与实际输入功率的比值。机械效率是对于因摩擦而引起损失的一种度量。在一个系统中，相对运动的表面相互接触时，就会产生摩擦，比如在轴承中，或者在液压油与液压泵的密闭空间之间。由于存在这些摩擦损失，因而需要比理论转矩更大的驱动转矩才能使液压泵运转起来。机械-液压效率等于理论驱动转矩与实际驱动转矩的比值。相同的比值关系，对于驱动功率也同样适用。

$$\eta_{pm}=\frac{T_t}{T}=\frac{P_t}{P_i} \tag{2-9}$$

考虑单位换算，排量 V 单位为 ml/rev，压差 Δp 单位为 bar，扭矩 T 单位为 N·m 时

$$T=\frac{1.59\cdot V\cdot \Delta p}{100\cdot \eta_{pm}} \tag{2-10}$$

（5）总效率 η_p：泵的总效率是泵输出功率 P_o 与输入功率 P_i 之比。为了计算液压泵的总效率，必须考虑其中的各种损失，包括容积损失和机械-液压损失。因此，总效率必然会比这两个效率中的

任何一个都小。总效率应该等于两个分效率的乘积。因此，液压泵的总效率，就等于容积效率 η_{pv} 与机械效率 η_{pm} 之积，即

$$\eta_p=\frac{P_o}{P_i}=\eta_{pv}\cdot\eta_{pm} \tag{2-11}$$

考虑单位换算，功率 P 单位为 kW，压差 Δp 单位为 bar，扭矩 T 单位为 N·m，转速 n 单位为 r/min，流量 q 单位为 L/min，

$$P_i=\frac{2\pi\cdot T\cdot n}{60\ 000}=\frac{T\cdot n}{9\ 549}=\frac{q\cdot\Delta p}{612\cdot\eta_p} \tag{2-12}$$

液压泵的容积效率 η_{pv}、机械效率 η_{pm}、总效率 η_p、理论流量 q_t、实际流量 q 和实际输入功率 P_i 与工作压力 P 的关系曲线如图 2-6 所示。它是液压泵在特定的介质、转速和油温等条件下通过实验得出的。由图 2-6 可知，液压泵在零压时的流量即为 q_t。由于泵的泄漏量随压力的升高而增大，所以泵的容积效率 η_{pv} 及实际流量 q 随泵的工作压力的升高而降低，压力为零时的容积效率 $\eta_{pv}=100\%$，这时的实际流量 q 等于理论流量 q_t，总效率 η_p 开始随压力 p 的增大很快上升，接近液压泵的额定压力时，总效率 η_p 最大，之后逐步降低。由容积效率和总效率这两条曲线的变化，可以看出机械效率 η_{pm} 的变化情况。泵在低压时，机械摩擦损失在总损失中所占的比重较大，所以机械效率 η_{pm} 很低。随着工作压力的提高，机械效率很快上升，在达到某一值后，机械效率大致保持不变，从而表现出总效率曲线几乎和容积效率曲线平行下降的变化规律。

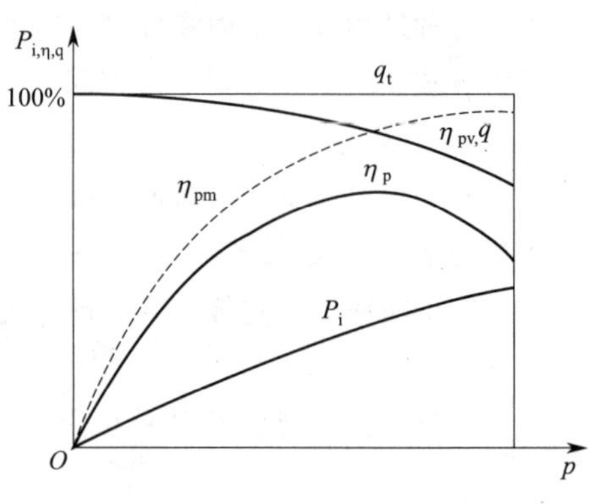

图 2-6　液压泵性能曲线图

由图 2-6 可知，效率并不是一个恒定值。液压泵的效率取决于液压泵两端的压差。在以上的图表中，可以根据已知的三种效率，把它们与压差之间的关系绘制成三根曲线，并加以比较。

机械效率在小的压差下较低，摩擦损失则相对于所提供的功率而言则比较高。随着压差的增加，摩擦损失几乎没有增大，但有效功率急剧增大，因此效率将会上升。根据液压泵的不同结构，其效率特性可在较大范围内保持相对稳定；效率会在达到最大值之后降低。通过求得两个分效率的乘积，就能直接得到每个压差值下的总效率曲线。

2.1.2　齿轮泵

齿轮泵是一种常用的液压泵。它的主要特点是结构简单、成本低、价格低廉、体积小、质量小、自吸性能好、对油液污染不敏感和工作可靠等。其主要缺点是流量和压力脉动大、噪声大、排量不可调节。定量泵的典型实例是外啮合齿轮泵。它广泛应用于各种低压系统中。但随着齿轮泵在结构上的不断改进完善，它也用于采矿、冶金、建筑、农林等机械的中压液压传动系统中。

齿轮泵按齿形曲线的不同可分为渐开线齿形和非渐开线齿形两种；按齿轮啮合形式的不同可分为外啮合和内啮合两种。外啮合齿轮泵应用较广，下面主要介绍它的工作原理、结构特点和性能。

1. 外啮合齿轮泵的结构

外啮合齿轮泵作为定量泵，经常用于行走机械和工业液压系统。外啮合齿轮泵除了具有特殊的结构外，还符合液压系统的各种常见要求；而且，它的技术规格范围也非常大。某公司 AZPF 型齿轮泵的部分技术参数见表 2-3。

表 2-3 外啮合齿轮泵排量、压力及转速

排量/(ml/rev)	额定压力/bar	转速范围/(r/min)
1～63	280	300～4 000

外啮合齿轮泵主要由泵体（中间体）1、前端盖 2、主动齿轮 3、轴套 4 和 5、后端盖 6、前端盖密封圈 7、从动齿轮 8、端盖静密封圈 9、含油轴承 10、轴套密封圈 11 等零部件组成。S 为吸油口，P 为排油口。泵体一般以铝材拉拔而成，这种齿轮泵通常额定工作压力为 16 MPa；也有齿轮泵泵体材质为球墨铸铁，这种齿轮泵通常额定工作压力一般可以达到 20 MPa。外啮合齿轮泵的结构示意图如图 2-7 所示。

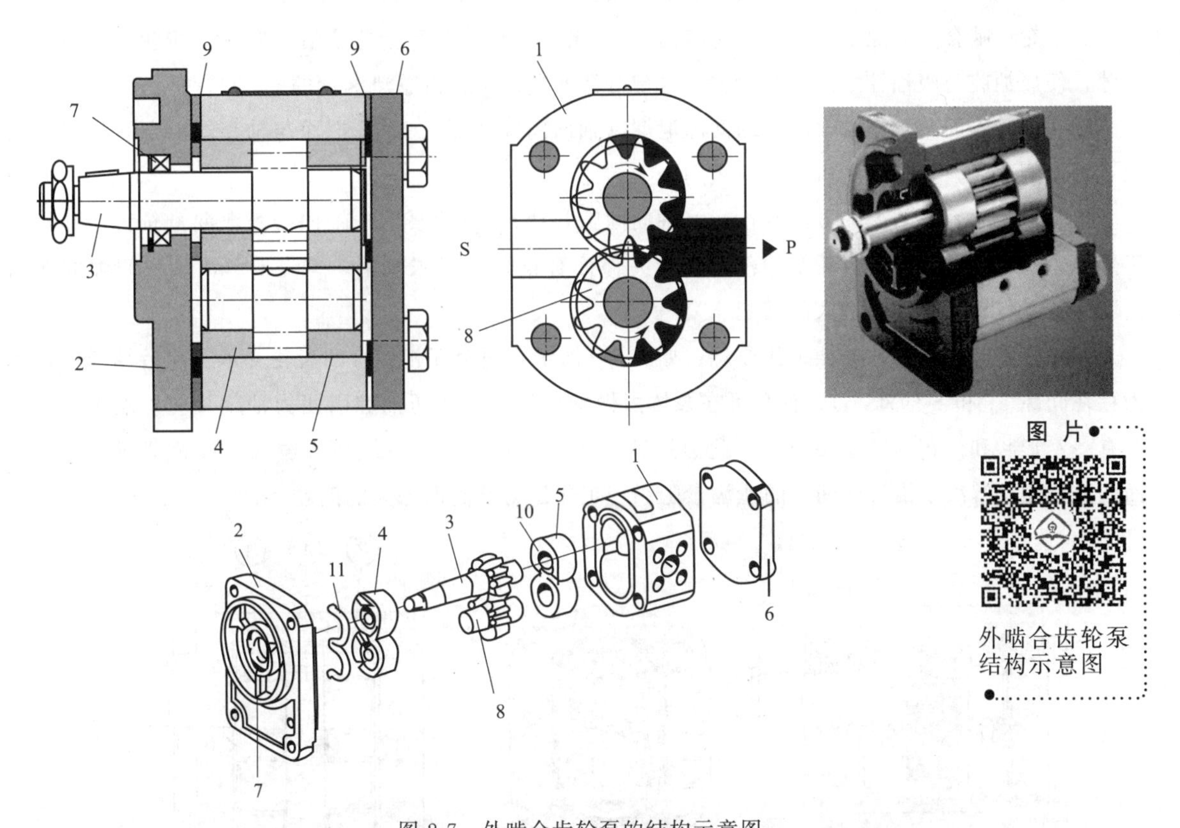

图 2-7 外啮合齿轮泵的结构示意图

1—泵体；2—前端盖；3—主动齿轮；4，5—轴套；6—后端盖；7—前端盖密封圈；
8—从动齿轮；9—端盖静密封圈；10—含油轴承；11—轴套密封圈

2. 外啮合齿轮泵的工作原理

如图 2-8 所示，外啮合齿轮泵轮齿啮合线、齿轮齿顶与泵体内孔之间的间隙、齿轮端面与轴套端面之间的间隙将外啮合齿轮泵内腔分成吸油区和压油区两个区域，当左边齿轮顺时针旋转时，齿轮泵下部吸油区油液通过齿间被输送至泵体上部排油区。齿轮泵工作原理：当一对轮齿脱离啮合时，密封容腔由小变大，吸油；当一对轮齿进入啮合时，密封容腔由大变小，排油；当齿轮不断地旋转时，齿轮泵就不间断地吸油和压油。一旦齿轮泵排油端的液流受迫必须克服某种阻力，比如提升某一重物，其排油口的压力就会上升。

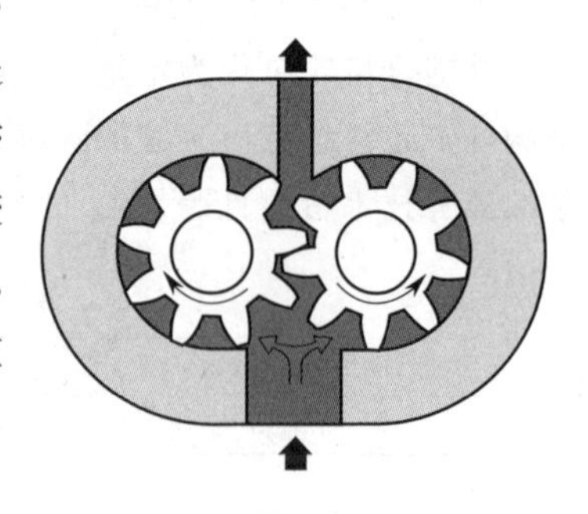

图 2-8 齿轮泵工作原理示意图

3. 外啮合齿轮泵的结构特点

1）内泄漏

齿轮泵中组成密封工作容积的零件做相对运动，即一对啮合齿轮开始旋转，其各处间隙产生的泄漏影响齿轮泵的性能。外啮合齿轮泵压油腔的压力油主要通过三条途径泄漏到低压腔中去。

（1）泵体内表面和齿轮齿顶径向间隙的泄漏（径向间隙泄漏）：由于齿轮转动方向与泄漏方向相反，压油腔到吸油腔通道较长，径向间隙泄漏量占总泄漏量的15%左右。

（2）轮齿啮合处间隙的泄漏（啮合线泄漏）：出于齿形误差等会造成沿齿宽方向接触不好而产生间隙，使压油腔与吸油腔之间造成泄漏，这部分泄漏量很少，占总泄漏量的5%左右。

（3）齿轮端面与轴套端面之间的间隙泄漏（轴向间隙泄漏）：齿轮端面与轴套端面之间的间隙较大，轴向间隙泄漏量最大，占总泄漏量的80%左右。

提高齿轮泵容积效率的方法及途径（轴向间隙补偿）：齿轮泵由于轴向间隙泄漏量较大，其额定工作压力不高，要想提高齿轮泵的额定压力并保证有较高的容积效率，首先要解决轴向间隙的泄漏量随系统工作压力升高而增大的问题。

齿轮泵轴向间隙自动补偿工作原理：如图 2-9 所示，两个互相啮合的齿轮支承在前后轴套上，因为存在间隙 S_1 和 S_2（很小），轴套可在泵体内做轴向浮动。从压油腔引压力油至轴套外端面，作用在有一定形状和面积的轴套端面上，此力把轴套压向齿轮端面，系统压力越高，齿轮端面与轴套端面间隙越小。解决了沿端面间隙的泄漏量随系统工作压力升高而增大的问题。

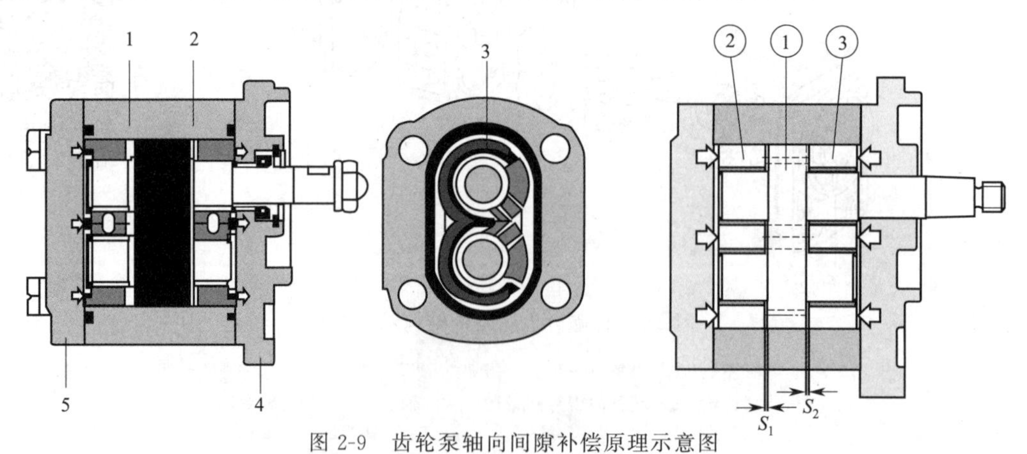

图 2-9 齿轮泵轴向间隙补偿原理示意图

1，2—轴向泄漏间隙；3—轴向间隙补偿压力油作用区域；4—前端盖；5—后端盖；
①—主动齿轮；②—后轴套；③—前轴套

2）径向不平衡力

在外啮合齿轮泵中，由于在压油腔和吸油腔之间存在着压差，在泵体内表面与齿轮齿顶之间存在着径向间隙，压油腔压力逐渐分级下降到吸油腔压力，这些液体压力对齿轮轴的合力就是作用在齿轮轴上的径向不平衡力。

图 2-10 所示为齿轮泵径向不平衡力产生原因及分布示意图。作用在泵轴上的径向不平衡力，能使齿轮轴弯曲，从而引起齿顶与泵体相接触，从而降低了轴承的使用寿命，这种危害会随着齿轮泵压力的提高而加剧，所以应采取措施尽量减小径向不平衡力，其方法如下：

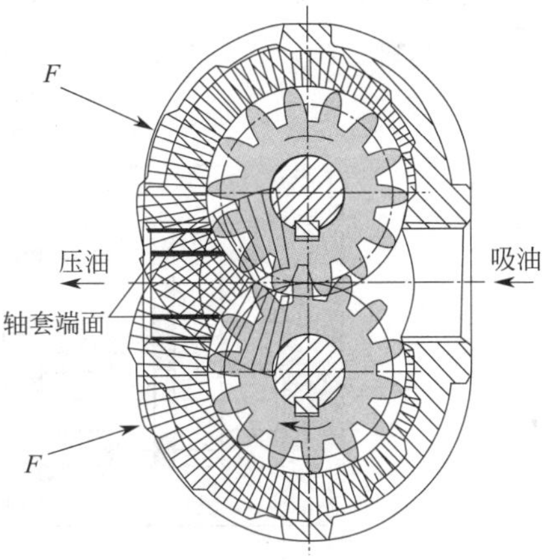

图 2-10　齿轮泵径向不平衡力产生原因及分布示意图

（1）缩小压油口的直径，这样压力油作用于齿轮上的面积减小，径向不平衡力也就相应地减小。

（2）通常为减小径向不平衡力，在设计轴套时，在轴套上特定部位开槽，沿圆周方向引压力油至距吸油口两个齿顶处，使径向力自己平衡掉一部分，从而达到减小齿轮泵径向不平衡力的目的，如图 2-11 所示。

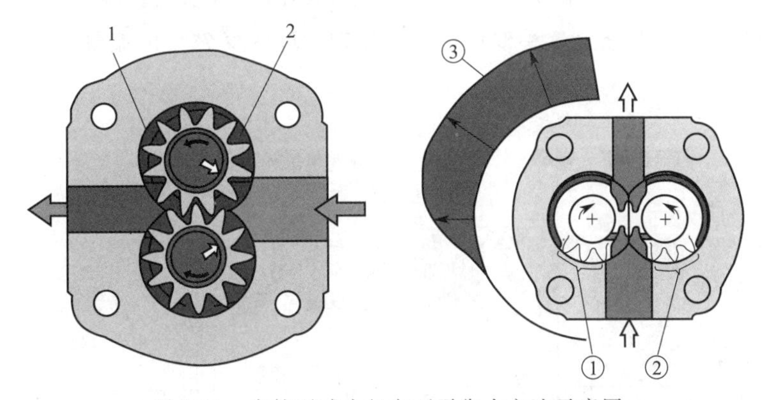

图 2-11　齿轮泵减小径向不平衡力方法示意图

1—压力油区域；2—径向间隙密封区域；

①，②径向间隙密封区域；③—径向不平衡力作用区域

3）流量脉动

根据齿轮啮合原理可知，齿轮在啮合过程中由于啮合点位置不断变化，吸、排油腔在每一瞬时的容积变化率是不均匀的，所以齿轮泵的瞬时流量是脉动的。齿数越多，脉动越小。齿轮泵流量与时间关系示意图如图 2-12 所示。

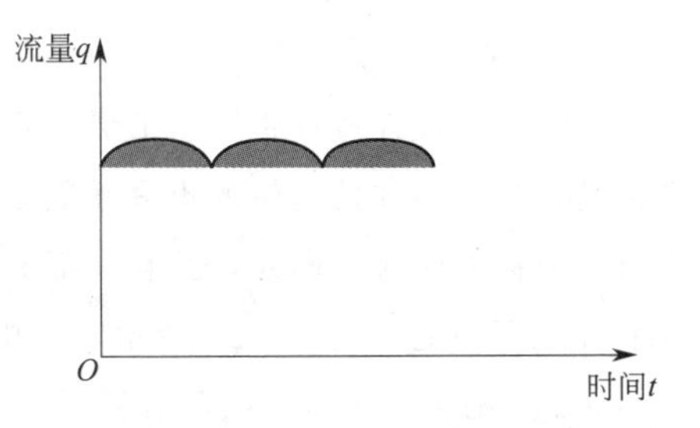

图 2-12　齿轮泵流量与时间关系示意图

流量脉动危害：流量脉动越大，噪声就越大。

降低齿轮泵流量脉动方法 1：如图 2-13 所示，在不改变齿轮泵排量、额定工作压力、齿轮齿数的前提下，将齿轮泵一对啮合齿轮改为两对，且两对齿轮的啮合角度相差一定的相位。改造后，一方面，流量脉动频率的加倍是缺点；另一方面，脉动的振幅则显著降低（从 14.3%降为 3.6%），从而使噪声得以大大降低。很显然，这种低噪声齿轮泵的成本增加了。一般用于电动叉车等设备。

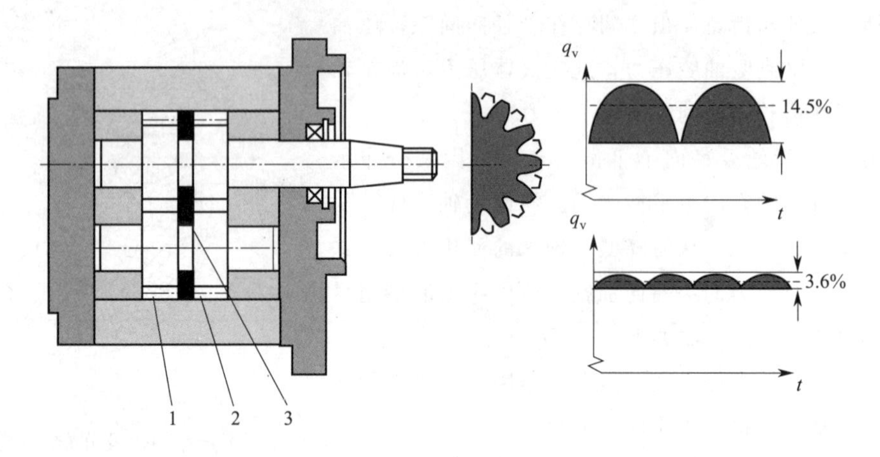

图 2-13 低噪声齿轮泵结构示意图

1—后被动齿轮；2—前被动齿轮；3—中间轴套

降低齿轮泵流量脉动方法 2：在所谓静音齿轮泵中，如图 2-14 所示。齿形做了改动，没有了齿侧间隙，由前后齿廓交替产生排量。这种双齿廓排量原理，可减少 75%的流量脉动。从而降低了齿轮泵工作噪声。

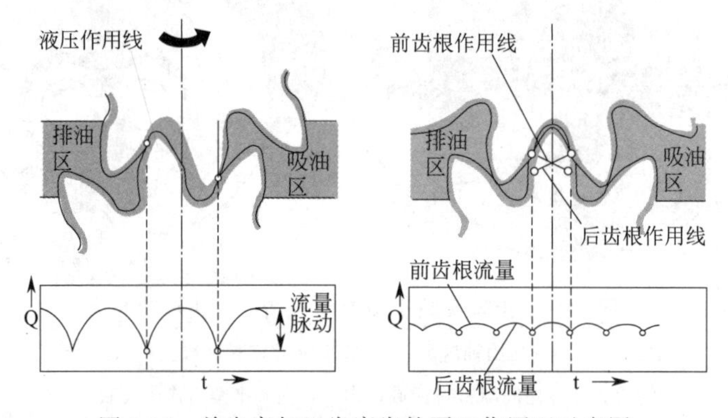

图 2-14 单齿廓与双齿廓齿轮泵工作原理示意图

4）困油现象

在齿轮泵设计过程中，为了保证吸、排油腔彻底隔开，并根据齿轮的啮合原理，要使啮合齿轮平稳地运转，必须使齿轮的重叠系数 $\varepsilon>1$（一般取 $\varepsilon=1.05\sim1.3$），即在齿轮泵部分工作时间会有两对轮齿同时啮合，因此，就有一部分油液困在两对轮齿所形成的封闭容腔之内，此封闭腔与吸、排油腔互不相通，如图 2-15 所示，图中 A、B 为啮合点，a 为两卸荷槽之间的距离，p 为两啮合点距离，α 为啮合角。这个封闭容腔的容积先随齿轮转动逐渐减小［由图 2-15(a)到图 2-15(b)］，之后又逐渐增大［由图 2-15(b)到图 2-15(c)］。封闭容积的减少会使被困油液受挤压而产生高压，并从缝隙中流出，导致油液发热，轴套等部件也受到附加的不平衡负载作用；封闭容积的增大又会造成局部真空，使溶于油液中的气体分离出来，产生空穴，这就是齿轮泵的困油现象。困油现象使齿轮泵产生强烈的噪声并引起振动和气蚀，降低泵的容积效率，影响工作平稳性，缩短使用寿命。

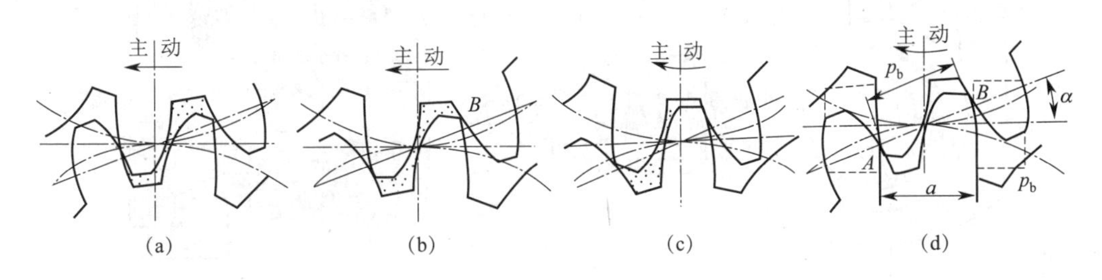

图 2-15　齿轮泵困油现象原理图

消除困油的方法通常是在两端轴套各开一对卸荷槽，当密封容积由大变小时，使密封容腔借助卸荷槽与压油腔相通。当密封容积由小变大时，使其借助卸荷槽与吸油腔相通，如图 2-16 所示。

图 2-16　密封容腔及卸荷槽示意图

1—密封容腔；2—低压卸荷槽

2.1.3　叶片泵

叶片泵有结构紧凑、流量均匀、噪声小、运转平稳等优点，被广泛地应用于中、低压液压传动系统中。叶片泵存在结构复杂、吸油能力差、对油液污染比较敏感等缺点。这种液压泵在机床制造业得到了广泛应用。

叶片泵按其结构来分有单作用式和双作用式两大类。转子每转一周一次吸排油称为单作用叶片泵，主要做变量泵；转子每转一周两次吸排油称为双作用叶片泵，主要做定量泵。双作用式叶片泵的径向力平衡，流量均匀，使用寿命长，有其独特的优点。

1. 限压式单作用叶片泵（内反馈）

1）限压式单作用叶片泵（内反馈）结构

如图 2-17 所示，限压式单作用叶片泵（内反馈）一般由转子 1、叶片 2、定子 3、密封容积 4、排量设定螺钉 5、噪声调节螺钉 6、压力设定弹簧 7、压力设定螺钉 8、泵体 9、配流盘 10、前盖 11、泄漏补偿盘 12、传动轴 13 等组成。吸油口 S、排油口 P 和泄漏端口 L 都位于泵体上。

转子外表面、定子内表面及相邻两叶片之间组成若干个限压式单作用叶片泵（内反馈）的密封容积。密封容积 4 是其中的一个。

限压式单作用叶片泵的结构特点：一是定子与转子偏心布置；二是定子内表面为圆柱形；三是定子的中心是浮动的，转子的中心是固定的。

转子可在定子内旋转，转子的径向槽内各包含可自由移动的叶片，定子可在水平方向自由移动。系统的工作压力通过液压油、经内部流道传输到叶片的根部，因而将这些叶片压紧于定子的内表面上。产生流量所需的密闭容腔，由转子、定子和这些叶片本身所构成——由此起名为“叶片”泵。

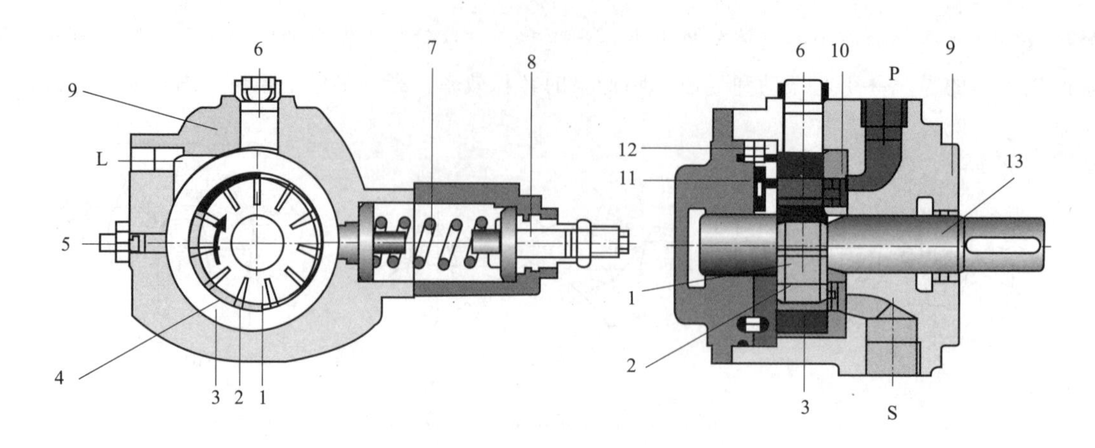

图 2-17 限压式单作用叶片泵结构图

1—转子；2—叶片；3—定子；4—密封容积；5—排量设定螺钉；6—噪声调节螺钉；7—压力设定弹簧；8—压力设定螺钉；9—泵体；10—配流盘；11—前盖；12—泄漏补偿盘；13—传动轴

图 片

单作用叶片泵结构示意图

2）限压式单作用叶片泵（内反馈）工作原理及特点

（1）限压式单作用叶片泵（内反馈）工作原理。限压式单作用叶片泵（内反馈）工作原理示意图如图 2-18 所示，传动轴带动转子顺时针旋转，当转子达到一定转速时（一般为 500 r/min 以上），叶片在离心力的作用下甩出，同时叶片根部也受来自相应工作口油液的作用，将叶片紧贴在定子的内表面上。

由于定子和转子在定位时存在某一偏心距，在传动轴带动转子旋转的整个过程中，密闭容积的大小会持续发生改变。

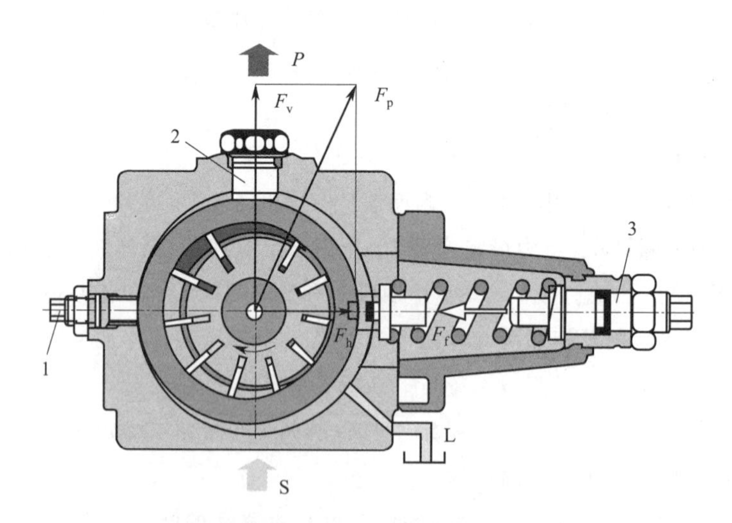

图 2-18 限压式单作用叶片泵工作原理示意图

1—排量调节螺钉；2—噪声调节螺钉；3—临界压力调节螺钉

当转子顺时针转动时，下部区域的密封容腔逐渐扩大，形成局部真空，由于配流盘的作用，油液在大气压力作用下，从泵的吸油口 S 进入配流盘的吸油窗口来填充扩大了的密封容腔，这就是泵的吸油过程。

随着旋转的继续，密闭容积的体积开始减小，油液被迫通过配流盘的开口、并经叶片泵排油口 P 排出液压泵外。这就是泵的排油过程。

利用图中三只调节螺钉和一根预紧弹簧，就可以调节定子的位置。这三只螺钉组合在一起，可以设置液压泵的最大工作压力、最大排量和噪声等级。螺钉 2 为噪声调节螺钉，用于调节定子的中心高，当定子中心与转子中心在一条水平线时，泵的噪声最低。

（2）限压式单作用叶片泵（内反馈）最大排量。叶片泵的排量取决于最小与最大密闭容积之间的差值大小。这个差值，会随着定子与转子之间中心距的增大而增大。由于转子只能旋转，无法自由地产生任何移动；而定子的位置则可以通过排量设定螺钉 1 加以调节。所以限压式单作用叶片泵（内反馈）是变量泵。如图 2-18 所示，泵的排量就达到了最大值。

在液压泵的另一侧，通过一根受压弹簧支撑定子，使其定位。通过压力设定螺钉，可以调节弹簧力的大小。

（3）限压式单作用叶片泵（内反馈）排量的自动调节。在液压泵运行期间，密闭容积内的压力将对定子的内侧产生一个作用力。在图 2-18 中，以矢量形式表示出这个力 F_p。矢量的箭头表示力的方向，而矢量的长度则表示（比例尺选定后）力的大小。将这个作用力分解成水平分量和垂直分量。垂直分量 F_v 与噪声设定螺钉所对应的定子位置有关；而水平分量 F_h 则是代表用于克服受压弹簧所产生的作用力。

当工作压力上升时，作用力 F_p 将增大，因此 F_v 和 F_h 也将增大。F_v的大小受制于噪声设定螺钉 2 的设定位置，因而定子无法在垂直方向上自由移动。一旦水平方向的作用力 F_h达到了受压弹簧的预设值 F_f，定子就开始移向右侧。这一移动会造成最小与最大密闭容积之间的差值减小。在恒定的转速下，液压泵将提供较少的流量。一旦弹簧受压，就需要一个更大的作用力来进一步将其压缩。如果工作压力不上升，F_h 的数值也不增加；这样弹簧就无法被继续压缩，定子将恢复其原来的水平位置。这样，液压泵就能刚好提供液压系统所需要的流量，而没有多余流量。

如果液压系统不需要流量，压力就会上升，直至液压泵所输出的流量刚好等于泄漏流量为止。通过这种方式，就保持了系统工作压力的恒定；即便液压泵的供油压力为零，也能提供润滑和冷却功能。

在多大的压力下定子将迫使弹簧进一步压缩，主要取决于弹簧的预紧力设置。由于液压泵的自动控制功能将在该压力下被启动，因此这个压力又称“控制压力”。通过调节压力设定螺钉 3，就可以调定液压泵的控制压力。

（4）限压式单作用叶片泵（内反馈）的典型工作状态。在图 2-19 中显示了在某一给定的系统工作压力 p_{syst} 下定子所处的位置，只要这个工作压力小于控制压力 p_{AP}，液压泵就产生流量并输送给液压系统。这时液压泵正处在排油工作状态。在该状态下，压力产生的水平分量 F_h 小于压力设定螺钉所设置的弹簧预紧力 F_f。

当泵处于排油状态时，系统压力 p_{syst} 小于控制压力，定子上的水平分量 F_h 小于弹簧的预紧力 F_f

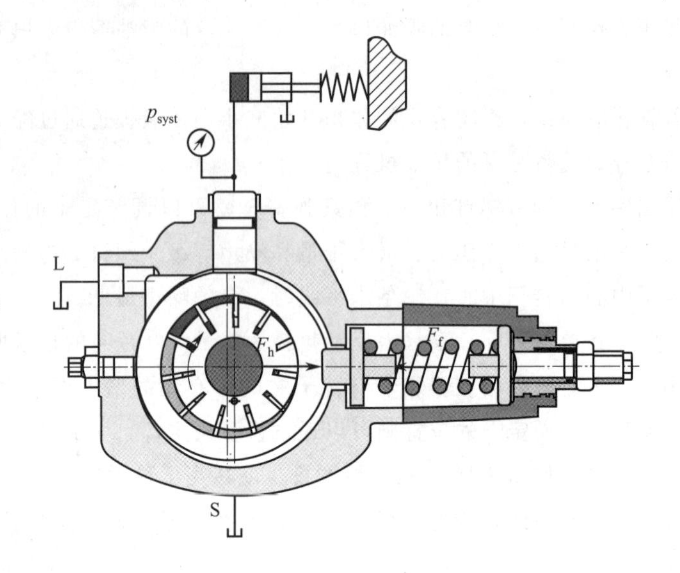

图 2-19　限压式单作用叶片泵（内反馈）排油工作状态示意图

如图 2-20 所示，当系统的工作压力大于控制压力时，定子向右移动，压缩弹簧。此时，压力产生的水平分量 F_h 大于弹簧的预紧力 F_f，定子被迫向右移动，因而使排量减小。当定子到达转子中心附近的某一位置时，液压泵就无法继续为液压系统提供流量，只能维持这个压力值。当流量降为零时，液压系统中的加载装置就无法完成机械运动。在图示的例子中，液压缸已结束其行程运动，无法再进一步产生动作。这时的状态称为零输出状态。在零输出状态，压力产生的水平分量 F_h 大于设定系统压力时所设置的弹簧预紧力 F_f。

当泵处于零输出状态时，系统压力 p_{syst} 大于控制压力，定子上的水平分量 F_h 大于弹簧的预紧力 F_f

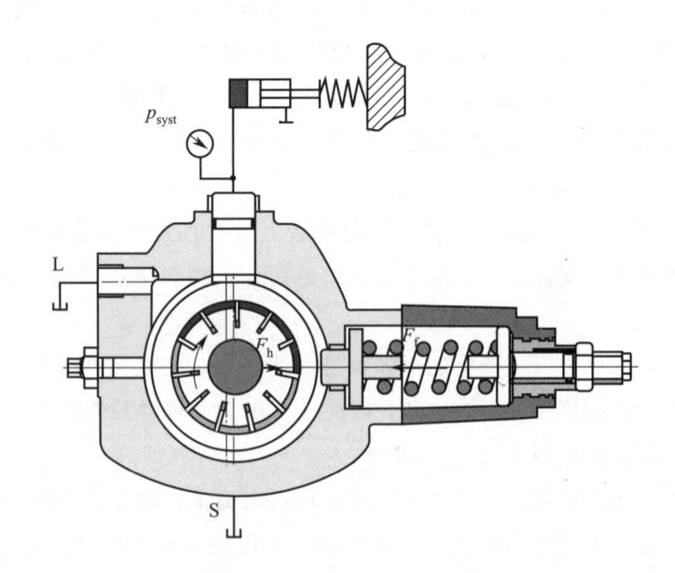

图 2-20　限压式单作用叶片泵（内反馈）零输出工作状态示意图

（5）限压式单作用叶片泵（内反馈）特性曲线。限压式单作用叶片泵特性曲线如图 2-21 所示。当压力达到预设的控制压力 p_{AP} 之前，流量相对保持稳定。可以看到流量略有下降，是由于在较高压力下效率较低的缘故。在这条特性曲线上，对应于控制压力的点，称为“变量起始点”AP。

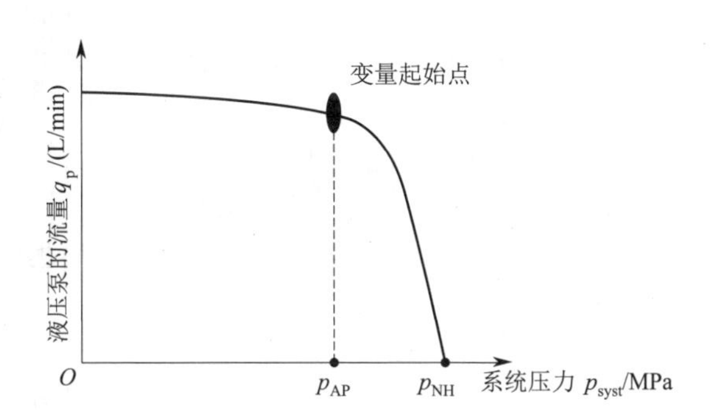

图 2-21　限压式单作用叶片泵特性曲线

当液压泵的工作压力达到控制压力时，定子的偏心距开始减小，密闭容积的体积将缩小。此时，在所谓的“零输出压力” p_{NH} 下，流量会迅速降低为零。在零输出压力下，液压泵将不再有油液进入系统中，液压泵的流量仅为泄漏流量。

内反馈单作用叶片泵能够提供特性曲线上任何压力所对应的流量值。在较低的系统压力下，进入系统的液压泵流量较高；而当压力较高、并高于控制压力时，流量将急剧下降，并最终降为零。

(6) 限压式单作用叶片泵（内反馈）优缺点及使用注意事项。内反馈单作用叶片泵的排量值，可根据系统的需要从最大值到最小值作连续的改变。如果系统不需要流量，内反馈单作用叶片泵就能将排量降到足够低的程度，以满足保持系统的压力和补充泄漏的要求。这样，液压泵的输入功率和液压系统的发热量就会降低，因而减缓了液压油的老化。内反馈单作用叶片泵还有其他一些优点，如：功率密度高，由于流量脉动低而实现了安静运行，具有较长的使用寿命。

由于工作压力通过定子直接作用在弹簧上，因此泵组的结构尺寸受到了限制；而这些方面反过来又限制了排量和最高许用压力的大小。在大尺寸的液压泵中，由于液压油所作用的表面积更大、加之更高的工作压力，因此作用力更大，需要采用较大的非线性受压弹簧。对于液压系统中的压力峰值，这类液压泵也较为敏感。如果采用包含更多零部件的复杂结构设计，则往往会造成泵组的重量上升。这时一般应选择单作用叶片泵（外反馈）。

2. 双作用叶片泵

1）双作用叶片泵结构

如图 2-22 所示，双作用叶片泵主要由传动轴 1、叶片 2、配流盘 3、转子 4、定子 5、泵体 6、端盖 7 等组成。

双作用叶片泵的结构特点：一是定子与转子同心布置；二是定子内表面为由 8 条曲线组成的椭圆形；三是定子的中心及转子的中心是固定的。

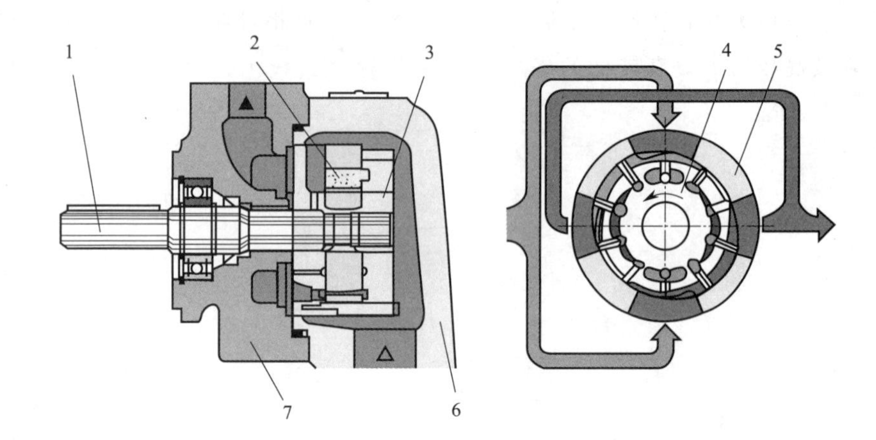

图 2-22　双作用叶片泵结构

1—传动轴；2—叶片；3—配流盘；4—转子；5—定子；6—泵体；7—端盖

2）双作用叶片泵工作原理

与限压式单作用叶片泵一样，转子外表面、定子内表面及相邻两叶片之间组成若干个双作用叶片泵的密封容积。

当传动轴带动转子旋转时，叶片在离心力的作用下甩出。如图 2-23 所示，在转子和定子最小间距的区段内［见图 2-23(a)］，密闭腔的容积也为最小。随着转子的逆时针转动，密闭腔的容积开始增大，由于叶片紧贴定子内表面，而每一容腔严格密闭，因而就产生真空。由于靠一侧的配流盘使这些容腔与吸油口相连通，所以在外界大气压力作用下，流体就进入这些容腔，实现吸油。

当达到最大容积时［见图 2-23(b)］，与吸油口的连通中断。随着转子继续旋转，容腔容积减小［见图 2-23(c)］，一侧的配流盘使这些容腔与液压泵的排油口相连通。这种吸排油过程，在轴每转一周的过程中发生两次。

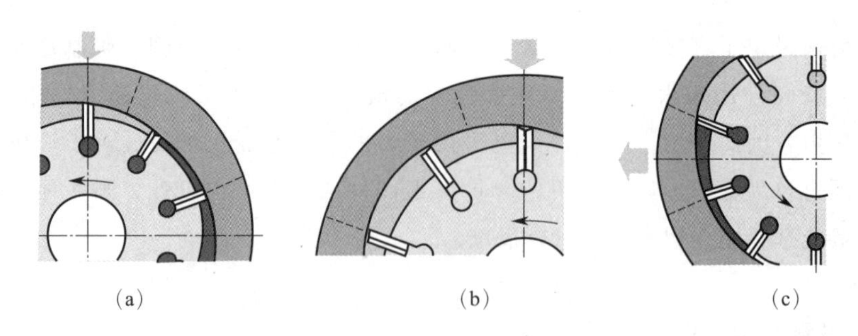

图 2-23　双作用叶片泵工作原理

为保证叶片与定子内表面始终贴紧，叶片底部必须通高压油。这就意味着，在排油区范围，整个系统压力均作用于叶片的底部，如图 2-24(a)所示。

在液压力作用下，叶片顶部紧靠定子的内表面。根据流体的润滑特性，当超出某一压力时，定子与叶片之间的润滑油膜就可能被破坏，从而导致磨损。为防止出现上述问题，减小压紧力，运行于 150 bar 以上的叶片泵，一般采用双叶片结构，如图 2-24(b)所示。

高压流体通过流道或细槽到达两个叶片尖的中间区域。由于有效作用面积较小，因此 F_{A1} 小于 F_A。这样，就在很大程度上减小了压紧力，如图 2-24(c)所示。

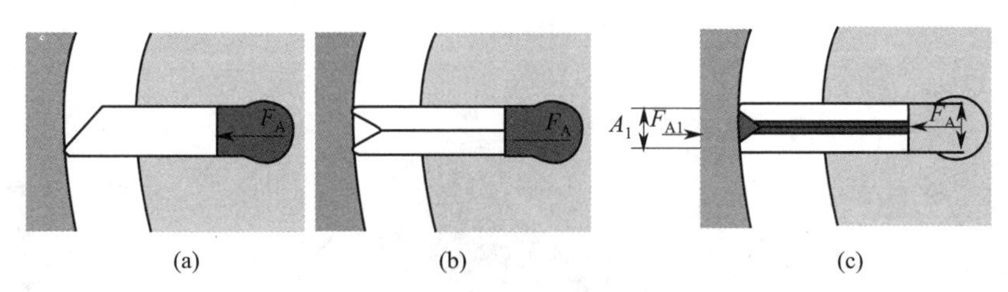

图 2-24　叶片结构及受力分析

转子转一周，每个密封容腔都完成两次吸油和两次排油，因此称为双作用式叶片泵。由于两个吸油口和两个压油口都是对称布置的，所以作用在转子上的径向液压力是相互平衡的，因此也称为平衡式叶片泵。

叶片泵使用注意事项：

吸油口和排油口都通过带有轴向槽口的一个配流盘，与密闭容积相连。叶片泵在安装泄油管时，必须确保液压泵内始终充满油液，与液压泵的排油口是否有液流无关。通过泵壳上设置的一块泄漏补偿盘，就能使泄漏损失降到最低。

在任何情况下，限压式单作用叶片泵不允许调节螺钉至定子与转子偏心距为零，这样会导致泵体内油液不能与外界正常循环而导致发热及润滑失效。

单作用叶片泵由于转子受到不平衡的径向液压力作用，所以这种泵一般不宜用于高压的场合。

2.1.4　柱塞泵

柱塞泵是依靠柱塞在缸体中往复运动，使密封工作容积发生变化来实现吸油和排油的。与齿轮泵和叶片泵相比它具有以下特点：

(1) 工作压力高。由于密封容积是由缸体中的柱塞孔和柱塞构成，其配合表面质量和尺寸精度容易达到要求，密封性好，结构紧凑，容积效率高。柱塞泵的主要零件在工作中处于受压状态，故使零件材料的力学性能得到充分利用，所以零件强度高。基于上述两点，这类泵工作压力一般为 20～40 MPa，最高可达 1 000 MPa。

(2) 易于变量。只要改变柱塞行程便可改变液压泵的流量，并且易于实现单向或双向变量。

(3) 排量范围大。只要改变柱塞直径或数量，便可得到不同的排量。

(4) 柱塞泵因为自身结构原因，对油污染敏感、滤油精度要求高、结构复杂、加工精度高、价格较高。

从以上特点可以看出，柱塞泵具有额定压力高，结构紧凑，效率高及流量调节方便等优点。所以柱塞泵常用于高压、大流量和流量需要调节的场合，如液压机、工程机械、船舶等设备的液压系统。

柱塞泵按柱塞排列方向不同，可分为径向柱塞泵和轴向柱塞泵两大类。

1. 径向柱塞泵

1）偏心轴式阀控径向柱塞泵结构

如图 2-25 所示，径向柱塞泵主要由传动轴 1、偏心轮 2、柱塞 3、缸套 4、中心轴 5、压力弹簧 6、吸油阀 7、排油阀 8、泵体 9 等组成。图 2-25 所示液压泵由三组柱塞总成组成。S 为吸油口，P 为排油口。

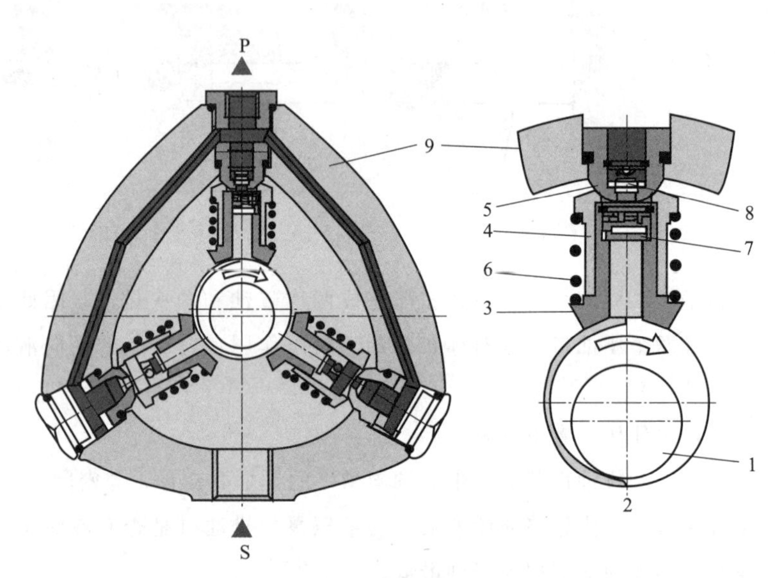

图 2-25 径向柱塞泵结构示意图

1—传动轴；2—偏心轮；3—柱塞；4—缸套；5—中心轴；
6—压力弹簧；7—吸油阀；8—排油阀；9—泵体

2）偏心轴式阀控径向柱塞泵工作原理（见图 2-26）

密封容积组成：两单向阀之间以及和中心轴内壁所形成的容腔。

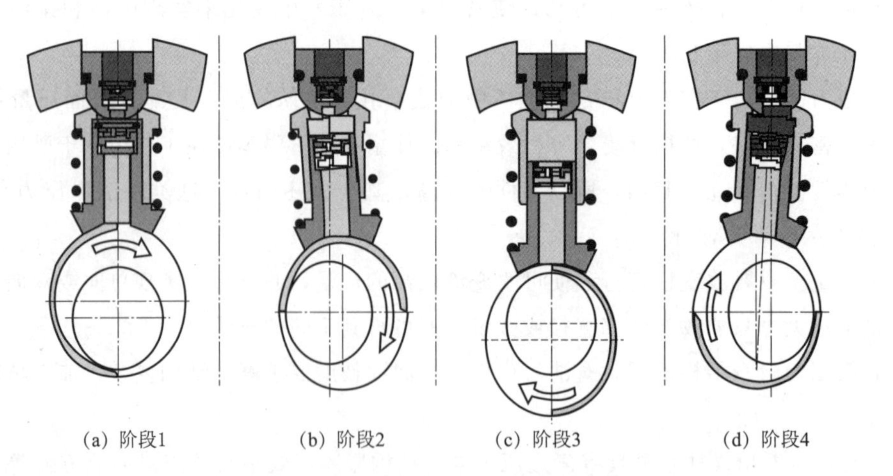

(a) 阶段1 (b) 阶段2 (c) 阶段3 (d) 阶段4

图 2-26 径向柱塞泵工作原理示意图

中心轴与泵体之间靠螺纹连接固定。缸套 4 由中心轴支承。

当传动轴带着偏心轮顺时针转动时，柱塞 3 在压力弹簧 6 的作用下使其紧贴在偏心轮 2 的外表面上，柱塞 3 向下运动，吸油阀 7 与排油阀 8 距离增大，此时密封容腔逐渐增大，油液在大气压力作用下自泵的进口进入泵体内，并通过传动轴上的配流槽通过吸油阀 7，进入密封容腔，这就是泵的吸油过程（阶段 1 至阶段 3）；由阶段 3 运动到阶段 4，吸油阀 7 与排油阀 8 距离减小，此时密封容腔逐渐减小，受压的油液经排油阀 8 流向泵的出口，这就是泵的排油过程。三组柱塞的排油通过泵体内部油道汇聚泵排油口。传动轴每转一周，每组柱塞完成一次吸排油。因为液压泵排量大小由偏心轮偏心距决定，所以这个径向柱塞泵为定量泵。

偏心轴式阀控径向柱塞泵性能参数：

排量：0.5～100 cm^3/r；

最高工作压力：700 bar；

调速范围：1 000～3 000 r/min；

偏心轴式阀控径向柱塞泵用途：压力机、注塑机、高压机床等。

2. 轴向柱塞泵

轴向柱塞泵除了柱塞轴向排列外，当缸体轴线和传动轴轴线平行时，称为斜盘式轴向柱塞泵；当缸体轴线和传动轴轴线呈一个夹角时，称为斜轴式轴向柱塞泵。斜盘式轴向柱塞泵根据传动轴是否贯穿斜盘又分为通轴式和非通轴式轴向柱塞泵两种。

轴向柱塞泵具有结构紧凑，功率密度大，质量小，工作压力高，容易实现变量等优点。

1）斜盘式轴向柱塞泵结构

如图 2-27 所示，斜盘式轴向柱塞泵主要由配流盘 1、柱塞 2、滑靴 3、回程盘 4、传动轴 5、斜盘 6、缸体 7 等组成。δ 为斜盘角度，a 为排油口，b 为吸油口。

柱塞 2、缸体 7、配流盘 1 组成斜盘式轴向柱塞泵密封容积。

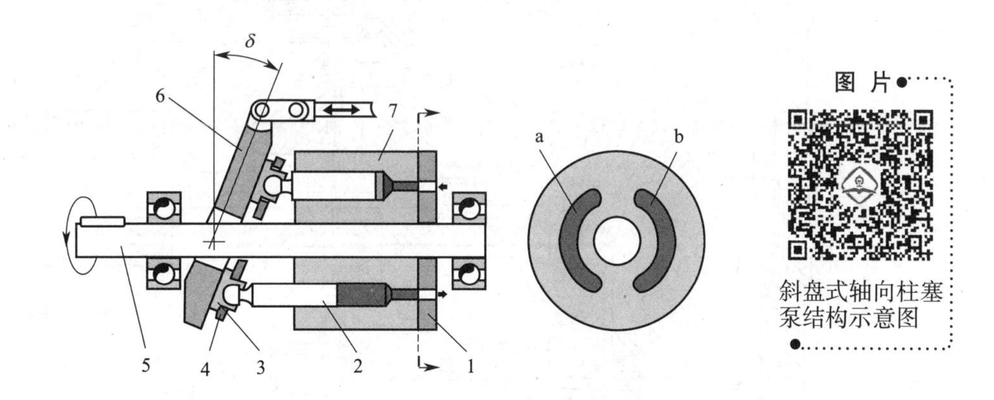

图 2-27　斜盘式轴向柱塞泵结构及工作原理示意图

1—配流盘；2—柱塞；3—滑靴；4—回程盘；5—传动轴；6—斜盘；7—缸体；

δ—斜盘角度；a—排油口；b—吸油口

2）斜盘式轴向柱塞泵工作原理

如图 2-27 所示，传动轴带动缸体旋转，斜盘和配流盘是固定不动的。柱塞均布于缸体内，并且柱塞头部靠机械装置或在低压油作用下紧压在斜盘上。斜盘的法线和缸体轴线交角为斜盘倾角 δ。当传动轴按图示方向旋转时，柱塞一方面随缸体转动，另一方面还在机械装置或低压油作用下，在缸体内做往复运动，柱塞在其自上而下的半圆周内旋转时逐渐向外伸出，使缸体内孔和柱塞形成的密封工作容积不断增大，产生局部真空，大气将油液经配流盘的吸油窗口 b 压入密封容积；柱塞在其自下而上的半圆周内旋转时又逐渐被压入缸体内，使密封容积不断减小，将油液经配流盘窗口 a 向排油口压出。缸体每转一周，每个柱塞往复运动一次，完成吸、排油一次。

如果改变斜盘倾角 δ 的大小，就能改变柱塞行程长度，也就改变了泵的排量；如果改变斜盘倾角 δ 的方向，就能改变吸、排油的方向，此时就成为双向变量轴向柱塞泵。

配油盘上吸油口和压油口之间的密封区宽度应稍大于柱塞缸体底部通油孔宽度，但不能相差太大，否则会发生困油现象。一般在两配油窗口的两端部开有小三角槽（通常称为眼眉槽），以减小冲击和噪声。

3）斜盘式轴向柱塞泵结构特点

（1）典型结构：如图 2-28 所示，这种斜盘式轴向柱塞泵主要零部件包括手动变量机构 1、斜盘 2、回程盘 3、滑靴 4、柱塞 5、缸体 6、配流盘 7、传动轴 8 等；此外还包括壳体、前端盖、轴承、各种密封件等。

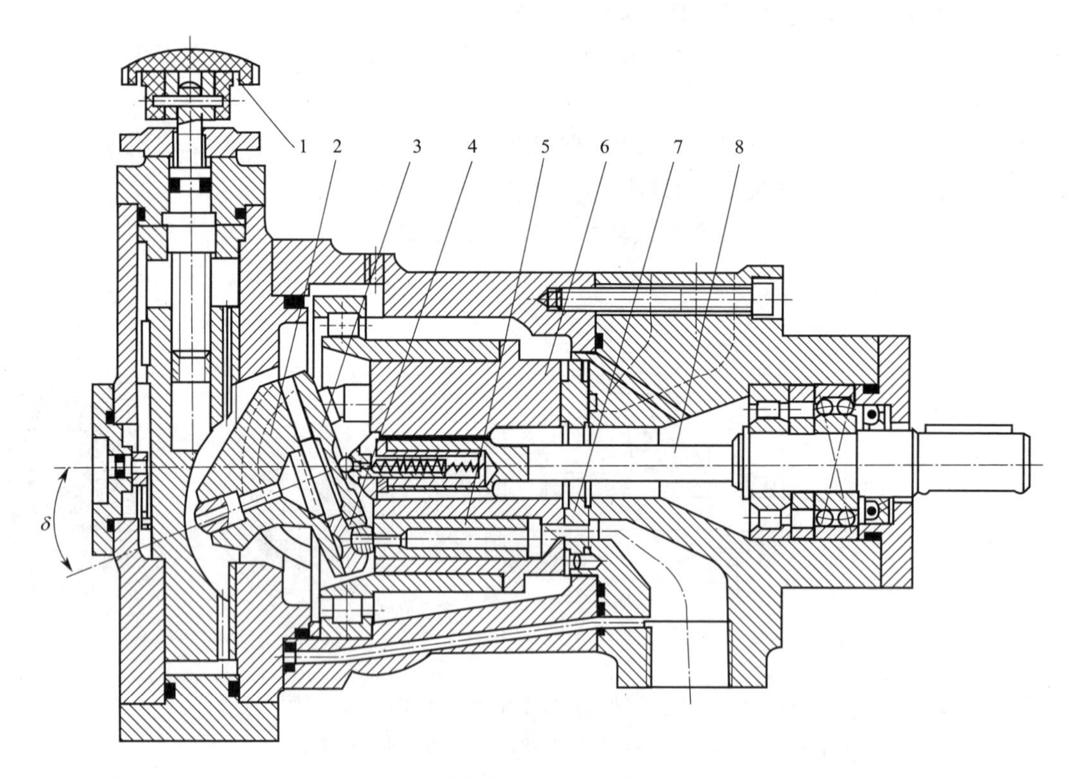

图 2-28　斜盘式轴向柱塞泵结构示意图

1—手动变量机构；2—斜盘；3—回程盘；4—滑靴；5—柱塞；6—缸体；7—配流盘；8—传动轴

柱塞 5 的球状头部装在滑靴 4 内，以缸体作为支撑的弹簧通过钢球推压回程盘 3，回程盘和柱塞滑靴一同转动。在排油过程中借助斜盘 2 推动柱塞做轴向运动；在吸油时依靠回程盘、钢球和弹簧组成的回程装置将滑靴 4 紧紧压在斜盘表面上滑动。弹簧一般称为回程弹簧，这样的泵具有自吸能力。在滑靴与斜盘相接触的部分有一油室，它通过柱塞中间的小孔与缸体中的工作腔相连，压力油进入油室后在滑靴与斜盘的接触面间形成了一层油膜，起着静压支承的作用，使滑靴作用在斜盘上的力大大减小，因而磨损也减小。传动轴 8 通过左边的花键带动缸体 6 旋转，由于滑靴 4 贴紧在斜盘表面上，柱塞在随缸体旋转的同时在缸体中做往复运动。缸体中柱塞底部的密封工作容积是通过配油盘 7 与泵的进出口相通的。随着传动轴的转动，液压泵就连续地吸油排油。

（2）斜盘式轴向柱塞泵三对摩擦副：

①滑靴与斜盘之间的摩擦副。柱塞中间的小孔与缸体中的工作腔相连，当柱塞滑靴总成在传动轴及缸体带动下高速旋转时，其润滑依靠工作腔油液通过柱塞中间小孔给油润滑，如图 2-29 所示。

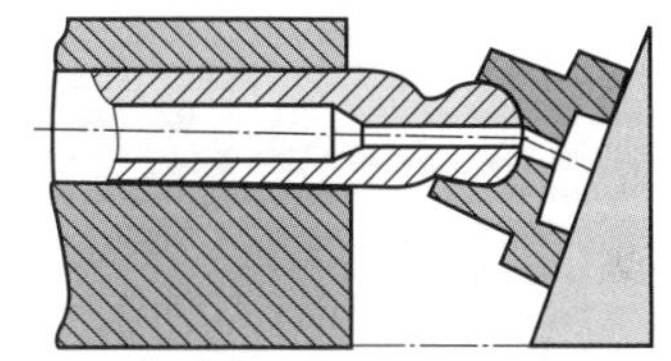

图 2-29　柱塞滑靴总成结构示意图

②柱塞与缸体孔之间的摩擦副。当柱塞滑靴总成在传动轴及缸体带动下高速旋转时，柱塞滑靴总成在斜盘及回程盘的作用下，柱塞在缸体孔内高速伸缩并产生自身旋转，柱塞外表面与缸体内孔之间靠液压泵工作室内的液压油来润滑。

③缸体底部平面与配流盘之间的摩擦副。当缸体在传动轴带动下高速旋转时，缸体底面与配流盘之间依靠液压泵工作室内的油液通过平面之间的间隙润滑。

（3）变量机构。由图 2-27 可知，若要改变轴向柱塞泵的排量，只要改变斜盘的倾角，即可改变轴向柱塞泵的排量和输出流量。如图 2-28 所示，通过手动变量机构可以改变斜盘倾角，所以为手动变量泵。当然，液压泵根据工况要求，有多种变量形式。

4）斜轴式轴向柱塞泵

图 2-30 所示为斜轴式轴向柱塞泵结构简图。该泵主要由主轴 1、轴承组 2、连杆 3、柱塞 4、缸体 5、中心轴 6、配流盘 7 等组成。由于缸体相对主轴有“倾角”，故称斜轴泵。主轴支承在一组轴承上，靠右侧的轴承是既能承受较大的轴向力，也能承受一定的径向力的成对角接触球轴承；左侧的轴承为深沟球轴承，主要承受径向力。连杆的大球头和主轴端部圆周为球窝铰接，小端球头和柱塞球窝铰接。连杆柱塞副插入缸体柱塞孔内。中心轴 6 一端球头和主轴中心孔铰接，另一端球头插入球面配流盘中心孔，这样能够支承缸体，并且能保证缸体很好地绕着中心轴回转。套在中心轴上的碟形弹簧的一端作用在中心轴的台阶上，另一端将缸体压在配流盘上，因而保证缸体在旋转时有良好的密封性和自位性。

当主轴旋转时，连杆与柱塞内壁接触，通过柱塞带动缸体旋转，同时连杆带动柱塞在缸体柱塞孔内做往复运动，使柱塞底部的密封容积发生周期性的增大和减小变化，通过配流盘的吸、排油窗口完成吸油和压油过程，其排量大小取决于缸体轴线与主轴之间夹角大小。

斜轴式轴向柱塞泵与斜盘式轴向柱塞泵相比，斜轴式轴向柱塞泵因柱塞通过连杆拨动缸体，柱塞所受的液压径向力很小，柱塞受力状态比斜盘式轴向柱塞泵好，故结构强度较高，耐冲击性能好，变量范围较大，主轴与缸体的轴线夹角最大可为 40°，所以斜轴式轴向柱塞泵更适合大排量场合。但是斜轴式轴向柱塞泵体积较大，质量大，结构复杂，运动部分的转动惯量大，动态响应慢。斜轴式轴向柱塞泵适用于工作环境比较恶劣的矿山、冶金机械液压传动系统。

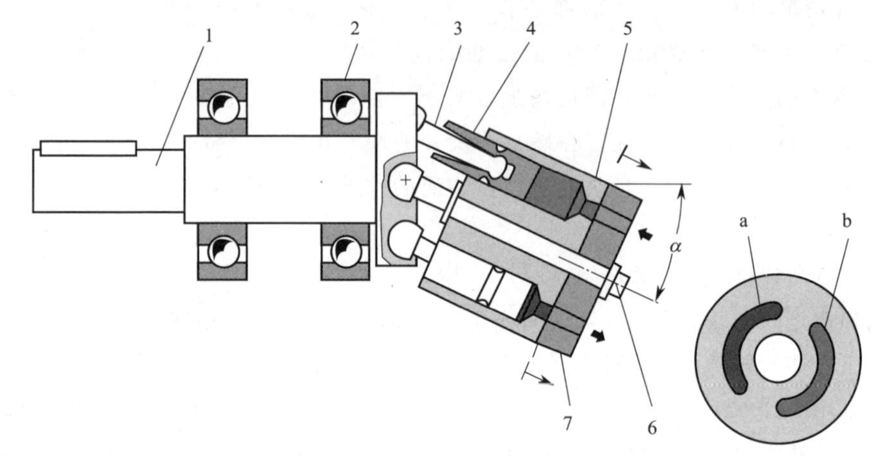

图 2-30　斜轴式轴向柱塞泵结构简图

1—主轴；2—轴承组；3—连杆；4—柱塞；5—缸体；6—中心轴；7—配流盘

3. 柱塞泵使用注意事项

（1）图 2-31 所示为斜盘式轴向柱塞泵，其摩擦副润滑后的液压油从液压泵工作室内泄漏到液压泵壳体内，因为泄漏的油是随液压泵工作而持续不断产生的，所以要通过泄漏油口接管道，接回油箱。为保证泄漏油口压力不超压，应该单独接回油箱。泄漏油液在回油箱的同时，能把液压泵工作产生的热量带回油箱，为了保证液压泵正常散热及壳体内其他机械结构的润滑，液压泵安装后，应该泄漏油口朝上，或保证液压泵壳体内一直充满液压油。

（2）柱塞泵内部机械结构、摩擦副工作时需要润滑可靠，所以柱塞泵在第一次调试启动前应该给壳体内充油，以便保证液压泵内部正常润滑，如图 2-32 所示。

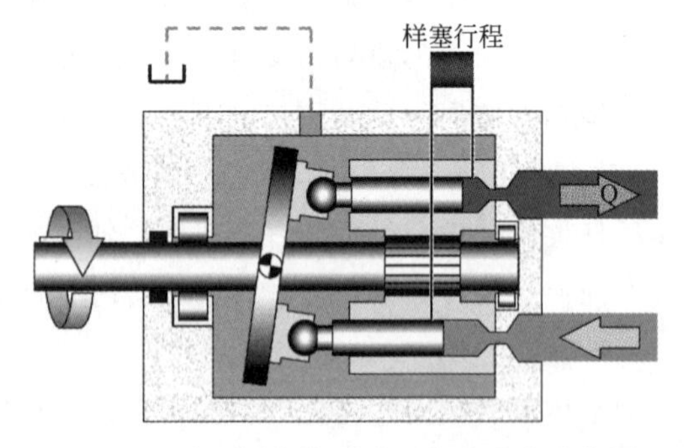

图 2-31　液压泵安装泄油口位置要求示意图

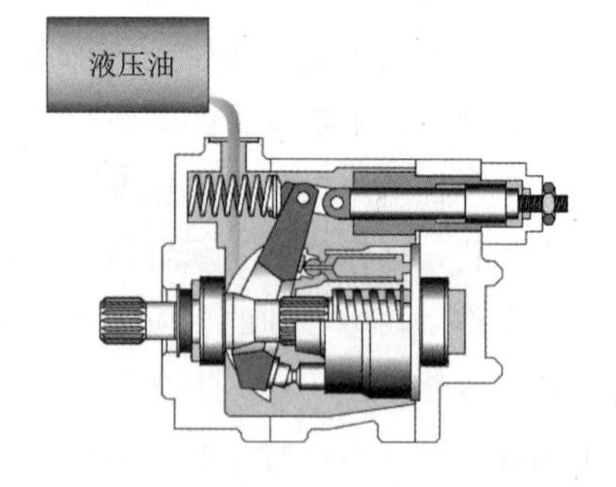

图 2-32　柱塞泵第一次调试启动前加注液压油

（3）对于各种液压泵，油液清洁度不达标或使用时间较长时，内部摩擦副产生磨损，内泄漏增加，容积效率下降，系统异常发热。一旦发现液压泵泄漏量明显增加或异常发热，即使这时液压泵还能“正常”使用，预示液压泵即将需要更换或维修。

2.2　液压泵实践

2.2.1　液压泵特性曲线

1. 认识泵的特性曲线

液压泵特性曲线一般指压力与流量关系曲线。液压元件生产厂家的特性曲线，一般是在一定转速、一定油液黏度、一定温度下测得的。液压泵的性能不同，特性曲线不一样。

图 2-33 所示为某公司 A4FO 定量泵 71 ml/rev 的特性曲线。横坐标为工作压力，纵坐标为流量和输入功率。由特性曲线可以看出，在输入转速不变的情况下，定量液压泵输出流量随工作压力的升高而逐渐下降，下降幅度较小。原因是随工作压力升高，液压泵内泄漏会增加，容积效率下降。

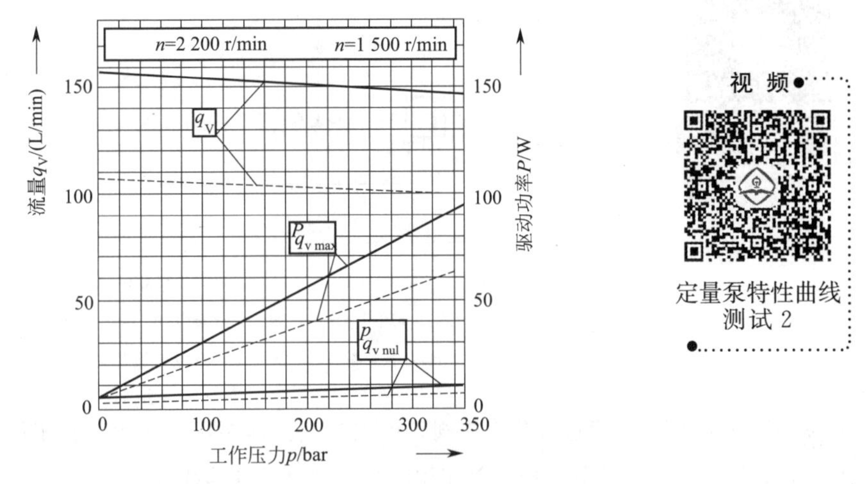

图 2-33　某公司 A4FO 定量泵 71 ml/rev 的特性曲线

图 2-34 所示为某公司限压式单作用叶片泵（先导式）PV7/10-14 的特性曲线。与定量泵特性曲线的最大不同，系统工作压力为 156～160 bar（该压力在具体使用时，可根据工况要求，在 30～160 bar 范围内调节），泵的排量自动适应执行元件流量需求。而定量泵不具备该功能。

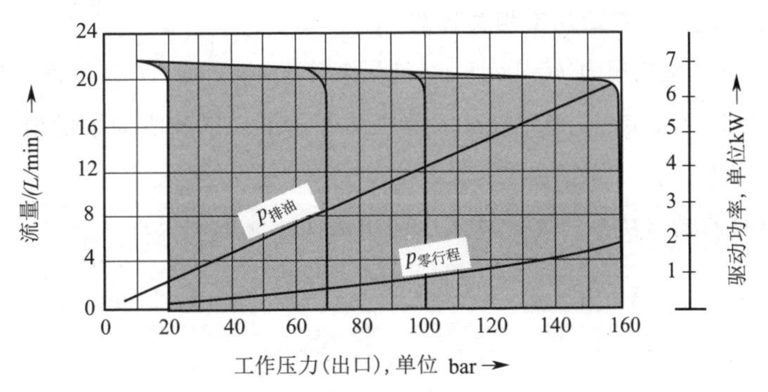

图 2-34　某公司限压式单作用叶片泵（先导式）PV7/10-14 的特性曲线

2. 液压泵的特性曲线测试

为了尽快熟悉常见液压泵的性能，可以利用实验设备，测试常见液压泵的简单特性曲线（压力流量关系曲线）。通过测试，既可以了解各种常见液压泵的区别（例如定量泵与变量泵的区别），又可以通过测试，提高动手能力及液压系统的故障分析及排除能力。

图 2-35 所示为用于测试限压式单作用叶片泵压力流量关系曲线液压原理图。没有流量计，可以用量筒和秒表替代。以博世力士乐公司实验设备为例，双点画线范围内元件为设备自带元件，其他元件需要安装，并用液压软管连接。

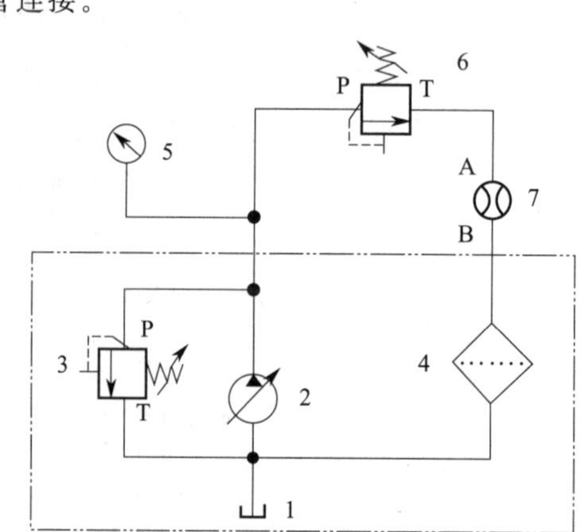

图 2-35 变量液压泵压力流量关系曲线测试原理图

1—油箱；2—限压式单作用叶片泵；3—安全阀；4—回油滤油器；5—压力表；6—直动式溢流阀；7—流量计

如图 2-35 所示，通过调节溢流阀，可以改变液压泵出口压力。在不同压力等级下，通过压力表和流量计读数，可以绘制限压式单作用叶片泵部分特性曲线。

通常配备限压式单作用叶片泵实验设备，为安全起见，液压泵排油口都安装安全阀，为了准确测试液压泵的特性曲线，测试前一定要将安全阀压力调节的比限压式单作用叶片泵限压弹簧工作压力高 1 MPa 以上，并注意驱动泵的电动机功率，不能超载实验。

2.2.2 液压泵相关计算及初步选型

1. 液压泵的排量、流量、驱动功率相关计算

例 2-1 假设液压泵的输出压力 $p=120$ bar，液压泵转速 $n=1\ 450$ r/min，液压泵排量 $V=32$ ml/rev，泵的容积效率 $\eta_{pv}=0.96$，总效率 $\eta_p=0.9$。试求液压泵的输出功率和驱动泵的电动机功率并选择合适型号的电动机。

解 要计算液压泵的输出功率，先计算液压输出的实际流量

$$q=V\cdot n\cdot \eta_{pv}=\frac{32\times 1\ 450\times 0.96}{1\ 000}=44.54\ \text{L/min}$$

则液压泵的输出功率为

$$P_o=q\Delta p=\frac{44.54\times 120}{612}=8.73\ \text{kW}$$

再求驱动电动机的功率：

$$P_{\mathrm{i}}=\frac{P_{\mathrm{o}}}{\eta_{\mathrm{p}}}=\frac{8.73}{0.9}=9.7\ \mathrm{kW}$$

查电动机手册或样本，可选择 11 kW 功率四极电动机；型号为 Y160M-4。

2. 液压泵的初步选型

液压泵的选型是一个考核液压系统设计者综合能力的问题。涉及工况要求，如工作压力高低、排量大小、转速范围、驱动装置类型，以及是否连续工作、散热条件、成本高低等方面。需要设计者对各种结构的液压泵特性有比较清楚的认识和了解，对常见生产厂家的产品比较熟悉，才能比较合理地选择液压泵的类型及工作参数。

例 2-2　某液压系统实际需要流量为 13 L/min，系统工作压力为 16 MPa，试计算驱动电动机功率并选型，在尽量降低造价的前提下选择具体型号的定量液压泵。

解　根据流量和工作压力要求，造价较低的液压泵类型为齿轮泵。

查液压工程设计类手册或液压元件生产厂家样本，可以得到上述数据。如果是做工程项目设计，最好是查生产厂家样本。后期实施时可以保证能买到。

通过上述表格，可知该类齿轮泵容积效率 $\eta_{\mathrm{pv}}=0.91$，总效率 $\eta_{\mathrm{p}}=0.82$。

先根据压力流量及总效率计算驱动功率。

$$P=\frac{p\cdot q}{\eta_{\mathrm{p}}}=\frac{160\times 13}{612\times 0.82}=4.14\ \mathrm{kW}$$

再根据实际流量和容积效率，先计算齿轮泵理论流量。

$$q_{\mathrm{t}}=\frac{q}{\eta_{\mathrm{pv}}}=\frac{13}{0.91}=14.29\ \mathrm{L/min}$$

查电动机手册，选择电动机型号为 Y132S-4/B35，四极电动机，立卧两用，驱动功率为 5.5 kW。转速为 1 440 r/min。需要指出的是，表 2-3 中列出的驱动功率是按最高工作压力计算得出的。

表 2-3　CBF 型外啮合齿轮泵常用产品技术参数

<table>
<tr><th rowspan="2">型号</th><th rowspan="2">排量/(ml/rev)</th><th colspan="2">压力/MPa</th><th colspan="2">转速/(r/min)</th><th colspan="2">效率/%</th><th>驱动功率/kW</th><th rowspan="2">质量/kg</th><th rowspan="2">生产厂家</th></tr>
<tr><th>额定</th><th>最高</th><th>额定</th><th>最高</th><th>容积效率</th><th>总效率</th><th>额定工况</th></tr>
<tr><td>CBF-E10</td><td>10</td><td rowspan="9">16</td><td rowspan="9">20</td><td rowspan="3">2 500</td><td rowspan="5">3 000</td><td rowspan="2">≥91</td><td rowspan="2">≥82</td><td>8.5</td><td>3.6</td><td rowspan="9"></td></tr>
<tr><td>CBF-E16</td><td>16</td><td>13.0</td><td>3.8</td></tr>
<tr><td>CBF-E25</td><td>25</td><td>≥92</td><td>≥84</td><td>19.5</td><td>4.0</td></tr>
<tr><td>CBF-E32</td><td>32</td><td rowspan="6">2 000</td><td rowspan="2">≥93</td><td rowspan="2">≥83</td><td>25.0</td><td>4.3</td></tr>
<tr><td>CBF-E40</td><td>40</td><td>25.0</td><td>4.7</td></tr>
<tr><td>CBF-E50</td><td>50</td><td rowspan="4">2 500</td><td rowspan="2">≥91</td><td rowspan="2">≥82</td><td>32.0</td><td>8.5</td></tr>
<tr><td>CBF-E63</td><td>63</td><td>40.0</td><td>8.8</td></tr>
<tr><td>CBF-E80</td><td>80</td><td>≥92</td><td>≥84</td><td>50.0</td><td>9.3</td></tr>
<tr><td>CBF-E100</td><td>100</td><td>≥93</td><td>≥95</td><td>61.0</td><td>9.8</td></tr>
</table>

计算液压泵排量：

$$V=\frac{q_{\mathrm{t}}}{n}=\frac{14.29\times 1\ 000}{1\ 440}=9.92\ \mathrm{ml/rev}。$$

选择排量为 10 ml/rev 的齿轮泵，具体型号为 CBF-E10。当然这只是齿轮泵的部分型号，具体工程设计时还要选择泵的旋向、泵轴尺寸、键槽形式、油口形式、密封件类型等。

例 2-3 某液压系统快进时实际需要流量为 24 L/min，快进时系统工作压力为 4 MPa，工进时实际需要流量为 2 L/min，工进时系统工作压力为 10 MPa，试计算驱动电动机功率并选型，在尽量降低造价的前提下选择液压泵的具体型号，并计算系统工作进给时消耗的功率。

解：根据工况要求，因为本例有快进及工进要求，为提高系统效率，减少系统发热，首选限压式单作用叶片泵。

通过查叶片泵技术规格，可知该类叶片泵容积效率 $\eta_{pv}=0.88$，总效率 $\eta_p=0.72$。不同厂家的产品这些数据可能不同。

先根据压力流量及总效率计算驱动功率。

$$P=\frac{p \cdot q}{\eta_p}=\frac{100\times 24}{612\times 0.72}=5.45\ \text{kW}$$

计算工作进给时消耗的功率。

$$P_{\text{工进}}=\frac{p \cdot q}{\eta_p}=\frac{100\times 2}{612\times 0.72}=0.45\ \text{kW}$$

根据快进实际流量和容积效率，先计算限压式单作用叶片泵理论流量。

$$q_t=\frac{q}{\eta_{pv}}=\frac{24}{0.88}=27.27\ \text{L/min}$$

查电动机手册，选择电动机型号为 Y132S-4/B35，四极电动机，立卧两用，驱动功率为 5.5 kW。转速为 1 440 r/min。需要指出的是，表 2-4 中列出的驱动功率是按最高工作压力计算得出的。

表 2-4 YBX 型限压式变量叶片泵技术规格

<table>
<tr><th rowspan="2">型号</th><th rowspan="2">排量/(mL/rev)</th><th colspan="2">压力/MPa</th><th colspan="2">转速/(r/min)</th><th colspan="2">效率/%</th><th rowspan="2">驱动功率/kW</th><th rowspan="2">质量/kg</th></tr>
<tr><th>额定</th><th>最高</th><th>额定</th><th>最高</th><th>容积效率</th><th>总效率</th></tr>
<tr><td>YBX-16</td><td rowspan="3">16</td><td rowspan="9">6.3</td><td rowspan="9">7</td><td rowspan="13">1 450</td><td rowspan="13">1 800</td><td rowspan="13">88</td><td rowspan="13">72</td><td rowspan="3">3</td><td>10</td></tr>
<tr><td>YBX-16B</td><td>9</td></tr>
<tr><td>YBX-16J</td><td>—</td></tr>
<tr><td>YBX-25</td><td rowspan="3">25</td><td rowspan="3">4</td><td>19.5</td></tr>
<tr><td>YBX-25B</td><td>19</td></tr>
<tr><td>YBX-25J</td><td>—</td></tr>
<tr><td>YBX-40</td><td rowspan="2">40</td><td rowspan="2">7.5</td><td>22</td></tr>
<tr><td>YBX-40B</td><td>23</td></tr>
<tr><td>YBX-40J</td><td>63</td><td>9.8</td><td>55</td></tr>
<tr><td>YBX-D10(V3)</td><td>10</td><td rowspan="4">10</td><td rowspan="4">10</td><td>3</td><td>6.25</td></tr>
<tr><td>YBX-D20(V3)</td><td>20</td><td>5</td><td>11</td></tr>
<tr><td>YBX-D32(V3)</td><td>32</td><td>7</td><td>26</td></tr>
<tr><td>YBX-D50(V3)</td><td>50</td><td>10</td><td>30</td></tr>
</table>

计算液压泵排量：

$$V=\frac{q_t}{n}=\frac{27.27\times1\,000}{1\,440}=18.94\ \text{ml/rev}。$$

选择排量为20 ml/rev的叶片泵，具体型号为YBX-D20。

例2-4 今有63MCY14-1B型定量柱塞泵，排量为63 ml/rev，液压泵转速为1 450 r/min，工作压力为300 bar。①在不考虑容积效率和机械效率的前提下，计算泵的流量、功率及液压泵扭矩。②泵的容积效率为92%，机械效率为89%，计算液压泵实际输入扭矩，计算泵的实际输出流量和输入功率。

解：

①计算流量。

$$q_t=V\cdot n=\frac{63\times1\,450}{1\,000}=91.35\ \text{L/min}$$

$$P=\frac{q_t\cdot\Delta p}{612}=\frac{91.35\times300}{612}=44.78\ \text{kW}$$

$$T=\frac{1.59\cdot V\cdot\Delta p}{100}=\frac{1.59\times63\times300}{100}=300.51\ \text{N}\cdot\text{m}$$

②考虑容积效率后，液压泵实际在工作中泄漏一部分油液，实际输出的液压油少了。

$$q=\frac{V\cdot n\cdot\eta_{pv}}{1\,000}=\frac{63\times1\,450\times0.92}{1\,000}=84.04\ \text{L/min}$$

考虑机械效率后，实际需要输入的扭矩增加了，因为输入扭矩除了使泵正常旋转工作外，还要克服机械摩擦力及液压油的黏滞力等。

$$T=\frac{1.59\cdot V\cdot\Delta p}{100\cdot\eta_{pm}}=\frac{1.59\times63\times300}{100\times0.89}=337.65\ \text{N}\cdot\text{m}$$

考虑机械效率后，液压泵实际所需输入功率为：

$$P_i=\frac{q_t\cdot\Delta p}{612\cdot\eta_{pm}}=\frac{91.35\times300}{612\times0.89}=50.31\ \text{kW}$$

思考与练习

1. 影响提高外啮合齿轮泵工作压力的因素有哪些？

2. 影响提高外啮合齿轮泵容积效率的主要因素是什么？中高压齿轮泵采取了什么措施来提高容积效率，降低内泄漏？

3. 为降低外啮合齿轮泵径向不平衡力，在结构设计上可以采取什么措施？

4. 说明单作用叶片泵与双作用叶片泵的结构特点。

5. 限压式单作用叶片泵的节能原理是什么？

6. 斜盘式轴向柱塞泵在安装时，其卸油口管路布置应该注意什么？

7. 某液压系统实际需要流量为24 L/min，系统实际工作压力为10 MPa，假设系统总效率为0.9，试计算驱动电动机功率。

8. 某液压系统实际需要流量为 24 L/min，系统实际工作压力为 10 MPa，假设液压系统容积效率为 0.93，液压泵驱动转速为 1 450 r/min，问液压泵的排量至少是多大？

9. 某液压泵的转速为 1 450 r/min，排量为 55 ml/rev，在额定压力 31.5 MPa 和额定转速下，测得的实际流量为 74 L /min，额定工况下的总效率为 0.87，求：

(1) 泵的理论流量 q_t。

(2) 泵的容积效率 η_V 和机械效率 η_m。

(3) 泵在额定工况下所需电动机驱动功率 P_t。

(4) 驱动泵的转矩 T_i。

10. 某液压系统快进时实际需要流量为 24 L/min，快进时系统工作压力为 4 MPa，工进时实际需要流量 2 L/min，工进时系统工作压力为 10 MPa，如果选择定量泵，例如齿轮泵来供油，计算系统工作进给时消耗的功率。说明这样的液压系统，存在的缺陷是什么，怎么解决？

单元 3 液压执行元件认知与实践

知识目标

1. 了解液压缸及液压马达的常见类型；

2. 掌握液压缸输出力、运动速度等相关计算；

3. 掌握液压马达扭矩、转速等相关计算；

4. 掌握拉杆型及重载型液压缸的结构及工作原理，了解液压缸主要部件相关计算；

5. 了解常见液压马达分类、结构及工作原理；

6. 了解液压马达与选型有关的相关计算。

课件

液压执行元件认知与实践

能力目标

1. 具备识别常见液压缸及液压马达的能力；

2. 具备根据工况要求正确制定或选择液压缸主要技术参数的能力；

3. 具备对液压缸常见故障进行判断的能力；

4. 具备正确识别常见液压马达（齿轮马达与斜轴式柱塞马达）旋向与进油口、回油口关系的能力；

5. 具备根据液压原理图在实验台上正确安装调试液压缸及液压马达的能力。

3.1 液压执行元件认知

液压执行元件有各种缸和马达，一般指用液体作为工作介质的缸和马达。液压执行元件将液体的压力能转换成机械能。液压缸主要是输出直线运动和力，但有的是输出往复摆动运动和扭矩，马达输出连续旋转运动和扭矩。液体的工作压力高，因此液压缸和液压马达常用于需要获得大的输出力和扭矩的场合。

3.1.1 液压缸分类及特点

在液压回路中，液压马达和液压缸都是将液压能转换成机械能的必要装置。液压缸是连接液压回路与工作机械的中间环节。

与产生旋转运动的液压马达不同之处在于，液压缸产生直线运动并传递直线方向的作用力。忽略摩擦力时，液压缸的最大伸出力 F 取决于最大工作压力 p 和有效作用面积 A。

$$F=p\cdot A$$

如果工作机械需要产生直线运动，用液压缸驱动有很多优点，一是设计简单，布置安装方便；二是由于不需要将旋转运动转换为直线运动，因而液压缸的驱动效率较高；三是从行程运动开始到结束，液压缸可持续产生较大输出力，通过一个溢流阀就能简单地实现功率控制；四是活塞运动的速度决定于流量和有效活塞面积，如果流量保持不变，则从行程的开始到结束，活塞运动的速度都不变；五是与液压缸的类型相关，它既能产生拉力也能产生推力；六是液压缸的尺寸小，输出功率大。

对负载的提升、下降、锁紧和移动，是液压缸的主要应用。

根据功能不同，液压缸分成两类：一类是单作用液压缸；另一类是双作用液压缸。

1. 单作用液压缸

单作用液压缸只能在一个方向输出力。活塞的复位只能借助弹簧，或靠活塞自重，或靠外力作用。因此单作用液压缸只有一个有效作用面积。

1）柱塞缸

根据柱塞式液压缸（见图 3-1）的结构，这类油缸只能输出推力。根据应用的不同，柱塞式液压缸可设置内部行程限位器和导向活塞。对各类液压缸来说，输出液压力的大小都是柱塞有效作用面积与工作压力之积。

如果具备确定方向的、可将活塞回复原位的外力，则可采用柱塞式液压缸，如提升设备等。

柱塞缸的伸出速度 v：

$$v=\frac{q}{A}\cdot\eta_{cv}=\frac{4q}{\pi D^2}\cdot\eta_{cv}$$

式中 q——液压缸流量；

A——液压缸柱塞面积；

η_{cv}——缸的容积效率，一般取 0.9～0.95；

D——液压缸柱塞直径。

柱塞缸的伸出力 F：

$$F=p\cdot A\cdot\eta_{cm}=\frac{p\cdot\pi D^2}{4}\cdot\eta_{cm}$$

式中 p——液压缸工作压力；

η_{cm}——液压缸机械效率，一般取 0.85～0.95。

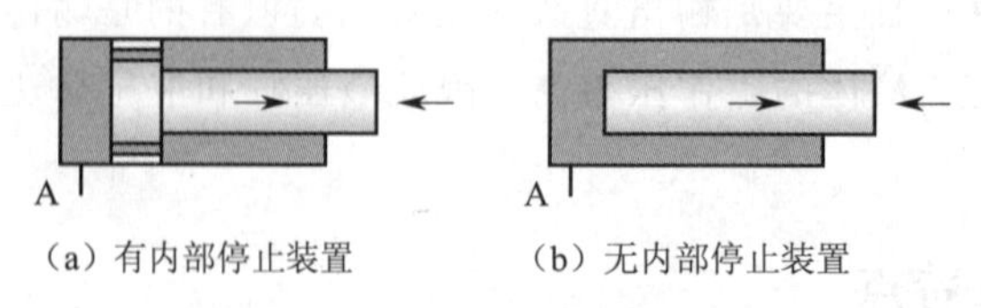

（a）有内部停止装置　（b）无内部停止装置

图 3-1 柱塞式液压缸

从 A 口接入的压力油，作用在液压缸柱塞杆的有效面积上，柱塞杆就向外伸出。柱塞的复位只能靠其自重，或者施加外力。例如两个柱塞缸成对使用。

2）弹簧复位式液压缸

弹簧复位式液压缸用于外界没有复位力的场合。复位弹簧可装在缸体内，也可作为液压缸的一个独立结构。由于弹簧只能产生有限的行程和作用力，因此常用于“小型液压缸”。应用实例包括工件定位用的夹紧缸等。

如图 3-2 所示，从 A 口接入压力油并作用在液压缸有效面积上，柱塞杆就向外伸出。柱塞杆的回缩则靠复位弹簧力。

伸出速度 v：

$$v=\frac{q}{A}\cdot\eta_{cv}=\frac{4q}{\pi D^2}\eta_{cv}$$

式中　q——液压缸流量；

A——液压缸柱塞面积；

η_{cv}——缸的容积效率，一般取 0.9～0.95；

D——液压缸柱塞直径。

伸出力 F：

$$F=p\cdot A\cdot\eta_{cm}-F_F=\frac{p\cdot\pi D^2}{4}\cdot\eta_{cm}-k\cdot x$$

式中　p——液压缸工作压力；

F_F——弹簧力；

k——弹簧弹性系数；

x——弹簧压缩量，弹簧最大压缩量等于液压缸行程；

η_{cm}——液压缸机械效率，一般取 0.80～0.9。

视频

手动换向阀控制单作用液压缸仿真回路

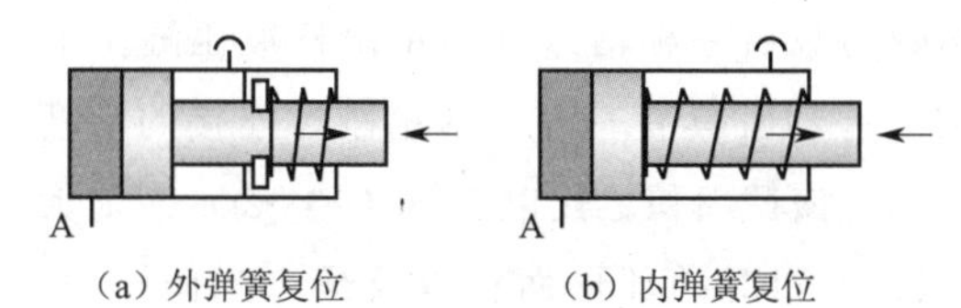

（a）外弹簧复位　（b）内弹簧复位

图 3-2　单作用推杆缸

如图 3-3 所示，如果从 B 口接入压力油，并作用在液压缸有效面积上，活塞杆就向内回缩。活塞杆的伸出复位则靠复位弹簧。

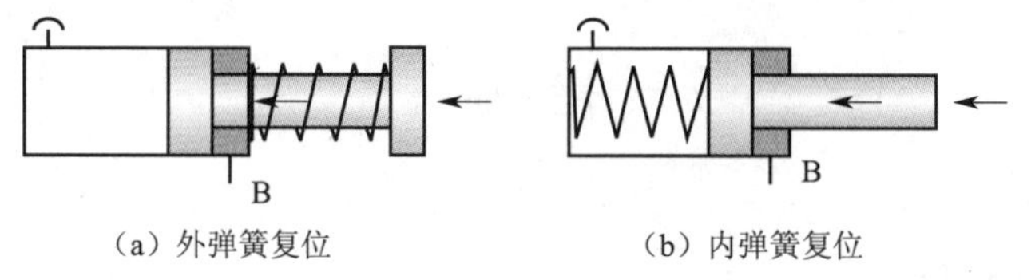

（a）外弹簧复位　（b）内弹簧复位

图 3-3　单作用活塞缸

液压缸活塞杆运行速度 v：

$$v=\frac{q}{A_1-A_2}\eta_{cv}=\frac{4q}{\pi(D^2-d^2)}\cdot\eta_{cv}$$

式中　q——液压缸流量；

A_1——液压缸活塞面积；

A_2——液压缸活塞杆面积；

η_{cv}——缸的容积效率，一般取 0.9～0.95；

D——液压缸活塞直径；

d——液压缸活塞杆直径。

液压缸输出力 F_2：

$$F_2 = p \cdot (A_1 - A_2) \cdot \eta_{cm} - F_F = \frac{p \cdot \pi(D^2 - d^2)}{4} \cdot \eta_{cm} - k \cdot x$$

式中　p——液压缸工作压力；

F_F——弹簧力；

k——弹簧弹性系数；

x——弹簧压缩量，弹簧最大压缩量等于液压缸行程；

η_{cm}——液压缸机械效率，一般取 0.80～0.9。

2. 双作用液压缸

双作用液压缸具有两个相对的有效面积，即活塞两端的面积，它们可以相同，也可以不同。这类液压缸设置两个互不相通的油口。通过 A 口或 B 口接入液压油，活塞可在两个行程方向分别产生拉力或推力。这种类型的液压缸应用最广泛。

双作用液压缸分成两类：单出杆液压缸和双出杆液压缸。

1）单出杆液压缸

实际使用的液压缸，大多数为只有一根活塞杆的单出杆液压缸。单出杆液压缸又称差动缸，因其两侧不同的有效面积而得名。差动缸具有一根与活塞刚性连接的活塞杆，直径小于活塞。活塞与环形的横截面积之比以系数（φ）表示。最大推力取决于外伸时的活塞面积、缩回时的环形面积以及最大工作压力。也就是说，在同样的工作压力下，单出杆液压缸外伸时作用力比缩回时的大，两者比值为 φ。在同样行程下，由于存在面积的差异，因而容积也不同，即活塞运行速度与面积成反比。图 3-4 所示为单出杆双作用活塞缸。

图 3-4　单出杆双作用活塞缸

液压缸的伸出速度 v_1：

$$v_1 = \frac{q}{A_1} \cdot \eta_{cv} = \frac{4q}{\pi D^2} \cdot \eta_{cv}$$

式中　q——液压缸流量；

A_1——液压缸活塞面积；

D——液压缸活塞直径；

η_{cv}——缸的容积效率，一般取 0.9～0.95。

液压缸的伸出力 F_1：

$$F_1 = p \cdot A_1 \cdot \eta_{cm} = \frac{p \cdot \pi D^2}{4} \cdot \eta_{cm}$$

视　频

手动换向阀控制双作用液压缸仿真回路

式中　p——液压缸工作压力；

η_{cm}——液压缸机械效率，一般取 0.85～0.95。

液压缸的返回速度 v_2：

$$v_2=\frac{q}{A_1-A_2}\cdot\eta_{cv}=\frac{4q}{\pi(D^2-d^2)}\cdot\eta_{cv}$$

式中　d——液压缸活塞杆直径；

A_2——液压缸活塞杆面积。

液压缸的返回力 F_2：

$$F_2=p\cdot(A_1-A_2)\cdot\eta_{cm}=\frac{p\cdot\pi(D^2-d^2)}{4}\cdot\eta_{cm}$$

由上面的计算可知，对于单出杆双作用活塞液压缸，因为作用面积不等，伸出力大于返回力；返回速度大于伸出速度。

当单出杆双作用缸两个腔同时供压力油时，因为两端作用面积不同，伸出力大于返回力，活塞杆伸出。这种连接，在液压系统中称为差动连接。这时液压缸有杆腔的流量又回到无杆腔。

差动连接液压缸伸出速度 v_3：

$$v_3=\frac{q}{A_2}\cdot\eta_{cv}=\frac{4q}{\pi d^2}\cdot\eta_{cv}$$

差动连接液压缸伸出力 F_3：

$$F_3=p\cdot A_2\cdot\eta_{cm}=\frac{p\cdot\pi d^2}{4}\cdot\eta_{cm}$$

由上式可以看出，差动连接时，伸出速度更快，输出力更小。适用于空载工况。

2）双出杆液压缸

双出杆液压缸的活塞两端各有一根活塞杆与其刚性连接。最大出力决定于两端相同的环形面积和最大工作压力。也就是说，同样的工作压力，其伸出返回两个方向产生的力大小相同。由于面积和行程长度相同，因而容积相等，伸出返回速度也相等。

伸出返回速度 v：

$$v=\frac{q}{A}\cdot\eta_{cv}=\frac{4q}{\pi(D^2-d^2)}\cdot\eta_{cv}$$

式中　q——液压缸流量；

A——液压缸有效作用面积；

η_{cv}——缸的容积效率，一般取 0.9～0.95；

D——液压缸活塞直径；

d——液压缸活塞杆直径。

液压缸伸出返回力 F：

$$F=p\cdot A\cdot\eta_{cm}=\frac{p\cdot\pi(D^2-d^2)}{4}\cdot\eta_{cm}$$

式中　p——液压缸工作压力；

•视 频

手动换向阀控制双出杆液压缸仿真回路

η_{cm}——液压缸机械效率，一般取 0.85～0.95。

需要指出的是，双出杆液压缸的活塞两端的活塞杆可具有不同的直径。这类液压缸的力和速度（类似于差动缸）正比于两边圆环的面积比 φ。

3. 特殊类型液压缸简介

如图 3-5 和图 3-6 所示，对于某些特殊的应用场合下，需要对标准液压缸加以改进，才能使用。例如允许较长的外形尺寸但直径方向安装空间受到限制，或者要求较小的活塞直径但需要较大的输出力。这样特殊的工况需求，导致一系列特定型式液压缸的诞生。因为制造难度提高，其价格也会相对较高。

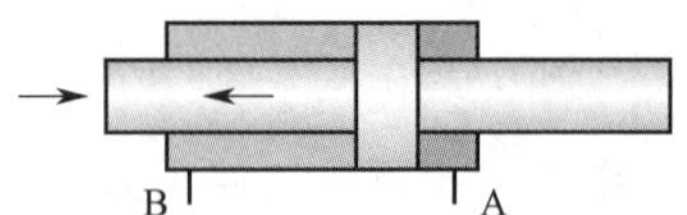

图 3-5　双出杆液压缸（两端活塞杆直径相等）

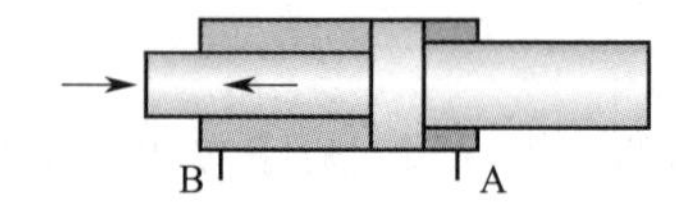

图 3-6　双出杆液压缸（两端活塞杆直径不相等）

1）串联式液压缸

如图 3-7 所示，双作用串联式液压缸是两个连在一起的液压缸，其中一个活塞杆，穿过缸底连到另一个缸的活塞上。这样的设计，使活塞有效作用面积得到相加。即使不提高工作压力，也能在相对较小的外径下输出较大的力。当然，这种形式液压缸的总长度增加了。

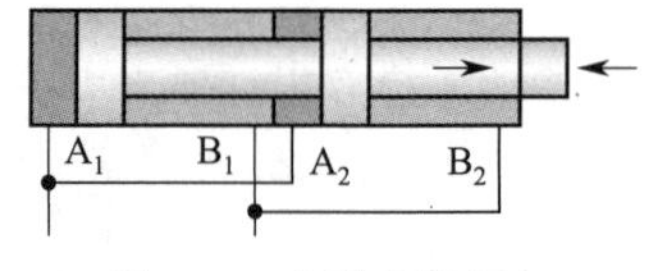

图 3-7　串联式液压缸

2）快速复位液压缸

快速复位液压缸主要用于压机系统。其工作原理是，在不需要大的输出力时，只有部分有效作用面积起作用，即所谓的快速复位活塞承受压力作用。在压力阀或行程开关控制下，当需要较大输出力时，活塞全部的作用面积与泵输出的压力油连通。其优点是：当需要快速复位时，因有效作用面积小所以需要相对较少的液压油流量而快速复位；当需要输出较大的力时，因活塞作用面积大而产生较大的输出力。

（1）单作用快速复位液压缸。图 3-8 所示为单作用快速复位液压缸，当经 A_1 口给油，液压缸另外一腔经补油阀 S 补油，液压缸快速伸出；当经 A_2 口给压力油时，产生较大的输出力；从 A_1 和 A_2 口回油，因自重或外力作用而缩回。

（2）双作用快速复位液压缸。图 3-9 所示为双作用快速复位液压缸，当经 A_1 口给油，另外一腔经补油阀 S 补油，液压缸快速伸出；当经 A_2 口给压力油时，产生较大的输出力；从 B 口供油，从 A_1 和 A_2 口回油，液压缸活塞杆回缩。

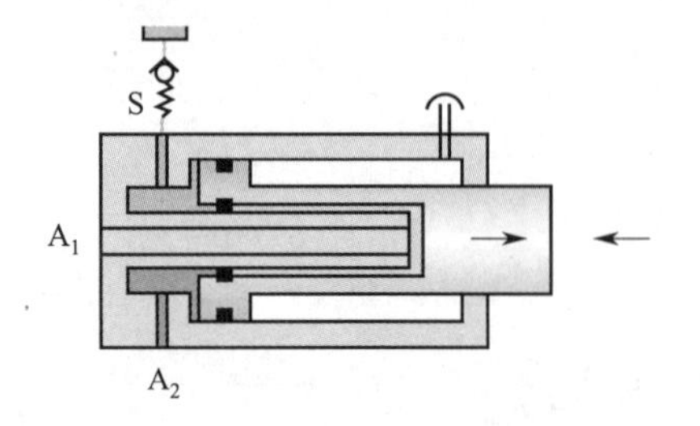

图 3-8　单作用快速复位液压缸

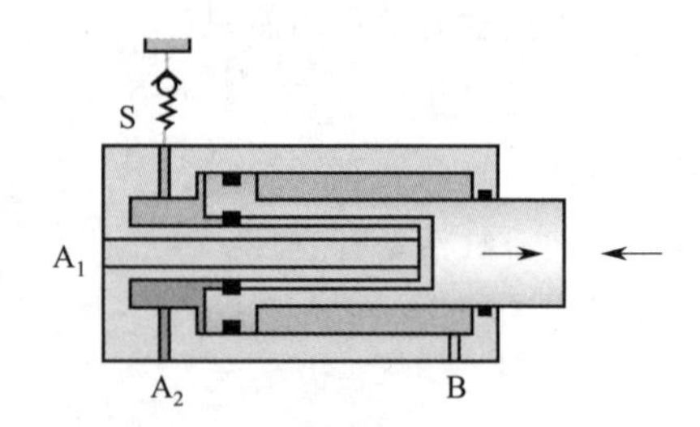

图 3-9　双作用快速复位液压缸

3）伸缩式液压缸（多级缸）

伸缩式液压缸与普通液压缸的最大区别，是在同样行程下回缩以后只占很小的长度空间，即液压缸原始长度小。液压缸原始长度小的原因是活塞杆互相套在一起，相当于将总行程分成多级，加上零行程的尺寸（缸底厚度、导向长度、密封宽度和固定长度等）。也就是说，安装尺寸只比一级的稍大一点。一般伸缩式液压缸回缩后长度为总行程的 1/4～1/2。根据所需安装尺寸的不同，有 2、3、4 或 5 级的伸缩式液压缸。主要用于液压升降机、顶升平台等装备。

（1）单作用伸缩式液压缸（多级缸）。如图 3-10 所示，如果经 A 口给液压缸供压力油，活塞就依次伸出。顶升力的大小决定于有效作用面积大小。因此，作用面积最大的活塞最早伸出。

在不变的压力和流量下，起初的伸出力最大而速度较慢，最后一个的输出力最小而速度最快。输出力必须根据最小作用面积计算。对于单作用伸缩式液压缸，缩回的顺序与伸出相反，即最小作用面积的活塞最先回到起始位置。

（2）双作用伸缩式液压缸（多级缸）。如图 3-11 所示，双作用伸缩式液压缸的外伸原理与单作用伸缩缸相同。每一级的缩回顺序决定于压力作用的环形面积和外负载的大小。当油口 B 通压力油时，环形面积最大的活塞首先回到起始位置。

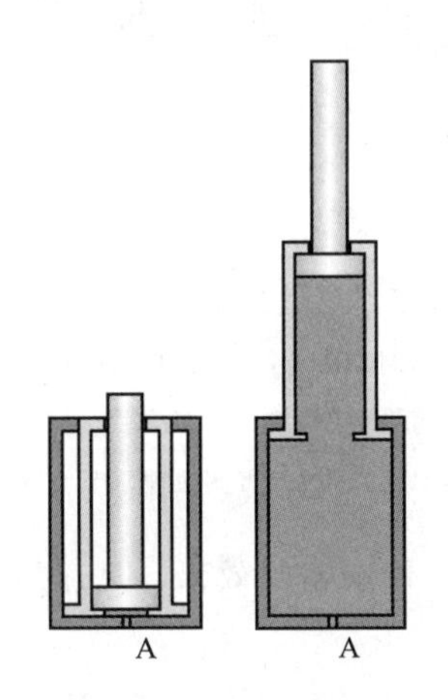

图 3-10　单作用伸缩式液压缸（多级缸）

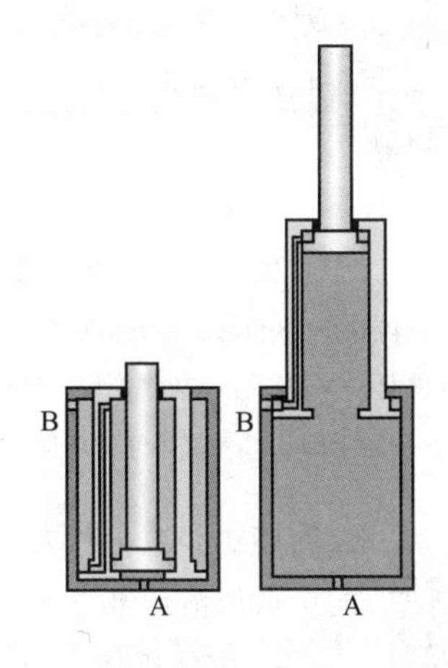

图 3-11　双作用伸缩式液压缸（多级缸）

双作用伸缩式液压缸也可用作同步伸缩式液压缸。这时各级活塞同步伸出和缩回。

3.1.2　液压缸结构

在液压传动系统中，活塞缸比较常用且相对复杂，因此下面主要介绍活塞缸。通常活塞缸由前端盖、缸筒、活塞、活塞杆和缸盖等部分组成。为防止工作介质向缸外或由高压腔向低压腔泄漏，在缸筒与端盖、活塞与活塞杆、活塞与缸筒、活塞杆与前端盖之间均设有密封装置。在前端盖外侧还装有防尘装置。为防止活塞快速运动到行程终端时撞击缸盖，液压缸的端部还设置缓冲装置。

在进行缸的设计时，根据工作压力、运动速度、工作条件、加工工艺及装拆检修等方面的要求综合考虑缸的各部分结构。

液压缸的结构很大程度上取决于工况的不同需求。为满足特定的需求，开发了许多液压缸。如机床、行走机械、钢铁厂等所用的液压缸，具有不同的结构形式。

下面主要针对常用的单出杆双作用液压缸介绍其工作原理。

液压缸基本可分为两类：拉杆式液压缸（见图 3-12）和重载型液压缸。

拉杆式液压缸的前缸盖、缸筒和缸底都通过拉杆连接在一起。拉杆式液压缸的主要特点是结构紧凑。主要用于机床工业和制造设备中，如输送线等装备。拉杆式液压缸结构示意图及职能符号如图 3-13 所示。

图 3-12 拉杆式液压缸外形（缸盖有矩形法兰）

这种液压缸结构简单、工艺性好、通用性强、易于拆装，但端

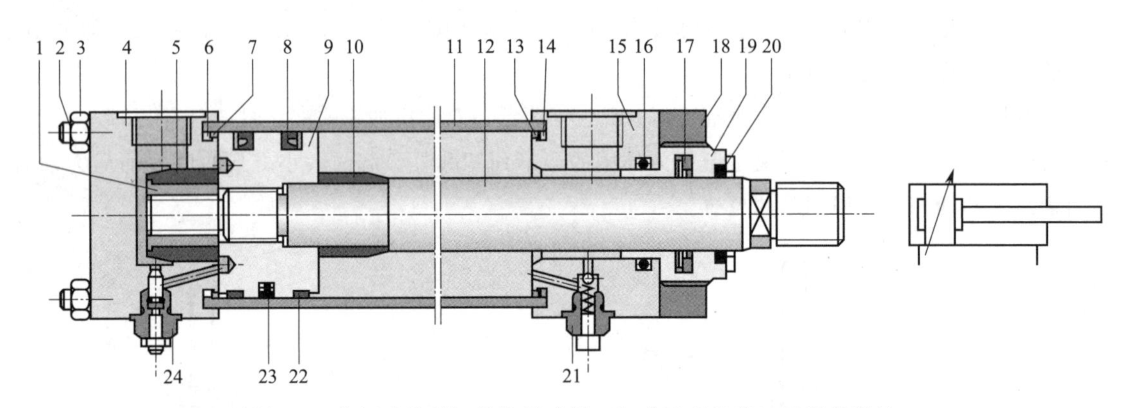

图 3-13 拉杆式液压缸结构示意图（缸盖法兰连接）及职能符号

1—螺纹衬套；2—拉杆；3—螺母；4—缸底；5，10—缓冲套；6，14—密封挡圈；7，13，16—O 形密封圈；8—活塞密封（A 型）；9—活塞；11—缸筒；12—活塞杆；15—缸盖；17—活塞杆密封；18—法兰；19—导向套；20—防尘圈；21—带排气的单向阀；22—支承环；23—活塞密封（T 形）；24—可调缓冲（节流阀）

●图 片

拉杆式液压缸结构示意图

盖的体积和质量较大，拉杆受力后会拉伸变形，影响密封效果，只适用于长度不大的中低压液压缸。

1. 缸体组件

1）常用结构

缸体组件通常由缸筒、缸底、缸盖等组成。缸体组件与活塞组件构成密封的容腔，承受压力。由此缸体组件要有足够的强度、较高的表面加工精度和可靠的密封性。

常见的缸体组件连接形式如图 3-14 所示。

（1）焊接式连接强度高，制造简单，但焊接时易引起缸筒变形。缸筒是液压缸的主体，其内孔一般采用镗削、铰孔、滚压或珩磨等精密加工工艺制造，要求表面粗糙度 Ra 值为 0.1～0.4 μm，以使活塞及其密封件、支承件能顺利滑动和保证密封效果，减少磨损。缸筒要承受很大的压力，因此应具有足够的强度和刚度，如图 3-14(a)所示。

（2）缸筒与缸底钢丝卡环连接，这种连接方式结构简单，外形尺寸小，但缸筒内环的加工相对复杂，卡环槽削弱了缸筒壁厚，如图 3-14(b)所示。

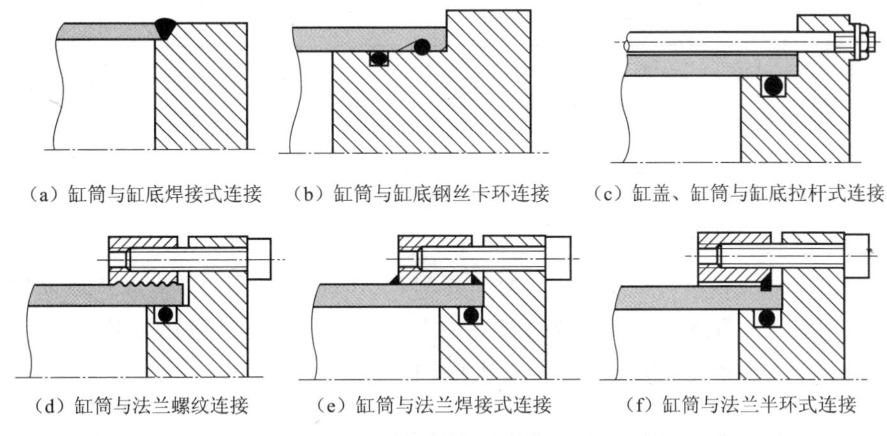

（a）缸筒与缸底焊接式连接　（b）缸筒与缸底钢丝卡环连接　（c）缸盖、缸筒与缸底拉杆式连接

（d）缸筒与法兰螺纹连接　（e）缸筒与法兰焊接式连接　（f）缸筒与法兰半环式连接

图 3-14　缸筒与缸盖、缸底连接典型结构

（3）缸盖、缸筒与缸底拉杆式连接，这种连接结构简单，工艺性好，通用性强，易于拆装，但端盖的体积和质量较大，拉杆受力后会拉伸变形，影响密封效果，只适用于长度不大的中低压缸，如图 3-14(c)所示。

（4）缸筒与法兰螺纹连接，这种连接有外螺纹连接和内螺纹连接两种方式，其特点是体积小、质量小、结构紧凑，但缸筒端部结构较复杂，缸筒加工时，要求保证外螺纹与其内孔同轴，如图 3-14(d)所示。

（5）缸筒与法兰焊接式连接，焊接时易引起缸筒变形，与第一种焊接式的区别是可拆装，但外形尺寸大，如图 3-14(e)所示。

（6）缸筒与法兰半环式连接，这种连接分为外半环连接和内半环连接两种形式。半环式连接工艺性好、连接可靠、结构紧凑、质量小、但零件较多，加工也较复杂，并且安装槽削弱了缸筒强度。半环式连接也是一种应用十分普遍的连接形式，常用于无缝钢管缸筒与端盖的连接，如图 3-14(f)所示。

2）缸筒内径尺寸、材料选择及加工要求

缸筒材料，一般要求有足够的强度及冲击韧性，对焊接的缸筒，还要求有良好的焊接性能。目前液压缸普遍采用的是热轧或冷拔无缝钢管。材料为 20 号、35 号、45 号碳素钢或 27SiMn 等，低温使用的液压缸缸筒一般选用 Q345D。对壁厚较厚的缸筒毛坯，可选用锻件。

缸筒的内径一般要选择标准尺寸系列（见表 3-1），便于加工生产；其公差配合可选择 H8、H9、H10 配合，内径表面粗糙度 Ra 值为 0.1～0.4 μm，一般需经珩磨或滚压加工。也可采购经过珩磨的高精度冷拔无缝钢管。缸筒内径的圆度或圆柱度取 8 级或 9 级精度。缸筒端部使用螺纹连接时，螺纹应选用 6 级精度细牙螺纹。

表 3-1　液压缸内径尺寸系列（摘自 GB/T 2348—2018）　单位：mm

8	40	125	(280)
10	50	(140)	320
12	63	160	(360)
16	80	(180)	400

续表

20	(90)	200	(450)
25	100	(220)	500
32	(110)	250	

注：圆括号内的尺寸为非优先选用尺寸。

3）缸筒与端盖的密封结构

缸筒与端盖的连接形式如图 3-15 所示。此处密封，因为没有相对运动，又称静密封。对于静密封，O 形密封圈密封压力可达 32 MPa，当工作压力大于 32 MPa 时，需采用如图 3-15(b)所示带挡圈的结构。O 形密封圈安装槽尺寸需按相关标准要求设计。

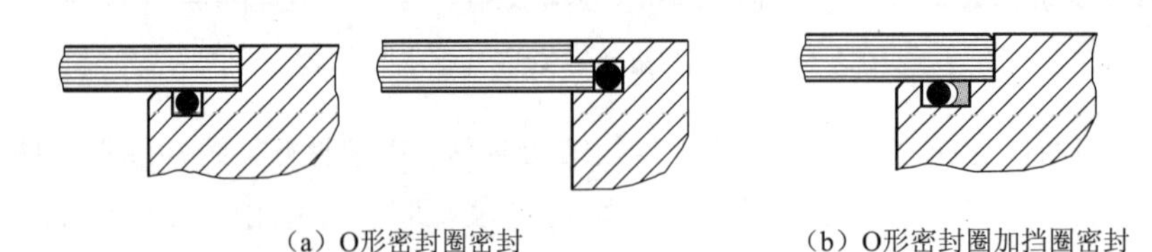

（a）O形密封圈密封　（b）O形密封圈加挡圈密封

图 3-15　液压缸静密封形式

2. 活塞组件

活塞组件由活塞、活塞杆和连接件等组成，活塞通常制成与杆分离的形式。目的是易于加工和选材。随着液压缸的工作压力、安装方式和工作条件的不同，活塞组件有多种结构形式。

1）活塞组件的连接形式

活塞与活塞杆的连接形式很多，除图 3-16 所示的形式外还有整体式结构、焊接式结构和锥销式结构等，但无论何种连接方式，都必须保证连接可靠。

整体式连接和焊接式连接结构简单，轴向尺寸紧凑，但损坏后需整体更换。锥销式连接加工容易，装配简单，但承载能力小，且需有必要的防止脱落措施。螺纹式连接结构如图 3-16(a)所示，其结构简单，装拆方便，但一般需有螺母防松装置。半环式连接结构如图 3-16(b)所示，其强度高，但结构复杂，装拆不便。一般使用螺纹式连接；在轻载情况下可采用锥销式连接；高压和振动较大时多用半环式连接；活塞直径与活塞杆直径比值 D/d 较小、行程较短或尺寸不大的液压缸，其活塞与活塞杆可采用整体式或焊接式连接。

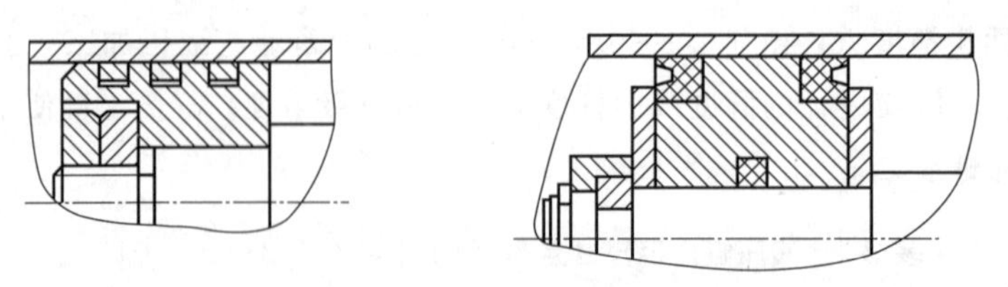

（a）螺纹式连接结构　（b）半环式连接结构

图 3-16　活塞与活塞杆的连接形式

前述图 3-13 活塞与活塞杆为螺纹连接式，螺纹衬套起防松作用。图 3-17 所示的活塞与活塞杆直接焊接在一起。

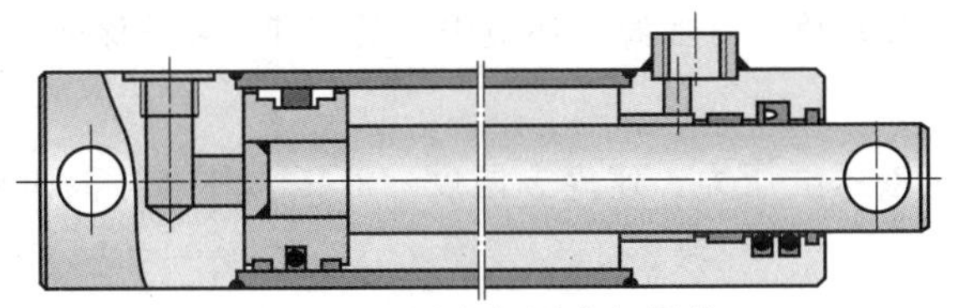

图 3-17　活塞与活塞杆焊接

2）活塞与活塞杆

活塞受压力油作用在缸筒内做往复运动，因此，活塞必须具有一定的强度和良好的耐磨性。无支承环的活塞一般用高强度铸铁 HT200-300、球墨铸铁或青铜 QAL9-4 等材料；有支承环的选用材料为 20 号、35 号、45 号碳素钢制造。低温液压缸的活塞一般采用 Q345D 材料。活塞的结构通常分为整体式和组合式两类。

活塞外径与缸筒为间隙配合，基孔制；基本偏差一般选取 f、g，公差等级一般选取 7 或 8 级。缸筒常与活塞组成 H8/f7、H8/f8、H8/g8、H9/g8、H9/f8、H9/f7 等间隙配合。

活塞内孔公差等级一般取 H7，与活塞杆组成 H7/g6 过渡配合。活塞外径与内孔的同轴度公差一般小于 0.02 mm；活塞端面与轴线的垂直度公差一般小于 0.04 mm/10 mm。活塞外圆表面的圆度与圆柱度公差一般小于外径尺寸公差的一半。活塞外圆表面的表面粗糙度一般选 Ra 值为 0.4～0.8 μm。

活塞杆是连接活塞和工作部件的传力零件，它必须有足够的强度和刚度。活塞杆无论是实心的还是空心的，通常为碳素钢制造。实心活塞杆在小型油缸采用较多，而大型油缸及带位移传感器的液压缸多采用空心活塞杆。空心活塞杆内径与外径的比值小于 0.8 时，一般不影响强度与刚度，必要时可参照相关手册进行计算。活塞杆在导向套内往复运动，其外圆表面应当耐磨并具有防锈性能，故活塞杆外表面一般需镀铬。

活塞杆的材质一般选取 35 号、45 号、40Cr 等；要求粗加工后，进行调质处理，HRC28-32。活塞杆外径尺寸一般要按标准选取，以便选择合适密封件；活塞杆外径配合公差一般选取 f7、f8 或 f9；直线度≤0.02 mm/100 mm；活塞杆表面粗糙度 Ra≤0.1～0.4 μm；活塞杆外径的圆柱度公差按 8 级精度选取。表 3-2 所示为液压缸活塞杆外径尺寸系列。

表 3-2　液压缸活塞杆外径尺寸系列（摘自 GB/T 2348—2018）　　单位：mm

4	20	56	160
5	22	63	180
6	25	70	200
8	28	80	220
10	32	90	250
12	36	100	280
14	40	110	320
16	45	125	360
18	50	140	

为了提高耐磨性与防锈性，活塞杆表面一般镀硬铬处理；镀层厚度为 0.015～0.025 mm 或再稍

厚一些。在腐蚀性极强的工作环境中（如海洋环境中）活塞杆一般喷涂陶瓷镀层。

3）活塞的密封形式

活塞的密封形式取决于液压缸压力、速度、温度、液压油种类等工作条件；选定的密封件形式决定了活塞的结构形式。

图 3-18 所示活塞密封的特点是，O 形密封圈作为副密封件与聚四氟乙烯主密封件组合在一起使用，显著地提高了密封性能，降低了摩擦阻力，无爬行现象，具有良好的静态及动态密封性，耐磨损，使用寿命长。双侧支承环为首选。

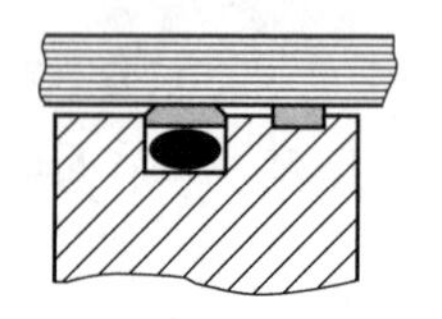

（a）单侧支承环与格莱圈密封

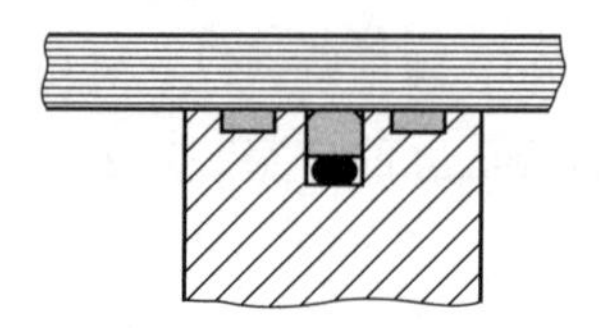

（b）双侧支承环与格莱圈密封

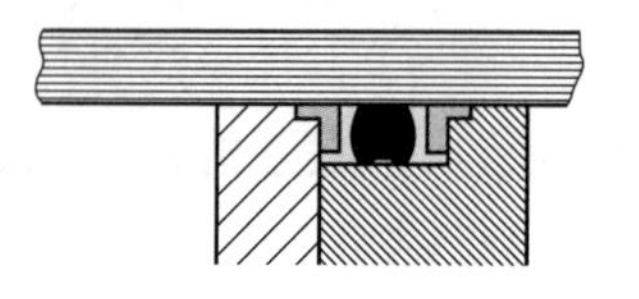

（c）密封件与支承环同槽安装

图 3-18 活塞密封结构形式 1

活塞密封件、支承环沟槽尺寸，请查阅相关厂家样本，应根据密封件、支承环对沟槽的尺寸要求来设计。

如图 3-19 所示，活塞密封为 Y 形密封圈。其密封性、稳定性、耐压性较好，摩擦阻力小，使用寿命较长，应用较普遍。Y 形密封圈的密封作用，依赖于它的唇边对配合面的紧密接触，并在压力油作用下产生较大接触压力，达到密封目的。液压系统工作压力越高，接触压力越大，唇边与配合面贴得越紧，密封效果越好。Y 形密封圈在安装时，唇口端面应对着压力高的一侧。

V 形密封圈由压环、V 形圈及支承环组成；根据工作压力的需要，可以设置多个 V 形圈，如图 3-20 所示。此密封形式用于极高工作压力工况。

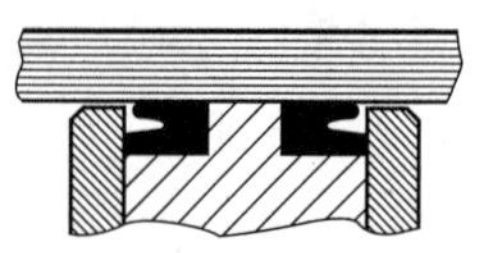

图 3-19 活塞密封结构形式 2（Y 形密封圈）

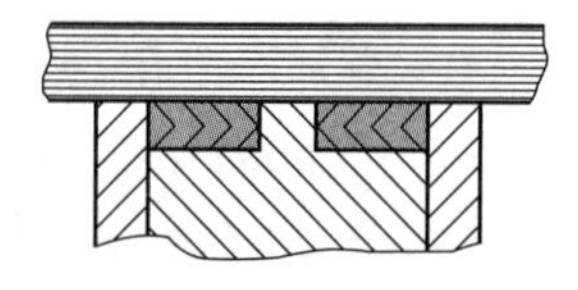

图 3-20 活塞密封结构形式 3（V 形密封圈）

4）活塞杆端部结构

根据设备需要，活塞杆头部的典型连接形式如图 3-21 所示。图 3-21(a)所示为外螺纹连接，这种连接方式通用性强，标准化的液压缸经常采用；图 3-21(b)所示为单耳环带关节轴承结构；图 3-21(c)所示为双耳环连接，它们多用于非标准化的缸上。

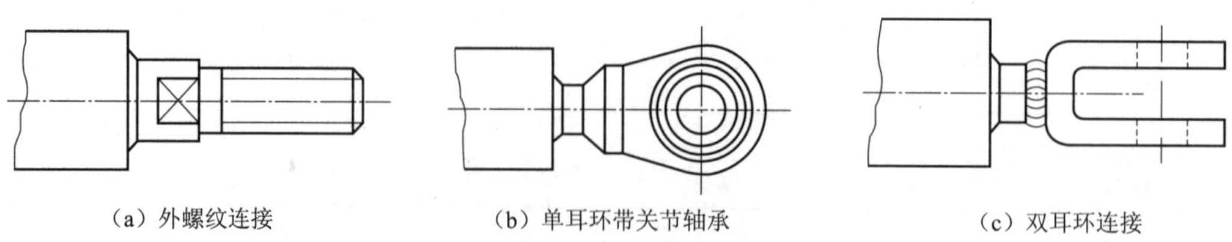

（a）外螺纹连接　（b）单耳环带关节轴承　（c）双耳环连接

图 3-21 活塞杆头部的典型连接形式

3. 活塞杆的导向、密封和防尘

活塞杆伸出端主要包含导向套、防尘圈、活塞杆密封等零部件。导向套用于给活塞杆导向，防尘圈用于防尘，活塞杆密封圈用于保证有杆腔可靠密封。导向套内圈有时还会安装支承环。

导向套为液压缸要求加工精度较高的零件之一。导向套一般采用摩擦因数小、耐磨性能好的青铜材料或铸铁材料。导向套外圆与前盖内孔的公差配合一般选 H8/f7，其内孔与活塞杆外圆的配合一般选 H9/f9。其外圆与内孔的同轴度公差不大于 0.03 mm；圆度与圆柱度公差不大于直径公差的一半。

液压缸常用的活塞杆伸出端端盖结构包括密封圈、导向套、防尘圈等。图 3-22 所示的青铜导向套密封组件分别采用了 Y 形密封圈及斯特封密封。所开油槽保证良好的润滑。

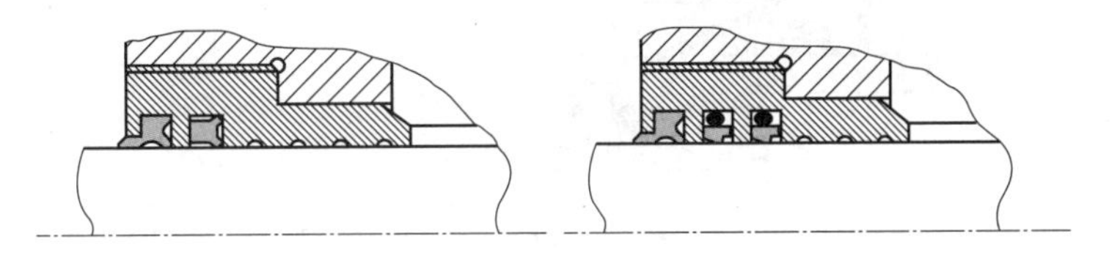

（a）采用Y形密封圈的导向套密封组件　（b）采用斯特封密封的导向套密封组件

图 3-22　青铜导向套密封组件

如图 3-23 所示，开油槽浅而宽，用于降低滑动摩擦力，一般用于伺服液压缸。图 3-24 所示为用于高压重载工况的采用 V 形密封圈的导向套密封组件。

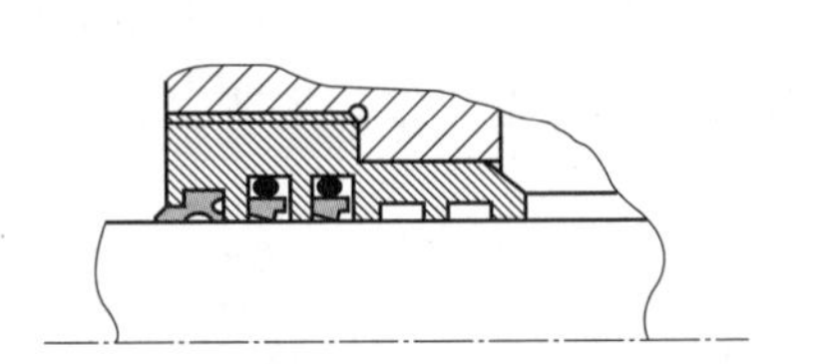

图 3-23　低滑动摩擦力密封组件（用于伺服缸）

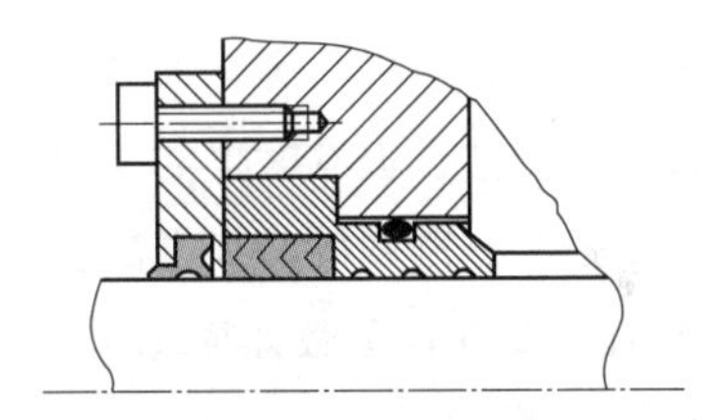

图 3-24　采用 V 形密封圈的导向套密封组件

4. 液压缸的缓冲

当液压缸拖动负载的质量较大、速度较高时，一般应在缸的行程末端设缓冲装置，以免在行程终端发生过大的机械碰撞，致使液压缸损坏。

缓冲的原理是当活塞或缸筒在其运行至接近行程终端时，在出口腔内产生足够的缓冲压力，即增大工作介质出口阻力，从而降低缸的运动速度，避免活塞与缸盖相撞。常用的缓冲装置如图 3-25 所示。液压缸中多采用这种缓冲装置。

活塞通过缓冲套安装在活塞杆上。当锥形缓冲柱塞进入缸底的孔时，随着其开口逐步减小，活塞密封腔与排油口之间油液流动通道被关闭。活塞密封腔的液压油只能由油液通道 5 和可调节流阀 6 流出。缓冲的效果可通过节流阀 6 来设置。流动截面积越小，缓冲的效果就越好。调定缓冲效果后，为防止节流阀芯 7 松动，通过锁紧螺母 8 进行锁紧。

使用单向阀 9 有助于液压缸反向快速启动。这时，液压缸外伸时液压油绕过节流口，经单向阀进入液压缸。而液压缸中的气体可通过排气阀螺钉 10 排出。无末端缓冲的液压缸，可以只安装排气阀螺钉。节流阀和单向阀被设计成通用件，实现互换。

图 3-25 右图的缓冲速度是分级的，因为在缓冲套上开了三组径向孔。

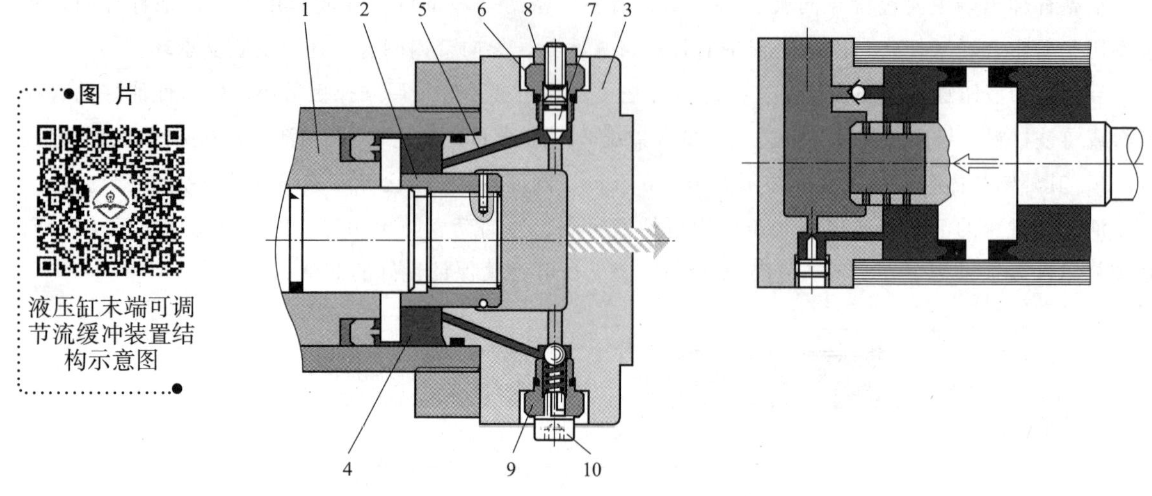

图 3-25 液压缸末端缓冲装置

1—活塞；2—缓冲柱塞；3—端底；4—活塞密封腔；5—油液通道；6—可调节流阀；7—节流阀芯；8—锁紧母；9—单向阀；10—排气阀螺钉

3.1.3 液压缸的部分设计计算

一般来说液压缸可以作为标准件，按手册进行初步选取，找相关生产厂家按标准制造或按所要求的外连接尺寸制造。但有时也需要自行设计，缸的结构设计可参考前一节，本节主要介绍缸主要尺寸的计算及强度、刚度的验算方法。

1. 液压缸主要几何参数计算

1）液压缸缸径计算

对于活塞缸，缸的直径是指缸筒的内径。缸筒内径 D 和活塞杆直径 d 可根据最大总负载和选取的工作压力来确定。对单杆缸，无杆腔进液体时，不考虑回油阻力：

无杆腔进液压油时，活塞缸内径（活塞直径）D：

$$D=\sqrt{\frac{4\cdot F_1}{\pi\cdot p\cdot\eta_{cm}}}$$

有杆腔进液压油时，活塞缸内径（活塞直径）D：

$$D=\sqrt{\frac{4\cdot F_2}{\pi\cdot p\cdot\eta_{cm}}-d^2}$$

式中 F_1——单出杆双作用活塞缸伸出力；

F_2——单出杆双作用活塞缸返回力；

p——工作压力；

η_{cm}——液压缸机械效率，一般取 0.8～0.9。

2）活塞杆直径的选取

活塞杆直径与系统工作压力关系如表 3-3 所示。

表 3-3　活塞杆直径与系统工作压力关系

液压缸工作压力 p/MPa	<5	5-7	>7
推荐活塞杆直径	$(0.5\sim0.55)D$	$(0.6\sim0.7)D$	$0.7D$

计算所得的液压缸内径 D 和活塞杆直径 d 应圆整为标准系列（见表 3-1 和表 3-2），也可查阅相关手册。只有圆整为标准系列，才能为后续密封件选型、机械加工等打好基础。

3）液压缸的缸筒长度

液压缸的缸筒长度由液压缸最大行程、活塞厚度、活塞杆导向套长度、活塞杆密封长度和特殊要求的其他长度确定。为降低加工难度，一般液压缸缸筒长度不应大于内径的 20～30 倍，如果采用高精度冷拔无缝钢管，可以适当加长。

4）液压缸的进出油口直径

缸的进出油口直径 d_0 可以根据系统相关集成阀块油口尺寸参照选取，也可用下式求得：

$$d_0=\sqrt{\frac{4q}{\pi v}}$$

式中　q——液压缸流量；

v——液压缸油口液体的平均流速（一般取 4～6 m/s）。

按公式计算所得的油口尺寸要按标准圆整，为保证流速不超标，要靠稍大一档标准。

2. 缸的主要零部件强度计算与校核

1）缸筒壁厚计算

缸筒是液压缸中的重要零件，它承受液体的作用力，为防止因压力过高导致缸筒破坏，其壁厚需进行计算，或参照相近工作压力液压缸缸筒进行设计。活塞杆受轴向压缩负载时，为避免发生纵向弯曲，还要进行活塞杆稳定性验算。法兰连接的液压缸，法兰螺钉的个数及大小需要进行抗拉强度计算。

中高压缸一般选用无缝钢管作缸筒，大多属薄壁筒，即 $\frac{\delta}{D}\leqslant 0.08$ 时，其最薄处的壁厚用材料力学薄壁圆筒公式计算，即

$$\delta\geqslant\frac{p_{\max}\cdot D}{2[\sigma]}$$

当 $\frac{\delta}{D}>0.3$ 时，用下式验算缸筒壁厚：

$$\delta\geqslant\frac{D}{2}\left(\sqrt{\frac{[\sigma]+0.4p_{\max}}{[\sigma]-1.3p_{\max}}}-1\right)$$

当 $0.08<\frac{\delta}{D}<0.3$ 时，用下式验算缸筒壁厚：

$$\delta\geqslant\frac{p\cdot D}{2.3[\sigma]-3p_{\max}}$$

式中　δ——薄壁筒壁厚；

$p_{\max}$——液压缸最高允许工作压力；

$[\sigma]$ ——缸筒材料的许用应力，$[\sigma]=\frac{\sigma_b}{n}$，$\sigma_b$ 为材料的抗拉强度，n 为安全系数，一般取 $n=1.5\sim3$。

2）缸筒端部法兰用螺钉或拉杆连接的强度计算

如图 3-26 所示，连接螺钉螺纹处的拉应力为：

$$\sigma=\frac{K\cdot F}{\frac{\pi}{4}d_1^2\cdot Z}$$

式中　F——液压缸最大推力（单位 N）；

d_1——连接螺钉螺纹底径（单位 m）；

K——拧紧螺纹系数，静载荷：$K=1.25\sim1.5$，动载荷：$K=2.5\sim4$；

Z——螺钉或拉杆数目。

连接螺钉螺纹处的剪应力为：

$$\tau=\frac{K_1\cdot K\cdot F\cdot d_0}{0.2d_1^3\cdot Z}$$

式中　d_0——连接螺钉螺纹直径（单位 m）；

K_1——螺纹连接摩擦因数，$K_1=0.12$。

连接螺钉螺纹处的合成应力为：

$$\sigma_n=\sqrt{\sigma^2+3\tau^2}\leqslant[\sigma]$$

式中　$[\sigma]$——缸筒材料的许用应力。

3）活塞杆连接螺纹计算

（1）螺纹外径计算：

假设忽略螺纹外径与内经的尺寸差别，可用下式估算：

$$d_0=1.38\sqrt{\frac{F}{[\sigma]}}$$

式中　F——液压缸最大拉力（单位 N）；

$[\sigma]$——活塞杆材料的许用应力；

d_0——螺纹外径（单位 m）。

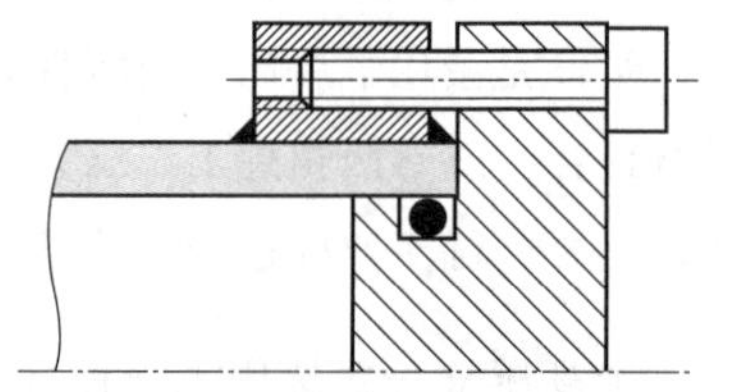

图 3-26　缸筒端部法兰用螺钉连接结构示意图

（2）螺纹圈数计算：

活塞杆螺纹有效圈数 N：

$$N=\frac{F}{q}\times\frac{\pi}{4}(d_0^2-d_1^2)$$

式中　d_1——螺纹内径（单位 m）；

q——螺纹许用接触面压力（单位 Pa）。

（3）活塞杆螺纹强度可按下式校核：

$$\sigma_{拉}=\frac{1.25F}{\frac{\pi}{4}d_1^2}$$

$$\tau=\frac{20Fd_0K}{\pi d_1^3}$$

$$\sigma_{合}=\sqrt{\sigma_{拉}^{2}+3\tau^{2}}\leqslant[\sigma]$$

式中　$\sigma_{合}$——螺纹合成应力（单位 Pa）；

$\sigma_{拉}$——螺纹拉应力（单位 Pa）；

τ——螺纹剪应力（单位 Pa）；

K——螺纹连接摩擦因数，一般取 $K=0.07$。

4）活塞杆的稳定性计算

活塞杆受轴向压力作用时，活塞杆可能产生弯曲，当此轴向力达到临界值 F_k 时，会出现压杆不稳定现象，临界值 F_k 的大小与活塞杆长度和直径，以及缸的安装方式等因素有关。只有当活塞杆计算长度 $l\geqslant10d$ 时，才进行活塞杆的纵向稳定性计算。其计算按材料力学有关公式进行。

如图 3-27 所示，液压缸受轴向力时，会产生如图所示的变形趋势，这时液压缸保持稳定的条件为

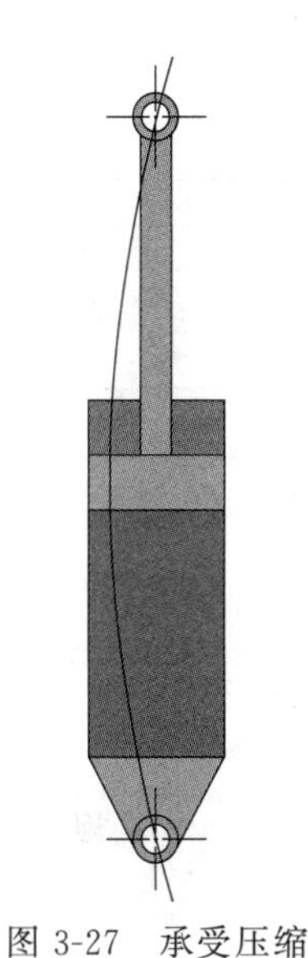

图 3-27　承受压缩负载的液压缸

$$F\leqslant\frac{F_c}{n_c}$$

式中　F——液压缸承受的轴向压力；

F_c——活塞杆不产生弯曲变形的临界力；

n_c——稳定性安全系数，一般取 $n_c=2\sim6$。

F_c 可根据细长比 $\frac{l}{k}$ 的范围按下述有关公式计算：

（1）欧拉公式：

当细长比 $\frac{l}{k}>m\sqrt{n}$ 时：

$$F_c\leqslant\frac{n\cdot\pi^2\cdot E\cdot J}{l^2}$$

式中　l——活塞杆安装长度（单位 m），其值与安装形式有关；

F_c——活塞杆不产生弯曲变形的临界力（单位 N）；

m——柔性系数，见表 3-4；

n——由缸支承方式决定的末端条件系数，其值见表 3-5；

E——活塞杆材料的弹性模量，对钢取 $E=2.06\times10^{11}$（Pa）

J——活塞杆最小截面的惯性矩（单位 m^4）；实心活塞杆，$J=\frac{\pi d^2}{64}$；空心活塞杆，$J=\frac{\pi}{64}(d_1{}^2-d_2{}^2)$。

其中，d_1 为空心活塞杆外径；d_2 为空心活塞杆内径。

采用钢材作活塞杆时，上式可直接写为：

$$F_c\leqslant\frac{1.02n\cdot d^4}{l^2}\times10^6$$

（2）拉金公式：

当细长比 $\frac{l}{k}\leqslant m\sqrt{n}$ 时，用拉金公式计算：

$$F_c=\frac{10f_0\cdot A}{1+\frac{a}{n}\left(\frac{l}{k}\right)^2}$$

式中 f_0——由材料强度决定的实验值，见表 3-4；

A——活塞杆最小截面的截面积（单位 m^2）；

a——实验常数，见表 3-4；

k——活塞杆最小截面的惯性半径（单位 m）；实心活塞杆，$k=\sqrt{\frac{J}{A}}=\frac{d}{4}$（m）；空心活塞杆，

$$k=\sqrt{\frac{d_1^2+d_2^2}{4}}\ (\mathrm{m})；$$

其中，d_1 为空心活塞杆外径；d_2 为空心活塞杆内径。

表 3-4　实验常数 f_0、a 和 m 值

材料	铸铁	锻铁	软钢	硬钢	干燥材料
f_0/MPa	560	250	340	490	50
a	1/1 600	1/9 000	1/7 500	1/5 000	1/750
m	80	110	90	85	60

表 3-5　与液压缸安装有关的末端条件系数

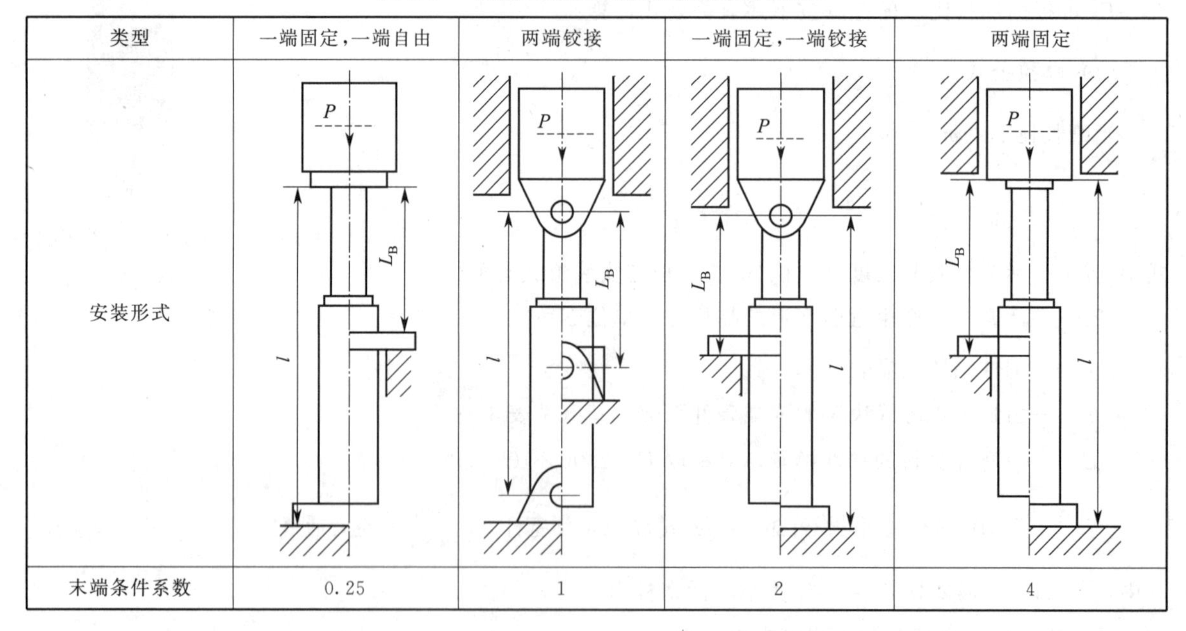

类型	一端固定，一端自由	两端铰接	一端固定，一端铰接	两端固定
安装形式				
末端条件系数	0.25	1	2	4

3.1.4　摆动马达

摆动马达有多种类型或结构，都是在液压力的作用下产生小于 360°的不连续旋转运动，又称摆动缸。其特点是结构紧凑和坚固，以及可传递大扭矩等。

1. 叶片式摆动马达

叶片式摆动马达经济实用，中心输出轴连接一个或两个回转叶片，壳体外形一般是圆的，可使

用一根连续轴连接这一驱动器，并可与另一个摆动马达或显示设备相连接。叶片式摆动马达可达到270°的摆动角。转矩通过对旋转叶片施加液压力而产生，且在整个摆动范围内，转矩都保持不变。

图 3-28 所示为单叶片式摆动马达。单叶片式摆动马达由壳体、1 个定块、传动轴、1 个叶片等组成。图示左边油口供压力油，右边油口回油，摆动马达逆时针旋转，其输出扭矩取决于系统工作压力及叶片作用面积。

图 3-29 所示为双叶片式摆动马达。双叶片式摆动马达由壳体、2 个定块、传动轴、2 个叶片等组成。图示油口供压力油，摆动马达逆时针旋转，其输出扭矩取决于系统工作压力及 2 个叶片作用面积。相同工作压力、相同叶片作用面积下，双叶片摆动马达输出扭矩比单叶片摆动马达大一倍。但因为有两个定块，其旋转角度一般比单叶片摆动马达小。

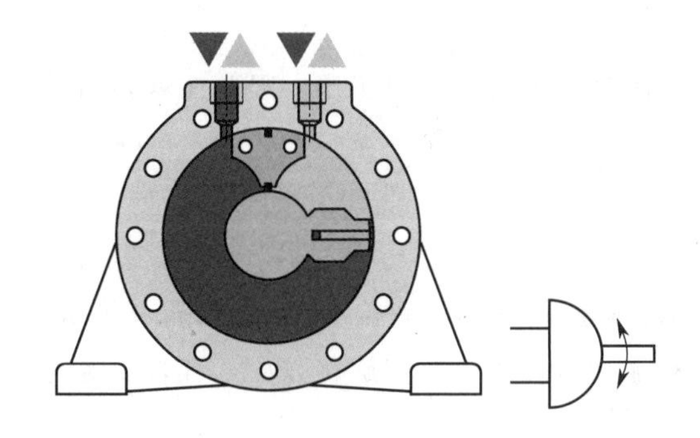

图 3-28　单叶片式摆动马达结构示意图及职能符号

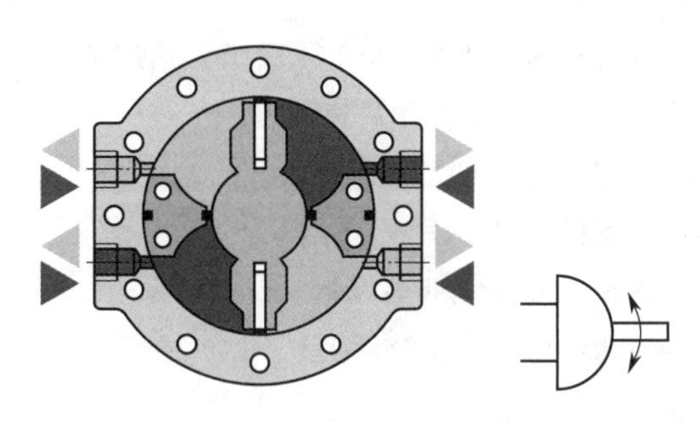

图 3-29　双叶片摆动马达结构示意图及职能符号

2. 齿轮齿条内柱塞式摆动马达

图 3-30 所示为齿轮齿条内柱塞式摆动马达，中部的齿条由缸体引导，通过齿条两端油口交替提供压力油，驱动柱塞来回运动。

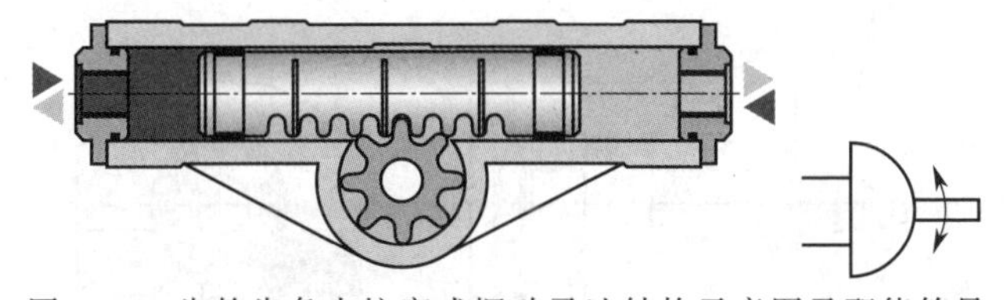

图 3-30　齿轮齿条内柱塞式摆动马达结构示意图及职能符号

与这一内柱塞相啮合的是马达内置的齿轮，齿轮轴可在一侧或双侧输出转矩。根据齿轮的传动比，摆动角可为 90°、140°、180°、240°、300°或 360°，甚至更大角度。

该齿轮齿条摆动马达的输出扭矩取决于系统工作压力及齿条的有效受力面积，以及齿条与齿轮的中心距。需要说明的是，需要较大的输出扭矩，可以设计成齿轮两端分别用一个齿条即双齿条来驱动，相同参数情况下，扭矩可加倍。

3.1.5　液压马达

1. 液压马达的分类及特点

液压马达和液压泵在结构上基本相同，也是靠密封容积的变化来工作的。马达和泵在工作原理上是互逆的。当向马达输入压力油时，其轴输出转速和转矩即成为马达。但由于两者的任务和要求有所不同，故在实际结构上只有少数泵能作为马达使用；而一般情况下，液压马达可以作为双向泵来使用。

液压马达可分为高速马达（n＝500～10 000 r/min）及低速马达（n＝0.5～1 000 r/min）两大类。高速液压马达的转子转动惯量小，反应迅速，动作快，但输出的转矩相对较小。这类液压马达主要有齿轮式、叶片式和柱塞式等几种形式。

实际上作为泵，其结构要考虑高压侧的压力平衡、间隙密封的自动补偿、降噪和吸收液压冲击等措施，以及在吸入侧尽可能扩大流道以减小流动阻力等，因此，泵的吸排油两侧的结构多数是不对称的，只能单方向旋转。但作为液压马达，通常要求正反方向旋转，其结构要求对称，所以，一般情况下齿轮式和叶片式泵不宜作为液压马达使用。

液压马达输出的转矩，取决于马达的排量和压差。目前已有低速大扭矩马达在低速时产生较大的输出转矩。

液压马达的功率输出，取决于马达的流量和压差。因为功率与转速成正比，因此在需要高功率输出的场合，适宜选用高速马达。

2. 液压马达的功能原理

1）齿轮马达

图 3-31 所示为齿轮马达，由主动齿轮 1、前盖 2、壳体 3、轴套 4、后盖 5、从动齿轮 6 等组成。齿轮马达的构造与齿轮泵相似。区别在于，齿轮马达有泄油口，用于改变旋转方向。流入液压马达的高压油作用于马达的齿轮。扭矩通过马达的轴输出。

工作原理：当油液从进油口（压力油口）P 进入，黑色区域密封容腔变大，压力油进入，另一侧通回油口，灰色区域密封容腔变小，液压油排回油箱。在压力油的作用下输出的合力矩推动主动齿轮 1 顺时针转动；改变液压油方向时，液压马达反转。

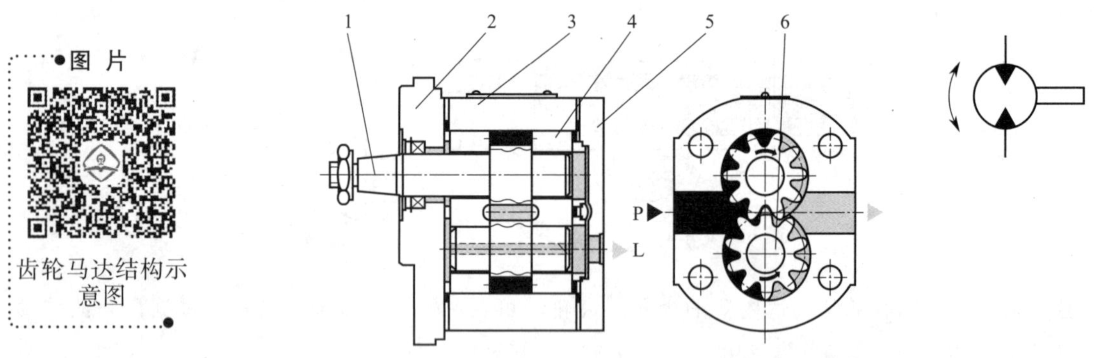

图 3-31 齿轮马达结构示意图及职能符号

1—主动齿轮；2—前盖；3—壳体；4—轴套；5—后盖；6—从动齿轮

齿轮马达常用于行走机械液压系统，输送带的驱动等装备。

齿轮马达和轴向柱塞马达都为高速马达，即转速超过 500 r/min。对于需要低速的应用系统，可采用高速马达加减速箱的方式，也可使用低速液压马达。低速液压马达或低速大扭矩马达在低于 500 r/min 时，可表现出极为出色的特性和效率。

齿轮马达主要工作参数：

排量：1～200 mL/rev；最大压力：300 bar；速度范围：500～10 000 r/min。

2）斜盘式轴向柱塞马达

如图 3-32 所示，压力油从液压系统进入液压马达。液压油通过配流盘上的配流孔进入缸体孔。对于 9 柱塞液压马达，一般 4 或 5 个缸体孔位于高压侧配流孔对应的腰形孔处（压力油侧）。回油侧的配流孔与回油路相通。

当输入压力油时，柱塞带动缸体旋转，并沿着斜盘表面滑动。缸体内的 9 个柱塞依次在孔内产生行程往复运动。在斜盘的作用下，液压力使缸体产生转矩，因而驱动轴的旋转。输入流量决定马达的输出转速。

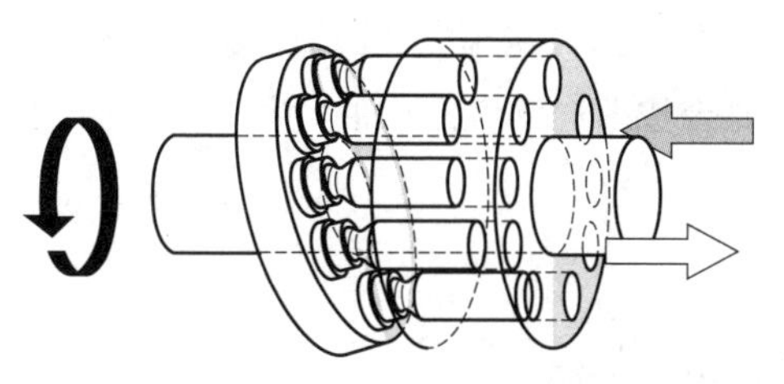

图 3-32　斜盘式轴向柱塞马达工作原理示意图

马达输出的转矩，随高低压端压力差的增大而增大。变量马达的容积即马达的输入流量，可通过调节斜盘倾角改变。

3. 液压马达主要性能参数计算

液压马达的流量 q：

$$q=\frac{V_g \cdot n}{1\,000\eta_{vol}}$$

式中　V_g——马达排量（单位 ml/rev）；

n——马达转速（单位 r/min）；

η_{vol}——马达容积效率。

液压马达输出转矩 M：

$$M=\frac{V_g \cdot \Delta p \cdot \eta_{mh}}{20\pi}=\frac{1.59V_g \cdot \Delta p \cdot \eta_{mh}}{100}$$

式中　Δp——马达进出口压差（单位 bar）；

η_{mh}——马达机械效率。

液压马达输出功率 P：

$$P=\frac{2\pi \cdot M \cdot n}{60\,000}=\frac{M \cdot n}{9\,549}$$

$$P=\frac{q \cdot \Delta p \eta_{vol} \cdot \eta_{mh}}{612}=\frac{q \cdot \Delta p \cdot \eta_t}{612}$$

式中　η_t——马达总效率。

例 3-1　某柱塞液压马达的排量 $V_g=20$ mL/rev，供油压力 $p=200$ bar，供油流量 $q=35$ L/min，容积效率 $\eta_{vol}=0.95$，机械效率 $\eta_{mh}=0.9$，试求马达的实际转速、实际输出转矩和实际输出功率。

解：

$$n=\frac{q \cdot \eta_{vol}}{V}\times 1\,000=\frac{35\times 0.95}{20}\times 1\,000=1\,662.5\ \text{r/min}$$

$$M=\frac{V_g \cdot \Delta p \cdot \eta_{mh}}{20\pi}=\frac{20\times 200\times 0.9}{20\pi}=57.30\ \text{N}\cdot\text{m}$$

$$P=\frac{q \cdot \Delta p \cdot \eta_{vol} \cdot \eta_{mh}}{612}=\frac{35\times 200\times 0.95\times 0.9}{612}=9.78\ \text{kW}$$

3.2 液压执行元件实践

3.2.1 液压执行元件控制回路实验

1. 液压缸回油节流调速实验

图 3-33 所示为二位四通电磁换向阀控制单出杆双作用液压缸（回油节流调速）回路，试在液压实验台按图选择相关元件，并正确安装及连接。

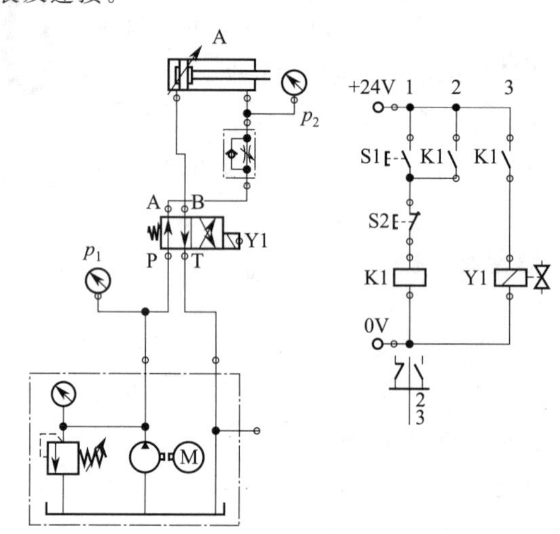

图 3-33 二位四通电磁换向阀控制单出杆双作用液压缸（回油节流调速）

确保正确连接后，启动实验台，实现按 S1 开关，液压缸活塞杆伸出；按 S2 开关，液压缸活塞杆返回。并调节单向节流阀，实现液压缸活塞杆伸出速度由快到慢。

例如，当活塞杆在整个伸出行程过程中，伸出时间约为 8 s 时，观察液压泵出口压力表 p_1 值及液压缸有杆腔压力表 p_2 值。会发现单出杆双作用活塞缸的增压效果，造成 p_2 压力高于 p_1 压力，比值接近液压缸无杆腔与有杆腔的面积比。

本例说明，一个液压系统，其液压泵出口压力不一定是系统最高压力。选择液压缸最高工作压力及相关液压管路耐压等级时，一定要分析液压系统实际工况。

2. 液压马达控制回路实验

图 3-34 所示为三位四通手动换向阀控制液压马达，两个单向节流阀分别用于调节液压马达的两个旋向的速度。

通过本实验希望理解什么是压力管路，什么是回油管路，什么是卸油管路。节流阀节流口大小与液压马达转速的关系，与节流阀进出口压差的关系等。

3.2.2 液压马达选型

例 3-2 已知同步发电机发电功率为 12 kW，转速为 1 500 r/min 时，发电电压为 400 V，频率为 50 Hz。如果用液压马达做动力，带动发电机发电；已知液压泵为变量柱塞泵，额定工作压力为 30 MPa，假设液压泵流量满足液压马达工作需求，请选择合适液压马达型号。

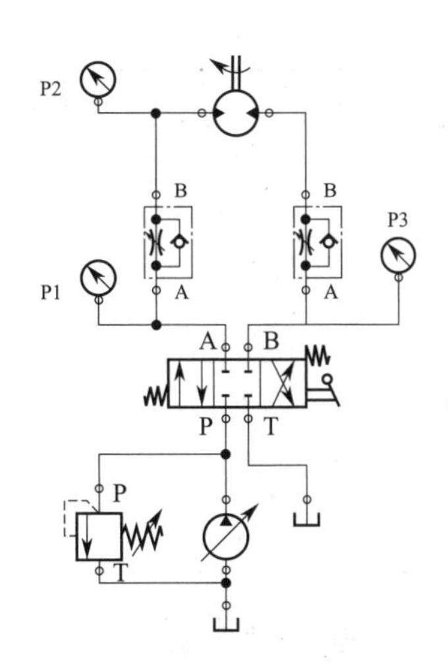

图 3-34 液压马达的手动换向阀控制

解：按照液压泵额定压力 30 MPa，为充分发挥液压泵功能，初选液压马达进出口压差为 25 MPa，拟选择 A2FM 型斜轴式轴向柱塞马达。

根据 A2FM 型斜轴式轴向柱塞马达原理，假设液压马达容积效率 $\eta_{vol}=0.92$，机械效率 $\eta_{mh}=0.9$。

液压马达所需流量 q：

$$q=\frac{612P}{p\cdot\eta_{vol}\cdot\eta_{mh}}=\frac{612\times12}{250\times0.92\times0.9}=35.48\ \text{L/min}$$

液压马达排量 V：

$$V=\frac{q}{n}\times1\,000=\frac{35.48}{1\,500}\times1\,000=23.65\ \text{ml/rev}$$

查阅 A2FM 液压马达相关技术参数（见表 3-6），可选择排量为 23 ml/rev 或 28 ml/rev 的液压马达。检查其转速，在允许范围内。查阅表 3-7，工作压力低于 350 bar，在允许范围内。

假设选排量为 28 ml/rev 的液压马达，反算液压马达所需流量 q 为

$$q=\frac{V\cdot n}{1\,000\eta_{vol}}=\frac{28\times1\,500}{1\,000\times0.92}=45.65\ \text{L/min}$$

进出口工作压差 Δp：

$$\Delta p=\frac{612P}{q\cdot\eta_{mh}}=\frac{612\times12}{45.65\times0.9}=179\ \text{bar}$$

也就是说，选择大排量液压马达后，液压马达进出油口工作压力差变小了。

表 3-6 A2FM 液压马达技术参数部分表 1

技术参数

数据表(理论值，未考虑)η_{mh} 和η_{vol}

规格			5	10	12	16	23	28	32	45	56	63	80
排量	V_9	cm^3	4.93	10.3	12	16	22.9	28.1	32	45.6	56.1	63	80.4
最高转速	n_{max}	r/min	10 000	8 000	8 000	8 000	6 300	6 300	6 300	5 600	5 000	5 000	4 500
	$n_{max\ limit}$	r/min	11 000	8 800	8 800	8 800	6 900	6 900	6 900	6 200	5 500	5 500	5 000

续表

规格			5	10	12	16	23	28	32	45	56	63	80
最大流量	$q_{v\max}$	L/min	49	82	96	128	144	176	201	255	280	315	360
当量扭矩	T_k	N•m/bar	0.076	0.164	0.19	0.25	0.36	0.445	0.509	0.725	0.89	1.0	1.27
扭矩在壳体	$\Delta p=350$ bar T	N·m	24.7	57	67	88	126	156	178	254	312	350	445
	$\Delta p=400$ bar T	N·m		65	76	100	144	178	204	290	356	400	508
输出轴的惯性矩	J	kgm^2	0.000 08	0.000 4	0.000 4	0.000 4	0.001 2	0.001 2	0.001 2	0.002 4	0.004 2	0.004 2	0.007 2
壳体注油量		L		0.17	0.17	0.17	0.20	0.20	0.20	0.33	0.45	0.45	0.55
质量(约)	m	kg	2.5	5.4	5.4	5.4	9.5	9.5	9.5	13.5	1.8	1.8	2.3

表 3-7 A2FM 液压马达技术参数部分表（工作压力范围）

规格 5	轴伸 B	轴伸 C
公称压力 P_N	210 bar	315 bar
峰值压力 P_{max}	250 bar	350 bar
总压力($A+B$)	630 bar	630 bar
规格 10…200	轴伸 A,Z	轴伸 B,P
公称压力 P_N	400 bar	350 bar
峰值压力 P_{max}	450 bar	400 bar
总压力($A+B$)	700 bar	700 bar
规格 250…1000		
公称压力 P_N	350 bar	
峰值压力 P_{max}	400 bar	
总压力($A+B$)	700 bar	

部分常见液压执行元件职能符号见表 3-8。

表 3-8 部分常见液压执行元件职能符号

	名称	符号		名称	符号
单作用液压缸	单作用液压缸（弹簧复位）	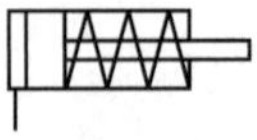	双作用液压缸	单活塞杆双作用液压缸	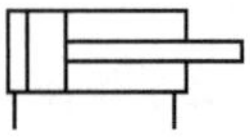
	单作用液压缸	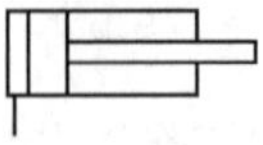		双活塞杆双作用液压缸	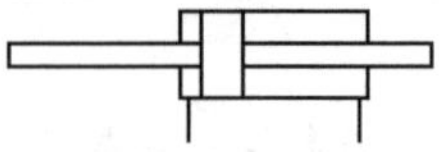
	柱塞液压缸	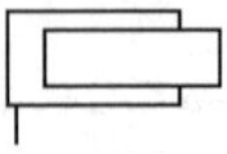		两端带可调缓冲的双作用单杆缸	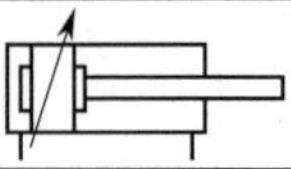
	伸缩液压缸	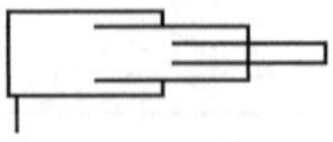		伸缩液压缸	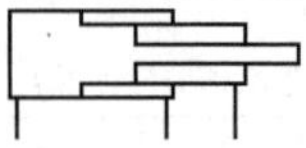
单向定量马达		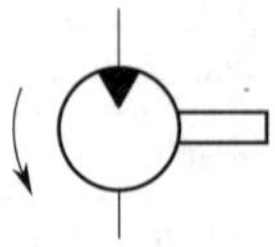	单向变量马达		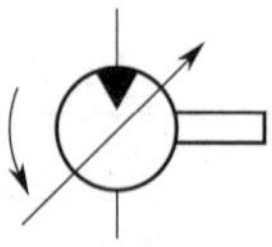

续表

双向定量马达		双向变量马达	
摆动马达		增压缸	P1 P2

思考与练习

1. 对于齿轮泵和齿轮马达，为什么齿轮泵吸油口比排油口大，而齿轮马达进、出油口一般尺寸相同。

2. 简述柱塞缸的优缺点。

3. 单出杆双作用液压缸，伸出及返回时，其输出力与运行速度有何区别？什么情况下会产生增压效果？

4. 液压缸的差动控制，适合于哪种工况？

5. 某液压系统实际需要流量为25 L/min，系统实际工作压力为20 MPa，系统配置单出杆双作用活塞缸，液压缸活塞直径为50 mm，活塞杆直径为32 mm，求系统工作时液压缸伸出时的最大输出力及液压缸的伸出与返回速度各是多少？

6. 已知单杆液压缸缸筒直径$D=80$ mm，活塞杆直径$d=50$ mm，工作压力$p=12$ MPa，流量$q=25$ L/min，求活塞往复运动时的推力和运动速度。如果回油背压$p_2=1$ MPa，液压缸活塞杆往复运动时的推力与运动速度各是多少？

7. 已知单杆液压缸缸筒直径$D=63$ mm，活塞杆直径$d=36$ mm，泵供油流量$q=20$ L/min。求：

（1）液压缸差动连接时的运动速度；

（2）若液压缸在差动阶段所能克服的外负载$F=5\ 000$ N，缸内油液压力有多大（不计管内压力损失）？

8. 一柱塞缸柱塞固定，缸筒运动，压力油从空心柱塞中流入，压力$p=25$ MPa，流量$q=40$ L/min，缸筒直径$D=110$ mm，柱塞外径$d=100$ mm，柱塞杆内孔$d_0=20$ mm，试求柱塞缸所产生的推力和运动速度。

9. 如图3-35所示的液压系统，已知液压泵输出流量$q=30$ L/min，液压泵额定工作压力为16 MPa，活塞直径$D=90$ mm，活塞杆直径$d=63$ mm，压力损失忽略不计，负载$F=280$ kN时，求在各图示情况下压力表的指示值。

10. 某液压系统，拟选择液压马达驱动发电机旋转用来发电，发电机转速要求为1 500 r/min，发电机输出功率为12 kW，装置的机械效率为0.94，液压马达的容积效率为0.96，若选择液压马达的排量为23 ml/rev，求液压马达的进出口压差。

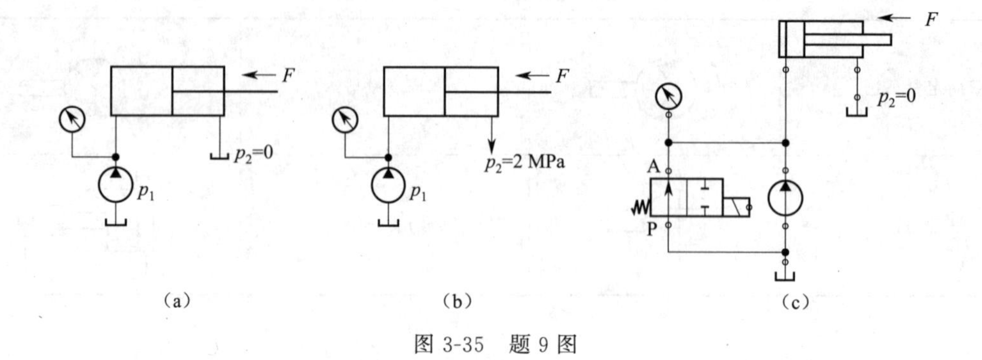

图 3-35 题 9 图

单元4 方向控制元件认知与实践

知识目标

1. 掌握液压控制元件的种类及其作用；
2. 了解液压元件的连接方式及特点；
3. 掌握单向阀的结构、工作原理、职能符号；了解单向阀的型号、应用及选型原则；
4. 了解液控单向阀的结构、工作原理及其特点；了解液控单向阀的职能符号及应用回路；了解液控单向阀的型号及性能曲线；
5. 了解双向液压锁的结构、工作原理、职能符号和应用回路；
6. 掌握换向阀的滑阀机能、中位机能的特点及常见中位机能的应用；了解换向阀常见操纵形式；掌握常见滑阀式换向阀的结构、工作原理、职能符号及应用场合；
7. 了解座阀式换向阀的结构、工作原理、职能符号及应用场合；
8. 了解换向阀的特性，即阀芯的遮盖形式、过渡位置、压力损失和滑阀泄漏等；
9. 了解换向阀的型号、特性曲线和选型原则；
10. 掌握继电器控制的电气控制回路基础知识，电路图画图规则、电路的控制和自锁互锁方式等。

课 件

方向控制元件认知与实践

能力目标

1. 具备按原理图正确安装管路和使用专业工具的能力；
2. 具备识别常见液压方向控制元件的能力；
3. 初步具备根据工况要求合理选择和使用常见液压方向控制元件的能力；
4. 初步具备对简单工况要求的液压和电气控制回路进行设计的能力；
5. 具备按照电路图进行电路连接的能力；
6. 具备按照实验步骤正确调节相应液压元件来满足液压系统要求的能力；
7. 初步具备按工况要求对液压系统进行简单调试的能力；
8. 具备总结实验中所出现的问题并给出解决办法的能力。

4.1 液压控制元件认知

在液压系统中，用于控制系统液流的压力、流量和流向的元件，总称为液压控制元件。液压控制元件是用来满足执行元件（液压缸或液压马达）所需的运动方向、力（力矩）、运动速度的要求，根据用途和特点可分为三大类，即方向阀、压力阀和流量阀。图 4-1 所示为液压控制元件在液压系统中的作用。

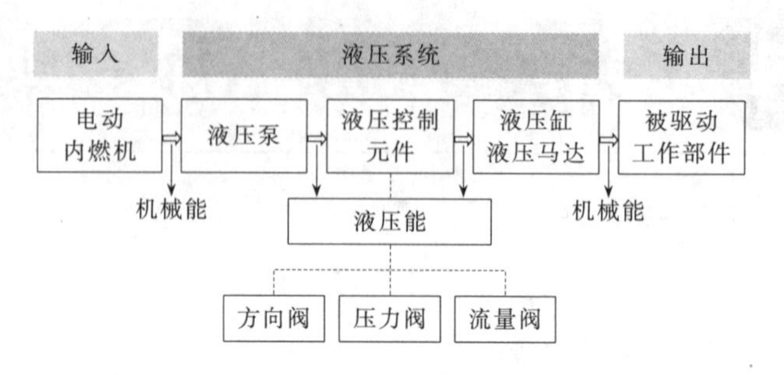

图 4-1　液压控制元件在液压系统中的作用

4.1.1　液压控制元件分类、性能要求及性能参数

1. 液压控制元件分类

液压控制元件按控制功能进行划分有方向阀、压力阀和流量阀。按连接方式进行划分有管式连接、法兰连接、板式连接、插装式连接和叠加式连接。按工作压力进行划分有低压阀、中压阀和高压阀。按控制原理进行划分有开关阀、比例阀、伺服阀和数字阀。

1）按控制功能分类

液压控制阀的功能、外形及职能符号见表 4-1。

表 4-1　液压控制阀种类及功能

类型	名称	典型功能	职能符号
方向阀	单向阀	单向导通，反向截止	
	液控单向阀	锁紧	
	换向阀	控制执行元件的前进、后退、停止	A B a 0 b P T
压力阀	溢流阀	控制液压系统的压力，以满足执行元件所需要的力、转矩	
	减压阀	减压、稳压	
	顺序阀	控制液压系统的压力由压力控制的执行元件的顺序动作	
	压力继电器	将压力信号转换为电信号	

续表

类型	名称	典型功能	职能符号
流量阀	节流阀	控制油液的流量	A B
	单向节流阀	控制油液一个方向上的流量	B A
	调速阀	控制油液的流量，且不受负载影响	A B

(1) 方向阀：用于控制油流方向，以实现执行元件的启动、停止、前进和后退等。包括：单向阀、液控单向阀和换向阀。

(2) 压力阀：用于控制液压系统中油液压力的大小，以满足执行元件所需要的力、转矩。包括：溢流阀、减压阀、顺序阀和压力继电器。

(3) 流量阀：用于控制液压系统中油液流量的大小，以实现执行元件所需要的运动速度。包括：节流阀、单向节流阀和调速阀。

2) 按连接方式分类

液压控制阀的连接形式的外形图及其应用特点见表 4-2。

表 4-2　液压控制阀的连接形式及应用特点

连接形式	外形	实例	应用及特点
管式连接（螺纹连接）			应用：适用于小流量的简单液压系统。 优点：连接简单，布局方便，系统中各阀间油路一目了然。 缺点：元件分散布置，所占空间较大，管路交错，接头繁多，不便于装卸维修
法兰连接			
板式连接			应用：广泛应用于液压系统。 优点：结构紧凑，并且阀集中布置，体积小，便于装卸和维修。 缺点：设计工作量大，加工复杂，不能随意修改系统
插装式连接			应用：非常适合用大流量的场合。可以实现方向控制、压力控制、流量控制。 特点：结构紧凑，泄漏少

续表

连接形式	外形	实例	应用及特点
叠加式连接			应用:应用广泛。 特点:设计工作量小,结构紧凑,体积小,系统的泄漏损失及压力损失较小,尤其是液压系统更改较方便、灵活

（1）管式（螺纹）连接：阀体油口上带螺纹的阀称为管式阀。将管式阀的油口用螺纹管接头与管道连接，并由此固定在管路上，管路通常用橡胶软管或者无缝钢管。螺纹连接一般用于中小流量系统。

（2）法兰连接：适用于通径 32 mm 以上的大流量液压系统。是通过阀体上的螺钉孔与管件端部的法兰用螺钉连接在一起，其优缺点与螺纹连接相同。

（3）板式连接：阀的各油口均布置在同一安装平面上，并留有连接螺钉孔，这种阀称为板式阀，如电磁换向阀多为板式阀。将板式阀用螺钉固定在与阀有对应油口的连接体上，连接体有连接板和集成块两种形式。

①连接板：将板式阀固定在连接板上面，阀间油路在板后用管接头与管子连接。如图 4-2(a)所示。

②集成块：这是一个正六面连接体。将板式阀用螺钉固定在集成块合适的侧面上，最好的设计方式是所有油管安装在一个侧面上，用于连接液压泵、油箱及执行元件，这样管路容易布置，整齐美观。

集成块可以设计成多个集成块组合在一起，在各集成块的结合面上同一坐标位置钻有公共通油孔，即压力油孔 P、回油孔 T、泄漏油孔 L 以及安装螺栓孔。在集成块内打孔，沟通各阀组成回路，如图 4-2(b)所示。

每个集成块与装在其周围的阀类元件构成一个集成块组。每个集成块组就是一个典型的液压回路。集成块的设计，除了要满足液压原理图的要求外，还要考虑维修保养方便。与管式连接比较，集成块的连接方式，用集成块中的管路替代了螺纹连接的相关管路，体积小，美观，使用可靠，维修方便，使用广泛，如图 4-2(c)所示。

（4）插装式连接：插装阀是没有阀体的专用元件，将其直接插入布有孔道的阀块的插座孔中，构成不同功能的插装元件，通过块内通道将几个插装元件组成在一起，即可成回路。小流量插装阀一般用螺纹插装阀，大流量插装阀一般用盖板插装阀。

（5）叠加式连接：按照液压系统要求，将相同规格的各种功能的叠加阀按一定次序叠加起来，组成叠加阀式液压装置，这个装置的最下端为连接板，底板上有 P、A、B、T 和压力表接口，一个叠加阀组控制一个执行元件，如图 4-2(d)所示。

3）按工作压力分类

按控制阀在液压系统的工作压力划分有低压阀、中压阀和高压阀。

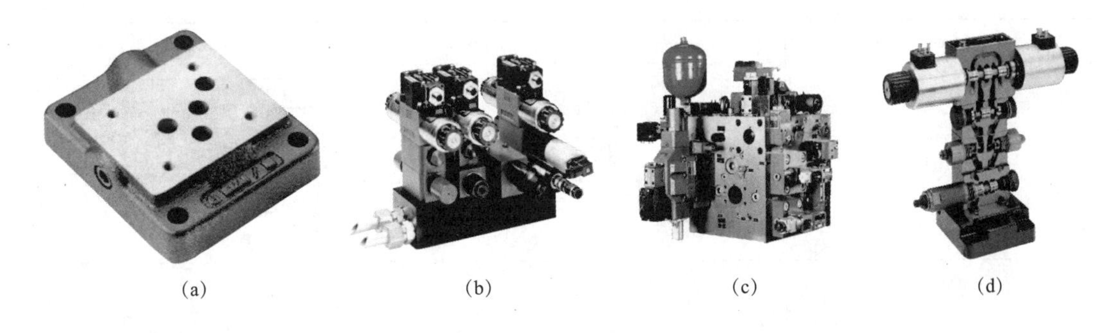

图 4-2　板式阀的安装方式介绍

4）按控制原理分类

按控制阀的控制原理划分有开关阀、比例阀、伺服阀和数字阀。开关阀一旦调定后只能在调定状态下工作。比例阀和伺服阀能根据输入信号按比例地控制系统的参数。数字阀则用数字信号直接控制阀的动作。

2. 对控制阀的基本要求

（1）动作准确，灵敏，可靠，工作平稳，无冲击和振动；

（2）液体通过时压力损失小；

（3）密封性能好，内泄漏小，无外泄漏；

（4）结构简单紧凑，制造、安装、调试、维护方便，通用性好。

3. 控制阀的性能参数

阀的性能参数是对阀进行评价和选用的依据，它反映了阀的规格和工作压力。阀的规格用通径表示，通常是阀进、出口的名义尺寸，它和油口的实际尺寸不一定相等。控制阀的主要性能参数有两个，即额定压力和额定流量。

4.1.2　单向阀

根据单向阀的使用范围，可将其分为三类：普通单向阀、液控单向阀和充液阀（见表 4-3）。在没有特指的情况下，所说的单向阀指的就是普通单向阀。主要用于允许液体单一方向流动，相反方向通过隔离部件隔断油路，且无泄漏现象，因此单向阀又称止回阀。

表 4-3　单向阀的类型

名称	外形图	结构原理图
普通单向阀		P　A

续表

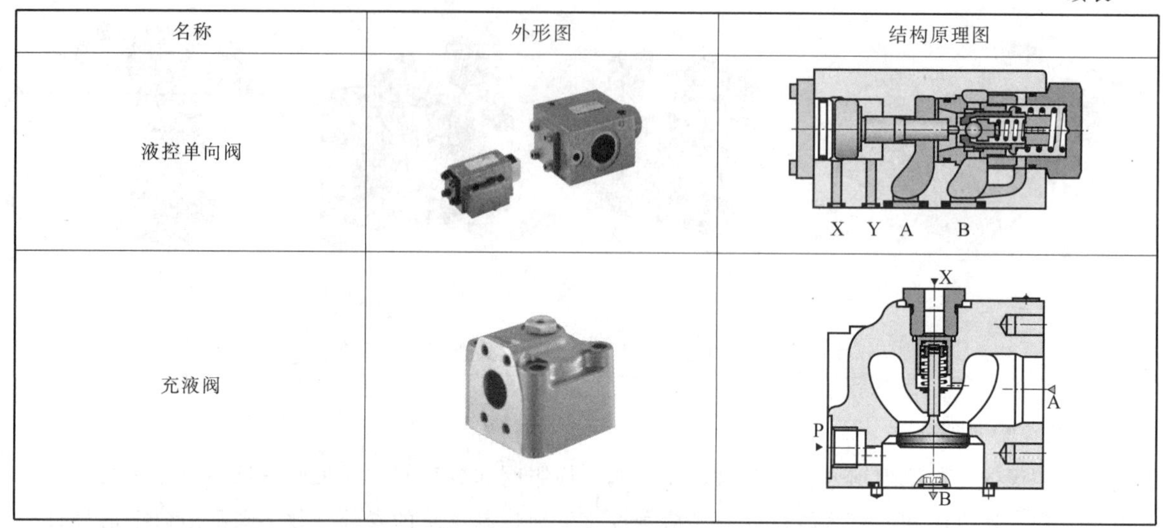

名称	外形图	结构原理图
液控单向阀		
充液阀		

1. 单向阀概述

1）单向阀分类

按阀芯结构不同，单向阀可分为球阀芯和锥阀芯两种形式。

球阀芯的优点是结构简单、制造方便、制造成本低。缺点是密封性较差，工作时容易产生振动和噪声，一般用于流量较小的场合。单向阀的小钢球在运行中会发生轻微变形，即阀座使其产生凹陷，因为作用在阀座上的压力不能总在同一点上，使用一段时间后会导致泄漏。钢球需要附加导向装置，否则就可能被撞离正常位置。

锥阀芯制造上比球阀复杂，工艺要求严格，导向性和密封性较好，工作平稳，因此在工程中使用的单向阀多为锥阀结构。

2）单向阀的性能要求

单向导通时要求压力损失小，即弹簧弹性系数小。推动阀芯所需的压力取决于所选弹簧力和阀芯受力面的截面积。开启压力通常为 0.5～10 bar，根据实际应用来选择。反向截止的时候要求密封性能要好；要求阀的动作灵敏，工作时无撞击和噪声。

2. 单向阀结构和工作原理

如图 4-3 所示，单向阀主要由阀体 1、阀芯 2、弹簧 3、阀座 4 等组成。单向阀根据进出油口方向是否相同有直通式和直角式两种结构，直通式单向阀结构简单、体积小，但容易有噪声和振动，并且更换弹簧不便。右图的直角式单向阀有效减轻了振动，并且更换弹簧较方便。单向阀的工作原理是单向导通，反向截止（类似于电路中的二极管）。当油液从 P 口流入时，克服弹簧力 3 将阀芯 2 顶开，油液从 A 口流出；当油液反向流动（即油液从 A 口流入）时，阀芯在液压力和弹簧力的作用下关闭。

图 片

管式单向阀结构示意图

3. 单向阀应用与选型

1）单向阀应用

单向阀应用于不允许油液倒流的场合，单向阀应用如图 4-4 所示。

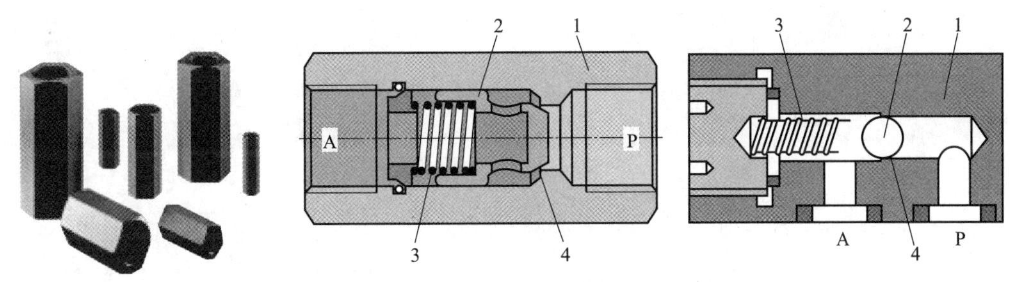

图 4-3　单向阀结构示意图及外形照片

1—阀体；2—阀芯；3—弹簧；4—阀座

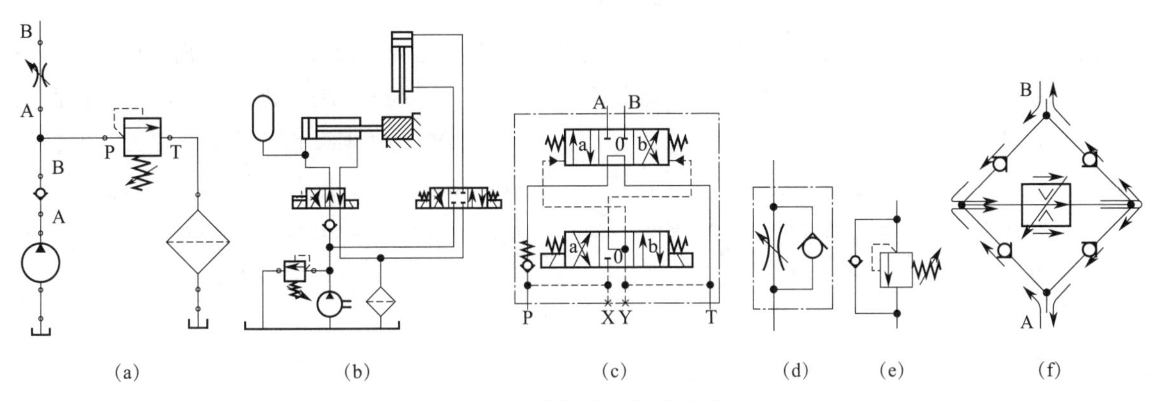

图 4-4　单向阀的应用示例

(1) 图 4-4(a)所示为单向阀安装在液压泵的出口，可以防止由于电机突然断电时负载压力使泵反向驱动，避免泵因倒吸造成的损坏，所出现的压力峰值通过溢流阀流回油箱。同时可以方便维修液压泵。(特别要注意：单向阀放在泵的出口时切忌装反，否则泵或者电机会损坏。)

(2) 隔开油路间不必要的联系，防止油路相互干扰。图 4-4(b)中，左缸为压紧缸，右缸为加工缸；当液压系统左侧压紧缸工作后，右侧换向阀换向，加工缸开始加工时，单向阀起到防止加工缸动作影响压紧力变化的作用。

(3) 图 4-4(c)所示为单向阀做背压阀用，先导式换向阀主阀芯的中位机能为卸荷状态，无法建立先导控制油路所需的压力，导致主阀芯无法换向，液压系统不能正常工作。可以在主阀端口 P 安装一个单向阀，以产生最小的控制压力。单向阀做背压阀，背压压力不可调。

(4) 图 4-4(d)和图 4-4(e)所示为单向阀做旁路阀用，与其他元件组成复合阀使用。如图为单向节流阀和单向溢流阀，当单向阀与节流阀或者溢流阀并联时，只能实现一个方向上的流量或压力控制。

(5) 桥式整流回路，所谓的"整流回路"是通过四个单向阀连接而成，它主要用在流量阀或压力阀的连接中。图 4-4(f)中的油液无论从 A 口流入、B 口流出，还是从 B 口流入、A 口流出，此时都是调速阀在起作用。图 4-4(f)是该整流回路在液压系统中的应用。

2) 单向阀选型

(1) 单向阀型号及特性曲线。某公司 S 型单向阀尺寸从 6 通径至 30 通径，允许通过的流量是从 18～450 L/min，最大工作压力为 315 bar。以液压实验室用的单向阀为例，型号为 S6A3.0，从图 4-5 中可以看出，单向阀为 6 通径，螺纹连接，开启压力遵循特性曲线 3。

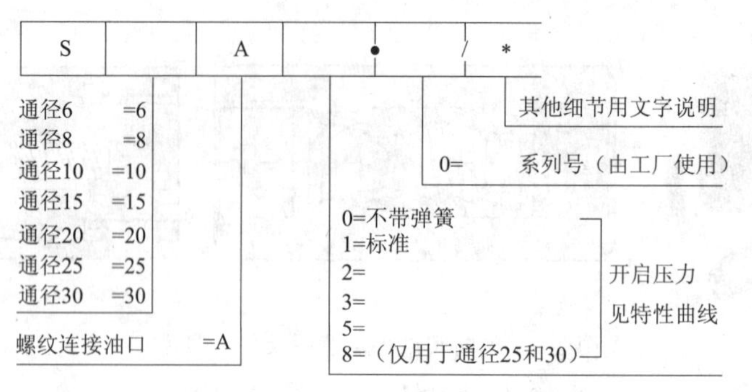

图 4-5 某公司 S 型单向阀型号说明

图 4-6 分别为 6 通径、8 通径和 20 通径的单向阀的压差-流量特性曲线，可以看出不同通径的单向阀允许通过的最大流量不同。比如，6 通径最大到 18 L/min，8 通径最大到 36 L/min。特性曲线横坐标为流量，纵坐标为压差。曲线中的 0、1、2、3、5、8 表示单向阀的不同开启压力，即弹簧的软硬。0-不带弹簧、1-标准、2、3、5、8 图中体现的开启压力。开启压力为 8 bar，仅限于通径为 25 和 30 的两种单向阀有。从曲线中可以看出，当小流量时，流经单向阀的压力损失基本不变，等于相应的开启压力；当流量达到一定值后，随着流量的增加压力损失也随之增大。

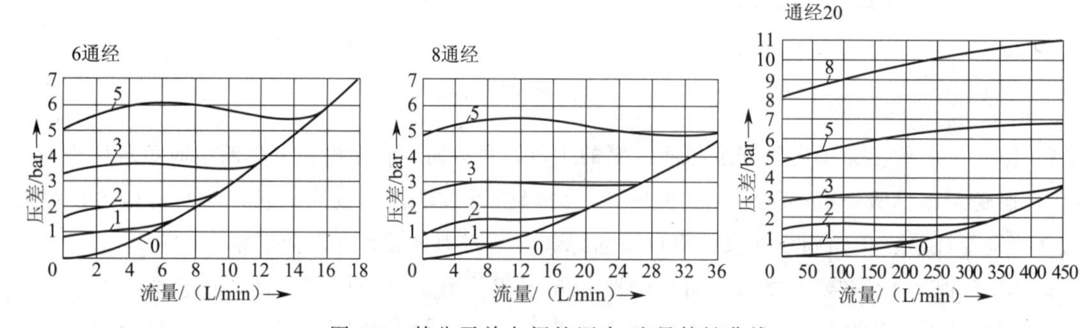

图 4-6 某公司单向阀的压力-流量特性曲线

(2) 单向阀的选型原则。单向阀的选型可以根据工作场合和工作要求来选择单向阀的安装方式，比如管式、插装式、板式和叠加式。根据液压系统所需的压力和流量选择单向阀的通径。S 系列单向阀的最高工作压力为 315 bar，根据系统的最大流量选择单向阀的通径。

例 4-1 当系统最大流量为 18 L/min、开启压力为曲线 5 时，试选择单向阀的型号。

解： 由单向阀压力流量特性曲线可以看出：流量为 18 L/min 的油液，如果选择 6 通径单向阀，压力损失为 7 bar；如果选择 8 通径单向阀，压力损失为 5 bar。因此，流量相同时，通径越大压力损失就越小。该例优先选择 8 通径单向阀，若选择管式连接方式，单向阀型号为 S8A5.0。

4.1.3 液控单向阀

1. 液控单向阀功能

液控单向阀可以看作带钥匙的单向阀。由图 4-7(b)和图 4-7(c)可以看出，油液从 A 口到 B 口的流动与简单单向阀一样，与其不同的是，在控制口 X 上采用控制压力信号，使得油液从 B 口到 A 口的关闭方向也可打开液控单向阀，X 口就是那把钥匙。当液控单向阀关闭时的内部泄漏很少，因此在液压回路中常常用作保压锁紧功能。

2. 液控单向阀分类

液控单向阀按照连接形式可以分为板式连接和管式连接，如图 4-7(a)所示。按照阀芯形式可以分为带卸荷阀芯的液控单向阀［见图 4-7(c)］，球阀芯就是卸荷阀芯，该阀需要的控制压力更低。有不带卸荷阀芯的液控单向阀［见图 4-7(b)］，没有卸荷阀芯，该阀需要的控制压力较高。按照泄油口形式有内泄式液控单向阀［见图 4-7(b)］，也就是控制阀芯的泄漏油与 A 口相通。外泄式液控单向阀，即控制阀芯的泄漏油通过油口 Y 单独回油箱［见图 4-7(c)］。

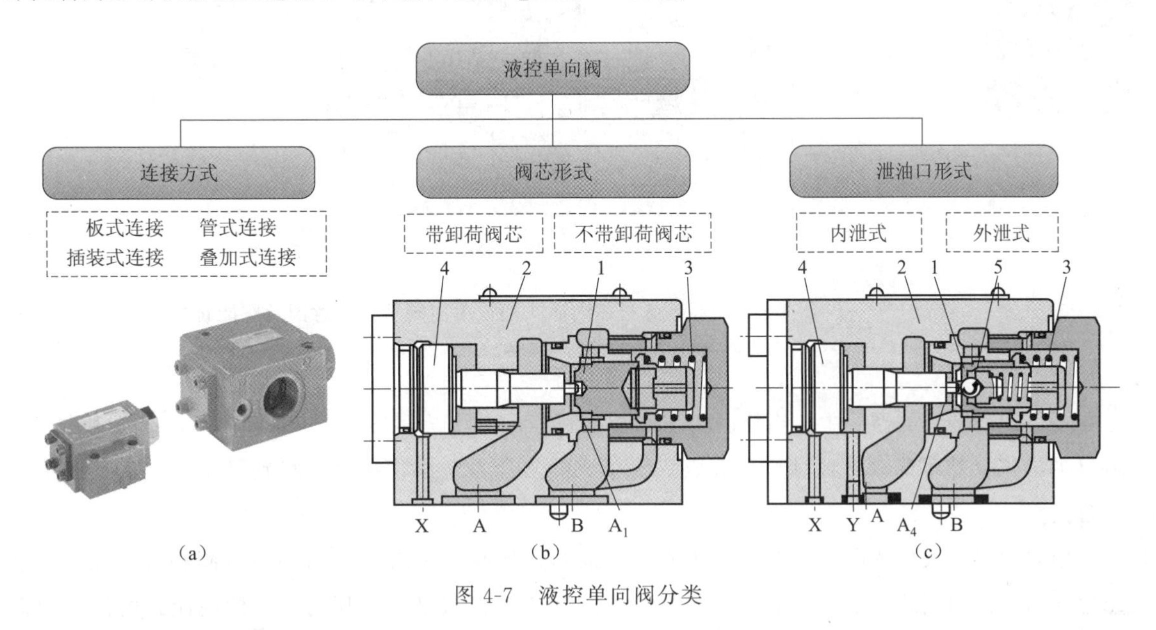

图 4-7　液控单向阀分类

3. 液控单向阀结构、工作原理及其特点

下面分别介绍三种形式的液控单向阀的结构、工作原理及其特点，即不带卸荷阀芯内泄式液控单向阀、带卸荷阀芯内泄式液控单向阀和带卸荷阀芯外泄式液控单向阀。

1）不带卸荷阀芯内泄式液控单向阀

（1）结构和工作原理。图 4-8 所示为不带卸荷阀芯内泄式液控单向阀结构。主要由锥阀芯 1、阀体 2、弹簧 3 和控制阀芯 4 等组成，该阀有三个油口，A 口、B 口、X 口。初始状态，压缩弹簧将阀芯推至阀座上。当油口 A 通入压力油时，克服弹簧力打开锥阀芯，油液从 A 流向 B。在这一点上与普通单向阀功能一样。油液如果要从 B 流向 A，必须使用外力打开锥阀芯。因此，当控制油口 X 通压力油时，所产生的液压力将控制活塞向右推，一旦达到允许从 B 流向 A 的规定控制压力时，即达到能够克服弹簧力和 B 口压力油作用在阀芯 A_1 截面积所产生的液压力时，此时锥阀芯打开，油液从 B 流向 A。职能符号如图 4-8 右图所示。

（2）特点：

从阀芯的结构特点上分析，为确保油液从 B 到 A 的流动，在控制阀芯 4 上需要一个最低控制压力。在不考虑 A 口背压的情况下，只有施加在控制活塞 4 上的油液压力与 B 口的负载压力之比大于锥阀芯 1 的截面积 A_1 与控制活塞 4 的截面积之比，才能保证液控单向阀可靠打开。通常说的液控单向阀开启比，指控制活塞 4 与锥阀芯 1 的截面积 A_1 的截面积之比，比率为 1.5∶1～3∶1。具体视液控单向阀型号而定。不带卸荷阀芯的液控单向阀开启比相对较小，对于开启比要求大的工况，优先选择带有卸荷阀芯的液控单向阀。

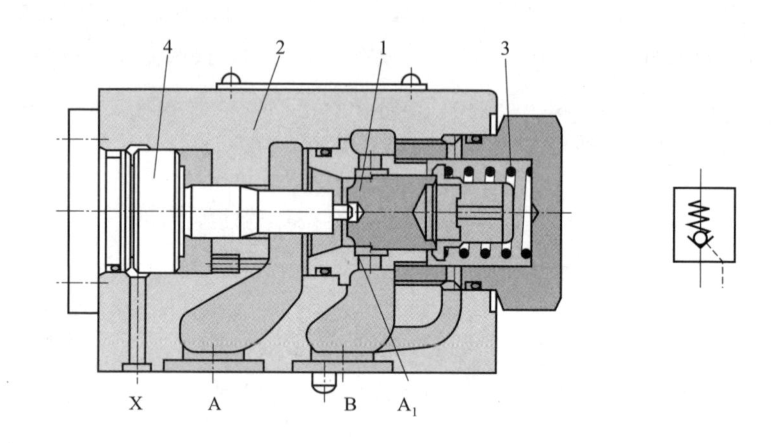

图 4-8 不带卸荷阀芯内泄式液控单向阀结构示意图及职能符号

1—锥阀芯；2—阀体；3—弹簧；4—控制阀芯；X—控制口

在不带卸荷阀芯的型号中，当控制活塞推开锥阀芯，突然以最大流量从 B 流向 A，在压力作用下通道 B 的油压突然下降，导致对整个液压系统造成冲击和系统部件振动，特别是螺钉、活动阀部件以及管接头。

采用内泄式的液控单向阀，当 A 口不直接与油箱连接时，比如说 A 口与节流阀相接，此时油液的压力作用在控制阀芯和锥阀芯上，会加大所需控制口 X 的最低工作压力，因此内泄式的液控单向阀通常用于 A 口完全卸荷的工况。

2）带卸荷阀芯内泄式液控单向阀

（1）结构和工作原理。图 4-9 所示为带卸荷阀芯内泄式液控单向阀的结构，与图 4-7 液控单向阀区别是多了一个卸荷阀芯 2，其他结构是一样的。油液从 A 到 B 的流动相当于单向阀。当对控制油口 X 作用压力油时，控制活塞右移，首先将卸荷球阀芯推离其基座，使得 B 和 A 沟通，少部分油液从 B 流向 A，B 口压力缓慢下降，最后再推开锥阀芯，以最大流量从 B 流向 A。

（2）特点：

卸荷阀芯具有预开启特点，使 B 口压力缓慢下降，液压缸中受压流体平稳释压，从而避免液压系统压力冲击和振动。仅需要较小的控制压力，控制口压力通常为 B 口压力的十分之一，就可以使 B 口和 A 口沟通。

因为有卸荷阀芯，该液控单向阀开启比，指控制活塞 4 与卸荷阀芯 2 的截面积的截面积之比，比率为 10∶1～14∶1。具体视液控单向阀型号而定，开启比越大，需要的开启压力越低。

3）带卸荷阀芯外泄式液控单向阀

（1）结构和工作原理。图 4-10 所示为带卸荷阀芯外泄式液控单向阀，在结构上与图 4-9 的液控单向阀的区别是多了一个外泄油口 Y，这个阀有四个油口，除此之外和图 4-9 的阀是一样的。这个阀的工作原理与图 4-9 内泄式带卸荷阀芯的液控单向阀一样。

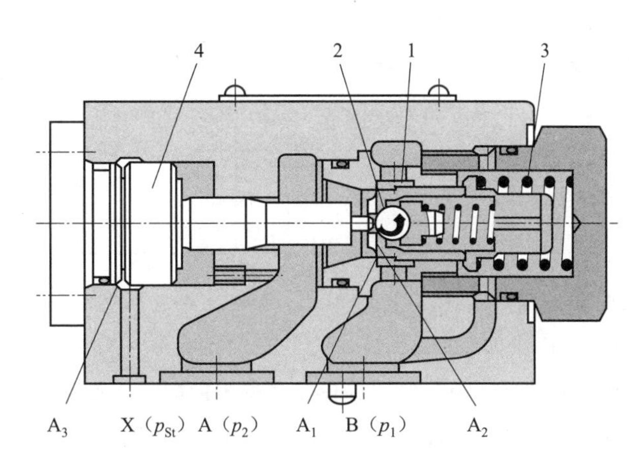

图 4-9　带卸荷阀芯内泄式液控单向阀结构示意图

1—锥阀芯；2—卸荷阀芯；3—弹簧；4—控制阀芯；X—控制口

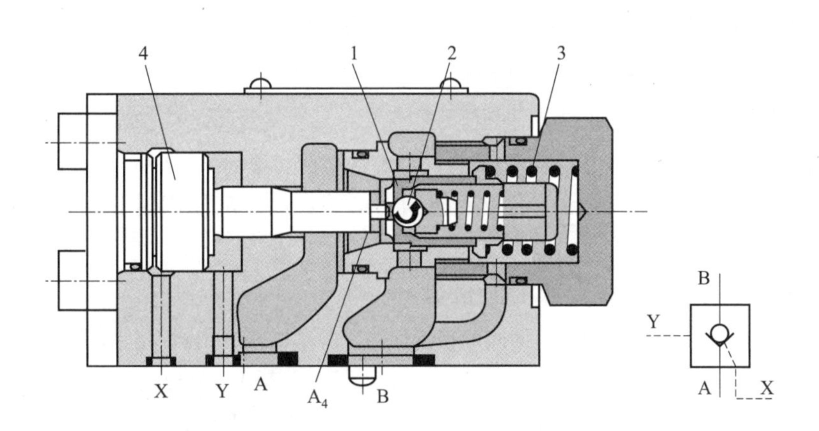

图 4-10　带卸荷阀芯外泄式液控单向阀结构示意图及职能符号

1—锥阀芯；2—卸荷阀芯；3—弹簧；4—控制阀芯；X—控制口；Y—外泄口

（2）特点：

如图 4-11 所示，因为液控单向阀 A 口串联了单向节流阀，节流会导致液控单向阀 A 口压力升高，若选择内泄式液控单向阀，因为 A 口压力直接作用在控制阀芯背面，会导致液控单向阀开启压力上升。

选择外泄式液控单向阀，其泄油口 Y 直接接回油箱，无论 A 口压力高低，都不会影响开启压力大小。

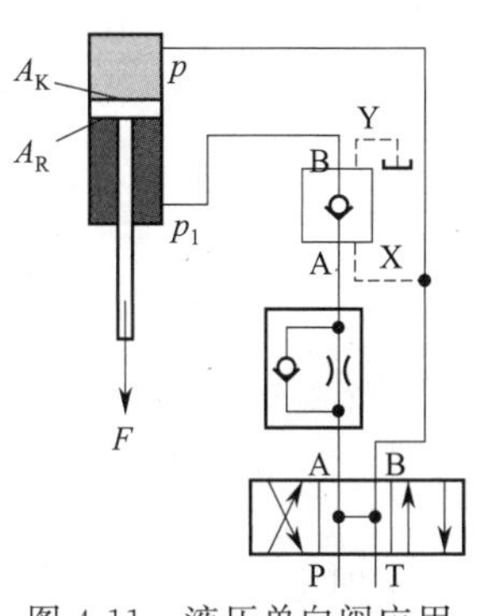

图 4-11　液压单向阀应用

4. 三种液控单向阀的区别

表 4-4 从控制口所需要控制压力的大小、出口 A 的连接方式和职能符号三个方面，总结了三种类型的液控单向阀的区别和应用场合。

表 4-4 三种液控单向阀特点比较

液控单向阀类型	控制口所需压力	出口 A	职能符号
不带卸荷阀芯、内泄式	较高	接油箱	
带卸荷阀芯、内泄式	较低	接油箱	
带卸荷阀芯、外泄式	较低	既可接油箱 也可接节流阀	

5. 液控单向阀应用

1）锁紧回路工作原理

液控单向阀在液压系统中一般用于保压或锁紧回路，主要利用了锥阀芯良好的密封性。图 4-12(a)中垂直安装的液压缸在任意位置停止时，活塞杆上作用有拉力 F，B 口是高压，A 口和 X 口通过换向阀的中位机能和油箱相通，此时在 B 腔高压和弹簧力的作用下将单向阀阀口关闭，因此可以可靠锁紧液压缸的有杆腔，使得液压缸能够保持在当前位置不动，又称液压锁紧回路。

此时，液压缸的定位精度仅与油缸内泄有关，而不受系统泄漏的影响。为了在锁紧时阀芯可靠关闭，液控单向阀液控口需要泄压，即换向阀中位时应使换向阀 A、B 口都通油箱，即液控单向阀 X 口卸压，通常换向阀中位采用 Y 或 H 型机能。

图 4-12(b)的换向阀处于左位时，压力油进入到液压缸的无杆腔，同时作用于控制口 X，有杆腔的液体经节流阀、液控单向阀的 B 到 A 通过换向阀回油箱，此时液压缸慢速伸出，伸出速度由单向节流阀来调节。

2）内泄、外泄式液控单向阀锁紧回路的区别

图 4-12(a)和图 4-12(c)都是采用液控单向阀的锁紧回路，两个回路的相同点：都是锁紧液压缸的有杆腔。

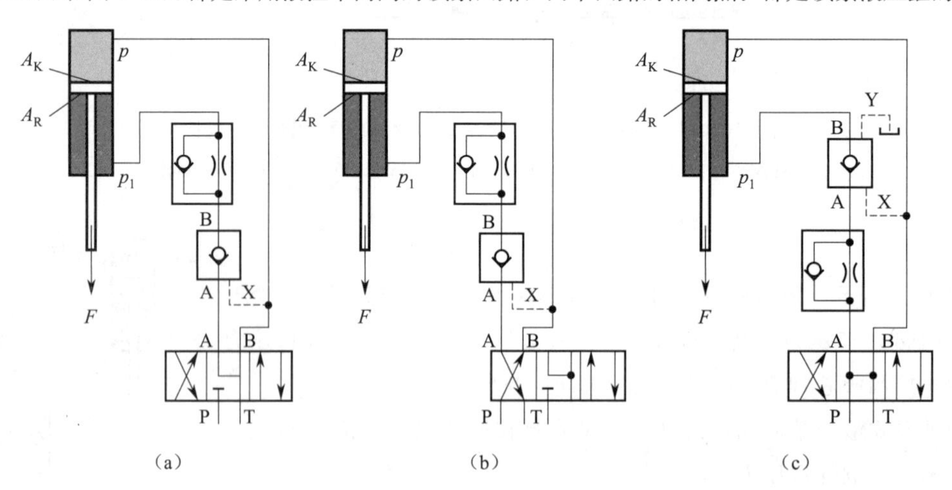

图 4-12 液压单向阀锁紧回路

区别在于：一是换向阀的中位机能不同，图 4-12(a)中用 Y 型，图 4-12(b)中用 H 型，都可以实现可靠锁紧。二是采用的液控单向阀不同，图 4-12(a)为内泄式，图 4-12(c)为外泄式，前面讲过，内泄式液控单向阀的出口 A 只能接油箱，而外泄式液控单向阀的出口 A 可以接油箱，也可以接单向节

流阀，因此图 4-12(c)的液压回路只能采用外泄式液控单向阀。

无论是哪种液控单向阀，为了对液压缸实现可靠锁紧，一般实际应用时都是直接将液控单向阀安装在缸筒或缸盖上，因为如果使用管路连接，一旦管路泄漏，会导致锁紧失效，存在安全隐患。

6. 双向液压锁

1）双向液压锁结构和工作原理

如图 4-13 所示，双向液压锁是由两个液控单向阀组合而成的，一共有 4 个油口。结构上主要由两个单向阀阀芯 1、2 和控制阀芯 3 组成。

当双向液压锁 A_1 口进压力油，压力油打开单向阀 1 流到 A_2 口，给执行元件供油；控制阀芯 3 左端受到 A_1 口压力油的作用，向右移动，打开单向阀 2，执行元件的回油可经双向液压锁 B_2 口到 B_1 口，并通过换向阀回到油箱。当双向液压锁 B_1 口进压力油，压力油打开单向阀 2 流到 B_2 口，给执行元件供油；控制阀芯 3 右端受到 B_1 口压力油的作用，向左移动，打开单向阀 1，执行元件的回油经双向液压锁 A_2 口到 A_1 口，并通过换向阀回到油箱。图 4-13 右侧为双向液压锁的职能符号。

●图 片

双向液压锁结构示意图

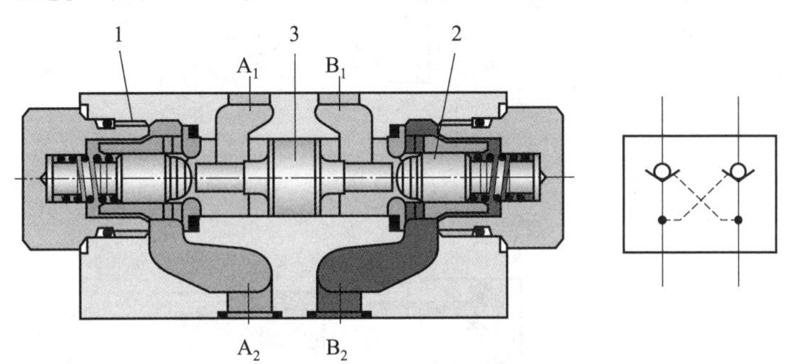

图 4-13　双向液压锁结构示意图及职能符号

1，2—单向阀阀芯；3—控制阀芯

2）双向液压锁锁紧回路

如图 4-14 所示，一个双向液压锁实现了对液压缸两腔的锁紧。当液压缸在任意位置停止时，无论是拉力负载还是推力负载，都无法使液压缸动作。在锁紧回路中，应使用 Y 型或 H 型中位机能的换向阀。

4.1.4　换向阀

1. 换向阀概述

1）换向阀功能

换向阀是借助于阀芯与阀体间的相对运动，使与阀体之间相连的各油路实现接通、切断，或改变液流方向的阀类。对换向阀的基本要求是：油路导通时，经过阀口的压力损失要小；油路断开时，泄漏量要小；换向平稳，换向时所需的操纵力要小。

2）换向示意图

图 4-15 所示为三位四通换向阀的换向示意图，图 4-15(a)是换向阀阀芯处于中位，泵出口的油液提供给换向阀的油口 P，然后通过油口 T 流回油箱。在这个位置上，换向阀的 A、B 口是关闭的，油液无法进入到液压缸的两腔，液压缸在这个位置停止运动。但是，由于滑阀式换向阀的阀芯存在内

泄漏，因此液压缸在外力作用下可能会出现漂移。

视频

双向液压锁仿真回路

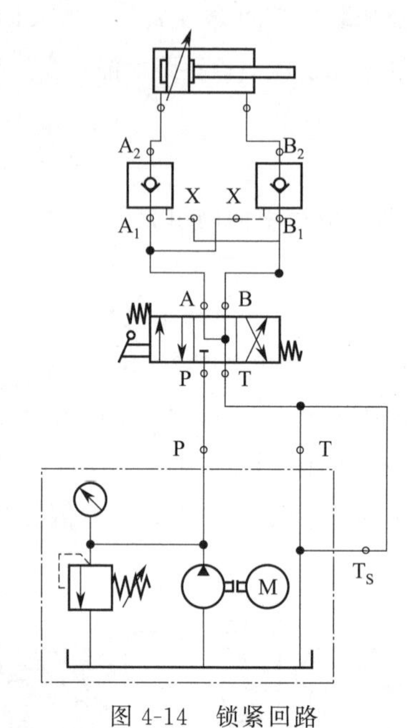

图 4-14　锁紧回路

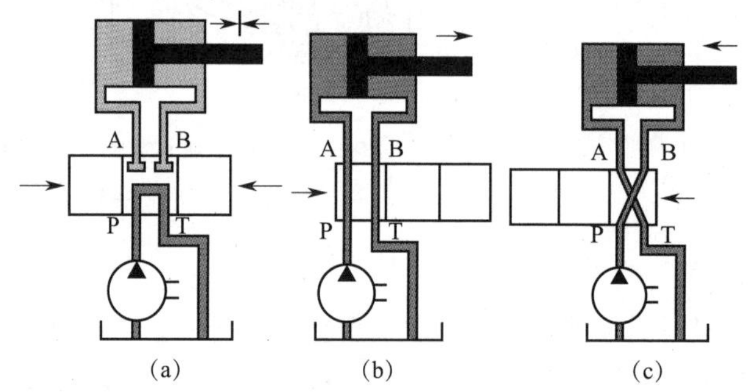

图 4-15　换向阀控制示意图

图 4-15(b)图是当换向阀换到左位工作时，P 口油液与 A 口相通，同时进入到液压缸的无杆腔，液压缸有杆腔的液体经油口 B 流向油箱 T，此时液压缸开始从左向右移动。

图 4-15(c)图是当换向阀换到右位工作时，P 口油液与 B 口相通，同时进入到液压缸的有杆腔，液压缸无杆腔的液体经油口 A 流向油箱 T，此时液压缸开始从右向左移动。

3）换向阀分类

按照阀芯的结构形式来分，换向阀可分为滑阀式换向阀、座阀式换向阀和转阀式换向阀。座阀式换向阀的密封性能较好，但是品种很少；盖板插装式结构密封性能好，可通过逻辑组合进行系统控制，通常用在大流量的场合，小流量换向阀也可采用螺纹插装阀；转阀式结构内部泄漏大，在液压中很少使用；滑阀式换向阀结构简单，广泛应用于工业领域中，因此下面着重介绍滑阀式换向阀。

按照换向阀的操纵形式来分，可分为手动、机控、液控、电磁和电液换向阀。重点介绍电磁换向阀的使用和控制电路的设计。

按照换向阀的结构形式来分，可分为两位两通、两位三通、两位四通、三位四通换向阀等。根据需要，某些情况下，两位四通换向阀可以替代两位两通、两位三通换向阀使用。

（1）常用的两种阀芯类型：

滑阀的阀体孔开有与油口通道相对应的环形槽，阀芯上也加工若干条环形槽，如图 4-16(a)所示，阀芯在阀体孔里作轴向移动，实现相应油口的接通和断开。阀芯和阀体之间是间隙密封，因此滑阀式换向阀的泄漏相对较大。但是滑阀很容易加工成多种机能形式的换向阀，所以应用非常广泛。

图 4-16(b)所示为座阀式换向阀的阀芯结构，主要有三种类型，球阀、锥阀和盘阀，换向时是两个阀口要么接通，要么断开，因此可以看出座阀式换向阀的密封性能较好。但是如果需要功能复杂的换向阀，就需要较多数量的阀进行组合才能实现。

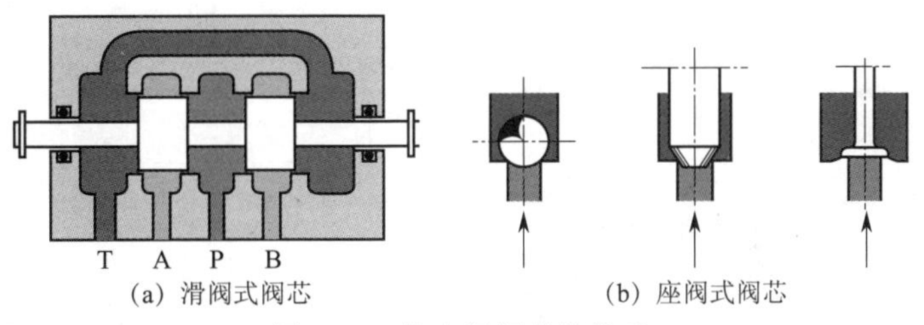

(a) 滑阀式阀芯　　(b) 座阀式阀芯

图 4-16　换向阀阀芯的类型

（2）操纵形式：

阀芯的移动是靠外力来驱动的，这个外力可以通过手动操纵、机械力、电磁力的方式来实现，通常有 5 种操纵形式。由表 4-5 可以看出，手动、机控、液控和电磁换向阀都是直动式换向阀，电液换向阀是先导式换向阀。直动式和先导式阀芯结构有滑阀式和座阀式两种类型。通常直动式换向阀控制的是小流量（除液控换向阀外），允许通过的最大流量是 120 L/min。先导式换向阀控制的是大流量，允许通过的最大流量是 7 000 L/min。换向阀的压力等级一般为 315 bar 或者 350 bar。

表 4-5　某公司换向阀的操纵形式及主要性能参数

直动式换向阀				先导式换向阀
手动换向阀	机控换向阀	液控换向阀	电磁换向阀	电液换向阀
通径 NG6-32 P_{max}=350 bar Q_{max}=1 100 L/min	通径 NG6,10 P_{max}=350 bar Q_{max}=120 L/min	通径 NG6-102 P_{max}=350 bar Q_{max}=7 000 L/min	通径 NG4,5,6,10 P_{max}=350 bar Q_{max}=120 L/min	通径 NG10-102 P_{max}=350 bar Q_{max}=7 000 L/min

各种操纵方式的职能符号见表 4-6。在手动操纵方式中，常常通过手柄使阀芯移动，符号中画的就是手柄。这种模式广泛应用于工业和行走机械。

表 4-6　五种操纵形式和弹簧的职能符号

操纵形式	职能符号	剖面图	操纵形式	职能符号	剖面图
手动		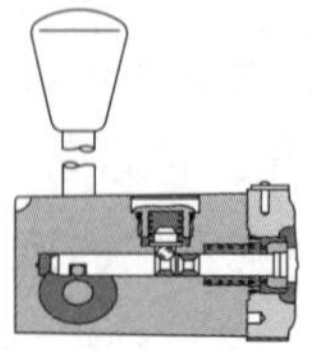	电磁	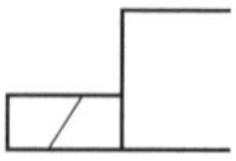	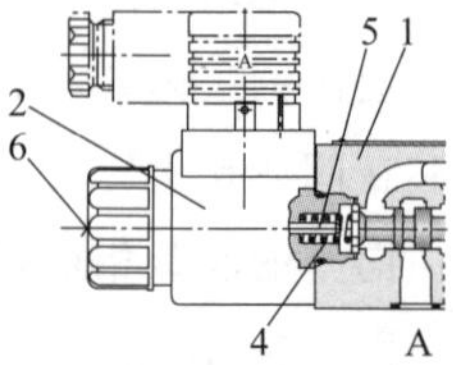
机控	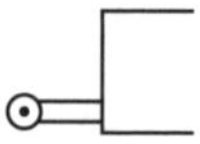	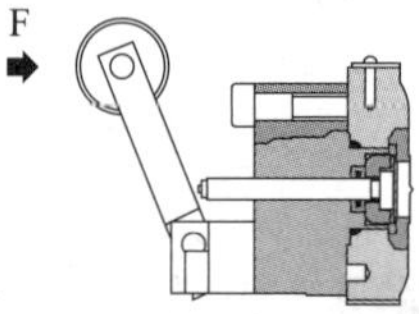	电液	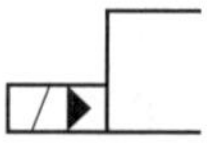	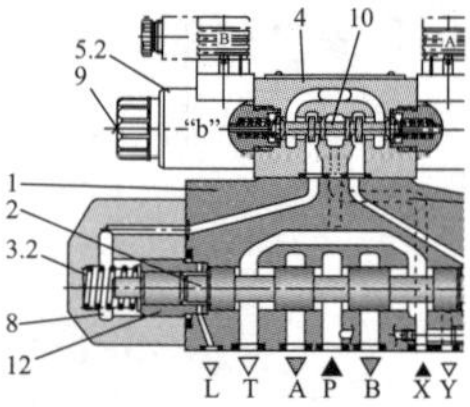
液控	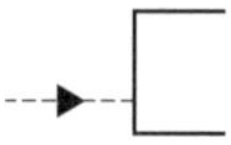	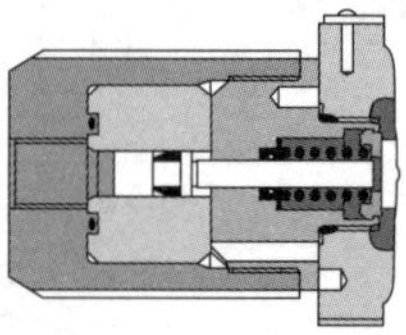	弹簧		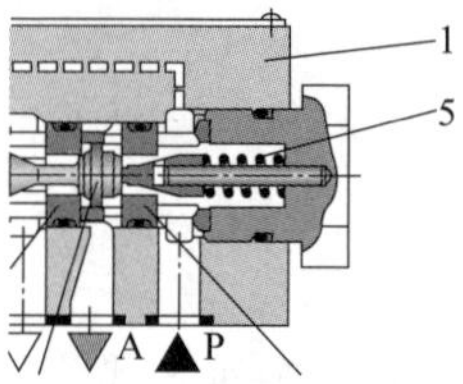

在机控操纵方式中，阀内装有推杆，推杆头上装有滚轮。利用机器上的凸轮或液压缸挤压滚轮推动推杆使阀芯换向，这个类型的符号标志为滚轮。这种阀只有两位开关阀，一般应用在磨床和滚齿机上。

液控操纵方式的职能符号用黑色实心三角形表示，液动换向阀是 10 通径以上的大流量阀，通常与电磁换向阀组合一起使用。

电磁换向阀是通过电磁铁得失电驱动阀芯动作，电磁操作符号用斜线表示，斜线的方向表示推动阀芯换向的方向，在工业中电磁换向阀的应用非常广泛。

电液换向阀是电磁换向阀和液控换向阀的组合，通常用于大流量的场合。电液换向阀属于先导式换向阀。先导阀是电磁换向阀，它的作用是控制主阀液控换向阀的换向，主阀是液控换向阀，用来直接控制执行元件的动作，符号用电磁的斜线和液控的实心黑三角形来表示。

使用上述 5 种操纵形式来驱动阀芯换向时，同时挤压阀芯端部的弹簧。当外力释放后，弹簧将阀芯推到初始位置，如果是三位阀，则推到阀的中心位置。弹簧符号用折线来表示。

（3）滑阀式换向阀的图形符号。

位：指换向阀的工作位置的数目，在图形符号中用方框数来表示位数，图 4-17(a)～(d)均为二位阀，图 4-17(e)为三位阀。

通：指对外接口的数目。任意一个方框内与外部连接的油口个数，这个数目不含控制油口的个数。图 4-17(a)(b)(e)都是四通阀。

符号 T：表示该油口被封闭，油路不通。

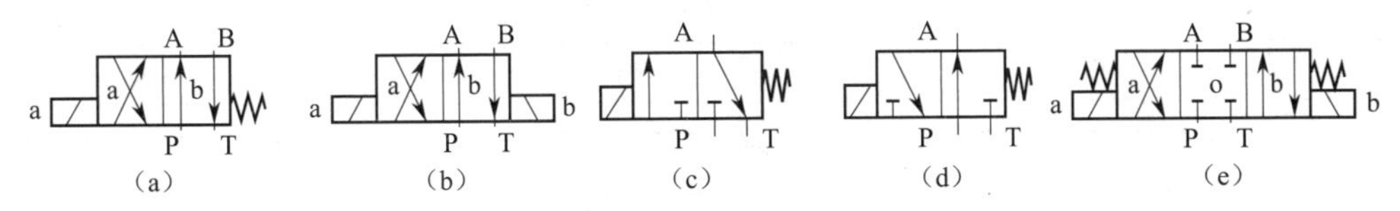

图 4-17　滑阀式换向阀的职能符号

箭头：表示两个工作油口相通，但箭头方向不代表油液流向。比如 P 和 A 通，B 和 T 通。

油口：采用大写字母来表示，P 表示压力油口，与液压泵相连；T 表示回油口，与油箱相连。两个工作油口用 A 和 B 表示，与执行元件相连；L 表示泄油口；X 为控制油口，Y 为泄油口。

阀芯位置：采用小写字母或数字来表示。对于二位阀，阀芯位置名称为 a 位和 b 位。三位阀则为 a、O 和 b。从图 4-18 所示的换向阀实物图片上可以看出，在油口 A 侧的为 a 电磁铁。位置 O 是电磁铁不工作时的位置，将其称为常态位。

常态位：阀芯未被外力驱动时的位置。对于弹簧复位的两位阀，弹簧位为常态位；三位阀的中间位为常态位。油口字母的标注以及液压系统图中的线路连接均画在常态位上。

换向阀通常用工作位置和油口数量进行命名，比如图 4-17(a)(b)为二位四通阀，图 4-17(e)是三位四通换向阀，通常用 4/2，4/3 表示。分子上的数字表示油口数，即四通，分母上的数字表示阀的工作位置数，2 表示二位阀，3 表示三位阀。

图 4-17(a)是单电控 4/2，图 4-17(b)是双电控 4/2，图 4-17(c)是常断 3/2 电磁换向阀，图 4-17(d)是常通 3/2 电磁换向阀，图 4-17(e)是 4/3 GB 标准 O 型机能电磁换向阀。

因此正确说出一个换向阀名称时，应该包含位、通、操纵形式、常态位等信息。

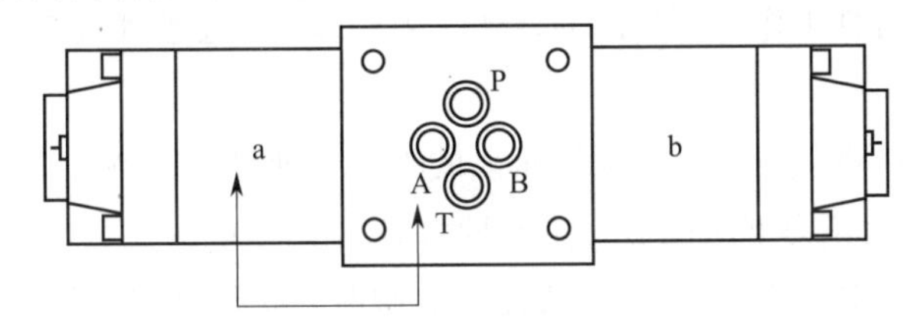

图 4-18　滑阀式换向阀的底板油口和电磁铁名称的关系图

4）阀芯的遮盖

遮盖是指阀芯台肩宽度和阀体通道宽度之间的关系。换向阀有三种遮盖形式，正遮盖、负遮盖和零遮盖，见表 4-7。

（1）正遮盖。当阀芯处于常态位时，台肩宽度大于通道宽度，此时无油液通过，但是由于是滑阀式结构，会有少量的泄漏。表 4-7 中的 Y 表示阀芯的位移，Q 表示通过换向阀阀口的流量。从图中可以看出，当阀芯位移小于 Y_0 时，没有流量输出，只有当阀芯位移大于 Y_0 后，阀口才打开，且输出流量与阀芯位移成正比。因此正遮盖的阀会产生死区，通常用于要求控制精度不高的场合。

（2）负遮盖。当阀芯处于常态位时，台肩宽度小于通道宽度，此时有油液泄漏。从表 4-7 中可以看出，在零位时阀口就有少量的油液泄漏，只要阀芯运动一点，阀口就会开启，通过阀口的流量与阀芯运动的位移成正比。也可以这么说，给信号时就有相应的动作，但是不给信号时也会动作，因为有流量输出就会有动作。负遮盖通常用于系统要求响应频率较高的场合。

表 4-7　阀芯的遮盖

	正遮盖	负遮盖	零遮盖
阀芯结构	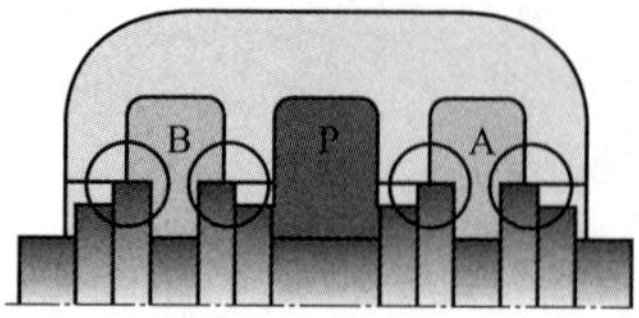 B P A	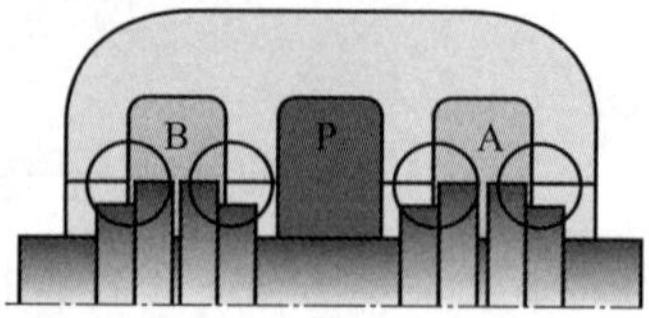 B P A	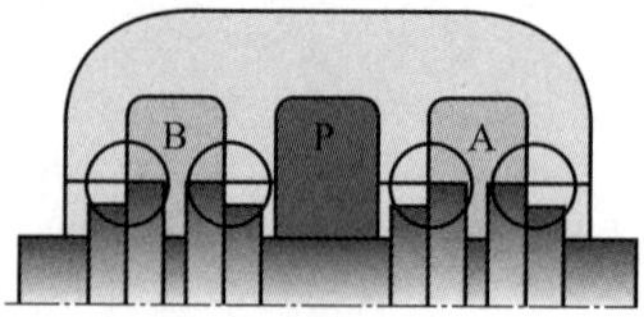 B P A
阀芯位移和输出流量的关系	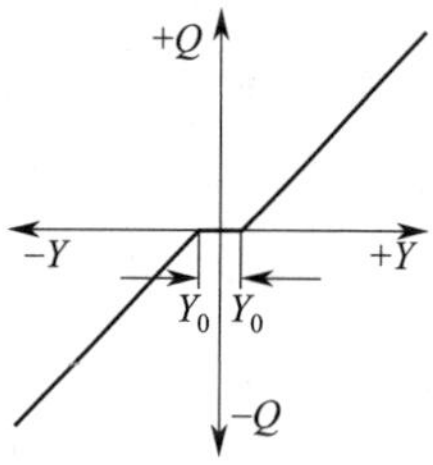 $+Q$ $-Y$ $+Y$ Y_0 Y_0 $-Q$	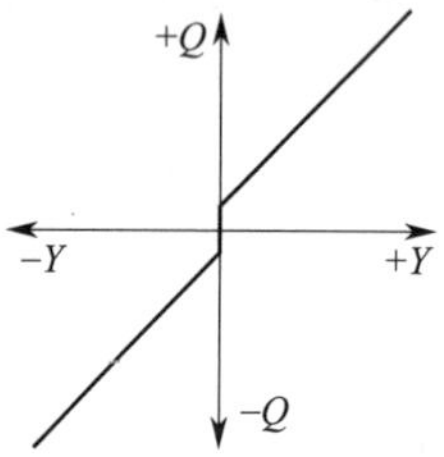 $+Q$ $-Y$ $+Y$ $-Q$	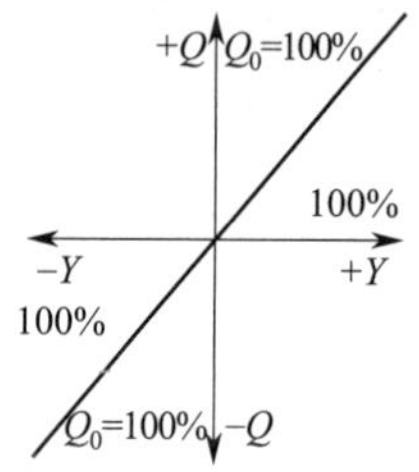 $+Q$ $Q_0=100\%$ 100% $-Y$ $+Y$ 100% $Q_0=100\%$ $-Q$

（3）零遮盖。台肩宽度正好等于通道宽度，这是最理想状态，阀的动态性能最佳。零遮盖要求对阀芯、阀套和壳体特别精细的加工处理，并使用耐磨材料。为了在长期运转条件下，保持零遮盖状况，必须注意油液的清洁度。从表 4-7 中可以看出，在零位时没有流量输出（但是可能会有少量的泄漏，因为阀芯是滑阀式结构），通过阀口的流量与阀芯运动的位移成正比。零遮盖通常用于要求控制精度较高的场合。

5）换向阀的性能

通常用方向阀的一些特性来作为评价阀的性能，主要包括动态性能极限、压力损失和泄漏等。

（1）动态性能极限：

方向控制阀的动态性能极限是流量与工作压力的乘积，即给出了特定压力下的最大允许流量值。从图 4-19 中可以看出，最高压力下所能达到的流量为 Q_1；当系统的流量为最大时，由于阀口的压力损失会增大，所能达到的最高压力为 P_1。当选择方向阀时，在最高工作压力时，其实际流量只能达到最大流量的 60％～70％。因此，在液压系统中最高工作压力和最大流速不能同时出现。

影响阀动态性能的主要因素是打开阀芯时所产生的轴向力。当换向阀换向时，阀芯上的轴向力主要包括驱动力、弹簧力和油压作用在阀芯上的轴向力。以图 4-20 所示电磁换向阀为例，驱动力是电磁力，它必须能够克服弹簧弹力和压力油作用在阀芯上的轴向力。弹簧力的作用是克服轴向力使阀芯回到初始位置，轴向力包括惯性力、黏性力、液动力和阻力。

对于不同形式的阀芯，即使阀的公称尺寸相同，阀芯上的轴向力也不一样，因此从图 4-21 可以看出性能极限曲线与阀芯的机能形式有关。

（2）压力损失：

压力损失是指阀口进口压力 p_1 和出口压力 p_2 的差值，用 Δp 表示。压力损失 Δp 和流量 q_v 之间的关系式为 $q_v=\sqrt{\Delta p}$，压差和流量是二次方关系，图 4-22 所示的关系曲线为抛物线。图中有 10 条特性曲线，由于阀的机能不同，即便是相同的流动方向，阀口上的压降也不同。实际应用中，由于不能精确地计算压降，制造商对每一尺寸的阀给出了经验值，并以 Δp-Q 特性曲线的形式表示出来。此外，液体的黏度对压力损失也会有很大的影响。

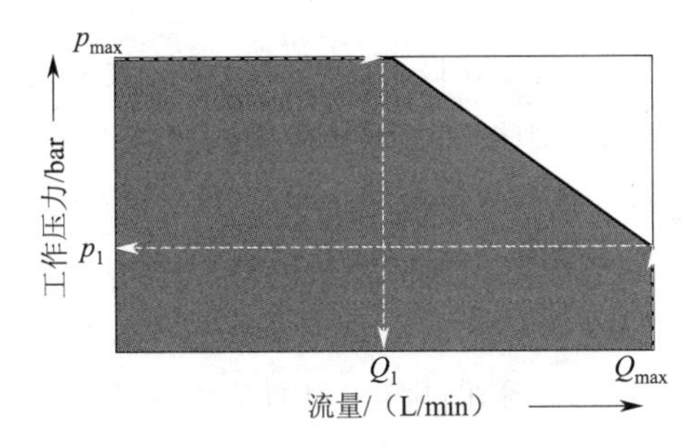

图 4-19　方向阀的动态特性极限

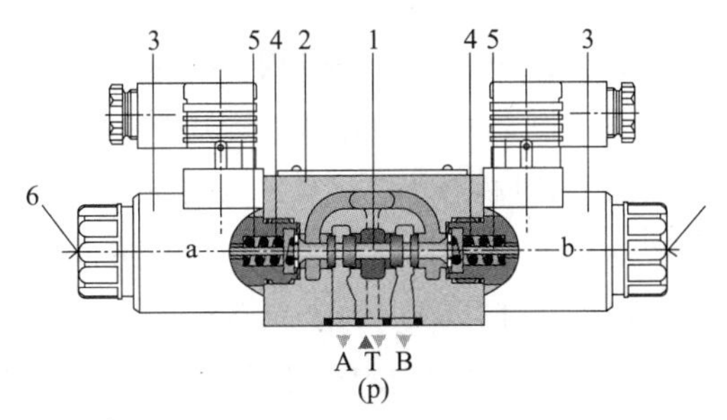

图 4-20　电磁换向阀的结构

1—阀杆；2—阀体；3—电磁铁；4—弹簧；5—顶杆；6—手动应急按钮

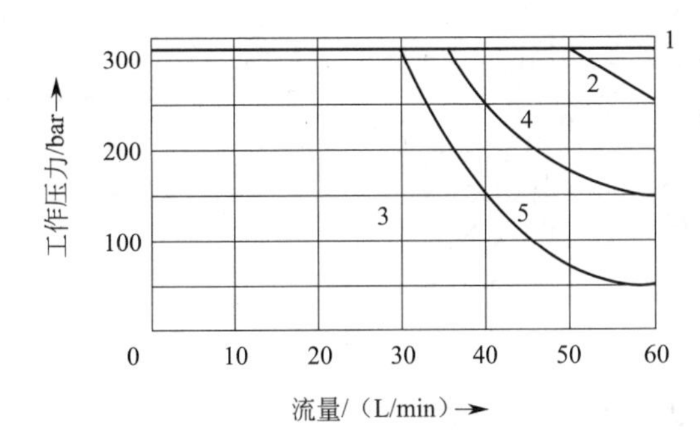

曲线号	机能符号
1	E,E1-,M,J,L,Q,U,W,C,D,Y,G,H,R
2	A,B
3	V
4	F,P
5	T

图 4-21　某公司 6 通径 WMM 弹簧复位的手动换向阀性能曲线

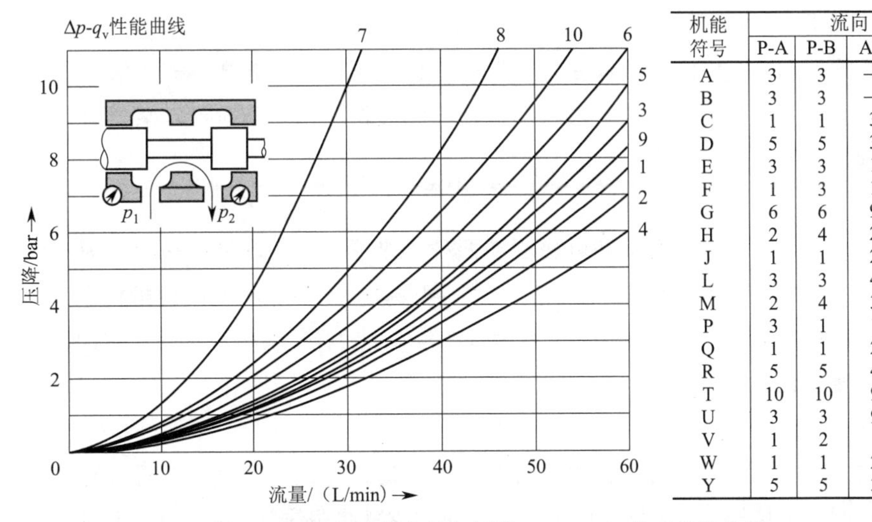

机能符号	流向			
	P-A	P-B	A-T	B-T
A	3	3	—	—
B	3	3	—	—
C	1	1	3	1
D	5	5	3	3
E	3	3	1	1
F	1	3	1	1
G	6	6	9	9
H	2	4	2	2
J	1	1	2	1
L	3	3	4	9
M	2	4	3	3
P	3	1	1	1
Q	1	1	2	1
R	5	5	4	—
T	10	10	9	9
U	3	3	9	4
V	1	2	1	1
W	1	1	2	2
Y	5	5	3	3

图 4-22　换向阀的流量与压降（Δp-q_v）关系特性曲线

（3）滑阀的内泄漏：

滑阀式换向阀通常会发生内泄漏，泄漏会影响系统的容积效率，因而在液压系统设计时必须加以考虑。滑阀式换向阀是靠阀芯在阀体里面移动实现换向的，因此阀芯外圆与阀体内孔之间就一定要有径向间隙，各油口间靠阀芯与阀体间隙形成油膜来密封，密封的程度决定于间隙的大小、油液黏度，特别是压力等级。

当系统压力增加时，阀的内部泄漏会增大，尤其压力超过 350 bar 时已经影响了系统效率。因此理论上，随着工作压力的升高，间隙必须减小，或者遮盖长度必须增加。但是实际上间隙不能太小，原因一是小间隙制造非常困难；二是高压时阀芯会发生轴向弯曲，间隙减小，阀芯会产生卡死现象；三是高压时阀上螺钉的紧固力也增大，造成阀体内孔的变形必须由大的间隙来补偿。因此在选取间隙大小和遮盖量时，要兼顾产品的制造成本、对污染的敏感性以及所容许的泄漏量，间隙大小通常在 5～15 μm；手动换向阀阀芯设计的运动行程较长，就是为了获得在过渡过程的精确控制，可以采用较大的遮盖量，如图 4-23 所示。

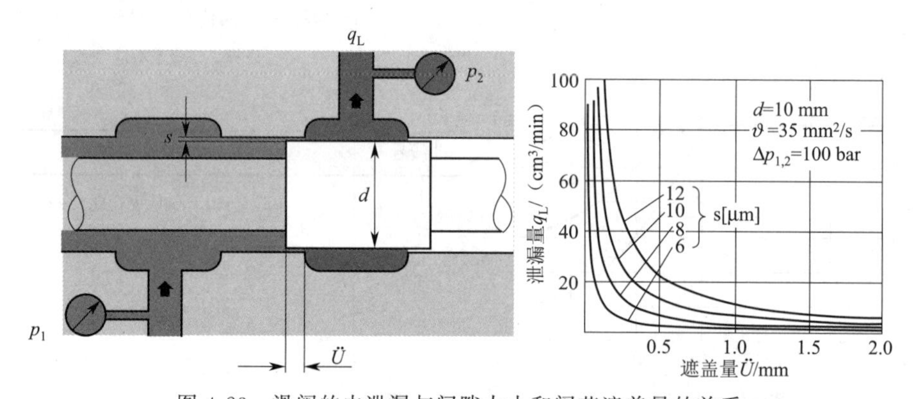

图 4-23　滑阀的内泄漏与间隙大小和阀芯遮盖量的关系

s—阀芯与阀体的间隙；d—阀芯直径；p_1—进口压力；p_2—出口压力；q_L—泄漏；$\ddot{U}$—遮盖量

2. 滑阀机能及应用

滑阀机能是指换向阀处于中间位置或原始位置时，换向阀油口的连通方式。滑阀式换向阀无须改变阀体的结构，利用阀芯的不同形式可以获得各种机能的换向阀，下面仅以某公司的几种换向阀为例，来剖析滑阀的机能及应用。

1）二位阀机能

以实验室里的二位阀为例，有手动和电磁驱动两种操纵形式，手动换向阀型号为 4WMM6C53，电磁换向阀型号为 4WE6C62/EG24N9K4，由图 4-24 可以看出它们都是 C 型机能的 4/2 换向阀。图 4-24(a)所示为常态位在 b 位，图 4-24(b)所示为常态位在 a 位，C 型和 Y 型换向阀的区别在于常态位和阀芯换向的过渡位置不同。

2）三位阀的中位机能

三位换向阀的阀芯在中间位置时，各油口间有不同的连通方式，可满足不同的使用要求，这种连通方式称为换向阀的中位机能。不同的中位机能是通过改变阀芯的形状和尺寸得到的。

（1）五种中位机能的特点：

博世力士乐公司产品样本采用的是德国 DIN 标准，它所对应的 E 型、G 型、J 型、H 型和 M 型中位机能，分别对应着教材中采用的国标（GB），即通常说的 O 型、M 型、Y 型、H 型和 P 型。五种常见不同中位机能的特点，如表 4-8 所示。

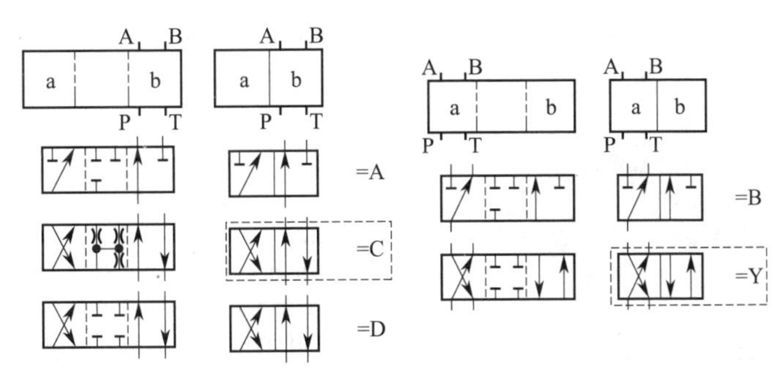

(a) 常态位置在b位　　(b) 常态位置在a位

图 4-24　二位换向阀阀的机能形式

表 4-8　三位阀的中位机能及其特点

中位机能	符号	中位油口状况	特点	
			液压泵	液压缸
E 型(O 型)	T A P B	在中位(零位),P、A、B、T 互不相通,通常又称“中位关闭”; 从 a 位和 O 位以及 O 位到 b 位之间过渡时,四个油口 P、A、B、T 互不相通	功率损失大	锁紧
G 型(M 型)	T A P B	在中位 P 和 T 相通,A、B 口是关闭的; 从 a 位和 O 位以及 O 位到 b 位之间的过渡位是四个油口都相通	卸荷	锁紧
J 型(Y 型)	T A P B	在中位 A、B 都和 T 相通,P 口是关闭的; 从 a 位和 O 位之间过渡时,A 和 T 通,P 和 B 不通;b 位和 O 位之间过渡时,P 和 A 不通,B 和 T 通	功率损失大	浮动
H 型(H 型)	T A P B	在中位 P、A 、B、T 四个口都相通; 过渡位也是四个油口都相通	卸荷	浮动

续表

中位机能	符号	中位油口状况	特点	
			液压泵	液压缸
M 型(P 型)	T A P B	在中位 A 、B 都和 P 相通,T 口是关闭的; 从 a 位和 O 位之间过渡时,P 和 B 通,A 和 T 不通;b 位和 O 位之间过渡时,P 和 A 通,B 和 T 不通	差动回路	

3. 手动换向阀的结构、工作原理

换向阀主要有直动式和先导式两大类，通常取决于所需操纵力的大小，也就是阀的公称尺寸大小。在处理较小流量的换向阀中，通常利用操作杆（手动）和电磁阀（电磁力）直接驱动来实现滑阀和座阀的移动，这些阀称为直动式换向阀。

图 4-25 所示为一个手动弹簧复位三位四通换向阀的结构，阀芯与手动换向机构（左图为手动定位锁紧机构）固定在一起，在当前位置，设置在阀芯两端的对中弹簧将阀芯推回初始位置，进油口、回油口以及工作口各不相通；当驱动手柄向左运动时，阀芯 5 向右移动，进油口 P 和工作口 B 相通，工作口 A 与回油口 TA 相通；当驱动手柄向右运动时，接通状况与之相反。

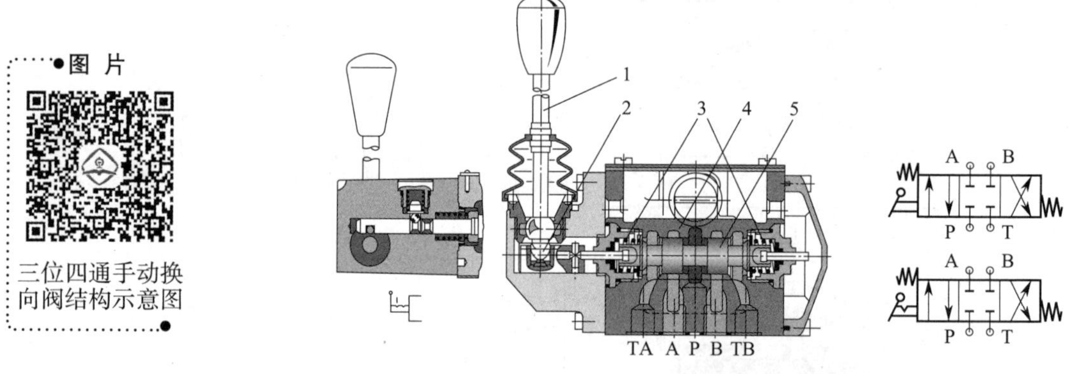

图 4-25 手动换向阀的结构示意图及职能符号

1—手柄；2—操作位置；3—对中复位弹簧；4—阀体；5—阀芯；

P—进油口；A，B—工作口；TA、TB—回油口

4. 机控换向阀的结构及工作原理

1）机控换向阀的结构和工作原理

机控换向阀用来控制机械运动部件的行程，故又称行程换向阀。它利用外力推动滚轮实现阀芯换向，当外力消失后，在复位弹簧的作用下阀芯回至初始位置。如图 4-26 所示，机控换向阀的结构与手动换向阀一样，两个阀的区别只是在驱动部分上，一个是靠手动换向，另一个是靠机械力的撞击来换向，推杆头上装有滚轮。机控换向阀通常只有两位阀，职能符号只需要将操作形式画成滚轮。

2）应用回路举例

在图 4-27 所示液压回路中，当手动 4/3 换向阀处于左位时，液压缸快速伸出；当液压缸伸出压上 2/2 机控行程换向阀 B1 时，液压缸开始以工进的速度继续伸出。此时行程阀 B1 的作用是实现液压缸速度的切换。

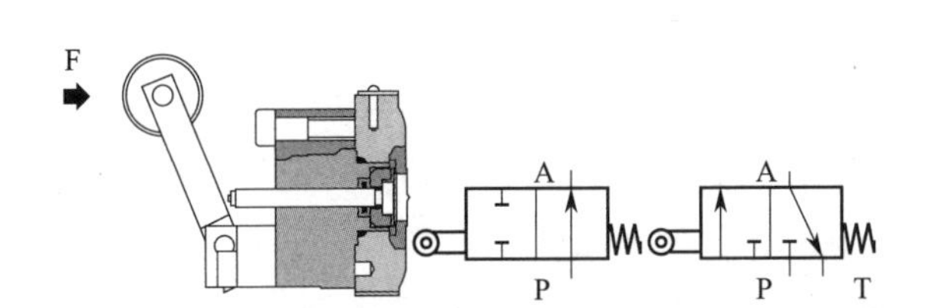

图 4-26　机控换向阀的控制结构示意图和职能符号

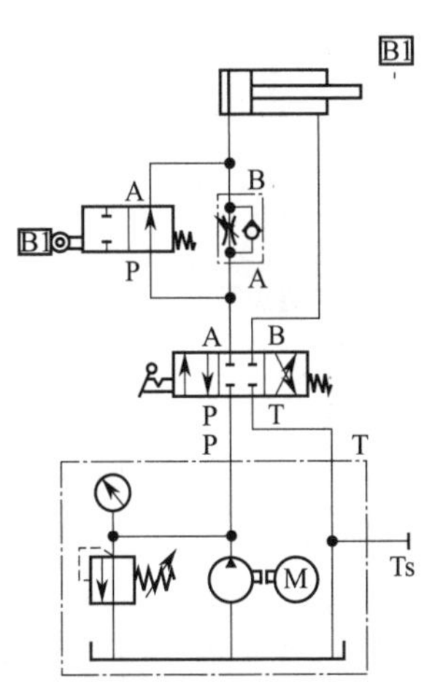

图 4-27　机控换向阀的应用

5. 液控换向阀

液控换向阀是利用控制油路的压力油来改变阀芯位置的换向阀。图 4-28 所示为弹簧复位式三位四通换向阀，换向阀处于当前位置，进油口、回油口以及工作口各不相通；当控制油口 1 通压力油、控制油口 6 接回油时，控制阀芯 2 推动主阀芯 4 向右移动，进油口 P 和工作口 B 相通，工作口 A 与回油口 TA 相通；当控制油口 6 通压力油、控制油口 1 接回油时，接通状况与之相反；当两控制口压力相等时，阀芯在复位对中弹簧 5 的作用下回至中位。从结构上看，只是把手动操作的手柄换成了控制活塞。

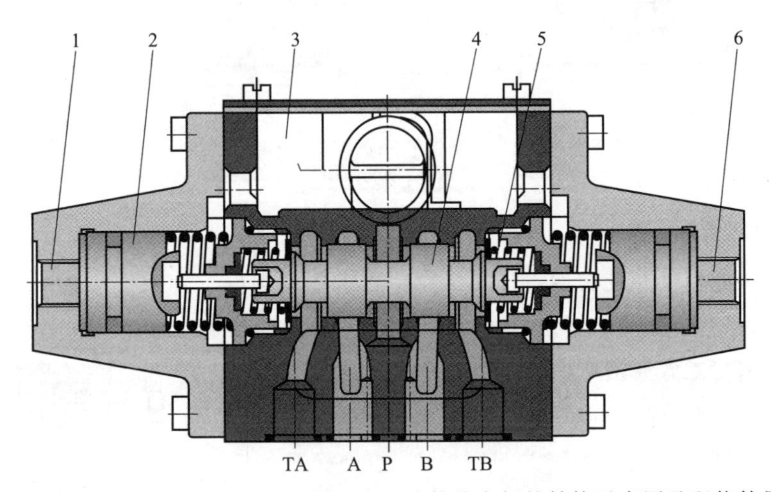

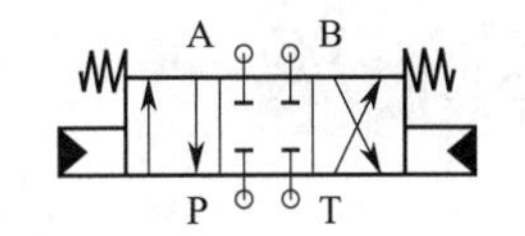

图 4-28　液控换向阀的结构示意图及职能符号

1、6—控制油口；2—控制阀芯；3—主阀体；4—阀芯；5—对中弹簧；P—进油口；A、B—工作口；TA、TB—回油口

6. 电磁换向阀

电磁换向阀最为常用，它在工业自动化领域很容易实现自动控制。当电磁铁通电后，电磁线圈产生的磁场对衔铁产生吸力或推力使阀芯移动；流过线圈的电流越大，电磁铁对衔铁的吸力就越强。电磁换向阀的阀芯结构和其他直动式换向阀一样，只是外力操纵部分换成了电磁力。

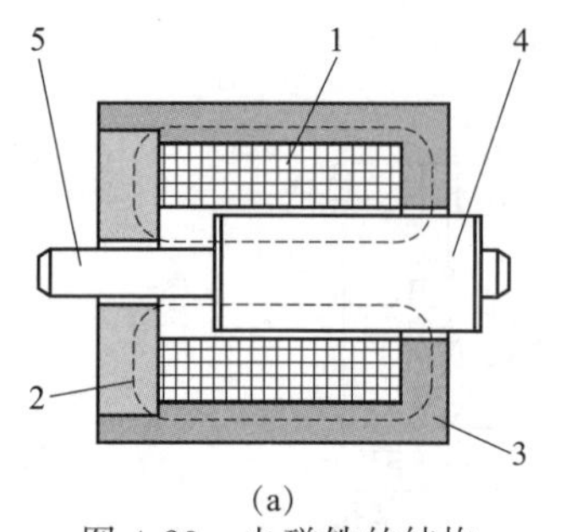

图 4-29　电磁铁的结构

1—线圈；2—磁场；3—壳体；4—导磁体；5—推杆

1）电磁铁简介

（1）功能：电磁铁通过电信号实现对换向阀的控制。电磁铁有开关型切换操作和连续控制操作两种形式，前者通常称为普通电磁铁，后者称为比例电磁铁。

（2）工作原理：如图 4-29 所示，当线圈 1 通电时，磁力线通过壳体 3 的金属部分和衔铁中的导磁体 4，形成磁场 2。磁场感应产生的电磁力通过推杆 5 作用在阀芯上，克服对中弹簧的弹簧力，使阀芯移动。

（3）类型：电磁铁主要有交流和直流两大类，每一类电磁铁又包括干式和湿式两类。目前滑阀式换向阀主要采用湿式电磁铁。

图 4-30(a)所示为湿式电磁换向阀的结构，由线圈 1、推杆 2、衔铁 3、阀芯 4、阀体 5 组成。衔铁浸于油液中运行，衔铁腔连通油口 T，电磁铁衔铁和线圈之间的容腔是耐压的，允许的压力与回油口 T 的压力一样，博世力士乐公司换向阀可以到 160～250 bar。电磁铁和阀体之间必须有静密封，防止产生外漏；如图 4-30(b)所示。

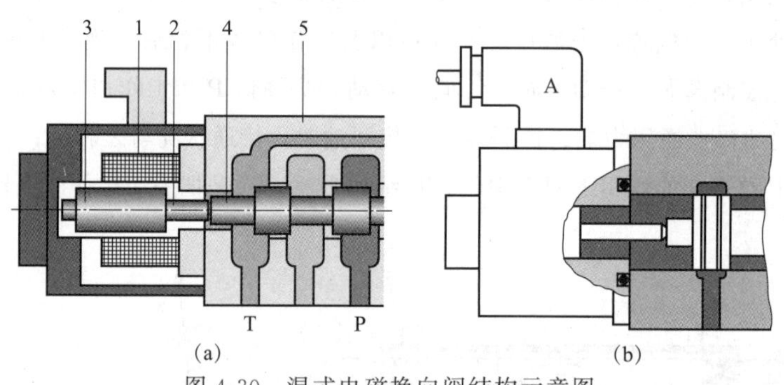

图 4-30　湿式电磁换向阀结构示意图

1—线圈；2—推杆；3—衔铁；4—阀芯；5—阀体

图 4-31 所示为干式电磁铁。干式电磁铁推杆部位加有密封圈，因此衔铁腔没有油，且不允许有油液进入。由于电磁铁切换动作产生的摩擦力和回油口 T 的油压作用，该密封圈容易损坏。

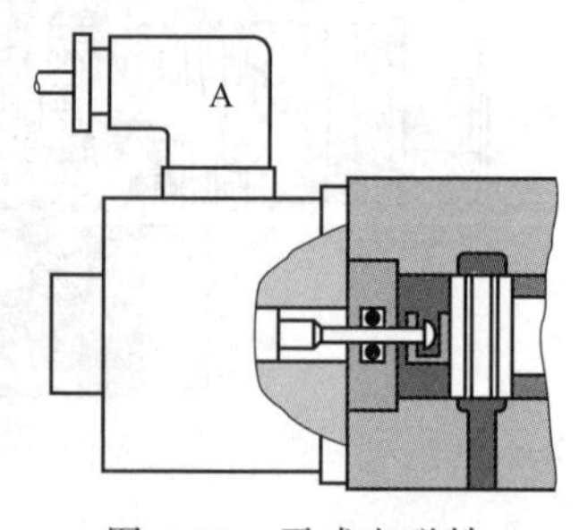

图 4-31　干式电磁铁

（4）直流和交流电磁铁：图 4-32 所示为湿式电磁铁驱动的三位四通换向阀，由阀芯两侧轴肩 1、弹簧腔 2、节流阀 3、直流湿式电磁铁 4 或交流湿式电磁铁

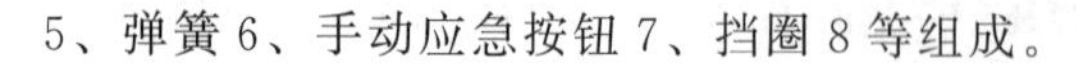

5、弹簧 6、手动应急按钮 7、挡圈 8 等组成。

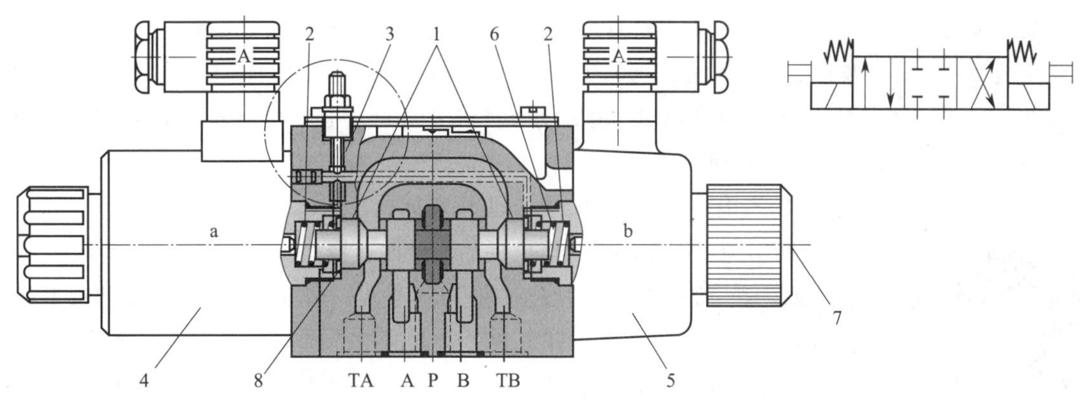

图 4-32　湿式电磁铁的电磁换向阀结构示意图及职能符号

1—阀芯两侧轴肩；2—弹簧腔；3—节流阀；4—直流湿式电磁铁；
5—交流湿式电磁铁；6—弹簧；7—手动应急按钮；8—挡圈

直流电磁铁具有较高的可靠性，且运行平稳。行程中阀芯卡紧也不会烧坏，适用于高频开关的场合。

交流电磁铁的特性是开关时间短。如电磁衔铁不能回到末端位，一定时间后（湿式电磁铁为 1～1.5 h）交流电磁铁就会烧坏。直流和交流电磁铁的特点见表 4-9。

表 4-9　交流和直流电磁铁的比较

	优点	缺点
交流电磁铁	电源简单方便，启动力大，开关时间短，价格便宜	启动电流大，在阀芯被卡住时会使电磁铁线圈烧毁。交流电磁铁动作快，换向冲击大，换向频率不能太高
直流电磁铁	电流基本不变，工作可靠性好，开关过程柔和，换向冲击力小，换向频率较高	动作慢，需要有直流电源。价格较高，控制费用高
换向时间	15～120 ms，时间长短取决于电磁铁的尺寸、直流或交流等	

2）二位四通电磁换向阀的结构和工作原理

图 4-33 所示为二位四通单电控电磁换向阀，当电磁铁不带电时，阀芯在弹簧力的作用下处于阀体左端，P 口与 A 口相通，B 口与 T 口相通，当电磁铁带电时，阀芯在电磁力推动下右移，P 口与 B 口相通，A 口与 T 口相通。

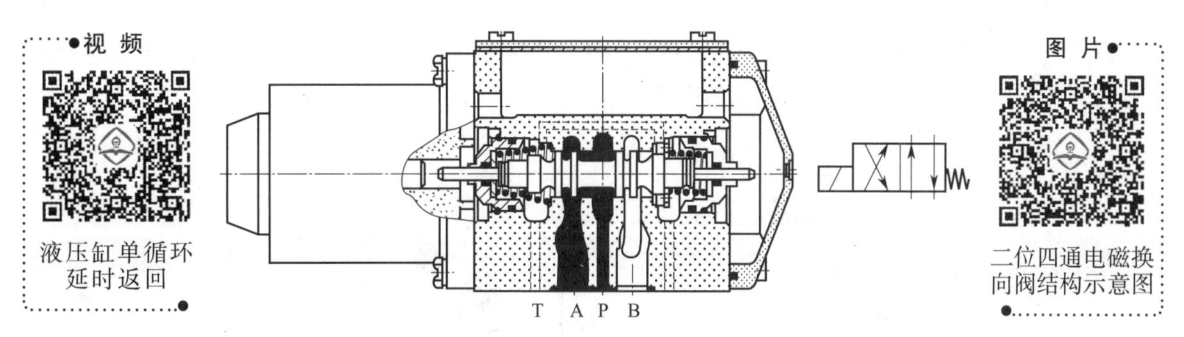

图 4-33　二位四通单电控电磁换向阀结构示意图及职能符号

注意： 二位二通电磁换向阀、二位三通电磁换向阀一般可用二位四通电磁换向阀替代，将不需要的油口封闭即可。但是系统的最高工作压力应小于或等于该阀 T 口耐压，否则 T 口要与回油口接通，才能保证电磁换向阀正常工作。T 口耐压在厂家的产品样本上可以查到。例如，博世力士乐公司或北京华德公司的电磁换向阀，一般直流电磁铁的电磁换向阀 T 口耐压为 21 MPa，交流电磁铁电磁换向阀 T 口耐压为 16 MPa，当电磁换向阀工作压力低于此压力时，T 口可封闭，否则，T 口要与回油口接通做卸油口用，保证电磁换向阀正常工作。

●视 频

三位四通电磁换向阀控制液压缸仿真回路

3）三位四通电磁换向阀的结构和工作原理

图 4-34 所示为一个直流湿式电磁铁的三位四通换向阀，由阀芯 1、阀体 2、电磁铁 3、复位弹簧 4、推杆 5、手动应急按钮 6 等组成。图示位置两边电磁铁都不得电，为阀的初始位置，即中位，由阀杆形状决定此时 P、A、B、T 四个口各不相通；当左边电磁铁得电，阀杆被推向右端，P 和 B 通，A 和 T 通；右边电磁铁通电，电磁铁推动阀芯向左移动，P 和 A 通，B 和 T 通；两边电磁铁都不得电，对中弹簧将阀芯复位回到初始位置，中位机能为 O 型。电磁阀安装了手动应急按钮 6，可从外部手动操纵控制阀芯，方便使用者进行故障诊断。

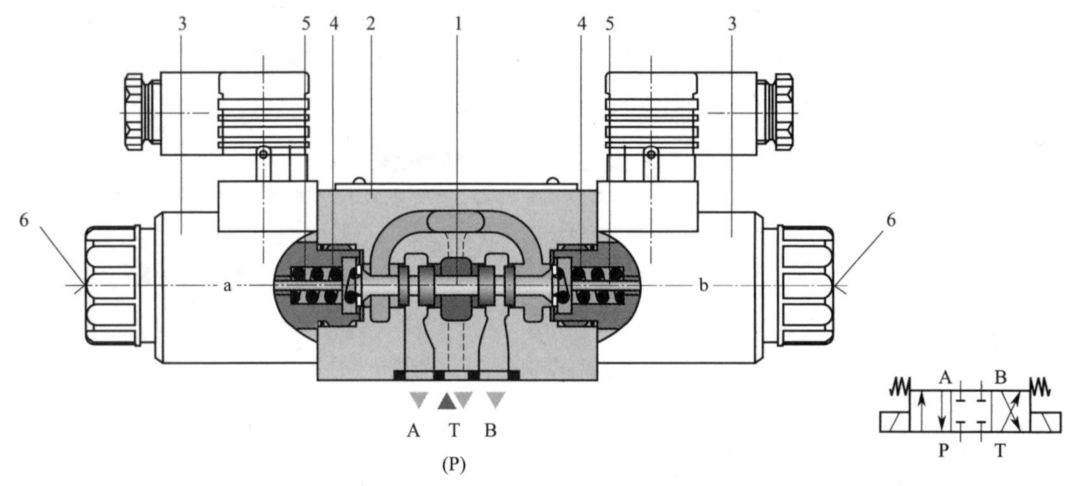

图 4-34　三位四通电磁换向阀的结构示意图及职能符号

1—阀芯；2—阀体；3—电磁铁；4—复位弹簧；5—推杆；6—手动应急按钮

4）底板形状

图 4-35 分别为 6 通径和 10 通径板式连接换向阀的底板形状，当设计集成块时，必须要知道底板的布置和连接尺寸，这些应参照各品牌的产品样本。

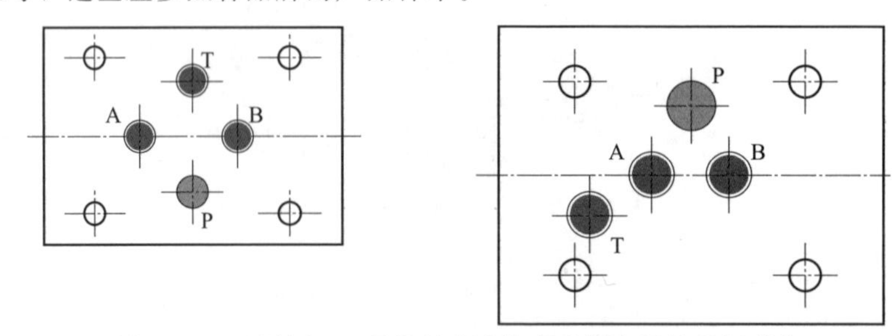

图 4-35　6 通径和 10 通径板式连接电磁换向阀的底板形状

5）4WE6 型电磁换向阀型号及特性曲线

（1）型号说明：实验室三种型号的电磁换向阀分别为 4WE6C62/EG24N9K4（4/2）、4WE6E62/EG24N9K4（4/3 O 型）和 4WE6G62/EG24N9K4（4/3 M 型），以该电磁换向阀为例，对照图 4-36 可以知道各型号换向阀中各参数的物理意义。

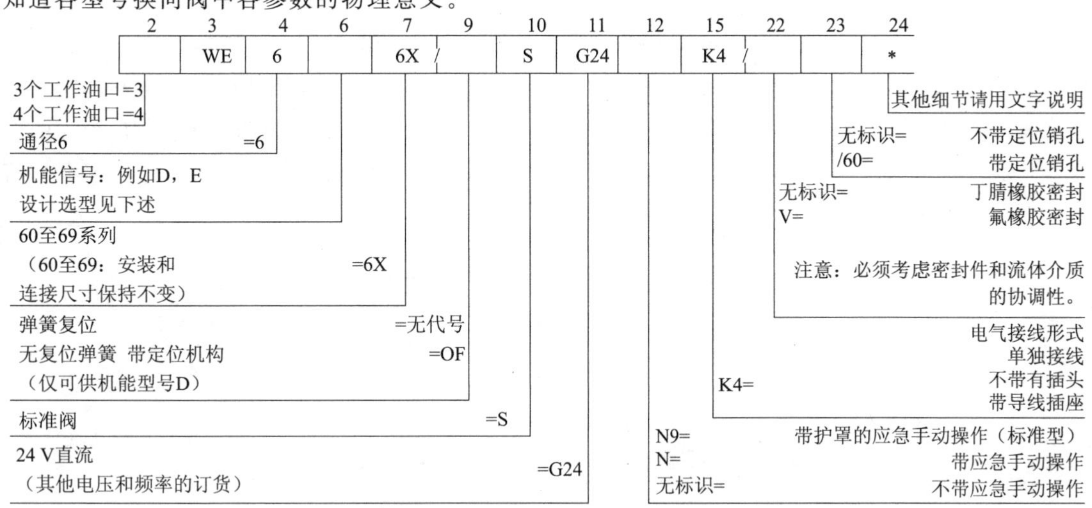

图 4-36　某公司 4WE6 型电磁换向阀型号说明

（2）技术数据：

实验室用 4WE6 型电磁换向阀的主要技术参数见表 4-10。

表 4-10　某公司通径（6X 系列）电磁换向阀的技术数据

Rexroth6 通径(6X 系列)电磁换向阀-技术数据		
最高工作压力	油口 A,B,P	至 315 bar
	油口 T:bar	210 对于阀芯型式 A,如工作压力超过阀 T 口允许压力,油口 T 必须作为泄油口使用
最大流量	L/min	60
控制面积	cm^3	1.23
压力介质温度范围	℃	−30～+80(对于丁腈橡胶密封件)
		−20～+80(对于氟橡胶密封件)
黏度范围	mm^2/s	2.8～500

Rexroth6 通径(6X 系列)电磁换向阀-电器参数			
电压类型			DC Hz
适用电压		V	12,24
电压公差(公差电压)		%	±10%
消耗功率		W	26
切换时间	开	ms	20～45
	关	ms	10～25
切换频率		次/小时	至 15 000
线圈最高工作温度		℃	150

7. 电液换向阀结构和工作原理

1）概述

在大流量的换向阀中，通过电液驱动来实现滑阀和座阀的移动，这些阀称为先导式阀。先导式电磁换向阀又称电液换向阀。电液换向阀是由先导阀（电磁换向阀）和主阀（液控换向阀）组合而成的。电磁换向阀用来改变控制油流的方向，从而改变主阀的工作位置，液控换向阀用来控制执行元件的动作。由于操纵主阀的液压推力可以很大，所以主阀芯的尺寸可以做得很大，允许通过主阀芯的流量也很大。这样，用较小的输入功率就能控制较大的流量。

2）电液换向阀的结构和工作原理

图 4-37 所示为外控外泄式三位四通电液换向阀，主阀 1 为三位四通 O 型中位机能的液控换向阀，先导阀 2 为三位四通 Y 型中位机能的电磁换向阀。先导阀的工作油口 AV 和 BV 分别与主阀芯左右两端的弹簧腔 6、7 相连接。在零位时，主阀杆两端均为泄压，主阀芯 3 在复位弹簧 4.1、4.2 的作用下处于原始位置，P、A、B、T 各油口封闭。当先导阀 2 电磁铁 a 通电，控制油口 X 与主阀芯左侧弹簧腔 6 接通，主阀芯右侧弹簧腔 7 通过先导阀 2 与外泄油口 Y 接通，此时主阀芯 3 在左侧压力油的作用下向右移动，使得 P 与 B 接通，A 与 T 接通；当先导阀 2 电磁铁 b 通电，主阀芯左移，使得 P 与 A 接通，B 与 T 接通。

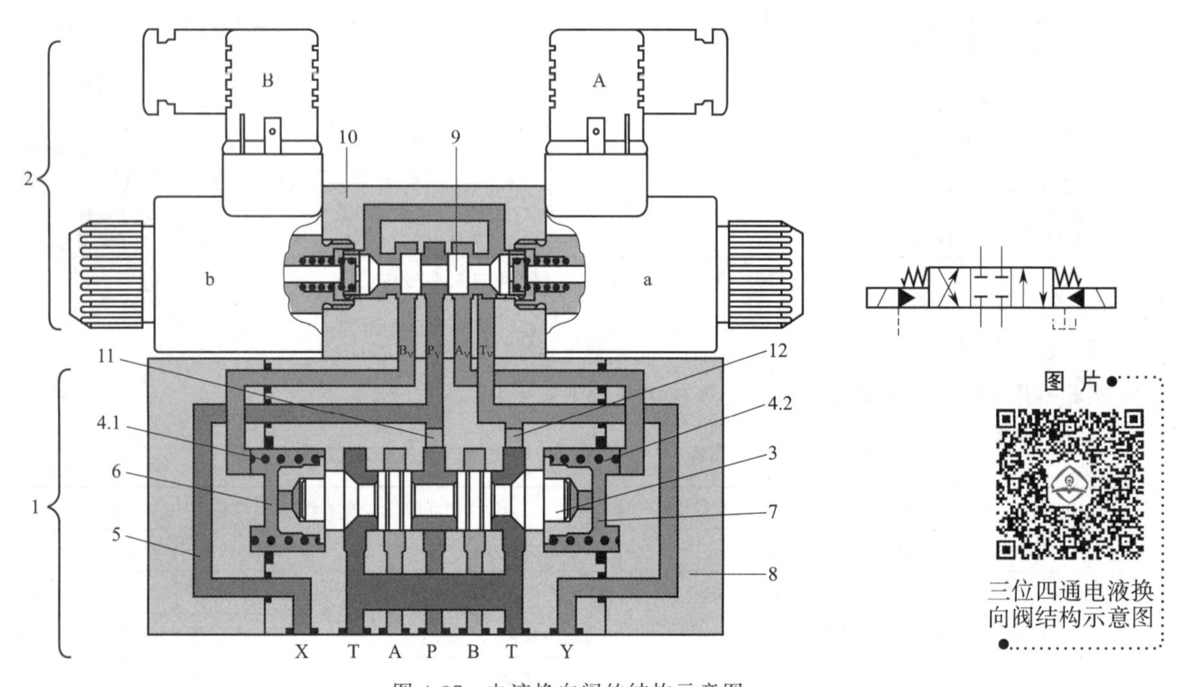

图 4-37 电液换向阀的结构示意图

1—主阀；2—先导阀；3—主阀芯；4.1、4.2—复位弹簧；5—控制油路；6、7—弹簧腔；8—主阀阀体；9—先导阀芯；10—先导阀阀体；11、12—螺堵；X—外控口；Y—外泄口

对于三位四通电液换向阀，当先导阀电磁铁断电后，主阀应回到初始位置，基于这样的要求，先导阀应使用 Y、H、P 型中位机能的电磁换向阀。

3）电液换向阀类型

从图 4-37 可以看出，先导阀进口 P_V 可以通过主阀内部油口 P，或者外部控制油口 X 供油。先导阀回油口 T_V 可以通过主阀内部流道从油口 T，或者外部泄油口 Y 流回油箱。可以通过增加或拆卸流道中的螺堵 11、12，来改变先导阀的供、回油形式。因此电液换向阀一共有 4 种类型，即外控外泄、外控内泄、内控内泄和内控外泄。4 种类型的电液换向阀的职能符号见图 4-38。当先导阀为压力对中式的电磁换向阀时，则 T_V 必须采用外部回油。

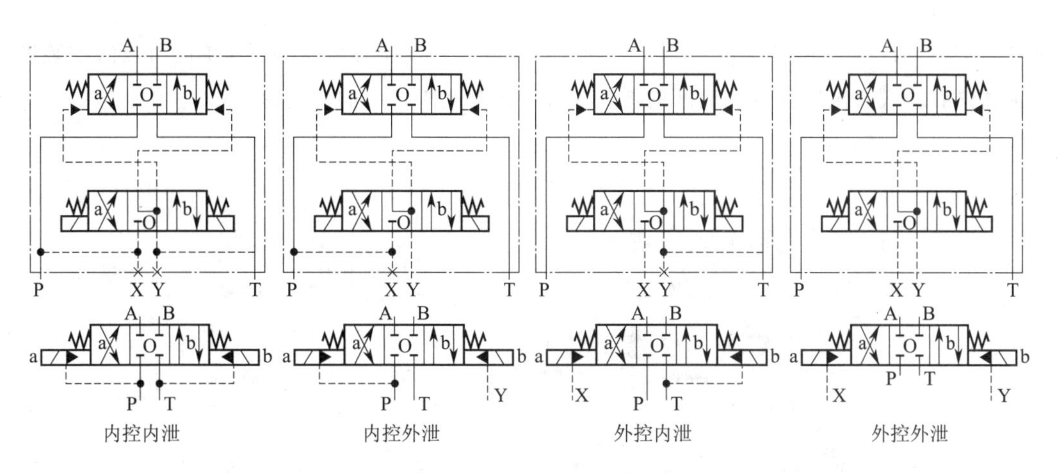

图 4-38　电液换向阀的职能符号

内控：先导供油来自主阀进口 P，此时无螺堵 11 且控制口 X 必须关闭。内部先导供油不需要单独的控制油路，但实际应用中必须要注意：

(1) 若主阀芯的中位机能为卸荷状态，无法建立先导控制油路所需的压力，导致主阀芯无法换向，液压系统不能正常工作。因此可以在主阀端口 P 安装一个预压阀（单向阀或者顺序阀），如图 4-39 所示，以产生最小的控制压力，或者采用先导油外部供油方式。

(2) 过高的控制压力（大于 250 bar）会导致内泄漏增加，因而在先导阀的进油口前插装一个阻尼孔，改善换向冲击，避免控制系统的压力峰值，如图 4-40 所示。

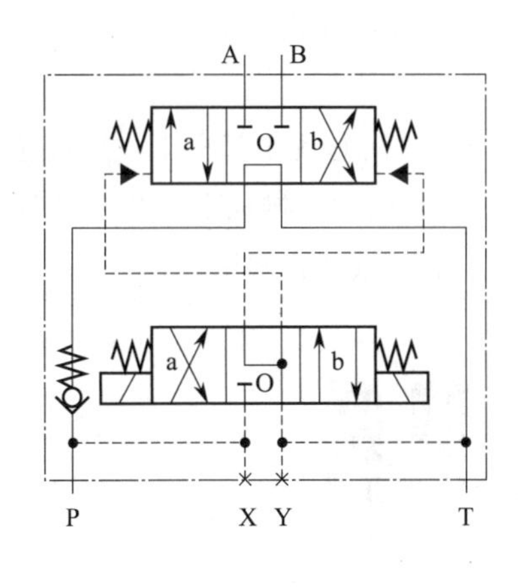

图 4-39　插装预压阀

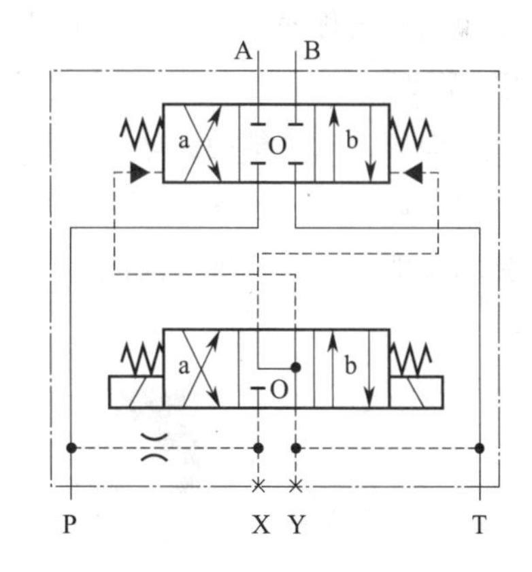

图 4-40　插装阻尼孔

外控：先导供油来自单独的控制油路 X，螺堵 11 隔离了控制油路与端口 P 的连接，比内部供油能够更好地适应压力和流量的需要。

内泄：先导阀回油直接进入主阀端口 T，此时无螺堵 12 且外控口 Y 关闭。注意：主阀芯开启时端口 T 会出现压力振荡，对于先导阀的回油会产生影响。

外泄：先导阀回油通过端口 Y 单独回油箱，螺堵 12 将先导回油 T_V 通道和主阀端口 T 隔开。

4）电液换向阀换向时间调节

如图 4-41 所示，在先导阀 2 和主阀 1 之间叠加了一个单向节流阀 3，根据单向节流阀安装形式的不同，通过调节进入或流出弹簧腔油液的流量，从而调节主阀开启的时间。

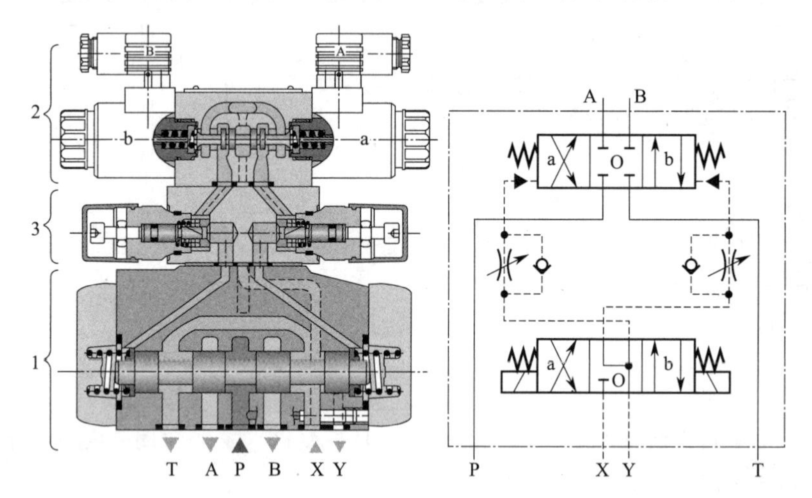

图 4-41　叠加单向节流阀的电液换向阀结构示意图及职能符号

8. 座阀式电磁换向阀

座阀式换向阀的开关部件为球、圆锥体和特殊的盘。座阀式换向阀具有无泄漏、寿命长、行程短、压力损失大等特点，因此能够实现锁紧保压，最高工作压力能够达到 630 bar。通常座阀式换向阀只有二位阀，可通过对二位换向座阀的适当组合实现三位四通换向座阀的机能。根据换向时所需的操纵力，以及阀公称通径的大小，座阀式换向阀可以分为直动式和先导式。

1）阀芯类型

座阀式换向阀的阀芯结构为球状、圆锥体或盘状（见图 4-42），阀芯置于阀座上。球阀芯制造简单，流体流过球阀芯时，若球倾斜会产生振动和噪声，通常做止回阀用。锥阀芯的锥阀体安装精度要求高，密封性能好，通常做换向阀用。盘阀芯行程范围较小，通常做截止阀用。

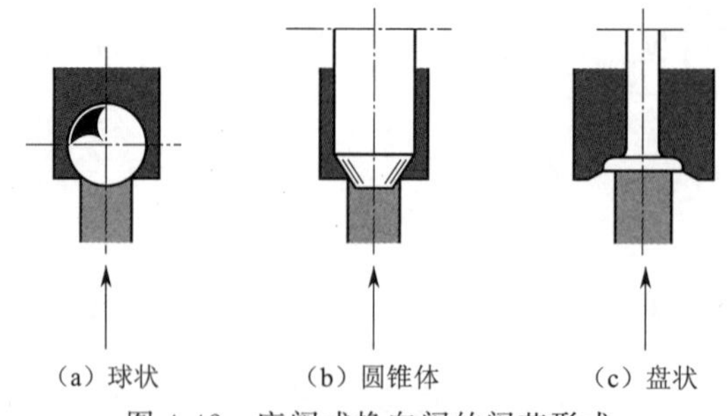

（a）球状　　（b）圆锥体　　（c）盘状

图 4-42　座阀式换向阀的阀芯形式

2）直动式换向座阀

（1）常通二位三通电磁球阀。

座阀式和滑阀式换向阀的根本区别在于座阀式的密封性能好，换向速度快。直动式换向座阀一般在 10 通径以下，最高工作压力为 630 bar 时的流量约为 36 L/min。

如图 4-43 所示，常通 3/2 电磁球阀由球阀芯 1、弹簧 2、左阀座 3、壳体 4、杠杆 5、活塞 6、球 7、右阀座 8 等组成。在初始位置，作为密封元件的球阀芯 1 被弹簧 2 推压在左阀座 3 上，此时 P 和 A 口接通，T 口关闭。当电磁铁得电，电磁力通过杠杆 5 作用在钢球 7、活塞 6 所支承球阀芯 1 上，将球阀芯推至右阀座 8 上，此时 P 口关闭，A 和 T 口接通。

活塞 6 在两个方向都有密封，左右两端弹簧腔与 P 连通，作用在活塞 6 两侧的轴向力平衡，因此控制阀芯动作只需要较小的电磁力即可。在阀芯动作过程中，P、A、T 短时间互相连通（过渡位为负遮盖）。

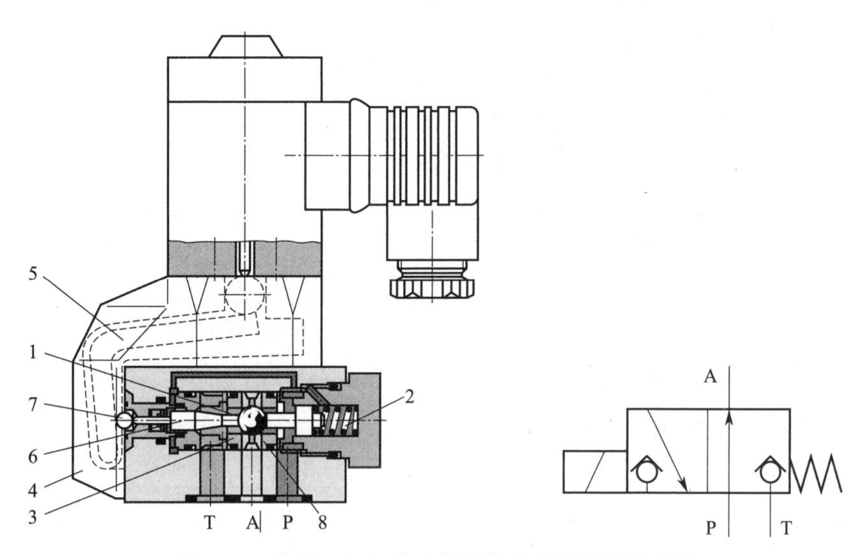

图 4-43　常通 3/2 电磁球阀结构示意图及职能符号

1—球阀芯；2—弹簧；3—左阀座；4—壳体；5—杠杆；6—活塞；7—球；8—右阀座

（2）常断 3/2 电磁球阀。

如图 4-44 所示，常断 3/2 电磁球阀由右球阀芯 1、弹簧 2、右阀座 3、左阀座 4、左球阀芯 5、壳体 6、活塞 7、球 8、杠杆 9 等组成。该阀芯结构为左右两个钢球。在初始位置，在弹簧 2 的作用下将右球阀芯 1 压在右阀座 3 上，此时 A 和 T 口接通，P 口关闭。当电磁铁得电，电磁力驱动杠杆 9 推动活塞 7 使球阀芯右移，右球阀芯 1 从右阀座上抬起，而左球阀芯 5 被电磁力推压在左阀座 4 上，此时 P 和 A 口接通，T 口关闭。

3）应用场合

（1）用于高压超高压小流量液压系统主油路的换向阀；

（2）作为高压大流量液压系统中的电磁换向阀和二通插装阀的先导控制阀；

（3）作为电液控制截止阀的先导控制阀；

（4）作为保压性能要求较高的液压系统的控制阀，即通过该阀卸压。系统正常运转工况，靠电磁球阀无泄漏性能而保持压力。

9. 滑阀式和座阀式换向阀性能比较

根据上面对滑阀式和座阀式两种阀芯换向阀的结构和工作原理分析，从机能形式、内泄漏、压力损失、换向可靠性等方面进行对比，见表 4-11。

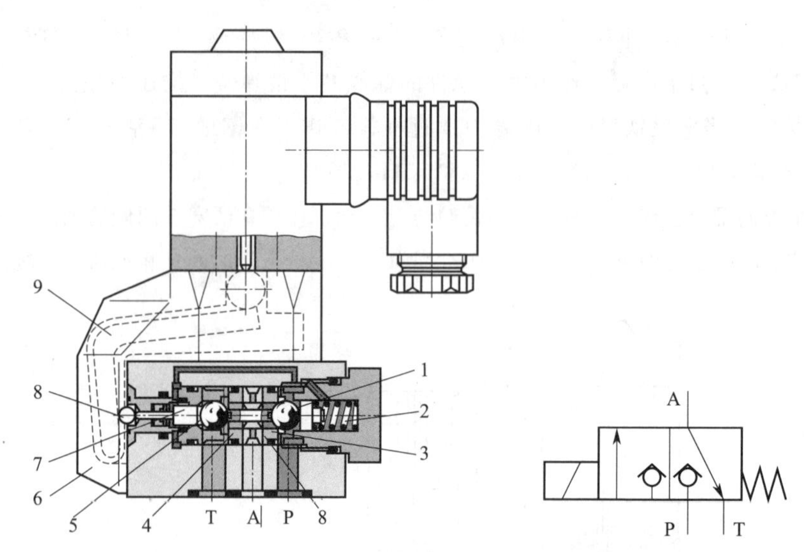

图 4-44　常断 3/2 电磁球阀结构示意图及职能符号

1—右球阀芯；2—弹簧；3—右阀座；4—左阀座；5—左球阀芯；6—壳体；7—活塞；8—球；9—杠杆

表 4-11　滑阀式和座阀式换向阀的性能比较

	机能形式	内泄漏	压力损失	换向可靠性	换向时间	换向频率	污染敏感性	工作寿命
电磁球阀	少	少	大	好	短	高	好	长
电磁滑阀	多	多	小	差	长	低	差	短

4.1.5　电气控制原理介绍

1. 继电器的接线说明（低压电气元件介绍详见模块 2 单元 13 电气气动系统认知与实践）

在实际应用中，经常将电源 0 V 电势接地。继电器线圈总是与负极相连，通过按钮、行程开关或继电器触点与正极相连，这是出于安全原因作出的规定。理论上讲继电器与正极相连也是可行的（见图 4-45）。然而，这样做会发生危险，由于绝缘缺陷或者其他原因会导致负极接线柱被接地并且由此形成不希望的错误导通连接。

2. 绘制电路图说明

如图 4-46 所示，可以清楚地看出控制情况。它没有表示出单个元件的接线情况，表示的是理论

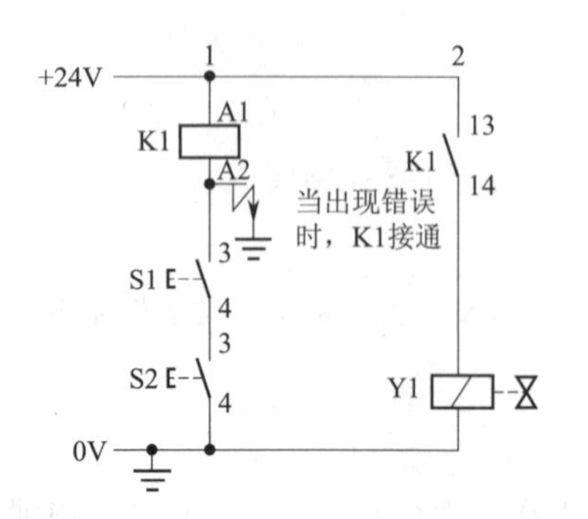

图 4-45　继电器与正极相连的接线图

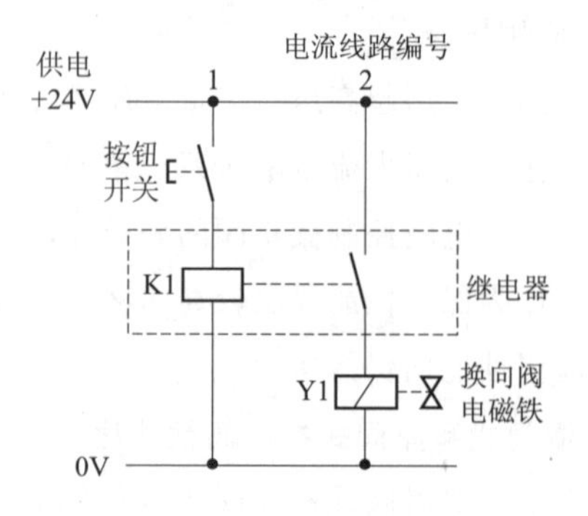

图 4-46　电路图

过程。实际上：继电器 K1 的触点不是与继电器分开的，而是集成在继电器的壳体内的。电路图是由标准图形符号组合而成的。所有元件都平行摆放、呈纵线分布。这些纵线都带有编号并且称其为电流线。

绘制电路图时，要遵循以下规则：

(1) 开关和继电器被清晰地标出来并且不考虑元件的机械关系及安装位置关系；

(2) 图示为无电流状态；

(3) 画出的元件为不工作状态；

(4) 图形符号的运动方向应该平行于图面并且总是成一体地从左向右动作。

3. 主电路和控制电路

在实际中将主电路和控制电路区分开来。正如“控制电路”的名称所说的，它的任务只是用于控制和需要小功率的场合。在主电路上绝大多数是通过接触器控制的高功率的耗能元件。主电路和控制电路的供电可以分开或者是连接在一起的。图 4-47(a)所示为在主电路上直接控制，图 4-47(b)所示为主电路和控制电路分开

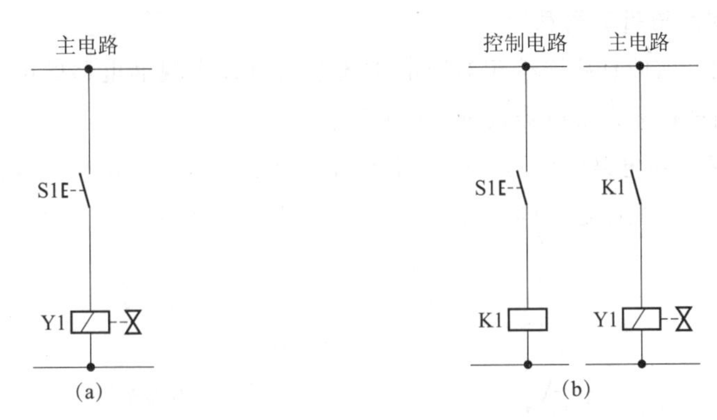

图 4-47　控制方式

4. 自锁电路

在电路设计中必不可少地要使用电气自锁回路来储存电信号。通过对开关和继电器进行相应的配置可以组成一个存储开关脉冲信号的电路。

图 4-48 和图 4-49 所示为信号存储或自锁电路，通过继电器的常开触点和常闭触点的不同配置实现。在中断优先的电路中（见图 4-48），当同时按下两个按钮 S1 和 S2 时，继电器线圈不能带电；然而，在接通优先的电路中（见图 4-49）继电器线圈会带电。出于安全原因的考虑，绝大多数电路采用中断优先。自锁电路经常被用于断电时的保护，因为它的原始状态是断开的。自锁电路在断电后，当重新通电时，没有操作开关 S1 继电器不会自动带电，因此可实现断电后的保护。

5. 通过按钮开关触点进行的机械互锁

通过互锁回路可以防止电流线路相互接通。例如，互锁抑制两个或更多的继电器同时接通或者开关过程的短时重叠。图 4-50 描述了使用按钮触点进行互锁的情况。当同时按动两个按钮时，继电器线圈不能带电。

图 4-50 中所描述的互锁是纯机械互锁。大多数情况下，两组触点都集成在一个壳体中并且通过杠杆作用进行接通。当使用交流电磁阀时，按钮 S1 和 S2 必须进行互锁，为的是防止电磁线圈同时带

电时被损坏。当使用直流电磁铁时，出于安全的原因也要进行互锁。机械互锁适用于简单的电路。对于复杂的控制过程来讲，要采用电气互锁。

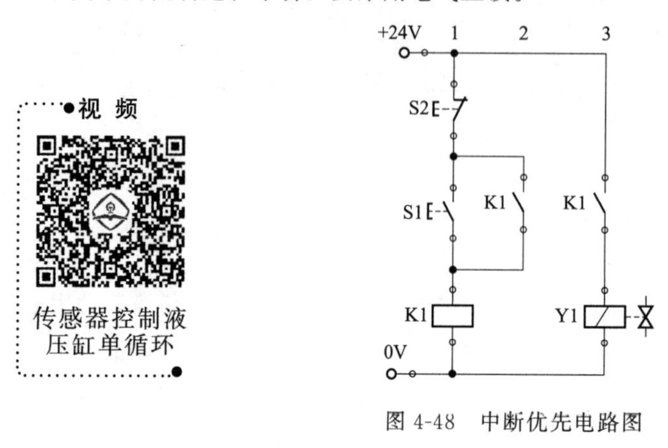

图 4-48　中断优先电路图

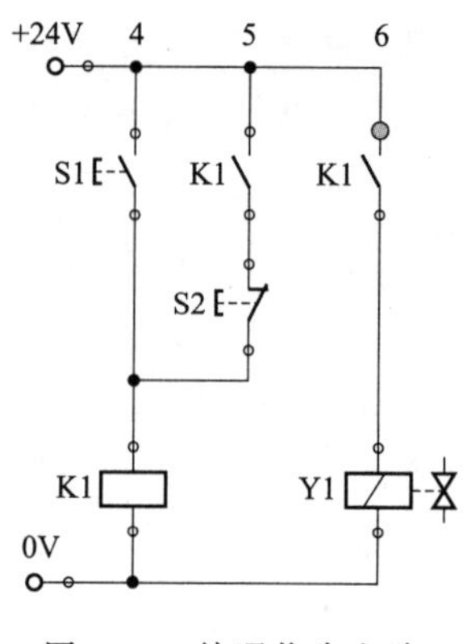

图 4-49　接通优先电路

6. 通过继电器的触点进行电气互锁

通过在继电器线圈的前面直接连接相对应的常闭触点可以实现继电器的电气互锁。当主电流线路断开时，得到的是断开优先即继电器被可靠地断开。

图 4-51 所示为交叉互锁电路中使用了继电器的常闭触点，这样会出现重叠的可能性。当同时按动所属的按钮开关时，两个继电器会同时带电并吸引保护衔铁。所有触点会出现短时接通（重叠）。

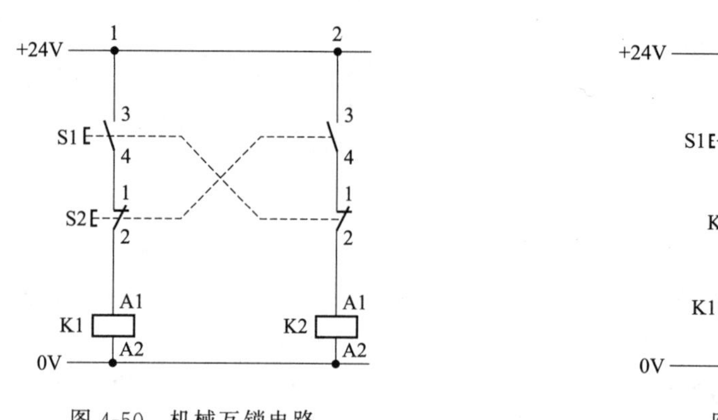

图 4-50　机械互锁电路

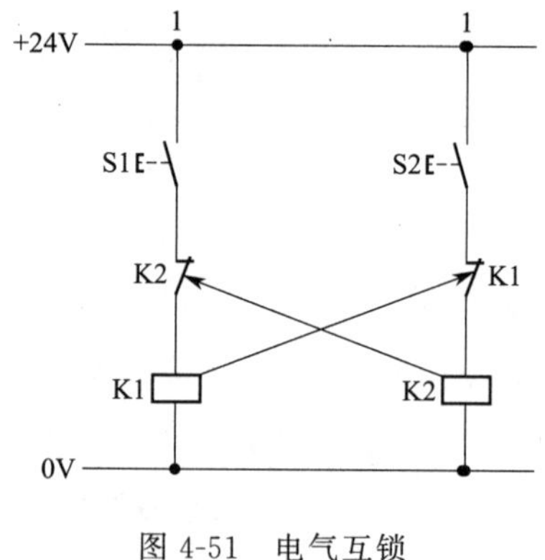

图 4-51　电气互锁

4.2　方向控制元件实践

1. 液控单向阀实验

要求：每个小组按照图 4-52 完成其中的液控单向阀实验。

2. 手动换向阀实验

分别使用 5 种机能的手动换向阀 4WMM6C53、4WMM6E53、4WMM6G53、4WMM6H53 和 4WMM6J53 控制一个双作用液压缸。

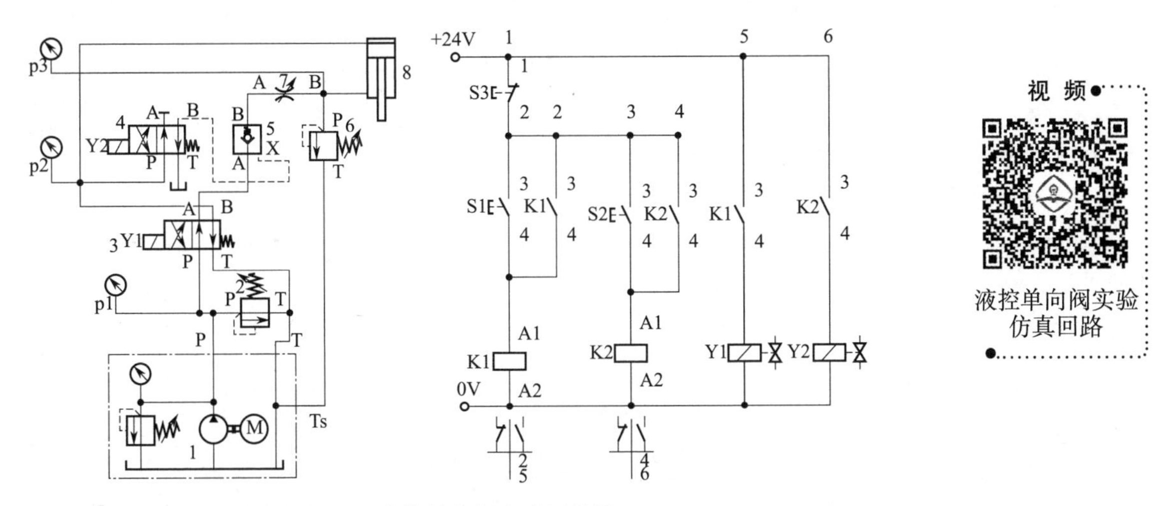

图 4-52　液控单向阀实验回路图

要求：按照图 4-53 完成其中的一个手动实验。

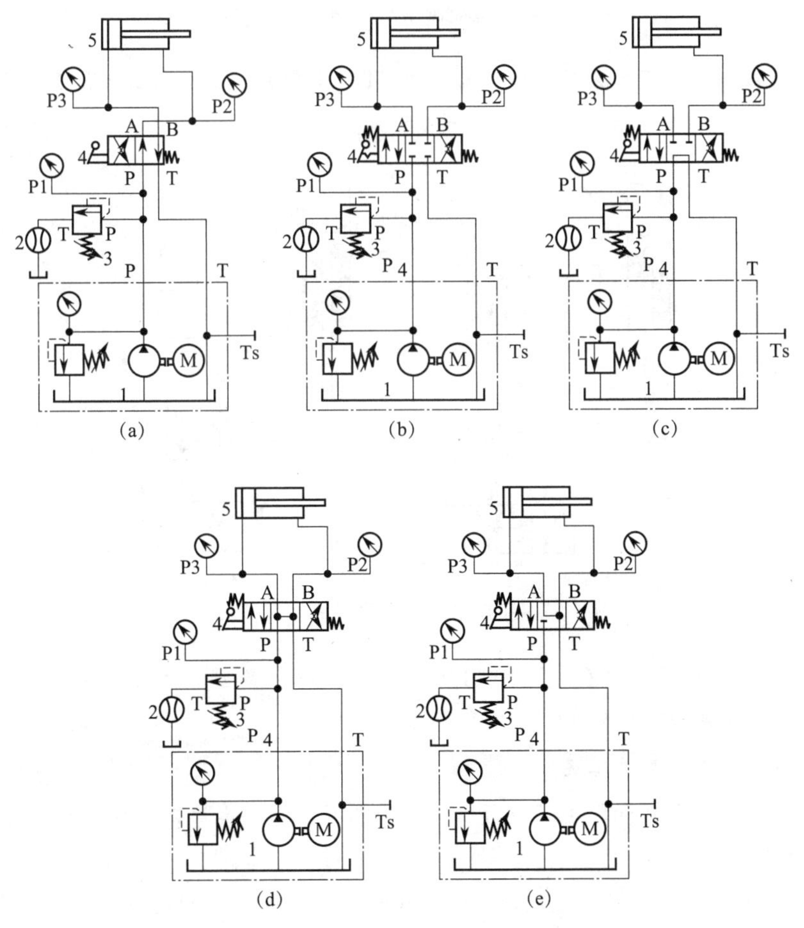

图 4-53　5 种中位机能的手动换向回路

思考与练习

1. 举例说明单向阀在液压系统中的作用。

2. 单向阀的开启压力范围大约是多少？

3. 如图 4-54 所示，指出单向阀 S6A3.0 的连接形式、开启压力和最大允许通过的流量分别是多少？

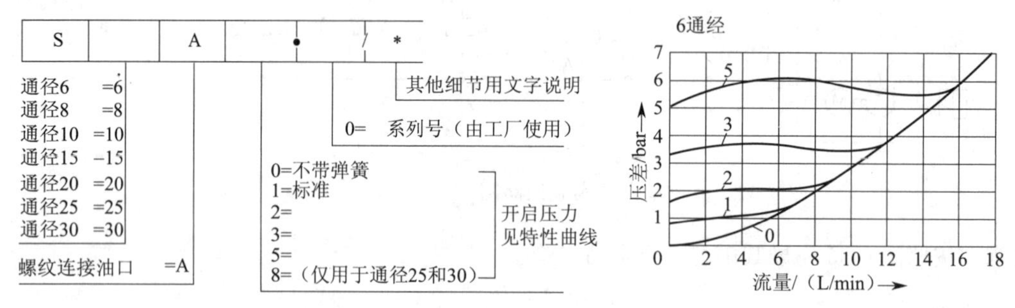

图 4-54 单向阀型号说明（题 3 图）

4. 液控单向阀或双向液压锁为什么必须与 Y 或 H 型中位机能换向阀配合使用？

5. 如图 4-55 所示，说明这两个回路图有什么区别？

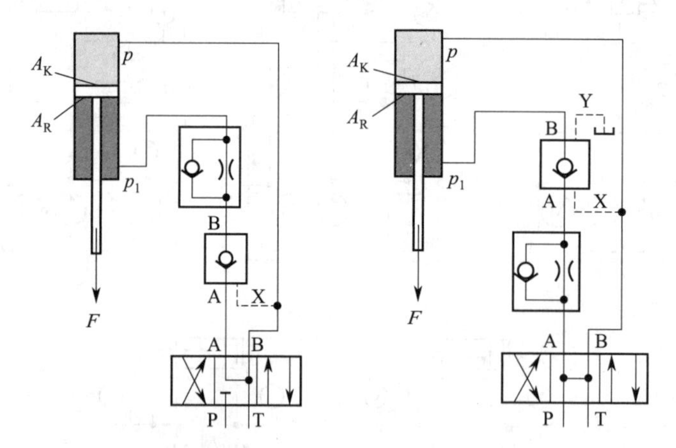

图 4-55 液控单向阀锁紧回路（题 5 图）

6. 如图 4-56 所示，说明液控单向阀 SV6PB1-621 是哪一种类型？说出该液控单向阀的开启压力是多少？控制压力、负载压力是多少？

7. 先导式换向阀适合于哪些工况？

8. 换向阀的遮盖有几种？如图 4-57 所示，分别采用正遮盖、零遮盖、负遮盖形式（参照表 4-9），对于液压缸的控制有何影响？

9. 当系统以 40 L/min 的流量通过换向阀时，如图 4-58 所示，分别说出 C、G 和 H 型机能换向阀 P 口至 A 口、P 口至 B 口、A 口至 T 口和 B 口至 T 口的压力损失是多少 bar？

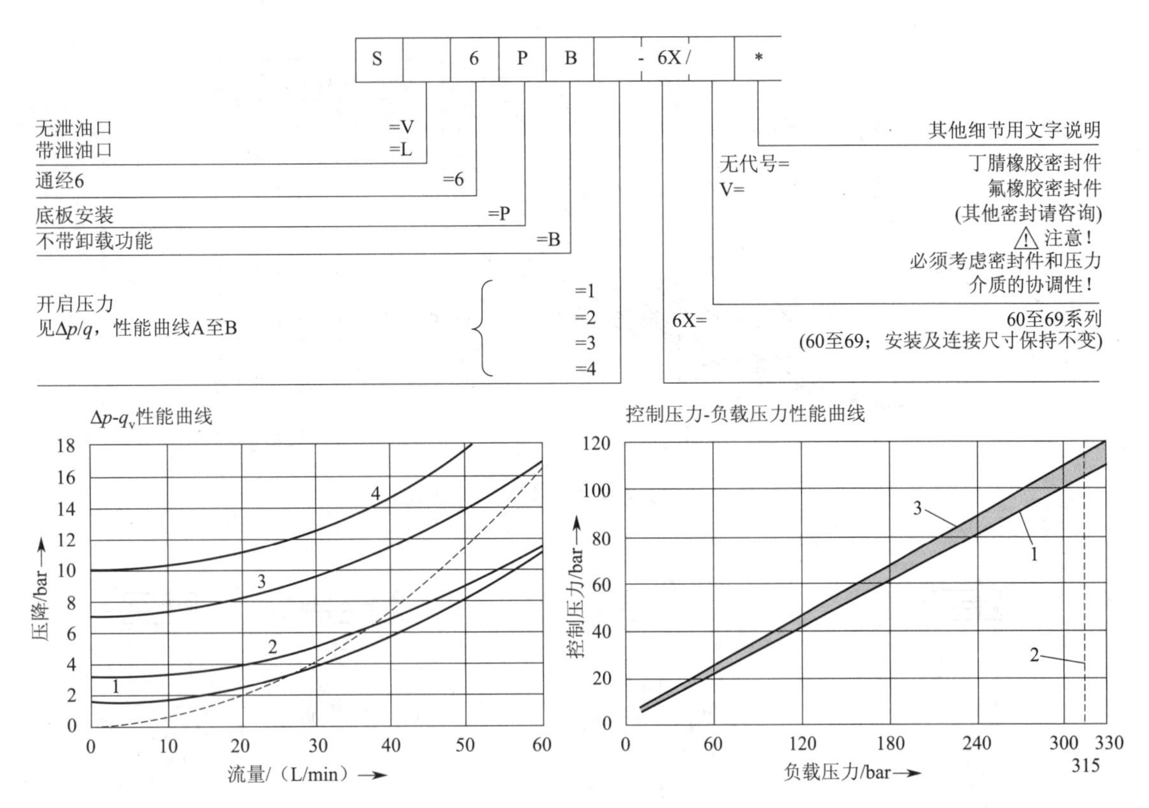

图 4-56　液控单向阀型号说明（题 6 图）

10. 如图 4-59 所示，指出原理图存在的错误，说明错误原因并改正。

11. 基于双作用液压缸驱动长柄勺的动作，依照动作要求完成液压回路图、电气控制原理图的设计。

动作描述：采用二位四通电磁换向阀直接控制双作用液压缸，可实现长柄勺的舀出、导出铝水的动作。使用长柄勺将铝水从熔炉中舀出，然后经导流槽流入模具中。采用二位四通电磁换向阀直接控制双作用液压缸，通过双作用液压缸操作长柄勺，以完成相应运动。

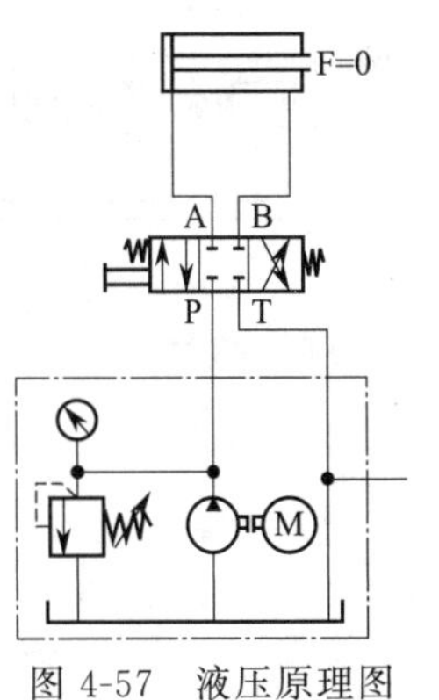

图 4-57　液压原理图（题 8 图）

当未驱动二位四通电磁换向阀动作时，长柄勺应浸入熔炉中（见图 4-60）；当二位四通电磁换向阀电磁铁带电，长柄勺以可调的速度将铝水舀出倒入模具中；另外还需考虑负载的影响，首先应满足长柄勺为轻负载的要求。如果长柄勺太重，则在液压缸活塞杆退回动作期间，其速度将很快（长柄勺向熔炉运动），这样长柄勺就会很快进入铝水中，可能会出现危险。为避免此类现象发生，可以在油路适当的位置安装背压阀。

要求：依照动作要求完成液压回路图、电气控制原理图的设计。

12. 基于利用三位四通换向阀控制的油漆烘干炉炉门的动作，依照动作要求完成液压回路图、电气控制原理图的设计。

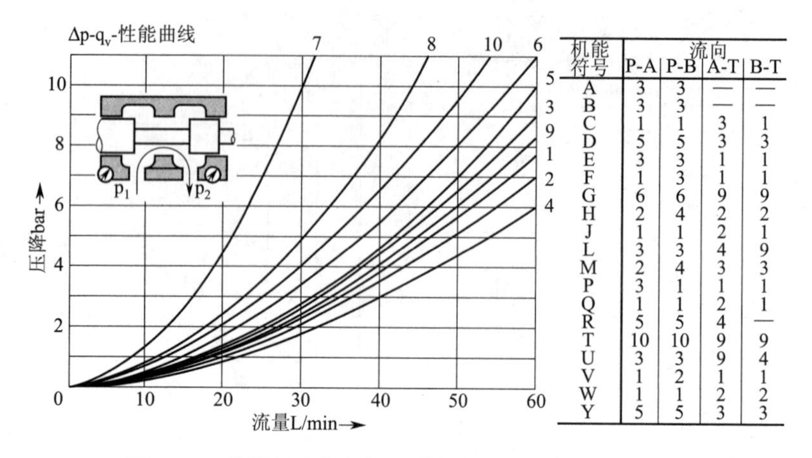

机能符号	流向			
	P-A	P-B	A-T	B-T
A	3	3	—	—
B	3	3	—	—
C	1	1	3	1
D	5	5	3	3
E	3	3	1	1
F	1	3	1	1
G	6	6	9	9
H	2	4	2	2
J	1	1	2	1
L	3	3	4	9
M	2	4	3	3
P	3	1	1	1
Q	1	1	2	1
R	5	5	4	—
T	10	10	9	9
U	3	3	9	4
V	1	2	1	1
W	1	1	2	2
Y	5	5	3	3

图 4-58　某滑阀式换向阀压力损失特性曲线（题 9 图）

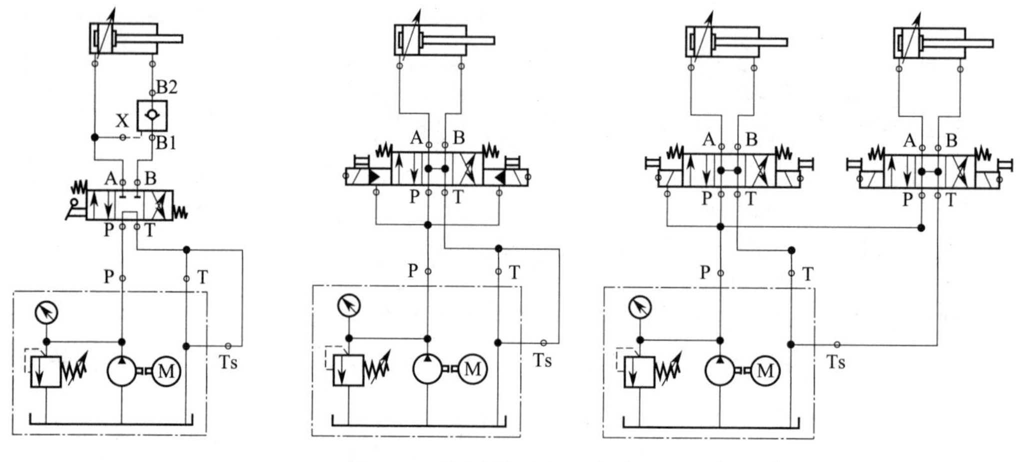

图 4-59　液压原理图（题 10 图）

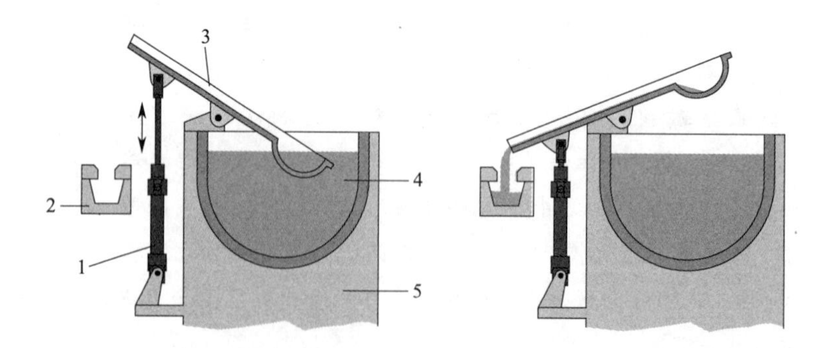

（a）长柄勺未工作状态　　（b）长柄勺将铝水从熔炉舀出

图 4-60　长柄勺动作示意图（题 11 图）

1—液压缸；2—模具；3—长柄勺；4—铝水；5—熔炉

动作描述：通过皮带运输机将工件连续送入油漆烘干炉内（见图 4-61）。为减少通过炉门的热损失，当关闭炉门后，炉门应紧紧地保持关闭位置，以便将炉门长期可靠地保持在期望位置上，而不下落；此时液压泵处于卸荷状态。选择适当的三位四通电磁换向阀作为控制元件。

方案分析：要求将炉门长期可靠地保持在期望位置上，而不下落，即通过控制阀将液压缸两腔内液压油封闭，使液压缸能在任意位置停留，且外力作用时也不能移动。要求采用滑阀式换向阀，利用所学过的元件实现炉门长期可靠地保持在期望位置上，而不下落。

要求：依照动作要求完成液压回路图、电气控制原理图的设计；在实验台上完成液压系统和电气控制系统的安装与调试。

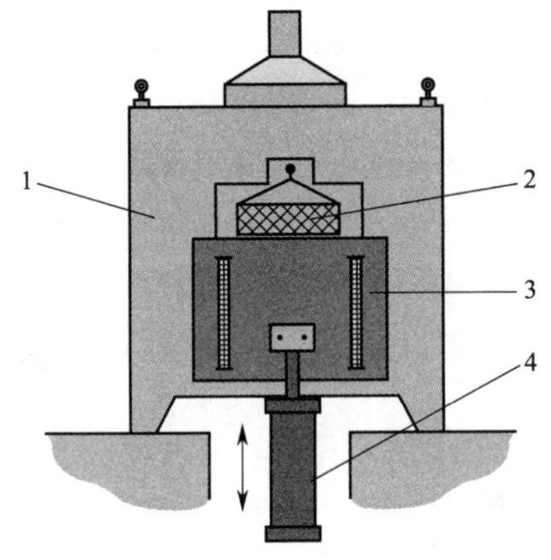

图 4-61　油漆烘干炉示意图（题 12 图）

1—油漆烘干炉；2—工件；3—炉门；4—液压缸

单元 5 液压压力控制元件认知与实践

知识目标

课件

液压压力控制元件认知与实践

1. 掌握直动式溢流阀、先导式溢流阀的结构、工作原理、职能符号及典型应用；
2. 了解溢流阀的启闭特性；
3. 掌握先导式溢流阀遥控口的典型作用；
4. 了解直动式溢流阀与先导式溢流阀的区别；
5. 了解直动式减压阀、直动式顺序阀的结构、工作原理、职能符号及典型应用；
6. 了解溢流阀、减压阀和顺序阀的区别与联系；
7. 掌握压力继电器的结构、工作原理、职能符号及典型应用。

能力目标

1. 具备正确识别各类常见压力控制元件的能力；
2. 具备多级压力切换回路的分析能力；
3. 初步具备根据工况要求合理选择和使用溢流阀、压力继电器的能力；
4. 具备根据工况要求设计简单液压和电气控制回路的能力；
5. 具备按照液压原理图正确进行管路连接、按照电路图进行电气线路连接的能力；
6. 具备溢流阀、压力继电器等压力控制元件的调试能力；
7. 具备总结实验中所出现的问题、解决问题的方法和思路的能力。

5.1 液压压力控制元件认知

用于系统压力控制的阀统称为压力控制元件。根据功能，压力控制元件分为溢流阀、减压阀、顺序阀和压力继电器等。它们的共同点是利用液体压力与元件内部弹簧力的平衡原理来工作。根据安装方式，压力控制元件可用于螺纹连接、底板安装、插装式安装及叠加式安装。

5.1.1 溢流阀

溢流阀有多种用途，其基本功用主要有两种：一是定压溢流（常开）：在定量泵节流调速系统中，用来保持液压泵出口压力恒定，将液压泵多余的油液溢流回油箱；二是安全保护（常闭）：在系统正常工作时，溢流阀处于关闭状态，只是在系统压力大于或等于其调定压力时溢流阀才打开，使系统压力不再增加，对系统起过载保护作用。溢流阀按其结构原理分为直动式和先导式两种。

1. 直动式溢流阀结构及工作原理

如图 5-1 所示，直动式溢流阀由调压手轮 1、阀体 2、调压弹簧 3、锥阀心 4 等组成。弹簧腔与直动式溢流阀回油口 T 相通。

图 片

直动式溢流阀示意图

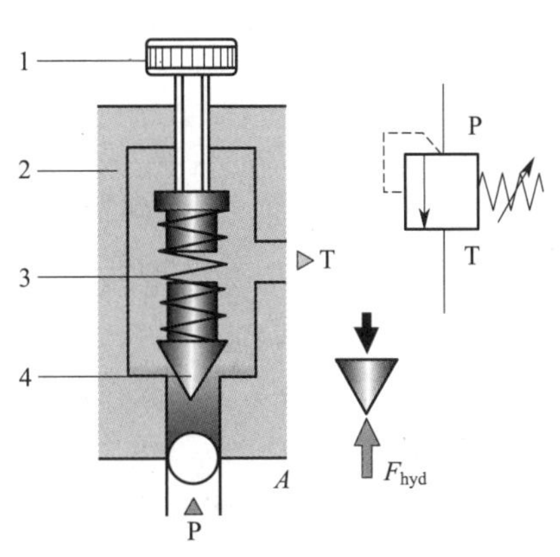

图 5-1　直动式溢流阀工作示意图及职能符号

1—调压手轮；2—阀体；3—调压弹簧；4—锥阀心

分析锥阀芯的受力，锥阀芯下端受液压力 $F_{液压}$，其大小为溢流阀入口液体压力 p 与锥阀芯有效受力面积 A 的乘积；

$$F_{液压}=p \cdot A$$

锥阀芯上端受弹簧力 F_F，其大小为弹性系数 K 与弹簧原始压缩量 X_0 的乘积。

$$F_F=K \cdot X_0$$

当液压力 $F_{液压}$ 小于弹簧力 F_F 时，溢流阀锥阀芯关闭 P 口与 T 口通道，溢流阀不溢流；当液压力 $F_{液压}$ 大于弹簧力 F_F 时，溢流阀锥阀芯向上移动，P 口与 T 口相通，溢流阀开始溢流，多余的油液溢流回油箱。

也就是说，弹簧力大于液压力，溢流阀关闭。如果液压力大于弹簧力，液压力就推开溢流阀锥阀芯打开溢流阀，多余油液回到油箱。由于油液总是流经溢流阀，液压能就转换成了热能。

$$W=\Delta p \cdot Q \cdot t$$

式中　Δp——压差；

Q——流量；

t——时间。

与滑阀式结构相比，座阀式直动式溢流阀具有快速响应的优点，这是由其结构决定的，以相当小的行程位移量，就可产生相对较大的流量变化。

由于直动式溢流阀的液压力直接由弹簧力来平衡，所以用于高压系统的直动式溢流阀的弹簧弹性系数很大，这会造成直动式溢流阀开启关闭时产生比较大的振动及噪声，严重影响溢流阀的使用寿命，影响系统稳定工作。为了解决上述问题，直动式溢流阀一般会设置减震阻尼活塞，如图 5-2 所示。

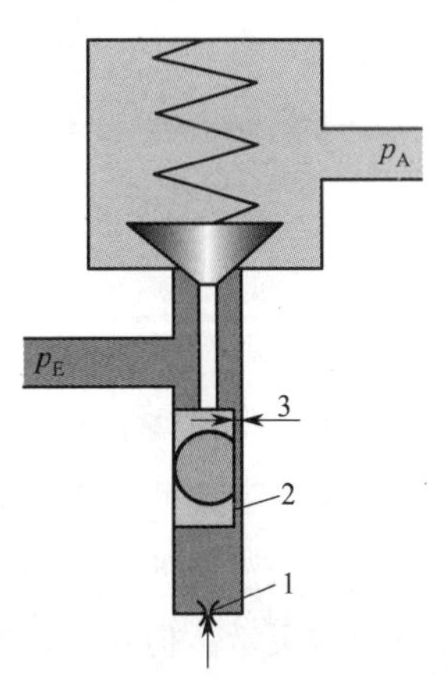

图 5-2　直动式溢流阀的阻尼孔

1—阻尼孔；2—阻尼活塞；3—阻尼活塞与阀座之间间隙

随着系统工作压力的升高，当液压力大于弹簧力时，锥阀芯向上移动，这时减震阻尼活塞 2 与锥阀芯一起向上移动，由于减震阻尼活塞 2 与阀座之间间隙 3 很小，对锥阀芯的运动形成阻尼，同样的道理适用于锥阀芯关闭过程，可以避免溢流阀产生的震动、噪声，提高溢流阀的工作平稳性。

1）直动式溢流阀结构

如图 5-3 所示，直动式溢流阀由阀体 1、阀套 2、调压弹簧 3、调压螺钉 4、减震阀芯 5、阀座 6、阻尼活塞 7、弹簧座 8 等组成。

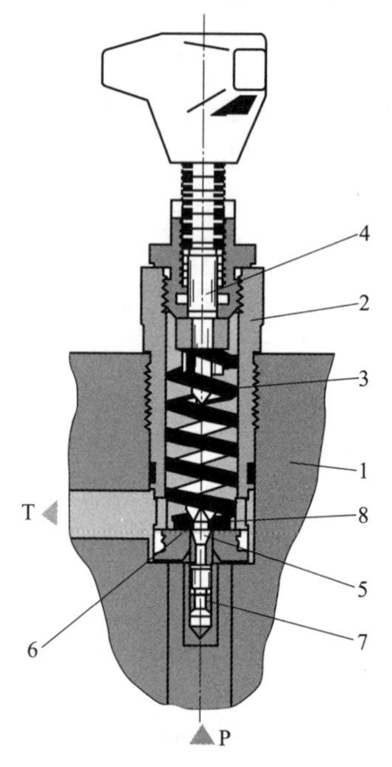

图 5-3 直动式溢流阀结构示意图

1—阀体；2—阀套；3—调压弹簧；4—调解螺钉；5—减震阀芯；6—阀座；7—阻尼活塞；8—弹簧座

●图 片

直动式溢流阀结构示意图

2）直动式溢流阀工作原理

弹簧力使减震阀芯保持在阀座上。通过调压螺钉能够随时调整弹簧压缩量，从而改变系统压力。调压装置为设有锁紧螺母和保护帽的固定螺钉或设有锁紧螺母的手柄。图示为减震阀芯在阀座上的关闭状态。

油口 P 与系统压力油口相连。系统中的液压力作用在阀座区域。当油口 P 的压力大于弹簧弹力设定值时，减震阀芯克服弹簧力被打开。此时，液压油从油口 P 流入油口 T。减震阀芯利用阻尼活塞限制溢流阀开关带来的冲击。

溢流阀在减震阀芯不在阀座上的开启状态时，如图 5-4 所示。减震阀芯开关时的冲击取决于液体流量。如果流量较小，阀座冲击也会较小。该冲击会影响弹簧弹力的大小。

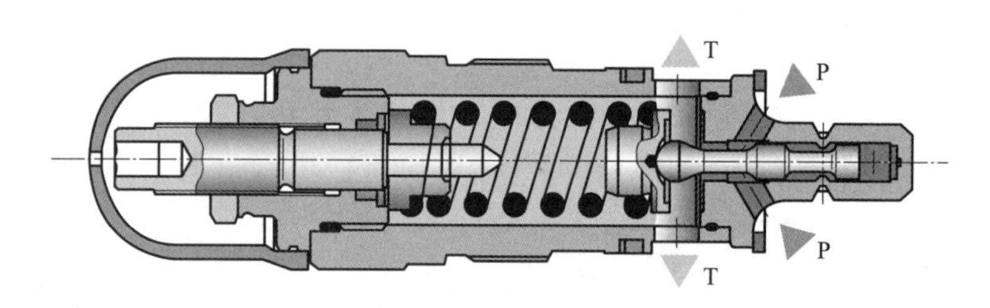

图 5-4 直动式溢流阀开启状态示意图

为了获得在整个压力范围内的良好压力设置，整个压力范围被分为不同压力范围。不同压力等级对应不同弹性系数的弹簧。

这种溢流阀的压力油直接作用于阀芯，故称为直动式溢流阀。直动式溢流阀的特点是结构简单、反应灵敏。但在工作时易产生振动和噪声，压力波动大。一般用于小流量、压力较低的场合。因控制较高压力或较大流量时，需要使用刚度较大的弹簧，这样不但手动调节困难，而且阀口开度（弹簧压缩量）略有变化，便引起较大的压力波动，稳定性差。系统压力较高时需要采用先导式溢流阀。

图 5-5 所示为管式连接与螺纹插装直动式溢流阀。

图 5-5　管式连接与螺纹插装直动式溢流阀

2. 先导式溢流阀结构及工作原理

如图 5-6 所示，较大的系统流量要求阀座或阀芯直径更大，因此，对于直动式溢流阀，根据 $P=F_F/A$，弹簧弹性系数越大，设定压力越高。因此，弹簧弹力与直径的平方成比例增加。所以对于大流量液压系统，更适合使用先导式溢流阀。

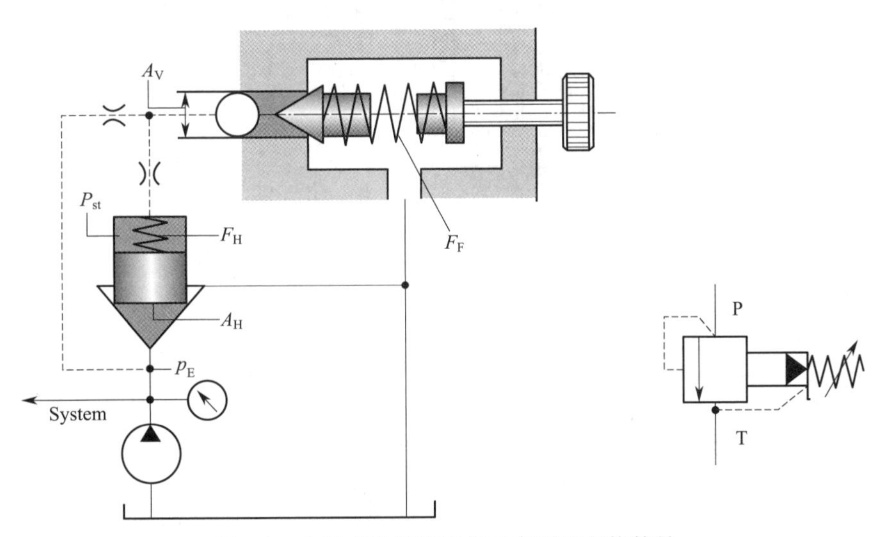

图 5-6　先导式溢流阀工作示意图及职能符号

先导式溢流阀分为主阀与先导阀两部分，先导阀为直动式溢流阀。主阀入口压力为 P_E，始终作用在主阀芯下端面 A_H 上。同时入口压力 P_E 也经过节流孔作用在主阀芯上端面及先导阀的阀芯左端。当先导阀阀芯左端的液压力小于弹簧力时，先导阀关闭，根据帕斯卡原理，液体压力 $P_{st}=P_E$。因此，通过弹簧弹力 F_H 的作用，主阀关闭。

随着系统工作压力的升高，当先导阀阀芯左端液压力大于先导阀弹簧弹力 F_F 时，先导阀开启，控制油流向油箱。由于阻尼孔的作用，会在主阀芯顶部和底部间造成压差，即 $P_{st}<P_E$。因此，如果 Δp 达到最大值，作用在主阀芯下端面的液压力 $P_E \cdot A_H$ 大于作用在主阀芯上端面的力 $P_{st} \cdot A_H+F_H$ 的合力，主阀芯离开其阀座，主溢流阀进口自泵的油直接通过主溢流阀流向油箱。

1）先导式溢流阀结构

图 5-7 所示为先导式溢流阀结构示意图。先导式溢流阀由先导阀及主阀两部分组成，先导阀为直动式可调溢流阀。主阀包括：阻尼孔 1，主阀芯 2，主阀体 3，主阀控制油道 4，内泄油道 14，内、外

泄切换螺堵 15，平衡弹簧 16，主阀座 17，内、外控切换螺堵 18，遥控口 19；先导阀包括：先导阀控制油道 5，阻尼孔 6，先导阀阀体 7，先导阀控制油道 8，先导阀泄油腔 9，先导阀芯 10，弹簧座 11，调压弹簧 12，调压手轮 13。控制油能够经主阀控制油道和阻尼孔流向先导阀和主阀芯上部。通过主阀底部的遥控口 X 可进行远程控制，例如通过电磁换向阀卸荷，或通过一个直动式溢流阀进行远程调压。

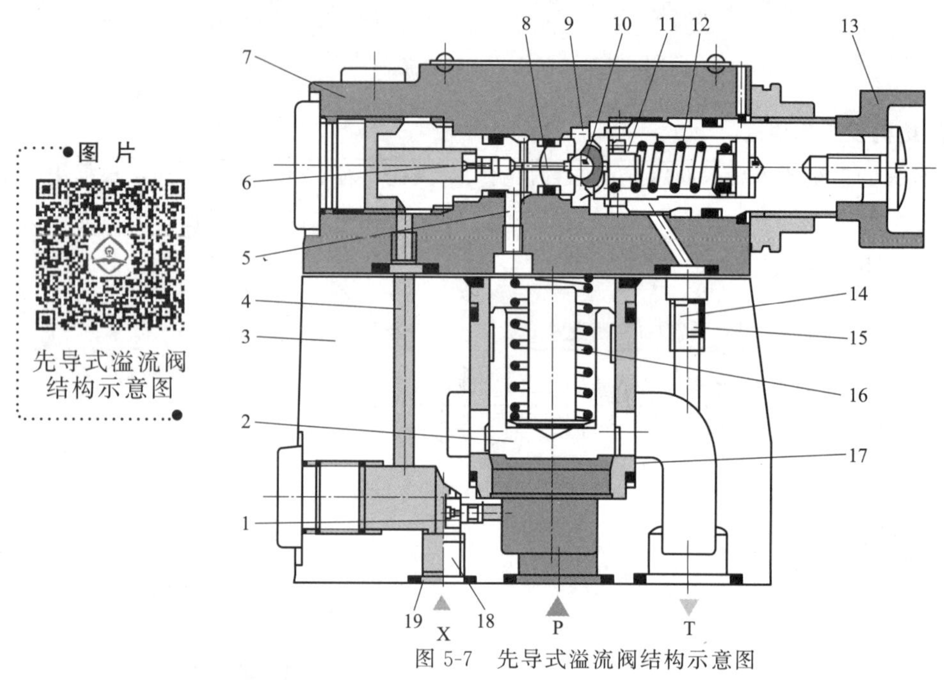

图 5-7　先导式溢流阀结构示意图

1—阻尼孔；2—主阀芯；3—主阀体；4—主阀控制油道；5—先导阀控制油道；6—阻尼孔；7—先导阀阀体；8—先导阀控制油道；9—先导阀泄油腔；10—先导阀芯；11—弹簧座；12—调压弹簧；13—调压手轮；14—内泄油道；15—内、外泄切换螺堵；16—平衡弹簧；17—主阀座；18—内、外控切换螺堵；19—遥控口；P—压力油口，T—回油口

2）先导式溢流阀工作原理

当先导阀关闭时，弹簧弹力将主阀芯压向主阀座，从而将压力油口 P 与回油口 T 隔开。压力油口 P 的液压力作用在主阀芯底部。同时，油液压力通过先导阀与主阀相连的油道经阻尼孔作用在先导阀芯左端，也作用在主阀芯的上端面。当先导阀芯左端液压力小于弹簧力时，先导阀关闭；因阀体内部油液没有产生流动，主阀芯上下端面所受液体压力相等，受力面积也相等，所以主阀芯在平衡弹簧作用下处于关闭状态。主溢流阀不溢流。

当先导阀芯左端液压力升高到大于右端弹簧力时，先导阀打开，主阀芯下腔即 P 口的压力油经阻尼孔 1、主阀控制油道 4、阻尼孔 6、先导阀控制油道 8、先导阀泄油腔 9 经内泄油道 14 流向主阀体的回油口 T。由于压力油流经 2 个阻尼孔，造成阻尼孔前后产生压差，即主阀芯下腔的工作压力大于上腔的工作压力。当压力差产生的力大于主阀芯平衡弹簧弹力、摩擦力、主阀芯重力等合力时，压力油口 P 至回油口 T 的连接将打开，主溢流阀开始溢流。

也可参照图 5-8 先导式溢流阀的工作原理图来分析。

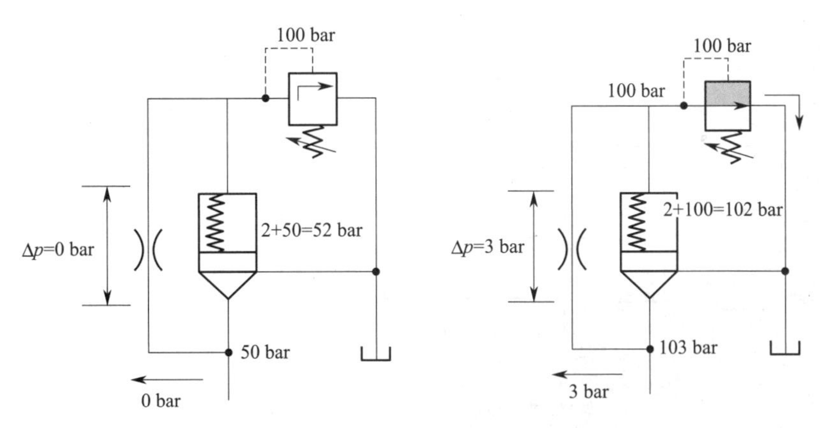

图 5-8　先导式溢流阀工作原理示意图

3）先导式溢流阀特点

由上述先导式溢流阀工作原理可知，先导式溢流阀主阀是否溢流，取决于其先导阀是否溢流，所以先导式溢流阀溢流压力的大小是通过调压手轮 13 调节调压弹簧 12 来调节。先导式溢流阀的反应速度比直动式溢流阀要慢。

由于经过先导阀溢流量仅为主阀额定流量的 1%左右，所以先导阀控制油道 8 的直径可以设计的很小，故调压弹簧的弹性系数比较小，可以方便实现高压控制。主阀起到溢流作用，能实现大流量溢流，由于平衡弹簧弹性系数很小，溢流量的变化不会引起被控压力的较大变化，因此先导式溢流阀的调压特性比直动式溢流阀好。先导式溢流阀广泛用于高压、大流量场合。

因为阀体内部设置了阻尼孔，所以其对油液清洁度要求比直动式溢流阀高，不然会造成阻尼孔堵塞，影响溢流阀正常工作。

4）先导式溢流阀职能符号

先导式溢流阀的职能符号如图 5-9 所示。

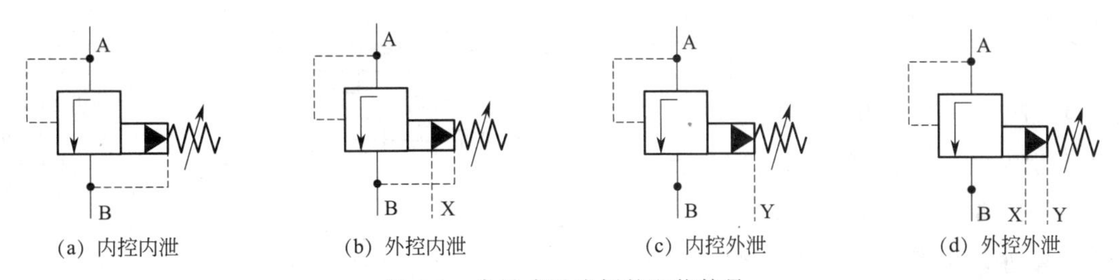

(a) 内控内泄　(b) 外控内泄　(c) 内控外泄　(d) 外控外泄

图 5-9　先导式溢流阀的职能符号

5）电磁溢流阀简介

电磁溢流阀，即在主阀顶部安装电磁换向阀，图 5-10 所示为常开型电磁溢流阀，即电磁阀电磁铁不带电时，先导式溢流阀的控制油液通过电磁阀 B 口经换向阀内部与先导阀的泄油腔相通，系统实现卸荷；电磁铁带电时，上述通道被关闭，系统实现保压。该功能可用于无压力起停液压泵，延长泵的使用寿命；也可用于系统不需要对外输出能量时，系统卸荷，从而达到降低能量消耗、减少系统发热的目的。对于常闭型电磁溢流阀，功能相反，即断电保压，带电卸荷。

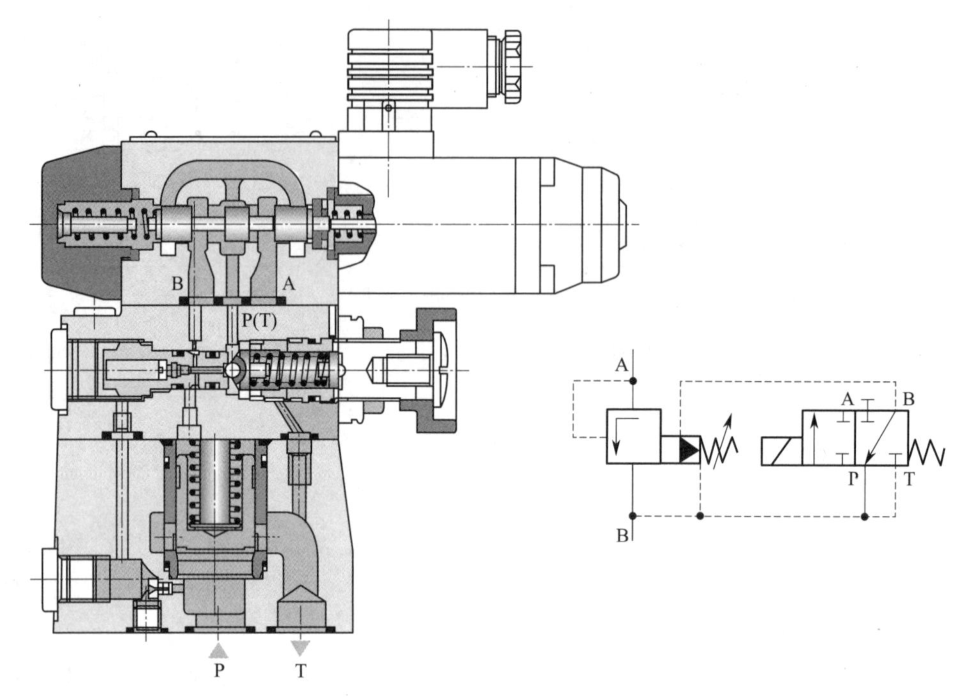

图 5-10　电磁溢流阀结构示意图及职能符号

电磁溢流阀因为电磁阀换向过程时间短，因此，卸荷时系统压力会迅速下降，会造成压力冲击以及震动噪声。

3. 溢流阀流量压力特性曲线

溢流阀的品质，按照以下准则来判断：一是流量对压力的影响；二是性能界限；三是动态特性。溢流阀的性能界限见附录 C 模块一的 5.1。溢流阀的动态特性在此不讨论。

1）流量对压力的影响

流量对压力的影响，代表了溢流阀的调压特性的优劣。主要参数是阀口开始打开时（$Q>0$）的设定压力 P_E。图 5-11 和图 5-12 分别为直动式溢流阀和先导式溢流阀的工作特性曲线。控制误差 R 的数值，是流量增量所引起的设定压力的变化值，也即工作特性曲线的斜率。$R=0$ 为理想特性曲线。

$$R=\frac{\Delta P_E}{\Delta Q}$$

（1）直动式溢流阀特性曲线。

图 5-11 所示为 10 通径直动式溢流阀特征曲线。

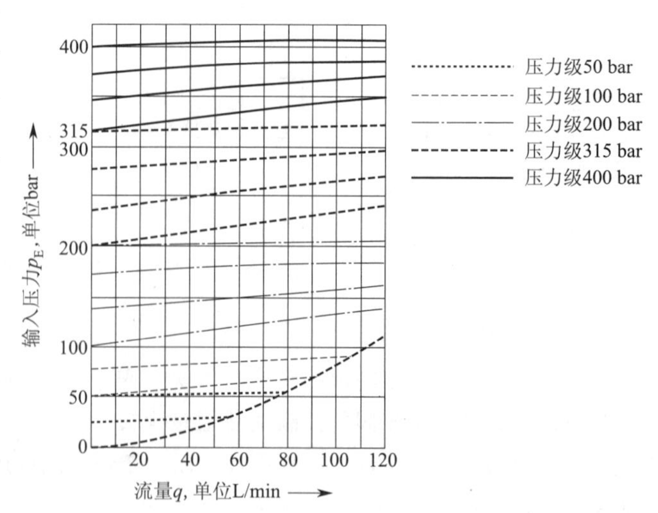

图 5-11　直动式溢流阀流量压力特性曲线

根据输入压力 p 与流过阀的流量 q 的对比关系曲线称为直动式溢流阀的特征工作曲线图。本特征曲线为 50 bar、100 bar、200 bar、315 bar 及 400 bar 等 5 级压力曲线图。特征工作曲线有别于理想工作曲线，很显然，直动式溢流阀标定压力随流量的增加而变化。

直动式溢流阀的控制偏差大。这是因为流量增加时，阀芯的行程也增大。除压力损失和流动阻力会增加外，弹簧弹力也会因阀开口增加而相应增加，压力损失及液动力也提高了。采用具有动静态液动力补偿功能的特殊形状的弹簧座能够降低工作曲线的斜率，这种效应称为行程辅助。

工作曲线的斜率大，意味着直动式溢流阀的调定压力会随着流过阀口流量的增加而增加，即所谓的调压特性较差。

为了获得更好的调节特性，图 5-11 所示 5 个压力等级分别采用 5 种弹簧来实现。

（2）先导式溢流阀特性曲线。

先导式溢流阀的平衡弹簧只起将主阀芯保持在某一位置的作用，其弹性系数相对较小。平衡弹簧在不同流量下产生的压力为 1.5～4.5 bar。

除小部分控制油流过先导阀外，其余油流经主阀芯。因此，与直动式溢流阀相比，弹簧力在工作曲线上的影响很小，可忽略不计。体现在特性曲线上，就是实际工作曲线几乎与理想工作曲线平行。

如图 5-12 所示，以 10 通径先导式溢流阀为例，设定进口压力为 200 bar 时，流经溢流阀的流量从零增加至 250 L/min，其进口压力只增加约不到 10 bar。说明该阀的调压特性比直动式溢流阀要好。

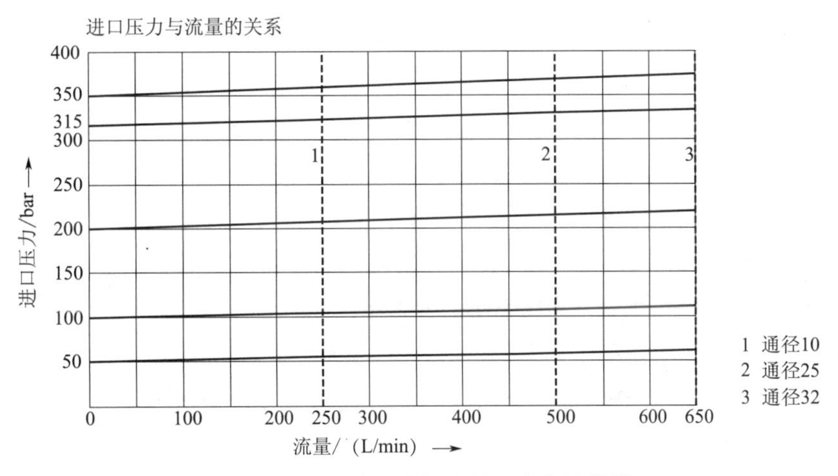

图 5-12　先导式溢流阀流量压力特性曲线

2）溢流阀的启闭特性

溢流阀启闭特性是指溢流阀从开启到闭合的过程中，系统压力与通过溢流阀的溢流量之间的关系。对于非常低的流量（$Q<1$L/min），压力-流量关系曲线具有滞环现象。这意味着，当阀关闭（流量减小）时，产生的压力 p_S 小于开启时的压力 p_O（流量增大），如图 5-13 所示。开启与关闭特性的这种差别，出于摩擦力的存在，还有液压油污染的因素。溢流阀开启和闭合时的曲线不重合。上面的曲线为开启曲线，下面的曲线为闭合曲线。它是衡量溢流阀定压精度的一个重要指标。一般用溢流阀在额定压力时，开始溢流的开启压力 p_O 及停止溢流的闭合压力 p_S 分别与系统压力 p_E 之比的百

分数来衡量。前者称为开启压力比，后者称为闭合压力比。

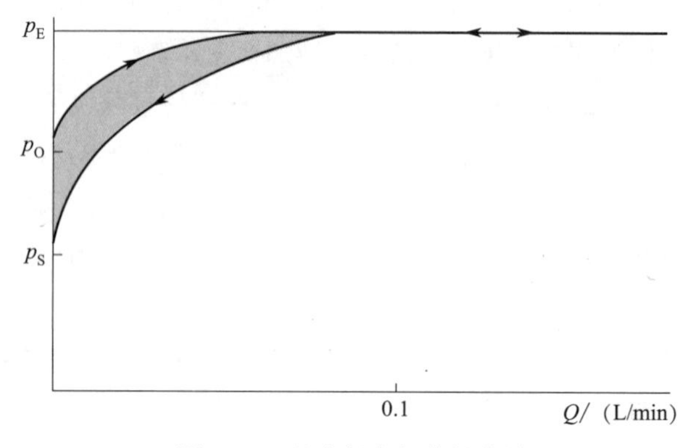

图 5-13 溢流阀启闭特性曲线

其比值越大及二者越接近，溢流阀启闭特性越好。为保证溢流阀具有良好的静态特性，一般规定开启比应不小于 90%，闭合比不小于 85%。很显然，开启压力比过小，会造成系统不必要的溢流损失，严重时会影响执行元件的速度，增加系统发热。溢流阀加工精度低会造成开启压力比过小，还会给系统带来额外的噪声。

4. 溢流阀的应用

1）定压溢流

如图 5-14（a）所示，利用溢流阀的溢流功能来调整系统压力。溢流阀与液压泵并联，油泵输出的压力油只有一部分进入执行元件，多余的油液经溢流阀流回油箱。溢流阀是常开的，使系统压力保持基本恒定。

2）安全保护

如图 5-14（b）所示，系统中安装的溢流阀做安全阀用，以限制系统的最高压力，保证系统安全工作。系统正常工作时，溢流阀是常闭的，故其调定值应该比系统的最高工作压力高 2MPa 至系统压力的 10%，以免溢流阀打开溢流时，影响系统正常工作。

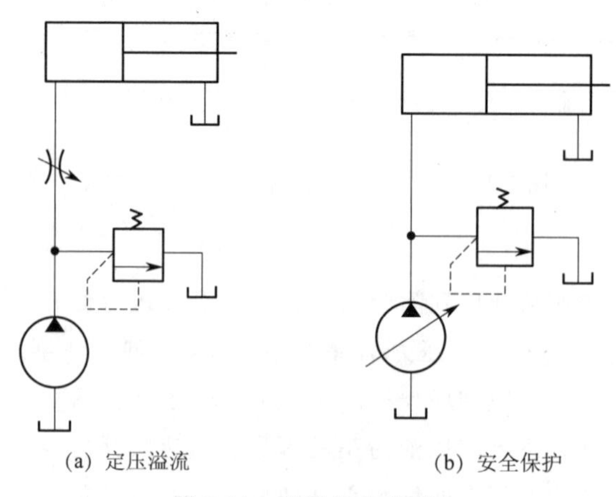

(a) 定压溢流　　(b) 安全保护

图 5-14 溢流阀的应用 1

3）利用先导式溢流阀遥控口实现远程调压

先导式溢流阀的遥控口与另一个直动式溢流阀（称为远程调压阀）的连接，当远程调压阀的调节压力小于主阀本身先导阀的调定压力时，可实现远程调压。如图 5-15（a）所示，当电磁换向阀电磁铁得电时，利用远程调压阀可以实现对系统压力的控制调节。

4）利用先导式溢流阀遥控口实现大流量卸荷

如图 5-15（b）所示，通过控制电磁换向阀可使遥控口与油箱相通，即可实现系统卸荷，即电磁溢流阀。当电磁铁不带电时，先导式溢流阀遥控口关闭，系统保压；当电磁铁带电时，先导式溢流阀遥控口经电磁换向阀与油箱相通，泵的出口油液通过先导式溢流阀主阀直接流回油箱，实现泵的卸荷。

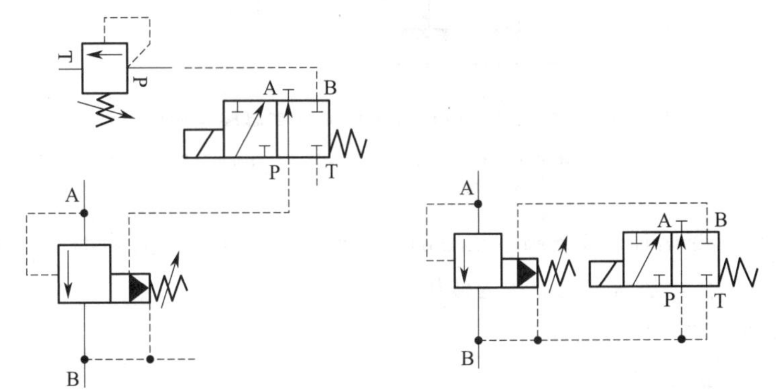

(a) 利用先导式溢流阀遥控口实现远程调压　(b) 利用先导式溢流阀遥控口实现大流量卸荷

5-15　溢流阀的应用 2

5.1.2　减压阀

减压阀是一种利用液体流过节流口产生压降的原理，使出口压力低于进口压力的压力控制阀。按调节要求的不同，减压阀又可分为定值减压阀、定比减压阀、定差减压阀三种。其作用是用来降低液压系统中某一回路的油液压力，从而用一个油源就能同时提供两个或几个不同压力的输出；也有用在回路中串接一减压阀来保证回路压力稳定。对于定值减压阀，只要减压阀的输入压力超过调定的数值，输出压力就不受输入压力变化的影响而保持不变。

1. 直动式减压阀结构及工作原理

图 5-16 所示为直动式两通定值减压阀工作原理示意图，由调压手轮 1、调压弹簧 2、减压阀芯 3、阀体 4 等组成。P 为输入压力油口，A 为输出压力油口，Y 为卸油口。定值减压阀的作用是使进入阀体的压力降低后输出并保持输出压力的稳定。

当进口 P 通入压力油时，油液经减压口从出口 A 流出，同时，出口 A 的油液又作用于阀芯底端，产生向上的液压力，如果此时出口压力低于调定压力，液压力小于弹簧力 F_F，减压口最大，不起减压作用。

当出口压力达到调定压力，出口 A 的油液在减压阀芯底部所产生的液压力大于或等于弹簧力 F_F 时，推动阀芯向上移动，减压口减小，出口 A 的压力小于进口压力 p，实现减压。

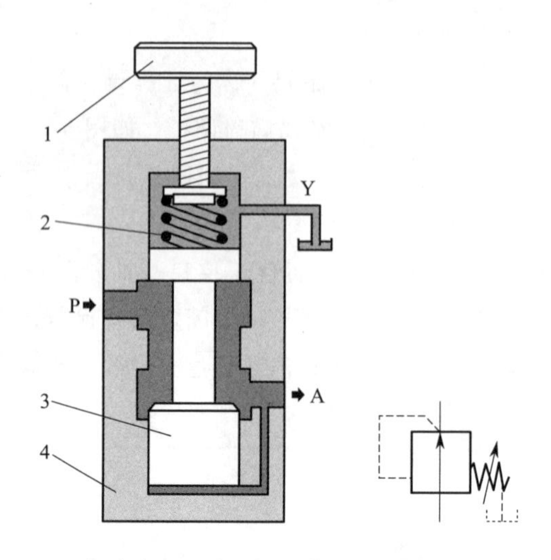

图 5-16　直动式 2 通减压阀工作原理示意图及职能符号

1—调压手轮；2—调压弹簧；3—减压阀芯；4—阀体；P—输入压力油口；A—输出压力油口；Y—卸油口

当出口 A 的压力有变化时，减压阀芯在底部出口液压力及顶部弹簧力的共同作用下，通过阀芯的移动使得出口压力不变，从而起到稳压的作用。

图 5-17 所示为直动式 3 通定值减压阀工作原理示意图，其中 P 为输入压力油口，A 为输出压力油口，T 为输出压力溢流口（兼具卸油口功能时为内泄）。其与 2 通减压阀功能的最大区别是，当减压阀输出口压力因过载等原因超出出口压力设置值时，减压阀芯向上移动，直至输出口 A 与溢流口 T 接通，使输出口 A 的压力下降到调定出口压力。

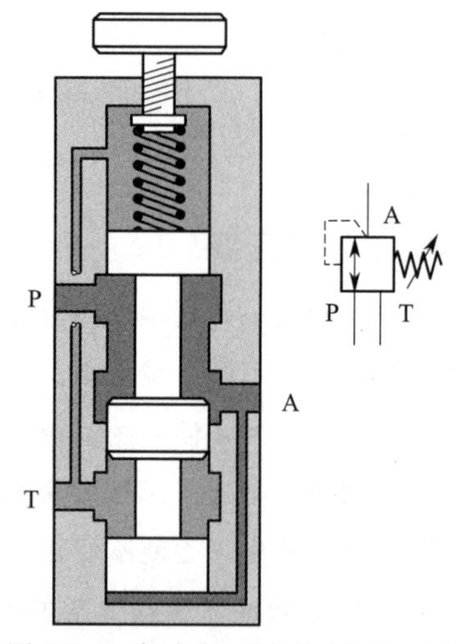

图 5-17　直动式 3 通减压阀工作原理示意图及职能符号

1）直动式三通减压阀结构

图 5-18 所示为直动式 3 通单向减压阀结构示意图，由调节螺母 1、调压弹簧 2、弹簧腔 3（泄油腔）、弹簧座 4、减压阀芯 5、单向阀 6、测压接口 7、控制油路 8 等组成。P 为进油口，A 为输出口，T（Y）为卸油口。作为 3 通减压阀，它在出口压力侧有溢流功能。减压阀的出口压力由压力调节螺母设定。

2）直动式减压阀工作原理

在阀的初始状态时，阀是常开的，压力油能够自由地从油口 P 流向油口 A。油口 A 的压力油同时经控制油路作用于减压阀芯右端，减压阀芯左端受力为弹簧力。当油口 A 的压力超过调压弹簧的设定值时，减压阀芯左移至控制位置并保持油口 A 的压力恒定。

如果 A 口压力因执行机构受外力而不断升高，减压阀芯就会向左移动压缩调压弹簧。这样油口 A 经减压阀芯的控制，A 口与 T 口接通，从而与油箱接通；使 A 口压力降低至调定压力。弹簧腔经油口 T（Y）由外部泄油至油箱。单向阀 5 用于使油液从油口 A 返流至油口 P。

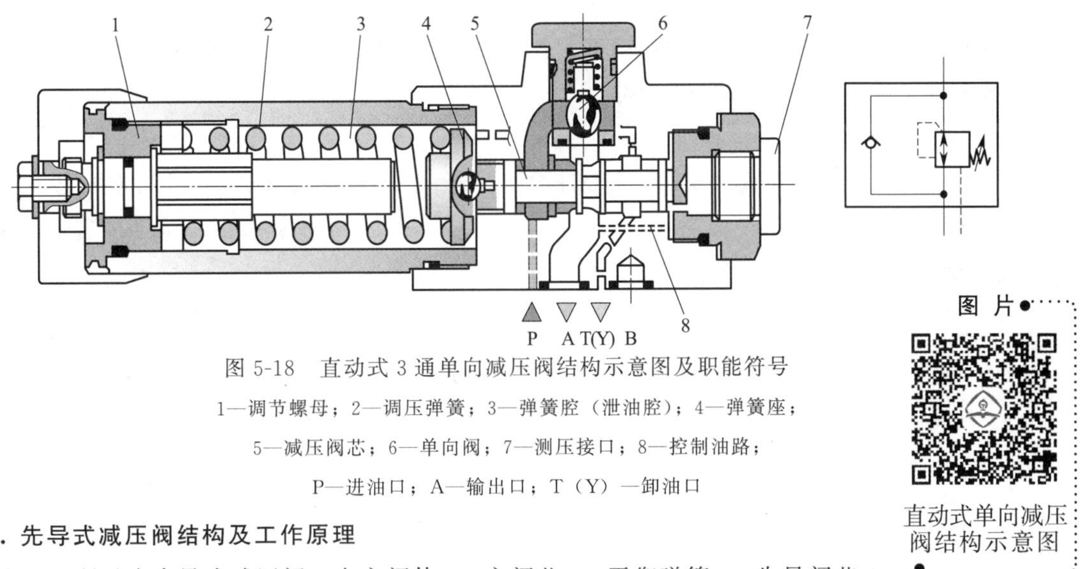

图 5-18　直动式 3 通单向减压阀结构示意图及职能符号

1—调节螺母；2—调压弹簧；3—弹簧腔（泄油腔）；4—弹簧座；

5—减压阀芯；6—单向阀；7—测压接口；8—控制油路；

P—进油口；A—输出口；T（Y）—卸油口

图片

直动式单向减压阀结构示意图

2. 先导式减压阀结构及工作原理

图 5-19 所示为先导式减压阀，由主阀体 1、主阀芯 2、平衡弹簧 3、先导阀芯 4、调压弹簧 5、调压手轮 6、阻尼孔 7 等组成，P 为进油口、A 为输出口、Y 为卸油口。

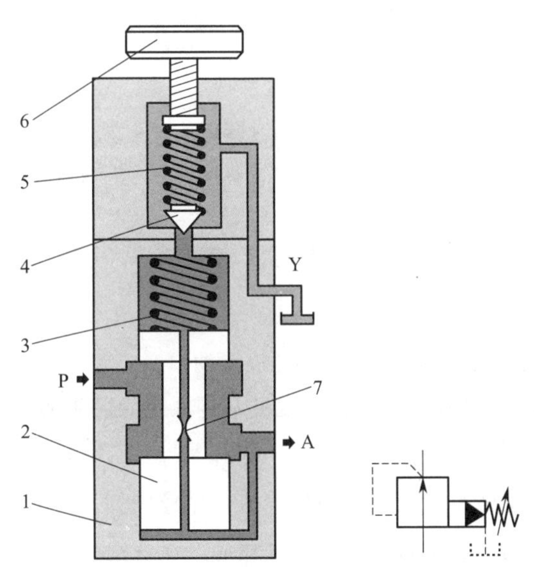

5-19　先导式减压阀工作原理示意图及职能符号

1—主阀体；2—主阀芯；3—平衡弹簧；4—先导阀芯；5—调压弹簧；

6—调压手轮；7—阻尼孔；P—进油口；A—输出口；Y—卸油口

在阀的初始状态时，阀是常开的，压力油自由地从油口 P 流向油口 A。油口 A 的压力油同时经控制油路作用于主阀芯下端面，并经阻尼孔后作用在主阀芯上端面，主阀芯上端面还受到平衡弹簧的弹簧力作用。油口 A 的压力油经阻尼孔后还作用于先导阀芯下端面。

当油口 A 的压力油作用在先导阀芯下端面的液压力小于调压弹簧的弹簧力时，先导阀关闭，根据帕斯卡原理，主阀芯上下端面液压力相等，主阀芯在平衡弹簧的作用下，处于主阀体最下端，油液从P口到A口流动时不节流。当油口A的压力油作用在先导阀芯下端面的液压力大于调压弹簧的弹簧力时，先导阀开启，在阻尼孔的作用下，造成主阀芯上端面液压力小于下端面液压力，主阀芯上移至控制位置并保持油口A的压力恒定。

1）先导式减压阀结构

图5-20所示为先导式单向减压阀，由泄油腔1（弹簧腔），调压弹簧2，先导阀芯3，先导阀控制油道4，单向阀5，主阀芯控制油道6、8，主阀芯7，阻尼孔9，平衡弹簧10，泄油油道11、调压手轮12等组成，P为进油口，A为输出口，Y为卸油口。

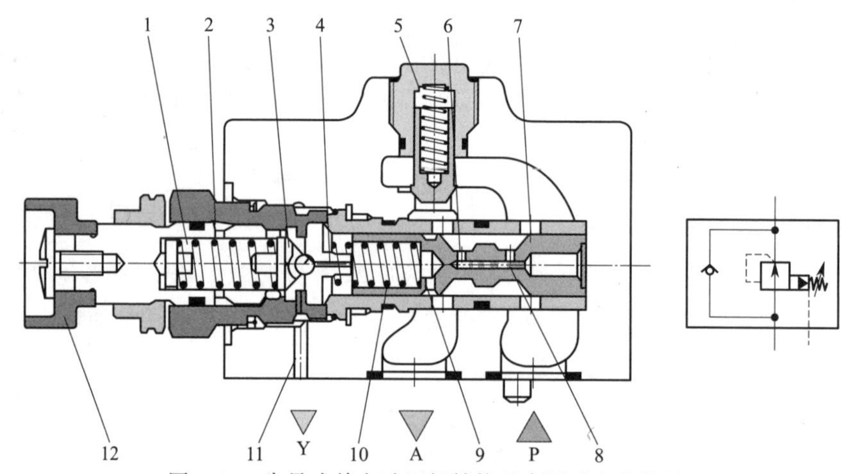

图5-20 先导式单向减压阀结构示意图及职能符号

1—泄油腔（弹簧腔）；2—调压弹簧；3—先导阀芯；4—先导阀控制油道；5—单向阀；6，8—主阀芯控制油道；7—主阀芯；9—阻尼孔；10—平衡弹簧；11—泄油油道；12—调压手轮；P—进油口；A—输出口；Y—卸油口

2）先导式减压阀工作原理

在初始状态为常开，油液可从油口P经主阀芯流入油口A。A口压力油经过主阀芯控制油道6和8作用在主阀芯的右侧，同时A口压力油经过阻尼孔9进入主阀芯1的平衡弹簧腔，经先导阀控制油道4作用在先导阀芯3的右端。

如果油口A的压力超过先导阀调压弹簧的设定值，先导阀开启，此时油液经阻尼孔9、先导阀控制油道4和先导阀芯3流入泄油腔1。主阀芯右端的液压力大于其左端的弹簧力，主阀芯7向左移动至控制位置，并保持由调压弹簧2设定的油口A的压力恒定。先导油经外泄口Y回油箱。单向阀5使油路A至P反向流通。

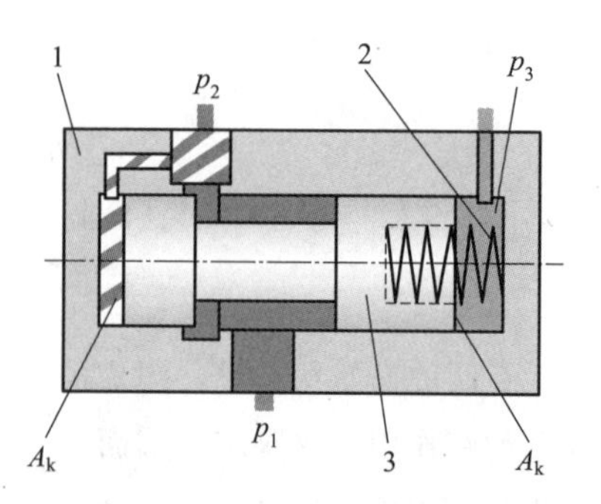

图5-21 定差减压阀结构示意图

1—阀体；2—弹簧；3—减压阀芯

3. 定差减压阀简介

前面介绍的减压阀均为定值减压阀，即减压阀一旦调定，其出口压力是一定的。

图5-21所示为定差减压阀，由阀体1，弹簧2，减压阀芯3等组成。当阀芯处于平衡位置时，作用于检测阀口的压力降Δp

$=p_2-p_3$ 将保持为常数。忽略液动力，F_F 为弹簧力，分析阀芯的受力，可得：

$$p_2 \cdot A_K = p_3 \cdot A_K + F_F$$

得到：

$$\Delta p = p_2 - p_3 = \frac{F_F}{A_K} = \text{常数}$$

也就是说，定差减压阀具有保持 $\Delta p = p_2 - p_3$ 两个油口压差恒定的功能。

定差减压阀通常与节流阀组合构成调速阀，可使节流阀两端压差保持恒定，使通过节流阀的流量基本不受外界负载变动的影响。调速阀单元 6 介绍。

4. 减压阀的典型应用

图 5-22 所示为某机床液压原理图，由变量泵 1、单向阀 2、减压阀 3、压力表 4、三位四通电磁换向阀 5、工件压紧液压缸 6、压力开关 7、工件加工液压缸 8、单向节流阀 9、二位二通电磁换向阀 10、三位四通电磁换向阀 11、压力表 12、溢流阀 13、油箱 14 等组成。

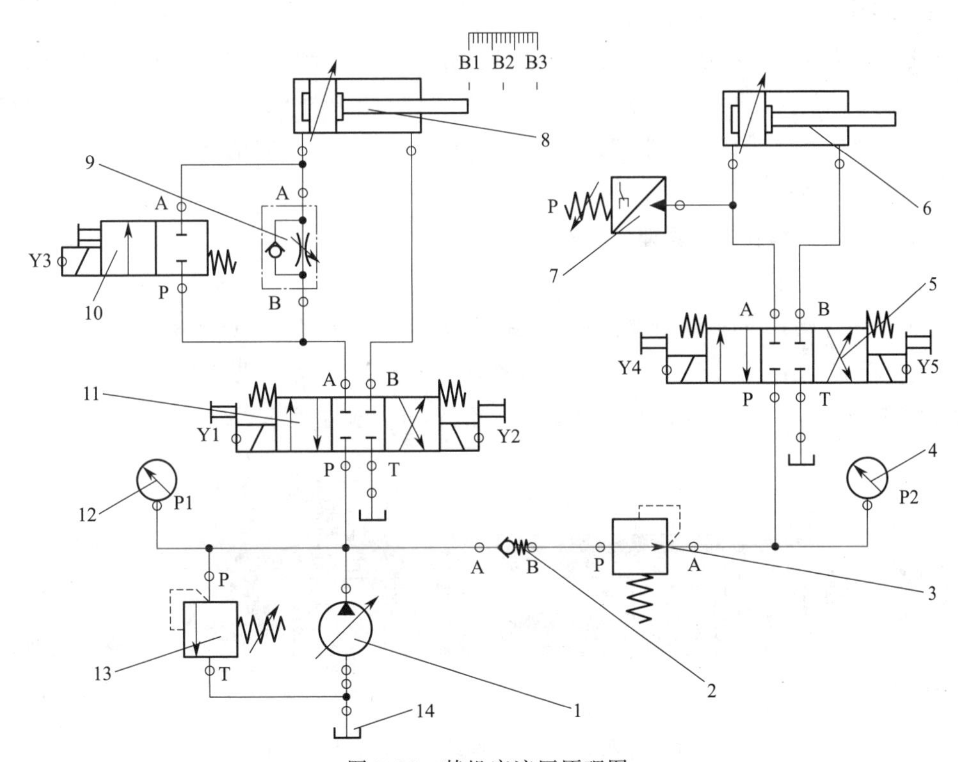

图 5-22　某机床液压原理图

1—变量泵；2—单向阀；3—减压阀；4—压力表；5—三位四通电磁换向阀；6—工件压紧液压缸；7—压力开关；8—工件加工液压缸；9—单向节流阀；10—二位二通电磁换向阀；11—三位四通电磁换向阀；12—压力表；13—溢流阀；14—油箱

液压系统由恒压变量泵供油，在满足机床加工液压缸快进、工进、快退及工件液压压紧的要求的同时，实现效率高，系统发热少的目的。

工件加工液压缸 8 要求工作压力 50 bar，由溢流阀 13 调定，压力表 12 用于显示主系统压力。电磁换向阀 11 控制液压缸 8 伸出返回，电磁换向阀 10 控制液压缸 8 实现快进、工进转换。单向节流阀调节工件加工液压缸 8 伸出速度。

工件压紧液压缸 6 要求工作压力 20 bar，由减压阀 3 实现，压力表 4 用于显示压紧压力；三位四通电磁换向阀 5 控制压紧缸伸出返回，为保证加工缸运动时不影响压紧力的大小，用单向阀 2 将压紧回路与主回路隔开。当压紧缸达到压紧力要求时，压力开关 7（在本节后面介绍其结构及工作原理）发信号，加工液压缸开始工作。

为使减压回路可靠地工作，减压阀的最高调整压力应比主系统压力低一定的数值。例如，减压阀最高调整压力比主系统压力低约 1MPa，否则减压阀不能正常工作。

当减压支路的执行元件速度需要调节时，节流元件应装在减压阀出口，因为减压阀起作用时，有少量泄油从卸油口流回油箱，节流元件装在出口，可避免减压阀泄油量对节流元件调定的流量产生影响。减压阀出口压力若比系统压力低得多，会增加功率损失和系统温升。

5.1.3 顺序阀

顺序阀是以压力为控制信号，在一定的控制压力作用下能自动接通或断开某一油路的压力阀。

根据控制方式的不同，顺序阀可分为两类，一是直接利用阀进油口的压力来控制阀口启闭的内控顺序阀，简称顺序阀；二是独立于阀进口的外来压力控制阀口启闭的外控顺序阀，亦称顺序阀。按结构不同可分为直动式和先导式顺序阀两类。

1. 直动式顺序阀结构及工作原理

1）直动式顺序阀结构

图 5-23 所示为直动式单向顺序阀结构示意图。直动式单向顺序阀由调节螺钉 1，调压弹簧 2，顺序阀芯 3，单向阀 4，控制油道 5，内、外控转换螺堵 6，测压口 7 等组成。P 为进油口，A 为输出口，T（Y）为卸油口，B（X）为外控口。直动式顺序阀适合于小流量液压系统。

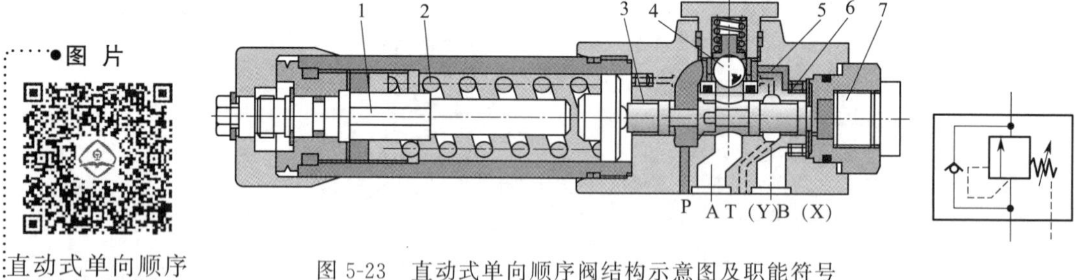

图 5-23 直动式单向顺序阀结构示意图及职能符号

1—调节螺钉；2—调压弹簧；3—顺序阀芯；4—单向阀；5—控制油道；6—内、外控转换螺堵；7—测压口；P—进油口；A—输出口；T（Y）—卸油口；B（X）—外控口

2）直动式顺序阀工作原理

通过调节螺钉 1 设定顺序压力，调压弹簧 2 将顺序阀芯 3 保持在初始位置，P 口压力油经控制油道 5 进入顺序阀芯右端面，对阀芯产生向左的液压力，顺序阀芯左端受弹簧 2 产生的弹簧力。当顺序阀芯右端液压力小于左端弹簧力时，进油口 P 和输出口 A 不通，顺序阀处于关闭状态。

当 P 口压力达到调压弹簧 2 的设定值时，顺序阀芯右端液压力大于左端弹簧力时，顺序阀芯 3 向左移动使 P 口和 A 口连通，这样油液流入 A 口，而 P 口压力不会下降。

控制信号从 P 口经控制通路 5 作用于顺序阀芯右端，称为内控顺序阀；控制信号从 B 口（X）由外部提供，称为外控顺序阀。根据阀的用途，泄漏油可经 T 口（Y）外部回油为外泄，泄漏油经 A 口内部回油为内泄。

2. 先导式顺序阀结构及工作原理

对于大流量液压系统，需要选择先导式顺序阀。图 5-24 所示为先导式顺序阀工作原理示意图。先导式顺序阀由主阀体 1、主阀芯 2、平衡弹簧 3、先导阀芯 4、先导阀体 5、调压弹簧 6、调压手轮 7、阻尼孔 8 等组成。A 为输入口，B 为输出口，X 为外控口，Y 为卸油口。

在顺序阀的常态位，A 口与 B 口不通。A 口的压力油作用在主阀芯下端面，经阻尼孔 8 作用在主阀芯上端面，同时作用在先导阀芯左端。当 A 口压力比较低时，先导阀芯左端液压力小于右端调压弹簧 6 的弹簧力，阀体内部没有油液流动，压力处处相等，主阀芯上下端面液压力相等，主阀芯上端面附加平衡弹簧 3 的弹簧力。主阀芯处于图示位置，A 口与 B 口不通。

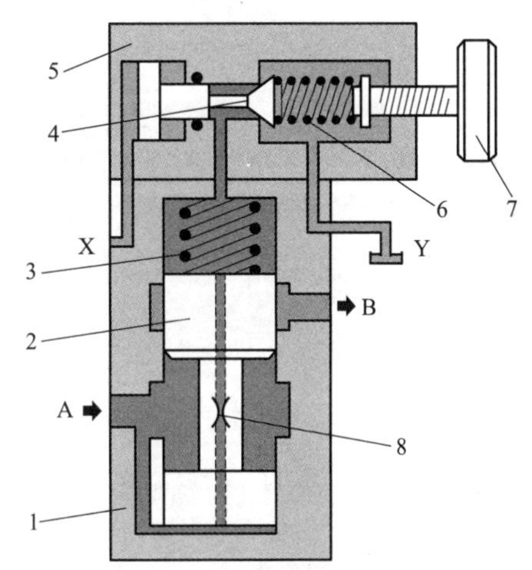

图 5-24　先导式顺序阀工作原理示意图

1—主阀体；2—主阀芯；3—平衡弹簧；4—先导阀芯；5—先导阀体；6—调压弹簧；7—调压手轮；8—阻尼孔；A—输入口；B—输出口；X—外控口；Y—卸油口

随着 A 口压力升高，先导阀芯左端液压力大于右端调压弹簧 6 的弹簧力，A 口油液经阻尼孔打开先导阀，经卸油口 Y 流回油箱，因为阻尼孔的作用，主阀芯下端面液压力大于上端面液压力，主阀芯向上移动，直到 A 口与 B 口导通。

1）先导式顺序阀结构

图 5-25 所示为先导式单向顺序阀结构示意图。先导式单向顺序阀由内、外控转换螺堵 1，主阀体控制油道 2，平衡弹簧 3，主阀体 4，阻尼孔 5，先导阀泄油通道 6，先导阀体 7，先导阀芯 8，锥阀芯 9，调压弹簧 10，弹簧腔 11，调压手轮 12，阻尼孔 13，主阀芯 14，主阀座 15，内、外泄转换螺堵 16，单向阀 17 等组成。A 为输入口，B 为输出口，X 为外控口，Y 为外泄口。

2）先导式顺序阀工作原理

压力油从 A 口进入，经主阀体控制油道 2 作用于先导阀芯 8 的左侧，同时 A 口油液经阻尼孔 13 又作用于主阀芯上腔。当作用在先导阀芯 8 左侧的液压力小于调压弹簧 10 的设定值时，阀体内部没有油液流动，压力处处相等，主阀芯上端液压力等于下端液压力，主阀芯在平衡弹簧作用下处于关闭状态；当作用在先导阀芯 8 左侧的液压力超过调压弹簧 10 的设定值时，先导阀芯 8 克服弹簧力向右移动，主阀芯上腔油液经阻尼孔 5、先导阀泄油通道 6 流入 B 口。主阀芯 14 下端面所受液压力大于主阀芯上端面液压力，推动主阀芯克服平衡弹簧等力后将主阀芯打开，油液从进油口 A 流入出口 B，调压弹簧 10 设定的压力保持不变。通过调节手轮 12 设定顺序压力。

图 5-25 所示为内控内泄先导式顺序阀，先导阀芯 8 的泄漏油经先导阀泄油通道至 B 口。单向阀

17 用于油液从油口 B 流入油口 A。

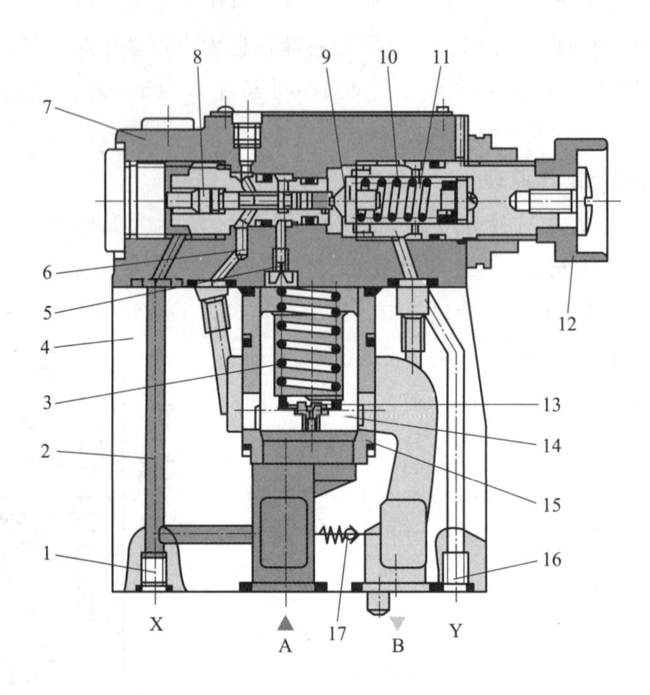

图 5-25 先导式单向顺序阀结构示意图

1—内、外控转换螺堵；2—主阀体控制油道；3—平衡弹簧；4—主阀体；5—阻尼孔；
6—先导阀控制油道；7—先导阀体；8—先导阀芯；9—锥阀芯；10—调压弹簧；
11—弹簧腔；12—调压手轮；13—阻尼孔；14—主阀芯；15—主阀座；16—内、外泄转换螺堵；
17—单向阀；A—输入口；B—输出口；X—外控口；Y—外泄口

先导式单向顺序阀的职能符号如图 5-26 所示。

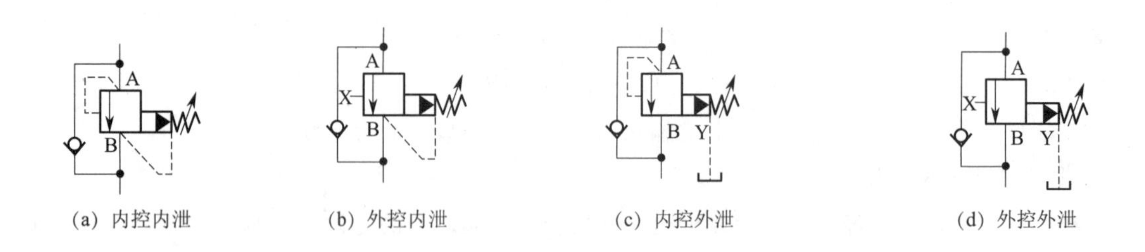

图 5-26 先导式单向顺序阀的职能符号

3. 顺序阀的应用

1）控制液压缸的顺序动作

如图 5-27 所示，当电磁换向阀电磁铁 Y1 得电时，压力油首先进入 A 缸无杆腔使其伸出，B 缸无杆腔因为串联了顺序阀，工作压力达不到顺序阀开启压力时，顺序阀关闭；当 A 缸伸出到头，系统压力达到顺序阀调定的压力时，B缸伸出；当电磁换向阀电磁铁 Y2 得电时，两缸同时退回。

2）单向顺序阀做平衡阀

如图 5-28 所示，为了防止液压缸及其工作部件因自重而自行下落，防止在执行元件运动中由于自重而造成失控的不稳定运动出现，在执行元件的回油路上安装平衡阀来平衡重物。

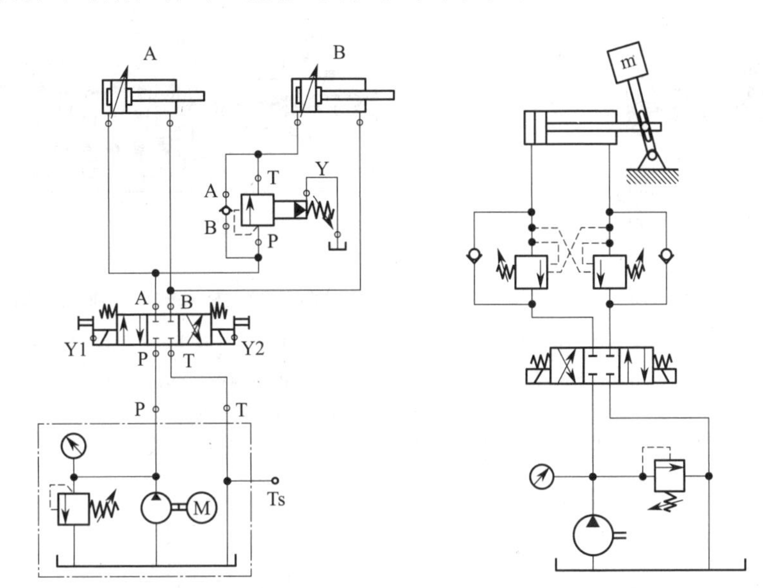

图 5-27　顺序阀控制的两缸顺序动作回路　　　图 5-28　单向顺序阀做平衡阀回路

5.1.4　压力继电器

压力继电器又称压力开关，可将液压压力信号转换为电信号，是一种液-电信号转换元件。当控制压力达到压力继电器调定的弹簧力调定值时，便触动电气开关发出信号，控制电气元件（如继电器线圈、电动机等）动作，实现执行元件顺序动作、泵的加载或卸荷。压力继电器由压力-位移转换装置和微动开关两部分组成。

常用的压力继电器有柱塞式、弹簧管式和波纹管式等结构形式，其中以柱塞式最为常见。

1. 柱塞式压力继电器结构及工作原理

1）柱塞式压力继电器结构

图 5-29 所示为柱塞式压力继电器结构示意图。柱塞式压力继电器由柱塞 1、微动开关 2、弹簧座 3、锁紧螺钉 4、调压螺钉 5、调压弹簧 7、壳体 8 等组成。P 为压力油口。

2）柱塞式压力继电器工作原理

当从压力继电器左端进油口进入的液压油压力小于可调弹簧力，即小于调定压力值时，柱塞 1 不动作；当从压力继电器左端进油口进入的油压力达到调定压力值时，推动柱塞 1、弹簧座 3 向右移动，微动开关 2 动作，使其发出电信号控制液压元件动作。通过调压螺钉 5 改变调压弹簧 7 的压缩量，可以调节压力继电器的动作压力。

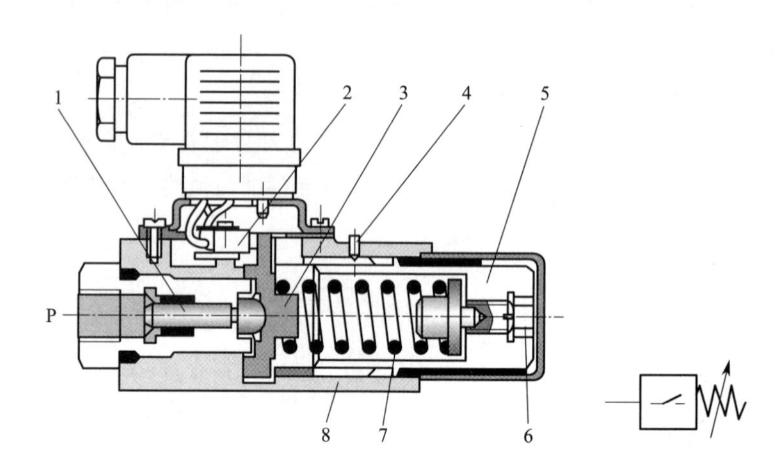

图 5-29 柱塞式压力继电器结构示意图及职能符号

1—柱塞；2—微动开关；3—弹簧座；4—锁紧螺钉；5—调压螺钉；
6—内六角调节孔；7—调压弹簧；8—壳体；P—压力油口

弹簧座 3 的机械结构在压力突然降低时保护微动开关 2 免受损害，同时在压力过高时防止弹簧 3 被压坏。

压力开关的动作压力有滞后，也就是说，压力开关的信号在一定的压力范围内会持续存在。如图 5-30 所示，动作压力滞后主要是由于开关中的弹簧位移以及在铰接处和动态受力的密封位置出现的摩擦力引起的，该摩擦力在压力上升及压力下降时方向相反。

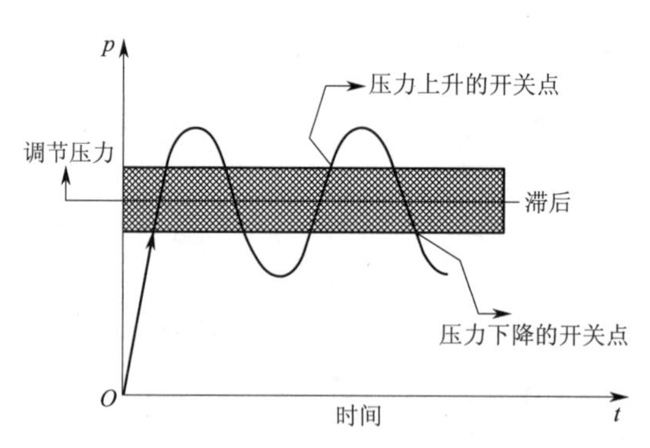

图 5-30 压力继电器的动作压力滞后示意图

例如，在压力上升时，调节压力开关动作压力为 30 bar，当液压压力下降至 30bar 时，压力开关并不立即动作，而是在更低的压力点动作，这种现象就是所谓的压力开关的滞后。

2. 压力继电器应用

所有将压力信号转换为电信号的场合，都可以使用压力继电器。如图 5-31 所示，系统工作压力为 40 bar，电磁换向阀电磁铁 Y1 得电，液压缸缓慢伸出，当液压缸无杆腔压力达到 40 bar 时，压力开关 P 发信号，电磁铁 Y1 断电，活塞杆自动返回。

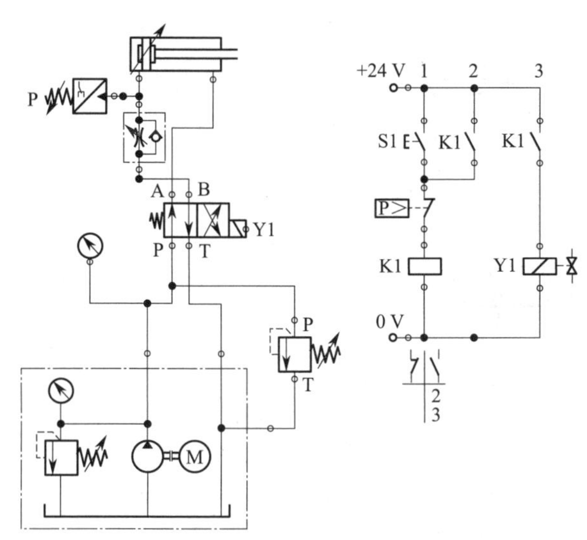

图 5-31 压力继电器工作原理图

视 频

压力继电器工作原理回路仿真

5.2 压力控制元件实践

5.2.1 压力切换回路设计及实验

已知，如图 5-32 所示，由二位四通电磁换向阀控制双作用液压缸。在该图基础上，设计压力切换回路。

项目要求：液压缸活塞杆在原始位，B1 有感应信号，操作起始开关 S1，要求液压缸活塞杆以 30bar 压力伸出，伸出至 B2 点，液压缸工作压力切换为 40bar，液压缸活塞杆以 40bar 压力继续伸出至 B3 点，自动返回。试完善液压原理图，设计电气原理图；并在实验台上安装调试。

B1 B2 B3
A B
Y1
P T
P T
M
Ts

5-32 二位四通电磁换向阀控制液压缸

1. 液压原理图完善

为实现液压缸伸出过程中的压力切换功能，肯定要增加 2 个溢流阀；溢流阀同时安装在液压泵出口，压力低的先溢流，压力高的不起作用，所以选择在两个溢流阀前面安装二位四通电磁换向阀，来切换两个溢流阀，以便达到系统压力实现高低切换的目的。也就是说，为实现 2 级压力切换，至少增加 2 个直动式溢流阀及一个二位四通电磁换向阀。

视 频

压力切换回路仿真

在实验台实施过程中，因为实验台液压缸为空载液压缸，所以为了实验过程中能实现 30 bar 到 40 bar 的压力切换，还要在液压缸有杆腔加装单向节流阀，不是用来调节伸出速度，而是用来给液压缸加载，其开口大小的调节一定要合适，才能正确看到压力切换效果。完善后的液压原理图如图 5-33 所示。

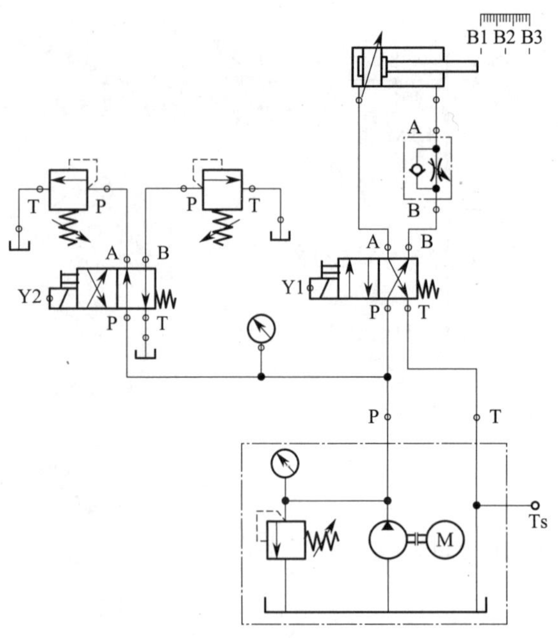

图 5-33 压力切换回路液压原理图

2. 电气原理图设计思路

电气原理图可以在二位四通电磁换向阀控制液压缸实现单循环的基础上来完善，单循环电气回路已经完成对电磁铁 Y1 的控制；只要增加 Y2 的控制就可以了。这里 Y2 在 B2 点之前带电，到 B2 点断电，需要注意接近开关 B2 的信号一定要保持，所以电路采用了 K2 继电器自锁。完成一个循环，液压缸活塞杆回到原始位，用 B1 信号解除了 K2 自锁，如图 5-34 所示。

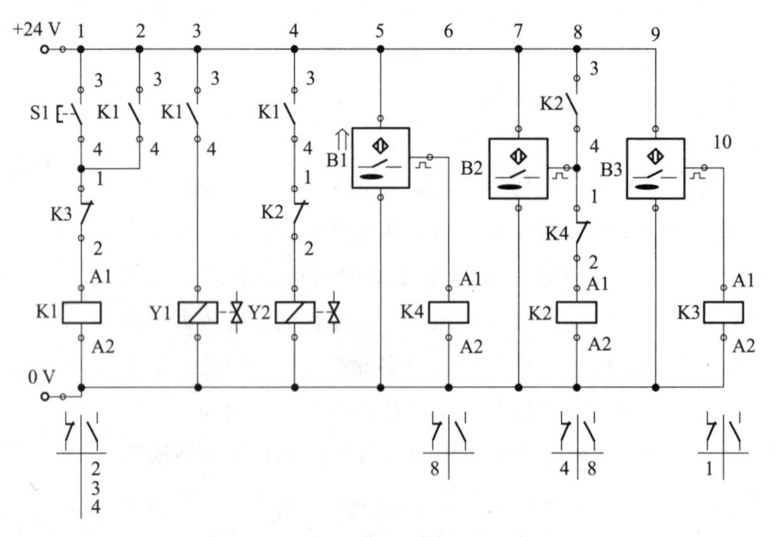

图 5-34 压力切换回路电气原理图

5.2.2　减压阀与压力继电器实验

A 液压缸作为压紧缸，B 液压缸作为加工缸。当 A 液压缸达到压紧工作压力 30 bar 时，液压缸 B 自动开始加工，加工完成，液压缸 B 首先退回，然后压紧缸 A 再松开工件（退回）。为了降低实验的复杂程度，将加工缸 A 的方向控制阀更换为二位四通电磁阀。设计的液压原理图与电气原理图如图 5-35 所示。

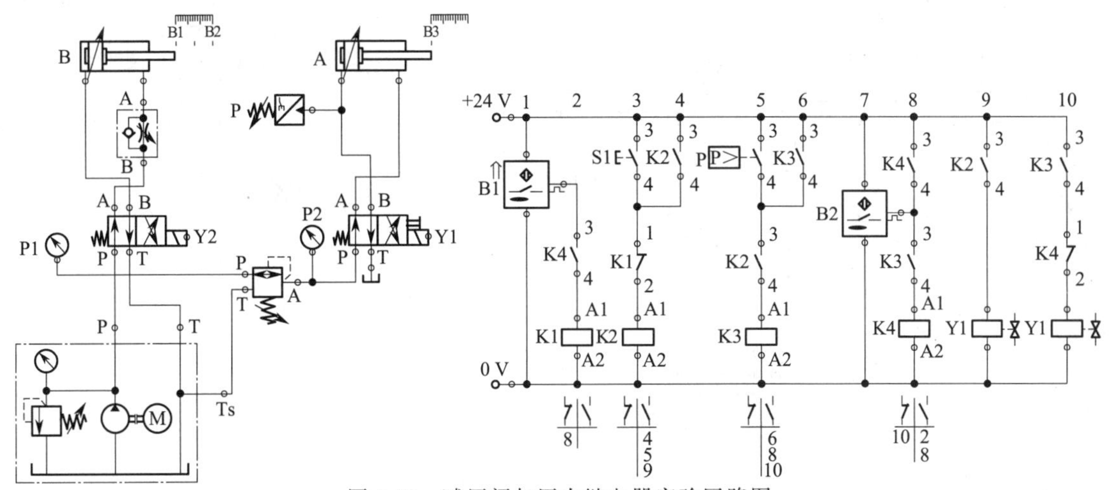

图 5-35　减压阀与压力继电器实验回路图

作为两缸顺序动作回路，先出后回的动作顺序，电气原理图用步进链的方法消除障碍信号。

视　频

模拟机床液压夹紧及液压进给仿真回路

思考与练习

1. 对于直动式溢流阀，其阀芯所受液压力来自于进口压力还是出口压力？

2. 对于直动式减压阀，其阀芯所受液压力来自于进口压力还是出口压力？

3. 对于大流量液压回路系统工作压力的控制，三种元件直动式溢流阀、先导式溢流阀、先导式顺序阀哪种元件更适合于该系统？

4. 电磁溢流阀有何优缺点？

5. 压力继电器与接近开关的作用有何不同？

6. 如图 5-36 所示，分别为溢流阀串联与并联回路，两溢流阀调节溢流压力分别为 20 bar 和 30 bar，试分析当溢流阀回油口 T 有油液回油箱时，压力表 P1 及 P2 的指示值是多少 MPa？

7. 如图 5-37 所示，两溢流阀调节溢流压力分别为 40 bar 和 30 bar，试分析当液压缸活塞杆伸出及返回时，系统压力表的指示值最高时各是多少？

8. 如图 5-38 所示回路中，若先导式溢流阀的调整压力分别为 P1＝20MPa，P2＝16MPa。当电液换向阀处于中位时，不计管道损失和调压偏差，试问：

（1）二位二通电磁换向阀电磁铁不得电时，压力表 Pa、Pb、Pc 的指示值最高各为多少？

（2）二位二通电磁换向阀电磁铁得电时，压力表 Pa、Pb、Pc 的指示值最高各为多少？

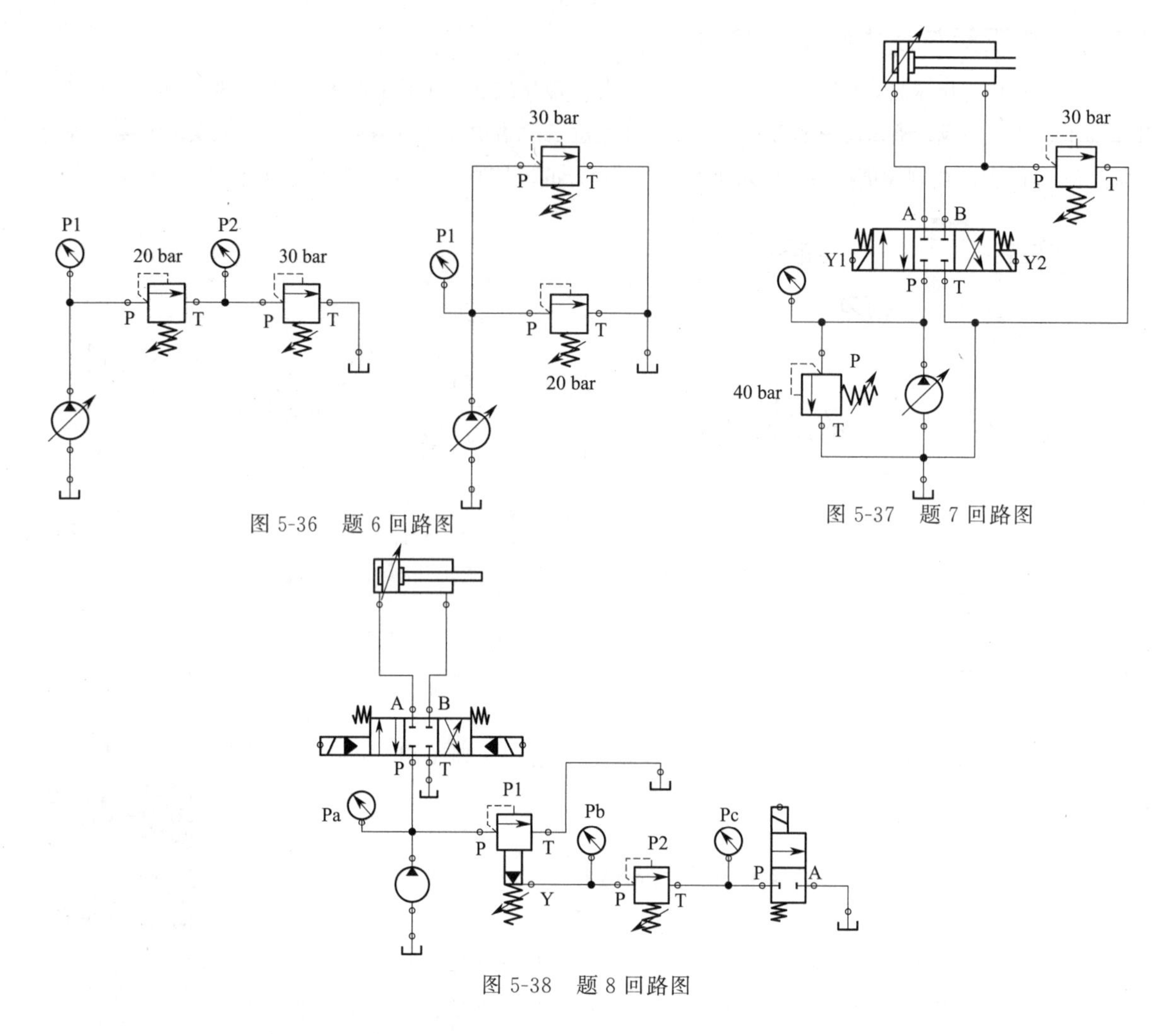

图 5-36　题 6 回路图

图 5-37　题 7 回路图

图 5-38　题 8 回路图

9. 图 5-39 所示为压力开关应用回路图，问图中可能存在什么问题，如何解决。

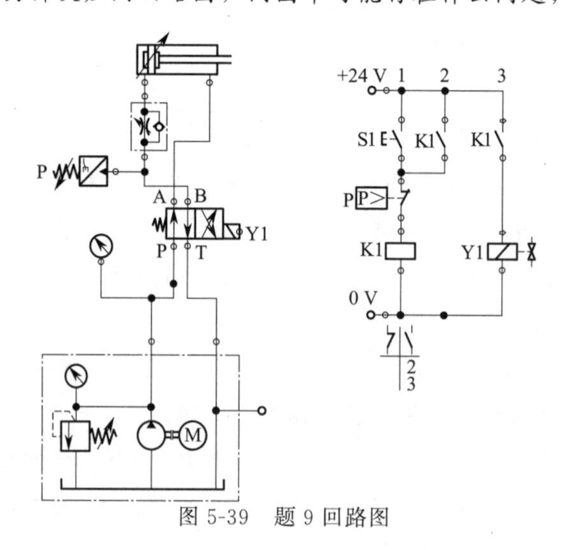

图 5-39　题 9 回路图

10. 如图 5-40 所示，试分析两个缸的动作顺序。

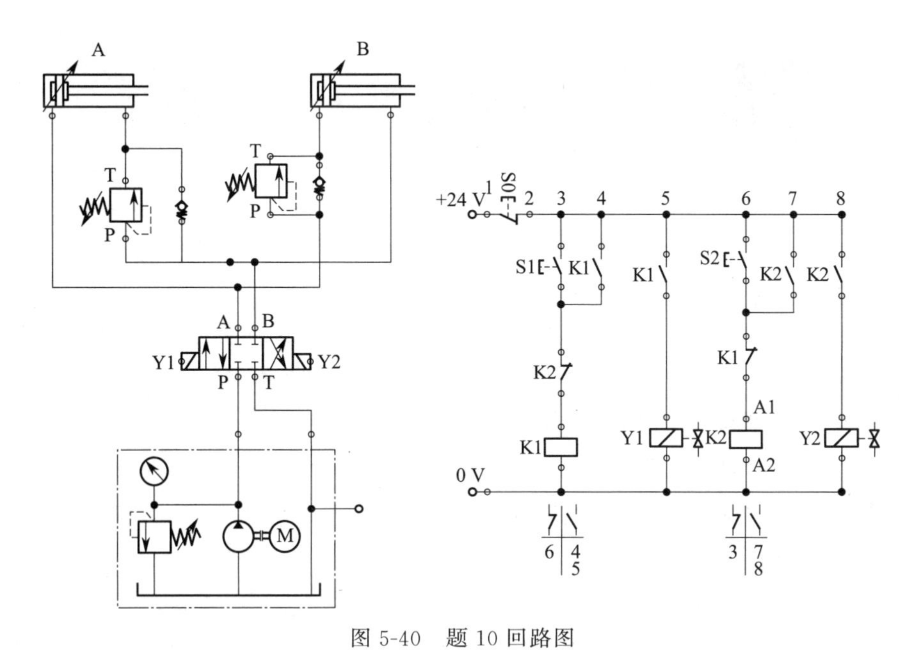

图 5-40 题 10 回路图

单元6 流量控制元件认知与实践

知识目标

流量控制元件认知与实践

1. 掌握流量控制元件在液压系统中的作用和主要性能要求；掌握流量控制阀种类及其特点；了解节流口形状及特点；了解节流口的流量特性及影响流量稳定的因素。

2. 掌握节流阀和调速阀的调速特性及应用场合。

3. 掌握节流阀和单向节流阀的结构、工作原理、职能符号及其应用。

4. 掌握调速阀的结构、工作原理、职能符号及其应用；了解调速阀的主要性能参数及特性曲线。

5. 了解溢流节流阀的结构、工作原理、职能符号及其应用。

6. 掌握节流调速回路的种类和特点；了解三种节流调速回路的应用场合。

能力目标

1. 具备识别所学液压流量控制元件的能力。

2. 初步具备根据工况要求合理选择和使用液压流量控制元件的能力。

3. 具备按照液压回路图和电路图进行安装调试的能力。

4. 具备利用所记录的实验数据分析实验现象的能力，初步具备解决实验中出现问题的能力。

6.1 流量控制元件简介

流量控制阀是通过改变节流口通流面积或通道的长短来改变局部阻力的大小，从而实现对流量的控制。因此可以无级地调节执行元件的运动速度。流量控制阀包括节流阀、调速阀、溢流节流阀和分流集流阀等。

流量控制阀是节流调速系统中的基本调节元件。在定量泵供油的节流调速系统中，必须将流量控制阀与溢流阀配合使用，以便将多余的流量排回油箱。

液压传动系统对流量控制阀的主要要求有：①较大的流量调节范围，在小流量时不易堵塞，且流量调节要均匀；②当阀的进出口压差发生变化时，通过阀的流量变化要小，以保证负载运动速度的稳定；③油温变化对通过阀的流量影响要小；④油液通过全开阀时的压力损失要小；⑤当阀口关闭时，阀的泄漏量要小。

6.1.1 流量控制元件分类

根据流量阀的特性不同，把它分为节流阀和调速阀。通常节流阀受负载影响，而调速阀不受负载影响。由于节流口的结构形式不同，节流阀或调速阀都有两种类型，即与黏度有关和与黏度无关，见表 6-1。

表 6-1　流量控制阀的分类

流量控制阀			
节流阀		调速阀	
受压力影响		不受压力影响	
受黏度影响	不受黏度影响	受黏度影响	不受黏度影响

6.1.2　节流口的流量特性

1. 节流口的形状

管路、节流窗口、管接头、阀口等都是液压系统中的液压阻尼器，统称为节流口。因此液体通过节流口就会产生摩擦损失，也就是压力损失，这些损失都转换为热能。

节流口的形状与流经孔口的压力损失和流量有着密切关系。因此将节流口按照孔口长度 l 与孔口直径 d 的比值划分为三类：①薄壁小孔 $l/d \leqslant 0.5$；②短孔 $0.5 < l/d \leqslant 4$；③细长孔 $l/d > 4$。节流口的形状及特性见表 6-2。

表 6-2　节流口的形状及特性

节流口形式	结构图	职能符号	特性
细长孔	l, d		由于湿周小，节流较好。但节流路径长，流量大小与黏度有关。故常用作固定节流口
薄壁小孔	l, d		由于湿周小，节流较好。节流路径很短，流量大小与黏度无关。故常用作节流阀节流口

2. 节流口的流量

1）通过孔口的流量公式

通过节流阀的流量特性方程为

$$Q = K \cdot A \cdot \Delta p^{m} \tag{6-1}$$

式中，K 为节流系数；A 为节流孔的过流面积；薄壁小孔 $m=1$，细长孔 $m=0.5$。

节流系数 K：

$$\text{薄壁小孔和短孔}\ K = C_{\mathrm{d}}\sqrt{\frac{2}{\rho}} \tag{6-2}$$

$$\text{细长孔}\ K = \frac{d^{2}}{32\mu l} \tag{6-3}$$

其中，C_{d} 为流量系数（一般取 0.6～0.9，取决于节流口形状和液体黏度）；ρ 为液体的密度（kg/

m^3)；Δp 为压差（bar）；A 为节流口面积（m^2）；μ 为液体动力黏度（mm^2/s）；d、l 分别为孔的直径和长度（m）。

从以上三个公式中可以看出，油液黏度对流经节流口流量的影响，主要取决于节流阀的形状。油液通过细长孔流动时受黏度影响最大。这也就意味着理想的节流口尽可能使流量与油液黏度无关，薄壁小孔最好，一般节流阀都做成薄壁小孔的结构。短孔比薄壁小孔容易加工，常用作固定节流孔使用。负载变化，引起节流口压差变化，在相同的 Δp 时，薄壁小孔结构流量变化比细长孔小，从而速度稳定。

2）通过薄壁小孔的流量计算

例 6-1：已知，薄壁小孔的孔径为 1 mm，流量系数 C_d 为 0.8，油液黏度为 46 mm^2/s，油液的密度为 850 kg/m^3，流经薄壁小孔的流量是 2 L/min。求流经薄壁小孔的压差 Δp 为多少 bar?

解：通过薄壁小孔的流量公式 $Q=C_d \cdot A \cdot \sqrt{\frac{2}{\rho}\Delta p}$，式中，流量 q 单位为 m^3/s，面积 A 单位为 m^2，密度 ρ 单位为 kg/m^3，压差 Δp 单位为 Pa。$\frac{2\times 10^{-3}}{60}=C_d \cdot \frac{\pi d^2}{4} \cdot \sqrt{\frac{2}{\rho}\Delta p}=0.8 \cdot \frac{\pi\ (10^{-3})^2}{4} \cdot \sqrt{\frac{2}{850}\Delta p} \rightarrow \Delta p \approx 1\ 193\ 825$ Pa≈12 bar。即流经薄壁小孔的压差 Δp 为 12 bar。

即流经薄壁小孔的压差 Δp 为 12 bar。

3. 影响流量稳定的因素

液压系统工作时希望节流口的大小调节好后，流量稳定不变。液压系统通常但是实际上流量总会发生变化，特别是小流量时流量稳定性更差。由式（6-1）可知，流量稳定性与节流阀阀口的压差、油液温度以及节流口形状等因素有关。

1）流量稳定性与阀口压差的关系

节流阀两端压差 Δp 变化时，通过它的流量也会发生变化。液压系统通常要求在负载压力（即 Δp）变化时流量能够保持稳定，节流口的这种特性通常用节流刚度 T 来表示。节流阀节流刚度 T 等于节流阀进出口压差 Δp 的变化与流量波动的比值，如图 6-2 所示节流阀的流量特性曲线，T 等于夹角 β 的余切，即节流刚度：

$$T=\frac{d(\Delta p)}{dQ}=\cot\beta \tag{6-4}$$

流量稳定性与阀口压差的关系特点：

（1）由图 6-1 可知，节流阀两端压差 Δp 变化时，通过它的流量也会发生变化，三种结构形式的节流口中，通过薄壁小孔的流量受到压差的影响最小。因此，通常选择薄壁小孔作为节流阀的节流口。

（2）由式（6-4）、图 6-2 可知，通过阀口流量（通流面积 A）一定时，节流刚度与节流口压差成正比，压差越大，刚度越大，但提高 Δp 将引起压力损失增加。相反，压差越小，刚度越低，所以节流阀只能在大于某一最低压差 Δp 的条件下才能正常工作。

（3）由图 6-2 可知，节流阀进出口压差 Δp 相同，节流阀开口 A 越小，刚度越大。

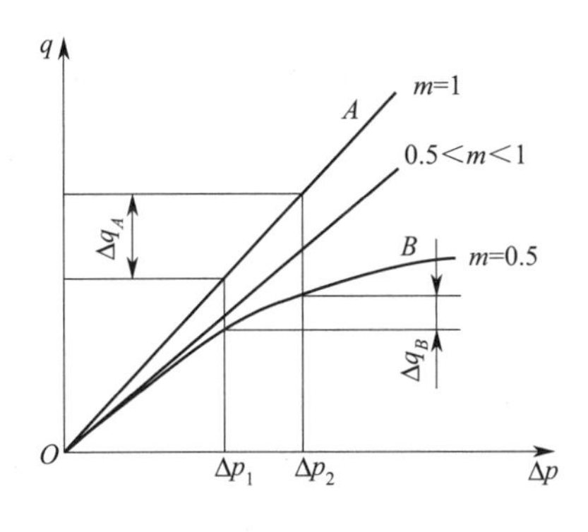

图 6-1　节流孔口的流量特性曲线

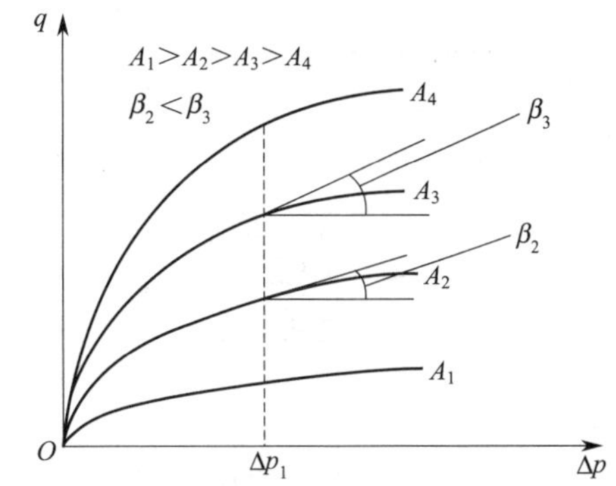

图 6-2　节流阀不同开口时的流量特性

A—通流面积；β—曲线上对应点的切线与横坐标的夹角；

Δp—节流阀进出口压差

2）流量稳定性与油温的关系

油液的黏度和温度成反比，当油温升高时，黏度降低。对于细长小孔，由式（6-3）可知，通过细长孔节流口的流量会增加，所以节流孔道越长，温度对流量稳定性影响越大。对于薄壁小孔黏度对流量几乎没有影响，故油温变化时流量基本不变。

3）节流口的堵塞和最小稳定流量

（1）节流口的堵塞：一般情况下，只要保证油液干净，节流口不会出现堵塞。当要求液压缸速度很慢，需要节流阀的开口很小时，会出现流量时大时小的脉动现象，开口越小脉动现象越严重，甚至在阀口没有关闭时就完全断流。

当流量小时，流量稳定性与油液的性质和节流口的形状都有关系。

（2）节流口堵塞的原因：一是油液中的机械杂质或因氧化析出的胶质等污物堆积在节流缝隙处。二是由于油液老化或受到挤压后产生带电的极化分子，而节流缝隙的金属表面上存在电位差，故极化分子被吸附到缝隙表面，形成牢固的边界吸附层，吸附层厚度一般为 5～8 μm，因而影响了节流缝隙的大小。当堆积、吸附物增长到一定厚度时，会被液流冲刷掉，随后又重新附着在阀口上。这样周而复始，就形成流量的脉动。三是阀口压差较大时，因阀口温升高，液体受挤压的程度增强，金属表面也更易受摩擦作用而形成电位差，因此压差大时容易产生堵塞现象。

（3）减轻堵塞现象的措施：一是选择水力半径大的薄壁节流口。通常情况下，当通流面积越大、节流通道越短、水力半径越大时，节流口不容易阻塞。二是精密过滤并定期更换油液。三是适当选择节流口前后的压差。四是采用电位差较小的金属材料、选用抗氧化稳定性好的油液、减小节流口的表面粗糙度等。

（4）最小稳定流量：针状节流口因节流通道长，水力半径较小，故最小稳定流量在 80 ml/min 以上。薄壁节流口的最小稳定流量为 20～30 ml/min。特殊设计的微量节流阀能在压差 0.3 MPa 下达到 5 ml/min 的最小稳定流量。

4. 节流口的形状及特点

节流口是节流阀的关键部位，节流口的形状在很大程度上决定着节流阀的性能，表 6-3 介绍了 4 种可调节流口的结构及其特性。

表 6-3　可调节流口的结构及其特性

节流口形式	结　构　图	特　　性
矩形节流口		节流路径相对较短，湿周相对较小。黏度影响小，堵塞危险小。可调性好，分辨率好。适于小流量
三角形节流口		节流路径相对较短，湿周相对较小。黏度影响小，堵塞危险小，适用于小流量；良好的分辨率，可调性最好
圆形节流口		节流路径短，但湿周长。黏度影响仍相对较低。因为节流点是一个小的间隙，因此堵塞的危险很高。分辨率不好
针形节流口		节流路径短，湿周小，黏度影响小。节流通道是非常小的环形间隙，小流量有堵塞的危险。分辨率不好

由图 6-3 及表 6-3 可以看出，4 种形状的节流口中三角形截面的微调性能（又称可调性）最好，也就是说分辨能力最强。衡量微调性能的好坏是指：在单位阀口开度的变化下，通流面积变化较小的，微调性能就越好。小流量时，可以看出曲线 b 最好，也就是三角形截面的节流口最好。但是曲线 a 的线性度最高，即矩形节流孔的通流面积变化与阀芯的行程变化成正比。

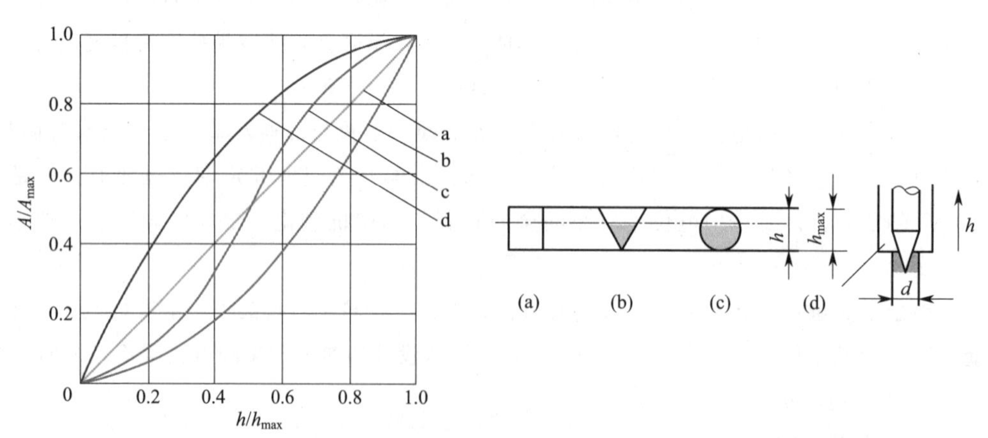

图 6-3　不同类型节流口的分辨能力

h—阀的开口量；h_{max}—阀的最大开口量；A—通流面积；A_{max}—最大通流面积

6.1.3　调速特性

1. 节流阀调速特性

如图 6-4 所示，节流阀的功能是通过改变节流口的通流面积 A 的大小，来改变通过节流口的流量 q_{v2}，最终控制液压缸的速度 v 或液压马达的转速 n。在不考虑泄漏的情况下，液压泵输出的流量 q_{v1} 是一定的，进入到执行元件的流量为 q_{v2}，多余的流量经过溢流阀流回油箱。

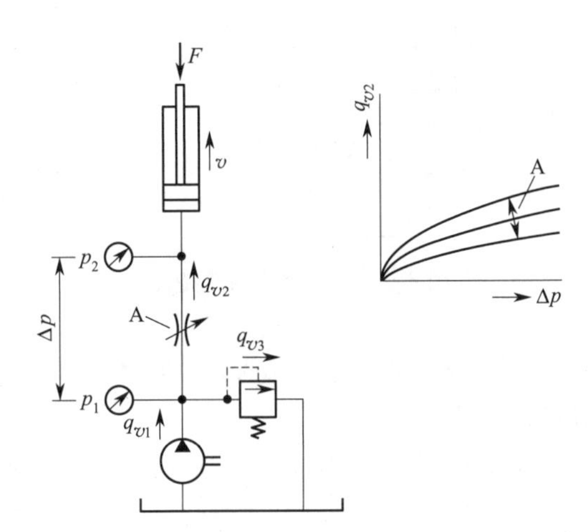

图 6-4　节流阀的调速特性

由于溢流阀的作用，泵出口压力 p_1 不变。当节流阀节流面积 A 不变时，液压缸上负载 F 的变化，导致负载压力 p_2 的改变，节流阀上压差 Δp 也会变化，由式（6-1）$q_{v2}=K\cdot A\cdot \Delta p^m$ 可知，通过节流阀的流量也会发生变化。所以导致节流阀流量变化的因素主要有两个，一个是节流阀的开口大小，另一个是负载的变化。

应用场合：节流阀通常用于负载 p_2 变化小的场合或对调速精度要求不高的场合。

2. 调速阀调速特性

如图 6-5 所示，采用调速阀来控制液压缸的速度，调速阀是一种带有压力补偿功能的流量控制元件，流量 q_{v2} 与负载 F 的变化无关，因此当调速阀开口 A 不变，通过调速阀的流量是恒定的，即图 6-5 中的曲线是水平的。因此，调速阀输出的流量与阀的进出口压差无关，只有当压差非常小（约小于 8 bar）时，调速阀的通流量才会下降。

应用场合：调速阀通常在负载变化较大且对调速精度要求高的场合。

6.1.4　节流阀

流量的大小决定了节流阀两端的压差，也就是说较大的压差会产生较大的流量。

在很多不需要恒定流量的场合，使用节流阀即可，没必要使用结构复杂的调速阀。

节流阀通常应用在：恒定的工作负载或者负载变化较小的场合；负载变化对速度影响要求不高或者负载变化需要速度随之变化的场合；固定节流孔的作用与节流阀相同，它常常安装在压力表之前，以保护压力表免受液压设备中的压力冲击。

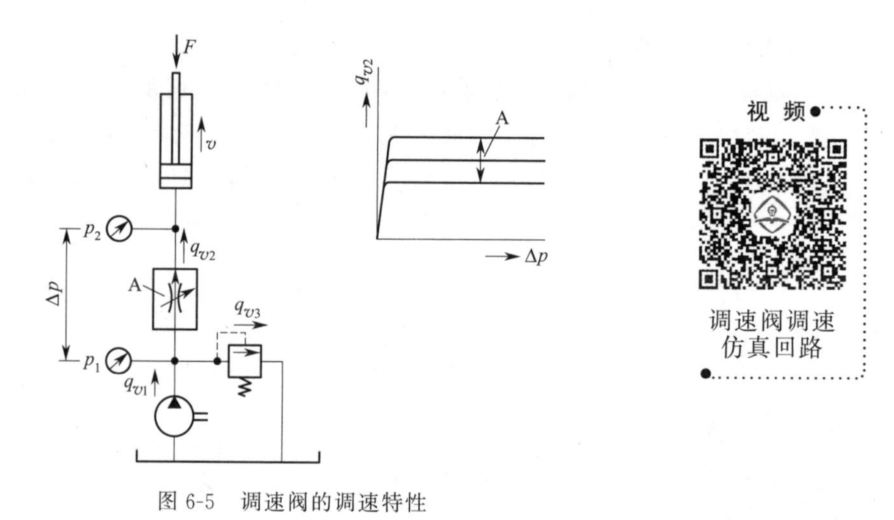

图 6-5　调速阀的调速特性

节流阀的流量是否与黏度有关，决定于使用节流阀阀口的形式。

1. 节流阀的结构和工作原理

图 6-6 所示为管式节流阀结构示意图。管式节流阀由节流孔 1，节流阀体 2（调节手轮），节流阀芯 3，径向孔 4 等组成；因为节流阀芯与节流阀体之间有螺纹连接，当旋转节流阀体 2 时，带动节流阀芯左右移动，改变节流孔 1 的开口大小，从而改变油液的流动阻力；无论油液是从 A 口流入，还是从 B 口流入，都可以通过转动节流阀体 2 无级调节节流口的开口大小。如果只要一个方向节流，则需要并联一个单向阀。

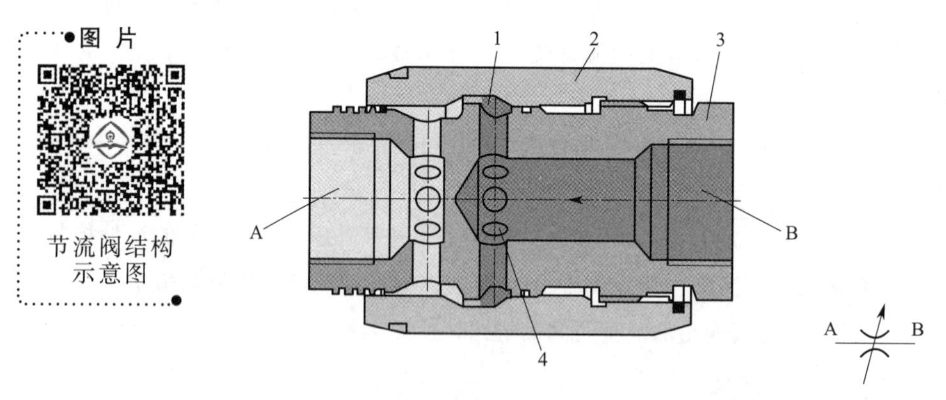

图 6-6　管式节流阀结构示意图及职能符号

1—节流孔；2—节流阀体（调节手轮）；3—节流阀芯；4—径向孔

2. 单向节流阀的结构和工作原理

图 6-7 所示为单向节流阀结构示意图。单向节流阀由单向阀阀芯 1，径向孔 2，节流阀体 3，节流阀芯 4，节流口 5 等组成；当油液从 A 口流入时，油液推动单向阀阀芯 1 向右移动，油液“无阻力”地流到 B 口；反之当油液从 B 口流入时，单向阀阀芯 1 关闭，只有节流口 5 能供油液流动，液体流到

A 口的流量大小取决于节流口 5 的开口大小。因此只有当油液从 B 口流入时，节流阀才起作用，故称为单向节流阀。

3. 精密节流阀

图 6-8 所示为精密节流阀结构示意图。精密节流由调节元件 1，阀体 2，节流阀芯 3，节流窗口 4，节流阀套 5，凸起螺母 6，锁紧螺钉 7 等组成。油液从 A 进入经过节流窗口 4 节流后从 B 流出，通过旋转节流阀芯 3 来调节节流窗口的大小，该阀的结构比较适合从 A 到 B 的流动。精密节流阀的节流口为薄壁小口，通过节流口的流量对温度变化不敏感，因此精密节流阀基本不受液体黏度变化的影响。

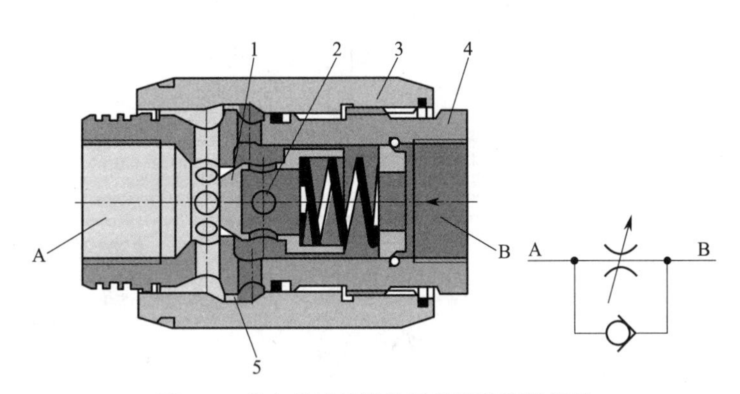

图 6-7 单向节流阀结构示意图及职能符号

1—单向阀阀芯；2—径向孔；3—节流阀体；4—节流阀芯；5—节流口

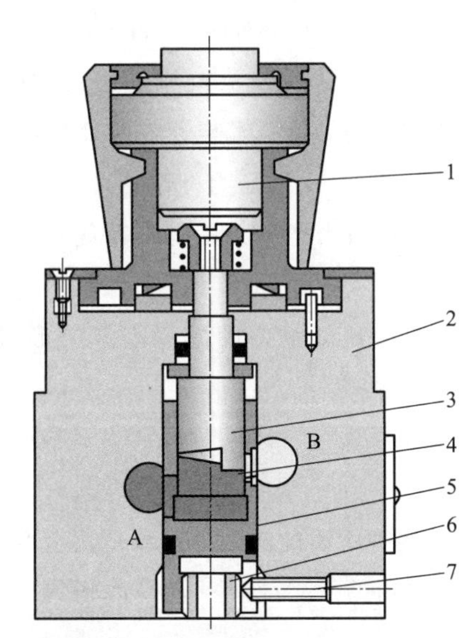

图 6-8 精密节流阀结构示意图

1—调节元件；2—阀体；3—节流阀芯；4—节流窗口；5—节流阀套；6—凸起螺母；7—锁紧螺钉

节流阀套 5 是可以升降的，通过调节凸起螺母 6 可以将阀芯位置校正到工厂调定的范围内，同时通过锁紧螺钉 7 固定调好的位置，且防止其转动。

6.1.5 调速阀

1. 调速阀概述

调速阀是用来在负载变化时保持设定流量恒定的流量控制阀，也就是说调速阀不受负载变化影响。由图 6-9 可以看出，调速阀是由可调节的节流阀 1 和压力补偿器“定差减压阀”串联而成的；调速阀有两种结构形式，图 6-9（a）所示为压力补偿器在节流阀上游，图 6-9（b）所示为压力补偿器在节流阀下游。压力补偿器处于调速阀的上游还是下游，实际应用中没有相关定论，而是决定于设计方案。当压力补偿器与可调节流阀串联时，称为二通流量阀（又称调速阀）。当压力补偿器与可调节流阀并联时，则称为三通流量阀（又称溢流节流阀）。

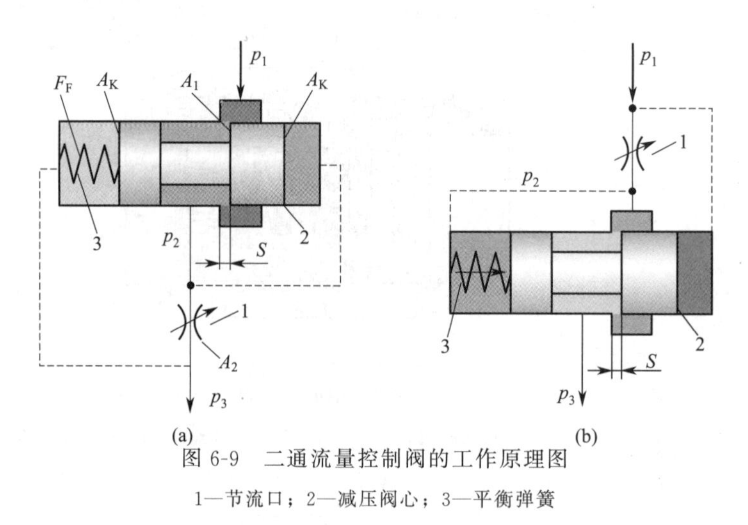

图 6-9　二通流量控制阀的工作原理图

1—节流口；2—减压阀心；3—平衡弹簧

当节流口大小设定不变时，影响节流口流量稳定的因素一个是压差，另一个就是油液的黏度。如图 6-9（b）所示，对于调速阀的压差影响分为两部分：在可调节的节流口处内部恒定的压差 p_1-p_2 和节流口外部变化的压差 p_2-p_3。压力补偿器可以保持节流口内部压差恒定。因此，不同类型的节流口调速性能不同。即节流口为薄壁小口的调速阀不受温度影响，节流口为其他形式的调速阀受温度影响。

总之，调速阀不受负载变化影响，根据节流口的形式不同，有的受温度影响，有的不受温度影响。

2. 调速阀的结构和工作原理

1）调速阀工作原理

如图 6-10 所示，为了实现所需的流量与负载压力变化无关，在节流阀①的下端串联一个定差减压阀②，一旦节流阀两端的压差发生变化，定差减压阀会自动改变阀口大小，补偿压差变化，从而保持流量恒定。

定差减压阀又称压力补偿器，它的阀芯两面的面积相等都是 A_k，节流阀的进口压力 p_2 和出口压力 p_3 分别作用在阀芯的左右两端，压力差等于弹簧力 F_F，且固定不变，即 $\Delta p_{2,3}=p_2-p_3=F_F/A_k$ 不变。这就意味着，弹簧决定了节流阀两端的压力差，因而与节流阀的通流面积大小一起对流量起着决定性的作用。压差一般为 6～8 bar。因此，节流口两端的压差 $\Delta p_{2,3}$ 始终为恒定值。

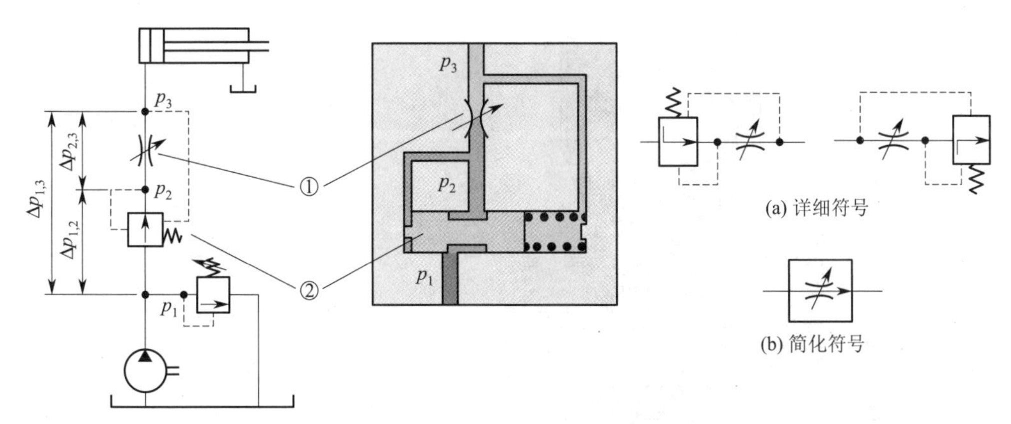

图 6-10　调速阀工作原理图和职能符号

例如，如果负载压力升高，即 p_3 升高，假设输入压力恒定，$\Delta p_{2,3}$ 减小，此时阀芯左移，压力补偿器的通流截面积自动增大，导致 p_2 也升高，$\Delta p_{2,3}$ 又恢复到恒定值。

理论上，压力补偿器安装在节流阀前端或后端都可以。压力补偿器在零位，也就是没有流量通过时，阀口是完全打开的。对流量的调节，是通过从阀的外部改变节流阀的设定值实现的。

调速阀只有在一个方向流动时起作用，在相反方向上作为节流阀使用。

调速阀的职能符号如图 6-10 右图所示，详细符号可以看出压力补偿器在节流阀的前面或者后面，它们都可以用下面的简化符号表示。

图 片

二通调速阀结构示意图

2）2FRM 6 型调速阀结构和工作原理

下面以某公司 2FRM 6 型调速阀为例介绍其结构及工作原理。

图 6-11 所示为 2FRM 6 型单向调速阀的结构。2FRM6 型调速阀由阀体 1，调节手轮 2，节流阀芯 3，压力补偿器（定差减压阀）4，节流口 5，弹簧 6，阻尼孔 7，单向阀 8 等组成。油液从油口 A 至油口 B 的流量在节流口 5 处被节流，调节手轮 2 可以改变节流口 5 的通流面积。

在通流面积不变时，为了保持通过节流口的流量恒定，且与调速阀进出口前后压差无关，在节流口 5 的下游安装了一个压力补偿器 4（定差减压阀）。弹簧 6 将节流阀芯 3 和压力补偿器 4 分别压在它们的限制位置。当没有流量通过时，压力补偿器 4 在弹簧 6 的作用下将其阀芯推至最下端，减压口处于全开位置。当有流量由 A 口流入时，A 口的油液通过节流阀芯 3 流出后作用在压力补偿器 4 的上部，同时 A 口的油液经阻尼孔 7 作用在压力补偿器 4 的下部，即节流阀芯 3 的进出口压力油分别作用在压力补偿器 4 的下部和上部，使得压力补偿器 4 向上移动至补偿位置，直至达到力平衡。如果油口 A 的压力增加，压力补偿器 4 向上（关闭方向）移动，直至再次达到力平衡。由于压力补偿器不断地起补偿作用，节流口 5 前后压差保持恒定，流量就能保持恒定。油液从油口 B 至 A 经单向阀流出。

6.1.6　溢流节流阀

1. 溢流节流阀工作原理

溢流节流阀又称三通流量阀，压力补偿器与节流阀是并联的。压力补偿器处于零位时，溢流阀

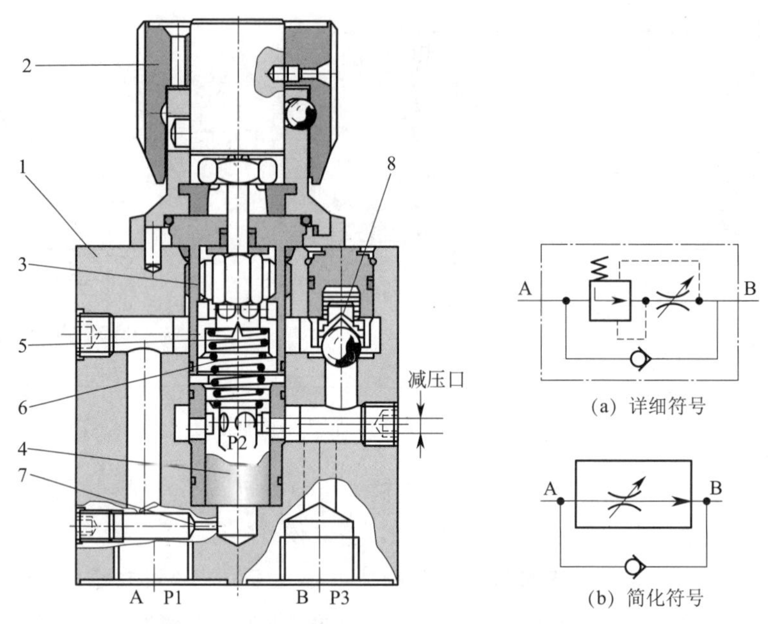

图 6-11 单向调速阀的结构示意图和职能符号

1—阀体；2—调节手轮；3—节流阀芯；4—压力补偿器（定差减压阀）；5—节流口；6—弹簧；7—阻尼孔；8—单向阀

口是关闭的。执行元件上的负载变化是靠补偿器阀口自动变化，将泵输出的多余液体排回油箱进行补偿的。液压泵输出的油液流量 q_{v1} 的一部分 q_{v2} 进入到液压缸，另一部分油液 q_{v3} 经过压力补偿器流回油箱。三通流量阀必须与定量泵组合使用。

图 6-12 所示为溢流节流阀的工作原理，进口处的高压油 p_1 一部分经节流阀进入执行元件，压力降为 p_2，另一部分经压力补偿器的溢流口流回油箱。压力补偿器的阀芯两端分别与节流阀进口压力油 p_1 和出口 p_2 相通，节流阀进出口的压力差 $\Delta p_{1,2}=p_1-p_2$ 被压力补偿器的弹簧力固定。当出口压力 p_2 增大时，压力补偿器阀芯左移，关小溢流口，溢流阻力增大，进口压力 p_1 也随之增加，因而

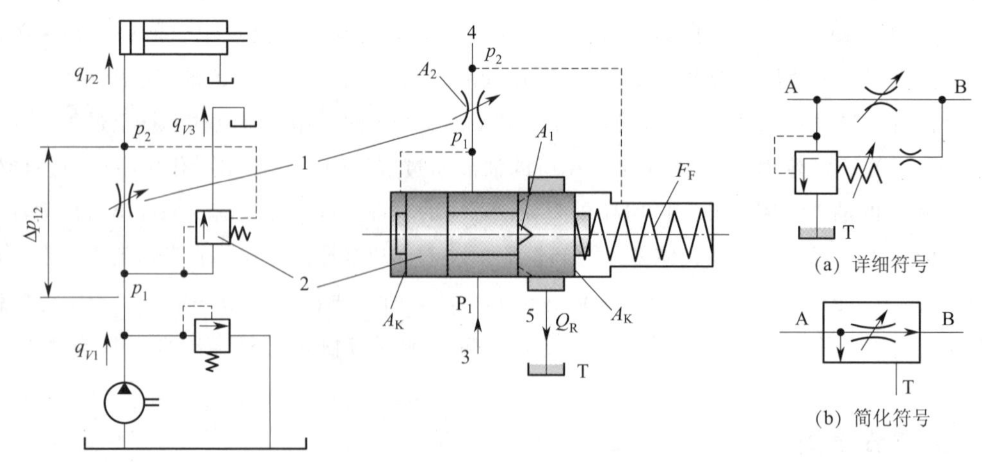

图 6-12 溢流节流阀的工作原理和职能符号

1—节流阀；2—压力补偿器；3—进油口 P_1；4—输出调节的流量；5—多余流量出口

节流阀前后的压差 p_1-p_2 基本保持不变；反之亦然。即通过阀的流量基本不受负载的影响。同时，三通流量阀安装于定量泵供油系统，能实现系统工作压力随负载大小变化而变化，达到减少发热、节能的目的。通常在溢流节流阀上还装有安全阀，以免系统过载。

2. 溢流节流阀结构

图 6-13 所示为溢流节流阀结构示意图。溢流节流阀由调节手轮 1，节流阀阀芯 2，溢流口 3，输出口 4，压力补偿器阀芯 5，进油口 6，安全阀 7 等组成。溢流节流阀是由压力补偿器和节流阀并联而成的。调节手轮 1 用来调节节流口的开口大小，节流阀阀心 2 的进出口油液分别作用在压力补偿器阀心 5 的上下两端，保持节流阀进出口的压差不变，将多余的油液经压力补偿器阀心 5 流回油箱。安全阀 7 在系统中起到安全保护作用。

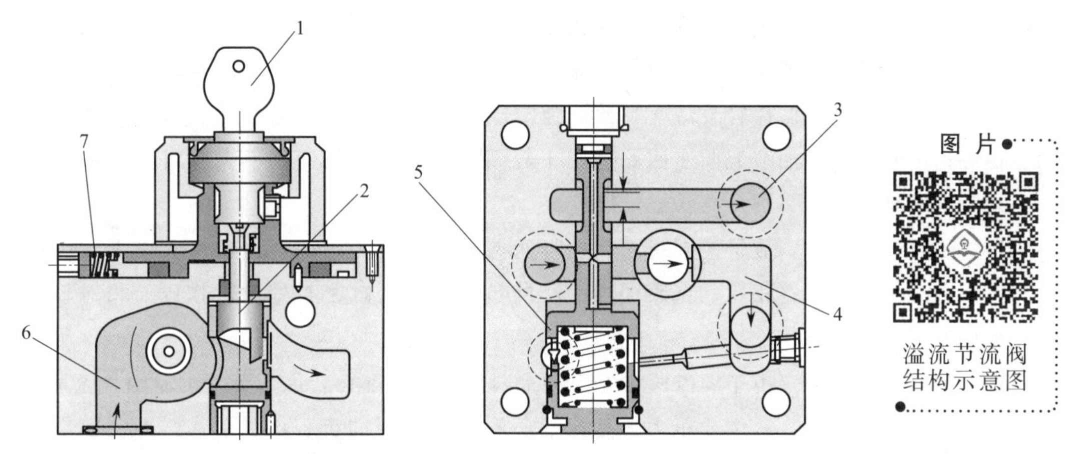

图 6-13　溢流节流阀结构示意图

1—调节手轮；2—节流阀阀芯；3—溢流口；4—输出口；5—压力补偿器阀芯；6—进油口；7—安全阀

3. 溢流节流阀应用

溢流节流阀与调速阀不同，溢流节流阀必须接在执行元件的进油路上。这时泵的输出口（即溢流节流阀的进口）压力 p_1 随负载压力 p_2 的变化而变化，属变压系统，其功率利用比较合理，系统发热量小。但是通过该阀的流量是液压泵的全部流量，故阀的通经选择要足够大；弹簧刚度较调速阀大，这使得它的节流阀前后的压力差较大，所以流量稳定性不如调速阀。因此，溢流节流阀适用于对速度稳定性要求稍低一些、而功率较大的节流调速回路中。

6.1.7　节流调速回路

对于节流调速回路主要有三种：进油节流调速、回油节流调速和旁路节流调速。下面分析三种节流调速的特点和应用场合。

1. 进油节流调速回路

如图 6-14 所示，将流量控制元件串联于液压泵出口和液压缸之间，通过调节流量控制阀开口面积的大小，从而达到调节进入液压缸流量的目的，称为进油节流调速回路。进油节流调速回路中定量泵输出的多余流量通过溢流阀流回油箱。由于多余油液通过溢流阀流回油箱，所以液压泵出口压力为溢流阀调定压力。进油节流通常在执行元件承受正负载时选用。

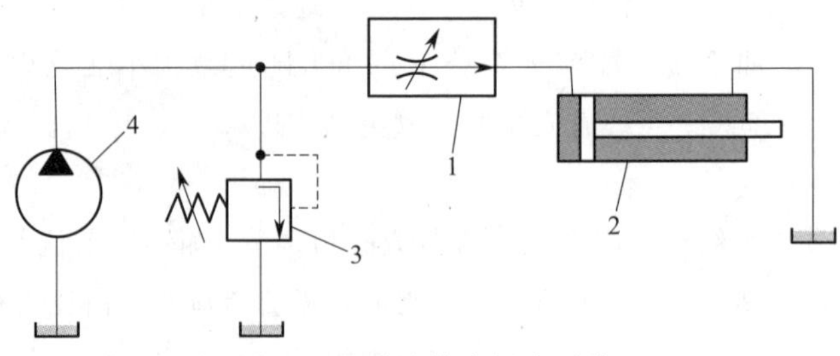

图 6-14 进油节流调速回路

1—流量控制阀；2—液压缸；3—溢流阀；4—液压泵

速度负载特性：在回路中调速元件的调定值不变的情况下，负载变化所引起速度变化的性能。根据流量特性，液压缸的运动速度与节流阀通流面积成正比。当节流阀通流面积一定时，液压缸的运动速度随着负载的增加而减小。负载一定时，节流阀通流面积越小，则速度刚度越大，这种调速回路的速度稳定性，在低速轻载情况下比高速重载时好。增大液压缸有效面积和提高液压泵供油压力可提高速度刚度。进油节流调速回路适用于轻载、低速、负载变化不大和对速度稳定性要求不高的小功率液压系统。

这一回路的优点是：流量控制阀 1 和执行元件液压缸 2 之间的压力，仅取决于液压缸负载的大小，与回油节流调速回路相比，克服同样大小的负载，液压缸密封处的工作压力相对较低，液压缸密封处的摩擦力也较小。

这一回路的缺点是：由于溢流阀 3 处于流量调节元件的前面，因为节流的原因，流量调节元件进出口有压差，所以液压泵的供油压力总是比液压缸需要克服的负载压力要高。即使在空载时，为了使液压泵多余流量流回油箱，液压泵出口压力也要达到溢流阀调定压力。系统效率较低。节流产生的热量进入液压缸，会提高液压缸工作温度。

2. 回油节流调速回路

如图 6-15 所示，回油节流调速回路的流量控制阀 1 通常安装在执行元件液压缸 2 和油箱之间的回油管道上。回油节流通常在执行元件承受活塞杆受拉力负载时选用。

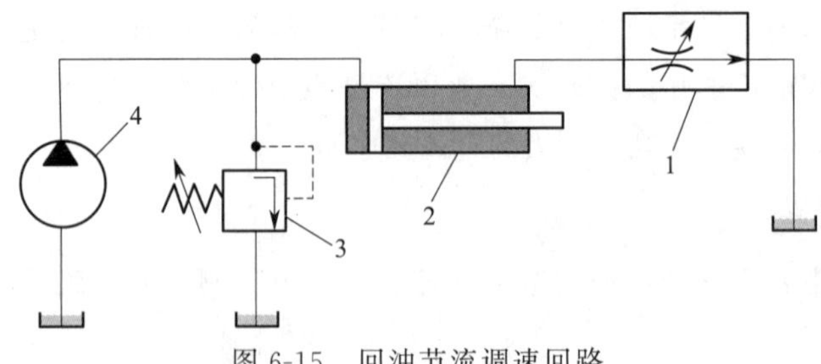

图 6-15 回油节流调速回路

1—调速阀；2—液压缸；3—溢流阀；4—液压泵

回油节流调速回路的优点：一是流量控制阀 1 起背压作用，因此液压缸 2 的出口不需要平衡阀。二是油液通过流量控制阀 1 产生的热量直接进入油箱，避免了热量对液压缸 2 的影响。

回油节流调速回路的缺点：一是溢流阀 3 设定的压力仍然为系统的最高压力，导致溢流损失大，系统温升较大，这一点和进油节流是一样的。二是即使在空载运行状态下，液压缸内全部零件都要承受最大的工作压力和更大的摩擦力，力的大小与液压缸 2 的活塞和活塞杆的面积比有关。

3. 旁路节流调速回路

如图 6-16 所示，旁路节流调速回路的流量控制阀 1 与执行元件液压缸 2 并联。旁路节流通常适用于负载较大，运动平稳性要求不高的大功率液压系统。

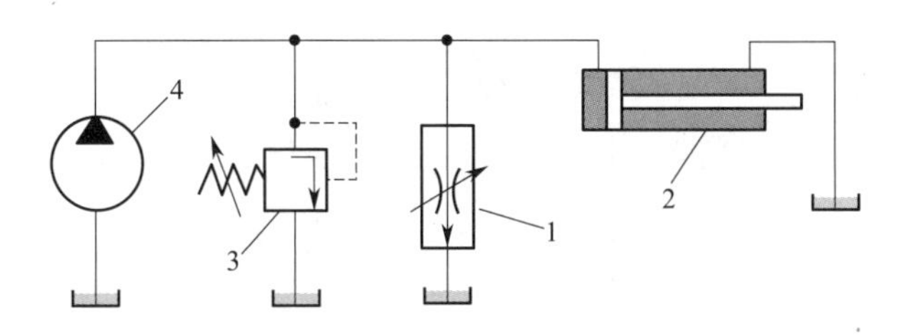

图 6-16　旁路节流调速回路

1—流量控制阀；2—液压缸；3—溢流阀；4—液压泵

液压泵 4 输出的一部分油液进入到液压缸 2 中，即流量控制阀 1 只对进入液压缸 2 的流量进行控制，液压泵 4 输出的另一部分油液经过流量控制阀 1 回到油箱。因此，旁路节流调速回路的特点：一是在工作行程中，只建立起负载所需的压力。二是转换为热能的功耗较少。直到液压缸停止时，压力才达到溢流阀的设定值。三是控制回路的热量进入油箱中。

4. 三种节流调速的比较

表 6-4 对三种调速回路从速度负载特性、运动平稳性等方面进行了综合比较，因而在设计液压回路时应结合实际的应用场合来选择更合适的调速方法。

表 6-4　进油、回油、旁路节流调速回路的比较

节流调速回路	速度负载特性	承受负值负载	运动平稳性	启动前冲现象	调速范围	功率利用效率	发热影响
进油节流调速回路	轻载、低速、负载变化不大和对速度稳定性要求不高的小功率场合	不能	—	能避免	较大	功率利用不合理，效率低	大
回油节流调速回路	同进油节流调速回路	能	平稳	不能	较大	功率利用不合理，效率低	小
旁路节流调速回路	低速承载能力差，只用于高速、重载、对速度稳定性要求不高的较大功率场合	不能	—	不能	小	功率利用合理，效率较高	小

6.2　流量控制元件实践

流量控制元件实践主要包括节流阀实验、调速阀实验和调速回路实验。通过实验可以进一步掌握节流阀和调速阀的调速特性，掌握调速回路的特点及应用场合。

1. 节流阀实验

要求：通过节流阀实验，掌握节流阀的调速特性，即通过节流阀的流量受节流开口大小和压差的影响。按照实验回路图（见图 6-17）完成该实验。

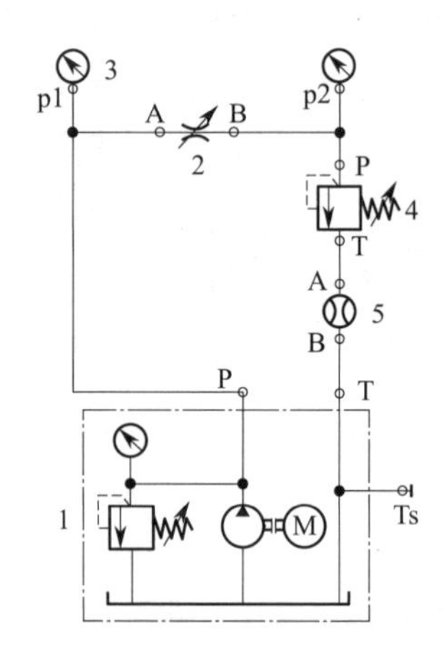

图 6-17　节流阀实验液压回路图

1—液压泵站；2—节流阀；3—压力表；4—直动式溢流阀；5—流量计

2. 调速阀实验

要求：通过调速阀实验掌握调速阀的调速特性，即调速阀用于保持流量恒定，与负载压力变化无关。按照实验回路图（见图 6-18）完成该实验任务。

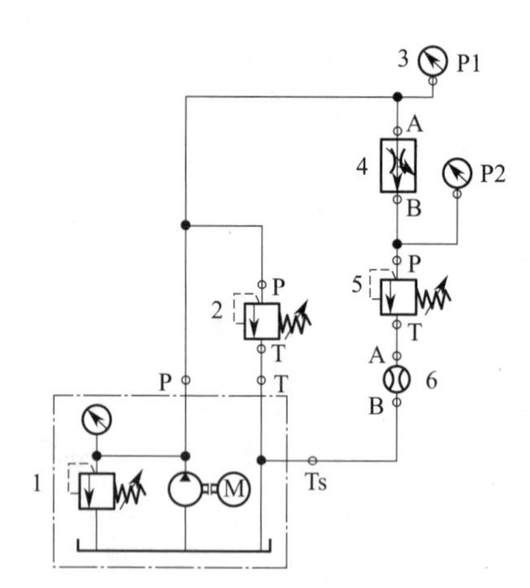

图 6-18　调试阀实验液压回路图

1—液压泵站；2，5—直动式溢流阀；3—压力表；4—调速阀；6—流量计

思考与练习

1. 节流阀和调速阀有什么区别？

2. 已知：薄壁小孔的孔径为 1 mm，流量系数 C_d 为 0.8，油液黏度为 32 mm^2/s，油液的密度为 850 kg/m^3，流经薄壁小孔的流量是 1 L/min。求：流经薄壁小孔的压差 Δp 为多少 bar?

3. 图 6-3 所示为流量控制元件节流口的几种结构形式，试从分辨能力、线性度、加工的难易程度等方面分析它们有什么区别？

4. 如图 6-5 所示，可以看出调速阀的调速特性是什么？适合应用在什么场合？

5. 调速阀型号为 2FRM6B36-32/10QRV，如图 6-19 所示，可知该调速阀的哪些信息？通常调速阀的最小压差应大于多少 bar 才能满足调速阀良好的速度负载特性？

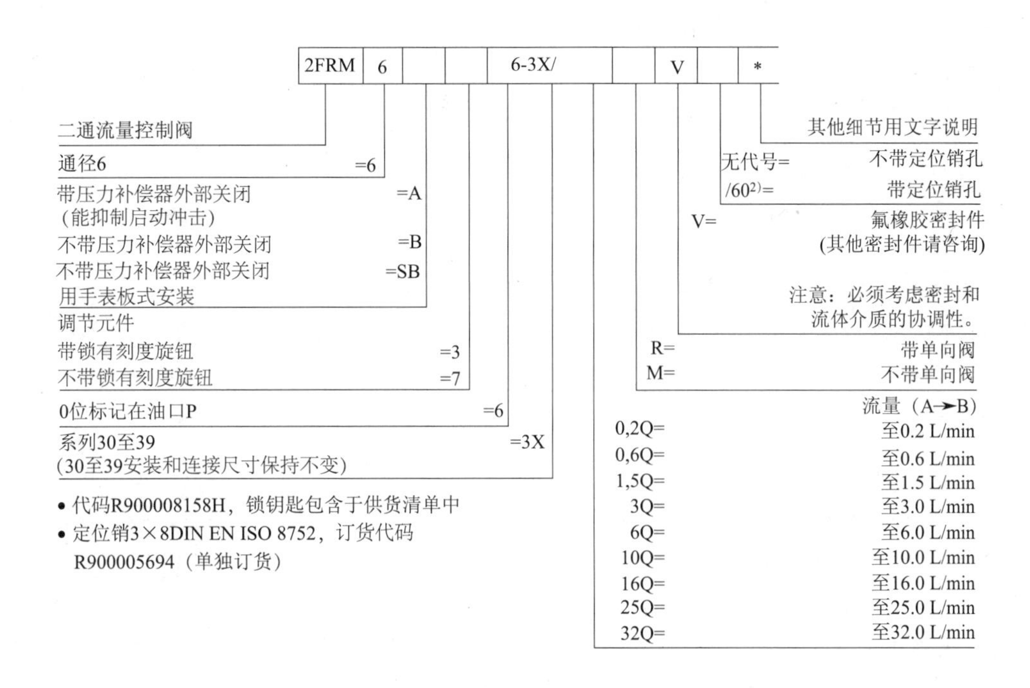

图 6-19　某调速阀型号说明（题 5 图）

6. 如图 6-20 所示，该液压系统能实现快进→工进→快退→停止→泵卸荷的工作要求。完成电磁铁动作表（通电用“+”，断电用“—”），并标出 1-6 号液压元件的名称。

7. 钻床液压液压系统设计。

动作描述：如图 6-21 所示，钻床的钻头垂直进给运动和工件夹紧装置都采用液压驱动，该液压控制系统含有两个液压缸（夹紧缸 A 和进给缸 B）。因工件不同，其所需夹紧力也不同，因此，在夹紧缸 A 中，其夹紧压力应可调且稳定，应以最快速度返回。钻头进给时速度可调，在可变负载情况下，其进给速度应保持恒定。注意：安装在进给缸 B 活塞杆上的钻床主轴为拉力负载，进给缸 B 以最快速度回缩。

方案分析：为使夹紧缸 A 的夹紧力可调且夹紧力稳定，可以使用减压阀，以满足不同液压缸的压力需要。要求钻头进给速度可调，在可变负载情况下，其进给速度应保持恒定，需要采

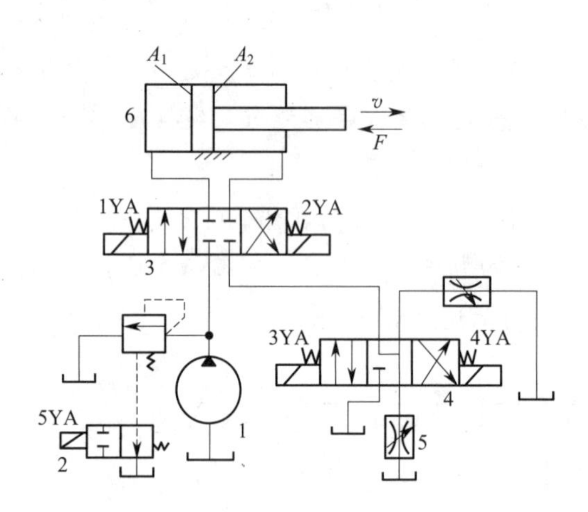

电磁铁动作表

	1YA	2YA	3YA	4YA	5YA
快进					
一工进					
二工进					
快退					
停止					
泵卸荷					

图 6-20 液压原理图（题 6 图）

用调速阀来控制钻孔缸 B 的进给速度。由于安装在钻孔缸 B 活塞杆上的钻床主轴为拉力负载，因此，在系统中安装背压阀，支撑负值负载。

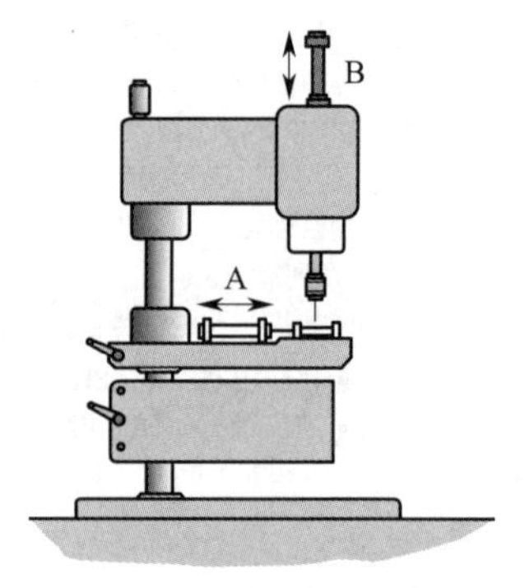

图 6-21 钻床加工示意图（题 7 图）

A—夹紧缸；B—钻孔缸

控制要求：①液压系统的最高工作压力为 50 bar。②夹紧过程中夹紧力维持 30 bar 不变。③由于工件的不同，在钻孔过程中应保持速度基本不变。④确保钻孔装置下行时运动平稳可靠。⑤当拍下急停后夹紧缸 A 应维持夹紧状态不变，钻孔缸 B 立刻回到初始位置。

计算要求：①液压缸的型号为 CD70F25/16-200Z11/01HCUM11T，根据产品样本查出并计算出相关参数。②夹紧力设定为 30 bar，作用在工件上的夹紧力是多少 kN？③钻孔缸下行的速度为 1.5 mm/s，流量控制元件输出的流量是多少 L/min？④假设钻孔深度为 30 mm，液压缸从开始伸出到加工完成 1 个工件需要多长时间（秒）？

单元7 典型液压控制回路认知与实践

知识目标

1. 掌握调压回路、保压回路、卸荷回路基本设计思路与方法；
2. 了解减压回路；
3. 掌握简单的方向控制回路，了解支撑回路；
4. 掌握节流调速回路的特点、适用工况，掌握容积节流调速回路基本原理，了解容积调速回路；
5. 掌握速度切换回路的基本设计思路与方法；
6. 了解多缸顺序控制回路的设计思路；
7. 了解典型设备液压系统的组成及工作原理。

课 件

典型液压控制回路认知与实践

能力目标

1. 具备设计简单的调压回路及卸荷回路的能力，具备识读简单的保压回路及减压回路的能力；
2. 初步具备设计并识读简单的方向控制回路的能力；
3. 具备设计并识读简单的速度切换回路、正确进行安装调试的能力；
4. 具备识读多缸顺序动作控制回路的能力。

7.1 液压基本回路认知

任何设备的液压系统，都是由一些基本回路组成的。所谓基本回路，就是由相关元件组成的用来完成特定功能的典型回路。它是液压传动系统的基本组成单元。一个液压传动系统由若干个基本回路组成。

一般按功能对液压传动基本回路进行分类。用来控制执行元件运动方向的称为方向控制回路；用来控制系统或某支路压力的称为压力控制回路；用来控制执行元件运动速度的称为调速回路；用来控制多缸运动的称为多缸运动回路等。

熟悉和掌握液压传动基本回路的组成结构、工作原理及其性能特点，对分析、掌握和设计液压传动系统是非常必要的。下面分别介绍这些基本回路。

7.1.1 压力控制回路

压力控制回路利用压力控制阀来控制系统整体或某一部分的压力，是以满足液压回路的压力控制要求及液压执行元件对力或力矩要求的回路。包括调压、减压、增压、卸荷、平衡等回路。

1. 调压回路

调压回路的作用是控制液压系统整体或部分支路的压力保持恒定或不超过设定值。在定量泵供油系统中，液压泵的供油压力可以通过溢流阀来调节；在变量泵供油系统中，用溢流阀（作安全阀用）来限定系统最高压力，防止系统过载。如果系统需要两种以上的压力，则可以采用多级调压回路。

1）单级调压回路

单级调压回路可保持系统压力恒定或限定系统最高工作压力。如图 7-1 所示，在定量泵出口并联溢流阀，组成单级调压回路；通过调节溢流阀的溢流压力，可控制泵出口工作压力，从而控制整个系统压力，使其保持恒定。

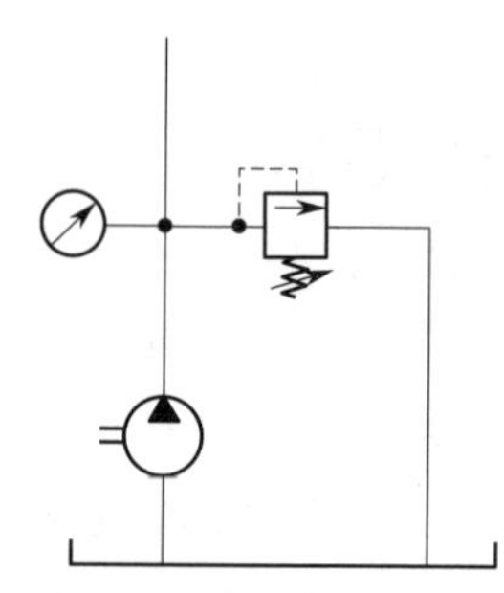

图 7-1 保持系统压力恒定

图 7-2 所示为变量泵供油系统，在其出口处并联溢流阀，限制系统最高压力，防止系统过载，这时的溢流阀又称安全阀。作为安全阀，其调定压力一般要比变量泵的变量机构动作压力高 1～3 MPa，才能保证该系统为变量泵供油系统性能。

2）多级调压回路

图 7-3 所示为定量泵供油回路，定量泵出口并联先导式溢流阀。先导式溢流阀遥控口通过两位三通电磁换向阀连接两个直动式溢流阀。当两位三通电磁换向阀处于初始位置时，泵出口压力由直动式溢流阀 4 调定；当电磁铁带电，阀换向，泵出口压力由直动式溢流阀 5 调定；需要注意的是，这时先导式溢流阀的调定压力一定要高于两个直动式溢流阀调定压力，一般是高 1～2MPa。

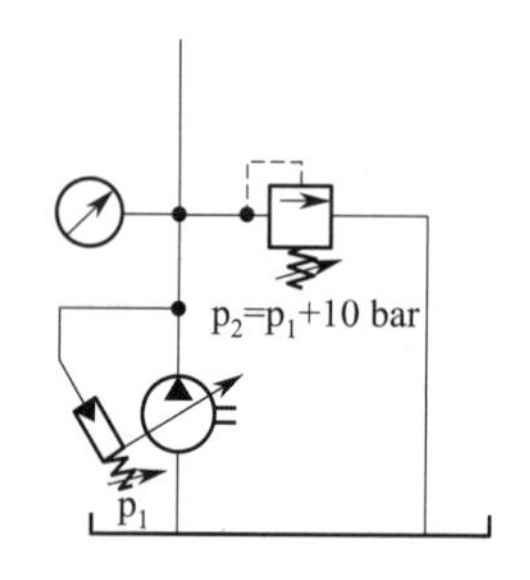

图 7-2 限定系统最高压力

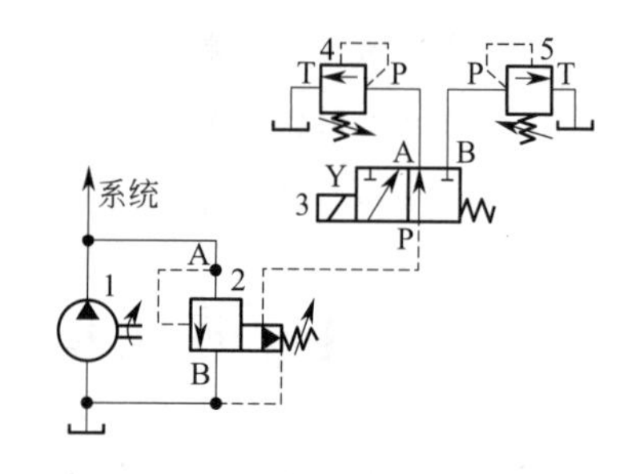

图 7-3 2 级调压回路

1—液压泵；2—先导式溢流阀；3—二位三通电磁换向阀；4，5—直动式溢流阀

由上面的例子可以看出，当系统压力等级较多时，通过多个换向阀和直动式溢流阀、先导式溢流阀等可以实现。但系统压力等级越多，需要的液压元件也越多，造成成本上升，系统复杂化，这时应该优先选择比例溢流阀，利用输入电信号由小到大无级变化，控制系统压力也相应地达到无级调节，使液压回路更简单。

2. 减压回路

减压回路一般是使系统某一部分油路获得较低的、稳定的压力。一般用于夹紧、定位、分度、控制油路等。

图 7-4 所示为定量泵供油系统。出口并联溢流阀，调定主系统压力，用于液压进给；压紧回路因

为压紧力有要求，不能过大，所以并联直动式减压阀，调定减压阀分支比主系统压力更低的稳定压力。显然，依靠定值减压阀调定的分支压力，只能为一个定值，在系统工作过程中，分支压力一般不是随时变化的。

3. 保压回路

保压回路的作用是在液压缸不动或微动时维持稳定的压力。液压系统保压方法最简单的是利用密封性能相对较好的液控单向阀保压，当然由于元件的泄漏，这种保压回路的保压时间较短。如果用蓄能器做补油元件，再加液控单向阀，可以维持相对较长的保压时间。

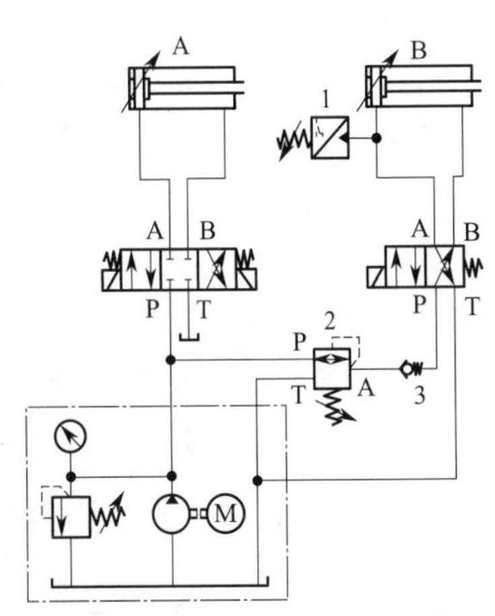

图 7-4　液压进给及压紧回路

1—压力继电器；2—减压阀；3—单向阀

如图 7-5 所示，在保压过程中，如果三位四通电磁换向阀 Y1 一直带电，定量泵所供给的液压油，几乎全部通过溢流阀回油箱，功率损失大，发热多。用三位四通电磁换向阀，结合压力继电器，可实现系统在一个压力范围内保压。当液压缸工作压力低于要求的压力范围或达到保压范围下限时，压力继电器 6 发信号，使三位四通电磁换向阀 Y1 带电，液压泵供油给保压区，使压力上升；当液压缸工作压力达到要求的压力范围上限时，压力继电器 7 发信号，使三位四通电磁换向阀回中位，液压泵通过三位四通电磁换向阀中位卸荷。这一回路可以自动使液压缸工作压力长时间保持在一定范围内，且系统发热少，功率损失小。

很显然，因为这个保压回路多了蓄能器，所以其保压效率相对较高。相对同样的保压范围，带蓄能器的保压回路的油泵卸荷时间更长。

图 7-6 所示为蓄能器保压回路应用举例。定量泵供油，溢流阀设定系统压力。二位四通电磁换向阀控制的水平缸为压紧缸，用于工件夹紧。三位四通电磁换向阀控制的垂直缸，为液压进给缸。为

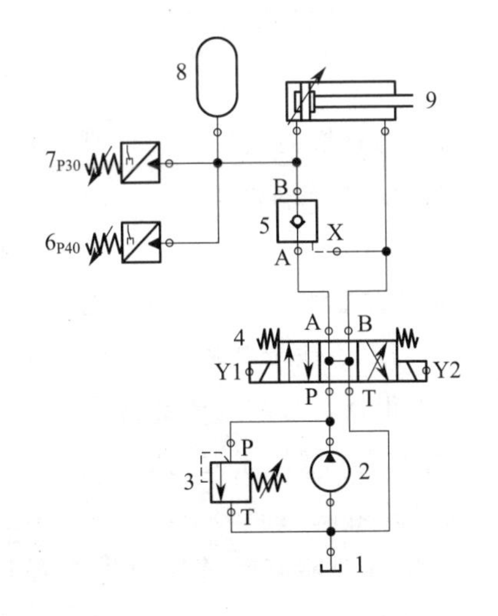

图 7-5　蓄能器保压回路 1

1—油箱；2—液压泵；3—溢流阀；4—三位四通电磁换向阀；
5—液控单向阀；6，7—压力继电器；8—蓄能器；9—压紧用液压缸

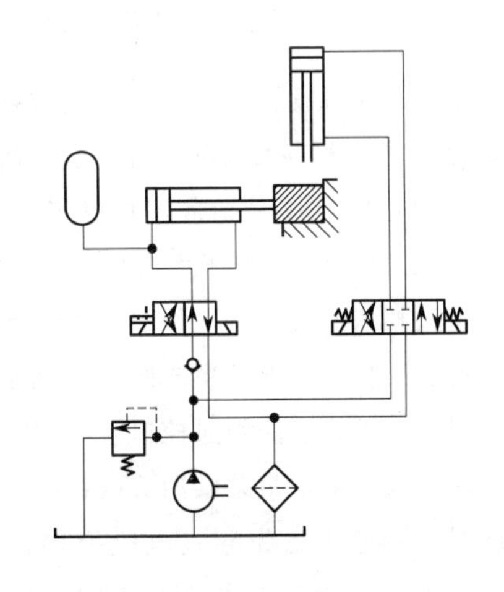

图 7-6　蓄能器保压回路 2

了防止工件夹紧后，垂直的进给缸动作时尤其是快进时影响夹紧力，所以设置了单向阀，防止相互干扰，同时为了实现较长时间保压，在夹紧缸无杆腔设置了蓄能器。

4. 卸荷回路

卸荷回路用于在液压泵不频繁开关的情况下，使液压泵在特定工况下低压（接近于零）工作，达到降低功率消耗、减少发热、延长液压泵使用寿命的目的。液压系统卸荷是指，当液压系统执行元件不需要继续供油时，液压系统工作压力以接近于零的压力运转。常见的卸荷方法有以下几种。

1）利用换向阀实现卸荷

如图 7-7 所示，当三位四通电磁换向阀处于中位时，因为换向阀中位为 M 型，P 口与 T 口直接沟通，所以这时液压泵输出的液压油直接通过换向阀中位回油箱，液压泵工作压力很低，接近于零，这时泵处于卸荷状态。三位四通电磁换向阀 H 型中位机同样也能实现中位卸荷。

利用二位二通电磁换向阀实现卸荷。如图 7-8 所示，当 Y1 电磁铁得电时，液压泵输出的油液直接通过二位二通电磁换向阀回油箱，液压泵处于卸荷状态。

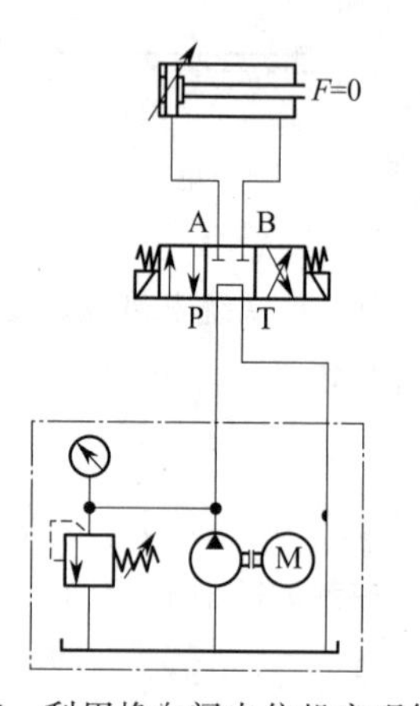

图 7-7 利用换向阀中位机实现卸荷

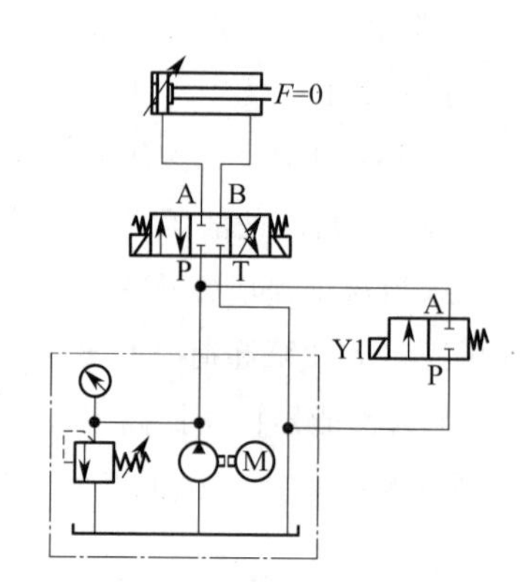

图 7-8 利用二位二通电磁换向阀实现卸荷

上述两种卸荷方式均是通过电磁换向阀直接卸荷，因为电磁换向阀的通径一般不大，所以卸荷流量也不能太大。大流量卸荷一般要通过先导式溢流阀或电液换向阀来实现。

2）利用先导式溢流阀遥控口实现卸荷

如图 7-9 所示，对于大流量定量泵液压系统，采用了先导式溢流阀 1 及先导式电磁换向阀 2 进行控制。遥控口通过一个二位二通电磁换向阀 3 与油箱接通。当电磁铁带电时，先导式溢流阀遥控口的油液通过二位二通电磁换向阀直接回油箱，液压泵出口压力很低，系统处于卸荷状态。当电磁铁不带电时，先导式溢流阀遥控口被关闭，系统保压。这种卸荷方式一般用于大流量卸荷工况。

对于大流量定量泵供油液压系统，也可以选择利用先导式电磁换向阀中位卸荷。但这种方案在实施时，一定注意先导式电磁换向阀的主阀芯换向工作腔是否能有足够压力供主阀芯换向。如图 7-10 所示，因为系统设计试图通过先导式电磁换向阀中位卸荷，这时如果让先导式电磁换向阀其中一个电磁铁带电，中位卸荷可能导致主阀芯换向工作腔因为卸荷导致换向压力不足，会出现主阀芯无法换向问题。

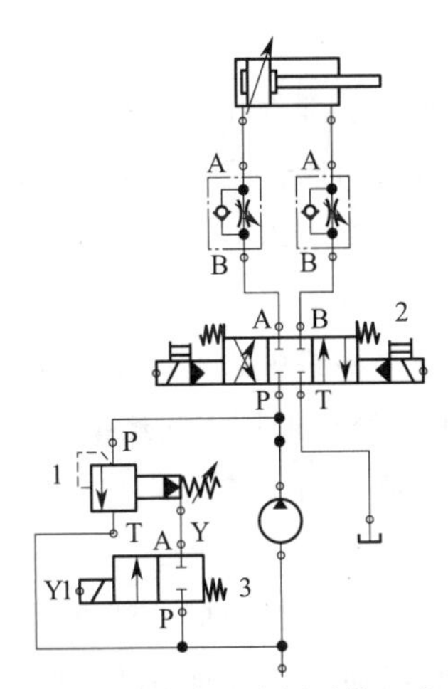

图 7-9　利用先导式溢流阀遥控口实现卸荷

1—先导式溢流阀；2—先导式三位四通电磁换向阀；

3—二位二通电磁换向阀

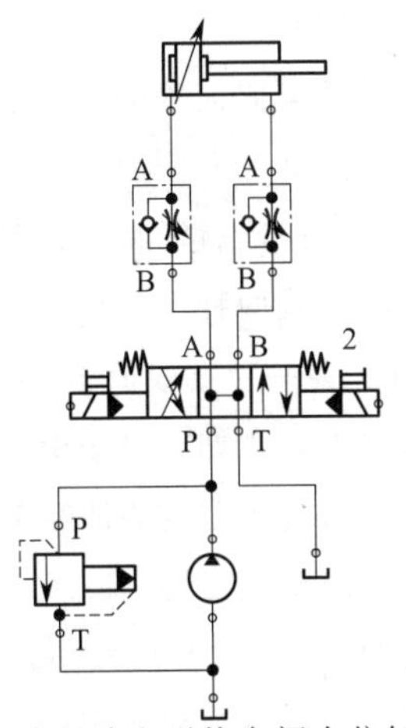

图 7-10　利用先导式电磁换向阀中位卸荷 1（内控）

解决上述问题的方法之一见图 7-11。为了解决上述换向失效问题，方法之一是选择外控式先导式电磁换向阀。这样主回路中位卸荷，只要控制回路压力满足主阀芯换向力要求，就可以实现当先导式电磁换向阀换向时，主阀芯可靠换向。

解决上述问题的另一个方法见图 7-12。在主回路回油路上串联单向阀，提高主回路回油阻力。以便实现先导式电磁换向阀主阀芯工作腔压力提高，使主阀芯顺利换向的目的。这种方法因为增加了主回路回油阻力，会相应增加系统发热。这种方法一般作为补救措施使用。

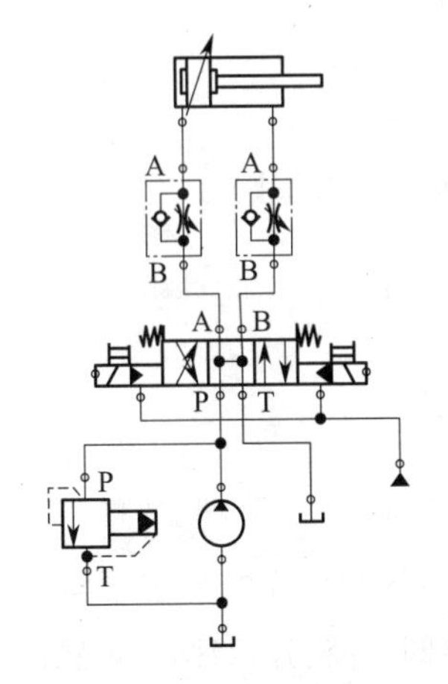

图 7-11　利用先导式电磁换向阀

中位卸荷 2（外控）

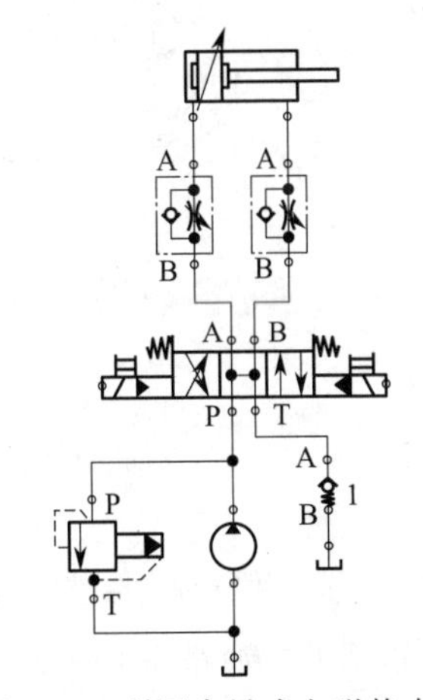

图 7-12　利用先导式电磁换向阀

中位卸荷 3（利用单向阀提高主回路回油阻力）

7.1.2　方向控制回路和支撑回路

1. 方向控制回路

液压系统执行元件运动方向控制方式很多，其他回路分析时已经涉及不少，这里再介绍一个往复直线运动换向回路。

往复直线运动换向回路的作用是使液压缸和与之相连的主机运动部件在其行程终端处迅速、平稳、准确地变换运动方向。简单的换向回路只须采用标准的普通换向阀，但是在换向要求高的磨床上换向回路中的换向阀就需特殊设计。这类换向回路还可以按换向要求的不同而分成时间控制制动式和行程控制制动式两种。

图 7-13 所示为一种比较简单的时间控制制动式换向回路。这个回路中的主油路只受换向阀 3 控制。在换向过程中，例如，当图中先导阀 2 在左端位置时，控制油路中的压力油经单向阀 I2 通向换向阀 3 右端，换向阀 3 左端的油经节流阀 J1 流回油箱，换向阀 3 阀芯向左移动，阀芯上的锥面逐渐关小回油通道，活塞速度逐渐减慢，并在换向阀 3 的阀芯移过 l 距离后将通道闭死，使活塞停止运动。当节流阀 J1 和 J2 的开口大小调定之后，换向阀阀芯移过距离 l 所需的时间即活塞制动的时间就确定不变，因此，这种制动方式称为时间控制制动式。时间控制制动式换向回路的主要优点是它的制动时间可以根据主机部件运动速度的快慢、惯性的大小通过节流阀 J1 和 J2 的开口量得到调节，以便控制换向冲击，提高工作效率；其主要缺点是换向过程中的冲击量受运动部件的速度和其他一些因素的影响，换向精度不高。所以这种换向回路主要用于工作部件运动速度较高但换向精度要求不高的场合，例如，平面磨床的液压系统中。

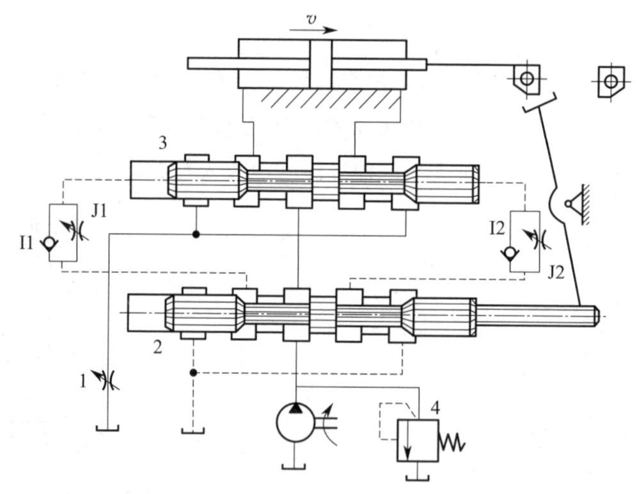

图 7-13　时间控制制动式换向回路

图 7-14 所示为一种行程控制制动式换向回路，这种回路的结构和工作情况与时间控制制动式的主要差别在于这里的主油路除了受换向阀 3 控制外，还要受先导阀 2 控制。当图示位置的先导阀 2 在换向过程中向左移动时，先导阀阀芯的右制动锥将液压缸右腔的回油通道逐渐关小，使活塞速度逐渐减慢，对活塞进行预制动。当回油通道被关得很小、活塞速度变得很慢时，换向阀 3 的控制油路才开始切换，换向阀阀芯向左移动，切断主油路通道，使活塞停止运动，并随即使它在相反的方向启动。这里，不论运动部件原来的速度快慢如何，先导阀总是要先移动一段固定的行程 l，将工作部件先进行预制动后，再由换向阀来使它换向。所以这种制动方式称为行程控制制动式。行程控制制动式换向回路的换向精度较高，冲出量较小；但是由于先导阀的制动行程恒定不变，制动时间的长短

和换向冲击的大小就将受运动部件速度快慢的影响。所以这种换向回路宜用于主机工作部件运动速度不大，换向精度要求较高的场合，例如，内、外圆磨床液压系统中。

2. 支撑回路

支撑回路的作用在于防止液压缸及与之相连接的部件避免因自重或在其他外力作用下产生不必要的运动或超速。

1）利用双向液压锁的支撑回路

如图 7-15 所示，水平缸通过双向液压锁与三位四通电磁换向阀相连接。因为双向液压锁的泄漏很少，为了防止液压缸活塞杆在受外力时产生移动，采用了双向液压锁。同时为了保证双向液压锁密封效果，换向阀中位一定要选择 Y 型或 H 型中位机能。

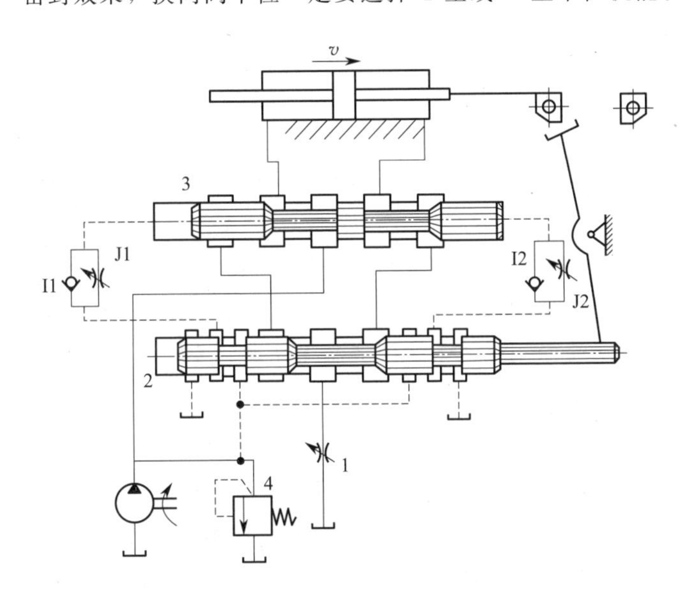

图 7-14　行程控制制动式换向回路

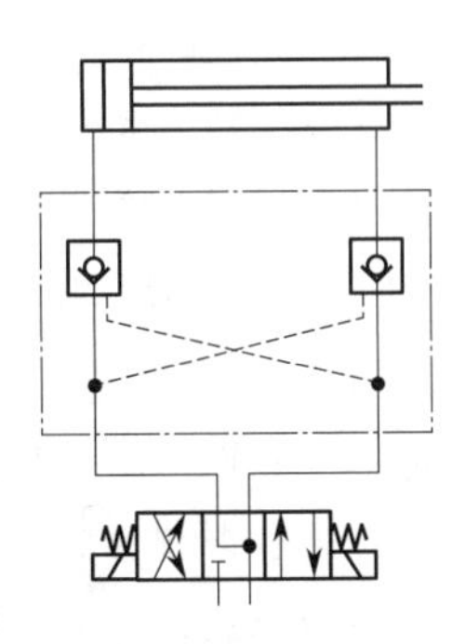

图 7-15　利用双向液压锁的支撑回路

2）利用单向平衡阀的支撑回路

如图 7-16 所示，在垂直安装的液压缸下腔串联单向平衡阀 1，当平衡阀的压力调整与液压缸 2 所受外力匹配时，即刚好支撑液压缸所受向下的外力，这时平衡阀就可以起到防止液压缸活塞杆因受外力而下降。液压缸活塞杆向上运动时，油液通过单向阀进入液压缸有杆腔。

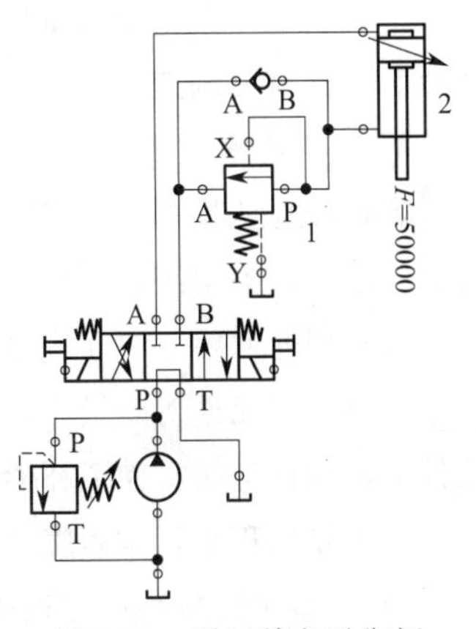

图 7-16　利用单向平衡阀的支撑回路

7.1.3　速度控制回路

液压系统速度控制回路的作用是控制和调节系统流量，从而控制执行元件的运行速度。一般情况下，工况要求液压执行元件的速度可调；有些工况要求执行元件速度在整个行程过程中能迅速切换，例如要求活塞速度由快速进给转为工作进给。许多设备对液压系统调速性能要求都比较高。

1. 液压系统调速方法分类

液压系统中，执行元件常用的有两大类，即液压缸和液压马达。
它们的运动速度与输入的流量和各自的几何参数有关。忽略油液的可压缩性和元件内泄漏，液压缸的速度 v 为

$$v=\frac{Q}{A}$$

液压马达的转速 n 为

$$n=\frac{Q}{V}$$

式中　Q——输入流量；

A——液压缸有效作用面积；

V——液压马达的排量。

由以上两式可以看出，要调节液压缸或液压马达的速度，不可能改变液压缸有效作用面积，因为一旦液压缸制作完成，其有效作用面积就是固定的，所以要改变液压缸的运行速度，只能改变液压缸的输入流量。

对于液压马达，它的排量可以是固定的，即定量液压马达；也可以是可调的，即变量液压马达。因此，对于变量液压马达来说，既可以改变输入流量 Q 来调速，又可以改变液压马达的排量 V 来调速。

改变输入执行元件的流量 Q 也有两种方法：一是采用定量泵，用节流元件来调节输入执行元件的流量 Q 实现调速。二是采用变量泵，调节泵的排量。

目前常用的调速方法有以下几种：

（1）节流调速：即用定量泵供油，采用节流元件来调节输入执行元件的流量 Q 实现调速。

（2）容积调速：即改变变量泵的供油量 Q 和（或）改变变量马达的排量 q 实现调速。

（3）容积节流调速：一般采用反馈式变量泵供油，用自动改变流量的变量泵及节流元件联合进行调速。

2. 节流调速回路

节流调速回路根据流量控制元件在液压回路中安装位置的不同，分为进油节流调速、回油节流调速、旁路节流调速等三种形式。详见单元 6。

3. 容积调速回路

容积调速回路的工作原理，是通过改变回路中变量泵或变量马达的排量达到调节执行元件运动速度的目的。容积调速回路没有溢流损失和节流损失，系统工作压力完全取决于负载，系统效率高，发热少。

容积调速回路，按油液循环方式，分为开式回路和闭式回路两种。开式回路中液压泵从油箱中吸油，供执行元件对外做功，执行元件的回油直接回油箱。闭式回路的液压泵的吸油口直接与执行元件的回油口连接，为了补偿泄漏，通常设置补油泵。对于同样功率的液压系统，闭式系统最大的优势是油箱体积小，整体质量小，从而适合车载液压系统。

1）变量泵定量马达容积调速回路

图 7-17 所示为变量泵定量马达容积调速回路。上面的变量液压泵为主泵，从液压马达回油口和补油泵排油口吸油，而不是直接从油箱吸油，供给定量马达，上面的溢流阀为主回路安全阀。下面

的定量泵为补油泵，用于补偿变量泵、定量马达等元件内泄漏，下面的溢流阀为补油泵溢流阀。该回路为闭式系统。

变量泵和定量马达构成的容积调速回路，通过调节变量泵的排量，达到调节液压马达输出转速的目的。在负载转矩一定的条件下，该回路具有输出转矩恒定的特性。由于没有溢流损失和节流损失，故系统效率高，发热少，多用于大功率系统中。

2）定量泵变量马达容积调速回路

图 7-18 所示为定量泵变量马达容积调速回路。

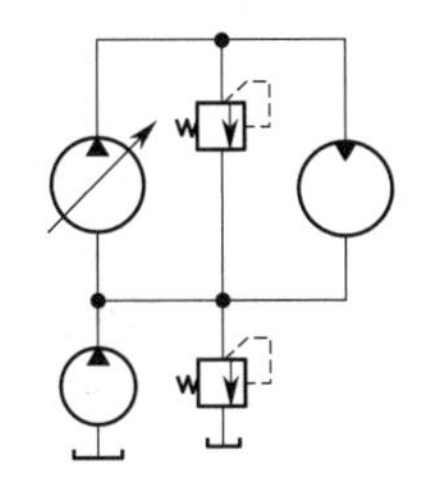

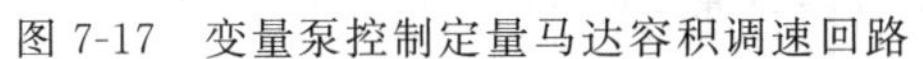

图 7-17　变量泵控制定量马达容积调速回路

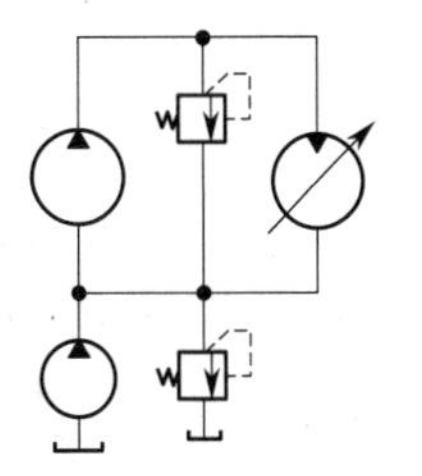

图 7-18　定量泵变量马达容积调速回路

对于定量泵加变量马达的容积调速系统，因为是定量泵，当其转速一定时，其供油量是一定的；要改变马达转速，只能改变马达排量，而马达排量小时输出扭矩小，排量大时转速慢；所以定量泵加变量马达的组合适合高速时小扭矩、低速时大扭矩的工况。

3）变量泵变量马达容积调速回路

图 7-19 所示为变量泵与变量马达组成的容积调速回路，是通过改变变量泵、变量马达的排量，达到改变液压马达输出转速的目的。其优点是马达调速范围大，因为系统中泵的排量和马达排量均为可变参数，给控制系统提出了更高的要求，控制系统无形中会比变量泵控制定量马达的系统要复杂。

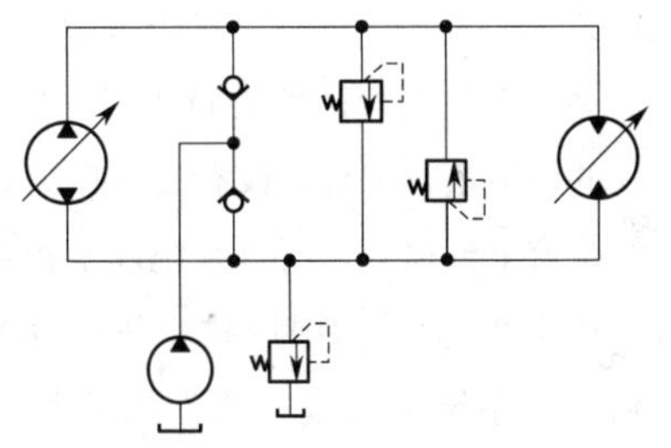

图 7-19　变量泵变量马达容积调速回路

其调节过程通常如下：为了保证启动扭矩，在马达低速工作阶段，通常把马达的排量固定在最大值，通过增加泵的排量加速，在此过程中，马达的扭矩保持恒定；高速阶段，保持泵的排量不变，使马达的排量逐渐减小，马达转速逐渐升高，马达工作压力保持不变，这一阶段为恒功率调节。它适合低速时保持较大扭矩，高速时输出较大功率的工况。

4）变量泵定量马达容积调速回路应用举例

图 7-20 所示为变量泵定量马达容积调速系统。图中 1 为复合泵，其中包含定量泵为补油泵，变量泵为主泵，2 为单向阀，3 为补油溢流阀，4 为冲洗阀，5 为冲洗溢流阀，6 为主油路安全阀。

补油泵从油箱吸油，经过滤油器，单向阀 2 供给主泵吸油口；补油溢流阀 3 调定补油压力，一般为 2MPa，补油泵的作用除了补偿泄漏量之外，还提高了主泵吸油压力，可提高主泵容积效率，延长使用寿命；更为主要的是，这里变量泵为双向柱塞变量泵，有了补油压力，柱塞泵内部的润滑解决了，所以其斜盘角度允许在一定范围内正负变化，启动时斜盘角度为零。

因为油液从定量马达回油没回油箱，而是直接供给主泵吸油口，带来的问题就是，内部循环油

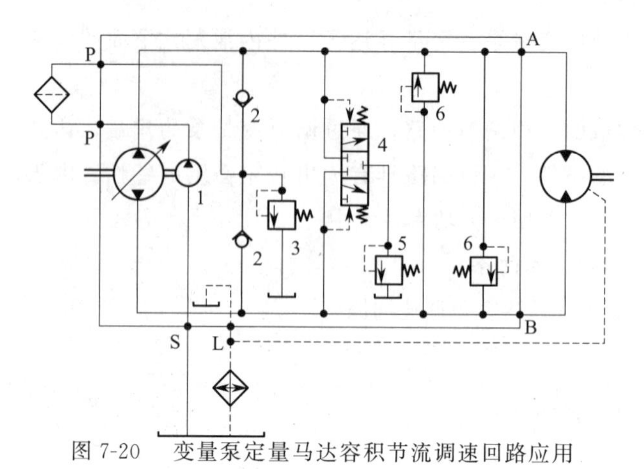

图 7-20　变量泵定量马达容积节流调速回路应用

1—复合泵（包含定量泵为补油泵，变量泵为主泵）；2—单向阀；3—补油泵溢流阀；
4—冲洗阀；5—冲洗溢流阀；6—主油路安全阀

液的温度可能会逐渐升高，为了控制循环油液的温度，所以设置冲洗阀 4，其作用是不断将一部分温度较高的循环油液，疏导回油箱；冲洗油量也是由补油泵来补充，达到循环油液热平衡。

4. 容积节流调速回路

容积调速回路效率高，发热少，但在低速时，泄漏在总流量中占的比例增加，负载特性会变差。在低速稳定性要求高的工况（如机床进给系统），常采用容积节流调速回路。

容积节流调速回路的特点是，变量泵的供油量能自动与流量调节元件的调节量相吻合；没有溢流损失，效率较高。速度稳定性较高，因为系统有节流损失，所以系统效率相对容积调速来说要低一些。

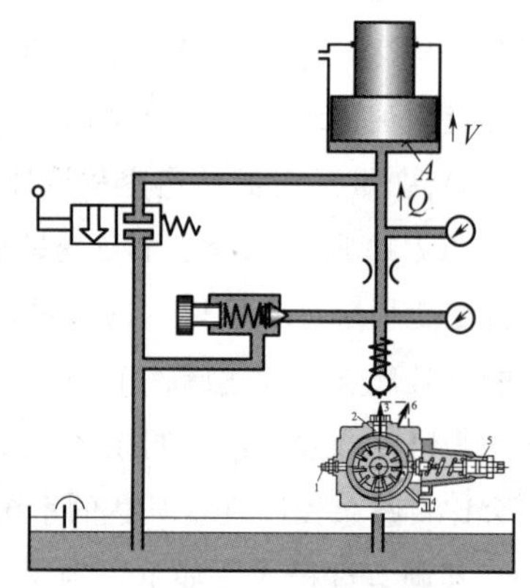

图 7-21　限压式变量泵与节流阀组成容积节流调速回路

图 7-21 所示为限压式变量叶片泵与节流阀组成的容积节流调速回路。该系统由限压式单作用叶片泵供油，压力油经单向阀、节流阀进入液压缸无杆腔。液压缸活塞杆伸出速度由节流阀调节。

当减小节流阀开口面积时，节流口前端压力上升，因为压力上升，导致限压式单作用叶片泵定子与转子的偏心距变小，变量叶片泵的排量变小，输出流量开始减小，油缸速度开始变慢。

由以上调节过程可以看出，液压缸得到的液压油变少，速度变慢，不是像定量泵供油系统一样，多余的油液从溢流阀回油箱，而是变量叶片泵的供油量减少，这样就避免了系统的溢流损失。系统效率相对较高。但因为节流阀的存在，系统工作时，节流阀两端有压差，所以系统存在节流损失。

此外，像由差压式单作用变量叶片泵、负载敏感变量柱塞泵等供油的液压系统，都是依靠容积节流调速原理来工作的。

5. 增速回路

增速回路的作用在于当液压泵供油量一定时，采用一些方法提高液压缸的运行速度。实现增速的方法有多种，例如液压缸的差动连接、双泵供油、使用增速缸实现增速、利用充液阀实现增速、利用蓄能器实现增速等。下面简单介绍几种常见增速回路。

1）利用液压缸差动连接的增速回路

如图 7-22 所示，液压缸为单出杆双作用缸，当三位四通电磁换向阀 1 的 Y1 带电，定量泵同时给液压缸两个腔同时供油，液压缸的两个腔压力相等，但面积不等，所以这时活塞杆会伸出，因为活塞杆伸出过程中有杆腔的油液与液压泵的供油同时给无杆腔，所以在不增加液压泵供油量的前提下，差动连接使液压缸活塞杆的伸出速度得到提高。差动连接使得液压缸伸出力减小，所以一般只能用于空载工况。

2）双泵供油增速回路

图 7-23 所示为双泵供油增速回路。两个泵为低压大流量和高压小流量组合。高压溢流阀 P1 按系统最高工作压力设定，低压溢流阀为外控溢流阀，P2 按系统快速运动所需压力设定。液压缸快速进给时，两个泵同时供油。当系统压力上升后，低压溢流阀被打开，低压大流量泵卸荷，单向阀被关闭。液压缸的速度由高压小流量泵来决定，实现工作进给。

该回路可实现比工进速度快得多的快速进给速度，且系统效率较高。

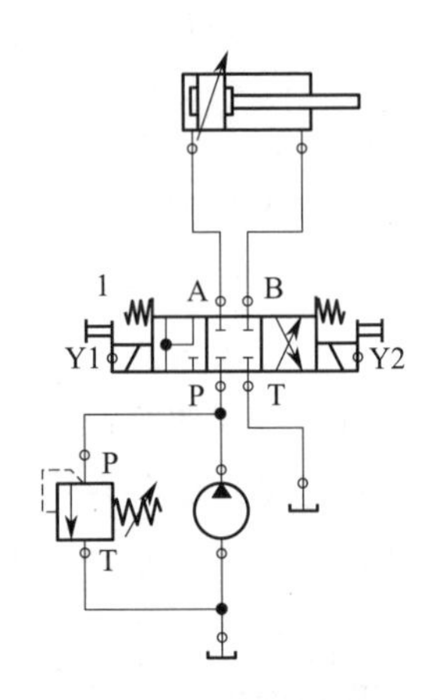

图 7-22　利用差动连接实现增速

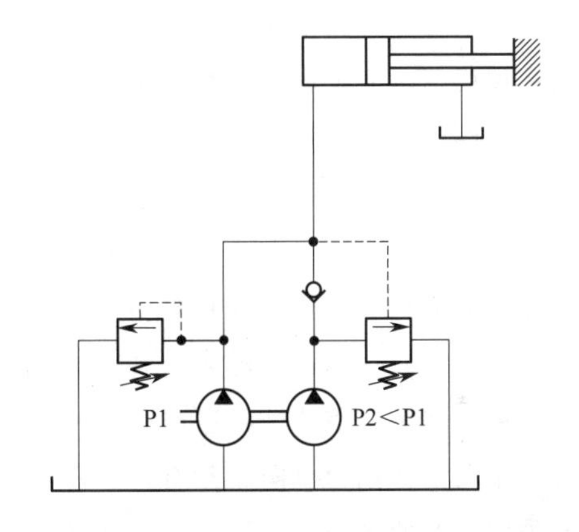

图 7-23　高压小流量与低压大流量液压泵组合

6. 液压马达制动与补油回路

图 7-24 所示为液压马达制动回路。当换向阀 1 换向时，液压马达开始旋转，如果液压马达转速很高或马达驱动的部件运动惯性很大，当换向阀突然回中位时，马达的进油腔会产生吸空现象，排油腔会产生过载现象，为了防止上述现象的发生，一般液压马达驱动回路会安装图 7-24 所示的 4 个单向阀和一个溢流阀 2。假设液压马达左端油口为进油口，这时可通过左下方单向阀从油箱补油，防止吸空；马达右端为排油腔，可通过右上方单向阀和溢流阀 2 与油箱接通，防止过载，并能使液压马达很好地制动。

由于执行机构的速度越来越快，现代液压技术应更多地考虑制动问题。

7. 速度切换回路

速度切换回路的作用是，使液压执行元件在一个工作循环中，从一种速度切换为另一种或几种速度。例如，快进切换成工进等。

1）利用行程阀的速度切换回路

图 7-25 所示为利用行程阀实现速度切换的液压回路。本回路由三位四通电磁换向阀、单向调速

阀、二位二通行程阀、液压缸等组成。

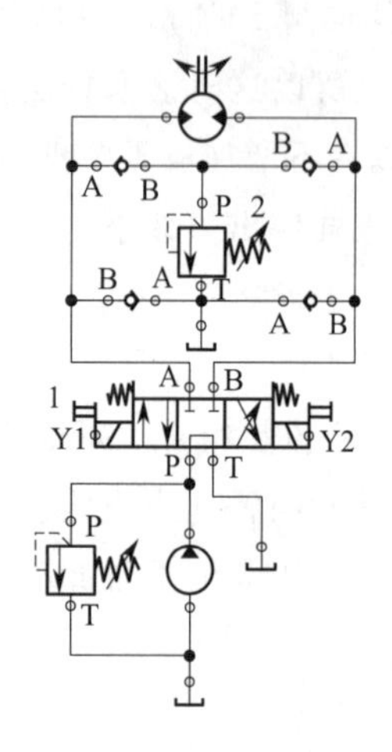

图 7-24　液压马达制动与补油回路

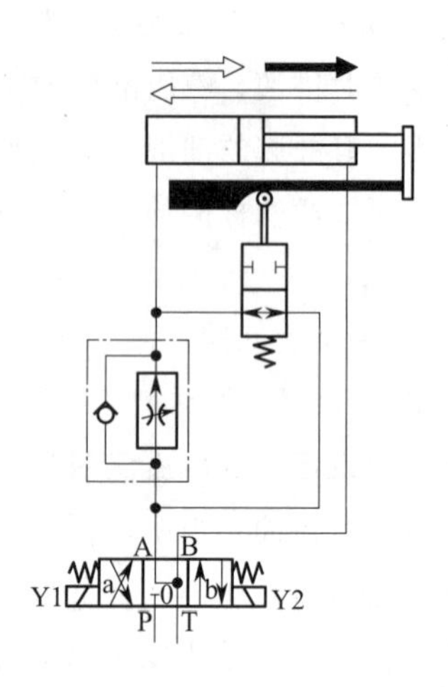

图 7-25　利用行程阀的速度切换回路

当三位四通电磁换向阀右端电磁铁带电时，油液通过换向阀 P 口到 A 口，经过单向调速阀、二位二通行程阀到达液压缸无杆腔，液压缸有杆腔油液通过换向阀 B 口到 T 口回油箱，液压缸活塞杆伸出，伸出速度为快进，因为这时二位二通行程阀接通；随着液压缸活塞杆向前运行，当二位二通行程阀被与液压缸活塞杆同步运行的机构压下时，二位二通行程阀断开，液压油只能通过单向调速阀进入液压缸无杆腔，因为这时单向阀关闭，所以活塞杆伸出速度由调速阀调节；活塞杆速度切换为工作进给。当三位四通电磁换向阀左端电磁铁带电时，油液通过换向阀 P 口到 B 口，进入液压缸有杆腔，液压缸无杆腔油液经过左上方单向调速阀、经换向阀 A 口到 T 口回油箱，液压缸活塞杆返回，这时单向调速阀的单向阀开启，活塞杆返回速度为快速。

这种回路的速度切换比较平稳，切换位置容易控制，但因为行程阀的安装位置受限制，所以往往管路较复杂。许多液压进给的专用机床都采用了这种速度切换方式。

2）利用电磁换向阀的速度切换回路

图 7-26 所示为利用电磁阀来实现速度切换的液压回路。本回路由三位四通电磁换向阀、单向调速阀、二位二通电磁换向阀、液压缸等组成。

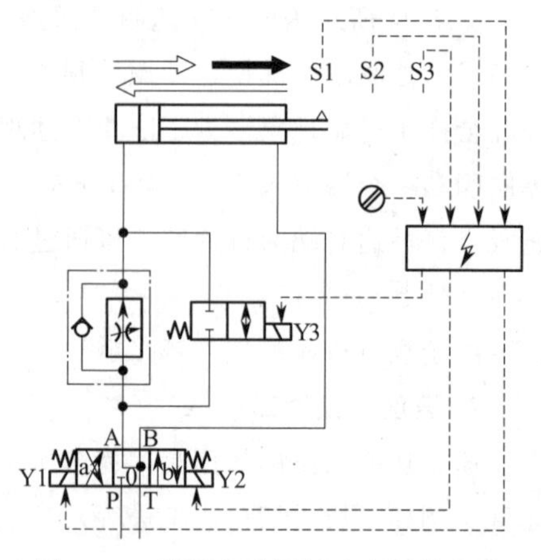

图 7-26　利用电磁阀的速度切换回路

当三位四通电磁换向阀右端电磁铁带电时，油液通过三位四通换向阀 P 口到 A 口，经过单向调速阀、二位二通电磁换向阀到达液压缸无杆腔，因为这时二位二通电磁换向阀电磁铁带电，二位二通换向阀接通，液压缸有杆腔油液通过三位四通换向阀 B 口到 T 口回油箱，液压缸活塞杆伸出，伸出速度为快进；当液压缸活塞杆向前运行到 S2 点时，二位二通电磁换向阀电磁铁断电，二位二通电磁换向阀断开，液压油只能通过单向调速阀进入液压缸无杆腔，因为这时单向阀关闭，所以活塞杆伸出速度由调速阀调节；活塞杆速度切换为工作进给。当三位四通电磁换向阀左端电磁铁带电时，油液通过三位四通换向阀 P 口到 B 口，进入液压缸有杆腔，液压缸无杆腔油液经过左上方单向调速阀、经三位四通换向阀 A 口到 T 口回油箱，液压缸活塞杆返回，这时单向调速阀的单向阀开启，活塞杆返回速度为快速。

因为二位二通电磁换向阀受电信号控制，所以其安装位置较灵活。但速度切换平稳性较行程阀稍差。当然，切换速度最平稳的是比例方向阀。

7.1.4　多缸动作控制回路

在液压系统中，一个液压泵同时供多个液压缸工作，多个液压缸往往有不同要求，不同时动作就有动作顺序要求，同时动作可能有同步要求等。

1. 多缸顺序动作控制回路

1）顺序阀控制两缸顺序动作回路

图 7-27 所示为顺序阀控制的顺序动作回路。当换向阀左位接入回路，且顺序阀的调定压力大于液压缸Ⅰ的最大前进压力时，液压油首先进入液压缸Ⅰ的无杆腔，液压缸Ⅰ活塞杆首先伸出；液压缸Ⅰ活塞杆伸出到头，压力升高，顺序阀接通，液压油进入液压缸Ⅱ无杆腔，液压缸Ⅱ活塞杆开始伸出；液压缸Ⅱ活塞杆伸出到头，换向阀右位接入回路，两个液压缸同时返回。这种顺序动作的可靠性，取决于顺序阀性能和压力调整等。

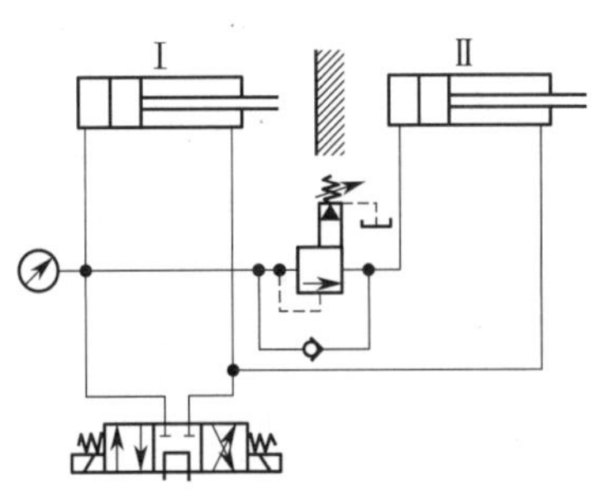

图 7-27　顺序阀控制两缸顺序动作回路

2）压力继电器控制两缸顺序动作回路

图 7-28 所示为压力继电器控制的两缸顺序动作回路。

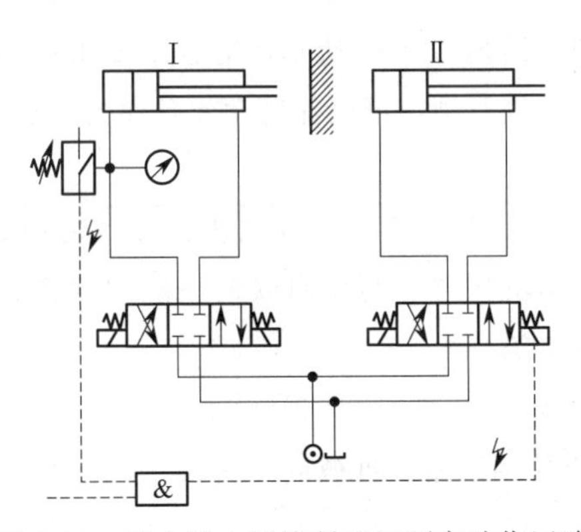

图 7-28　压力继电器控制两缸顺序动作回路

视频

压力继电器控制两缸顺序动作回路

该回路由两个电磁换向阀分别控制两个液压缸。当左边换向阀右位接入回路时，且压力继电器的调定压力大于液压缸Ⅰ的最大前进压力时，液压油首先进入液压缸Ⅰ的无杆腔，液压缸Ⅰ活塞杆首先伸出；液压缸Ⅰ活塞杆伸出到头，压力升高，压力继电器发信号，右边换向阀换向，右位接入回路，液压油进入液压缸Ⅱ无杆腔，液压缸Ⅱ活塞杆开始伸出；液压缸Ⅱ活塞杆伸出到头，两个换向阀均左位接入回路，两个液压缸同时返回。这种顺序动作的可靠性，取决于压力继电器性能和压力调整等。

以上两个顺序动作的例子，都是用压力信号实现。适合于要求第一个液压缸达到一定压力第二个液压缸才能动作的工况。例如液压缸Ⅰ负责液压夹紧、液压缸Ⅱ负责液压进给的工况，当然要注意该工况不允许两个液压缸同时返回。掌握了两个缸顺序伸出，就可以同时实现两个缸顺序返回。

3）接近开关控制两缸顺序动作回路

图 7-29 所示为接近开关控制两缸顺序动作回路。B1、B2、B3、B4 为接近开关。

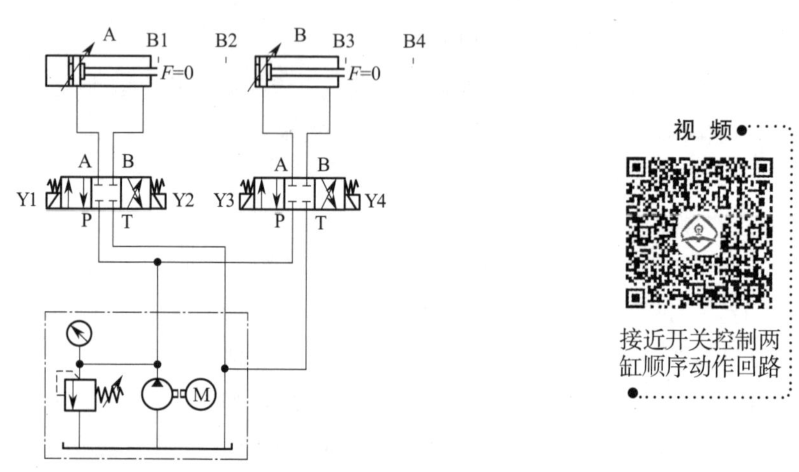

图 7-29　接近开关控制两缸顺序动作回路

系统启动，电磁铁 Y1 带电，油液进入液压缸 A 无杆腔，液压缸 A 活塞杆伸出；伸出到 B2 点，B2 接近开关发信号，电磁铁 Y3 带电，油液进入液压缸 B，液压缸 B 活塞杆伸出；依靠近接开关，实现两个液压缸顺序伸出。同样的道理，可以实现两个液压缸顺序返回，或一起返回。

显然，利用接近开关实现两个液压缸顺序动作，适合于要求第一个液压缸运行到指定位置，第二个液压缸再动作的工况。利用电气互锁，可以保证动作顺序的可靠性。

2. 多缸同步控制回路

很多机械设备，要求两个或两个以上的液压缸同步运动。液压系统多缸同步实现方法有多种，例如机械同步、利用同步阀实现多缸同步、利用串联液压缸实现多缸同步、利用同步马达实现多缸同步、利用比例阀的多缸同步回路等。

1）两缸机械同步

图 7-30 所示为两缸机械同步控制回路。机械同步一般采用刚性梁等使两个液压缸的活塞杆实现同步运动。

机械同步是最简单经济的同步方法，适合于同步精度要求不高、两缸负载差异不大的工况。否则会出现卡死或增加液压缸活塞杆所受侧向力，降低液压缸使用寿命，甚至造成系统不能正常工作。

2）利用同步阀实现两缸同步控制

同步阀又称分流集流阀，其工作原理是，分流时，理论上输入的油液会被均匀地分配到两个输出口；集流时，会限制两个输入口的流量，使它们等量地汇集到一个输出口。当然，受到两个液压缸负载大小不同等因素影响，分流集流阀都有一定的同步误差。

图 7-31 所示为利用同步阀两缸同步控制回路。当换向阀左位接入回路时，液压油通过分流集流阀均匀分配给两个二位二通截止阀，并分别输送给两个液压缸无杆腔，使两个液压缸活塞杆同步上升，当换向阀右位接入回路时，两个二位二通截止阀电磁铁带电，两个液压缸活塞杆在分流集流阀的作用下同步返回。

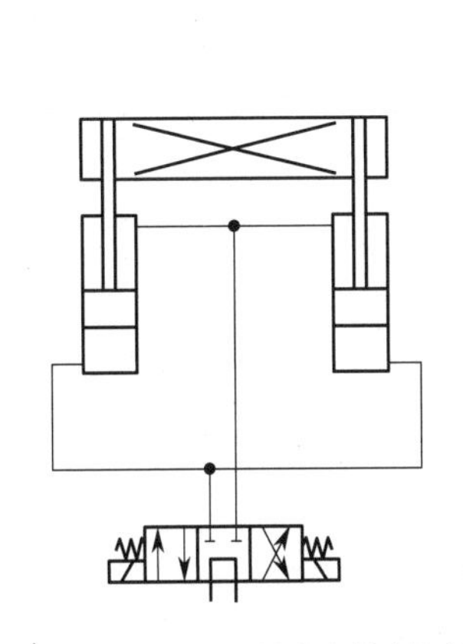

图 7-30　两缸机械同步控制回路

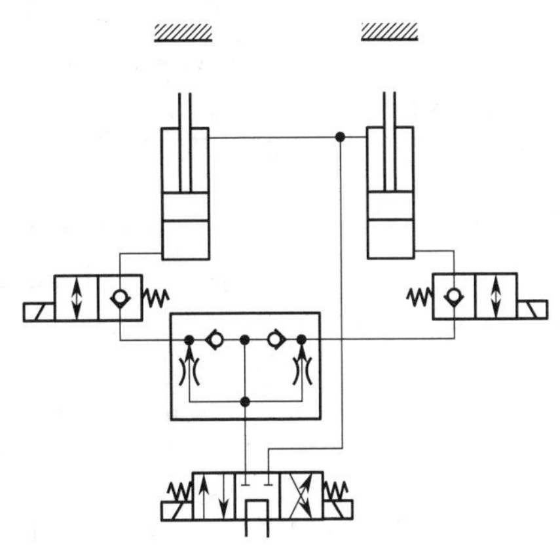

图 7-31　利用同步阀实现两缸同步控制

因为分流集流阀都存在分流误差，所以实际使用时，液压缸活塞杆每个行程，都要考虑消除误差的措施，不能让同步误差累积，否则系统将不能正常工作。分流集流阀的工作特性是，在它们的额定压力、额定流量下工作，同步精度最高，否则，会影响分流集流阀的同步精度。

7.1.5　组合机床液压动力滑台液压系统简介

图 7-32 所示为 YT4543 型组合机床液压动力滑台液压系统，由背压阀 1，外控顺序阀 2，单向阀 3、6、13，一工进调速阀 4，压力继电器 5，液压缸 7，行程阀 8，二位二通电磁换向阀 9，二工进调速阀 10，三位五通电磁换向阀 11（先导阀），三位五通液动换向阀 12（主阀），变量液压泵 14 等组成。由图可见，这个系统在机械和电气的配合下，能够实现“快进—工进—停留—快退—停止”的半自动工作循环。

液压动力滑台是组合机床上实现进给运动的一种通用部件，配上动力头和主轴箱后可以对工件完成各种孔加工、端面加工等工序。液压动力滑台用液压缸驱动，它在电气和机械装置的配合下可以实现自动工作循环。

表 7-1 表示 YT4543 型动力滑台系统的动作循环表。

表 7-1　YT4543 型动力滑台液压系统动作循环表

动作名称	信号来源	液压元件工作状态				
		顺序阀 2	先导阀 11	主换向阀 12	电磁阀 9	行程阀 8
快进	启动，1YA 带电	关闭	左位	左位	右位	右位
一工进	压下行程阀 8	打开	左位	左位	右位	左位
二工进	3YA 带电	打开	左位	左位	左位	左位

续表

动作名称	信号来源	液压元件工作状态				
		顺序阀 2	先导阀 11	主换向阀 12	电磁阀 9	行程阀 8
停留	滑台靠着在死挡块上	打开	左位	左位	左位	左位
快退	压力继电器 5 发出信号，1YA 断电，2YA 带电	关闭	右位	右位	左位	右位
停止	挡块压下终点开关，2YA 和 3YA 都断电	关闭	中位	中位	右位	右位

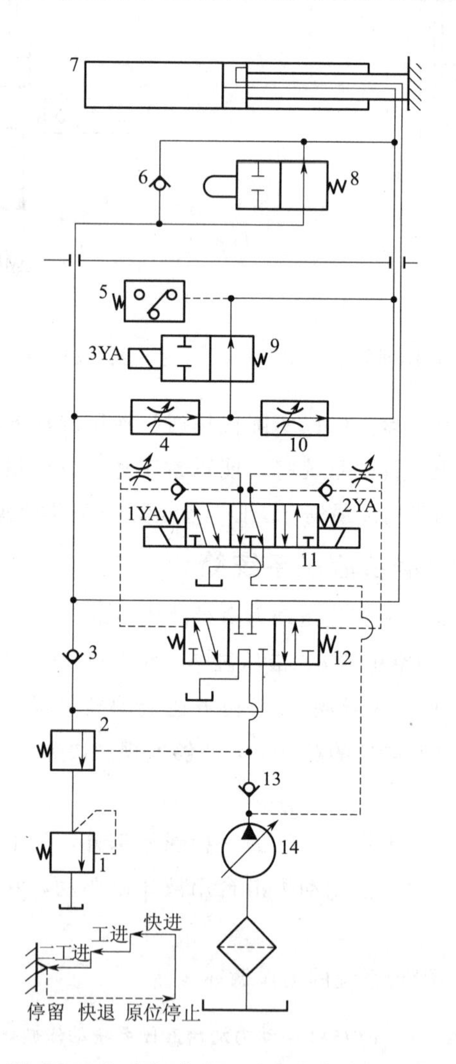

图 7-32 组合机床液压动力滑台液压系统

1—背压阀；2—外控顺序阀；3，6，13—单向阀；4——工进调速阀；5—压力继电器；
7—液压缸；8—行程阀；9—二位二通电磁换向阀；10—二工进调速阀；
11—三位五通电磁换向阀（先导阀）；12—三位五通液动换向阀（主阀）；14—变量液压泵

快速前进时，电磁铁 1YA 通电，换向阀 12 左位接入系统，顺序阀 2 因系统压力不高仍处于关闭状态。这时液压缸 7 作差动连接，变量液压泵 14 输出最大流量。系统中油液流动的路线为：

进油路：变量泵 14—单向阀 13—换向阀 12（左位）—行程阀 8（右位）—液压缸 7 左腔；

回油路：液压缸 7 右腔—换向阀 12（左位）—单向阀 3—行程阀 8（右位）—液压缸 7 左腔。

一次工作进给在滑台前进到预定位置，挡块压下行程阀 8 时开始。这时系统压力升高，顺序阀 2 打开；变量泵 14 自动减小其输出流量，以便与调速阀 4 的开口相适应。系统中油液流动路线为：

进油路：变量泵 14—单向阀 13—换向阀 12（左位）—调速阀 4—电磁换向阀 9（右位）—液压缸 7 左腔；

回油路：液压缸 7 右腔—换向阀 12（左位）—顺序阀 2—背压阀 1—油箱。

二次工作进给在一次工作进给结束，挡块压下行程开关，电磁铁 3YA 通电时开始。顺序阀 2 仍打开，变量泵 14 输出流量与调速阀 10 的开口相适应。系统中油液流动路线为：

进油路：变量泵 14—单向阀 13—换向阀 12（左位）—调速阀 4—调速阀 10—液压阀 7 左腔；

回油路：液压缸 7 右腔—换向阀 12（左位）—顺序阀 2—背压阀 1—油箱。

停留工况在滑台以二工进速度行进到碰上死挡块不再前进时开始，并且在系统压力进一步升高，压力继电器 5 发出信号后终止。

快退在压力继电器 5 发出信号，电磁铁 1YA 断电、2YA 通电时开始。

变量泵 14 流量又自动增大。系统中油液的流动情况为：

进油路：变量泵 14—单向阀 13—换向阀 12（右位）—液压缸 7 右腔；

回油路：液压缸 7 左腔—单向阀 6—换向阀 12（右位）—油箱。

停止在滑台快速退回到原位，挡块压下终点开关，电磁铁 2YA 和 3YA 都断电时出现。这时换向阀 12 处于中位，液压缸 7 两腔封闭，滑台停止运动。系统中油液的流动情况为：

卸荷油路：变量泵 14—单向阀 13—换向阀 12（中位）—油箱。

从以上的叙述中可以看到，这个液压系统有以下一些特点：

（1）系统采用了“限压式单作用变量叶片泵—调速阀—背压阀”式调速回路，能保证稳定的低速运动（进给速度最小可达 6.6 mm/min）、较好的速度刚性和较大的调速范围。

（2）系统采用了限压式变量泵和差动连接式液压缸实现快进，能量利用比较合理。滑台停止运动时，换向阀使液压泵在低压下卸荷，减少能量损耗。

（3）系统采用了行程阀和顺序阀实现快进与工进的切换，不仅简化了电路，而且使动作可靠，切换精度亦比电气控制式高。至于两个工进之间的切换则由于两者速度都较低，采用电磁阀完全能保证切换精度。

7.2　电气液压控制回路实践

已知，如图 7-33 所示，由三位四通电磁换向阀控制双作用液压缸。在图 7-33 基础上，设计速度切换回路。

项目要求：液压缸活塞杆在原始位，B1 有感应信号，在上述前提下，操作起始开关 S1，要求液压缸活塞杆快速伸出，伸出至 B2 点，液压缸活塞杆伸出速度转换为工作进给，液压缸活塞杆以工作进给速度继续伸出至 B3 点，自动返回。试完善液压原理图，设计电气原理图；并在实验台上安装调试。

注意： *为安全起见，液压缸活塞杆不在原始位，操作起始开关 S1 无效。*

1. 液压原理图完善

为实现液压缸伸出过程中的速度切换功能，肯定要增加单向节流阀；但只增加单向节流阀，液压缸活塞杆的伸出速度，由节流阀调定后，只能工进；为实现快进，还要给单向节流阀并联电磁换向阀。所以选择单向节流阀并联二位二通电磁换向阀，来切换两个速度，以便达到液压缸活塞杆伸出速度快速与工进切换的目的。

当然，增加的单向节流阀及电磁换向阀可以采用进油节流方式，也可以采用回油节流方式。完善后的液压原理图如图 7-34 所示。

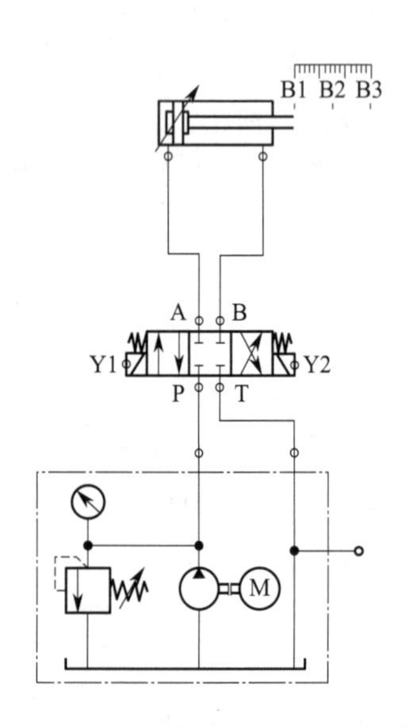

图 7-33　三位四通电磁换向阀控制液压缸

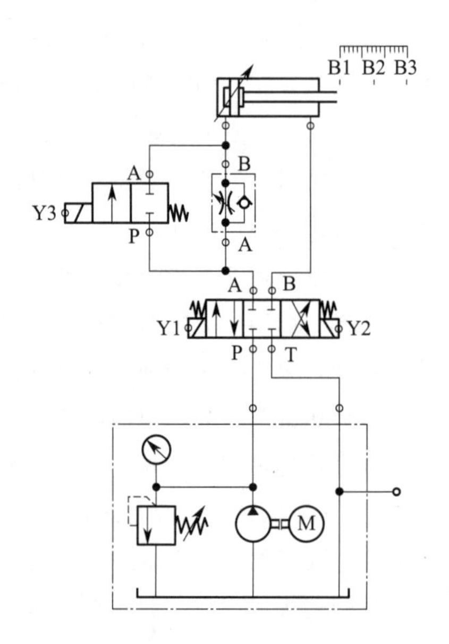

图 7-34　速度切换回路液压原理图

2. 电气原理图设计思路

电气原理图可以在三位四通电磁换向阀控制液压缸实现单循环的基础上来完善，单循环电气回路已经完成对电磁铁 Y1、Y2 的控制；只要将 Y3 的控制增加就可以了。这里 Y3 在 B2 点之前带电，到 B2 点断电，需要注意接近开关 B2 的信号一定要保持，所以电路采用了 K3 继电器自锁。完成一个循环，液压缸活塞杆回到原始位，用 B1 信号解除了 K3 自锁；其思路与压力切换回路一致。

视　频

速度切换回路

再有，为满足活塞杆不在原始位，起始开关不能启动的要求，增加了 S0 急停开关，结合三位四通电磁换向阀特性，操作 S0 能使活塞杆停在任意位置。只要活塞杆不在原始位，B1 传感器就没有感应信号，电路中第 3 路串联了 K2 继电器常开点，这时操作起始开关 S1 将不起作用。为了使活塞杆返回原位，设置了复位开关 S2，如图 7-35 所示。

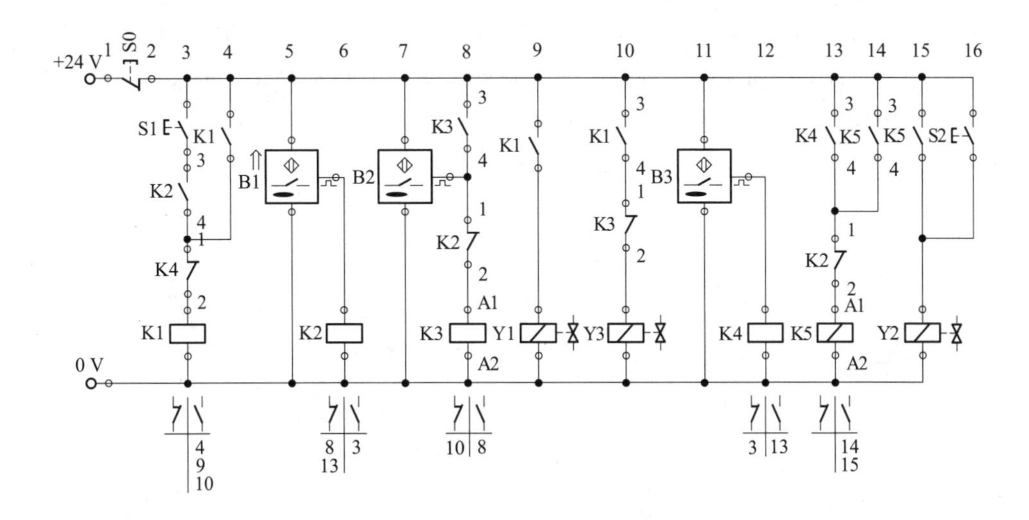

图 7-35　速度切换回路电气原理图

思考与练习

1. 试分析图 7-36 所示液压原理图，能实现几个压力等级。

2. 如图 7-37 所示的速度切换回路，试分析系统效率低、发热多的原因，并给出可行的解决方案。

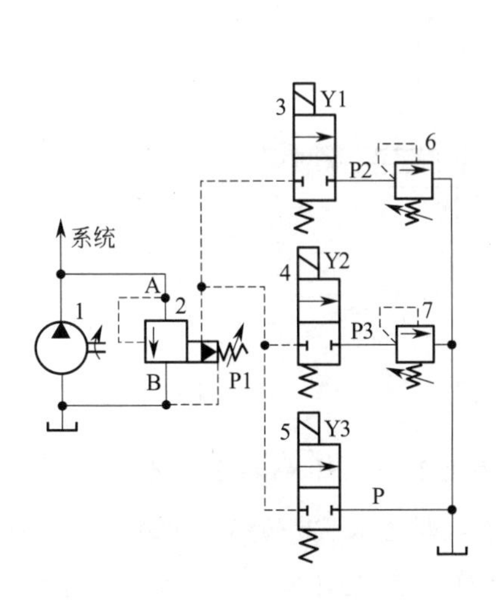

图 7-36　多级压力控制回路（题 1 图）

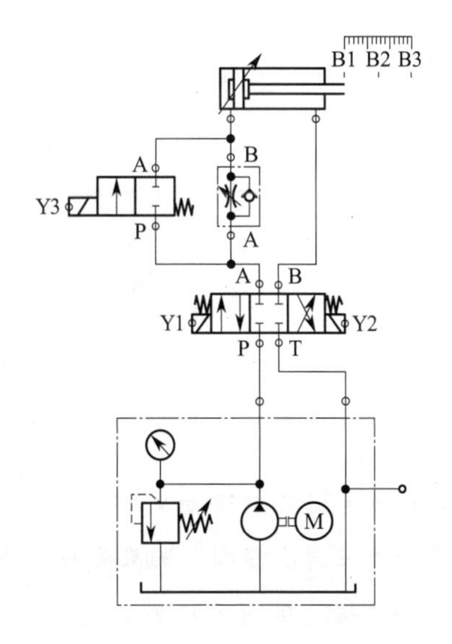

图 7-37　速度切换回路（题 2 图）

3. 如图 7-38 所示，A 液压缸为加工缸，工作压力为 10 MPa，设想用 P1 溢流阀来调节；B 液压缸为夹紧缸，工作压力为 2 MPa，设想用 P2 溢流阀来调节。根据机床实际工作需求，两个液压缸动作顺序为：B 缸伸出夹紧工件，A 缸伸出加工工件，加工完成，为保证安全，A 缸返回后，B 缸返回。试指出图中的不合理之处，并改正。

4. 图 7-39 所示为蓄能器保压回路，试分析其存在的不合理之处，并改正。

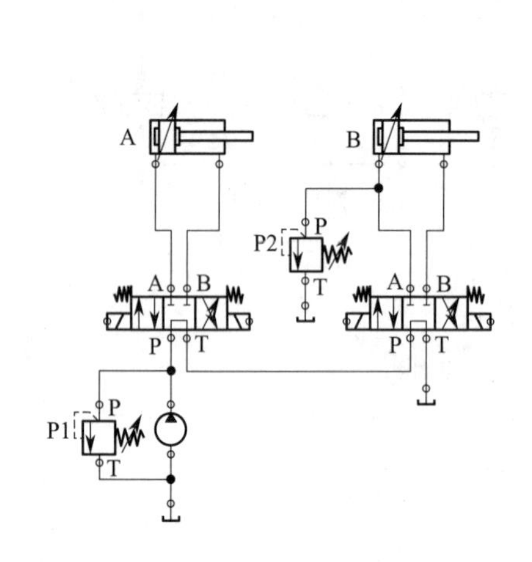

图 7-38　双缸顺序动作控制回路（题 3 图）

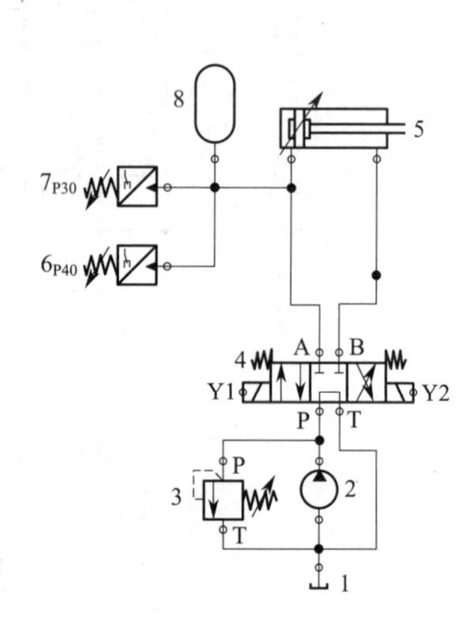

图 7-39　蓄能器保压回路（题 4 图）

5. 如图 7-40 所示回路中，已知液压缸活塞运动时的负载 $F=8$ kN，活塞直径 $D=50$ mm，溢流阀调整值为 $p_1=16$ MPa，减压阀的调整值为 $p_2=5$ MPa，油液流过减压阀及管路时的损失可忽略不计。

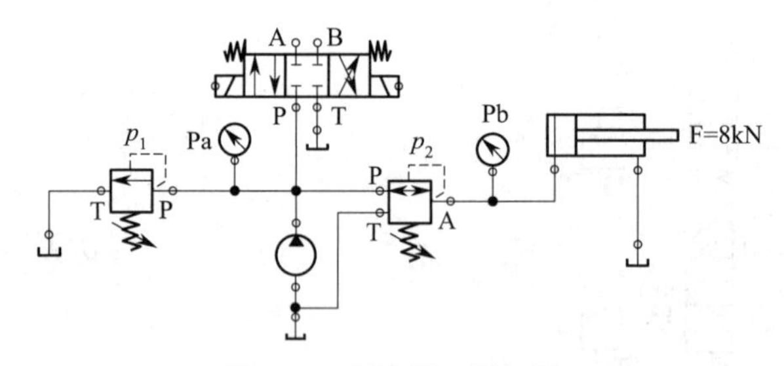

图 7-40　回路图（题 5 图）

（1）试确定活塞在运动时和停在终端位置处时，压力表 Pa 和 Pb 的指示值各是多少。

（2）作为三通减压阀，如果液压缸负载增加至 12 kN，压力表 Pb 的指示值是多少。

（3）如果将减压阀更换为二通减压阀，液压缸负载增加至 12 kN，压力表 Pb 的指示值是多少。

6. 对于齿轮泵出厂试验，一般需要在 0 MPa、4 MPa、8 MPa、12 MPa、16 MPa 压力下分别测量泵的实际输出流量。对于大排量齿轮泵，试设计其出厂试验台液压原理图。提示：齿轮泵出厂试验一般使用溢流阀加载，用流量计测量其输出流量。

7. 如图 7-41 所示，叠加阀液压系统，假设系统流量为 20 L/min，试根据液压原理图对系统中液压元件进行选型。（可参考博世力士乐公司产品样本或北京华德液压公司样本，公司官网可下载。）

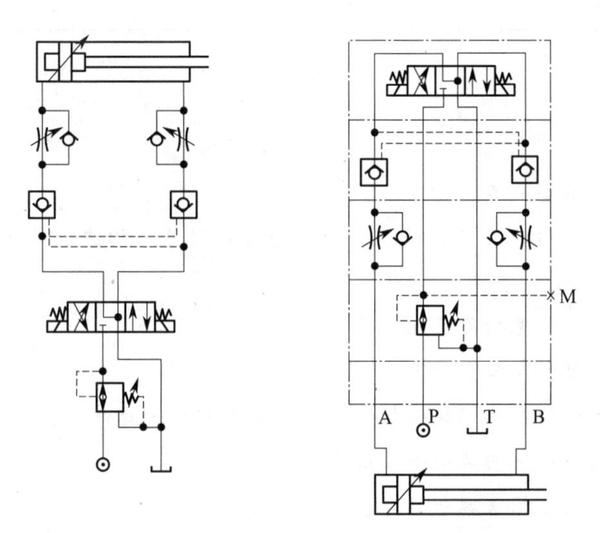

图 7-41　叠加阀液压系统（题 7 图）

单元 8 液压辅助元件认知与实践

知识目标

1. 了解蓄能器的常见类型及各自特点；

2. 掌握气囊式蓄能器的结构及安装规范，掌握蓄能器附件结构组成及使用方法，掌握安装蓄能器液压回路的油液泄压方法；

课 件

液压辅助元件认知与实践

3. 了解气囊式蓄能器的常见功能及相关计算；

4. 了解滤油器的常见类型及各自特点；

5. 掌握回油滤油器、吸油滤油器的结构，滤芯种类及相应过滤精度；

6. 了解滤油器在液压系统中的典型安装位置；

7. 了解开式油箱的典型结构及容积计算。

能力目标

1. 具备正确、安全使用气囊式蓄能器的能力；

2. 具备正确使用维护常见滤油器的能力；

3. 具备利用所学液压知识识读蓄能器保压回路并正确安装调试的能力。

8.1 液压辅助元件认知

液压系统辅助元件包括蓄能器、滤油器、油箱、热交换器、管件、密封件等。从液压传动的工作原理来看，这些元件是起辅助作用的。从保证液压系统有效的传递力和运动，以及提高液压系统的工作性能来看，它们却是非常重要的。实践证明，液压辅件的合理设计与选用在很大程度上影响系统的动态性能、工作稳定性、工作寿命、噪声和效率，必须予以重视。在液压辅件中，油箱和集成块一般需要根据系统要求自行设计，其他辅助装置则做成标准件，供使用时选用。

8.1.1 蓄能器认知

1. 蓄能器的功能及分类

蓄能器是液压系统中储存和释放液压能的一种装置，它在液压系统中的功能归纳如下：

(1) 作辅助动力源。若液压系统中的执行元件是间歇性工作的，且与停顿时间相比工作时间较短，或者液压系统的执行元件在一个工作循环内运动速度相差较大，这时可采用蓄能器作为辅助动力源。

图 8-1 所示为注塑机不同工艺时间功率消耗示意图。从图中可以看出，注塑机在第 4 工步需要消

耗功率最大，但其他工步消耗功率很小。这种工况下，为节省液压系统的动力消耗，可在系统中设置蓄能器作为辅助动力源。在液压系统不需大量油液时，可以把液压泵输出的多余压力油液储存在蓄能器内，到需要时再由蓄能器和液压泵快速供给液压系统。这样就可使液压系统选用较小排量的液压泵，其输出流量等于循环周期内执行元件需要的平均流量即可。

本例充分体现了蓄能器的一些特点：在满足较大功率需求的前提下，可使用较小的泵，降低装机功率，发热更少。

(2) 补偿泄漏、维持系统压力。若液压系统的执行元件在一定时间内只需要输出力，而输出速度为零，即液压压紧工况。此时为节约能量，液压泵停止向液压系统供油或卸荷，由蓄能器把储存的压力油液供给系统，补偿系统泄漏使系统在一段时间内维持压力，维持执行元件的输出力恒定。如图 8-2 所示，如果液压缸只用于将工件压紧，达到压紧力后，液压泵卸荷，蓄能器在一定时间内实现保压。

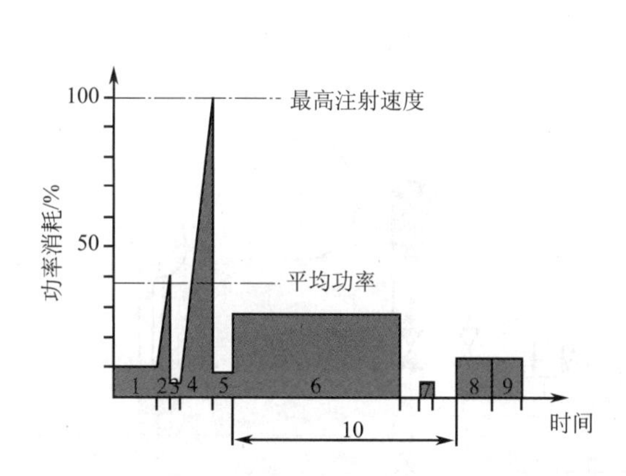

图 8-1　注塑机不同工艺时间功率消耗示意图

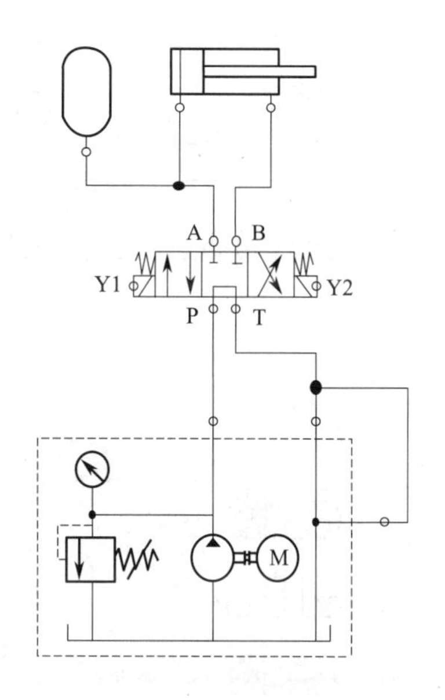

图 8-2　用蓄能器维持压紧缸工作压力示意图

(3) 作为紧急动力源。如图 8-3 所示，出于安全考虑，系统中液压缸在液压系统故障时，要求活塞杆返回。当突然断电时，系统中换向阀均回到原始位，通过设置蓄能器，蓄能器的能量使液压缸活塞杆返回。

(4) 吸收脉动、降低噪声。如图 8-4 所示。在液压系统中，液压泵的输出瞬时流量存在脉动，将导致系统的压力脉动，从而产生振动和噪声。此时可在液压泵的出口附近安装蓄能器吸收脉动、降低噪声，减小因振动对仪表和管接头等元件的损害。

(5) 吸收液压冲击。如图 8-5 所示，由于换向阀的突然换向，液压系统管路内的高压腔与低压腔瞬间沟通，产生液压冲击。在管路上安装蓄能器，则可以吸收或缓和这种压力冲击。

(6) 用作液压弹簧。液压蓄能器可用作液压弹簧，以减小冲击和振动。蓄能器能够用以张紧机床和车辆的驱动链条，以避免传递冲击。如图 8-6 所示，只要保持液压系统压力恒定，在链条传动系统就存在一个稳定的张紧力。随着链条的长度变形，还可以自动补偿变形量。这时的蓄能器内气体，可用作悬挂元件。

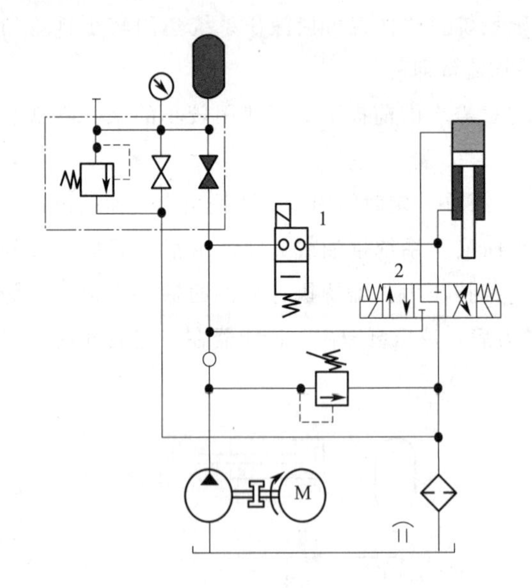

图 8-3　蓄能器用于液压缸紧急复位

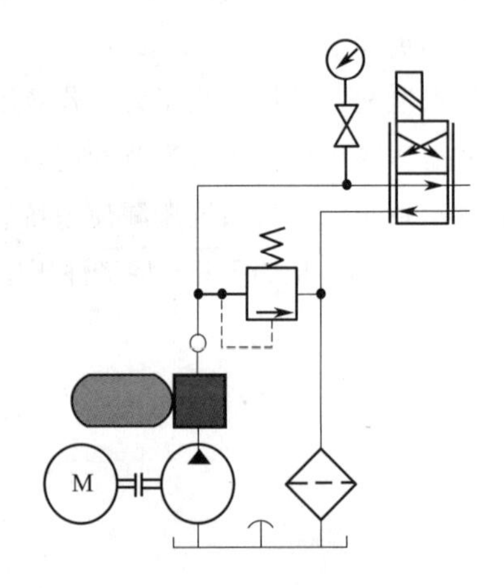

图 8-4　蓄能器用于吸收压力脉动

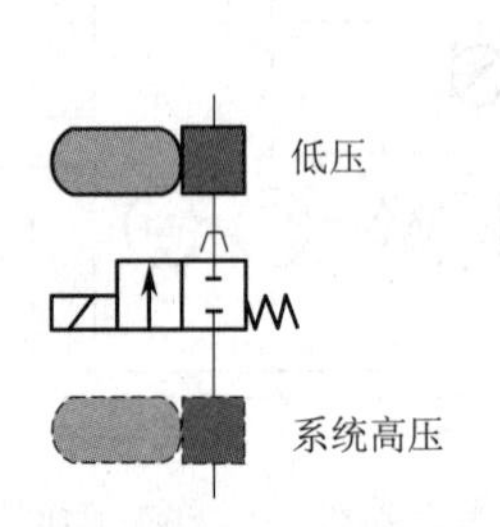

图 8-5　蓄能器用于吸收液压冲击

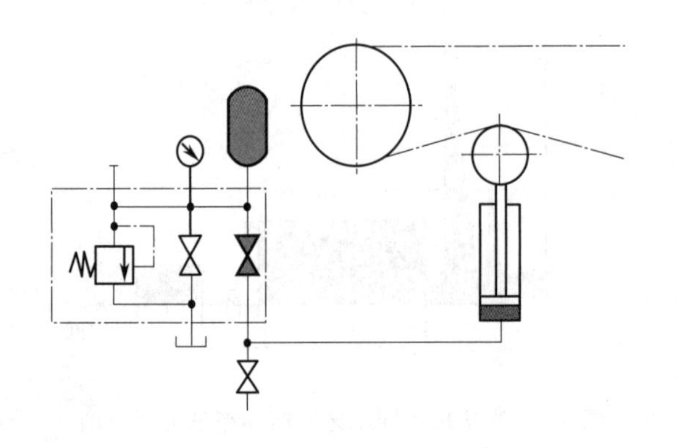

图 8-6　蓄能器用作液压弹簧

2. 蓄能器的分类、结构形式和特点

1）蓄能器分类

蓄能器可分为重锤式、弹簧式和充气式三种，如图 8-7 所示。

(1) 重锤式蓄能器。重锤式蓄能器是利用重物的势能与液压能的相互转换来储存和释放液压能。此类蓄能器产生的压力取决于重物的重量和柱塞面积的大小。其特点是：在工作过程中，无论油液进出多少和快慢，均可获得恒定的液体压力，且结构简单，工作可靠。缺点是：体积大、惯性大、反应不灵敏、有摩擦损失。一般常用于固定设备中作蓄能用。

(2) 弹簧式蓄能器。弹簧式蓄能器是利用弹簧的压缩来储存能量。此类蓄能器产生的压力取决于弹簧的刚度和压缩量。其特点是：结构简单、容量小。一般常用于小容量、低压、循环频率低的场合。

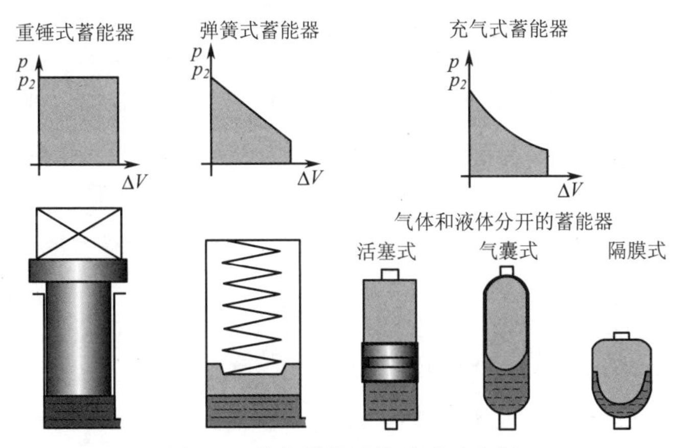

图 8-7　蓄能器的结构形式示意图

（3）充气式蓄能器。充气式蓄能器按气体与液体是否接触分为非隔离式（直接接触式）和隔离式两种。

直接接触式蓄能器由于压缩空气与液压油接触，气体容易混入油液中，影响工作的稳定性。这种蓄能器常用于大流量的低压回路中。

常用的隔离式蓄能器有活塞式、气囊式和隔膜式三种。

2）气囊式蓄能器的结构及工作原理

如图 8-8 所示，气囊式蓄能器由壳体 1、气囊 2、充气阀 3、进油口 4 及盘阀 5 等组成。

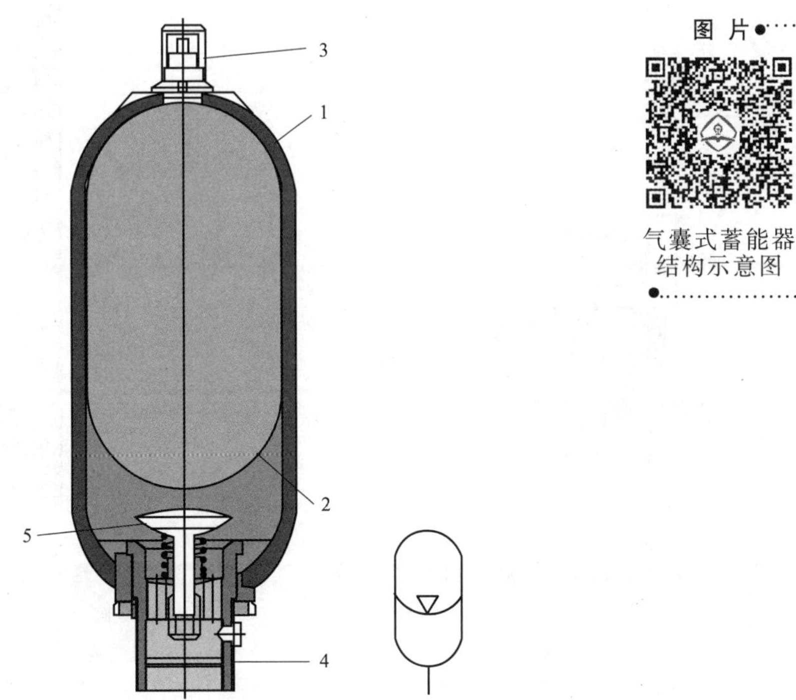

图 8-8　气囊式蓄能器结构示意图及职能符号

1—壳体；2—气囊；3—充气阀；4—进油口；5—盘阀

气囊式蓄能器被气囊隔离为一个液体腔，一个气体腔，液体腔与液压回路相连。当液体压力大于气囊内气体压力时，气体受到压缩，液体流入蓄能器。当液压压力降低，气体膨胀，将液体压入液压回路中。气囊式蓄能器是利用气体的压缩和膨胀来储存、释放液压能的。盘阀 5 只允许液体进出蓄能器，而防止气囊从油口挤出。充气阀 1 只在气囊充气时打开，蓄能器工作时关闭。

气囊式蓄能器的特点是：气囊式蓄能器是最常用的一种隔离式蓄能器，体积小，质量小，可靠性高，反应灵敏，容量大（最大可至 480 L），可吸收压力冲击和脉动，但是气囊和壳体制造要求较高。

3）隔膜式蓄能器结构及工作原理

图 8-9 所示为隔膜式蓄能器结构示意图及职能符号。隔膜式蓄能器由充气阀 1、壳体 2、氮气腔 3、隔膜 4、盘阀 5、进油口 6 等组成。气体与液体在壳体内被隔膜可靠分离，隔膜式蓄能器由于结构原因，适合于小容积使用工况。其壳体结构分为焊接式及螺纹连接两种。

隔膜式蓄能器被隔膜隔离为一个液体腔，一个气体腔，液体腔与液压回路相连。当液体压力大于隔膜内气体压力时，气体受到压缩，液体流入蓄能器。当液压压力降低，气体膨胀，通过隔膜将液体压入液压回路中。

4）活塞式蓄能器结构及工作原理

图 8-10 所示为活塞式蓄能器结构示意图。活塞式蓄能器由充气阀 1、上端盖 2、活塞密封圈 3、活塞 4、氮气腔 5、壳体 6、进油口 7、端盖连接件 8 等组成。

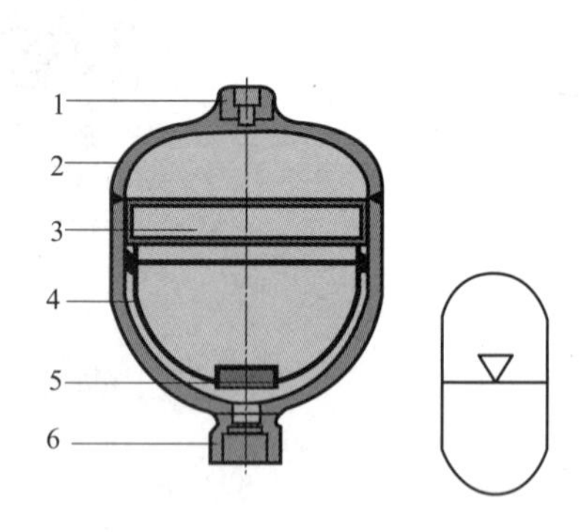

图 8-9　隔膜式蓄能器结构示意图及职能符号

1—充气阀；2—壳体；3—氮气腔；

4—隔膜；5—盘阀；6—进油口

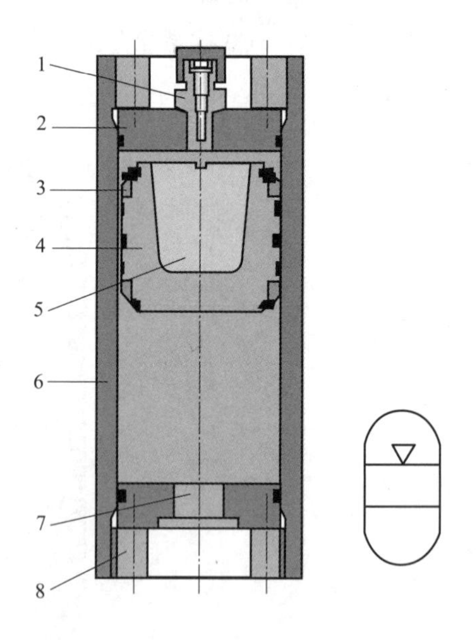

图 8-10　活塞式蓄能器结构示意图及职能符号

1—充气阀；2—上端盖；3—活塞密封圈；4—活塞；

5—氮气腔；6—壳体；7—进油口；8—端盖连接件

活塞式蓄能器利用活塞将氮气腔与液体腔隔开，液体腔与进油口连接。当液体压力大于活塞上部氮气腔气体压力时，气体受到压缩，液体流入蓄能器。当液压压力降低，气体膨胀，推动活塞将液体压入液压回路中。

活塞式蓄能器可以任意位置安装，但建议垂直安装，使氮气腔处于顶部，这样可避免液体污染物影响活塞正常工作。

活塞式蓄能器的特点：活塞式蓄能器是一种隔离式蓄能器，它利用活塞气体与油液隔离，以减少气体渗入油液的可能性。成本高，对缸壁及活塞外圆有较高的加工要求。活塞上的摩擦力会影响蓄能器动作，不能完全防止气体渗入油液。一般容量不大。性能不十分理想。

3. 充气式蓄能器附件

充气式蓄能器附件是一个安全与截止控制模块，用于蓄能器的安全保护、截止和卸荷。该控制模块符合国家的安全要求和质量标准。

图 8-11 所示为蓄能器附件结构示意图及原理图。进油口截止阀 1，用于维修时将液压回路与蓄能器进油口隔离；卸荷阀 2，平时系统正常工作时，该阀关闭，防止系统压力油通过该阀直接回油箱，维修时，首先应该开启该阀，使系统压力及蓄能器液压腔压力卸荷，否则直接拆卸相关管路，会直接喷油；安全阀 3，其调整压力不得高于配套使用的充气式蓄能器额定工作压力，以便保证蓄能器安全使用，所以该安全阀压力禁止随意调整。

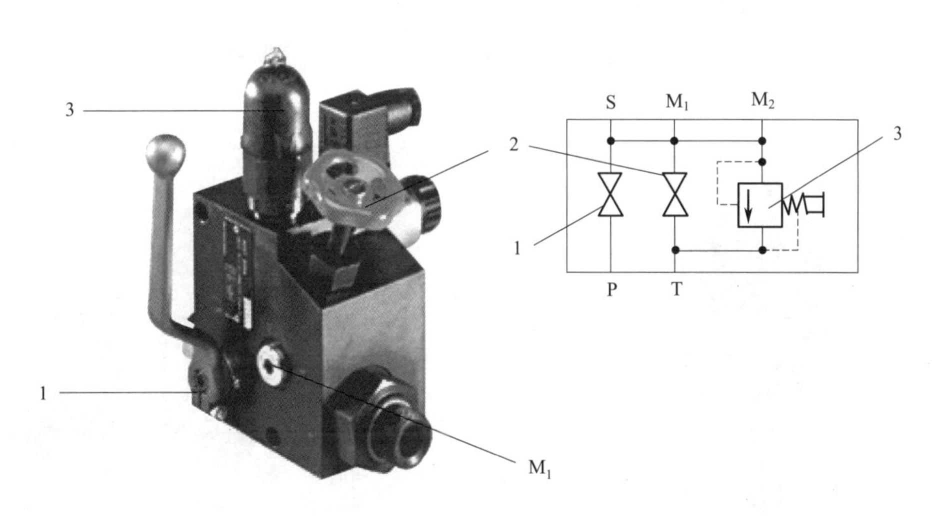

图 8-11　充气式蓄能器附件结构示意图及原理图

1—进油口截止阀；2—卸荷阀；3—安全阀；S—接蓄能器；M_1、M_2—检测端口；P—接压力管路；T—接油箱

通常情况下，充气式蓄能器的氮气泄漏很少。为防止在系统工作过程中，出现可能的预充气压 P_0 降低，必须定期检查预充气压。

利用充气与测试设备，就可对蓄能器进行充气，或对预充压力进行改变。将充气工具与蓄能器的气压阀门螺纹连接，并用一根柔性充气软管接标准氮气瓶。如需检查预充压力或仅是减压操作，则无须接充气软管。对于蓄能器指明的预充气压 P_0，必须在每次装机和维修后加以检查，另外，初次设定之后，每星期还需至少检查一次。如没有发现氮气泄漏，可在大约四个月后再检查一次。如仍未漏气发生，则一年检查一次就够了。

4. 蓄能器的使用与安装

蓄能器在液压回路中的安装位置随其作用不同而不同，吸收液压冲击或压力脉动时宜放在冲击源或脉动源附近；补油保压时尽可能接近执行元件。

蓄能器使用时须注意如下几个方面。

(1) 充气式蓄能器中应使用惰性气体（一般为氮气），允许工作压力视蓄能器结构形式而定，例如气囊式为 3.5～32 MPa。

(2) 不同的蓄能器各有其适用的工作范围，例如，气囊式蓄能器的气囊强度不高，不能承受很大的压力波动，且只能在－20～70 ℃的范围内工作。

(3) 容量大于 1 L 的气囊式蓄能器应垂直安装，油口向下。

(4) 蓄能器与管路系统之间应安装截止阀，供充气、检修时使用。蓄能器与液压泵之间应安装单向阀，防止液压泵停止时蓄能器内储存的压力油液倒流回液压泵。

如图 8-12 所示，油液接口向下，与水平安装板可靠固定，并通过外圆卡箍将其固定在垂直安装板上。

5. 气囊式蓄能器相关计算

1) 气囊式蓄能器容积计算

图 8-13 所示为气囊式蓄能器工作过程示意图。P_0—充气压力，P_1—最低工作压力，P_2—最高工作压力，V_0—蓄能器容积，V_1—压力为 P_1 时气体体积，V_2—压力为 P_2 时气体体积，n—多变指数（氮气 $n=1.4$）。

图 8-12　蓄能器的安装

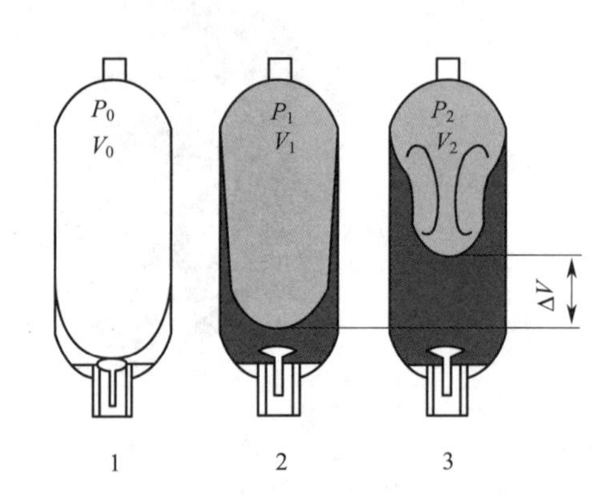

图 8-13　气囊式蓄能器工作过程示意图

(1) 气囊式蓄能器用于储存能量（温度为 T_1 时，压力为 P_0）。其工作过程一般小于 1 min，所以适用绝热过程计算。

$$V_0=\frac{\Delta V}{\left(\frac{P_0}{P_1}\right)^{\frac{1}{n}}-\left(\frac{P_0}{P_2}\right)^{\frac{1}{n}}}$$

(2) 气囊式蓄能器做应急能源（温度为 T_1 时，压力为 P_0）。气囊式蓄能器做应急能源时，冲压过程为等温过程，释压过程为绝热过程。

$$V_0=\frac{\Delta V\cdot\frac{P_2}{P_0}}{\left(\frac{P_2}{P_1}\right)^{\frac{1}{n}}-1}$$

(3) 气囊式蓄能器用于补偿泄漏、维持系统压力(温度为 T_1 时,压力为 P_0)。气囊式蓄能器用于补偿泄漏、维持系统压力时,冲压过程为等温过程,释压过程为绝热过程。

$$V_0=\frac{\Delta V}{\frac{P_0}{P_1}-\frac{P_0}{P_2}}$$

2) 气囊式蓄能器充气压力的确定

气囊式蓄能器充气压力与用途有关。蓄能器若用于储存能量时,其充气终了时的压力不得超过液压系统最低工作压力的 90%,但不得低于最高工作压力的 25%。蓄能器若用于缓和冲击时,通常以安装处的工作压力或略高的压力为充气压力。蓄能器若用于吸收液压泵的压力脉动时,一般以平均脉动压力的 60%为充气压力。

8.1.2 滤油器认知

液压油是否清洁,不仅影响液压系统的工作性能和液压元件的使用寿命,而且直接关系液压系统是否能正常工作。实践表明,液压系统 80%以上的故障与液压油受到污染有关,因此控制液压油的污染十分重要。

滤油器可以从液压油中分离固态颗粒等污染物。过滤器一般是由纤维或细小过滤颗粒组成的。

1. 液压油污染物的来源

1) 液压元件制造过程中产生的污染

多数液压元件壳体的内腔和零件外形非常复杂,制造过程中要清除表面污染物非常困难,例如,换向阀阀体内腔的铸造残留物,即使再仔细的清洗也很难清除干净。在液压系统长期运行之后,这些污染物就进到油液中。

液压零部件放在仓库等待装配,零件通常进行防锈处理。防锈液会吸收污染物。出厂试验时,部分污染物会进到系统油液中。

2) 系统装配和运行时会产生污染

系统装配时,液压硬管会产生焊渣、毛刺等污染,液压软管会产生橡胶颗粒等污染,液压系统运行时会产生磨损颗粒,液压系统维修时不专业也会产生污染,甚至液压系统用的新油,其出厂时的清洁度不能满足液压系统正常运行的要求。

2. 液压油液污染的危害

液压油液的污染,直接影响液压系统的工作性能及可靠性,使液压系统性能下降,经常发生故障,液压元件寿命缩短。造成这些危害的原因主要是油液中的颗粒,5~20 μm 的颗粒会加速磨损,更大的颗粒会直接造成系统突发故障。液压系统 80%以上的故障都是由于液压油清洁度不达标引起的。所以控制好油液清洁度,使其达到液压系统正常运行标准非常必要。

水分和空气的混入使液压油的润滑能力降低并使它加速氧化变质,产生气蚀,使液压元件加速腐蚀,导致液压系统出现振动、爬行等。

3. 滤油器的主要性能指标

1）绝对过滤精度

过滤精度一般指从油液过滤掉的杂质颗粒的最大尺寸（以污染颗粒的平均直径表示），滤油器按过滤精度可以分为粗滤油器、普通滤油器、精滤油器。

滤油器在实际应用中的规格，根据实际孔径或网目大小能确定过滤等级，如绝对过滤率。通过定义过滤比 β 值，可更准确地描述滤油器的过滤能力及效率。不同过滤材料或不同厂家产品用 β 值就能相互比较。过滤比 β 值的定义如图 8-14 所示。

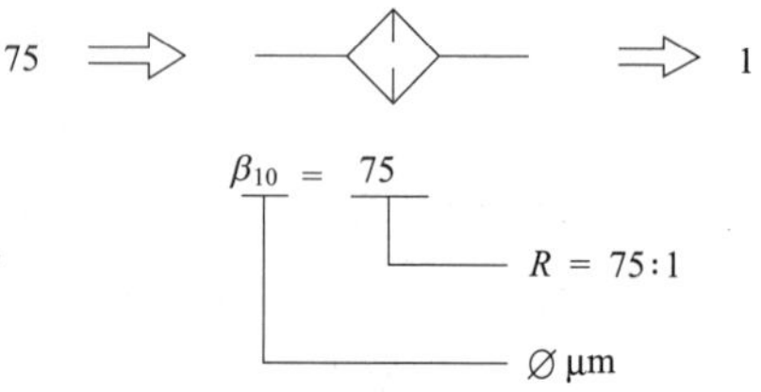

75 ⇒ ⇒ 1

β_{10} = 75

R = 75:1

∅ μm

图 8-14　过滤比 β 值的定义

$$\text{过滤比}\beta_x=\frac{\text{滤油器上游大于 }x\text{ 的颗粒数}}{\text{滤油器下游大于 }x\text{ 的颗粒数}}$$

2）通流能力

滤油器的通流能力一般用额定流量表示，它一般与滤油器滤芯的过流面积成正比。

3）压降特性

压降特性（压力损失）是指滤油器在额定流量下进出油口间的压差。一般而言，滤油器的通流能力越好，压力损失就越小。

4）纳垢容量

滤油器的纳垢容量通常被定义为达到设计的极限压降（表示滤油器堵塞）之前滤芯所能承受的规定污染物的质量。

许多系统设计人员认为高效率滤油器的纳垢容量低，而且使用寿命短。这是错误的认识。恰当地选择产生低污染等级的高效率滤油器将有助于防止元件磨损。而选择较粗滤油器将导致较快的元件磨损和疲劳，且由于磨损碎片的增多，滤油器不可能有较长的使用寿命。

5）工作压力和温度

滤油器工作压力及温度根据其种类不同而不同，例如回油滤油器工作压力远比压力管路滤油器工作压力要低。

各种液压系统对油液清洁度要求及对应的滤芯种类见表 8-1。

表 8-1　各种液压系统对油液清洁度要求及对应的滤芯种类

污染等级		达到该等级推荐用滤油器			液压系统
NAS	ISO	β_x=75	材料	布置	
6	15/12	3	无机材料，如玻璃纤维	主油路滤油器	伺服器
7	16/13	5			控制阀
8	17/14	10		回油路或主油路滤油器	比例阀
9	18/15	20	有机材料，如纸质滤芯		普通泵和阀
10	19/16	25			
11	20/17	25～40		回油路、吸油路或旁通滤油器	行走机械和重工业低压系统
12	21/18				

对 $p>160$ bar

对 $p<160$ bar

4. 滤油器的典型安装位置及种类

1）滤油器在液压系统中的典型安装位置

按照滤油器的滤芯结构不同可分为网式滤油器、线隙式滤油器、纸质滤油器、玻璃纤维滤油器等。按照安装位置的不同可分为：吸油滤油器、压油滤油器、回油滤油器和旁油路滤油器。图 8-15 所示为滤油器在液压系统中的典型安装位置，其中有回油滤油器 1、吸油滤油器 3、压力管路滤油器 7、旁路滤油器 8。主油路滤油器（如回油滤油器 1、吸油滤油器 3、压力管路滤油器 7）用于过滤主液压回路中的污染物。

旁路滤油器 8 用于对油箱自循环的液压油进行过滤。完整的旁路过滤组件，一般包括旁路循环泵，滤油器和冷却器。旁路滤油器的优点是，过滤运行可独立于液压系统的运行周期，且流经滤油器的流量保持恒定和较低的脉动。这样就延缓了液压油的老化，提高了使用寿命。

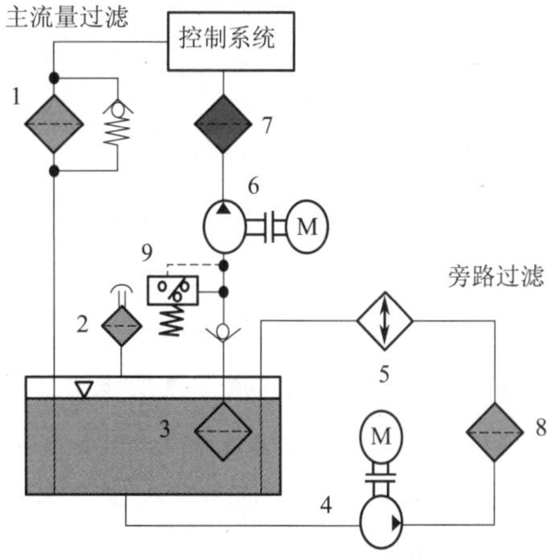

图 8-15　滤油器在液压系统中的典型安装位置

1—回油滤油器；2—空气滤清器；3—吸油滤油器；4—旁滤过滤液压泵；5—散热器；6—主油路液压泵；7—压力管路滤油器；8—旁路滤油器；9—用于检测液压泵吸油压力的压力继电器

2）吸油滤油器

液压系统一般会安装吸油滤油器，以防止大的污染颗粒进入并损坏液压泵。尤其是对下述状况的液压回路。一是多个液压回路使用同一个油源，二是油箱因形状所限而不能得到可靠清洗。吸油滤油器只能对液压泵的正常运行提供保护。如需减少泵的磨损，则需通过压力滤油器、回油和旁路滤油来达到目的。

由于液压泵对于吸空比较敏感，所以滤油器处的压差不能太大。因此需要安装表面积大的滤油器，而且必须安装旁路阀和污染指示器。也有标准规定特殊情形不允许安装吸油滤油器，避免液压泵因吸空而损坏。总之，吸油滤油器只限于驱除大于 100 μm 的大颗粒。

吸油滤油器分为带壳体的回油滤油器和不带壳体的滤网式吸油滤油器，安装在油箱液面以下的液压泵吸油管处。务必注意，这类吸油滤油器应安装在油箱液面以下的相对底部。为了保护液压泵，可在滤油器和泵之间安装一个防吸空继电器，如图 8-16 所示。

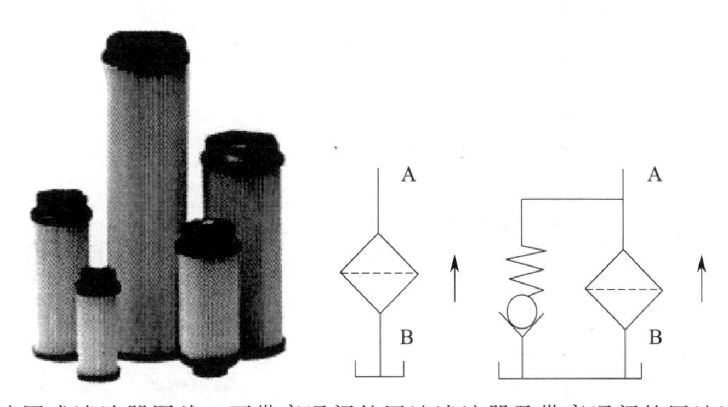

图 8-16　滤网式滤油器图片、不带旁通阀的回油滤油器及带旁通阀的回油滤油器符号

吸油滤油器最大工作压力一般为 1 bar，过滤精度一般为 20～200 μm。通流能力至少为泵的两倍，一般常采用过滤精度较低的网式滤油器。

吸油滤油器的优点是：安装简单，价格低廉，可避免液压系统受到大颗粒污染物影响。这一点尤其在新安装系统调试期间非常重要。缺点是安装在液压系统环境最差的地方，还要并联旁通阀，维修不便，只能过滤较大的颗粒，堵塞时有产生气穴损坏液压泵的危险。

3）压力管路滤油器

压力管路滤油器（压油滤油器）可以直接安装在泵的出口，对系统主流量进行过滤，也可安装于分路，位于对液压油清洁度要求高或受污染威胁严重的元件上游。压力管路滤油器的壳体应按系统压力来设计，这也是这类滤油器被称为压力管路滤油器的原因（低压滤油器的公称压力约为 25 bar，超过此数值的均为高压滤油器，即压力管路滤油器）。压力管路滤油器用于对液压泵之后的液压元件提供保护。因此安装上应尽可能靠近被保护元件。

以下条件可以帮助设计者决定是否使用压力滤油器，一是元件对污染特别敏感（如伺服阀或复杂的比例多路阀）；二是对系统功能实现影响非常大的元件；三是元件很贵重，如大的液压缸，伺服阀等，四是对于系统的安全特别重要的元件；五是系统停机的时间成本非常高的系统。

压油滤油器过滤精度较高，一般可达到 3～10 μm。要求通流能力大于泵的流量，以保证压降合格。

图 8-17 所示为压油滤油器的结构，由上盖 1、壳体 2、滤芯 3、堵塞报警器 4 等组成。

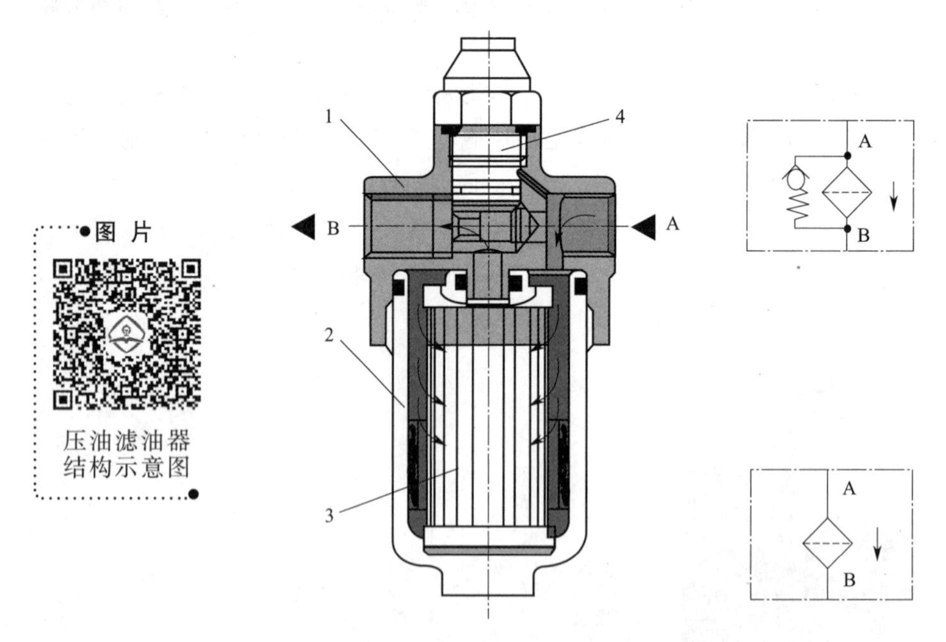

图 8-17　压油滤油器结构示意图及职能符号

1—上盖；2—壳体；3—滤芯；4—堵塞报警器

压油滤油器的优点是可以直接安装在最需要保护的元件之前，过滤精度高，维修简单，可很方便地安装堵塞报警器。使用寿命长。其缺点是壳体需要考虑承受高压压力，所以比较重，需要可靠的固定安装，滤芯必须适合高压差使用，价格相对较高。

4）回油滤油器

回油滤油器位于回油路上，一般安装在油箱的上部。液压系统的回油经回油滤油器过滤后进入油箱。因此循环油液中由系统生成并试图进入油箱的污染颗粒被拦截。选择滤油器的流量时，必须考虑最大可能的流量值。固定设备液压系统建议选择回油滤油器额定流量为泵额定流量的 2～4 倍，移动设备液压系统建议选择回油滤油器额定流量为泵额定流量的 1～2 倍。为了防止流体在油箱内形成泡沫，必须注意回油管路在任何情况下都需处于油箱液面以下。在不带液流扩散器的回油滤油器出口要安装一根斜切端面的油管或分流器。油箱底部至管道末端的距离不小于管径的 2～3 倍，且大于 50 mm。

图 8-18 所示为回油滤油器结构示意图，由堵塞报警器 1、上盖 2、安装法兰 3、壳体 4、滤芯 5、污染物收集盘 6 等组成。A 为进油口，B 为回油口。

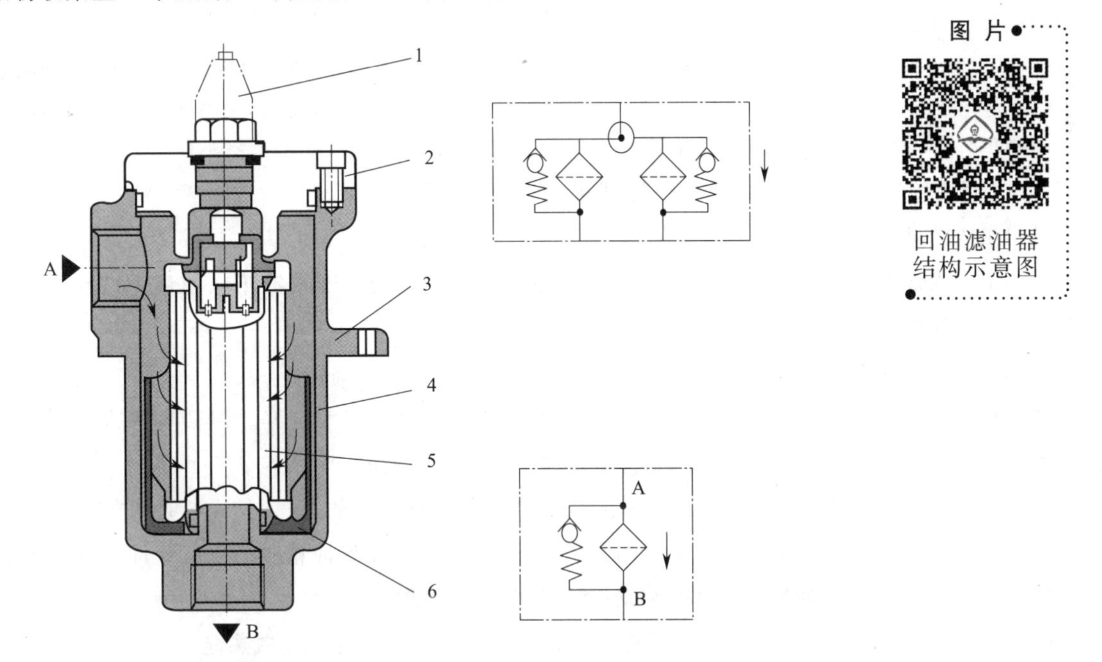

图 8-18　回油滤油器结构示意图及职能符号

1—堵塞报警器；2—上盖；3—安装法兰；4—壳体；5—滤芯；6—污染物收集盘；A—进油口；B—回油口

回油滤油器一般可直接安装在油箱盖上。壳体和回油口在油箱内部。这类过滤器一个很大的优点就是操作方便和容易维修。只要拆开上盖，便可快捷地更换滤芯。污染物收集盘包裹滤芯，当拆掉滤芯时，也可一同拆下此收集盘。这就避免已经收集到的污染物进入油箱。

为避免过滤器维修或更换滤芯造成的停机，可使用两个并联可切换的滤油器。当切换为第二个时，第一个滤油器就可更换滤芯或维修，系统不必停机。这样设计对于自动化生产线连续运行非常关键。

回油滤油器的优点是维修方便，价格相对较低，过滤精度高，3～20 μm 的均可选取；可方便地安装堵塞报警器。其缺点是工作压力低于 25 bar，需要安装旁通阀，出现压力冲击及冷启动过程液压油会通过旁通阀。

5）空气滤清器

经常容易被设计者及使用者忽略的空气滤清器是液压系统流体过滤的最重要元件，否则，大量的污染会经由油箱不适合的通风设备进入液压系统，从而影响油液清洁度。与所需的洁净等级及滤油器过滤精度相匹配，空气滤清器可安装多种可互换的滤芯。

图 8-19 所示为空气滤清器的结构示意图，由污染指示器 1、壳体 2、滤芯 3、安装螺钉 4、滤网 5 等组成。滤芯 3 用于过滤空气气流，滤网 5 用于油箱加油时过滤油液，过滤空气与过滤油液的过滤精度要求相同。

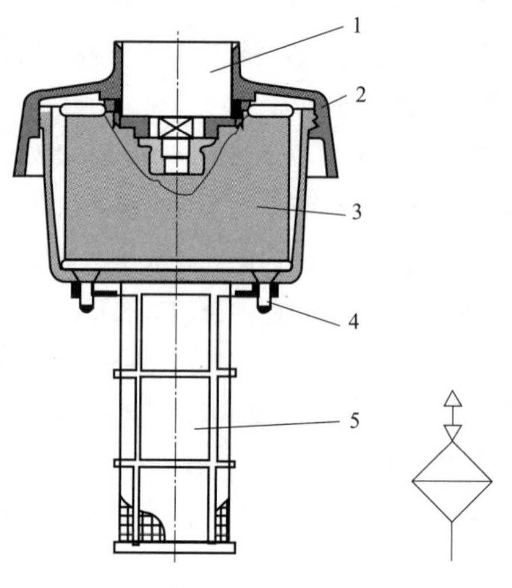

图 8-19　空气滤清器的结构示意图及职能符号

1—污染指示器；2—壳体；3—滤芯；4—安装螺钉；5—滤网

8.1.3　油箱

油箱的作用是储存油液，保证供给液压系统充分的工作油液；散发系统工作时产生的热量；使油液中的污染物沉淀；溢出渗入油液中的气体等。

根据油箱液面与大气是否相通，可分为开式油箱和闭式油箱。开式油箱应用最为广泛，下面简要介绍开式油箱的结构和设计时应注意的问题。

1. 开式油箱容积的确定

从油箱的散热、沉淀杂质和分离气泡等职能来看，油箱容积越大越好。但若容积太大，会导致体积大，质量大，使用不方便，特别是在行走机械中矛盾更为突出。

对于固定设备的油箱，一般其有效容积 V 为液压泵每分钟流量的 2～4 倍；行走机械液压系统油箱容积，有效容积 V 为液压泵每分钟流量的 1～2 倍。注意：在设计油箱时，一般液面高度为油箱实际高度的 3/4～4/5，移动油箱要考虑在移动时不能溢出液压油。

同时，因为油箱还兼有液压油冷却功能，所以在设计时，也要考虑其散热能力。

例 8-1　某液压系统目前工作温度 75 ℃，希望通过油箱冷却至 50 ℃，假设发热功率为 1 kW，需要油箱的散热面积是多少？

$$P_K=(T_1-T_2)\cdot\alpha\cdot A$$

式中，P_K 为发热功率，单位为 kW；T_1 为当前工作温度，T_2 为理想工作温度，单位为 K；α 为传热系数，单位为 kW/m^2K，与油箱材质、环境温度及油温有关，此处取 $\alpha=12\ W/m^2K$；A 为有效表面积，单位为 m^2。

$$A=\frac{P_K}{(T_1-T_2)\cdot\alpha}=\frac{1}{(348-323)\times0.012}=3.33\ m^2$$

也就是说，1 kW 的发热功率，要想靠油箱表面积散热，油温从 75 ℃降至 50 ℃，需要油箱有效散热面积约 3.33 m^2。

当然，如果不想设计成这么大散热面积，也可加装水冷换热器或风冷散热器。

2. 开式油箱的结构

图 8-20 所示为开式油箱结构示意图，由空气滤清器 1、隔板 2、磁性滤油器 3、电机泵组件 4、吸油管 5、油箱底 6、吸油区 7、回油区 8、放油螺塞 9、液位计 10、回油管 11 等组成。

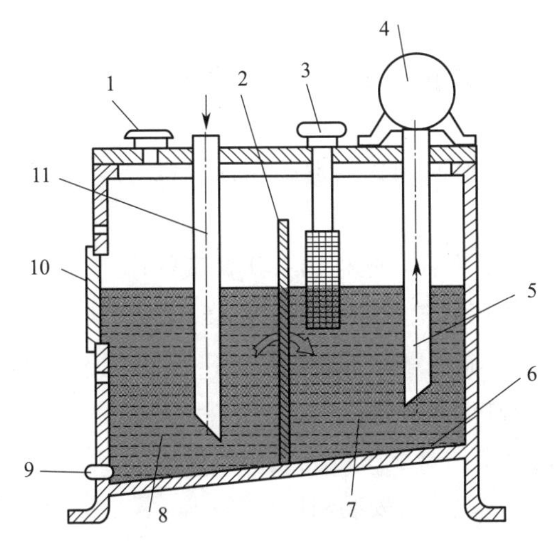

图 8-20　开式油箱结构示意图

1—空气滤清器；2—隔板；3—磁性滤油器；4—电机泵组件；5—吸油管；6—油箱底；7—吸油区；8—回油区；9—放油螺塞；10—液位计；11—回油管

图 片

开式油箱结构示意图

由图 8-20 可以看出，开式油箱的一些特点：

（1）油箱内设隔板将吸油区和回油区隔开，有利于散热、沉淀污染物和分离空气。如果隔板在整个油箱宽度方向隔开，隔板高度一般为液面高度的 2/3；如果隔板在整个油箱高度方向隔开，隔板宽度为油箱宽度的 3/4。

（2）油箱底面略带斜度，在油箱最低处设置放油螺塞，方便油箱清洗换油时将油液放干净。

（3）油箱上部设有空气滤清器，兼有加油过滤和过滤空气的作用。

（4）油箱侧面设液位计或液位液温计。

（5）吸油管和回油管分别设在吸油区及回油区。回油管口及吸油管口与箱底间距不小于管径的 3 倍且大于 50 mm。如果不在此处安装吸油滤油器及回油滤油器，其管端应呈 45°斜切，以达到增大过流面积的目的。

（6）系统中的泄漏油管应尽量单独接入油箱。

（7）一般油箱可通过拆卸上盖进行清洗、维护。对大容量油箱或上盖焊接在侧壁的油箱，油箱侧面设清洗口，平时用侧板密封。

（8）油箱内壁要作专门防锈处理。为防止内壁涂层脱落，新油箱内壁要经喷丸、酸洗，然后再做涂层或喷塑。

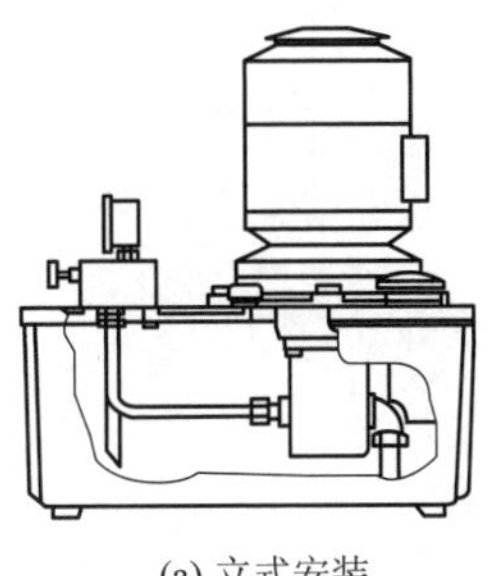

(a) 立式安装

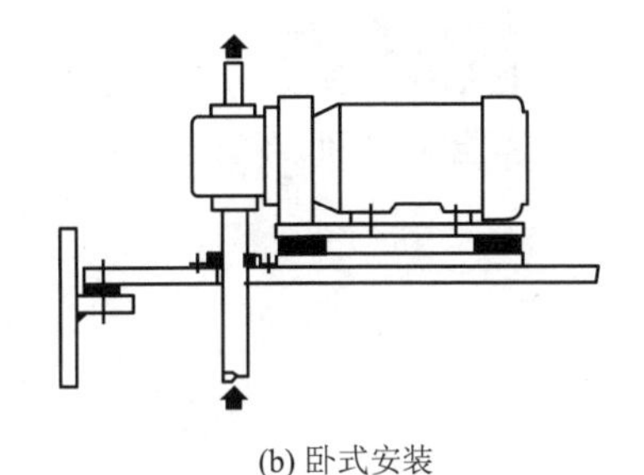

(b) 卧式安装

图 8-21　液压泵电机组在油箱盖上的典型安装位置

3. 几种典型油箱盖结构

图 8-21 所示为液压泵电机组在油箱

盖上的典型安装位置，这种设置适用于功率较小的液压系统，可有效减少占地面积，简化管路。图 8-21(a)所示为液压泵电机组在油箱盖上立式安装，外观漂亮，不利于维修；图 8-21(b)所示为液压泵电机组在油箱盖上卧式安装，要求油箱盖有一定的安装空间，维修方便。

8.2 液压辅助元件实践

已知，如图 8-22 所示，由三位四通电磁换向阀控制双作用液压缸。在图 8-22 基础上，设计蓄能器保压回路。

项目要求：操作起始开关，要求液压缸活塞杆快速伸出并压紧工件；在工件加工过程中，为防止工件松动，要求压紧液压缸最低工作压力为 30 bar，为防止压紧力过大而使工件变形，要求压紧液压缸最高工作压力为 40 bar。加工完成后，按停止开关，液压缸活塞杆返回。

为了延长液压泵使用寿命，提高系统效率，要求用蓄能器协助保压，试完善液压原理图，设计电气原理图；并在实验台上安装调试。

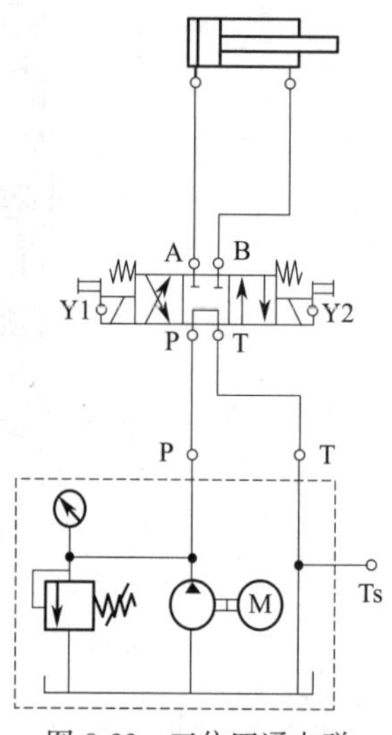

图 8-22　三位四通电磁换向阀控制液压缸

1. 液压原理图完善

如图 8-23 所示，为了实现蓄能器保压，蓄能器 1 肯定是装在液压缸无杆腔；附带溢流阀做安全阀，手动阀为蓄能器切换阀。

为实现压紧工作压力 30～40 bar 的控制，需要两个压力继电器 2 和 3。为加快实验进程，增加单向节流阀 4，实验过程中开一个小口，用于模拟系统的内泄漏。

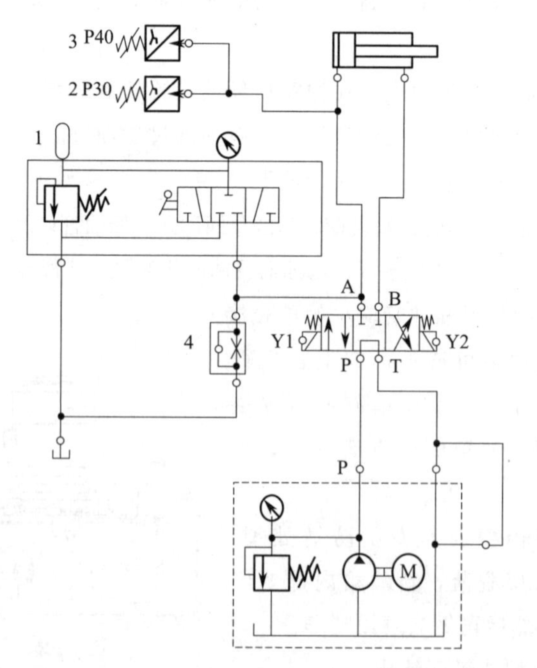

图 8-23　蓄能器保压回路液压原理图

2. 电气原理图设计思路

如图 8-24 所示，首先是在三位四通电磁换向阀控制液压缸手动伸出、手动返回的基础上，增加压力范围的控制，即压力低于 30 bar Y1 带电，压力达到 40 bar Y1 断电。图中 3 路及 4 路实现了压力范围控制功能。

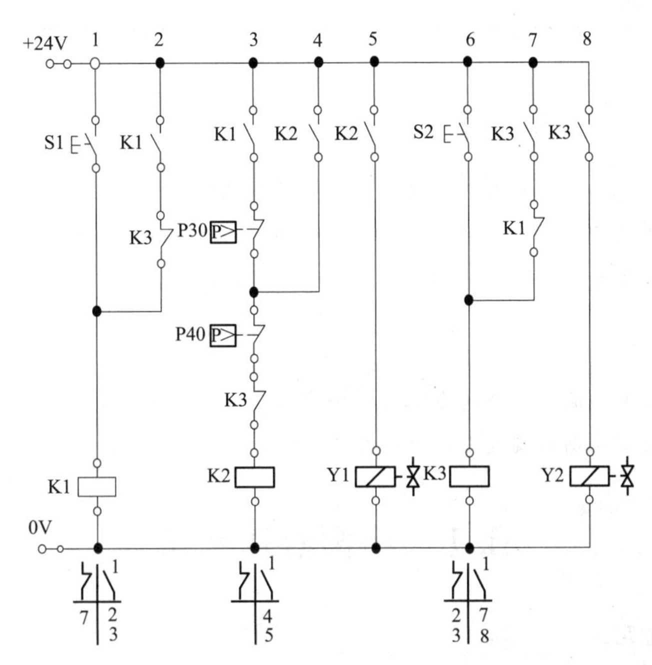

图 8-24　蓄能器保压回路电气原理图

思考与练习

1. 蓄能器有哪几种常见类型？其特点是什么？
2. 蓄能器有哪些典型用途？
3. 如何计算充气式蓄能器的容量？
4. 滤油器有哪几种类型？
5. 选择滤油器时应考虑哪些问题？
6. 假设一个油箱，其表面有效散热面积为 2.5 m^2，当前工作油温为 85 ℃，理想工作温度为 50 ℃，问其散热功率大约是多少？试设计该油箱，并计算油箱的有效容积。

单元 9 比例溢流阀认知与实践

知识目标

1. 了解比例液压系统的特点及其与开关阀液压传动系统的区别；
2. 了解直动式比例溢流阀、先导式比例溢流阀结构、工作原理及功能；
3. 了解比例溢流阀电控器的使用方法。

课 件

比例溢流阀认识与实践

能力目标

1. 初步具备利用比例溢流阀对液压系统进行简单的压力控制的能力；
2. 初步具备正确使用比例溢流阀电控器的能力。

9.1 比例液压系统

1. 比例控制系统的定义

从广义上来说，在应用液压传动与控制的工程系统中，凡是系统的输出量，如压力、流量、位移、转速、速度、加速度、力、力矩等，能随输入控制信号连续成比例地得到控制的，都可称为比例控制系统。在工程实用上，根据输入信号的不同，和系统构成的特点等，将广义的比例控制系统作出区分：根据输入控制信号方式，区分为手动（比例）控制和电液控制；根据控制系统构成特点和技术特性，进一步将广义概念上的电液控制分为一般概念上的电液伺服控制系统和电液比例控制系统。

比例阀介于常规开关阀和闭环伺服阀之间，已成为现今液压系统的常用组件。因为比例液压技术的发展，液压传动与控制技术得到了更广泛应用。

比例液压技术一般输入的是电压信号（多数为 0～±9 V）或电流信号（4～20 mA）给放大板，由放大板成比例地转换成电流信号或进行放大，放大板输出 0～1 500 mA 电流信号给比例电磁铁，比例电磁铁产生一个与输入变量成比例的力或位移输出。液压元件将力或位移作为输入信号，就可成比例地输出流量或压力，这些成比例输出的流量或压力，对于液压执行机构或机器动作单元而言，意味着不仅可进行方向控制，而且可进行速度和压力的无级调控；同时执行机构运行的加速或减速，也实现了无级可控，如流量或压力在某一时间段内的连续性变化等。

2. 比例控制系统的基本特点

电液比例控制系统是联系微电子技术与工程功率传动系统的接口。电液比例系统介于电液伺服系统与开关控制系统之间。从控制持性看，更接近于伺服系统，从抗污染性、可靠性和经济性看，更接近于开关系统。就系统本身而言，既可以是开环的，也可以是闭环的。人们往往对其动态特性提出要求。因而，比例控制系统的设计与开关控制液压系统有所差别，但也不能完全按伺服系统进行，应根据具体要求有所侧重。这其中．应注意组成比例控制系统的电液比例控制元件的某些特点。例如，比例元件一般存在零位死区，比例阀在系统中不仅要像伺服阀那样，在小信号下工作，而且往往也要在大信号下工作，等等。

从工程应用的角度，电液比例控制系统具有以下特点。

1）可明显地简化液压系统，实现复杂程序控制

通过输入信号按预定规律的变化，连续成比例地调节受控工作机械作用力或力矩、往返速度或转速、位移或转角等，是比例控制技术的基本功能，这一基本功能不仅改善了系统控制性能，而且大为简化了液压系统，降低了费用，提高了可靠性。图 9-1 所示为分别采用传统控制阀与比例阀时．压力控制回路的对比。

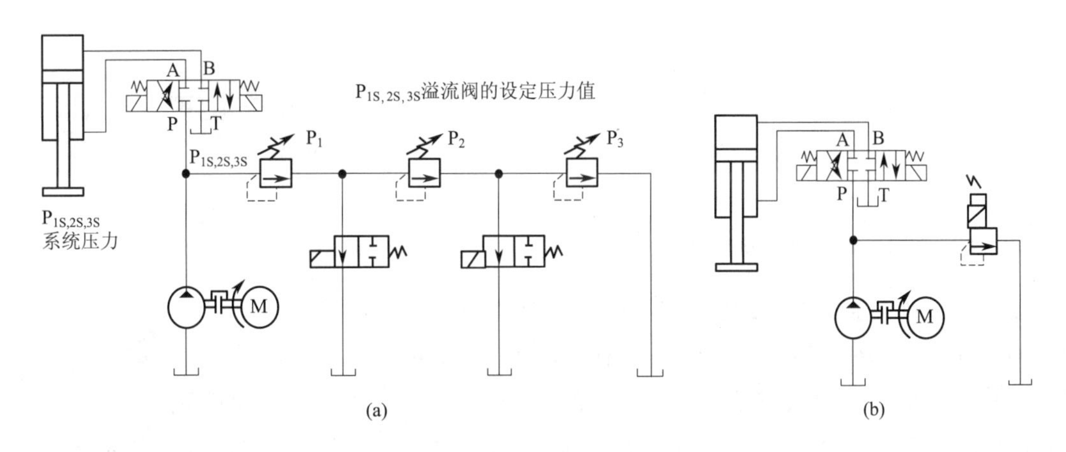

图 9-1　开关阀与比例阀压力控制回路对比

采用比例控制时，可在电控制器中预设斜坡函数，即使系统中运动部件质量很大，也能实现精确而无冲击的加速或减速，不但改善了控制过程品质，还可缩短工作循环时间。同时，比例阀控制方案减少了元件数量，减小了设备质量和尺寸。

2）利用电信号便于实现远距离控制或遥控

采用电液比例控制系统不但可实现远距离有线或无线控制，也可改善主机的设计柔性，并且可以实现多通道并行控制。例如，工程机械中的多路阀通常必须集中设置在操纵室，以便与操纵连杆相连接，这就使得每一受控液压缸或马达的连接管路延长．增加了系统复杂性，也增加了管路损失，对动态特性也很不利。采用比例阀代替手动多路阀，可以将阀布置在最合适的位置，提高了主机总体设计的柔性，对减少管路损失，改善操作性，十分有利。而且还可设计为移动式或多个电控操纵站，以适应不同场合的工程操作要求，或者实现更安全控制。

图 9-2 所示为关节式云梯系统，可由在升降篮车上的工作人员自己操作电控器。以实现空间位置的精细远控。工程上在用吊车对接巨型管道时，也需要这种操作人员手持电控器离开驾驶台进行遥

控的系统。

3）利用反馈提高控制精度或实现特定的控制目标

图 9-3 所示为圆盘切割机液压控制系统。锯片旋转由感应电动机驱动，切割进给由比例方向阀控制液压缸的运动速度来实现。当切割负荷增大或减小时，感应电动机的相电流也随之变化，该误差信号经电流互感器和比例阀控制放大器实现反馈控制，以调整进给速度和改变切削负荷，从而达到锯片恒速运行的目标。该系统由于采用了电液比例方向控制阀，实现了闭环恒速调节，使切割机效率提高，并可避免由于过载而引起设备故障。

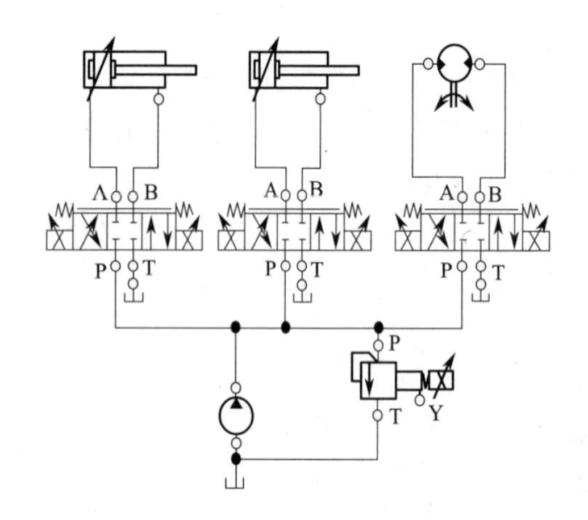

图 9-2　关节式消防云梯精细控制系统

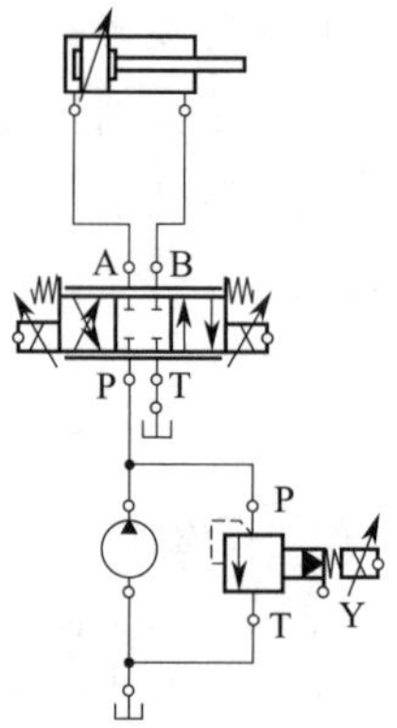

图 9-3　圆盘切割机液压原理图

3. 比例控制放大器及检测反馈系统

比例控制放大器是一种用来对比例电磁铁提供特定性能电流，并对电液比例阀或电液比例控制系统进行开环或闭环调节的电子装置。它是电液比例控制元件或系统的重要组成单元。

检测反馈系统也是电液比例元件或系统中的组成单元之一。它是元件内部闭环或系统闭环控制中必不可少的部分。在闭环控制中，它检测出实际控制量，并通过反馈与设定值相比较。

9.2　比例溢流阀认知

9.2.1　直动式比例溢流阀

比例压力阀可实现压力控制，压力的高低可通过电信号调节。工作系统的压力可根据生产过程的需要，通过电信号的设定值加以改变，这种控制方式常称为负载适应型控制。

1. 不带位置反馈直动式比例溢流阀结构

不带位置反馈直动式比例溢流阀采用座阀式结构，如图 9-4 所示，直动式比例溢流阀由阀体 1、阀座 2、平衡弹簧 3、阀芯 4、调压弹簧 5、比例电磁铁 6 组成。P 为压力油口，T 为回油口。

2. 不带位置反馈直动式比例溢流阀工作原理

如图 9-5 所示，与普通直动式溢流阀比较，只是用位移调节型比例电磁铁替代了手动调节，来调节调压弹簧的压缩量。输入大小不等的电信号，比例电磁铁输出不同的位移，调压弹簧得到不同的弹簧压缩量，液压系统实现不同的压力等级。

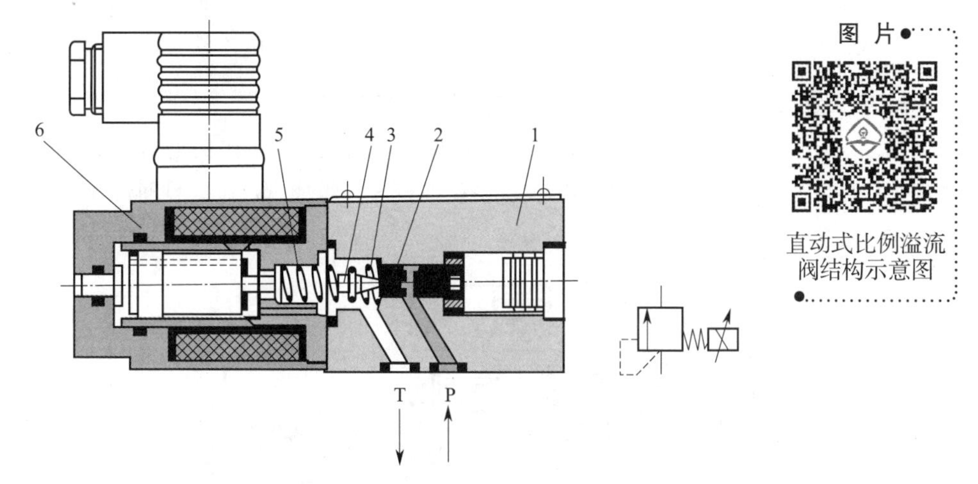

图 9-4　直动式比例溢流阀结构示意图及职能符号

1—阀体；2—阀座；3—平衡弹簧；4—阀芯；5—调压弹簧；6—比例电磁铁；P—压力油口；T—回油口

图 9-6 所示，用力调节型比例电磁铁替代普通直动式溢流阀调压弹簧及调压手轮，从直动式溢流阀工作原理来讲，只要给阀芯左端施加大小不等的力，就能得到液压系统大小不等的工作压力。

实际使用时，直动式溢流阀很少采用这种方案，原因：一是没有弹簧，一旦阀芯因各种原因卡在阀座处，系统压力会瞬时超压；二是力调节型比例电磁铁输出力调节范围较小，不利于系统压力的控制。这种方案一般用于先导式比例溢流阀先导阀控制。

图 9-7 所示为 NG6 型直动式溢流阀，不带位置调节闭环。这种直动式比例溢流阀与普通开关阀比较，多了平衡弹簧 3，其作用是当信号为零时，将衔铁等运动件反推回去，以得到尽可能低的控制压力。如果阀垂直安装，弹簧 3 还要平衡衔铁的质量。因为位移调节型比例电磁铁功率很小，各种不同压力等级，通过不同的阀座直径来形成。这种溢流阀，适用于小流量，仅做先导阀用。

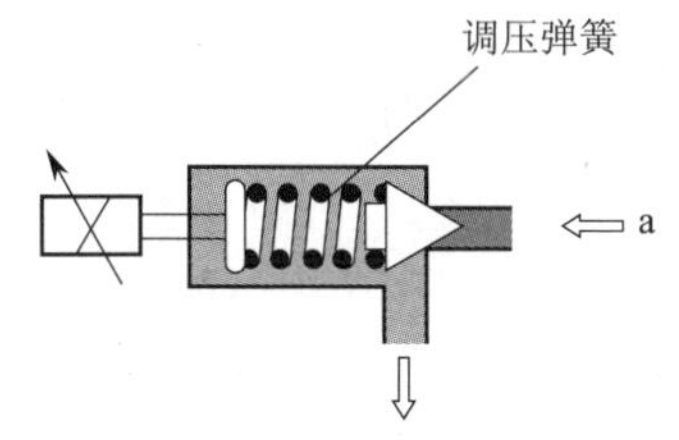

图 9-5　不带位置反馈直动式比例溢流阀工作原理示意图 1

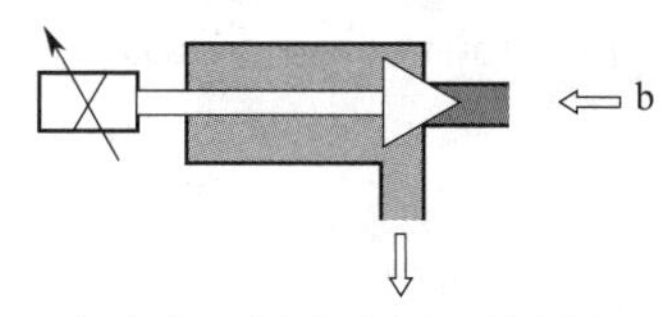

图 9-6　直动式比例溢流阀工作原理示意图 2

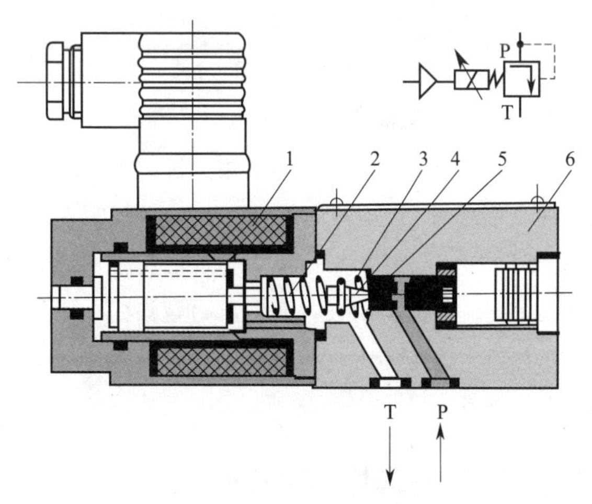

图 9-7　不带位置反馈直动式比例溢流阀结构及职能符号

1—比例电磁铁；2—调压弹簧；3—平衡弹簧；4—锥阀；5—阀座；6—阀体

NG6 型比例溢流阀技术参数：

$$p_{max}=80、180、315\ bar, Q_{max}=3\ L/min, 滞环<5\%; 电磁铁: P=25\ W, I=2.5\ A$$

3. 带位置反馈直动式比例溢流阀结构及工作原理

图 9-8 所示为带位置反馈的直动式比例溢流阀，由阀体 1、比例电磁铁 2、电感式位移传感器 3、阀座 4、阀芯 5、调压弹簧 6、弹簧座 7、平衡弹簧 8 等组成。P 为压力油口，T 为回油口。

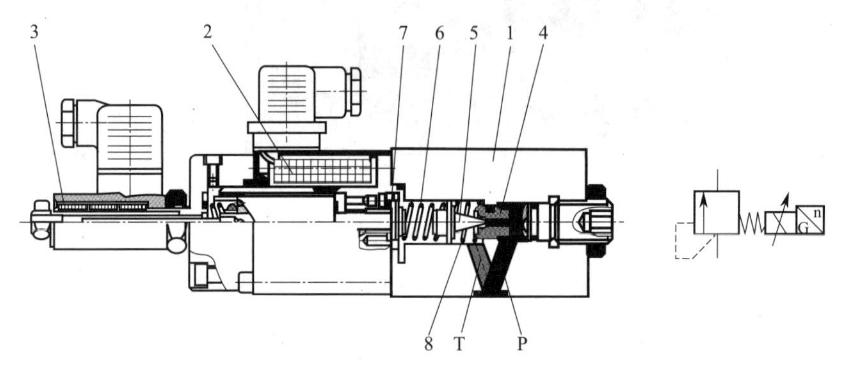

图 9-8 带位置反馈直动式比例溢流阀结构及职能符号

1—阀体；2—比例电磁铁；3—电感式位移传感器；4—阀座；5—阀芯；6—调压弹簧；7—弹簧座；8—平衡弹簧

给放大器一个设定值，经放大器后比例电磁铁产生一个与设定值成比例的电磁铁位移。它通过弹簧座 7 对压力弹簧 6 施加压缩力，并把阀芯压在阀座上。弹簧座的位置，即电磁铁衔铁的位置，由电感式位移传感器检测，并与电控器配合，以位置闭环进行调节。与设定值相比出现的调节偏差，由反馈加以修正。按照这个原理，消除了电磁铁衔铁等的摩擦力影响。由此得到了精度高、重复性好的调节特性：最大调定压力时，滞环<1%，重复精度<0.5%。

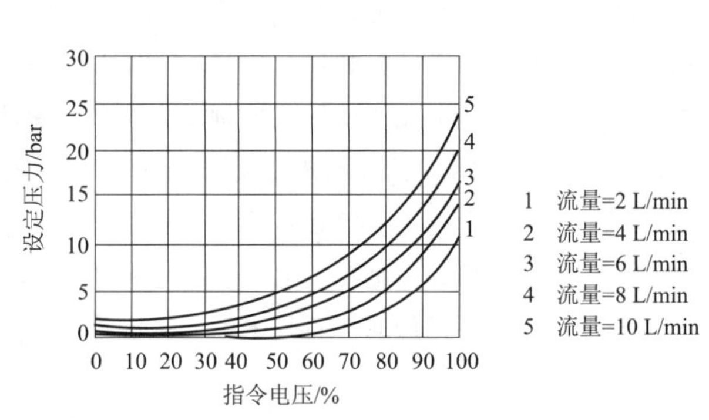

图 9-9 设定电压与调定压力的关系

最高调定压力，以压力等级为准（25 bar、180 bar、315 bar）。不同的压力等级，通过不同的阀座直径来达到。因电磁力保持不变，当阀座直径最小时压力最高。

图 9-9 所示为 25 bar 压力等级的特性曲线，表明最大调定压力还与通过溢流阀的流量有关。设定电压一定时，流量越大，调定压力越高。

在设定值为零时，比例电磁铁及位移传感器电路中无电流时，得到最低调节压力（此值取决于压力等级及流量）。

9.2.2 先导式比例溢流阀

1. 先导式比例溢流阀结构

与普通溢流阀一样，大流量比例溢流阀一般采用先导式结构。先导式比例溢流阀结构如图 9-10

所示，由先导阀体 1，比例电磁铁 2，最高压力限制阀 3，主阀体 4，主阀芯 5，先导锥阀芯 6，液阻 7、8、9、12，控制油路 10，平衡弹簧 11 等组成。

2. 先导式比例溢流阀工作原理

先导式比例溢流阀的基本功能与普通先导式溢流阀相似，其区别在于，先导阀由配力调节型比例电磁铁代替调压弹簧。

如图 9-10 所示，给电控器一个给定的输入信号对应地就有一个与之成比例的电磁力作用在先导锥阀芯 6 上。较大的输入信号对应较大的电磁力，相应产生较大的调节压力；较小输入信号对应较小的电磁力，相应产生较低的调节压力。由系统（油口 A）来的压力，作用于主阀芯 5 上。同时系统压力通过液阻 7、8、9 及其控制油路 10，作用在主阀芯的平衡弹簧 11 上。通过液阻 12，系统压力作用在先导锥阀芯 6 上，并与电磁铁 2 的电磁力相比较。当系统压力超过相应电磁力的设定值时，先导阀打开，控制油流经 Y 通道回油箱。注意，油口 Y 处应始终处于卸压状态。

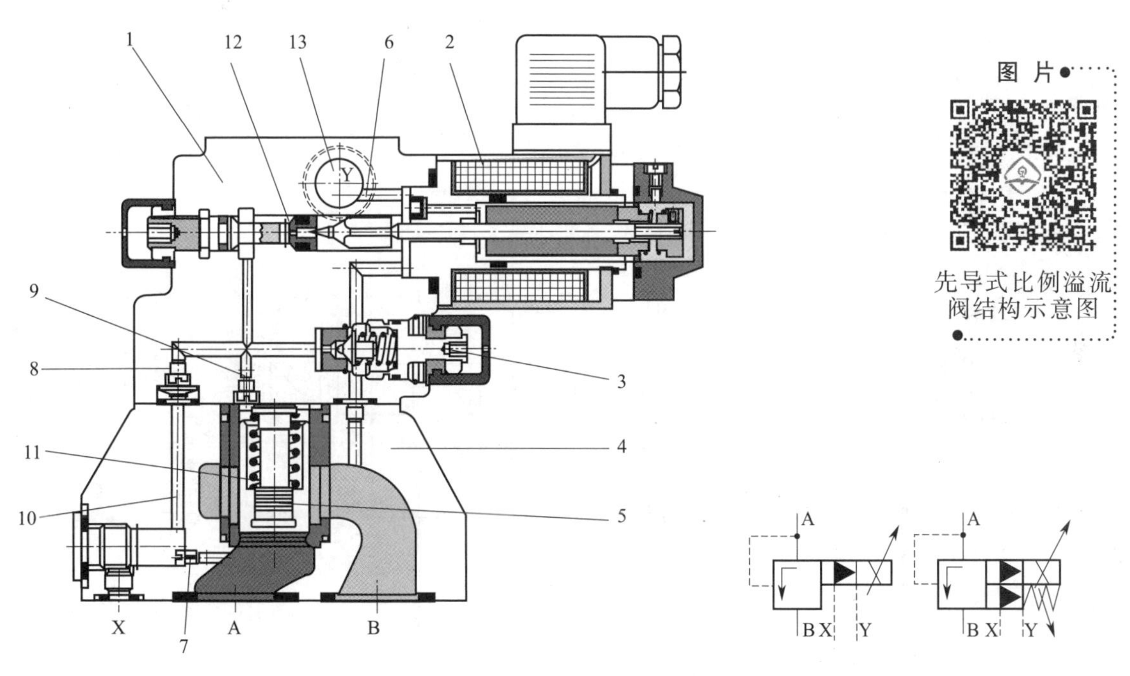

图 9-10　先导式比例溢流阀结构示意图及职能符号

1—先导阀体；2—比例电磁铁；3—最高压力限制阀；4—主阀体；5—主阀芯；6—先导锥阀芯；7、8、9、12—液阻；10—控制油路；11—平衡弹簧

由于控制回路中液阻的作用，主阀芯 5 上下两端产生压力差，使主阀芯抬起，打开 A 到 B 的阀口，油液由液压泵经打开的阀口流回油箱。

在电气或液压系统发生意外故障时，为了保证液压系统的安全，可选配一个弹簧式限压阀 3 作为安全阀。它同时也可作为泵的安全阀。

在调节安全阀的压力时，必须注意它与电磁铁可调的最大压力的差值，即安全阀设定压力一般比最大工作压力高10%左右。

不同的压力等级（50 bar、100 bar、200 bar、315 bar），也是通过不同的先导阀阀座直径来实现。

9.2.3 比例溢流阀电控器

1. 比例溢流阀电控器功能原理

适用于各类不同比例阀的放大器插板，被设计成100 mm×160 mm的欧洲规格，并已实现标准化。一定用途的比例阀配置相应的放大器插板，已达到最佳匹配和最理想的结果。

比例放大器可以划分为两类：一是不带电反馈的比例放大器（配力调节型比例电磁铁）。二是带比例阀阀芯行程电反馈的比例放大器（配位移调节型比例电磁铁）。

下面根据方块图来说明某公司比例溢流阀比例放大器VT2000的功能。

图9-11所示为VT2000比例溢流阀电控器方块图，由微分放大器1、斜坡发生器2、电流调节器3、振荡器4、输出级放大5、稳压电源6等组成。R1为初始电流、R2为最大电流、R3为上升斜坡时间、R4为下降斜坡时间。其功能原理如下：

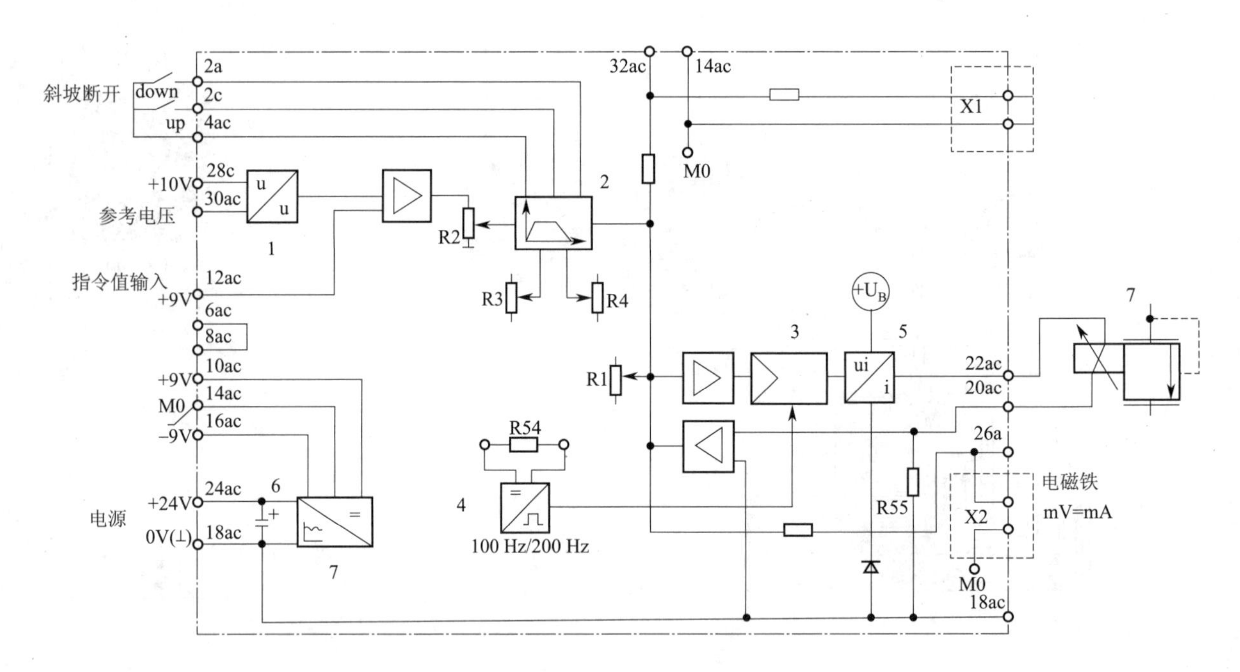

图9-11　VT2000比例溢流阀电控器方块图

1—微分放大器；2—斜坡发生器；3—电流调节器；4—振荡器；5—输出级放大；6—稳压电源；7—电磁铁；R1—初始电流；R2—最大电流；R3—上升斜坡时间；R4—下降斜坡时间

（1）电源电压加到端子24ac（＋）和18ac（0 V）上。

（2）电源电压在放大板上进行稳压处理，经放大器插板整流滤波后，产生±9 V稳定电压。此稳定的±9 V电压用于：①供给外部或内部指令值电位器；②供给内部运行的放大器。

（3）VT2000放大器，通过指令值输入端12ac进行控制。此输入电压是相对于测量零点（M0）的电位。最大电压为＋9 V（端子10ac）。

(4) 指令值输入端12ac，可直接连接到电源单元6的+9 V端子（端子10ac）上，也可连接到外部指令值电位器上。

(5) 电磁铁的电流，可由电位器R2决定。如用外部指令值电位器，则R2的作用为限制器。

(6) 斜坡发生器2，根据阶跃的输入信号产生缓慢上升或下降的输出信号。输出信号的斜率，可由电位器R3（对向上斜坡）和R4（对向下斜坡）进行调节。规定的最大斜坡时间为5 s，只能在整个电压范围为+9 V时才能达到。

(7) 电流调节器3的输出信号，输到输出级5。输出级5控制电磁铁输出级7，其最大电流为800 mA。通过电磁铁的电流，可在测量插座X2处测得，斜坡发生器的输出，可在测量插座X1处测得。

2. 比例阀电控器使用注意事项

(1) 放大器只能在不带电状态下拔插头。

(2) 用万用表直流挡测量。

(3) M0是比电源电压0 V高出±9 V的测量零点。

(4) 测量零点M0不得与电源电压的0 V相连接。

(5) 电感式位移传感器的接地端不得与电源电压的0 V相连接。

(6) 与各种无线电设备必须至少相距1 m。

(7) 只能用电流小于1 mA的继电器触点进行设定值的切换。

(8) 设定值和电感式位移传感器的导线必须屏蔽。屏蔽线的一端开路，另一端接至供电压为0 V的插板端头。

(9) 电磁铁导线不应靠近动力线铺设。

(10) 使用的内部继电器，必须使用24 V的接触电压

9.3 比例溢流阀实践

9.3.1 先导式比例溢流阀特性曲线测试

为了熟悉先导式比例溢流阀的使用，熟悉比例溢流阀电控器VT2000的使用，可以利用先导式比例溢流阀调压回路，测试部分特性曲线。测试原理图如图9-12所示。需要说明的是，流量计可以被量筒及秒表替代，用于测量系统流量。

9.3.2 使用比例溢流阀实现两级调压回路

与普通溢流阀比较，比例溢流阀的优势是通过电信号可以改变设定压力。通过给定不同的输入信号，可以方便地实现多级压力设定。同时，比例溢流阀控制的系统压力升高或降低时，因为斜坡发生器的作用，压力上升或下降时间可控，可消除压力冲击。

图9-13所示为液压原理图，利用三位四通电磁换向阀控制双作用液压缸，实现伸出及返回，用比例溢流阀控制系统压力。因为实验用液压缸是空载运行，用单向节流阀加载。要求液压缸活塞杆

从 B1 点伸出时，系统压力为 30 bar；当活塞杆运行到 B2 点时，系统压力切换为 40 bar，活塞杆运行至 B3 点，自动返回。

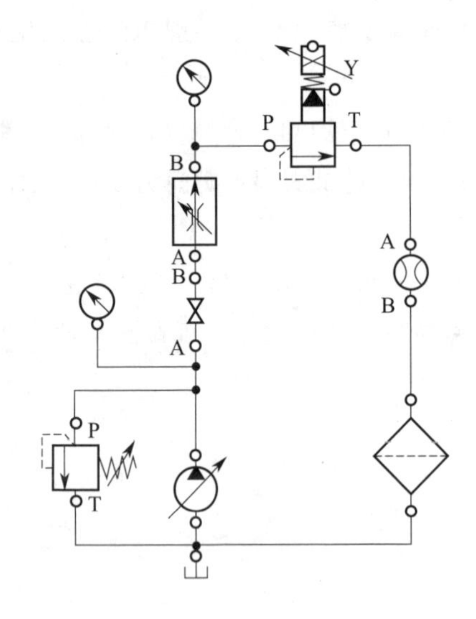

图 9-12　先导式比例溢流阀特性曲线测试原理图

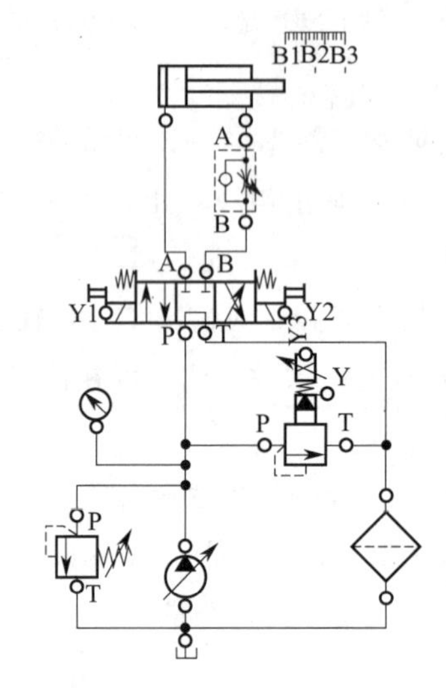

图 9-13　比例溢流阀压力切换实验液压原理图

试设计电气控制回路实现上述功能。

实验过程中，注意观察压力变化时，压力表指针的摆动速度，与开关阀的压力切换实验的区别。

思考与练习

1. 为什么直动式比例溢流阀一般只适用于做先导阀用？
2. 关于先导式比例溢流阀特性曲线测试，当流量增加时，为什么溢流阀的调定压力增加量很小？
3. 关于先导式比例溢流阀特性曲线测试，如果系统压力一直很低，请说出至少两个原因？
4. 如图 9-13 所示，结合比例溢流阀调压液压回路，试设计电气控制回路。
5. 举例说明什么工况下适合选用普通溢流阀，什么工况下适合选用比例溢流阀？

单元10 比例调速阀认知与实践

知识目标

1. 了解比例调速阀结构及工作原理；
2. 了解利用比例调速阀控制液压系统执行元件的方法及特点；
3. 了解比例调速阀电控器使用方法。

课 件

比例调速阀认知与实践

能力目标

初步具备利用比例调速阀控制执行元件运动速度的能力。

10.1 比例调速阀结构及工作原理

比例调速阀用于控制液体的流量大小。

1. 带位移传感器的二通比例调速阀结构及工作原理

图 10-1 所示为带位移传感器的比例调速阀结构示意图，由壳体 1，带有电感式位移传感器的比例电磁铁 2，控制阀口 3，压力补偿器 4 和可选择的单向阀 5 等组成。压力补偿器串联在节流阀口之后的电液比例二通流量调节阀，二通比例流量调节阀可通过给定的电信号，在较大范围内与压力及温度无关地控制流量。

流量的调节由电位器给定的电信号来确定。这个设定的电信号，在电控器中产生相应的电流，并在比例电磁铁中产生一个与之成比例的行程（行程调节型电磁铁）。同时，控制阀口 3 向下移动，形成一个通流截面。控制窗口的位置由电感式位移传感器测出。与设定值间的偏差由闭环调节加以修正。压力补偿器保证控制窗口上的压降始终为定值。因此，流量与负载变化无关。选用合适的控制窗口结构可使温度漂移较小。反向液流可经单向阀 5 由 B 口流向 A 口。

在控制信号零输入时，控制窗口关闭。当控制电流出现故障，或位移传感器接线断开时，控制窗口也关闭。

随着输入信号的逐渐增大，可得到一个无超调的起始过程。通过电控器中的两个斜坡发生器可实现控制窗口的延时打开和关闭。

2. 带外控关闭型压力补偿器的二通比例调速阀结构及工作原理

图 10-2 所示为带外控关闭型压力补偿器的二通比例调速阀结构示意图及工作原理示意图。带外控关闭型压力补偿器的二通比例调速阀由控制阀口 1，弹簧 2，压力补偿器 3，油口 A 至压力补偿器

通道 4，油口 P 至压力补偿器通道 5 等组成。

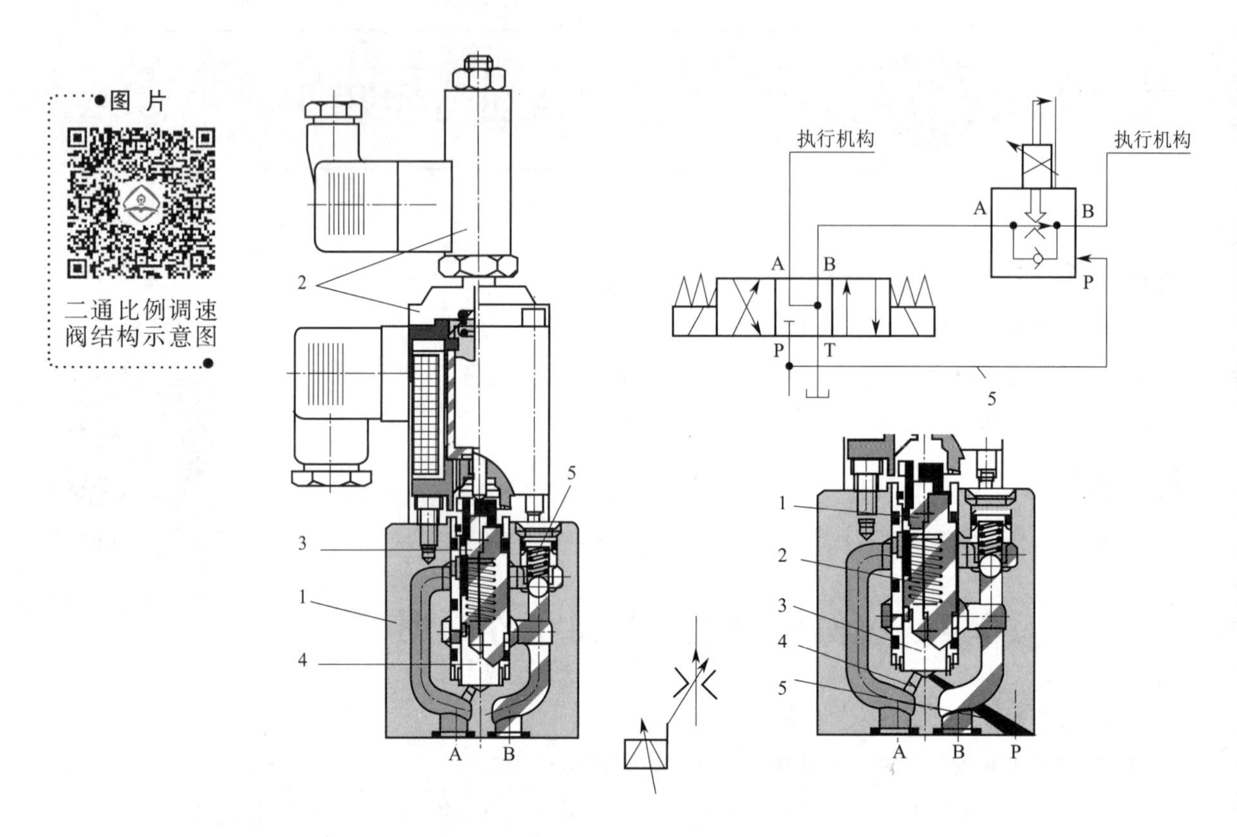

图 10-1 比例调速阀结构示意图及职能符号

1—壳体；2—带有电感式位移传感器的比例电磁铁；3—控制阀口；4—压力补偿器；5—单向阀

图 10-2 带外控关闭型压力补偿器的二通比例调速阀结构示意图及工作原理示意图

1—控制阀口；2—弹簧；3—压力补偿器；4—油口 A 至压力补偿器通道；5—油口 P 至压力补偿器通道

其控制机理和基本功能，与前述二通比例调速阀相同。附加功能是，在打开控制阀口 1（设定值大于 0）时，为了抑制起动前冲，设计了从外接油口 P 经通道 5 引来压力油 P，使压力补偿器 3 关闭。引自方向阀油口 P 的压力油经通道 5，作用在压力补偿器 3 上，克服弹簧力使压力补偿器处于关闭位置。当方向阀切换成左位即油口 P 与油口 B 相通时，压力补偿器 3 从关闭位置运动到调节位置，从而防止了起动前冲。

3. 比例调速阀电控器

下面根据图 10-3 来说明某公司比例调速阀电控器 VT5010 功能。

用于控制比例调速阀的电控器 VT5010 与用于控制比例溢流阀的电控器 VT2000 的基本功能相同，只是 VT5010 用于控制带位移传感器的比例调速阀，多了位移传感器接口及相应功能。

（1）电源电压加到端子 6ac（+）和 10ac（0 V）上。

（2）电源电压在放大板上进行稳压处理，经放大器插板整流滤波后，产生±9 V 稳定电压。此稳定的±9 V 电压用于：①供给外部或内部指令值电位器；②供给内部运行的放大器。

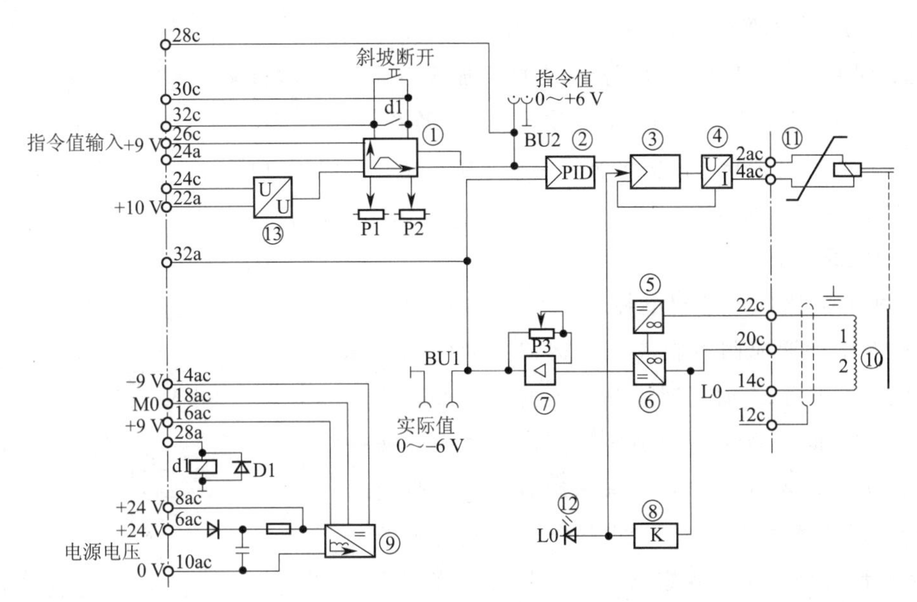

图 10-3　比例调速阀电控器 VT5010

（3）VT5010 放大器通过指令值输入端 26c 进行控制。此输入电压是相对于测量零点（M0）的电位。最大电压为＋9 V（端子 16ac）。

（4）指令值输入端 26c 可直接连接到电源单元的＋9 V 端子（端子 16ac）上，也可连接到外部指令值电位器上。

（5）电磁铁的电流可由外部指令值电位器来调定。

（6）斜坡发生器根据阶跃的输入信号产生缓慢上升或下降的输出信号。输出信号的斜率可由电位器 P1（上升斜坡）和 P2（下降斜坡）进行调节。规定的最大斜坡时间为 5 s，只能在整个电压范围为＋9 V 时才能达到。

（7）电流调节器 3 的输出信号，输到输出级 4。输出级 4 控制电磁铁输出级 11，其最大电流为 800 mA。

10.2　比例调速阀控制液压马达转速实验

1．实验说明

用 1 个二通比例调速阀控制液压马达转速，用三位四通电磁换向阀控制液压马达旋转方向。利用两个溢流阀作为加载元件，使液压马达在两个旋转方向上具有可变负载。对于 3 个指令值，在二通比例调速阀输入输出压力不同时，绘制压力-流量关系曲线。

2．绘制液压原理图

实验要求用 1 个二通比例调速阀控制液压马达转速，用三位四通电磁换向阀控制液压马达旋转方向。所以将二通比例调速阀要安装在三位四通电磁换向阀进油路；在液压马达回油路上各安装一个溢流阀用于加载，液压马达进油路安装单向阀，用于给液压马达供油；液压马达两个油口分别安装压力表，用于测量液压马达进回油口工作压力。该回路未考虑增加液压马达防吸空措施。注意，液压马达卸油口一定不要忘记连接，否则会造成液压马达的损坏。比例调速阀控制液压马达转速液压原理图如图 10-4 所示。

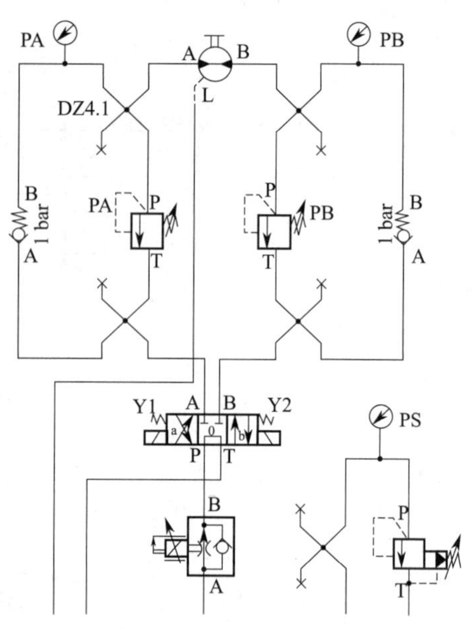

图 10-4　比例调速阀控制液压马达转速液压原理图

3. 绘制电气原理图

图 10-5 所示为比例调速阀电控器 VT5010 接线图，图 10-6 所示为比例调速阀控制液压马达转速电气原理图。当操作按钮开关 S1 时，液压马达逆时针旋转；当操作按钮开关 S3 时，液压马达顺时针旋转。当操作按钮开关 S2 停止后，才可改变液压马达旋转方向。带电延时延时继电器的延时时间，至少设置为 5 s。通过调节下降斜坡的斜坡时间，可以观察斜坡时间长短对液压马达运动的影响。

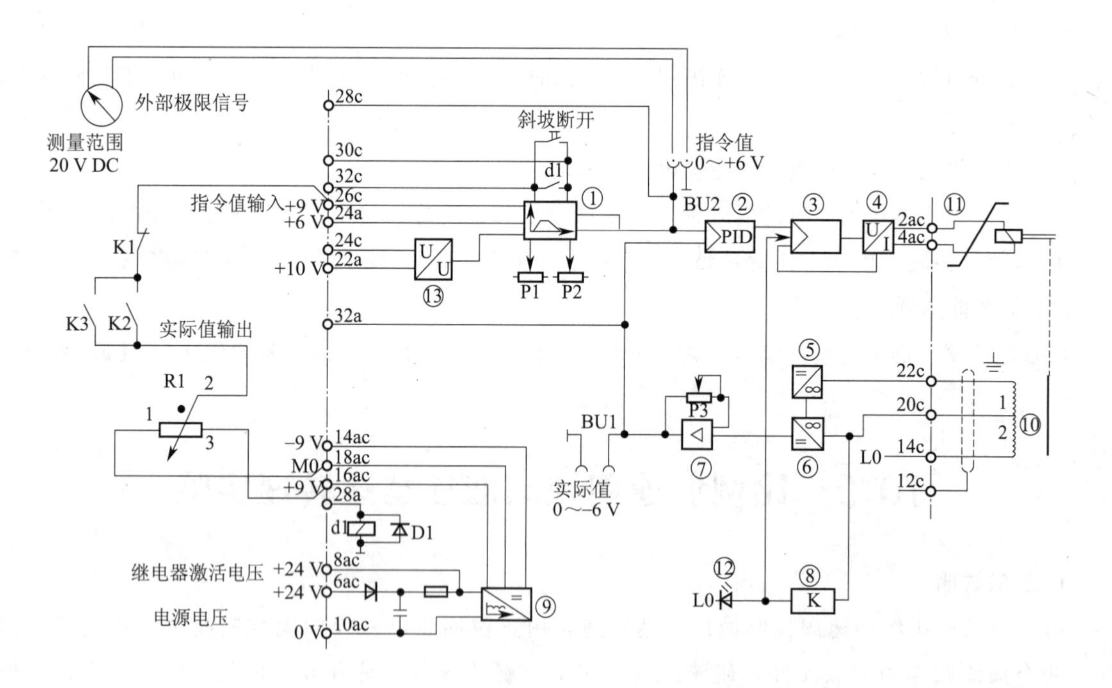

图 10-5　比例调速阀电控器 VT5010 接线图

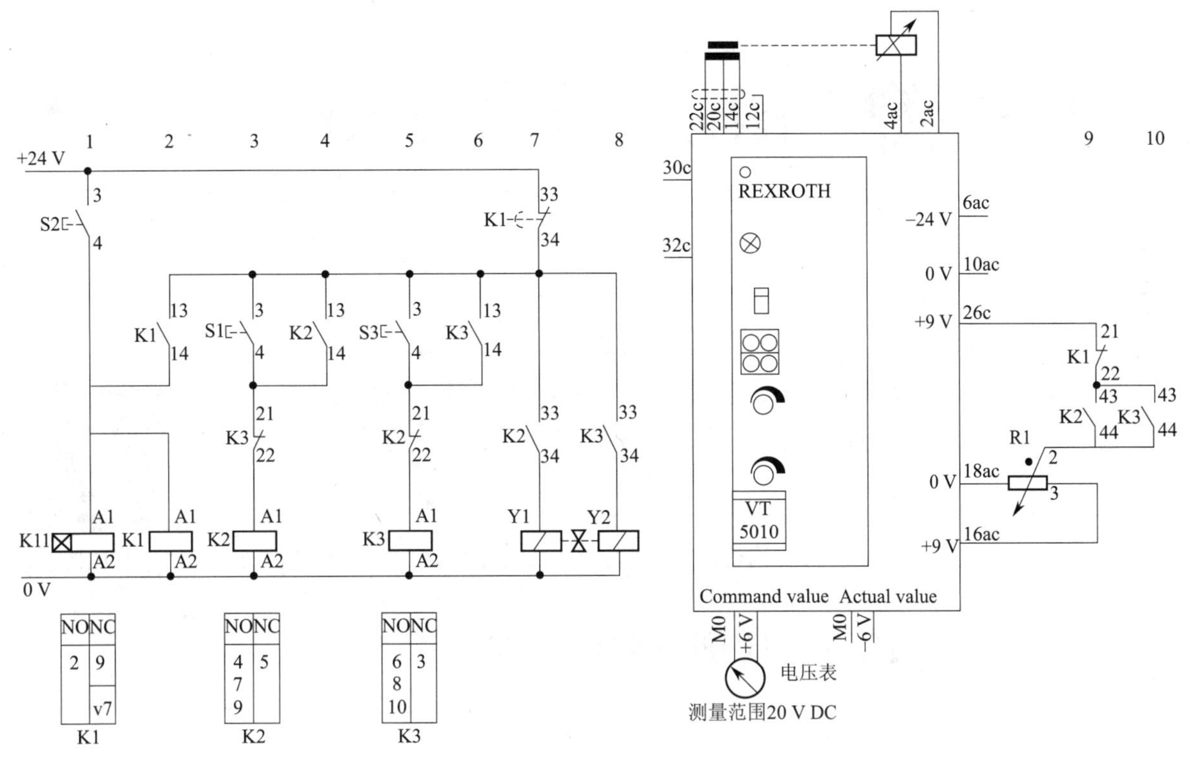

图 10-6　比例调速阀控制液压马达转速电气原理图

思考与练习

1. 二通比例调速阀与普通二通调速阀有什么区别？

2. 什么工况适合选择普通调速阀？什么工况适合选择比例调速阀？

3. 用比例调速阀调节液压马达的转速，比例调速阀的上升斜坡与下降斜坡分别对应液压马达的什么运动参数？输入信号的大小分别对应液压马达的什么运动参数？

单元11 比例方向阀认知与实践

知识目标

1. 了解直动式比例方向阀、先导式比例方向阀结构及工作原理；
2. 了解利用比例方向阀控制液压系统执行元件的方法及特点；
3. 了解比例方向阀电控器使用方法。

课 件

比例方向阀认知与实践

能力目标

初步具备利用比例方向阀实现对执行元件运动方向及运动速度进行控制的能力。

12.1 比例方向阀认知

比例方向阀用于控制液体的流动方向及液体的流量。

11.1.1 直动式比例方向阀

1. 不带位移传感器的直动式比例方向阀结构及工作原理

和普通方向阀以电磁铁直接驱动一样，比例电磁铁也是直接驱动直动式比例方向阀的控制阀芯。

图 11-1 所示为直动式比例方向阀结构，由位移-电流特性的比例电磁铁 1，复位弹簧 2，控制阀芯 3，阀体 4 等组成。

图 片

直动式比例方向阀结构示意图

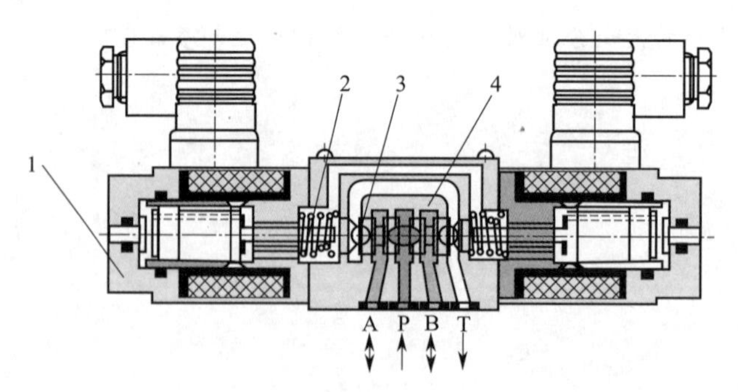

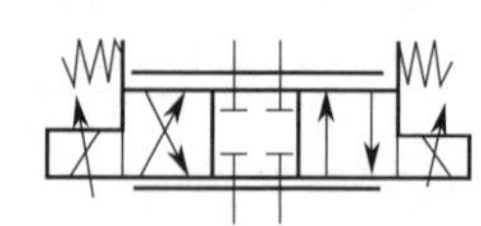

图 11-1 直动式比例方向阀结构示意图及机能符号

1—位移-电流特性的比例电磁铁；2—复位弹簧；3—控制阀芯；4—阀体

电磁铁不通电时，控制阀芯 3 由复位弹簧 2 保持在中位。比例电磁铁直接驱动阀芯运动。

阀芯处在图示位置时，P、A、B 和 T 之间互不相通。如左边电磁铁通电，阀芯右移，则 P 与 B，A 与 T 分别连通。控制器的控制信号值越大，控制阀芯向右的位移也越大。这样，阀芯行程就与电信号成正比。阀芯行程越大，阀口通流面积和通过的油液流量也越大。

图 11-1 所示阀的电磁铁不带位移传感器，不能检测阀芯的位置。按阀的不同规格，其滞环为 5%～6%，重复精度为 2%～3%。配置不带位置电反馈电磁铁的比例阀，其特点是廉价，但功率参数、重复精度、滞环等将受到限制。很多工况下，不带位移传感器阀的控制精度足以满足使用需求，是一种经济实惠的设计方案。

要提高控制精度，需要选择带位移传感器的直动式比例方向阀。

2. 带位移传感器的直动式比例方向阀结构及工作原理

图 11-2 所示为带位移传感器的直动式比例方向阀，由阀体 1、位移-电流特性的比例电磁铁 2、电感式位移传感器 3、控制阀芯 4、弹簧 5、工艺堵 6 等组成。

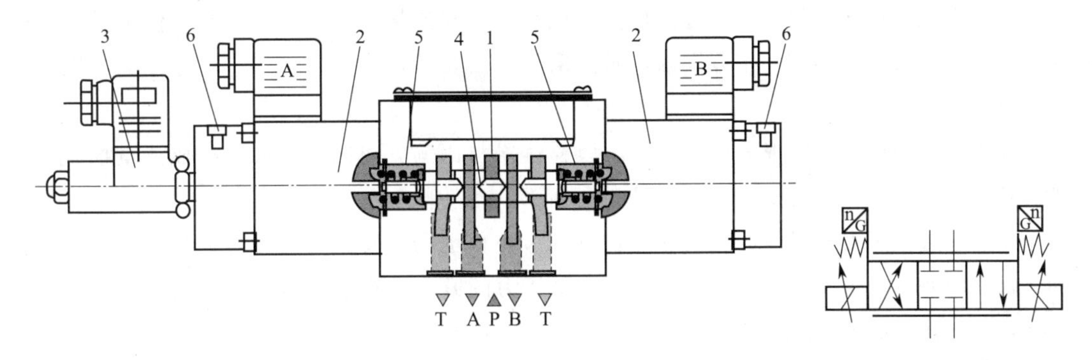

图 11-2　带位移传感器的直动式比例方向阀结构示意图及职能符号

1—阀体；2—位移-电流特性的比例电磁铁；3—电感式位移传感器；4—控制阀芯；5—弹簧；6—工艺堵

阀芯处在图示位置时，P、A、B 和 T 之间互不相通。如电磁铁 A（左）通电，阀芯右移，则 P 与 B，A 与 T 分别连通。来自控制器的控制信号值越高，控制阀芯向右的位移也越大。这样，阀芯行程就与电信号成正比。阀芯行程越大，阀口通流面积和通过的流量也越大。图 11-2 所示左侧的电磁铁配有电感式位移传感器，它检测出阀芯实际位置，并把与之成正比的电信号（电压），反馈至电控器。由于位移传感器的量程按照两倍的阀芯行程设计，所以阀芯在两个方向上的实际位置都可检测。

由于采用密闭式结构，这种位移传感器没有泄油口，也不需要附加的密封。因此，该结构形式，不存在对阀的控制精度产生不利影响的附加摩擦力。

在放大器中，实际值（控制阀芯的实际位置）与设定值进行比较，检测出两者的差值后，以相应的电信号传输给对应的电磁铁，修正实际值，因而构成了位置反馈闭环。位置反馈闭环对于实际应用而言，意味着阀的滞环和重复精度达到 1%。

3. 直动式比例阀流量特性

图 11-3 所示为温度 50 ℃，液压油的运动黏度为 41 mm^2/s，不同阀口压降情况下流量特性曲线。曲线说明，在输入信号不变时，阀的压降变化，阀的流量会发生变化。通常阀的压降指阀的进口压

降与出口压降之和。

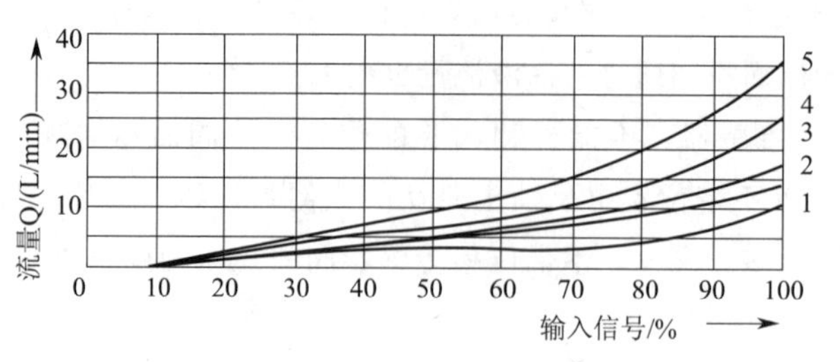

图 11-3　流量-输入信号特性曲线

用比例方向阀，能简单地控制执行元件的运动速度和运动方向。可以得到节流调速特性，即对应于每一个输入信号，比例方向阀有对应的阀口开度。当然，这时的阀口流量除了与阀口开度有关，还与阀口压降有关。图 11-3 所示为在恒定压降下比例方向阀的节流特性。

系统压力变化或负载变化，会引起阀压降的变化，引起流量变化。假如执行元件承受变化的负载，而要求速度保持在较小的变化范围内，则要采用适当元件进行压力补偿。就像节流阀加定差减压阀变成调速阀一样的原理。

通常使用压力补偿器来实现上述功能。压力补偿器与比例方向阀控制阀口组成流量控制阀，用于补偿因负载变化而引起的流量变化，如图 11-4 所示。

一个带二通进口压力补偿器的装置中，比例阀节流口上的压降保持为常数。由此，负截压力波动和油泵压力的变化，得到了补偿。也就是说，泵压力的升高不会引起流量的增大，而阀的额定流量须按照压力补偿器的 Δp 值来选择。

如图 11-5 所示，在二通进口压力补偿器中，调节阀口 A_1 和检测阀口 A_2 是串联的。当阀芯处于

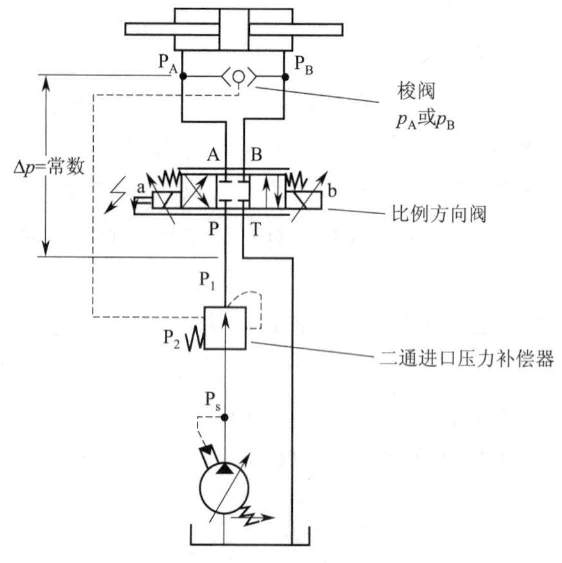

图 11-4　二通进口压力补偿器用于补偿负载压力变化引起的流量变化原理图

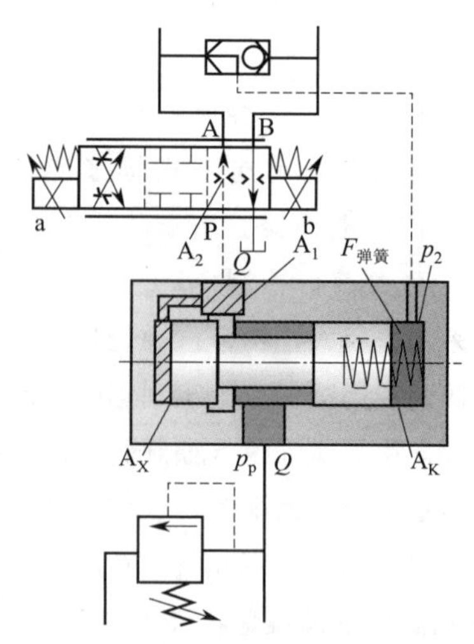

图 11-5　二通进口压力补偿器原理图

平衡位置而负载压力变化时，作用于检测阀口的压力降 $\Delta p = P_1 - P_2$ 将保持常数，忽略液动力，在阀芯平衡位置：

$$P_1 \times A_K = P_2 \times A_K + F_F$$

$$\Delta p = P_1 - P_2 = F_F / A_K = \text{常数}$$

当弹簧很软，调节位移又很短时，弹簧力的变化也就很小，从而压力差近似为常数。

图 11-6 中每一根曲线对应一个指令值，只要带压力补偿器的比例方向阀上能达到阀的最小压差 Δp_{min}，就能保证阀口流量基本不随负载变化而变化。这也意味着功率损失及系统发热，是流量控制系统供给液压能所必须付出的代价。

4. 加速与减速工况

流量变化的快慢决定了缸或马达的加速度和减速度。流量增加或减小的快慢，由比例阀来控制。流量变化的快慢，取决于阀芯位置的单位时间变化量。这些设定值都由控制比例电磁铁的电控器来设定，由放大器预调的设定值，在给定时间段内，变化到该设定值。

电控器的这一功能称为斜坡发生器。预调设定值的变化所需时间称为斜坡时间。例如：在 2 s 内，设定值从零变到最大值；加速时间短，加速度大。在 5 s 内，设定值从零变到最大值；加速时间长，加速度小。在制动过程，设定值的变化，是从大到小，如图 11-7 所示。

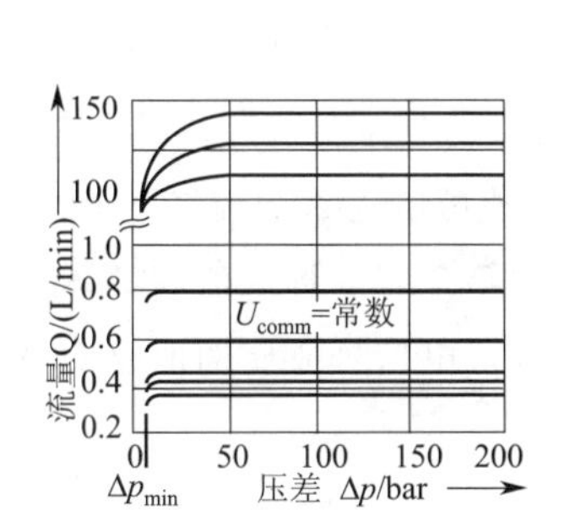

图 11-6　配置二通进口压力补偿器后流量-压差特性曲线

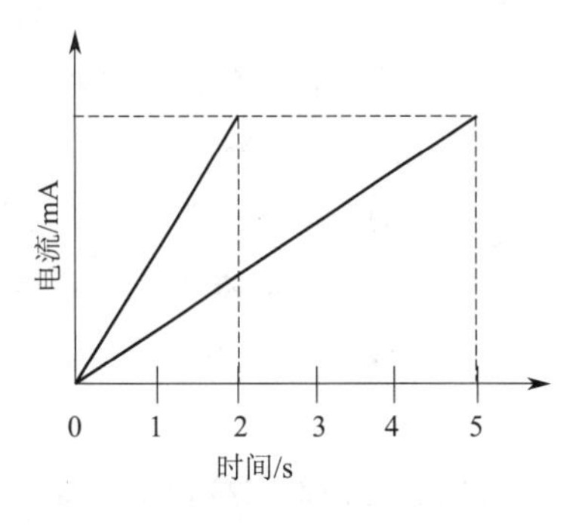

图 11-7　电流-时间关系曲线

11.1.2　先导式比例方向阀

与普通换向阀一样，大通径的比例阀也是采用先导控制型结构。10 通径及其更小通径的阀用直动式控制，大于 10 通径则采用先导式控制。

1. 先导式比例方向阀的先导阀——三通比例压力阀结构及工作原理

先导式比例方向阀由用于先导阀的三通比例压力阀及主阀两大部分组成。比例方向阀以减压阀为先导级，其优点在于，不需要持续不断地耗费先导控制油。

图 11-8 所示为三通比例减压阀，由比例电磁铁 1、2，阀体 3，控制阀芯 4，测压活塞 5、6 等组成。

先导阀配备的是具有力——电流特性的力调节型比例电磁铁。比例电磁铁按比例地将电信号转变为作用于控制主阀芯的电磁力，控制电流越大则相应的电磁力也越大。

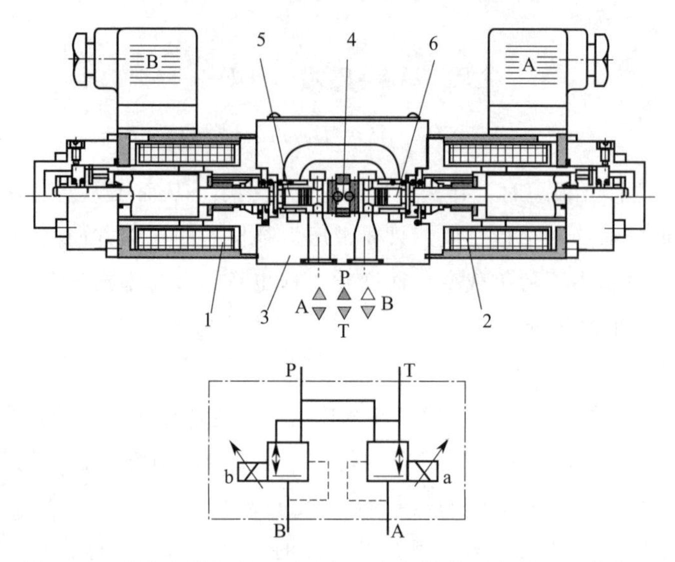

图 11-8　用作先导阀的三通比例压力阀结构示意图及机能符号

1、2—比例电磁铁；3—阀体；4—控制阀芯；5、6—测压活塞

现假设电磁铁 1 通电，电磁力通过测压活塞 5 作用于控制阀芯 4 上，使它向右移动。由此，油从 P 流向 B，A 仍和 T 相通。在 B 油口建立起来的压力，通过控制阀芯 4 上的径向孔，作用于测压活塞 6 上。由此产生的液压力克服电磁力，推动控制阀芯 4 向阀口关闭方向移动，直到两个力达到平衡为止。在此过程中，测压活塞 6 静止于电磁铁的衔铁中。先导压力油可通过 A 口流向 T 而泄压。

在控制阀中位，比例电磁铁失电，这时候 A 和 B 口均连通油箱 T 口，即油液在 A 和 B 口得到泄压。同时，P 与 A 或 P 与 B 不再相通。可通过利用改变先导阀输入电信号成比例地改变 A 和 B 口的压力。

2. 先导式比例方向阀结构及工作原理

图 11-9 所示为先导式比例方向阀，由比例电磁铁 1、2，先导阀阀体 3，先导阀芯 4，主阀体 5，主阀芯 6，对中和调节弹簧 7，无弹簧腔 8，弹簧腔 9，主阀弹簧腔 10，连杆 11 等组成。

先导式比例方向阀的工作原理：来自控制器的电信号，在比例电磁铁 1 或 2 中，按比例地转换为作用在先导阀芯上的力。与此作用力相对应，在先导阀 3 的出口 A 或 B，得到一个压力。此压力作用于主阀芯 6 的端面上，克服弹簧 7 推动主阀芯位移，直到液压力和弹簧力平衡为止。

假如先导阀 B 电磁铁 1 通电，给一个适当的输入信号，则先导阀芯 4 右移，先导阀 B 口输出一个与输入信号大小相应的工作压力，该压力作用于主阀无弹簧腔 8，主阀芯 6 右端受到一个向左的液压力，力的大小对应于先导阀 B 口输出的工作压力大小，主阀芯 6 向左移动，压缩弹簧 7；直至弹簧力和液压力平衡为止。控制油压力的高低，决定了主阀芯 6 的位置，也就决定了节流阀口的开度，以及相应的流量。

当先导阀 A 电磁铁 2 通入控制信号时，则在主阀弹簧腔 10 内产生与输入信号相对应的液压力。这个液压力，通过固定在阀芯上的连杆 11，克服弹簧 7 使主阀阀芯 6 移动。

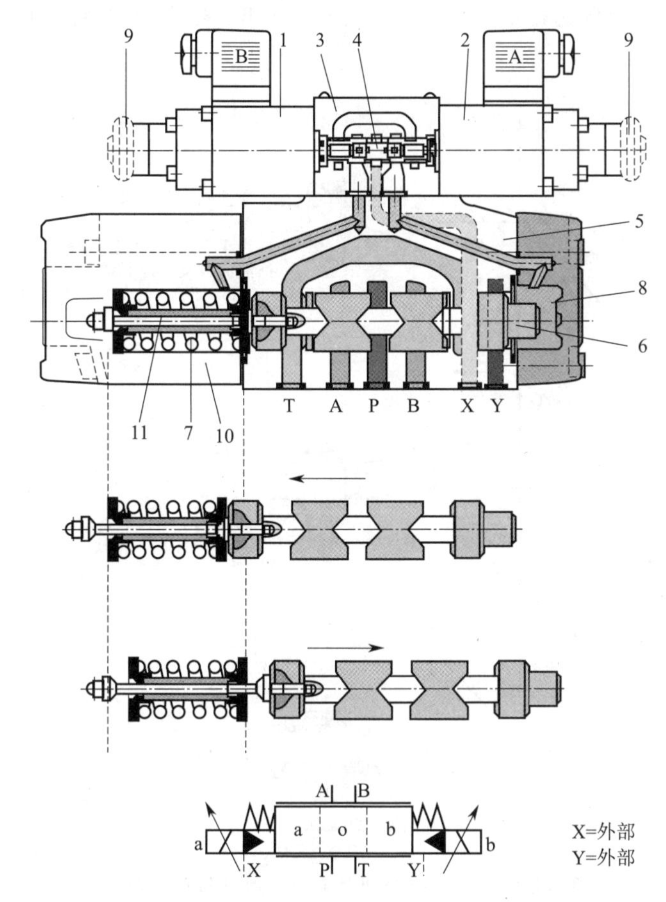

图片

先导式比例方向阀结构示意图

图 11-9　单边弹簧对中型先导式比例方向阀结构示意图及职能符号

1、2—比例电磁铁；3—先导阀阀体；4—先导阀芯；5—主阀体；6—主阀芯；7—对中和调节弹簧；8—无弹簧腔；9—弹簧腔；10—主阀弹簧腔；11—连杆

弹簧 7 连同两个弹簧座无间隙地安装于阀体与阀盖之间，它有一定的预压缩量。采用一根弹簧与阀芯两个运动方向上的液压力相平衡的结构，经过适当的调整，可保证在相同输入信号时，左右两个方向上阀芯移动相等。另外，弹簧座的悬置方式有利于滞环的减小。

主阀芯位移的大小，即相应的阀口开度的大小，取决于作用在主阀端面先导控制油压的高低。一般可用溢流阀或减压阀，来得到这个先导控制油压。

当主阀压力腔卸荷后，弹簧 7 的力使控制阀芯重新回到中位。先导控制油供油的内供或外供，先导控制油回油的内泄或外泄等，可能有各种组合，按先导控制式开关型方向阀一样的原则处理。

该阀要求的控制压力为 $P_{min}=30$ bar 和 $P_{max}=100$ bar，滞环为 6%，重复精度为 3%。

3. 比例方向阀阀芯遮盖量

为了减小换向阀的中位内泄露，开关阀及部分比例方向阀均采用中位阀芯正遮盖，如图 11-10 所示。正遮盖会造成控制元件的死区干扰。也就是说，正遮盖设计的比例方向阀，必须输入足够大的输入信号，阀芯位移足以克服遮盖量之后，才有液压能输出。这会影响换向阀的响应频率。

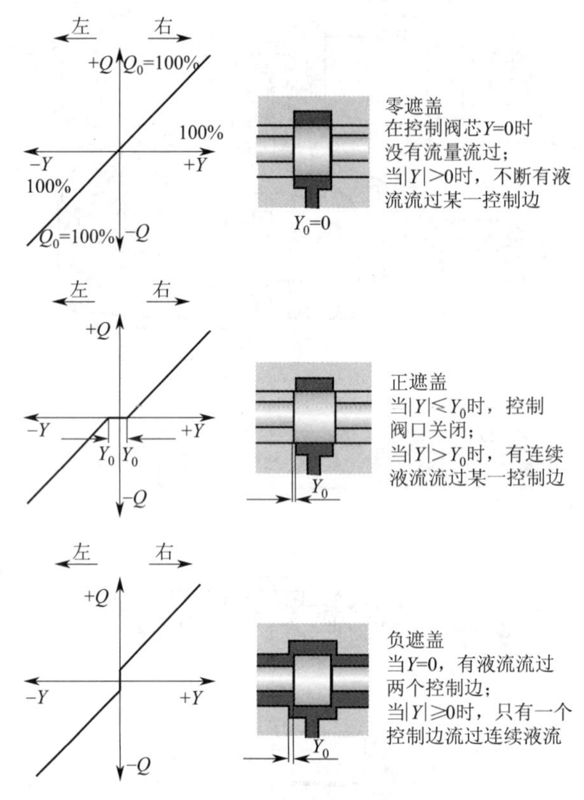

图 11-10　中位时不同遮盖情况流量特性示意图

负遮盖则与此相反，将导致泄漏流量的增大。但可使换向阀的响应频率得到有效提高。这对于闭环控制系统，尤其是位置控制闭环系统，尤为重要。

连续调节阀在中位范围里，具有零遮盖特性，这是应用于位置调节闭环的一个重要条件。在这一点上，闭环比例阀与比例阀有着根本的差别。零遮盖要求对阀芯、阀套和壳体进行特别精细的加工处理，并使用耐摩材料。这些都要耗费相应的成本。为了在长期运转条件下，保持零遮盖状况，必须注意油液的清洁度（防腐蚀）。

4. 比例阀使用注意事项

比例阀安装规范如下：

（1）洁净度要求：安装比例阀时，安装环境和阀体本身必须清洁；油箱必须密封以防外界污染；油管及油箱应在安装前清除灰尘、氧化皮、砂粒、金属屑等；热弯管和焊接管必须酸洗，清水冲洗和上油；清洁只能使用不起毛的布或者特种纸。不允许用麻丝、腻子或密封带之类的密封材料。

（2）为了保证系统较好的刚度，在阀与执行器之间应避免使用软管。

（3）应将阀的油口 A 和液压缸的油口 A（即液压缸无杆腔）相连，这一点特别适用于 E1 型、W1 型、E3 型和 W3 型的阀芯。这是由于在阀中 A 口至 T 口油路最短。

(4) 只有当比例阀与执行器（油缸和马达）间的连接管路尽可能短时，才可能达到优化的动态特性。出于这一考虑，多数情况下需要以最短距离，将四通比例方向阀的出油口 A 和 B，与双向行程执行器的两个端口相连。建议比例阀安装在靠近执行元件的部位。

(5) 每个液压系统，都可用一个弹簧-质量系统来描述。其最大加速度，是由液压装置的调整时间，或者由弹簧-质量系统本身决定。

(6) 紧固螺钉必须与样本中给出的要求相符，并用给定的力矩旋紧。

(7) 阀的安装位置任选，但最好是水平位置。如果比例阀安装在执行器上，则应避免阀芯轴线与执行器的加速度方向平行。

(8) 工作介质：注意压力和温度范围，为保证设备的控制特性稳定不变，建议保持油温基本恒定（±5 ℃）。

(9) 使用的密封材料是否正确：对应于难燃液压油 HFD 和油温大于 90 ℃的运行条件，使用的密封材料型号中必须带有 V 字母（即氟橡胶）。

(10) 过滤：为延长使用寿命，先导控制阀应使用 10 μm 的进口滤油器；滤油器的允许压差必须大于实际压差；建议使用带污染指示器的滤油器。

11.1.3 比例方向阀用电控器

1. 比例方向阀用内置式电控器（OBE）

图 11-11 所示为内置式电控器，即电控器集成在比例方向阀上。比例阀与电子控制技术在今后的发展趋势，是向更可靠、动态性能更好、精度更高和价格更低等方向发展。现今的比例阀，大都已直接将电子控制器安装在阀体上了。

如图 11-12 所示，放大器位于阀上，因而构成了一个功能单元。供电单元供给电压为 24 V，并能产生所需的内部电压。提供给差分放大器的电压为±10 V，或者也可以向其供给 4～20 mA 的电流。阀的开口与所施加的电信号数值成正比。这一模拟信号必须由诸如 PLC 之类的设备控制器所产生。可产生指令信号的其他设备还包括指令输出卡、指令输出模块和闭环控制电路。

图 11-11 直动式比例方向阀带内置式放大板

指令的梯度值就可以通过斜坡信号发生器加以调节。如果斜坡信号由设备控制器所产生，那么就无法改变斜坡信号电位器的设置。

取出的实际值可用于诊断的目的。可以用于比较其与输入值的大小，了解电控器工作状态及输入/输出误差的大小。

借助于零位点，可以在指令值为 0%时对滑阀的位置加以调节。但这种调节只在特定的控制用途下才需要进行；因此，在一般情况下，不应随意更改该零点电位器的设定值。

在出现低电压的情况下，就应当切断电磁铁的电流，以防产生运动失控。该控制器可按前述方式运行。

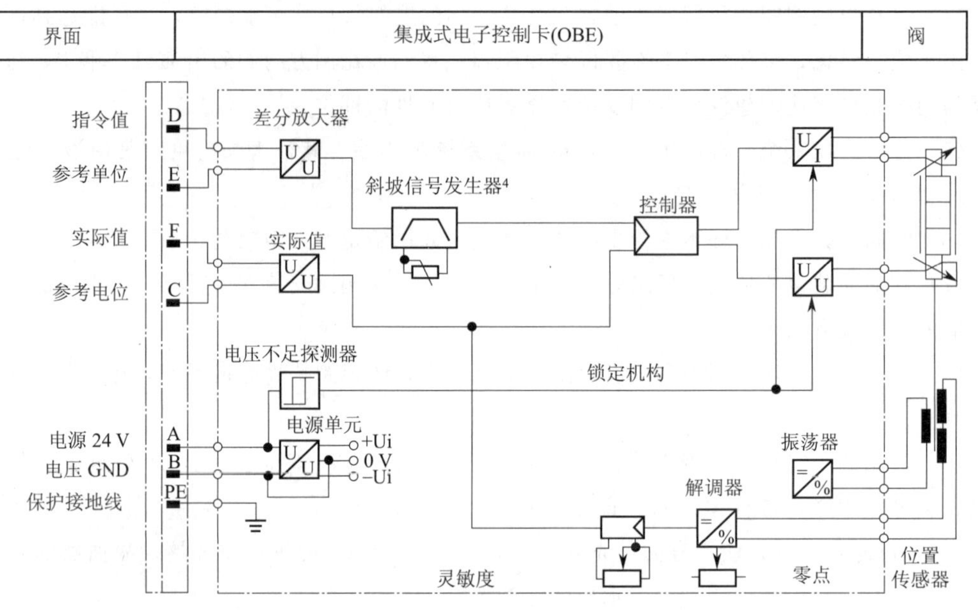

图 11-12　内置式电控器功能图

2. 指令值信号源及模拟式指令值设定模块

1）指令值信号源

图 11-13 所示为指令值信号源。其工作原理是：当接通电源时，选择开关可以选择指令值信号源输出正电压、负电压或输出值为 0 V。上面的电位器可以调节输出的电压值大小。

2）模拟式指令值设定模块 VT-SWMA-1

带内置式放大器（OBE）的比例阀，需要采用±10 V 或 4～20 mA 的模拟信号作为其控制信号。阀的开口大小与控制信号的数值成正比。10 V 与 100%的阀开口大小相对应。该信号能被连续改变，而阀的开口大小则必须根据该值发生改变。这种技术可用于连续控制机器的运行速度。

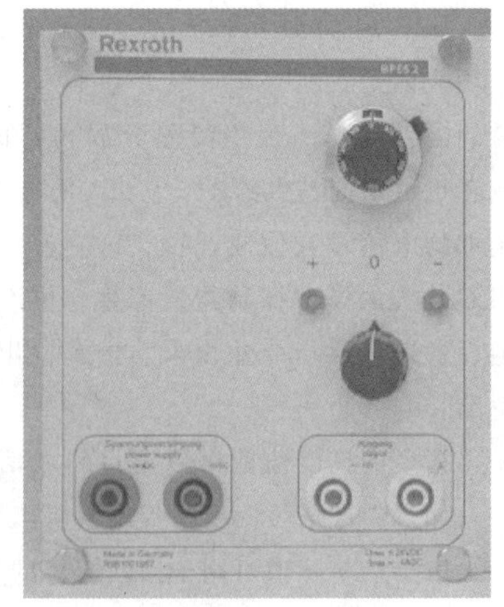

图 11-13　指令值信号源

诸如位置传感器、电磁铁、整流器等操纵阀所需的电子元器件，可通过外部方式安装在控制柜内的信号放大器卡上，也可集成于阀体上。该电子控制卡经过了厂商的优化调试，用户不得随意对其加以更改。有的 OBE 板卡可以调节阀的零点与阀的斜坡信号值。然而，只在特殊情况下才需要进行这一类调节。

如果控制信号是由某一控制器所生成，则阀体上就无须作任何的设置；否则就会造成故障。因此，一般情况下，不得对电子阀控器作任何设置。

模拟控制信号的生成方式有多种。举一个最简单的例子，即某一手动调节式电位器。在 PLC 控制中，由于输出为模拟量，因此就能够对模拟控制信号编程。控制器输出连续变化的作用信号，从而形成阀的控制信号。

如果某一控制器无法产生模拟信号，比方说一个继电器控制或以数字信号为输出量的某一 PLC，就需要专用的电路来生成模拟信号。这些电路能够将数字式开关信号转换成模拟信号。模拟式指令值设定模块为电子板卡，

控制器在制造厂就已作过专门的优化调试，以适应液压传动技术的要求。指令值设定模块可利用双向加速或减速运动的单个斜坡信号，对快速和慢速动作序列加以调节。相关的方向和速度，则可以通过机器控制器加以数字式调用（PLC、继电器、开关）。

在指令值设定模块中，速度是通过指令的方式来加以调节的。加速和减速的数值，则通过斜坡信号电位器调节。

来自指令值设定模块的模拟信号，由阀体上电子驱动装置转换成阀的相应开口值。在这种布置方式下，指令值的生成与控制该阀的电子控制器相分离。

3）VT-SWMA-1 型指令值设定模块功能说明

图 11-14 所示为 VT-SWMA-1 型指令值设定模块的正视图，内置电位器 t1 到 t5（部分带 LED 指示灯）用于斜坡时间调整；内置继电器 w1 到 w4（带 LED 指示灯）用于指令值调用；G 用于差分输入的幅值衰减；Z 用于零点匹配；“4-Q”用于四象限识别；inv 用于反相器有效，功能相当于 VT5005 电控器的 d6 继电器。

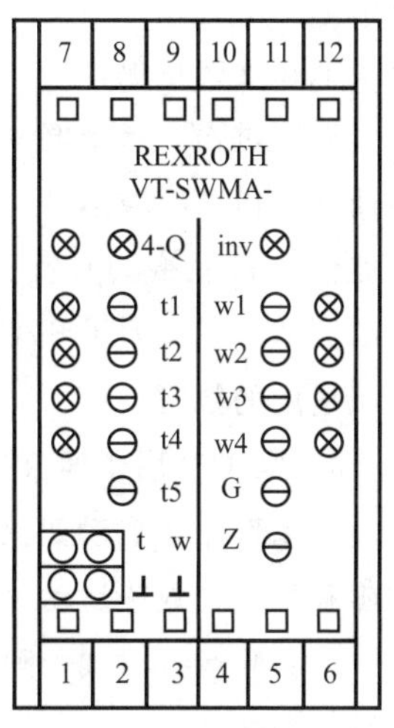

图 11-14　VT-SWMA-1 型指令值设定模块的正视图

测试插座：t 用于测量当前的斜坡时间，调整相关的电压值可改变斜坡时间；w 用于测量指令值电压。为了能测量某一设定值，相关的指令值或斜坡信号必须通过指令值调用的方式加以激活。

电位器 w1～w4 可用于调节指令值、并继而调节液压缸的运动速度。可通过指令值调用的方式启用设定值。这一点与 VT5005 电控器功能类似。

指令值 w1 和 w2 为正值，而 w3 和 w4 则为负值。这样，液压缸就能以 w1 和 w2 向外伸出，而以 w3 和 w4 缩回。

斜坡信号被分配给各个指令值 w1→t1，w2 →t2，等等。这就意味着，当指令值 w1 有效时，只有斜坡信号 t1 还处于开启状态。当没有任何输入信号时，斜坡信号 t5 有效。

例 11-1　某液压缸的运行速度与运行时间流程图如图 11-15 所示，试利用 VT-SWMA-1 型指令值设定模块控制带内置电控器比例方向阀实现上述功能。

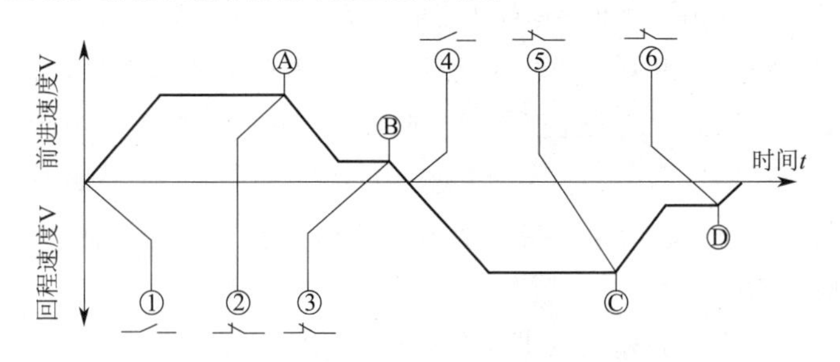

图 11-15　液压缸运行速度与时间流程图

初步设计：

伸出过程：指令值 w1 用于启动快速伸出，而 w2 则用于慢速伸出。当启用 w1 时，也启动了 t1。因而就能借助斜坡信号 t1 调节液压缸的起动加速度。一旦收到“慢速”的开关信号，则指令值 w2 和斜坡信号 t2 就变为有效。通过指令值 w2 ，即与斜坡信号 t2 相关的减速值，来实现调节慢速移动速度值的调节。在关闭了开关信号的指令值 w2 之后，由于此时没有有效的指令值，因此就能通过 t5 来调节减速度的数值。

返回过程：指令值 w3 用于启动快速返回，而 w4 则用于慢速返回。当启用 w3 时，也启动了 t3。因而就能借助斜坡信号 t3 调节液压缸的起动加速度。一旦收到“慢速”的开关信号，则指令值 w4 和斜坡信号 t4 就变为有效。通过指令值 w4，即与斜坡信号 t4 相关的减速值，来实现调节慢速移动速度值的调节。在关闭了开关信号的指令值 w4 之后，由于此时没有有效的指令值，因此就能通过 t5 来调节减速度的数值。

4）“4-Q”用于四象限识别

“4-Q”用于启动四象限识别功能。四象限运行方式，意味着液压缸所需执行的向内缩回、向外伸出和加速、减速运动序列。

二象限运行方式，则意味着执行机构只在一个方向进行加速和减速运行；这适用于只能作单向旋转运动的马达。

利用四象限识别功能，就可以对于所有四种可能的速度变化都进行最优和单个调节。这一点对于运动顺序的编制十分有用。

在这种模式下，斜坡信号 t1～t4 就不再被固定地分配给指令值使用，而是被赋予了极性和信号方向的含义。电子控制器能识别新指令值的方向，并以此选择相关的斜坡信号。

四象限运行模式时，t1 对应于加速-向外伸出；t2 对应于减速-向外伸出；t3 对应于加速-向内缩回；t4 对应于减速-向内缩回；t5 对应于减速，当“4-Q”和指令值关闭，如紧急停机时。

5）inv 可用于改变指令值的极性方向

如果某一方向的运动需要有多于 2 个的指令值，就需要使用 inv 功能。比方说，如果向外伸出需要设定第三个速度值，就可以通过 w3 来加以调节。w3 具有负的极性。为了有效地作用于向外伸出的方向，该极性必须变成正值。在这种情况下，w3 就需要与 inv 功能一同使用。

6）幅值衰减器 G

只能作用于差分输入上（端子 4 和 5）。幅值衰减器可用于把差分输入端的电压信号降低到某一数值。例如：在差分输入点加上 10 V 的电压。幅值衰减器可将信号降到 7.5 V。结果，阀只打开到全开口的 75%。

由于这样，如果指令信号是由另一开环或闭环控制的差分输入所提供，就能通过幅值衰减器限制最大的运行速度。如果液压缸的最大速度不超出限值，则这一功能在闭环控制中就尤为重要。

7）零点平衡 Z

可用于调节指令值，在尚未激活某一指令值或差分输入点加上某一信号时，最大可调到±3 V。这一功能可在试运行时使用。

当尚未激活某一指令值或差分输入点上无信号时，指令值应当始终为 0 V。如果不属于这种情况，则必须通过 Z 将指令值设置成 0 V。

8）斜坡时间的调整

请注意斜坡时间的调节与测量方法。建议关闭四象限识别开关，并在调节电位器时调用斜坡时间。表 11-1 所示为斜坡时间（ms）与测量电压（V）对应表。

表 11-1　斜坡时间（ms）与测量电压（V）对应表

测试插座 t 处的数值，U_t 的单位为 V	5	3	2	1	0.5	0.3	0.2	0.1	0.05	0.03	0.02
当前的斜坡信号时间（±20%），t 的单位为 ms	20	33	50	100	200	333	500	1 000	2 000	3 333	5 000

或利用公式 $t=\frac{100}{U_t}$ 计算。式中斜坡时间 t 的单位为 ms，电压 U_t 的单位为 V。

11.2　比例方向阀实践

图 11-16 所示为利用带内置电控器的比例方向阀控制液压缸回路的液压原理图。液压缸的伸出背压，可以通过背压阀来调节。

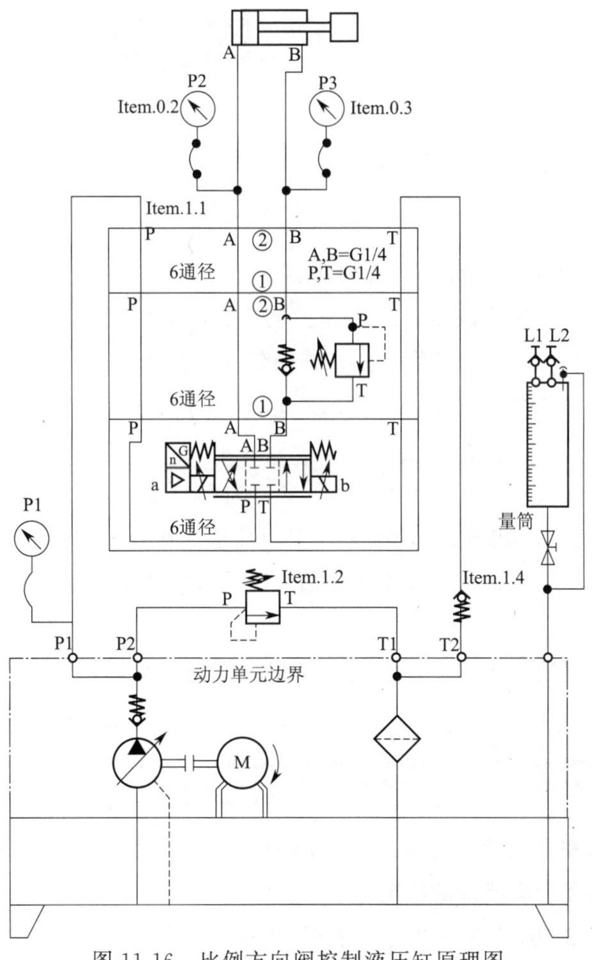

图 11-16　比例方向阀控制液压缸原理图

1. 利用指令值信号源控制液压缸运动

控制电路如图 11-17 所示。项目任务：

- 通过对指令值与实际值的测量，了解被测试阀的功能；
- 确定液压缸开始移动时的指令电压值；
- 测试极性；对应于正的指令值，液压缸必须向外伸出；
- 确定液压缸的移动时间与指令值之间的关系。

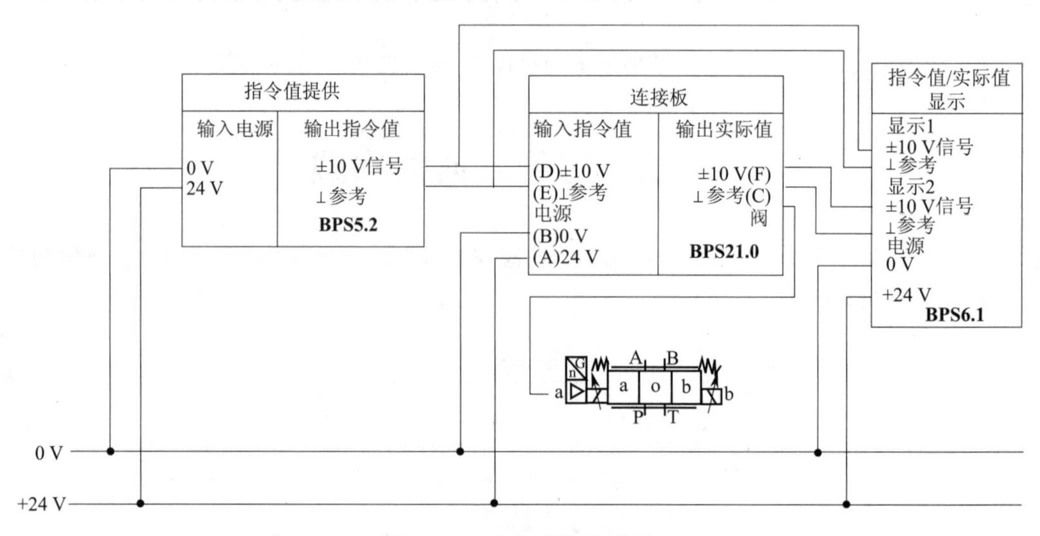

图 11-17　电器模块接线图

1）液压管路及电路连接后，首先测试阀的功能

启动控制电压。此时还不需要液压系统有压力输出；将液压泵关闭并打开旁路阀。通常在进行电压测量时，必须始终相对于某一参考点（⊥）来测量电压信号（±10 V）。

BPS 21.0 的测量点：插座 D（±10 V）和 E（⊥）用于测量指令值，而插座 F（±10 V）和 C（⊥）则用于测量实际值。

通过调节指令生成器 BPS 5.2，可以在 0～10 V 之间调节指令值的大小和正、负极性。

查看指令值/实际值显示仪 BPS 6.1 上所显示的电压值。指令值与实际值必须始终具有相同的数值，偏差为±0.02 V。如果实际值明显偏离指令值，则阀或电子阀控器必定存在故障。

2）控制液压缸运动

通过给定一个指令值而使液压缸产生运动。当指令值为 0 V 时，液压缸必须处于静止状态。否则，比例阀的设置必须加以改变。

先将指令值设置成输入为 0 V，然后将电位器转动到 0 V；否则一旦系统建立起压力之后，液压缸就会开始移动。

使系统的压力溢流阀完全卸荷。使负载处的压力溢流阀完全卸荷。打开液压泵和控制电压。关闭旁路阀。检查液压回路是否有泄漏的状况。

将压力溢流阀调定为 20 bar。利用指令生成器 BPS5.2，由 0 V 开始向正极方向缓慢地增加指令值，并观察在哪一数值时液压缸开始产生移动。请注意观察该指令值。

继续缓慢地增大该指令值，同时观察液压缸的移动速度是否变化。借助于+/-极性开关，使液压缸产生相反方向的运动。当指令为正值时，液压缸必须产生向外伸出运动。

3）指令值与液压缸伸出速度关系测量

为了得到指令值与液压缸速度之间的关系，可用秒表测量液压缸向外伸出过程整个行程所用的时间。

设置系统压力，使压力溢流阀的压力为 50 bar。压力溢流阀的负荷仍保持在完全卸荷的状态。

以 0.5 V 的增量升高指令值。液压缸的启动位置为完全缩回的位置，而终点位置则是液压缸全部伸出的位置。将测量值填入表 11-2 中。并绘制指令值与活塞杆伸出速度关系曲线。

表 11-2　指令值与活塞杆伸出速度关系

序号	指令值/V	伸出时间/s	伸出速度/(mm/s)
1	1.5		
2	2		
3	2.5		
4	3		
5	3.5		
6	4		
7	4.5		
8	5		
9	5.5		
10	6		
11	7		

根据实验结果回答下列问题：

(1)多大的指令值将使液压缸产生明显的移动？

(2)在指令值为 0.5 V 时液压缸为何还未移动？

(3)液压缸速度的改变与指令值之间呈现怎样的变化关系？

(4)什么因素限制了液压缸的最高速度，并从多大的指令值开始会产生这种限制？

(5)什么因素决定着液压缸的移动方向？

2. 比例方向阀选型

1)开关阀的换向阀选型建议

(1)换向阀功能选择。首先要根据实际工况要求，选择二位阀还是三位阀，没有执行元件比如液压缸活塞杆任意位停留要求的，可选择二位阀；有液压缸活塞杆任意位停留要求的，必须选择三位阀。

(2)三位换向阀中位机能选择。根据工况要求，中位要求卸荷的，可选择中位机能 H、M 等；中位要求保压的，可选择中位机能 O、Y 等；执行元件为锁紧而配装液控单向阀的工况，为使执行元件可靠锁紧，换向阀中位机能需选择 H、Y 等。

(3)耐压等级选择。所选择的换向阀的额定工作压力,一定大于或等于液压系统实际工作压力,这样才能保证换向阀可靠工作。特殊工况时,尤其要关注换向阀 T 口耐压等级。

(4)换向阀通径选择。仔细看换向阀产品样本,对于同一通径换向阀,不同滑阀机能,不同流道,不同工作压力条件,流量是不完全一样的;阀的压降也要关注。当然,对于开关阀,流量选的稍大一些,对于系统工作会更有利。

(5)换向阀的电磁铁类型选择,一般情况下,建议选择直流湿式电磁铁。

(6)特殊工况,例如高频换向工况,要关注换向阀的换向时间及频率。

(7)传递介质的类型、工作温度、介质黏度,需要关注。

2)比例方向阀选型建议

(1)比例方向阀流量选择:比例方向阀流量选择与开关阀完全不同,不是越大越好。一定要选择适合工况要求的换向阀流量等级,才能达到提高控制精度的目的。比例方向阀与普通开关阀的另一个区别是,对于相同通径、相同滑阀机能的换向阀,比例方向阀可配备不同流量等级的阀芯,产生不同的流量特性。这一点,设计选型或设备备件采购时,一定要注意。

例如:某工况要求的相关数据如下:

①调定的系统压力:$p=120$ bar;

②工进时的负载压力:$p=110$ bar;

③快进时的负载压力:$p=60$ bar;

④工进速度范围内所需流量:$Q=5\sim20$ L/min;

⑤快进速度范围内所需流量:$Q=60\sim150$ L/min。

实际上人们像选用普通开关阀那样来选用比例阀(以 $Q=150$ L/min 为公称流量),这样一来会得到如下数据:

➢ 快进工况,阀的压降:$P_v=120-60=60$ bar,$Q_{快进}=60\sim150$ L/min;

➢ 工进工况,阀的压降:$P_v=120-110=10$ bar, $Q_{工进}=5\sim20$ L/min。

这样选择的结果是:

快进工况时:如图 11-18 所示,对应于 $P_v=60$ bar,流量 $Q=150$ L/min,仅利用了额定电流的 66%左右;流量$Q=60$ L/min 时,仅利用额定电流的 48%左右。这样一来调节范围仅达到全程的 18%(66%~48%)左右。

工进工况时:假定压差只有 10 bar,47%全电流信号得到 20 L/min;5 L/min 的流量需要 37%全电流信号,则对工进速度的可调节范围,也只达到总调节范围的 10%。对于有 3%滞环的普通阀,仅滞环就已经达到了可调节范围的 30%!用如此差的分辨率来进行速度控制,显然是勉为其难。

图 11-19 所示,说明正确选择的阀,具有什么样的流量特性曲线。

快进工况的特性:此时设定值在 66%到 98%额定电流之间(0~150 L/min),因此得到 32%的调节范围。

工进工况的特性:此时设定值落在 36%到 63%额定电流之间(5~20 L/min),可见调节范围(27%)更大,分辨率也得以提升。同时,重复精度造成的偏差也得以减小。

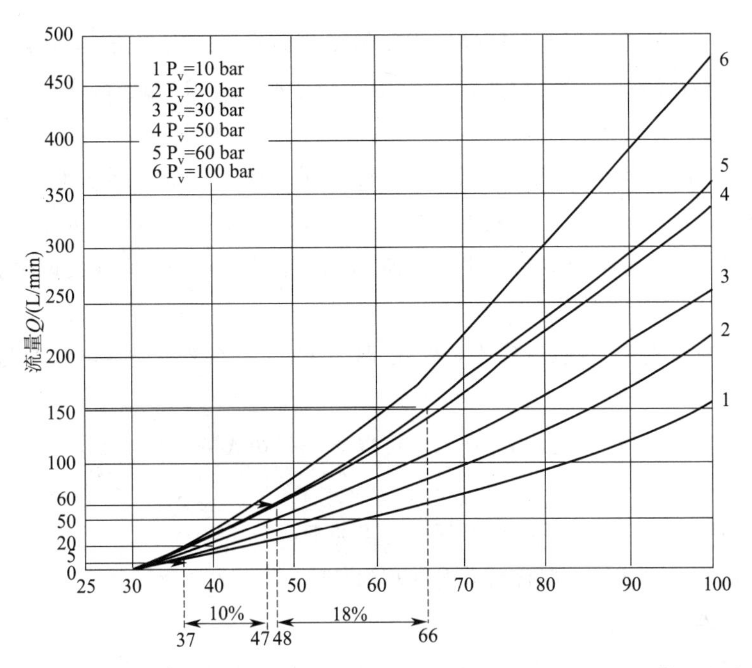

图 11-18　某比例方向阀压降 10 bar,公称流量 150 L/min 时的输出流量-输入电流特性曲线

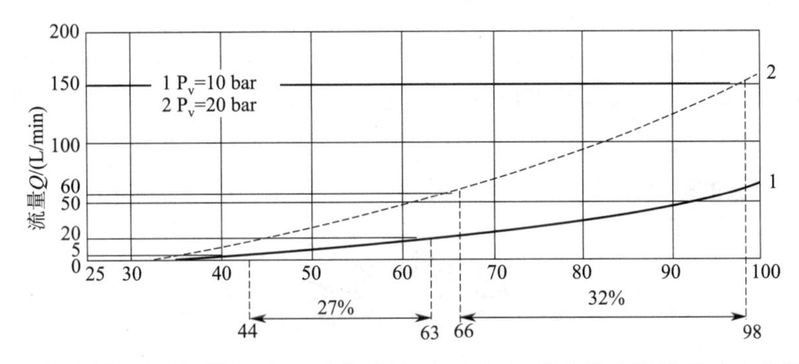

图 11-19　某比例方向阀压降 60 bar,公称流量 150 L/min 时的输出流量-输入电流特性曲线

(2)是否选用带阀芯位置反馈的比例方向阀。

在油温不变时,带位移电反馈的方向阀,主阀芯位置的重复精度为 0.01 mm。值得注意的是,在油温变化时(20～70 ℃),位移传感器及连杆的温漂所导致阀芯位置的变化,对总行程为 4 mm 的 4WRE10 型比例方向阀而言,实验室实测其阀芯位置漂移量为 0.03～0.04 mm。前面介绍的先导式比例方向阀重复精度为 0.06～0.07 mm。该型号采用了弹簧直接反馈结构,没有温漂,总的行程为 5.5 mm。

设置电反馈机构,对直动式比例方向阀来说十分必要。因为与电磁力相比,作用在阀芯上的各种干扰力所占比重过大,也即电磁力小于干扰力。

无论是直动式还是先导式比例方向阀,具有较好重复精度的主要原因是,在控制阀芯上开有经精密加工的长三角槽。

机械摩擦及油中的污染颗粒引起的摩擦对重复精度的影响，仅在设定值需要较长时间保持时才起作用。现今，几乎在所有设备中，设定值作快速变化已是基本的要求。此时，摩擦的影响很小，阀芯总是处于滑动摩擦状态。

对于某些调节过程，作为调节装置的比例方向阀，除了要有较好的重复精度及较小的滞环外，更重要的还要有较好的动态特性。在这种场合，建议采用伺服式力矩马达作为先导级的控制方式。这种带反馈的比例方向阀的调节特性，因使用伺服阀控制方式而得到改善。或选择比例伺服阀。

无反馈先导式比例方向阀的优点：设计简单，电路要求低，如不必把屏蔽电缆线与位置信号线分开来进行布线。

因此，对于带阀芯位置反馈的比例方向阀，不可以作一刀切式的设计决断，最佳方案往往源自对个案的仔细考量。

(3)对于是否选择比例方向阀，总结比例阀的特点如下：

①结构上与三位四通弹簧对中型普通方向阀相似。

②对污染的敏感性较小。

③一个阀可同时控制液流的方向及流量。在过程控制中，可在没有附加方向阀及节流阀的情况下，实现快速和低速运动控制。速度的变化过程，不是突变式的，而是无级变化。

④具有像先导控制方向阀一样的较大阀芯行程。

⑤流入和流出执行器(缸或马达)的液流，都要受到两个控制阀口的约束(控制作用)。

⑥与电控器配合，能方便可靠地实现加速及减速过程。加减速时间可由电控器预调，而与油液特性(如黏度)无关。

⑦输入电流与直流电磁铁相同。

思考与练习

1. 如图 11-20 所示，假设泵出口压力恒定为 100 bar，油液黏度为 46 mm^2/s 时，流量系数 C_d 为 0.68，油液密度为 850 kg/m^3，计算图示 3 种负载下流经薄壁小孔的流量。

2. 对于直动式比例方向阀，当指令值小于 1 V 时，为什么执行元件不运动？随着指令值的增加，执行元件的运动速度与指令值呈现什么关系？

3. 对于直动式比例方向阀，指令值的什么因素决定执行元件的运动方向？

4. 对于直动式比例方向阀，当选用 E_1 型阀芯时，为什么换向阀 A 口一定要与液压缸无杆腔相连接？

5. 对于直动式比例方向阀，如果用于控制液压马达或双出杆液压缸，应该选择哪种类型阀芯？为什么？

6. 对于比例溢流阀，斜坡时间的长短如何影响液压参数？对于比例换向阀，斜坡时间的长短如何影响液压参数？

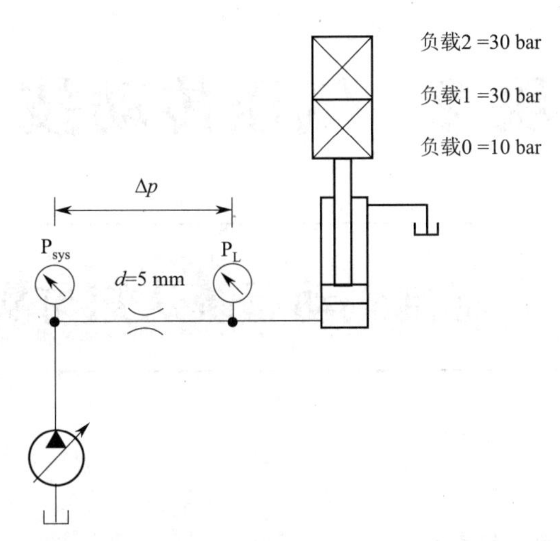

图 11-20　流经节流口流量与负载关系示意图(题 1 图)

7. 为什么有正遮盖的比例换向阀不适合用于位置控制。

8. 用比例换向阀控制执行元件的运动速度时,设置压力补偿器与不设置压力补偿器有什么区别?

9. 利用带内置放大板比例阀控制液压缸实现 2 级速度切换。利用带内置放大板比例阀控制液压缸,启动开关,液压缸活塞杆快速伸出,伸出到 B1 点,活塞杆的速度转换为工作进给,继续伸出至 B2 点,活塞杆自动返回。试设计液压原理图及电气控制原理图。

模块2　气压传动技术

单元12　基础气动系统认知与实践

知识目标

1. 掌握气动系统工作原理及组成；
2. 了解气动系统优缺点及气动技术发展趋势；
3. 了解空气的物理性质；
4. 了解气体状态变化及气体流动的规律；
5. 了解气源系统的组成；
6. 掌握气动三联件的结构、工作原理、职能符号及使用注意事项；
7. 掌握单作用气缸、双作用气缸的结构、工作原理、职能符号及使用注意事项；
8. 了解其他结构气缸、气马达、摆动马达的作用及特点；
9. 掌握常用气动控制元件的结构、工作原理、职能符号及使用注意事项；
10. 理解典型气动系统的控制回路。

课件

基础气动系统认知与实践

能力目标

1. 具有识读典型气动控制回路的能力；
2. 具有简单气动控制回路设计能力；
3. 具有依据气动原理图在实验台上进行系统安装与调试的能力。

12.1　气动控制系统认知

12.1.1　气压传动概述

气压传动：是以压缩空气为工作介质进行能量传递及信号传递与控制的一门技术。

1. 气动系统的工作原理

气压传动的工作原理是利用空压机把电动机或其他原动机输出的机械能转换为空气的压力能，然后在控制元件的作用下，通过执行元件把压力能转换为直线运动或回转运动形式的机械能，从而完成各种动作，并对外做功。

2. 气压传动系统的组成

气压传动系统由气源装置、控制元件、执行元件、辅助元件等组成，如图 12-1 所示。

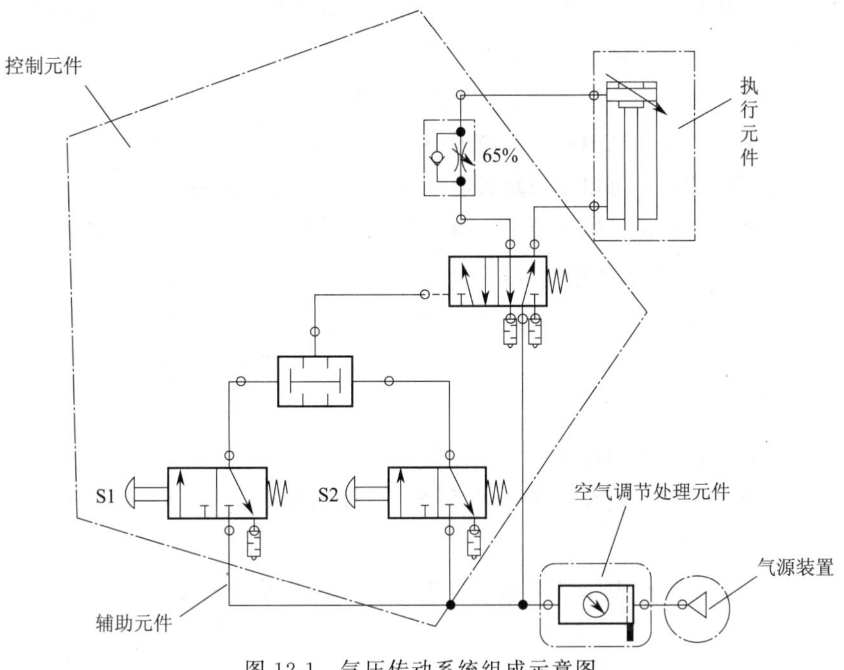

图 12-1 气压传动系统组成示意图

1）气源装置

产生压缩空气的装置。其主体部分是空气压缩机，它将原动机供给的机械能转换为气体的压力能。

2）控制元件

用来控制压缩空气的压力、流量和流动方向，以便使执行机构完成预定的工作循环。包括压力控制阀、流量控制阀和方向控制阀等。

3）执行元件

将气体的压力能转换成机械能的一种能量转换装置。包括气缸、气马达、摆动马达等。

4）辅助元件

主要对压缩空气进行进一步处理以满足气动系统需要。包括分水过滤器、减压阀、油雾器等空气调节处理元件及软管、管接头及消声器等。

3. 气压传动系统的优缺点

1）优点

（1）介质不受限制。空气，取之不尽，用之不竭。未经润滑排出的压缩空气是清洁的，用过后可直接排入大气，而且不污染环境。自排气口或气压元件逸出的空气不会污染物体。这一点对食品、制药、木材和纺织工业是极为重要的。适宜远距离输送。因空气的黏度很小，约为油黏度的万分之一，所以其损失也很小，节能、高效，易实现管道输送，相对液体而言，适于远距离输送和集中供气。

（2）能量可以储存。压缩空气可储存在储气罐内，随时取用。故无须压缩机的连续运转。

(3) 压缩空气一般不受温度波动的影响。即使在极端温度情况下亦能可靠地工作；普通气动元件工作条件：−20～80 ℃（耐高温的可达150 ℃）。

(4) 无爆炸危险。压缩空气没有爆炸或着火的危险，因此不需要昂贵的防爆设施。

(5) 气动元件结构简单，价格便宜，维护方便。

(6) 压缩空气为快速流动的工作介质，故可获得很高的工作速度。

(7) 使用各种气动元部件，其速度及出力大小可在一定范围内无级变化。

(8) 气动机构与工作部件，可以实现超载而停止不动，因此无过载的危险。

(9) 气动动作迅速、反应快、维护简单、调节方便，可直接利用气压信号实现系统的自动控制。

(10) 无论在易燃、易爆等恶劣环境中，还是在食品加工、轻工、纺织、印刷、精密检测等和高净化、无污染场合，都具有良好的适应性，且工作安全可靠，过载能自动保护。

(11) 气动元件结构简单、成本低、寿命长、易于标准化、系列化和通用化。

2) 缺点

(1) 压缩空气必须进行必要的调理，不得含有灰尘和水分。

(2) 由于空气具有可压缩性，载荷变化时运动平稳性稍差。压缩空气的可伸缩性使活塞的速度不可能总是均匀恒定的。

(3) 压缩空气仅在一定的出力条件下使用方为经济。在常规工作气压6～7 bar下，因行程和速度的不同，出力限制在20 000～30 000 N。因工作压力低，不易获得较大的输出力或转矩。

(4) 有较大的排气噪声。目前通过吸音材料和消音器的发展得到改善。

(5) 压缩空气是一种比较昂贵的能量传递方法。但气动元件相对价格较低。

(6) 因空气无润滑性能，需要在气路中设置供油润滑装置。

总之，优点是主要的。缺点通过技术进步和多年的不懈努力，已得到克服或得到了很大的改善

4. 气压传动技术的发展趋势

目前，气动技术已发展成为一个独立的技术领域，随着生产自动化程度的不断提高，气动技术应用面迅速扩大、气动产品品种规格持续增多，性能、质量不断提高，市场销售产值稳步增长。

气动产品的发展趋势主要在以下几方面：

(1) 小型化：有限的空间要求气动元件的外形尺寸尽量小，小型化是主要发展趋势。

(2) 集成化：气阀的集成化不仅仅将几只阀合装，还包含了传感器、可编程程序控制器等功能。

(3) 组合化：最简单的元件组合是带阀、带开关气缸。在物料搬运中，已使用了气缸、摆动气缸、气动夹头和真空吸盘的组合体。

(4) 智能化：智能阀岛十分理想地解决了整个自动生产线的分散与集中控制问题。

(5) 通用化：这些通用化的模块可以进行多种方案的组合，以实现不同的机械功能，经济、实用、方便。

(6) 精密化：为了使气缸的定位更精确，使用了传感器、比例阀等实现反馈控制，定位精度达0.01 mm。在精密气缸方面还开发了0.3 mm/s低速气缸和0.01 N微小载荷气缸。在气源处理中，过滤精度0.01 mm，过滤效率为99.999 9%的过滤器和灵敏度0.001 MPa的减压阀已开发出来。

(7) 高速化：为了提高生产率，自动化的节拍正在加快，高速化是必然趋势。目前气缸的活塞速

度范围为 50～750 mm/s。要求气缸的活塞速度提高到 5 m/s，最高达 10 m/s。高速气缸需求逐年增加。与此相适应，阀的响应速度将加快，要求由现在的 1/100 秒级提高到 1/1 000 秒级。

（8）无油、无味、无菌化：人类对环境的要求越来越高，因此无油润滑的气动元件越来越普及。还有些特殊行业，如食品、饮料、制药、电子等，对空气的要求更为严格，除无油外，还要求无味、无菌等，这类特殊要求的过滤器被不断开发。

（9）高寿命、高可靠性和自诊断功能：5000 万次寿命的气阀和 3 000 km 的气缸已商品化，但在纺织机械上有一种高频阀寿命要求 1 亿次以上，最好达 2 亿次。

（10）机电一体化：为了精确达到预先设定的控制目标（如开关、速度、输出力、位置等），应采用闭路反馈控制方式。气-电信号之间转换，成了实现闭环控制的关键，比例控制阀可成为这种转换的接口。在今后相当长的时期内开发各种形式的比例控制阀和电-气比例/伺服系统，并且使其性能好、工作可靠、价格便宜是气动技术发展的一个重大课题。

5. 气体状态的变化

1）理想气体的状态方程

没有黏性的气体称为理想气体。一定质量的理想气体处于某一平衡状态时，其压力、温度和密度之间的关系称为理想气体状态方程，即

$$PV = mRT$$

$$\frac{PV}{T} = \text{常数}$$

$$P = \rho RT$$

式中　P——气体的绝对压力（N/m^2）；

V——气体的体积（m^3）；

m——气体的质量（kg），R 为气体常数，干空气 $R = 278.1\ N \cdot m/(kg \cdot K)$，水蒸气 $R = 462.05\ N \cdot m/(kg \cdot K)$；

T——气体的绝对温度（K）；

ρ——气体的密度（kg/m^3）。

由于实际气体具有黏性，因此严格地说，它并不完全服从理想气体状态方程，随着压力升高和温度降低，即 $PV/(mRT) \neq 1$。当压力在 0～10 MPa，温度在 0～200 ℃变化时，$PV/(mRT)$ 接近 1，其误差小于 4%。气压传动系统中的压缩空气的压力一般在 1 MPa 以下，可看成是理想气体。

2）气体状态变化的过程及规律

气体的状态变化是指气体的状态参数（压力、温度、体积）由一个平衡状态变化到另一个平衡状态。下面介绍几个典型的状态变化过程。

（1）等温变化过程（波义耳法则）。一定质量的气体，当状态变化过程中温度保持不变时，则

$$P_1 \cdot V_1 = P_2 \cdot V_2 = \text{常数}$$

上式说明，当温度不变时，压力上升，气体的体积减小（压缩）；压力下降，气体的体积增大，如图 12-2 所示。

（2）等压变化过程（盖-吕萨克法则）。一定质量的气体，当状态变化过程中压力保持不变时，则

$$\frac{V_1}{T_1}=\frac{V_2}{T_2}=\text{常数}$$

上式说明，当压力不变时，温度上升，气体的体积增大（膨胀）；温度下降，气体的体积减小，如图 12-3 所示。

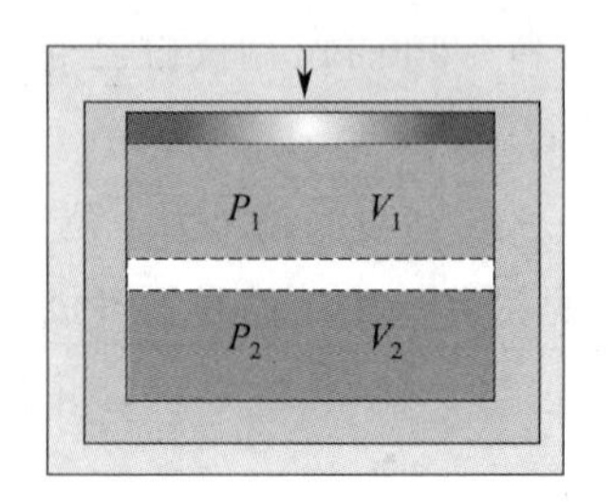

图 12-2　等温变化过程

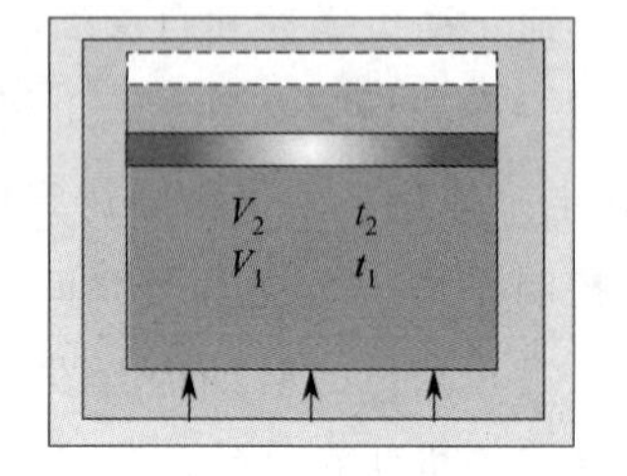

图 12-3　等压变化过程

（3）等容变化过程（查理法则）。一定质量的气体，当状态变化过程中体积保持不变时，则

$$\frac{P_1}{T_1}=\frac{P_2}{T_2}=\text{常数}$$

上式说明，当体积不变时，压力的变化与温度的变化成正比；当压力上升时，气体的温度随之升高，如图 12-4 所示。

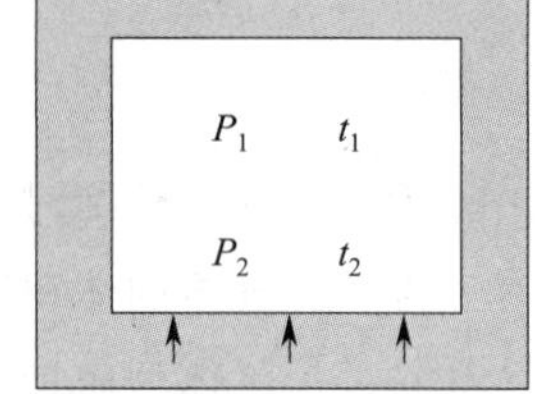

图 12-4　等温变化过程

（4）绝热变化过程。一定质量的气体，当状态变化过程中与外界完全没有热交换时，则

$$P_1 \cdot V_1^k = P_2 \cdot V_2^k = \text{常数}$$

式中　k——绝热系数，$k=1.4$。

（5）多变过程。在实际问题中，气体的变化过程往往不能简单地归为上述几个过程中的任何一个，不加任何条件限制的过程称为多变过程。可用下式表示

$$P_1 \cdot V_1^n = P_2 \cdot V_2^n = \text{常数}$$

式中　n——多变指数，在 0～1.4 变化。在某一多变过程中，多变指数 n 保持不变；对于不同的多变过程，n 有不同的值。

前面四种典型过程是多变过程的特例。

6. 气体流动的规律

1）气体流动的基本方程

稳定流动：若流体中任何一点的压力、流速和密度都不随时间而变化，这种流动称为稳定流动。

（1）流量的连续性方程。当压缩空气在管道内作稳定流动时，气流是连续的，不可能有空隙存在，根据质量守恒定律，管内气体的质量不会增加也不会减少，所以在单位时间内流过每一截面的气体的质量必然相等，如图 12-5 所示。即有

$$\rho_1 \cdot v_1 \cdot A_1 = \rho_2 \cdot v_2 \cdot A_2 = \text{常数}$$

式中　ρ_1、ρ_2——分别是截面 1 和 2 处气体的密度（kg/m^3）；

v_1、v_2——分别是截面 1 和 2 处气体的流动速度；

A_1、A_2——分别是截面 1 和 2 处的管道横截面积。

当气体流动速度小于 70 m/s 时，则密度的变化小于 2%。因此，在工程上通常将密度变化小于 2%的气体看作不可压缩的气体，即密度不变。则流量连续性方程为

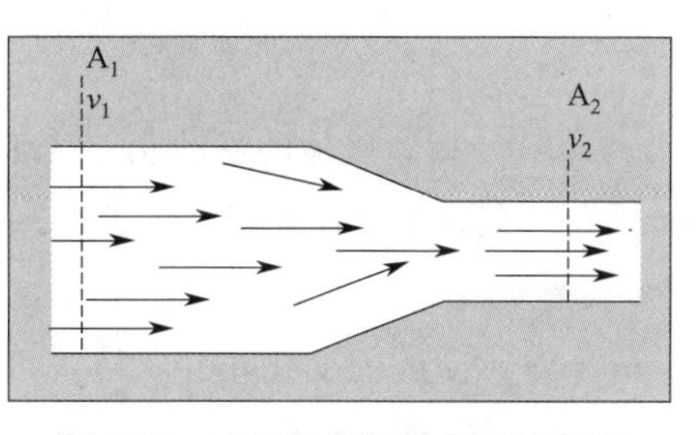

图 12-5　流量的连续性方程示意图

$$v_1 \cdot A_1 = v_2 \cdot A_2 = \text{常数(流量的连续性方程)}$$

式中　v_1、v_2——分别是截面 1 和 2 处气体的流动速度；

A_1、A_2——分别是截面 1 和 2 处的管道横截面积。

（2）伯努利方程（能量方程）。在流管的任意截面上，推导出的伯努利方程为

$$\frac{v^2}{2} + gz + \int \frac{dp}{d\rho} + gh_w = \text{常数}$$

式中　v——气体的流速（m/s）；

g——重力加速度（m/s^2）；

z——位置高度（m）；

p——气体的压力（Pa）；

ρ——气体的密度（kg/m^3）；

h_w——摩擦阻力损失水头（m）。

因为气体的黏度很小，再忽略摩擦阻力和位置高度的影响，在低速流动时，气体可认为是不可压缩的（P 和 ρ 均为常数），则有伯努利方程为

$$\frac{v^2}{2} + \frac{p}{\rho} = \text{常数}$$

上式说明气体在管道中流动时，流速增大，压力下降。

2）声速与马赫数

（1）声速。声音所引起的波称为“声波”。声波在介质中的传播速度称为声速。声波的传播速度很快，在传播过程中来不及和周围的介质进行热交换，其变化过程为绝热过程。对理想气体，声音在其中传播的相对速度只与气体的温度有关，可用下式计算

$$\beta = \sqrt{kRT} \approx 20\sqrt{T}$$

式中　β——声速（ m/s）；

k——绝热系数，$k=1.4$；

R——气体常数，对于干空气，$R=278.1\ N \cdot m/(kg \cdot K)$；

T——气体的绝对温度（K）。

（2）马赫数。将气流速度 v 和当地声速 β 之比称为马赫数，用符号 m 表示，即

$$m=\frac{v}{\beta}$$

当 $m<1$ 时，气体的流动状态为亚声速流动；当 $m>1$ 时，气体的流动状态为超声速流动；当 $m=1$ 时，气体的流动处于临界状态。

马赫数反映了气流的可压缩性，马赫数越大，气流密度的变化就越大，当气体流动速度小于 70 m/s时，密度的变化小于 2%，可不考虑气体的压缩性。在气动系统中，气体的流速一般较低，且经过压缩，因此，可以认为气动系统中的压缩空气为不可压缩流体，符合质量守恒与能量守恒。

3）气体的两种流态

（1）层流。如图 12-6 所示，层流是指气体各层之间的流动是平行的，流动时能量损失为层与层之间的摩擦损失，越靠近管道中心的流速越高。

（2）紊流。气体流动时，各个层流之间不像层流时相互平行，可能与气体的流动方向垂直，也可能与气体的流动方向相反，流动过程中出现旋涡，这会使气体流动时能量损失增加，在整个截面上大部分区域，其速度分布是线性的，如图 12-7 所示。

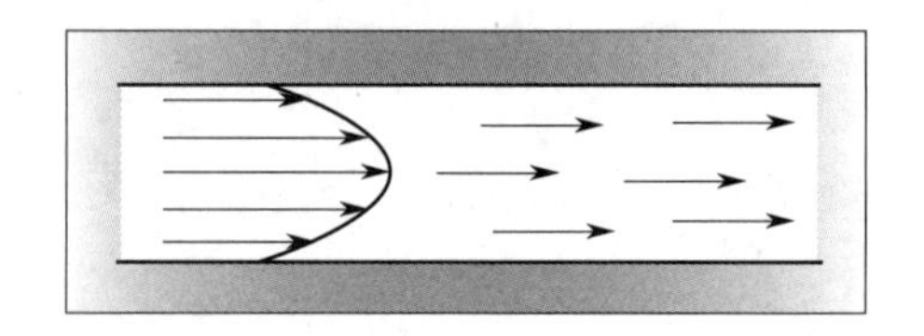

图 12-6　气体的层流流态示意图

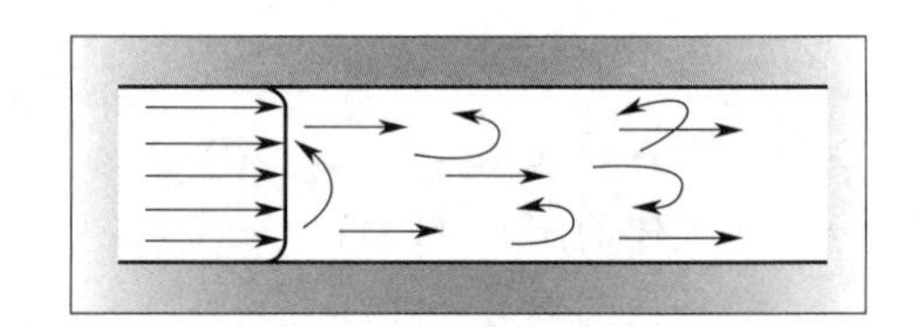

图 12-7　气体的紊流流态示意图

（3）管路中的压力损失。由于气体在管路中流动时，产生摩擦损失，因此，当气体流过一段后，会产生一定的压力降，压降的大小与下列因素有关：管道截面面积、流速、流态、管道内壁表面质量等。如图 12-8 所示，有 $p_1>p_2>p_3$。

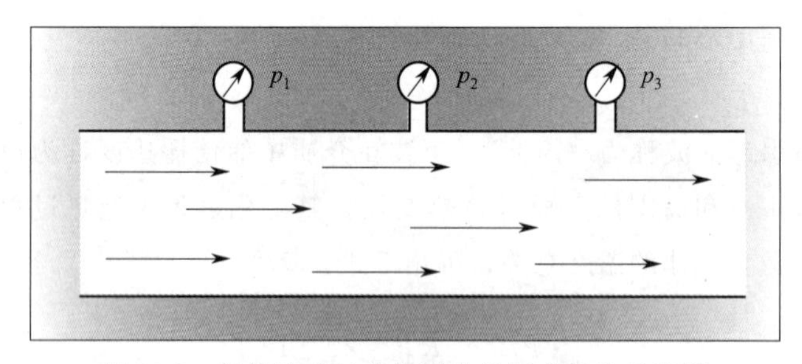

图 12-8　气体流动时在管道中的压力损失示意图

12.1.2　气源系统认知

1. 气源系统的组成

气源系统为气动系统提供一定质量、流量和压力的压缩空气；是由产生、处理和储存压缩空气的设备组成的系统。气源系统包括空气压缩机、冷却器、油水分离器、储气罐等元件，有些仪表装置或要求更严格的供气系统，此时还需添加干燥器等设备。

如图 12-9 所示为一个大型气源系统的组成示意图。电机驱动空气压缩机 1，空压机产生的压缩空气输送至后冷却器 2，降低压缩空气的温度，再输送至油水分离器 3，进一步分离混在空气中的油滴和水滴，最后存入储气罐 4 供给一般工业用气。如果气动系统对压缩空气质量要求较高，例如仪表系统，则还需经过干燥器 5 进行除湿处理，然后经过过滤器 6 进一步去除杂质，最后储存到储气罐 7。

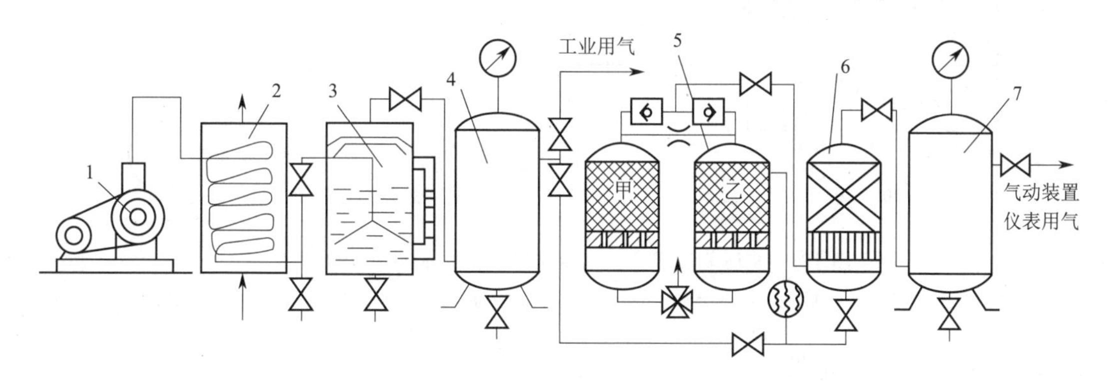

图 12-9　压缩空气站设备组成及布置示意图

1—空气压缩机；2—后冷却器；3—油水分离器；4、7—储气罐；5—干燥器；6—过滤器

如果是小型设备需要供气系统，则可以单独购买小型气源装置，如图 12-10 所示。电机 2 驱动空气压缩机 1 将气体存入储气罐 6。沉降在底部的杂质可通过排水阀 5 排出。压缩空气经后冷却器 10 降低温度，接着通过油水分离器 9 分离水滴和油滴，最后输送到系统里。

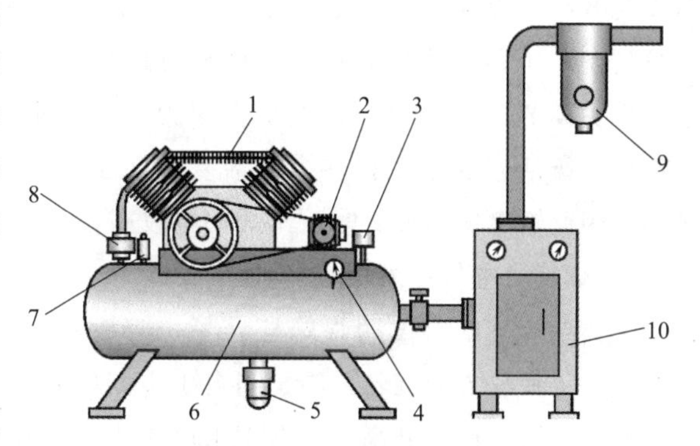

图 12-10　小型气源系统示意图

1—空气压缩机；2—电机；3—压力开关；4—压力表；5—自动排水阀；6—小气罐；7—安全阀；8—单向阀；9—油水分离器；10—后冷却器

2. 空气压缩机

1）单级活塞式空气压缩机结构及工作原理

气压传动系统中最常用的空气压缩机是往复活塞式，如图 12-11 所示。当活塞 3 向右运动时，气缸 2 内活塞左腔的压力低于大气压力，吸气阀 9 被打开，空气在大气压力作用下进入气缸 2 内，这个过程称为吸气过程。当活塞 3 向左移动时，吸气阀 9 在缸内压缩空气的作用下关闭，缸内气体被压缩，这个过程称为压缩过程。当气缸内空气压力增高到略高于输气管内压力后，排气阀 1 被打开，压缩空气进入输气管道输送至储气罐，这个过程称为排气过程。由于单级活塞式空压机高压时热量损失较大，对于小排气量的空压机，压力能达到 8～10 bar，其余的压力一般只有 4 bar。注意，空气压缩机不是持续工作的，储气罐配有高设定值压力继电器，和低设定值压力继电器，当储气罐的压力低于低压设定值时，低压力值压力继电器发信号给电机，让电机驱动曲柄转动；当储气罐的压力到达高压设定值时，高设定值压力继电器

发信号给电机，让电机停止转动。之所以空气压缩机可以间歇式工作，主要应用了气体容易储存能量的特点。

思考：液压系统为什么不容易储存能量。

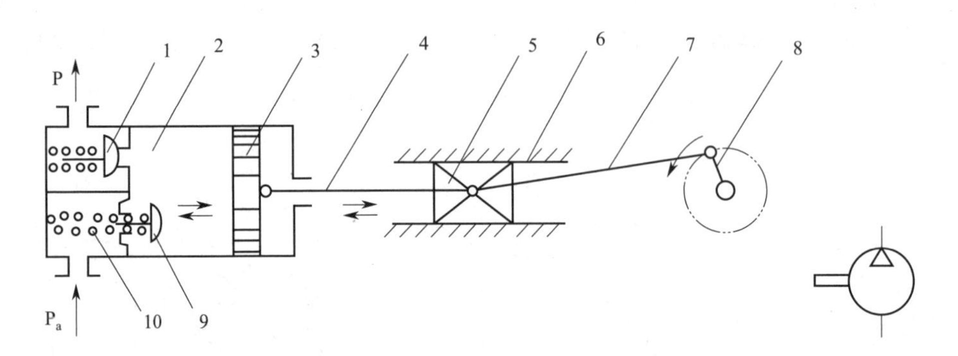

图 12-11　往复活塞式空气压缩机工作原理图及职能符号

1—排气阀；2—气缸；3—活塞；4—活塞杆；5，6—十字头与滑道；7—连杆；8—曲柄；9—吸气阀；10—弹簧

2）多级活塞式空气压缩机

工业中常使用两级活塞式空气压缩机压缩空气。如图 12-12 所示，空气进入第 1 级低压活塞将压力提升，因为空气压缩后温度会升高，所以需要经冷凝器后，进入第 2 级高压活塞缸，压缩到额定压力。两级活塞式空压机可以提供比单级活塞式空压机更高的工作压力。根据工作压力高低需求，最多可以设计成四级活塞式空压机。多级活塞式空压机每级的压缩比较小，因此输出压力较高时，其效率也较高。

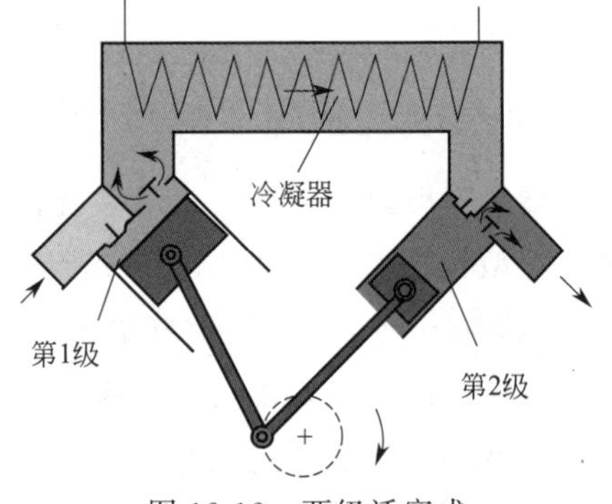

图 12-12　两级活塞式空气压缩机工作示意图

3）螺杆式空气压缩机

壳体中相互啮合的两根螺杆转子，两根螺杆分别为左旋及右旋，以相反方向旋转，转子间自由空间的容积随着旋转沿轴向从左至右逐渐减少，从而压缩两转子间的空气，压力升高，从右端出口连续地输出压缩空气，如图 12-13 所示。

●图 片

螺杆式空压机结构图

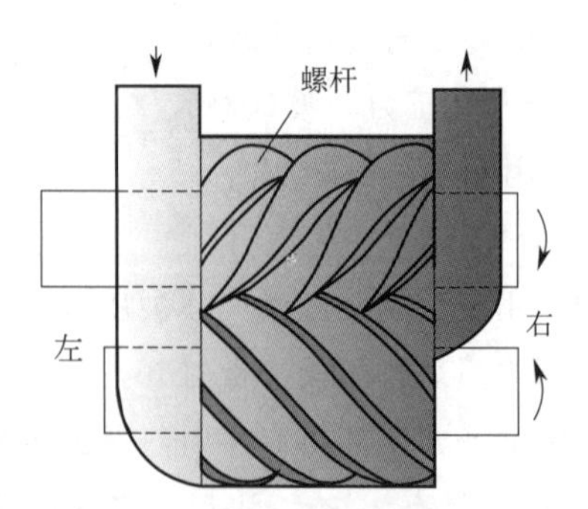

图 12-13　螺杆式空压机工作示意图

螺杆式空压机，根据容积变化的原理连续地输出压缩空气，输出的压缩空气没有压力冲击和压

力波动，它没有进气阀和排气阀，故体积小，维修简单，可以以较高的转速旋转，其功率消耗比活塞式空压机要高。

螺杆式空压机可以做成无油润滑式结构，用于产生无油的压缩空气，但一般情况下，采用喷油的形式对空压机进行润滑、冷却及密封。

螺杆式空压机的特点是体积小，噪声小，价格高，流量大，适用于大流量需求工况。

4）罗茨式空压机

罗茨式空压机工作时在其内部无压缩过程，压缩空气的压力是在输送空气的过程中克服阻力而产生的，利用这种原理只能获得较低的压力，由于两个旋转由同步机构驱动，在工作过程中并不会产生接触，故也没有必要考虑润滑，主要用在气动传输机构上，如图 12-14 所示。

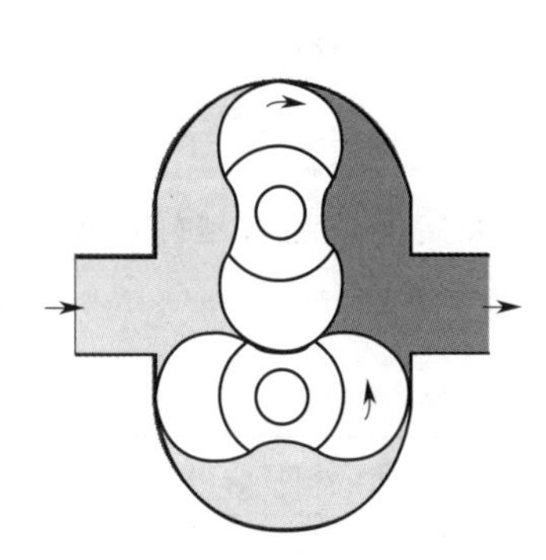

图 12-14 罗茨式空压机工作示意图

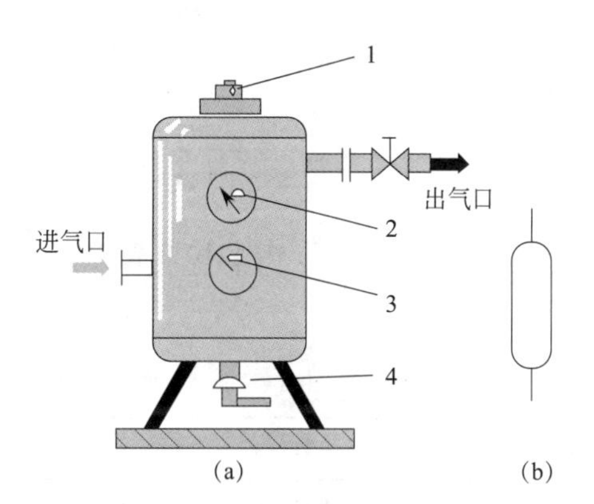

图 12-15 储气罐结构示意图及职能符号

1—安全阀；2—压力表；3—检修盖；4—排水阀

3. 储气罐

储气罐的主要作用是用来储存一定量的压缩空气，调节空压机输出气量与用户耗气量之间的不平衡状况，保证连续、稳定的气流输出；当出现空压机停机、突然停电等意外事故时，可用储气罐中储存的压缩空气实施紧急处理，保证安全；除此之外，还可消除由于空气压缩机断续排气而对系统引起的压力脉动，保证输出气流的连续性和平稳性；降低压缩空气温度，分离压缩空气中部分水分和油分。

储气罐作为压力容器，为了保证安全及维修方便，应该安装安全阀、压力表、检修盖和排水阀等附件。如图 12-15 所示，储气罐由安全阀 1、压力表 2、检修盖 3、排水阀 4 等组成。使用时应将安全阀 1 的极限压力调整为比储气罐工作压力高 10%；压力表 2 用来显示储气罐内空气压力；检修盖 3 便于对储气罐内部进行检查和清洁；储气罐底部的排水阀 4 用于排放油水等污染物；储气罐空气进出口应装有闸阀。

12.1.3 空气输送调节处理装置

1. 气动三联件

经过气源系统处理后进入到储气罐的压缩空气，通常要经过很长一段管路输送到气动设备，因此需要进一步对压缩空气进行处理，这部分装置称为空气调节处理装置，通常称为气动三联件或气动二联件。图 12-16 所示为气动三联件，由分水过滤器、减压阀（调压阀）、压力表和油雾器组成。

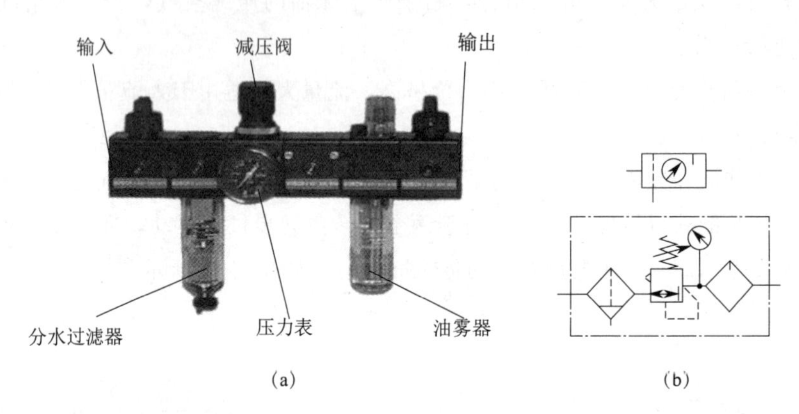

图 12-16　气动三联件照片及职能符号

气动三联件的主要工作参数见表 12-1。相同通径条件下，额定流量越大越好，额定压降越小越好。

表 12-1　气动三联件

参数	符号及单位
通径	D(mm)
额定压降	Δp(bar)
额定流量	Q(L/min)

某公司气动三联件，压力为 6 bar，压差为 0.3 bar 时，接口尺寸与对应流量见表 12-2 所示。

表 12-2　气动三联件接口尺寸与对应流量关系表

接口尺寸	流量/(L/min)		充油量/ml	调压范围/bar
	最小	最大		
G1/4	75	500	100	0.5～10 bar
G3/8	100	1 350	200	
G1/2	100	1 470	200	
G3/4	250	4 350	300	
G1	500	6 000	500	

1）分水过滤器

(1) 分水过滤器结构及工作原理。分水过滤器的作用是进一步去除压缩空气中的水分和杂质。图 12-17 所示为分水过滤器结构，由旋风叶片 1、滤芯 2、存水杯 3、挡水板 4、手动排水阀 5 等组成。压缩空气进入过滤器内部后，被引入旋风叶片 1，旋风叶片上有很多小缺口，使空气沿切线方向产生强烈的旋转，夹杂在压缩空气中的较大水滴、油滴、灰尘获得较大的离心力，并高速与存水杯 3 内壁碰撞从气体中分离出来，沉淀于存水杯 3 中。然后通过中间的滤芯 2 的洁净的压缩空气从输出口输出。挡水板的作用是防止分离出的污染物重新混入压缩空气。

（2）分水过滤器使用注意事项：①分水过滤器应安装在减压阀、油雾器之前；②必须垂直安装，并使排水阀向下，壳体上箭头所指为气流方向，切勿装反；③经常放水，存水杯中的积水不得超过挡水板，否则水分仍将被气流带出，失去了过滤器的作用；④应定期清洗或更换滤芯。

（3）带自动排水器的分水过滤器。图 12-18 所示为带自动排水器的分水过滤器结构示意图，由手动应急按钮 1、弹性膜片 2、浮子 3、弹簧 4、污水排放口 5 等组成。当分水过滤器分离出的污水随着液面的升高将浮子 3 托起时，压缩空气进入弹性膜片 2 左腔克服压缩弹簧 4 的弹簧力，阀口打开，从污水排放口 5 自动排出。当污水液面下降到一定位置后，浮子 3 下降关闭压缩空气入口，弹簧 4 将污水出口关闭。手动应急按钮 1 可以通过手动方式克服弹簧 4 的弹簧力，将污水口打开。

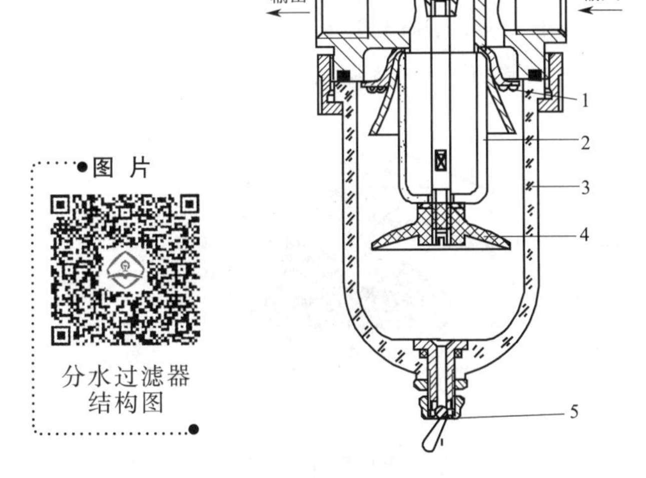

图 12-17　分水过滤器结构示意图及职能符号

1—旋风叶片；2—滤芯；3—存水杯；4—挡水板；5—手动排水阀

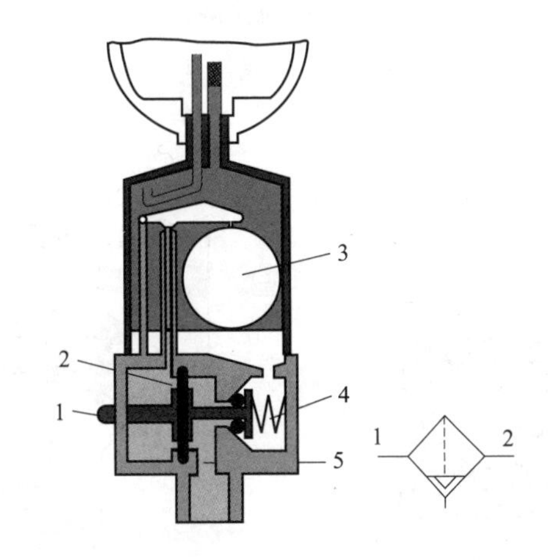

图 12-18　带自动排水器的分水过滤器部分结构示意图及职能符号

1—手动应急按钮；2—弹性膜片；3—浮子；4—弹簧；5—污水排放口

带自动排水器的分水过滤器适用于人工排水不便的工况。用来自动排除管道、气罐、过滤器和存水杯等处的积水。由于气动自动化技术的迅速发展及气动设备的广泛应用，靠人工的方法进行定期排污已变得不可靠，况且有些场合也不便于人工操作，如手放水和观察水位不方便的场合，特别适合寒冷地区应用，停止作业后可及时排出污水，防止冷冻。可作为单独的元件安装在净化设备的排污口处，也可内置安装在过滤器等元件的壳体内。

（4）分水过滤器主要性能指标。

①流量特性：指过滤器在一定的进气压力下，其进出口两端的压力降与通过该元件的标准额定

流量之间的关系。相同流量和进气压力下，压降越小，表明流动阻力越小。

②分水效率：过滤器分离水的能力，定义为分水效率＝（输入空气的相对湿度－输出空气的相对湿度）/输入空气的相对湿度×100%；一般要求过滤器的分水效率大于80%。

③过滤精度：指过滤器从压缩空气中滤除的最小微粒尺寸。如过滤精度为5 μm的滤芯会将直径大于0.05 mm的微粒滤除大部分。一般情况下，滤芯的过滤精度按滤芯能滤除的最小微粒尺寸分为5 μm、10 μm、25 μm和40 μm四挡，可根据对空气的质量要求来选定。

④分离度：又称过滤的有效度或过滤效率，以被分离的某特定大小微粒的百分比表示。如对5 μm微粒的过滤效率为99.99%，表明该指标是对于特定大小的微粒而言的。

2）减压阀（调压阀）

气动装置的气源通常来自空气压缩站。对于每台用气设备来说，由于气动系统的作用不尽相同，因此所需气源压力也不同。空气压缩站的气压通常都高于每台气动装置所需要的压力，且其压力值波动较大，需要用减压阀将压缩站的压缩空气的压力调节到每台气动装置实际需要的压力，并要保持该压力值的稳定。减压阀的输出压力总是低于输入压力，但由于它的输出压力可用各种调节方法控制在给定值附近，也常把减压阀称为调压阀。

图12-19所示为直动式减压阀的结构图，由调压手轮1，由调压弹簧2，弹性膜片3，阀芯4，复位弹簧5，阀座6，溢流阀座7等组成。P为进气口，A为输出口，R为溢流口。

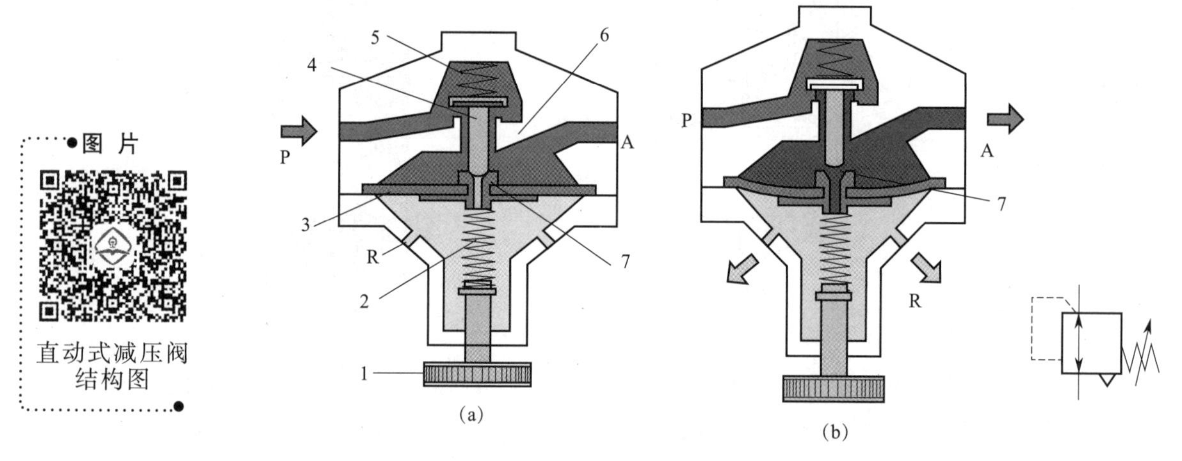

图12-19 直动式减压阀结构示意图及职能符号

1—调压手轮；2—调压弹簧；3—弹性膜片；4—阀芯；5—复位弹簧；6—阀座；7—溢流阀座；P—进气口；A—输出口；R—溢流口

减压阀在初始状态（在没有达到设定压力之前）减压口是打开的。压缩空气由P口进入，流经阀芯与阀体之间形成的节流口，由于压缩空气流经节流口会产生压力损失，从而实现压缩空气P口至A口的减压效果；如果A口压力受负载影响下降，弹性膜片上方气动力减小，调压弹簧会推动阀芯向上移动增大节流口，提高A口压力，反之亦然，即通过弹性膜片上方A口的气动力与下方可调弹簧力的平衡，保持A口压力恒定。通过调压手轮1可调节弹簧力的大小，即可调节A口的压力高低，具体数值可通过压力表显示。

若顺时针旋转调节手轮 1，调压弹簧 2 被压缩，推动弹性膜片 3 和阀芯 4 上移，节流口增大，输入输出口压差减小，输入压力恒定时，输出口 A 压力升高；若逆时针旋转调压手轮 1，调压弹簧 2 放松，节流口减小，输入输出口压差增大，输入压力恒定时，输出口压力降低。

如图 12-19(b)所示，当 A 口压力因意外情况突然异常增加时，弹性膜片上方气动力异常增加，远大于弹性膜片下方弹簧力，导致阀芯与溢流阀座分离，减压阀出口的压缩空气可通过溢流孔排出，A 口迅速泄压，同时阀芯与阀体接触，关闭节流口，减压阀不再向输出口供气，避免损坏气动元件。

减压阀特性参数：在相应流量时的压力降，响应灵敏度，正常状态下的调压范围（最小及最大值），响应时间（压力波动时的调节特性）。

提示：气动减压阀在本质上类似于液压的三通减压阀。

思考：你觉得气源系统＋减压阀组成的装置类似于液压里面的哪种液压泵？

3）油雾器

和一般机械一样，气动系统中的各种气阀和气缸等，其相对运动的部分都需要润滑。若没有润滑剂润滑，摩擦力增大，密封圈很快就会磨损，造成密封失效，元件不能正常工作。用压缩空气为动力的气动元件都是密封气室，不能用一般方法注油，只能以某种方法将油混入气流中，带到需要润滑的地方。油雾器就是这样一种特殊的给油装置。它使润滑油雾化，变成油雾后随着气流进入到需要润滑的部件，在那里气流撞壁，油便附着在部件上。用这种方法加油，具有润滑均匀，稳定，耗油量少和无须大的储油设备等特点。

出于环保考虑，近些年的气动元件自带润滑脂，故不需要油雾器，因此使用气动二联件就可以满足气动系统的需要。但是在某些高速振动的地方仍然可以考虑安装油雾器，油雾器安装在需要润滑的元件之前即可；并且一旦使用了油雾器就必须一直使用，因为油雾器的润滑油会破坏气动元件自带的润滑脂。

（1）油雾器的结构和工作原理。图 12-20 所示为油雾器的结构，由喷嘴组件 1、特殊单向阀 2、弹簧 3、阀座 4、存油杯 5、吸油管 6、单向阀 7、节流阀 8、视油器 9、密封垫 10、加油塞 11、密封圈 12 等组成。

压缩空气由左端入口进入后，通过喷嘴组件 1 下端的小孔进入阀座 4 的腔室内，由于特殊单向阀 2 存在的泄漏，在特殊单向阀 2 的钢球上下表面形成压差，在压差和弹簧 3 的作用下，使钢球处于中间位置，因此压缩空气通过特殊单向阀 2 作用在存油杯 5 的液面上；存油杯 5 中的油液经吸油管 6 经单向阀 7（单向阀 7 的钢球上部管道有一个方形小孔，钢球不能将上部管道封死）不断流入视油器 9 内；当压缩空气快速从入口流向出口时，对视油器 9 内润滑油产生引射作用，润滑油滴入喷嘴中，并经喷嘴引射到压缩空气中，油滴被雾化，随压缩空气流出。通过节流阀 8 来调节滴油量，使其在每分钟 0～120 滴变化。特殊单向阀 2 的作用是实现不停气加润滑油。

雾化过程是在油滴被引入高速气流后的瞬间完成的，气流的速度和压力越高，雾化的油粒越小。

（2）油雾器性能参数：

①流量特性：输入压力一定的条件下，输出流量与进出口压力下降之间的关系。

②起雾流量：输入压力一定，油杯中的油位处于正常工作油位的条件下，滴油量约每分钟 5 滴的空气流量称为起雾流量。

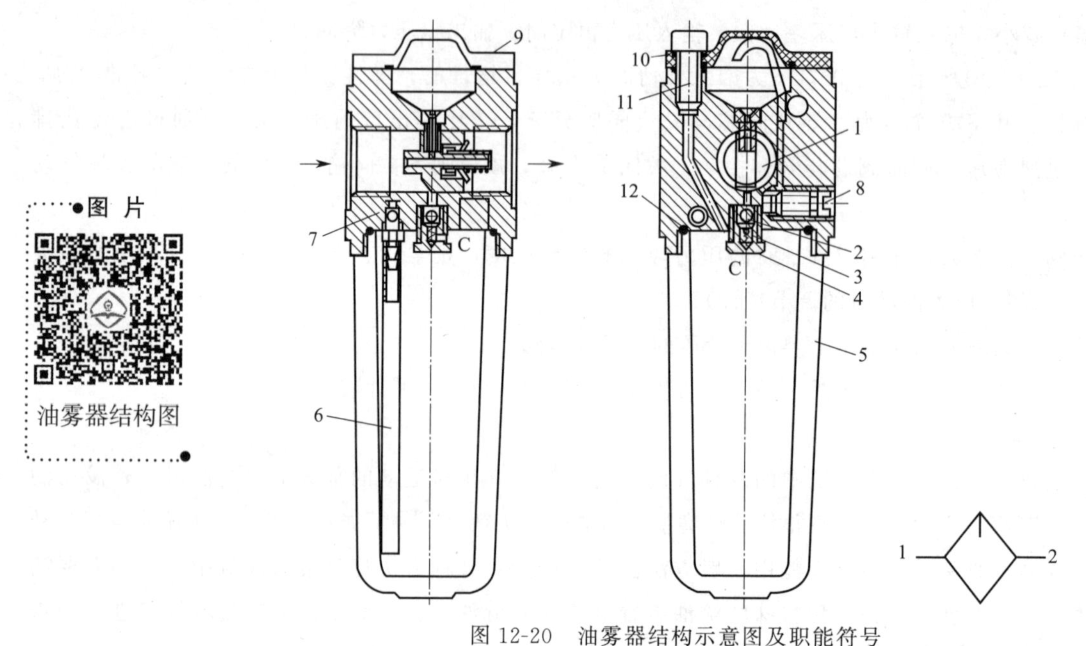

图 12-20　油雾器结构示意图及职能符号

1—喷嘴组件；2—特殊单向阀；3—弹簧；4—阀座；5—存油杯；6—吸油管；7—单向阀；8—节流阀；9—视油器；10—密封垫；11—加油塞；12—密封圈

起雾流量与润滑油的种类、环境温度、油位、工作压力大小和油路阻力有关。在相同条件下，起雾流量越低，说明润滑油在小流量工作时的雾化性能越好。

2. 消声器

气动回路没有回气管道，在执行元件中完成做功任务的压缩空气从换向阀的排气口排入大气。由于排气速度较高，气体体积急剧膨胀引起气体的振动，因此产生强烈的排气噪声。

噪声的强弱随排气速度、排气量和换向阀前后空气通道的形状变化，一般可达 100 ～120 dB。这种噪声使工作环境恶化，人体健康受到危害，工作效率降低。为了保护工作人员的身体健康，提高工作效率，一般说来，噪声高于 85 dB 都要设法降低。

为了降低噪声可以在排气口装消声器。消声器就是通过阻尼或增加排气面积来降低排气速度和功率，从而降低噪声的。消声器主要有三种类型：吸收型消声器、膨胀干涉型消声器、膨胀干涉吸收型消声器。

1）吸收型消声器

这种消声器主要依靠吸音材料消声。图 12-21 所示为吸收型消声器结构。消声套 2 是多孔的吸音材料，用聚苯乙烯颗粒或铜珠烧结而成。有压气体通过消声套排出，气流受到阻力流速降低，从而降低了噪声。一般情况下，要求通过消声器的气流流速不超过 1 m/s。

这种消声器结构简单，吸音材料的孔眼不易堵塞，具有良好的消除中、高频噪声的性能。气动噪声主要是中、高频噪声，尤其是高频噪声较多，所以多采用这种消声器。

2）膨胀干涉型消声器

膨胀干涉型消声器的直径比排气孔径大得多，气流在里面扩散、碰壁反射，互相干涉，减弱了噪声的强度。最后经过非吸音材料制成的、开孔较大的多孔外壳排入大气。这种型式的特点是排气阻力小，消声效果好，但结构不够紧凑。主要用来消除中、低频噪声。

3）膨胀干涉吸收型消声器

膨胀干涉吸收型消声器是上述两种消声器的结合，即在膨胀干涉型消声器壳体内表面敷设吸音材料而制成，其结构原理如图 12-22 所示。这种消声器的入口开了许多中心对称的斜孔，孔的大小和斜度是精心设计加工的。高速进入消声器的气流，在入口被分成许多小的流束，然后进入到无障碍的扩张室，在这里气流被极大地减速，并且在碰壁后反射、互相冲击、干涉而使噪声减弱。最后气流经过吸音材料的多孔侧壁排入大气，噪声被进一步降低。这种消声器的效果最好，低频可消音 20 dB，高频可消音 40 dB。

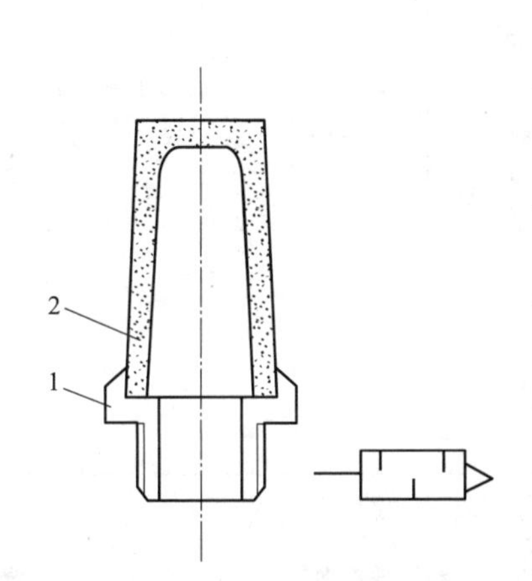

图 12-21　吸收型消声器结构示意图及职能符号

1—连接螺丝；2—消声套

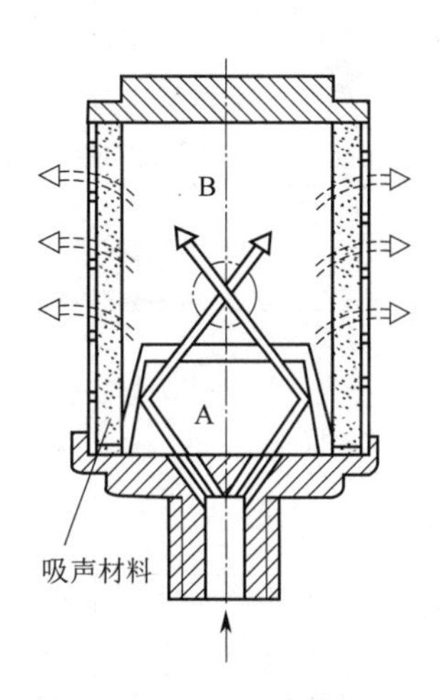

图 12-22　膨胀干涉吸收型消声器

3. 管道与接头

1）管道

气动系统中常用的有硬管和软管。硬管以钢管、紫铜管为主，常用于高温高压和固定不动的元件之间的连接。软管有各种塑料管、尼龙管和橡胶管等，其特点是经济、拆装方便、密封性好，但应避免在高温、高压、有辐射场合使用。常用几种连接管的尺寸规格见表 12-3。

表 12-3　气动系统常用连接管道参数

材质	项目	尺寸规格/mm							
紫铜管	外径	6	6	10	12	14	18	22	28
	壁厚	0.75	1	1	1	1	1.5	2	2
尼龙 1010 管	外径	4	6	8	10	12	15	20	25
	壁厚	0.5	1	1	1	1	2	2	2
聚乙烯管	外径	3	4	6	10	15	20		
	壁厚	0.5	0.5	1	1.5	1.5	2		

2）管接头

管接头分为硬管接头和软管接头两类。硬管接头有螺纹连接及薄壁管扩口式、卡套式等，与液压管接头基本相同；常用的几种软管接头类型见表 12-4。对于通径较大的气动设备、元件管道等可采用法兰连接。

表 12-4 常用的几种软管接头形式

类型	结构简图	特点
宝塔式管接头		局部通径变小，适用于所有软管，通常需要喉箍固定，结构简单，必要时可拆卸
卡箍式管接头		局部通径变小，适用于所有软管，所需空间较大，结构简单，必要时可拆卸
卡套式管接头		通流面积不变，阻力小，必须使用特殊管道，安装费时
快插式管接头		通流面积不变，阻力小，可实现快速安装和拆卸
扩口式管接头		将尼龙管口扩大，用螺帽压紧在接头上。它用锥面密封。为保证很好的密封性能，要求管子扩口均匀、光滑

12.1.4 气动执行元件认知

气动执行元件通常指的是气缸、气动马达及摆动马达，它的作用是将压力能转换为机械能，进而驱动负载机构做直线运动或旋转运动，类似于人体的四肢。

气动执行元件的特点：工作时间无限制，功率重量比较为有利，体积小，具有过载保护的特点，换向简单，力和速度可无级调节，且简单易行，防爆，自身不发热，对诸如潮湿、高温等环境影响不敏感等。

1. 气缸

气缸是实现直线运动的执行元件。按照作用方式可分为单作用气缸和双作用气缸。

1）单作用气缸

压缩空气只驱动气缸的活塞产生一个方向运动，而活塞另一个方向运动是靠弹簧或其他外力驱动。

（1）单作用气缸的结构和工作原理。单作用气缸的结构如图 12-23 所示。活塞将缸筒分为两部分，左侧称为无杆腔（大腔），右侧称为有杆腔（小腔）。压缩空气进入无杆腔，当气体的压力 P 与活塞面积的乘积 A（即 $F=P\times A$）能够克服复位弹簧和负载的阻力后，气缸伸出；当无杆腔与大气接通时，气缸将在复位弹簧或外负载的驱动下，缩回到最左端。

图 片

单作用气缸结构图

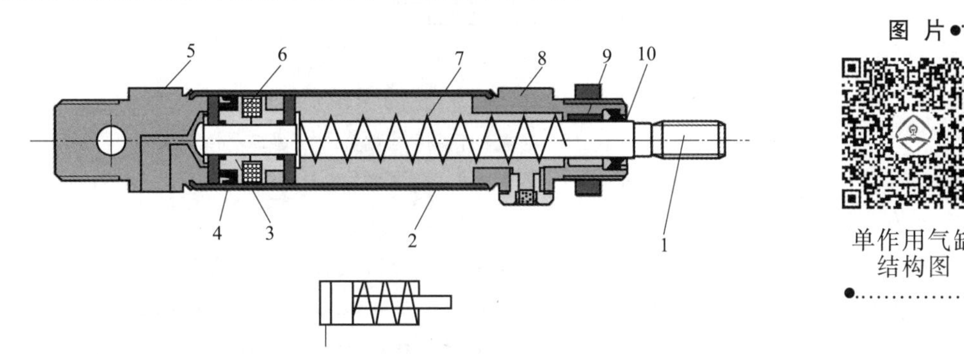

图 12-23　单作用气缸结构示意图及职能符号

1—活塞杆；2—缸筒；3—活塞组件；4—活塞密封；5—后端盖；
6—磁环；7—弹簧；8—前端盖；9—导向套；10—防尘圈

（2）单作用气缸的特点：

①结构简单，只有一个方向上的运动消耗压缩空气，耗气量小；

②即使在无动力的情况下也会回到一个确定的位置；

③由于弹簧的存在会使进给力下降（约 10%），且推力随行程而变化；

④整体长度较长；

⑤行程受限制；

⑥复位所需的力很小（约为输出进给力的 10%）；

⑦弹簧为易损件。

（3）单作用气缸的应用。单作用气缸适用于所有只在一个方向上需要输出力，而在另一个方向上无负载的场合。在某些情况下出于安全考虑，要求气缸在动力消失后处于一个确定位置的状况下，也应选用单作用气缸。单作用气缸多用于短行程及对推力、运动速度要求不高的场合。

思考：对于单作用气缸来说，除了活塞左侧的接头与压缩空气连接外，活塞另一侧是否有排气孔？

2）双作用气缸

气缸两个方向的运动均可由压缩空气来驱动。

（1）双作用气缸的结构和工作原理。图 12-24 所示为双作用气缸的结构，由活塞杆 1、缸筒 2、活塞组件 3、后端盖 4、磁环 5、活塞密封 6、前端盖 7、导向套 8、活塞杆密封及防尘圈 9 等组成。压缩空气作用在双作用气缸的无杆腔上，当无杆腔上的气压驱动力大于外载和有杆腔排气阻力之和时，双作用气缸的活塞杆伸出；压缩空气作用在有杆腔上，当有杆腔上的气压驱动力大于外载和无杆腔排气阻力之和时，双作用气缸的活塞杆缩回。

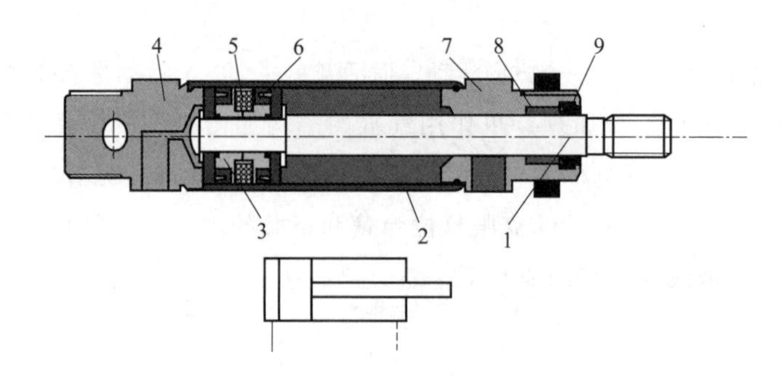

图 12-24　双作用气缸结构示意图及职能符号

1—活塞杆；2—缸筒；3—活塞组件；4—后端盖；5—磁环；6—活塞密封；
7—前端盖；8—导向套；9—活塞杆密封及防尘圈

（2）双作用气缸的特点：

①在两个方向上都有输出力，没有复位弹簧，两个口交替供气和排气；

②活塞杆伸出过程中传递的力比回程大，其差值为工作压力与活塞杆横截面积的乘积；

③在活塞的伸出位置和返回位置，活塞支承环与导向套之间的距离不同；

④活塞杆不能承受径向载荷；

⑤活塞杆直径一般较小；

⑥结构简单，性能优良。

（3）双作用气缸的应用。双作用气缸适用于所有在两个方向上需要输出力的直线运动，而且其输出力要求不太大的场合。

思考：图中的几个例子，负载的方向均与活塞伸出的方向相反；如果负载的方向与活塞的运动方向相同，这种负载通常称为负向负载，请从力的平衡角度分析一下此种情况。

3）气缸的缓冲

气缸的活塞在缸筒中做往复运动，为防止活塞在行程终端撞击缸盖，发生机械碰撞，产生噪声并造成机件变形和损坏，因此需要在气缸运行到接近终端的位置进行缓冲。缓冲的方式很多，最常见的是活塞在接近行程终端前，借助排气受阻，使背腔形成一定的压力，反作用在活塞上，使气缸运行速度降低的方法，采用此种方法进行缓冲的气缸称为缓冲气缸。

（1）缓冲气缸的结构和工作原理。缓冲气缸的结构如图 12-25 所示。当活塞接近行程终端时，缓冲柱塞进入缓冲腔时，主排气通道被封堵，活塞进入缓冲行程。活塞继续前行，排气腔中的气体只能通过节流阀排出，由于排气不畅，压力升高，形成甚至高于工作气源压力的背压，使活塞的运动速度逐渐减慢。

缓冲气缸实际上是利用空气被压缩来吸收运动部件的动能达到缓冲目的。调节节流阀的开度，可控制气缸活塞接近终端时的运动速度，即可调节气缸的缓冲效果。当活塞反向运动时，气流经过单向阀进入气缸，使得气缸缓冲段内活塞的有效受力面积不减小，因而气缸能够正常起动。

（2）缓冲效果。缓冲效果的好坏不仅仅取决于节流阀的开度，还和其他因素有关。其中包括缓冲柱塞的长度、直径和密封效果等。缓冲柱塞的长度不宜太小，否则起不到缓冲作用。气缸运动部分的质量越大，速度越快，缓冲柱塞长度也要随之加大。

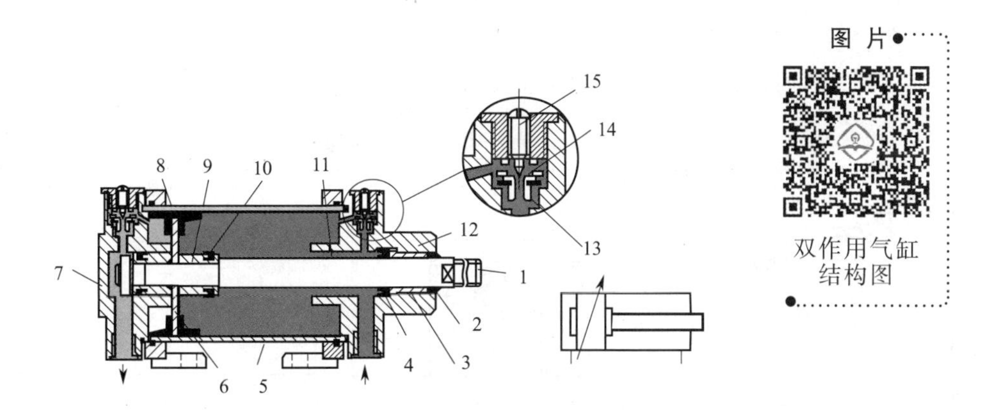

图 12-25　两端带可调节流缓冲装置的双作用气缸结构示意图及职能符号

1—活塞杆；2—防尘圈；3—导向套；4—活塞杆密封；5—缸筒；6—活塞；7—后端盖；8—活塞密封；9—缓冲柱塞；10—缓冲密封；11—缓冲腔；12—前端盖；13—单向阀；14—缓冲用节流口；15—节流阀

处于运动状态的物体具有动能，这部分能量在物体停止时会转换成其他形式的能量。

$$E_v=\frac{1}{2}mv^2$$

式中　E_v——运动物体的动能（J）；

m——运动物体的总质量（kg）；

v——运动物体的速度（m/s）。

由于缓冲的距离不能太长，因此缓冲的效果受到一定限制。气缸缓冲机构的缓冲能力见表 12-5（仅供参考）。

表 12-5　气缸缓冲机构的缓冲能力

缸径/mm	25	32	40	50	63	80	100	160	200
缓冲能力/J	0.8	2.6	7	14	36	60	100	270	440

思考：请分析单、双作用气缸的异同？

4）气缸的密封

（1）密封的种类。在气动元件中所采用的密封大致分为两类，一类例如活塞在缸筒里作往复运动及旋转运动即有相对运动的称为动密封；另一类例如缸筒和缸盖等固定部分即没有相对运动的称为静密封。

（2）密封的部位：

①缸盖和缸筒连接的密封。一般采用 O 形密封圈安装在缸盖与缸筒配合的沟槽内，构成静密封。也可采用橡胶等平垫圈安装在连接止口上，构成平面密封。

②活塞密封。活塞有两处地方需要密封，一是活塞与缸筒间的动密封，通常用 O 形圈、唇形圈等，常见的密封形式见表 12-6；二是活塞与活塞杆连接处的静密封，一般采用 O 形密封圈。

③活塞杆的密封。一般在缸盖的沟槽里放置唇形圈和防尘圈，或防尘组合圈，保证活塞杆往复

运动的密封和防尘。

④缓冲密封。通常在缓冲柱塞上安装孔用唇形圈或者气缸缓冲专用密封圈。

表 12-6　气缸常见的密封形式

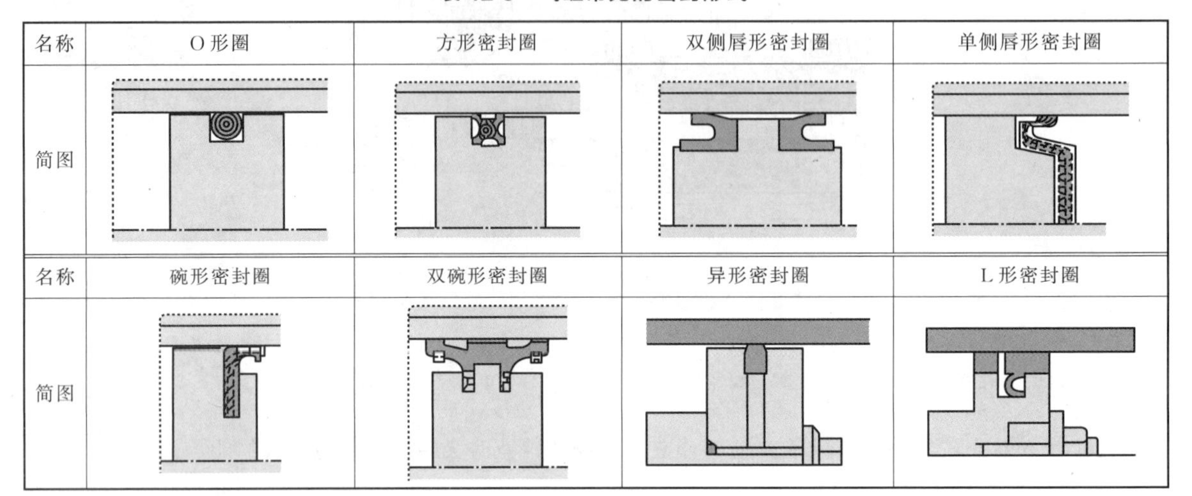

名称	O 形圈	方形密封圈	双侧唇形密封圈	单侧唇形密封圈
简图				
名称	碗形密封圈	双碗形密封圈	异形密封圈	L 形密封圈
简图				

5）无杆气缸

当气缸行程较长时，使用带有活塞杆的气缸容易使活塞杆发生弯曲变形，故常常利用无活塞杆式气缸来解决这种问题。无杆气缸适合于行程较长以及安装空间受限制的场合；如工件的推入、移位、机构的打开和关闭、物体的举升、门的控制和物料的输送等。

图 12-26 所示为无杆气缸结构示意图，由节流阀 1、缓冲柱塞 2、密封带 3、防尘不锈钢带 4、活塞 5、滑块 6、管状体 7 等组成。它与普通气缸一样，在气缸两端设置缓冲装置。拉制而成的铝制缸筒沿轴向长度方向开有一条槽，为了防泄漏及防尘需要，在开口部采用聚氨酯密封带 3 和防尘不锈钢带 4，并固定在两端盖上。活塞 5 的两端带有唇形密封圈。气缸的两个作用口分别进气和排气时，活塞 5 带动与负载相连的滑块 6 一起在槽内移动，且借助缸体上的一个管状体 7 防止其产生旋转。此时，管状体 7 将防尘不锈钢带 4 与密封件 3 挤开，但它们在缸筒的两端仍然互相夹持。因此，管状体与滑块在气缸上移动时无压缩空气泄漏。

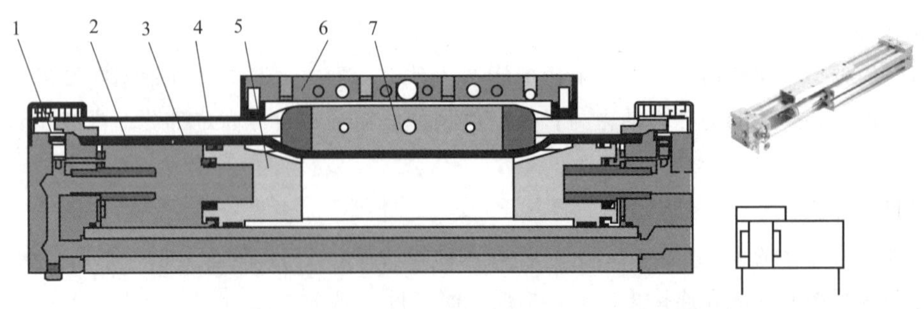

图 12-26　无杆气缸的结构、局部剖面图及职能符号

1—节流阀；2—缓冲柱塞；3—密封带；4—防尘不锈钢带；5—活塞；6—滑块；7—管状体

这种气缸占据的空间小，不需要设置防转动机构。适用于缸径 8～80 mm、最大行程在缸

径≥40 mm 时，最长可达 6m。气缸运动速度高，可达 2 m/s。由于负载与活塞是由在气缸槽内运动的滑块连接的，因此在使用中必须考虑径向和轴向负载。为了增加负载能力，必须增加导向机构。

6）其他气缸

上面详细介绍了单作用气缸、单活塞杆的双作用气缸和机械式无杆气缸的结构、工作原理和应用。表 12-7 所示给出了几种常见气缸的结构、原理和特点。

表 12-7　其他常见气缸结构、原理及特点

类别	名　称	简　图	原理及特点
单作用气缸	薄膜式气缸	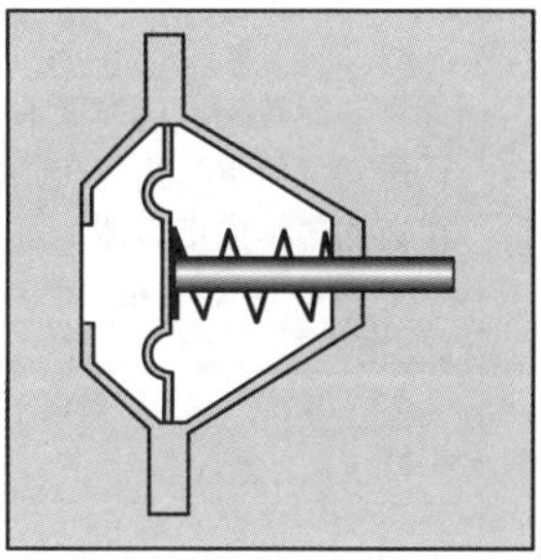	依靠膜片在压缩空气作用下的变形，推动活塞杆运动。其结构形式决定了它的长度较短。 结构简单、紧凑、质量小，输出力较大时的体积较小，工作行程受限制(约 60 mm)，安装简单、维修方便，制造成本低，价格便宜，使用寿命长
双作用气缸	双出杆气缸	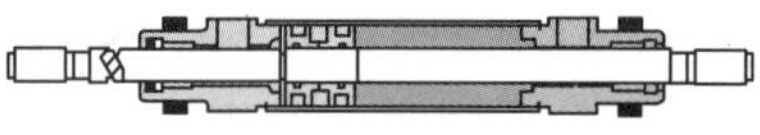	压缩空气驱动活塞向两个方向运动，活塞两侧的有效作用面积相等，两个方向上的速度及输出力相等。气缸的两侧都可以对外做功；在它的两端都有导向套，使得气缸的导向功能得到了改善；可承担较小的径向载荷；适用于有径向载荷的场合；两个方向上的输出力要求相等的情况下；需要利用背压停止的场合；需要在气缸的另一侧安装信号元件的场合等
	活塞杆带夹紧机构气缸	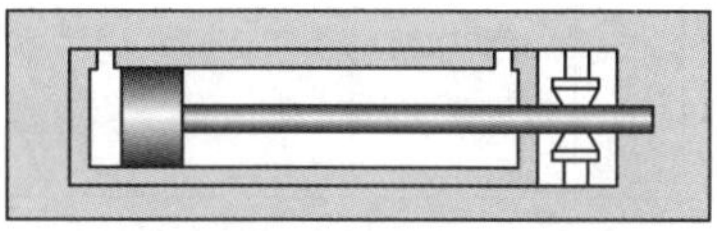	通过一个机械锁紧机构可使气缸准确地停止在某个位置。可将活塞杆通过该机械锁紧机构锁定在任意位置，机械锁紧力大于气缸的最大输出力。应用在所有由于安全原因需要气缸定位可靠的场合
	磁性无活塞杆气缸	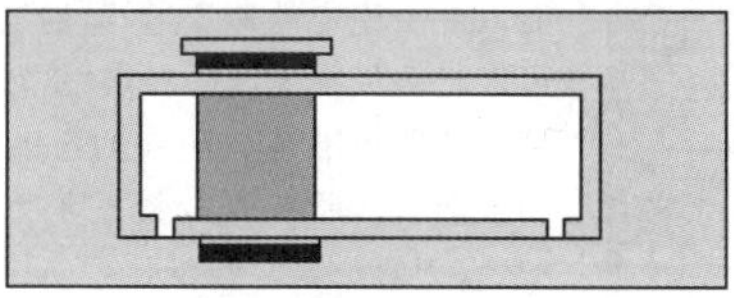	由于通过磁铁的吸引力来传递力，因此其输出力的大小受限制；气缸为整体封闭结构，故对环境的变化不敏感。适用于输出力要求比较小的场合
	绳索式无杆气缸	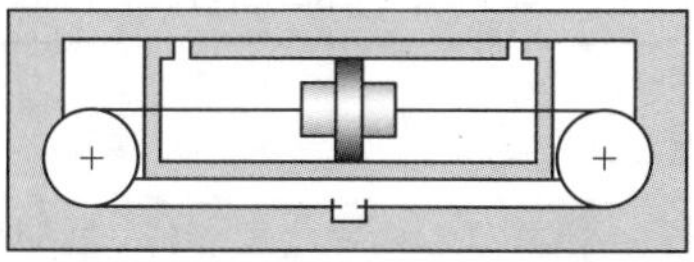	用缆索或传送带代替活塞杆，气缸的整体长度较小，没有使活塞杆弯曲的情况，可实现超长行程，不易密封
特殊气缸	多位气缸	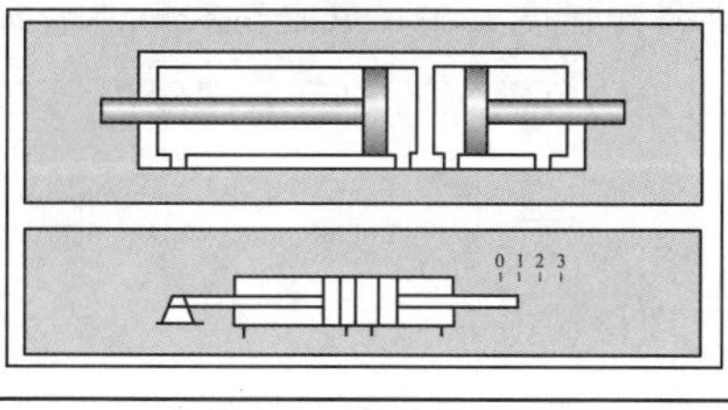	将 n 个不同行程的气缸组装在一起，可得到 2^n 个输出位置。应用于分选设备、辊道转接装置、闸门的控制、限位装置的调节等工况

续表

类别	名　称	简　图	原理及特点
特殊气缸	串联气缸	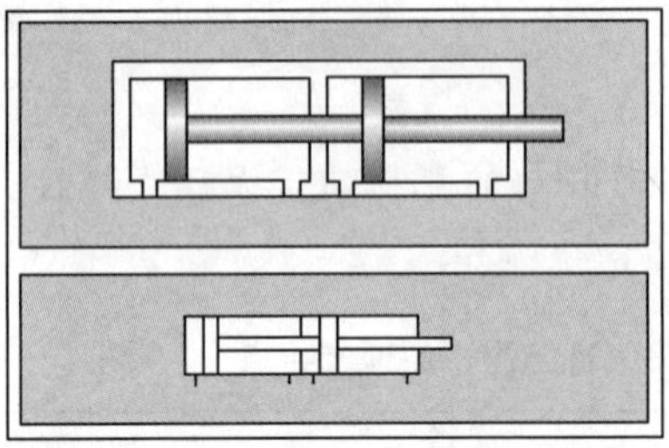	活塞直径即使较小，输出力也可较大，整体长度较长，仅用于行程较短的场合，具有4个进排气口。用于行程较短，输出力要求较大的场合。如射钉枪。另外，在径向空间受限制的专用设备上也可使用串联气缸。例如由于空间布局等条件限制不能增大缸径，但允许增长缸体的场合
	冲击气缸	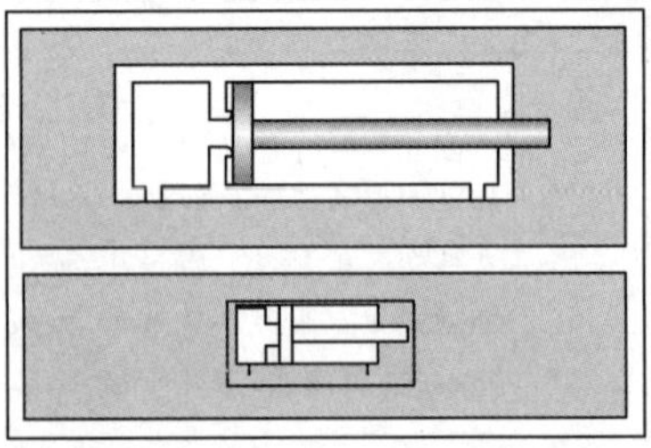	将动能转换成压力能的执行元件，活塞通过蓄能腔的快速充气而被很快加速。蓄能腔用于产生很高的速度，在动能转换成压力能的过程中，其位移不能太长。 用于气动压力机，可实现折变、落料、打印、冲孔、切断、铆接等
	伸缩式气缸	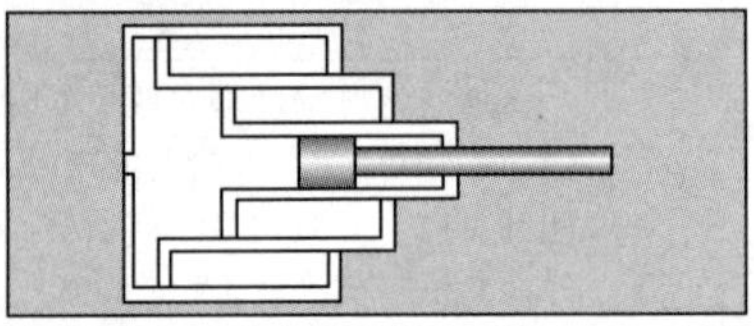	由多个互相套在一起的套筒组成缸筒。整体长度短，工作行程长；与同缸径的普通气缸相比，伸缩式气缸的输出力较小。轴向空间受限制但工作行程要求又较长的场合，常使用伸缩式气缸（气动系统中较少见）
	气液增压缸	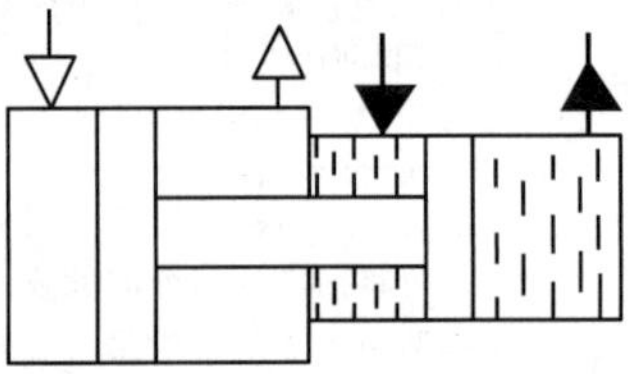	根据液体不可压缩和力的平衡原理，利用两个相连活塞不相等的面积，压缩空气驱动大活塞，可由小活塞输出高压液体
	气液阻尼缸	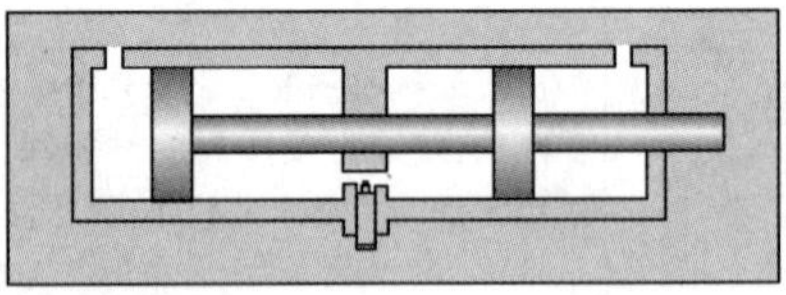	由于空气本身具有可压缩性，则承受载荷的气缸不可能以一个稳定的速度运行，通过加上一个液压机构不但可以提高气缸速度的稳定性，还可使气缸在中间位置的停止位置更准确。油液的流动可通过一个可调式节流阀来调节。所有的要求运动速度稳定，中间位置的定位准确，而且如果采用液压设备又显得得不偿失的场合都可使用气液组合进给装置

7）气缸主要参数的确定

气缸的主要参数包括气缸的缸径、活塞杆直径、气缸行程等。其中气缸缸径大小及工作压力高低决定了气缸输出力大小；活塞杆直径决定了活塞杆强度大小；气缸行程标志着气缸的工作范围。

（1）缸径 D 的确定。气缸的缸径与气缸输出力、负载工况和负载率等因素有关。气缸的理论输出力与气缸实际负载力及气缸负载率的关系为

$$负载率\ \beta=\frac{实际负载力\ F}{理论输出力 F_0}$$

负载率与负载状态和运动状态有关。当确定气缸实际负载力 F，根据负载状态确定负载率 β，即可计算气缸的理论输出力 F_0；根据工作压力的高低，可反推出气缸的缸径大小。注意输出力计算时的工作压力一般按减压阀设定压力的 85%计算。

计算出缸径 D 后，再参照标准气缸缸径进行圆整即可（圆整后应大于或等于计算数值），见表 12-8。

表 12-8　缸径标准系列

活塞直径/mm	8	10	12	16	20	25	32	40	50	63
	80	(90)	100	(110)	125	(140)	160	(180)	200	250

负载率 β 一般根据气缸运动负载状态选取，见表 12-9。此外，负载率还与气缸工作压力高低有关，压力越低，选取的 β 越小；气缸垂直安装时 β 取低值。

表 12-9　典型工况负载率

负载 运动状态	阻性负载 （如夹紧、低速运动等）	惯性负载及运动速度		
		＜100 mm/s	100～500 mm/s	＞500 mm/s
负载率 β	≤0.8	≤0.65	≤0.5	≤0.35

（2）活塞杆直径 d 的确定。一般取 $\frac{d}{D}=0.2\sim0.3$，必要时也可取 $\frac{d}{D}=0.16\sim0.4$，当活塞杆受压，且其行程 $L>10d$ 时，还须校核其稳定性（校核方法与液压缸相同）。算出 d 后，按表 12-10 标准系列圆整。

表 12-10　部分活塞杆直径标准系列

活塞杆直径/mm	4	5	6	8	10	12	14	18
	18	20	22	25	28	32	36	40
	45	50	56	63	70	80	90	100

（3）气缸耗气量计算。气缸耗气量与其自身结构、动作时间以及连接管容积等有关。一般连接管道容积比气缸容积小得多，故可忽略。因而气缸一个往复行程（见表 12-11）的压缩空气耗量 q 为

$$q=\frac{\pi\cdot(2D^2-d^2)\cdot s}{4\cdot t\cdot\eta_V}$$

式中　q——气缸单位时间的耗气量（m^3/s）；

D——气缸缸径（mm）；

d——气缸活塞杆直径（mm）；

s——气缸行程（mm）；

t——气缸一个运行行程所消耗的时间（s）；

η_V——气缸容积效率，一般取 0.9～0.95。

表 12-11　气缸行程标准系列

气缸标准行程系列/mm								
	5	10	15	20	25	30	45	50
	60	63	75	100	125	150	175	200
	250	300	350	400	450	500	600	700

8）气缸的运动

（1）气缸的“爬行”现象。当气缸采用进气节流调速时，进气流量小，排气流量大，进气腔压力上升缓慢，当两腔压差达到刚好克服各种反力时，活塞就会突然前进，使进气腔容积突然增大，但供气又不足，进气腔压力因体积膨胀而下降，又使其作用于活塞上的力小于反力，活塞就停止前进，直到进气腔继续充气，压力上升后，再推动活塞前进。气缸活塞这种“忽走忽停”“忽快忽慢”的现象，称为气缸的“爬行”。

在设计和选取气缸时，输出力应留有余量。否则当气缸负载较大时，气缸就会产生爬行现象。尤其在摩擦力很大时，气缸更易产生爬行。为消除爬行，须尽量减小摩擦阻力，并要求气缸安装正确，不受偏载荷。

（2）气缸的“自走”现象。在气缸活塞运动过程中，当负载突然有很大变化时，例如负载突然减小，这时即使气缸不充气、排气，由于充气腔空气膨胀，排气腔空气被压缩，活塞也能继续前进；反之，当负载突然增大很多时，气缸活塞可能不但不前进，反而会产生短时的后退。这种由于气缸负载的突变，引起活塞运动速度突然变化的现象，称为气缸的“自走”。这是由于用空气做工作介质，而空气有可压缩性造成的。

所以当气缸负载变化很大时，即使用速度控制阀也难实现气缸的调速。为了更好地克服“自走”现象，使气缸输出力稳定，活塞运动平稳，一般采用液压阻尼装置。

（3）气缸的运动速度。气缸将压力能转换成力和运动，气缸所能达到的速度与其负载有直接关系。如图 12-27 所示，影响气缸速度的主要因素有：进气压力 P_v 和活塞面积 A_v，排气压力 P_R 和活塞环形面积 A_R，内摩擦力 F_R，气体的流动阻力，外力、负载 F_B 及惯性力 F_a 等。

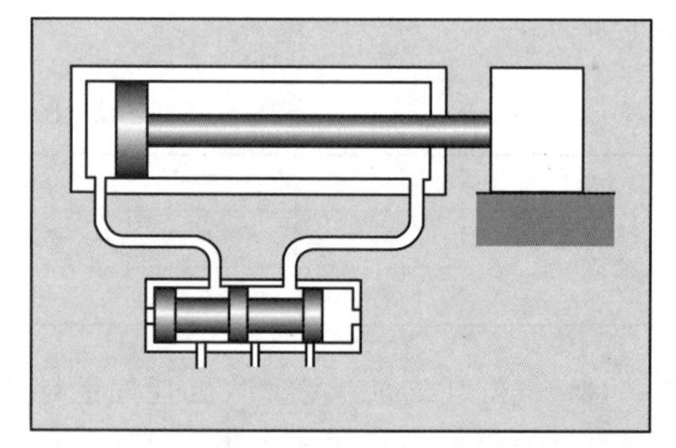

图 12-27　气缸运动示意图

由图 12-28 可以看出，当气缸运动速度为 0 时，输出力 F 最大；当气缸负载 F 为 0，且配管尺寸合适时，才能达到其最快速度。

提高气缸速度的措施：当负载较小时，可以增大接管尺寸，或快速排气；当负载较大时，可以提高进气压力，或增大气缸尺寸。

2. 气动马达

气动马达是利用气体压力能实现连续旋转运动的气动执行元件，其作用类似于电动机。在工业中常用高速、小扭矩叶片式气马达驱动装配工具，如气扳子等；低速大扭矩的活塞气马达通常应用在绞车、绞盘等小型机械上。双向定量气马达的职能符号如图 12-29 所示（提示：气动马达的三角是指向圆心的；三角的指向是压缩空气的流向，且三角是空心的；实心三角指的是液压）。

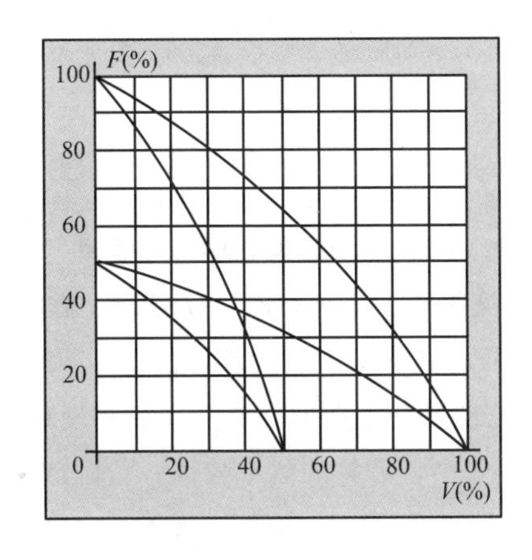

图 12-28　气缸特性曲线图

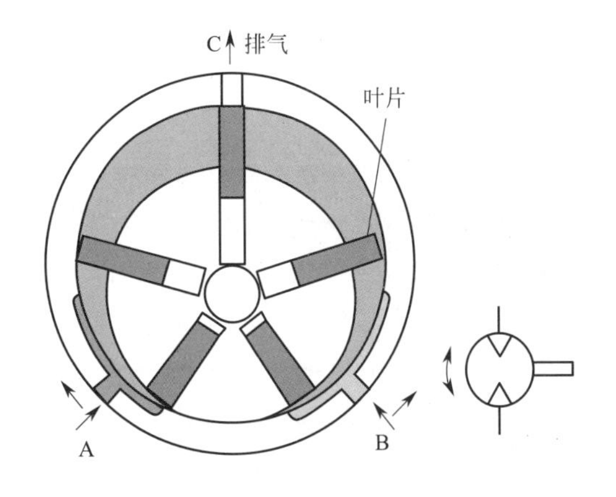

图 12-29　叶片式气马达结构示意图及职能符号

1）叶片式气马达

如图 12-29 所示，与叶片式液压马达相似，叶片式气马达主要包括一个径向装有 3～10 个叶片的转子，偏心安装在定子内，叶片的数量直接影响马达的效率、起动性能以及马达工作平稳性；转子两侧有前后盖板，叶片在转子的槽内可径向滑动，启动阶段靠叶片底部通有压缩空气或安装弹簧，转子转动是靠离心力和叶片底部气压将叶片紧压在定子内表面上。定子内有半圆形的切沟，提供压缩空气及排出废气。

图 片

活塞式气马达结构图

当压缩空气从 A 口进入定子内，压缩空气作用在叶片的表面上，产生一个使转子旋转的力，由于转子相对于定子偏心布置，形成多个工作容腔，使叶片带动转子顺时针旋转，产生转矩。废气从排气口 C 排出；而定子腔内残留气体则从 B 口排出。如需改变气马达旋转方向，只需改变进、排气口即可。其正常工作需要进行有效润滑。

叶片式气马达一般在中、小容量及高速回转的范围使用，其耗气量比活塞式大，体积小，质量小，结构简单。其输出功率为 0.1～20 kW，转速为 200～80 000 r/min。另外，叶片式气马达启动及低速运转时的特性不好，在转速 500 r/min 以下场合使用时，需要配用减速机构。叶片式气马达主要用于矿山机械和气动工具中。

2）径向活塞式气马达

图 12-30 所示为径向活塞式气马达，由进气口 1、分配阀 2、活塞 3、连杆 4、曲轴 5 等组成。压缩空气经进气口 1 进入分配阀 2 后再进入活塞 3 容腔，推动活塞 3 及连杆 4 组件运动，带动曲柄 5 旋转，同时带动固定在曲轴上的分配阀同步转动，使压缩空气随着分配阀角度位置的改变而进入不同的缸内，依次推动各个活塞运动，由各活塞及连杆带动曲轴连续运转。与此同时，

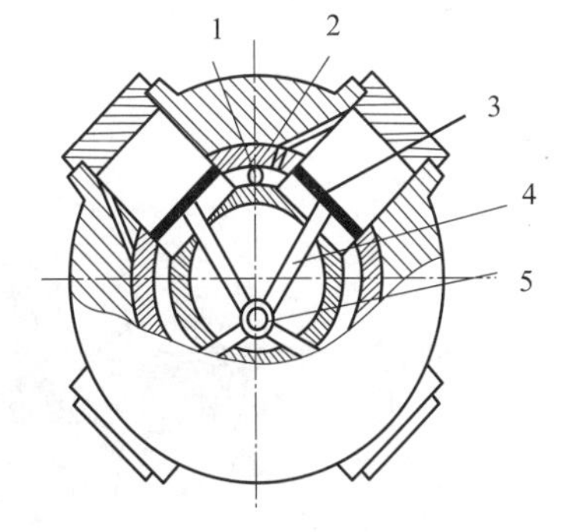

图 12-30　径向活塞式气马达结构示意图

1—进气口；2—分配阀；
3—活塞；4—连杆；5—曲轴

相应活塞容腔的体积减小，处于排气状态。

径向活塞式气马达适用于转速低、转矩大的场合。其耗气量不小，且构成零件多，价格高。其输出功率为 1～20 kW，转速为 100～4 000 r/min。径向活塞式气马达主要应用于矿山机械，也可用作传送带等的驱动马达。

3. 摆动马达

1）齿轮齿条式摆动气马达（齿轮齿条摆动气缸）

齿轮齿条式摆动气马达是把连接在活塞上的齿条的往复直线运动转变为齿轮的回转摆动。图 12-31 所示为齿轮齿条式摆动气马达结构示意图，由齿轮 1、缓冲节流阀 2、缓冲柱塞 3、活塞 4、缸体 5、齿条 6、端盖 7 等组成。当马达左腔进气、右腔排气时，活塞 4 推动齿条 6 向右运动，齿轮 1 和轴顺时针方向回转，输出转矩。反之马达右腔进气、左腔排气时，齿轮逆时针方向回转。其回转角度取决于活塞的行程和齿轮的节圆半径。活塞仅作往复直线运动，摩擦损失小，齿轮的效率较高，若制造质量好，效率可达 95%左右。这种摆动气动马达的回转角度不受限制，可超过 360°，但不宜太大。

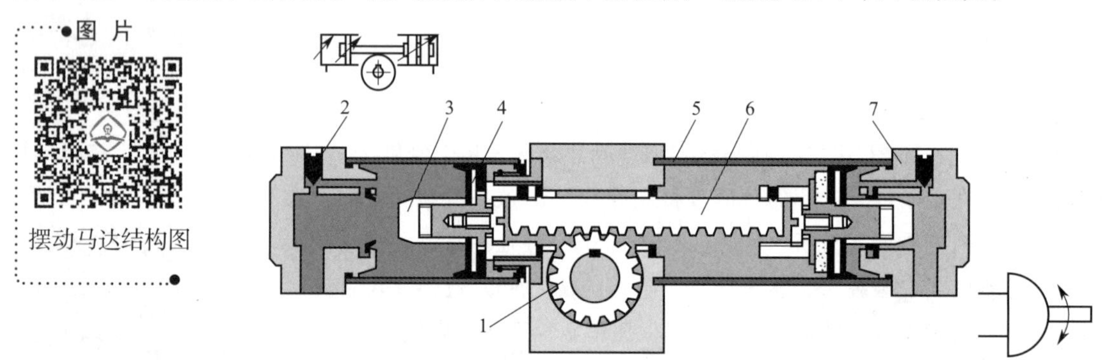

图 12-31　齿轮齿条式摆动气马达结构示意图及职能符号

1—齿轮；2—缓冲节流阀；3—缓冲柱塞；4—活塞；5—缸体；6—齿条；7—端盖

2）叶片式摆动马达

叶片式摆动马达的结构紧凑，输出力矩大。压缩空气驱动旋转叶片带动输出轴完成摆动，摆动角度范围可由挡块调节，通过调节止动装置与旋转叶片相互独立，从而使得挡块可以限制摆动角度大小，其调节范围一般为 0～180°。在终端位置，弹性缓冲环可对冲击进行缓冲，如图 12-32 所示。

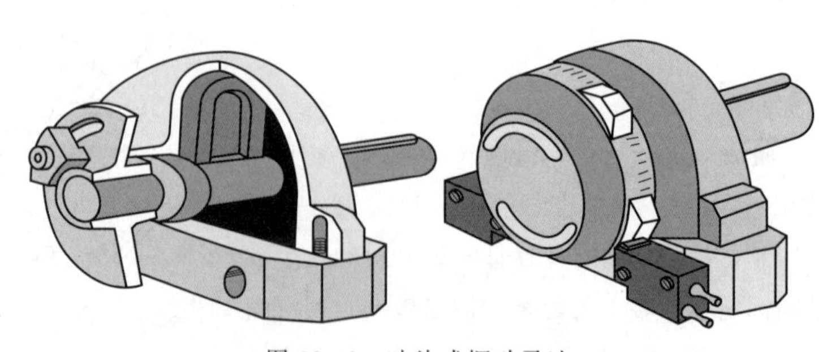

图 12-32　叶片式摆动马达

12.1.5 气动系统控制元件认知

控制元件主要指气动系统中对压缩空气的流动方向、流量和压力进行控制。可划分为方向控制元件、流量控制元件和压力控制元件三类。

1. 气动换向阀认知

1）气动换向阀概述

换向阀用来控制执行元件的运动方向，如果没有换向阀，那只能依靠频繁的插拔气缸的工作口来改变气缸的动作状态。

（1）换向阀的控制方式有手动、机械、气控、电控和先导等。

（2）换向阀根据阀芯与阀体相对位置数称为“几位”，在职能符号中，方框的数目代表几位。

（3）根据换向阀与外界连通的端口数称为“几通”，注意控制口不算在内，但是排气口要计算在内；端口的表示方法见表 12-12。

表 12-12 气动换向阀端口名称

阀的接口标注	数字表示法	字母表示法
压力口	1	P
工作口	2 或 4	A 或 B
排气口	3 或 5	R 或 S
控制口	10、12 或 14	X、Y 或 Z

（4）换向阀的常态位是指阀芯未受外力驱动时的位置。弹簧复位的换向阀的常态位为弹簧位，三位阀的常态位为中位。

（5）对于二位三通换向阀，如果常态位上压力口与工作口相通，通常称为常通型换向阀；反之称为常断型换向阀。

（6）手动换向阀有点动按钮式（按下去松手复位）和定位开关式（旋转开关松手不复位，反向旋转一下复位）。以下内容，除特别说明，均为点动按钮式。

（7）与液压换向阀类似，气动换向阀按阀芯结构形式分类，分为滑阀式及座阀式等。

①滑阀式：使用具有台肩的圆柱体阀芯在阀体圆柱形阀孔内沿其轴向移动来实现气路通断的阀。其特点如下：

➢由于结构的对称性，阀处于静止状态时，作用在阀芯上的气压力保持轴向平衡，容易做到具有记忆功能，即控制信号消失仍能保持原有阀芯位置不变。

➢ 换向时不承受像截止阀阀芯上那样的背压阻力，故换向力小，动作较灵敏。

➢ 通用性强，易设计成多位多通阀。

➢ 阀芯的换向行程较截止式长，大通径的阀最好不采用滑阀式结构。

➢ 阀芯对介质中的杂质比较敏感，对气源净化处理要求较高。

②座阀式：在阀芯轴向移动时，用可靠的接触密封来切换气路的阀。其特点如下：

➢ 很小的阀芯移动量就可使阀达到完全开启，流通能力强，易于设计成结构紧凑的大通径阀。

➢ 适用于大流量的场合。因阀的行程短，流通阻力小，同样通径规格的阀，座阀式比滑阀式外形小。

➢ 阀芯始终受背压的作用，这对密封有利，不借助弹簧力也能将阀关闭。但由于背压的存在，特别是阀的流通面积大时，会形成很大的切换阻力。故通径大的截止阀，宜采用气压控制或先导式动作方式。

➢ 一般用软质平面密封，泄漏小。开闭件的磨损小，对气源净化处理要求较低。

➢ 换向的瞬间，输入口、输出口和排气口可能发生同时相通而窜气现象。

(8) 气动换向阀的主要技术参数

气动换向阀选用时主要参考额定通径、额定流量及接口尺寸等。额定通径与接口尺寸及流量关系见表 12-13。(各厂家平均值，仅供参考。)

表 12-13 额定通径与接口尺寸及流量关系表

接口尺寸		额定通径/mm	流量/(L/min)
管螺纹	公制螺纹		
	M5	2～2.7	60～180
G1/8	M10X1	3～4	150～400
G1/4	M14X1.5	6～7	600～1 200
G3/8	M18X1.5	8～9	
G1/2	M22X1.5	12-13	2 000～4 000
G3/4	M27X1.5	19～20	4 500～8 500

因为气体是可压缩的，且受温度变化影响较大，所以气动换向阀的额定流量测量条件规定为：在入口压力为 6 bar，出口压力为 5 bar，温度为 20 ℃时，测量的换向阀的压缩空气流量为该阀的额定流量，如图 12-33 所示。

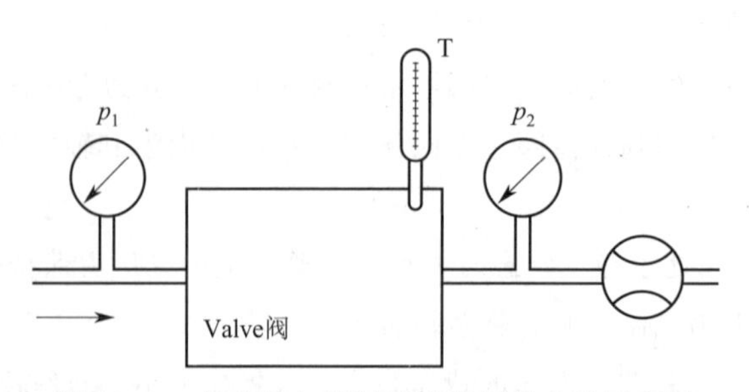

图 12-33 气动换向阀额定流量测量方法示意图

2) 二位三通手动换向阀（3/2 手动换向阀）

以常断型为例，其结构如图 12-34 所示。左侧结构图是换向阀没有被操纵的状态，即为常态位(对应职能符号的右位)，此时 P 口被阀芯关断，A 口和 R 口接通。右侧结构图是动作位（对应职能符号的左位）。职能符号上每个端口的数字或字母都要标注在常态位上。

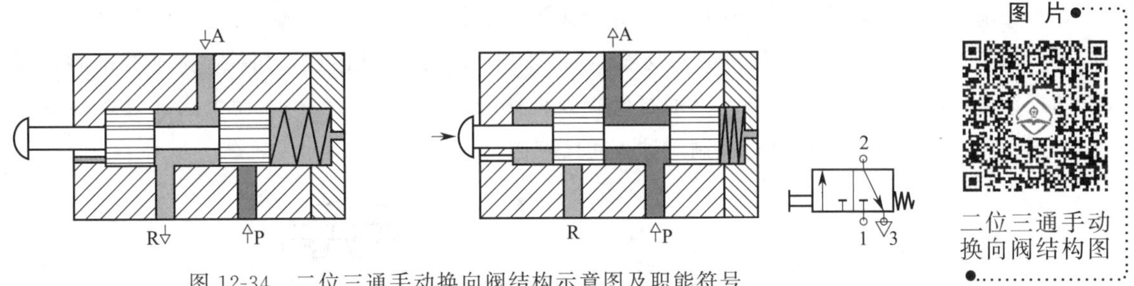

图 12-34　二位三通手动换向阀结构示意图及职能符号

图 片

二位三通手动换向阀结构图

二位三通手动换向阀可以用来控制单作用气缸，称为直接控制。图 12-35 所示在常态位下，单作用气缸在弹簧作用下缩回；按下手动换向阀，气缸伸出；如果气缸正在伸出，突然松开手动换向阀，气缸将立即缩回。

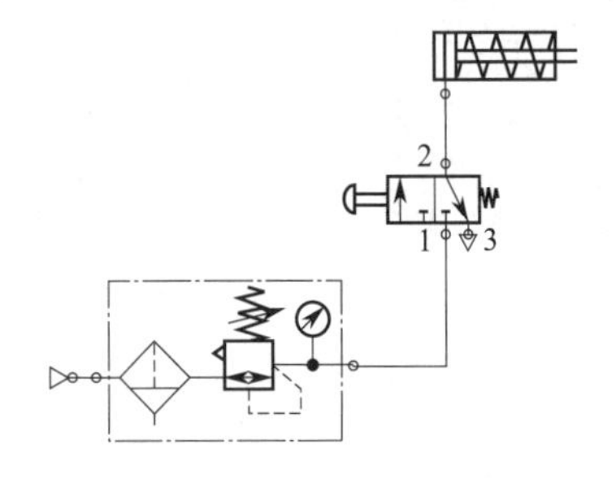

图 12-35　单作用气缸直接控制原理图

如果换成常通型换向阀，单作用气缸的初始位置为伸出位，操纵手动换向阀气缸缩回。至于选择哪种形式，完全取决于工况的需要。

思考题：如果将换向阀的 1 口和 2 口接反了，将会产生怎样的现象？并思考原因。

3）二位三通单气控换向阀（3/2 单气控换向阀）

图 12-36 所示为二位三通单气控换向阀结构示意图。当控制口 Z 没有通入压缩空气时，阀芯被弹簧力推向上端，P 口截止，A 口和 R 口接通；当控制口 Z 通入压缩空气时，作用在阀芯上的气压力克服弹簧力将阀芯推向下端，P 口与 A 口接通，R 口截止。为了换向可靠，换向控制压力一般至少为 2 bar。左边结构图是常态位，右边结构图是换向位。

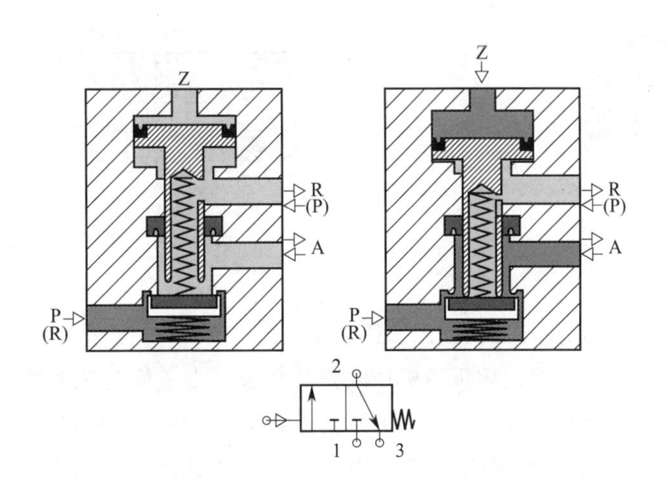

图 12-36　二位三通单气控换向阀结构示意图及职能符号

思考：如果 P 口和 A 口对调，是一种怎样的情况？

在某些场合，之所以应用气控换向阀，出于以下两种考虑：

(1) 如图 12-37 所示，在大流量的系统里，需要采用大通径的换向阀，而控制大通径的阀，需要较大的操纵力；因此采用如下方案：大通径气控换向阀直接控制执行元件，而大通径气控换向阀的控制口用小通径的手动换向阀进行控制，称为间接控制。

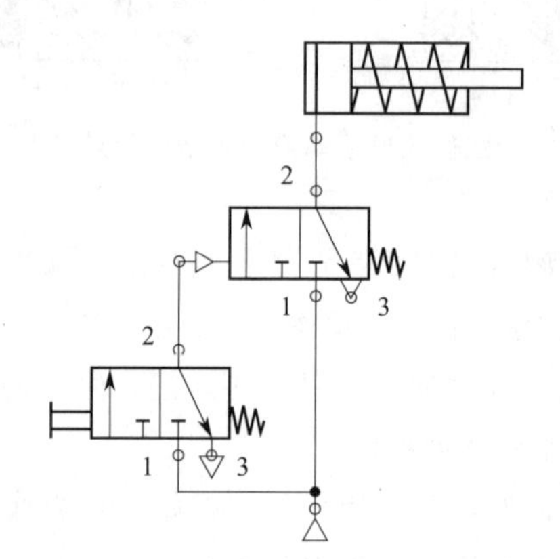

图 12-37 单作用气缸间接控制原理图

(2) 如果气动系统放在一个不适宜人员操作的环境里，也应优先采用气控远程控制。

4) 二位五通单气控换向阀

二位五通单气控换向阀有两个工作口，其结构如图 12-38 所示。当控制口 14 没有通入压缩空气时，阀芯被弹簧力推向左端，1 口与 2 口导通，4 口与 5 口导通，3 口截止；当控制口 14 通入压缩空气时，作用在阀芯上的气压力克服弹簧力将阀芯推向右端，1 口与 4 口导通，2 口与 3 口导通，5 口截止。二位五通单气控换向阀又称自动复位的二位五通气控换向阀。

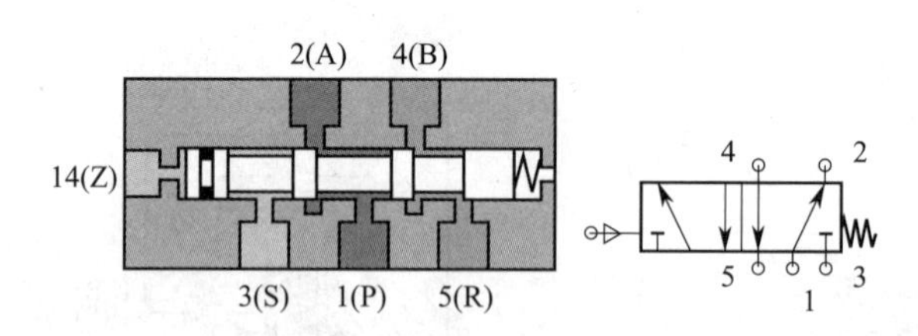

图 12-38 二位五通单气控换向阀结构示意图及职能符号

与 (3/2) 二位三通换向阀一样，单气控 (5/2) 二位五通换向阀作为主控元件也可以用来直接控制气缸。二位五通换向阀采用机械式弹簧复位。为了使阀芯能够克服弹簧力进行运动，那么作用在阀芯上的力必须大于弹簧力。为了使其能够换向，因此在控制口上必须要有一个最低换向压力。

二位五通单气控换向阀可以用来控制双作用气缸，如图 12-39 所示。手动阀换向，活塞杆伸出，手动阀复位，活塞杆返回。

思考：若气缸正在伸出，此时松开手动换向阀，气缸将如何动作？

5）二位五通双气控换向阀

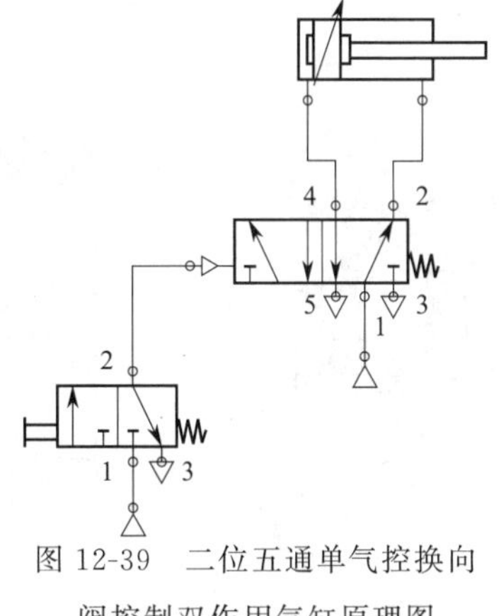

图 12-39　二位五通单气控换向阀控制双作用气缸原理图

二位五通双气控换向阀与二位五通单气控换向阀最大的不同在于，双气控换向阀没有常态位，且当某一个控制口的压力为 0 的时候，双气控换向阀也不会换向，因为没有弹簧，所以该阀又称“脉冲阀”或称带记忆的二位五通气动换向阀。

二位五通双气控换向阀如图 12-40 所示。当控制口 14 通入压缩空气时，作用在阀芯上的气动力将阀芯推向右端，1 口与 4 口导通，2 口与 3 口导通，5 口截止；当控制口 12 口通入压缩空气时，阀芯被推向左端，1 口与 2 口导通，4 口与 5 口导通，3 口截止。如果 2 个控制口都充气，阀就换到压力较大的控制口这一位置；如果 2 个控制口压力一样，先充气的控制口起作用。

图 片

二位五通双气控换向阀结构图

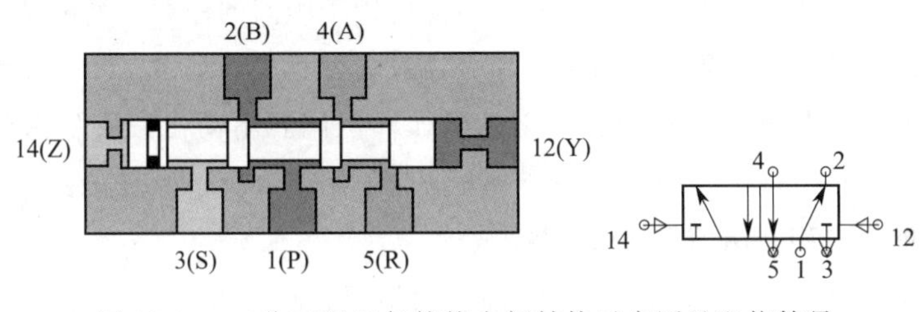

图 12-40　二位五通双气控换向阀结构示意图及职能符号

图 12-41 所示为一个应用二位五通双气控换向阀的气动原理图。按下按钮开关 S1，活塞杆伸出，松开按钮开关 S1，活塞杆伸出到头停止。按下按钮开关 S2，活塞杆返回。

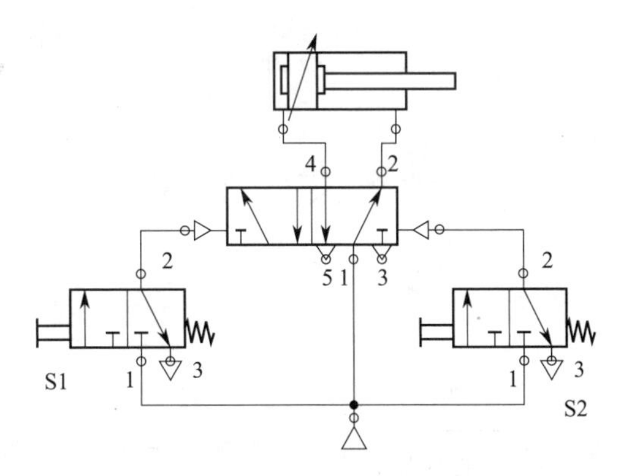

图 12-41　二位五通双气控换向阀控制双作用气缸原理图

思考：气缸的初始状态是怎样的？若气缸正在伸出，此时松开 S1 手动换向阀，气缸将如何动作？

6）二位三通机控换向阀（行程阀）

行程阀也是一种换向阀，只不过它采用机械接触的方式使阀换向，比如利用气缸的活塞杆接触行程阀，进而实现机械式的自动控制。

以二位三通行程阀为例，结构图如图 12-42 所示。图 12-42(a)是常态位，图 12-42(b)是动作位。

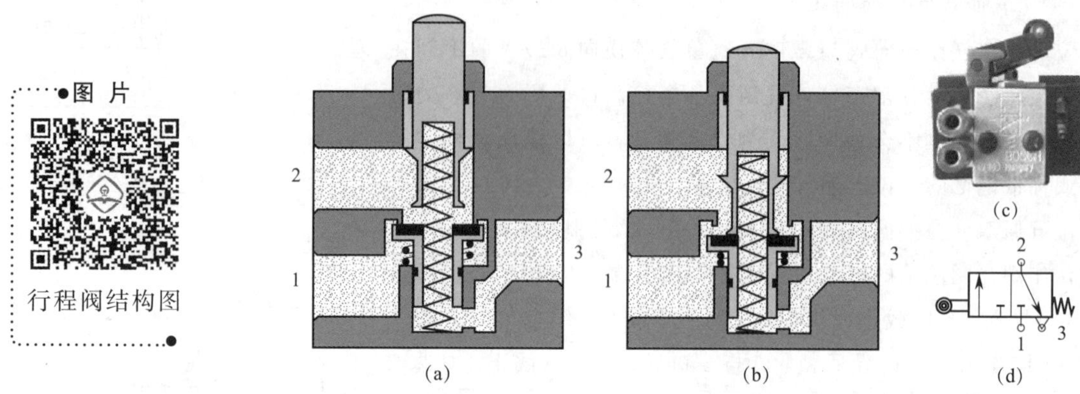

图 12-42　二位三通行程阀结构示意图、照片及职能符号

行程阀的实物图如 12-42(c)所示。使用时一定要顺着滚轮的方向接触，按照图中摆放位置，就必须要从左向右接触。且该阀只能应用于两端的极限位置，不能应用于中间的任意一个位置。

如果想应用于中间行程的任意一个位置，就可以使用可通过式行程阀，如图 12-43 所示。可通过式行程阀有一个惰轮，在从右往左接触通过的时候，惰轮动作，但阀芯不动作；从左往右接触的时候，能够触动阀芯。故该阀只能单方向起作用，具体哪个方向起作用，取决于如何安装。

思考：可通过式行程阀能否应用在两端的极限位置？

图 12-44 是行程阀的应用回路图。在气缸的活塞杆伸出，碰触到行程阀 S1 的时候，气缸自动缩回。

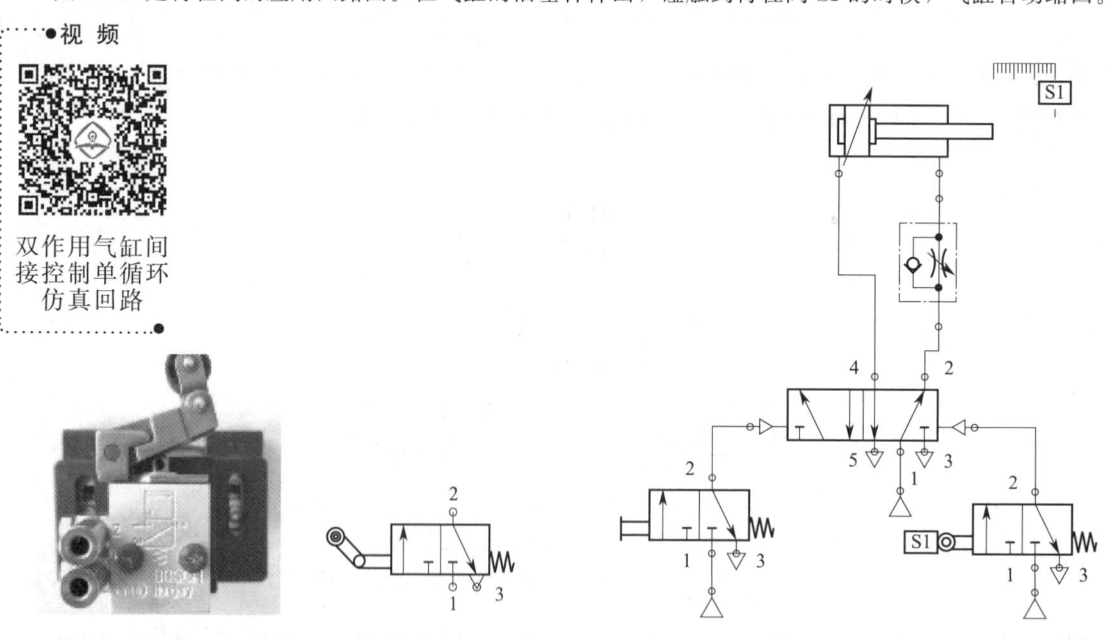

图 12-43　可通过式二位三通行程阀照片及职能符号　　　图 12-44　行程阀应用原理图

提示：使用行程阀时最好采用单向节流阀控制气缸的伸出速度，以免行程阀被撞坏。

思考：如果一直按下手动换向阀，在活塞杆接触到 S1 的时候，气缸能否缩回？

提示：行程阀可以代替手动阀，但手动阀不能代替行程阀。

7）延时接通换向阀

延时阀也是一种换向阀，只不过其采用时间控制方式。其结构图如图 12-45 所示。它由单向节流阀、气容和二位三通单气控换向阀组成。初始状态（Z 口接通大气），P 口和 A 口不通；当给 Z 口供压缩空气的时候，气体会缓慢通过节流阀进入到气容里，压缩空气进入气容，随着时间的推移，气容压力逐渐升高，当压力能够推动换向阀的弹簧时，二位三通气动换向阀换向，P 口和 A 口接通。从 Z 口供压缩空气，至二位三通气动换向阀换向的时间差为延时时间。当 Z 口接通大气时，气容中的压缩空气经单向阀排出，延时阀回到初始位置。

延时阀延时换向的时间长短主要取决于节流阀的开度、控制口气压、气容的大小和弹簧刚度。这种延时阀延时的时间范围一般在 0～30 s。若再附加气室，延时时间还可延长。延时阀有常通延时断和常断延时通两种类型，图示的延时阀是常断延时阀。

思考：对于图 12-45 所示的延时换向阀，控制口排气的时候有延时效果吗？如果想让排气有延时效果，充气没有延时效果，应如何改动？若 P 口和 A 口互换，该阀有什么变化？

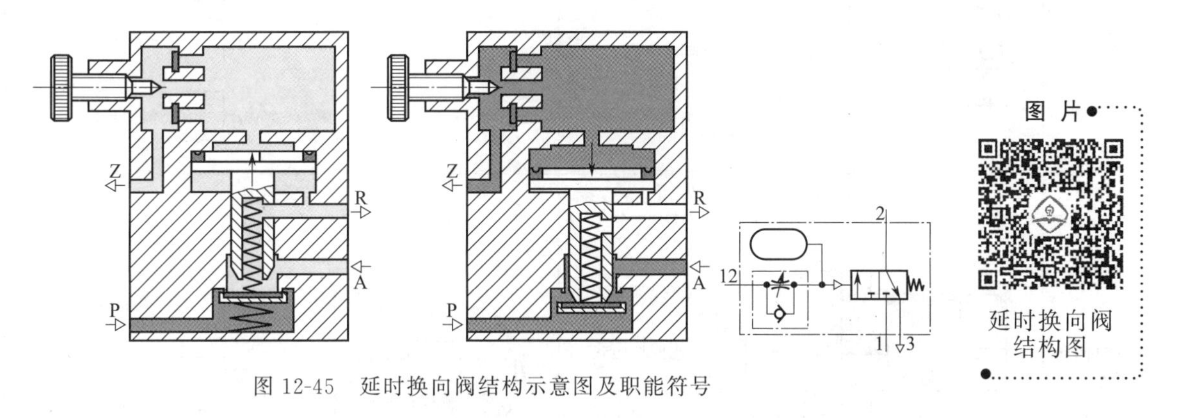

图 12-45　延时换向阀结构示意图及职能符号

图 12-46 是一个应用延时阀的气动原理图。在活塞杆接触到 S1 后，延迟一段时间再缩回。

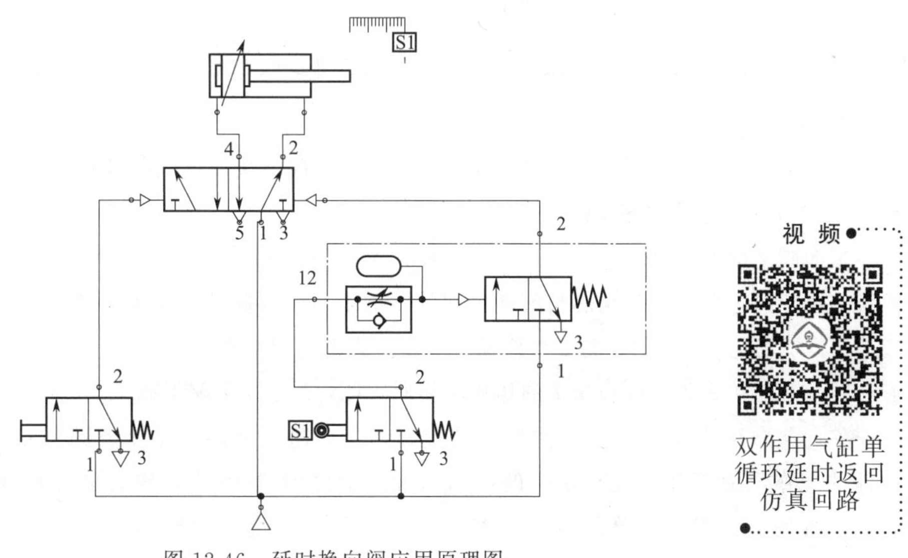

图 12-46　延时换向阀应用原理图

此外，还有一种驱动方式就是电磁换向阀。电磁换向阀是依靠电磁铁吸力来换向的，现在普遍采用 24 V 直流电来驱动电磁铁，比较少的采用 12 V 直流电以及 220 V 交流电。电磁阀相比于手动换向阀，容易实现自动化控制，但对环境要求较为苛刻。具体介绍请参阅单元 13。

不同换向方式对应的换向符号见表 12-14。

表 12-14　不同换向方式对应的换向符号

换向方式	人工控制换向	机械力控制换向
不同换向方式换向符号	泛指人工控制式按钮 蘑菇形按钮开关 板巴式开关 脚踏板开关 钥匙开关	普通机械控制，如凸轮式、顶杆式 滚轮式 可通过式 弹簧式 弹性杆式
换向方式	气控或液控换向	电磁换向
不同换向方式换向符号	气控加压式 液控加压式 气控泄压式 液控泄压式	单绕组 双绕组，同向 双绕组，反向

2. 单向型阀

单向型阀分为单向阀、气控单向阀、梭阀、双压阀、快速排气阀等。

1）单向阀结构及工作原理

单向阀结构如图 12-47 所示。当气流由 1 至 2 流动时，由于 1 腔气压作用于阀芯上的力大于 2 腔弹簧作用于阀芯上的力和阀芯与阀体之间的摩擦阻力，故阀芯被推开，使 1、2 口接通。为了保证气流从 1 向 2 稳定流动，1 腔与 2 腔应保持一定压力差，以克服弹簧力，使阀芯保持开启。当气流反向流动时，阀芯在 2 腔气压和弹簧的作用下将阀关闭，2 腔与 1 腔不通。

单向阀常用于需防止空气倒流的场合。例如：防止回路中某个支路的耗气量过多而影响其他元件的工作压力下降，在空压机的出口管路中常安装单向阀，或者防止由于背压的升高而影响其他元件的正常工作。单向阀在大多数场合下，与节流阀组合构成速度控制阀，来控制气缸的运动速度。

2）梭阀

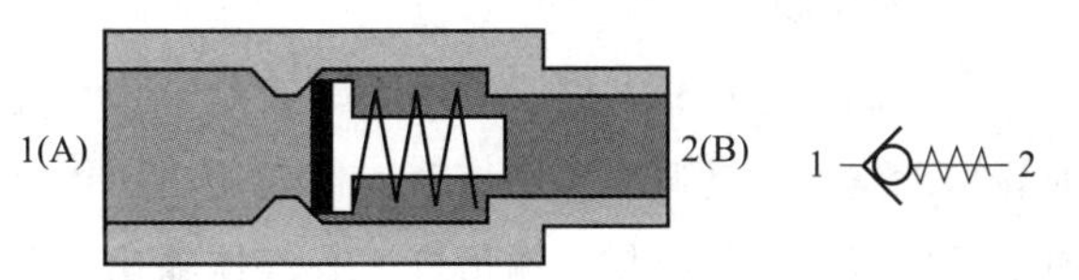

图 12-47 单向阀结构示意图及职能符号

梭阀又称逻辑或门，其结构如图 12-48 所示。梭阀有两个输入口，一个输出口。只要其中一个输入口有压缩空气输入，压缩空气就推动阀芯到对面一侧，输出口就有输出；当两个输入口都有压缩空气输入时，输出口输出的是作用时间早的输入信号，或输入压力高的输入信号。阀芯一般为球形、锥形或盘式结构。

使用该阀时，应迅速建立压力，否则会使各口互相串通，产生误动作。

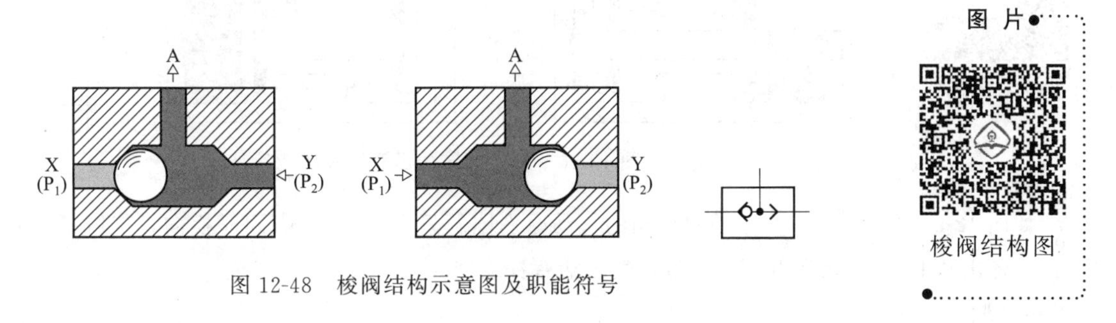

图 12-48 梭阀结构示意图及职能符号

图 片

梭阀结构图

思考：用 2 个单向阀、一个三通接头能否组成一个梭阀，为什么？

图 12-49 所示为梭阀应用的气动原理图。手动阀 1（点动按钮）实现气缸单循环；手动阀 2（定位开关）实现气缸连续循环。

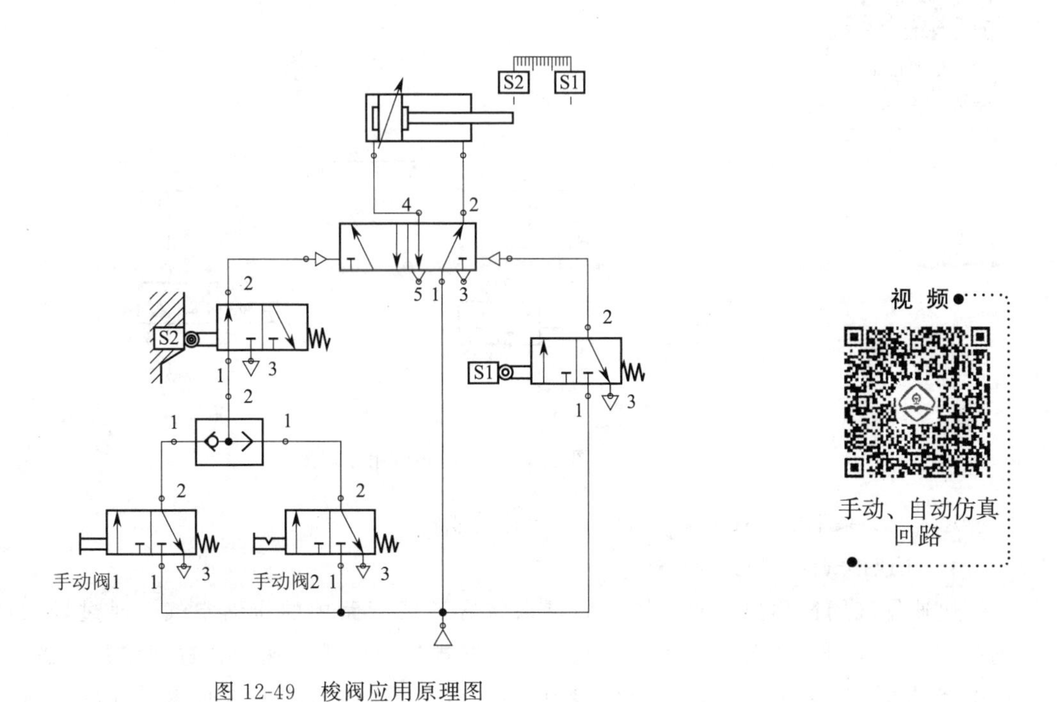

图 12-49 梭阀应用原理图

视 频

手动、自动仿真回路

思考：如果用 1 个三通接头替换掉梭阀是否可行，为什么？

3）双压阀

双压阀又称逻辑与门，有两个输入口，一个输出口。如果只有其中一个输入口有压缩空气输入时，压缩空气推动阀芯关闭该输入口与输出口的通道，输出口没有气体输出；只有当两个压力口都有压缩空气输入的时候，输出口才有气体输出；如果两个输入口都有输入信号，输出口可输出作用时间晚的输入信号，或输出工作压力低的输入信号。其结构如图 12-50 所示。

●图 片

双压阀结构图

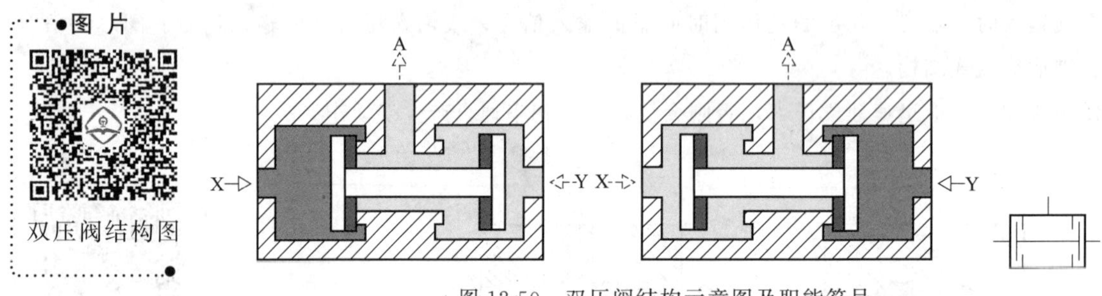

图 12-50　双压阀结构示意图及职能符号

如图 12-51 所示，是一个应用双压阀的气动原理图。只有当 S1、S2 同时换向，气缸活塞杆才能伸出，伸出到 B1 点，行程开关发信号，气缸活塞杆缩回。

●视 频

双压阀应用仿真回路

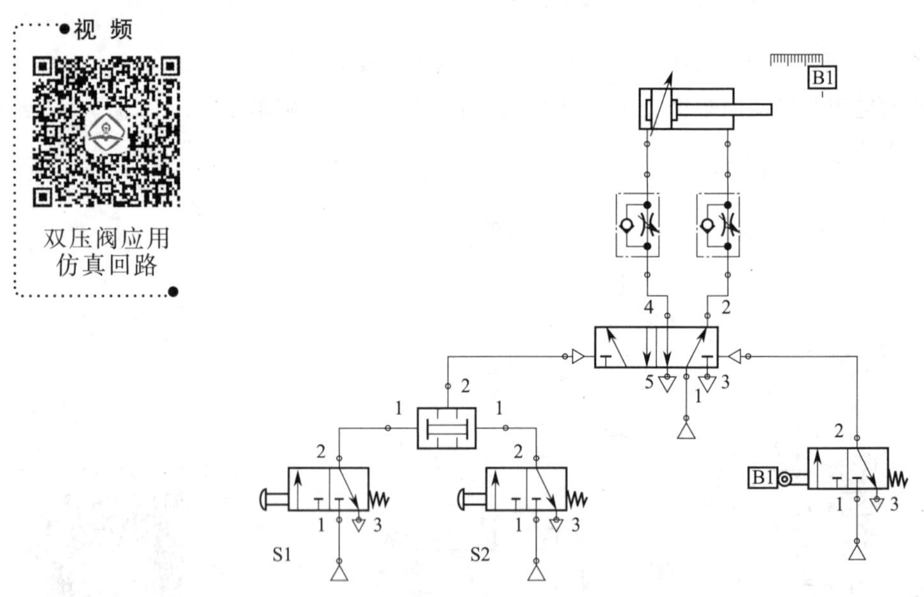

图 12-51　双压阀应用原理图

思考：如果不使用双压阀，能否完成上述功能？

4）快速排气阀（快排阀）

快速排气阀简称快排阀，快排阀可以将容腔或管路中的压缩空气，通过较大的通流面积的排气口直接排到大气中。可以用来加速气缸排气腔的排气速度，进而增加气缸的运动速度。因为管路越细、越长，气体流动的阻力就越大，气体流动速度就越慢，气缸的运动速度也就受到限制。

快排阀的结构如图 12-52 所示。当气体从 P 口输入时，将阀芯推到右端封闭 R 口，P 口和 A 口接通；当气体从 A 口流入时，将阀芯推到左端将 P 口封闭，A 口气体直接从大排气口 R 口排出，此时实现快速排气的功能。

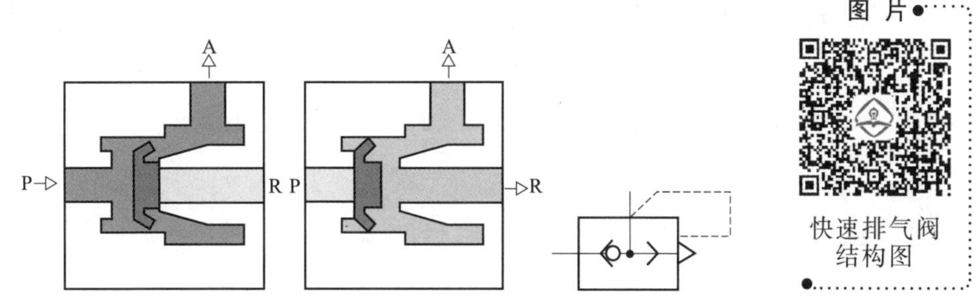

图 12-52　快速排气阀结构示意图及职能符号

如图 12-53 所示，在气缸无杆腔使用快速排气阀。当 S1 换向，气缸活塞杆慢速伸出，到达 B1 位置，气缸活塞杆快速返回。注意：在使用快排阀时，其安装位置距离执行元件越近越好。

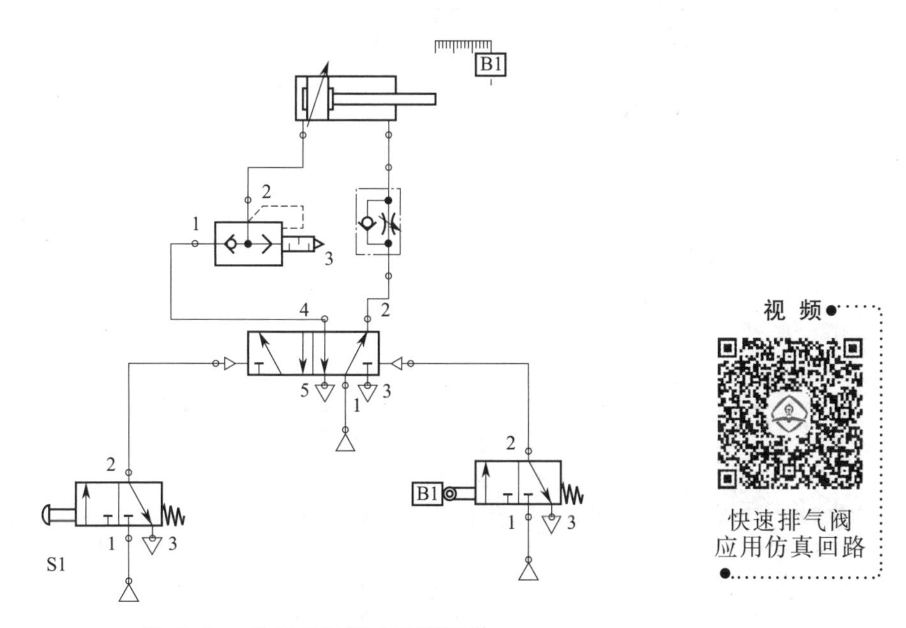

图 12-53　快速排气阀应用原理图

3. 气动流量阀认知

在气动自动化系统中，通常需要对压缩空气的流量进行控制，如气缸的运动速度、延时阀的延时时间等。对流过管道（或元件）的流量进行控制，只需改变管道的截面积即可。从流体力学的角度看，流量控制是在管路中制造一种局部阻力，改变局部阻力的大小，就能控制流量的大小。

1）固定的局部阻力装置

图 12-54 所示为固定的局部阻力装置，如毛细管、孔板等。

图 12-54(a)所示节流孔特性参数截面积（直径）、流通能力与压差有关，流通能力与黏度有关。

图 12-54(b)(c)中薄壁节流孔特性参数流通能力与压差有关，流通能力与黏度无关，紊流流态。

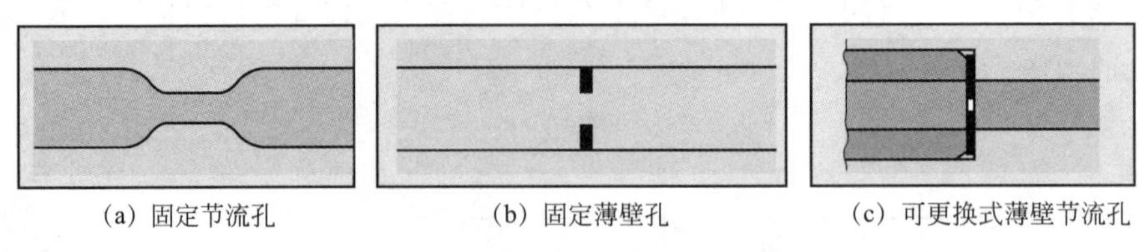

(a) 固定节流孔　　(b) 固定薄壁孔　　(c) 可更换式薄壁节流孔

图 12-54　固定节流孔形状示意图

2）可调节的局部阻力装置

图 12-55 所示为可调节的局部阻力装置，如节流阀。

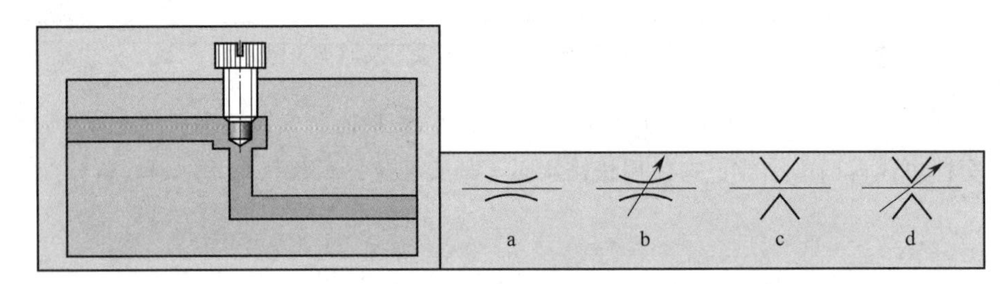

图 12-55　可调节流阀结构示意图及各种节流阀职能符号

a—固定节流阀；b—可调节流阀；c—固定薄壁孔节流阀；d—可调式薄壁孔节流阀

3）单向节流阀

可调单向节流阀由单向阀和可调节流阀组成，单向阀在一个方向上可以阻止压缩空气流动，此时，压缩空气经可调节流阀流出，调节螺钉可以调节通流面积。在相反方向上，压缩空气经单向阀流出。其结构如图 12-56 所示。

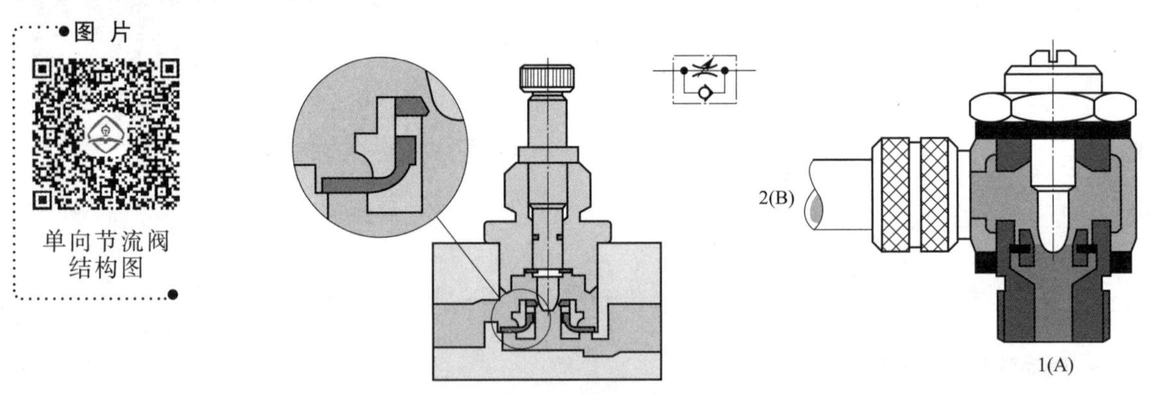

图 12-56　可调式单向节流阀结构示意图及职能符号

评价一个单向节流阀的性能指标：调节的准确性即精密程度，节流口全开时及单向阀导通时具有全流量的通流能力。

图 12-57 所示为一个应用单向节流阀的气动原理图。都是利用单向节流阀调节气缸活塞杆的运动速度，图 12-57(a)是进气节流，即压缩空气由气源进气缸时节流阀起作用；图 12-57(b)是排气节流即压缩空气由气缸至排气口时节流阀起作用。改变单向节流阀节流口的大小，能改变气缸活塞杆的伸出、返回速度。

进气节流调速特点：排气压力很低，进气压力与负载的变化密切相关，起动时可能出现前冲现象，负载方向与速度方向一致时不能使用这种调速方式。进气节流容易使气缸活塞产生忽走忽停的所谓“爬行”现象，很少采用。

排气节流特点：排气压力及进气压力都很高，故活塞被前后的压力夹紧，从而使得负载的变化对气缸速度的稳定性影响不是特别大，速度稳定性更好，起动性能较好，负载方向与速度方向一致时也不会失控。

单向节流阀在安装时与执行元件距离越近越好。图 12-57(b)所示为单向节流阀，其 1 口可直接安装在气缸工作口，调速效果更好，所以应用最广泛。

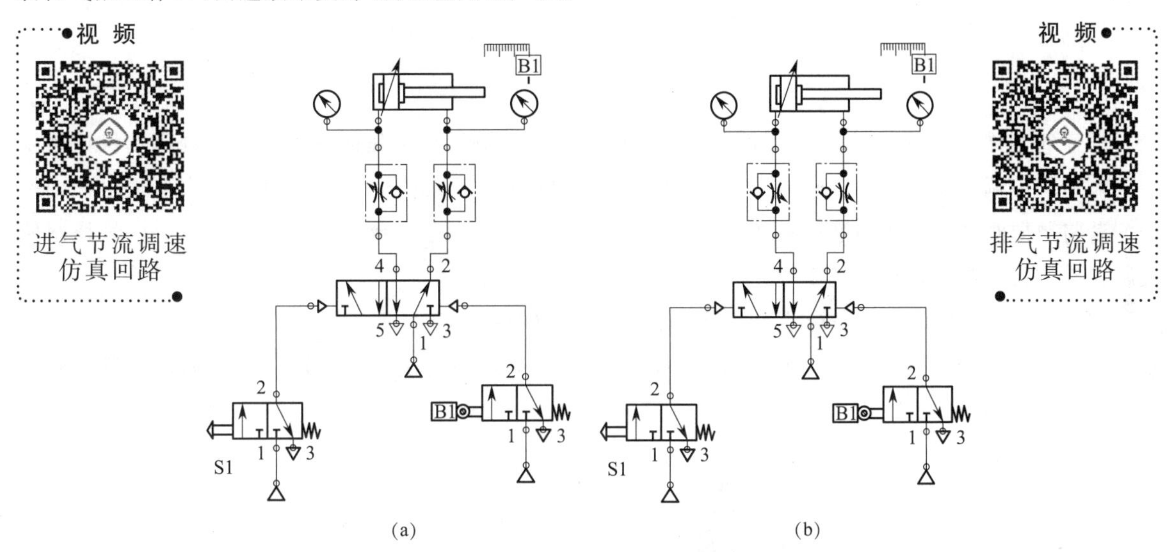

图 12-57　进气节流与排气节流气动原理图

思考：进气节流和排气节流各有哪些优缺点。

4. 气动压力控制阀认知

气动压力控制阀分为调压阀(减压阀)、溢流阀(安全阀)和顺序阀等。减压阀在前面气动三联件已经做过介绍，这里不再介绍。

1)溢流阀(安全阀)

溢流阀和安全阀在结构和功能方面往往是相似的，有时不加以区别。它们的作用是当系统中的工作压力超过调定值时，把多余的压缩空气排入大气，以保持进口压力的调定值。

溢流阀：用于保持回路工作压力恒定的压力控制阀；溢流阀装在压缩机的供气端，以保证压缩空气储气罐的压力限制在额定压力。当回路中的压力达到某给定值时，流体的一部分或全部从排气口溢出，并在溢流过程中能保持回路中的压力基本稳定。

安全阀：防止系统过载、保证安全的压力控制阀。当回路压力达到最高压力时，能自动排气的阀。为防止管路、气罐等的破坏，应限制回路中的最高压力。

图 12-58 所示为溢流阀(安全阀)结构示意图。

做溢流阀使用时主要性能要求：阀的流量特性好，阀在开闭(溢流)过程中，输入压力的变化越小越好；动作灵敏，回路中的压力刚一达到调定压力时，阀能迅速开启溢流。

做安全阀使用时主要性能要求：动作灵敏，回路中的压力刚一达到最高压力时，阀能迅速开启排气，阀未开启时漏气要小。

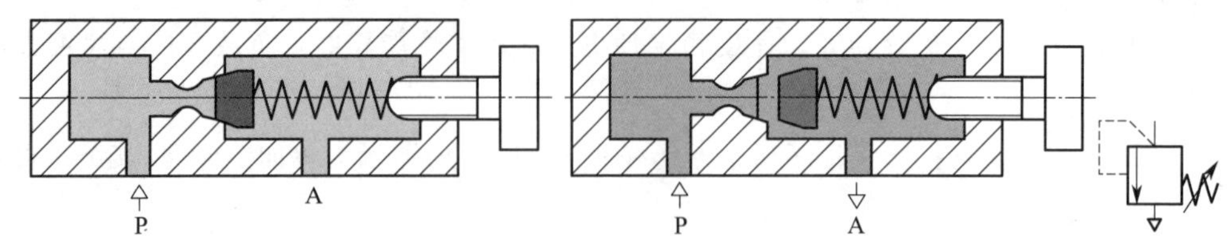

图 12-58　溢流阀(安全阀)结构示意图及职能符号

2)顺序阀

顺序阀又称压力联锁阀，是依靠回路中压力的变化来控制顺序动作的一种压力控制阀。将控制压力与顺序阀可调弹簧力进行比较；当控制压力达到可调弹簧力(给定值)时，顺序阀开启，即输出一个信号。若将单向阀和顺序阀组装成一体，则称为单向顺序阀。单向顺序阀常应用于通过压力信号控制使气缸自动进行一次往复运动的工况。

图 12-59 所示为气动顺序阀结构。当控制口 Z 压力较低，顺序阀 P 口与 A 口不通，如图 12-59(a)所示；当控制口 Z 压力升高，产生的推力大于可调弹簧力时，弹性模片及推杆向右移动，顺序阀 P 口与 A 口导通，如图 12-59(b)所示。

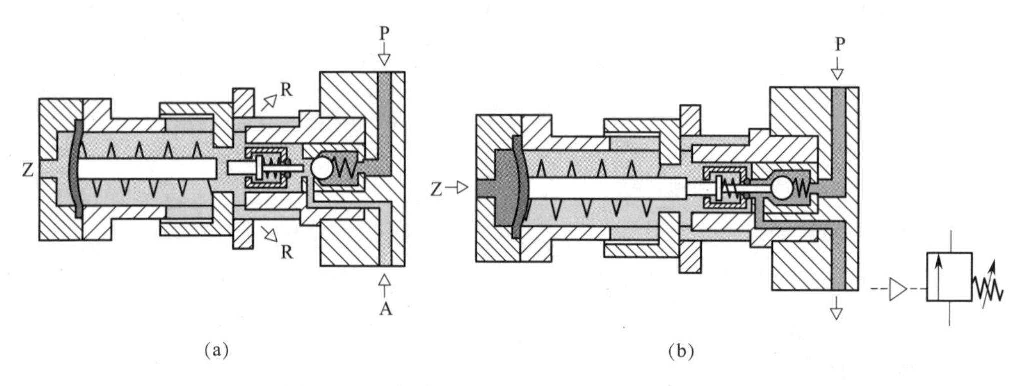

图 12-59　气动顺序阀结构示意图及职能符号

顺序阀常用于以下工况：检测气缸管路的压力的大小，以监控气缸的输出力，在不同的场合检测压力的变化，用来引出下一个动作，利用检测气缸进气压力所得到的信号来监控气缸的状态，当压力超过一定的允许值时，利用顺序阀使安全保护机构动作等。

图 12-60 所示为应用顺序阀 P 控制两缸顺序动作回路。阀 S1 换向，1.0 缸伸出，伸出到头，控制压力达到顺序阀设定压力时，2.0 缸伸出；2.0 缸伸出到头，行程阀 B2 发信号，1.0 缸返回，1.0 缸返回到头，B1 行程阀发信号，2.0 缸返回。

顺序阀特性参数及选用原则：动作压力范围（最小值和最大值），重复精度，调节精度，滞后（接通与断开压力的差值），额定流量，控制口在使用不同工作介质时的稳定性，主阀的职能等。

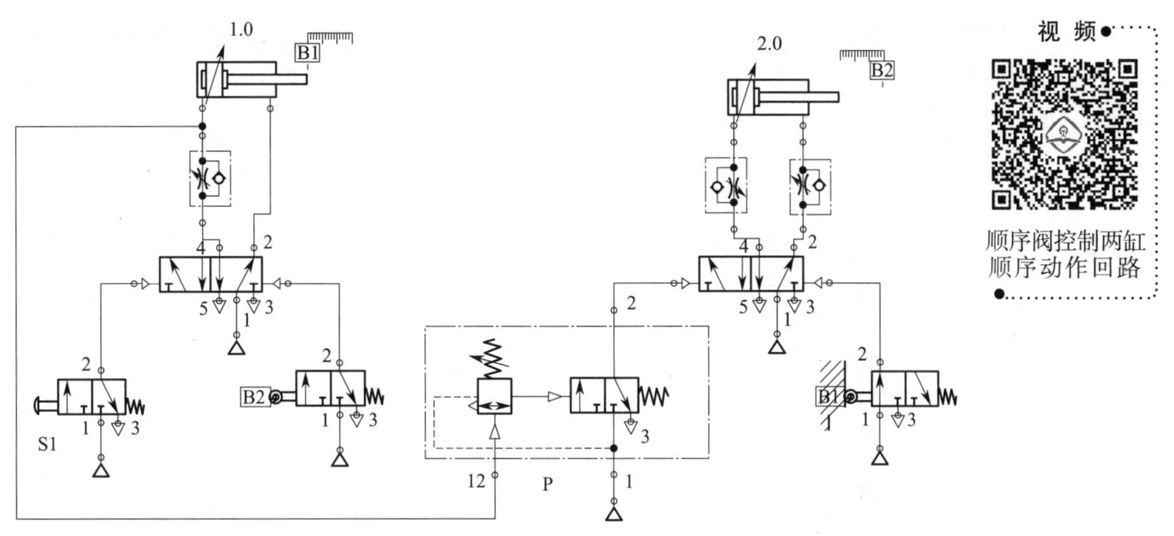

图 12-60　气动顺序阀应用原理图

5. 气动回路分析

1）单作用气缸的控制

气动自锁回路：如图 12-61 所示，S1 换向，二位三通气控换向阀可以持续保持在换向位，气缸继续伸出到头；S2 换向，自锁解除，活塞杆在弹簧力作用下返回。

2）双作用气缸的控制

图 12-62 所示为双作用气缸往复循环原理图，S1 换向，活塞杆伸出，伸出到 B2 点，自动返回，因为 S1 是定位开关，返回到 B1 点，活塞杆继续伸出，直至 B1 断开。如果将 S1 换成按钮开关，气缸只能做单循环。

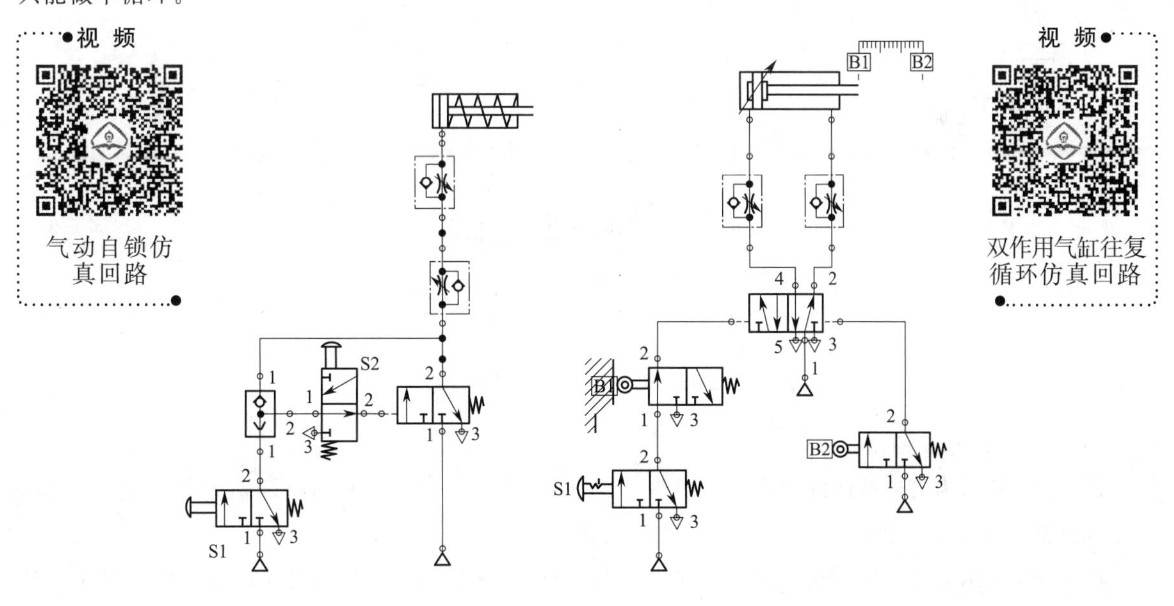

图 12-61　气动自锁回路原理图　　　　图 12-62　双作用气缸单循环原理图

图 12-63 所示为循环次数可调回路。按钮开关 S1 换向，气缸活塞杆做往复循环，当达到延时时间，气缸活塞杆停止循环运动，延长延时时间，可以增加循环次数。按钮开关 1S2 能随时终止活塞杆的运动。

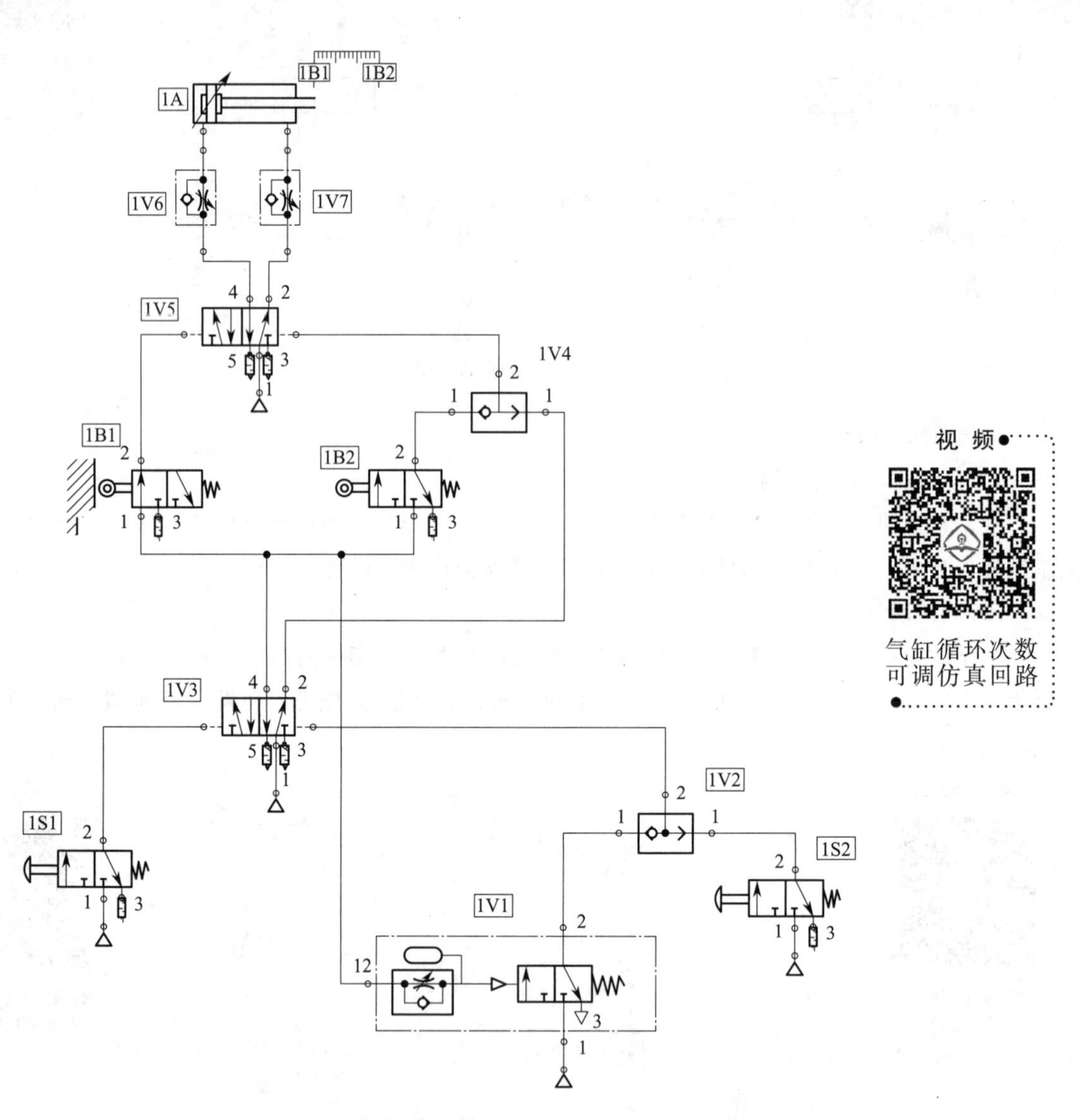

图 12-63　循环次数可调回路

3）双缸顺序动作控制

图 12-64 所示为最简单两缸顺序动作回路。启动按钮开关，左边气缸活塞杆先伸出，到达 B2 点，右边气缸活塞杆伸出，到达 B4 点，两缸同时返回。

图 12-65 所示为两缸顺序动作回路（左缸回与右缸出同时进行）。按钮开关换向，左缸伸出，到达 B2 点，左缸返回同时右缸伸出，到达 B4 点，右缸返回。

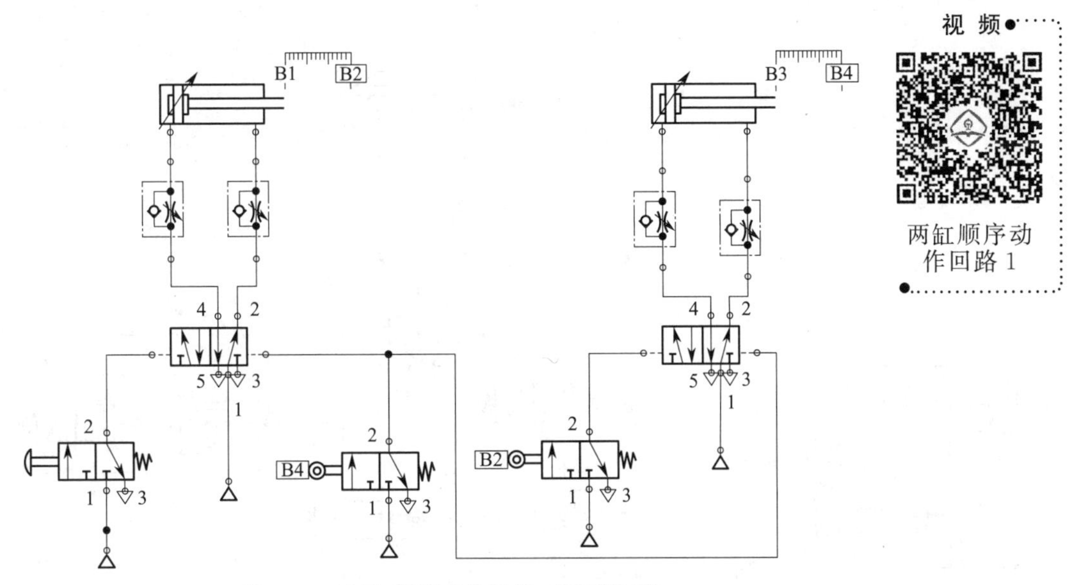

图 12-64　两缸顺序动作回路（同时返回）

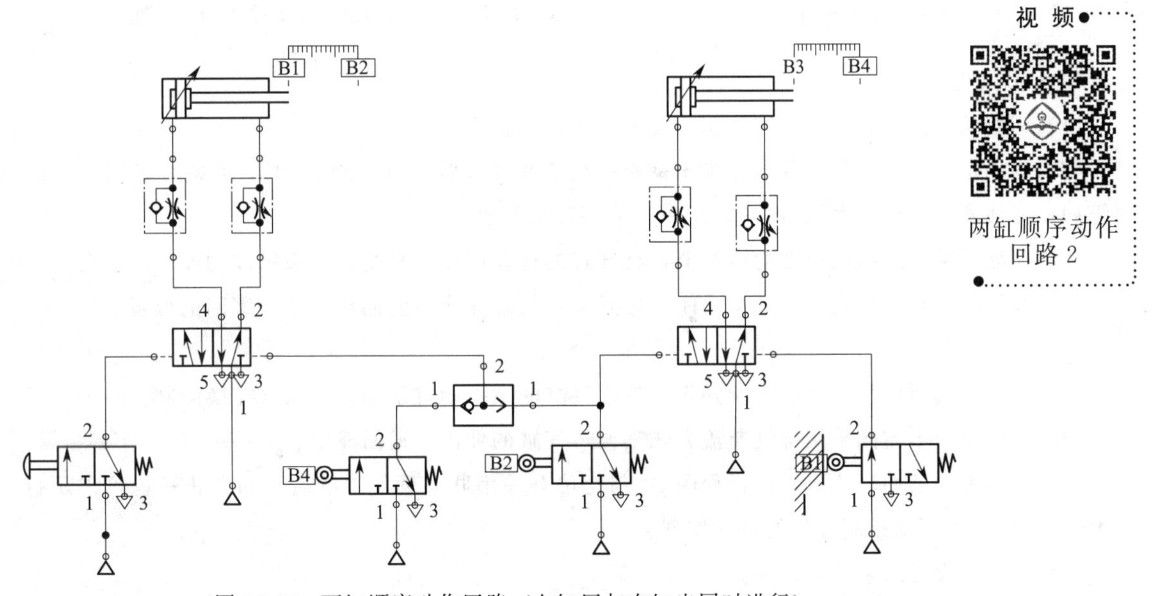

图 12-65　两缸顺序动作回路（左缸回与右缸出同时进行）

12.2　气动控制系统实践

12.2.1　单缸气动控制系统实践

下面将通过若干典型实例，介绍单缸气动系统典型回路的设计理念和方法。

1. 单缸气动推料系统

图 12-66 所示为单缸气动推料系统示意图，图 12-67 所示为单缸气动推料系统原理图。

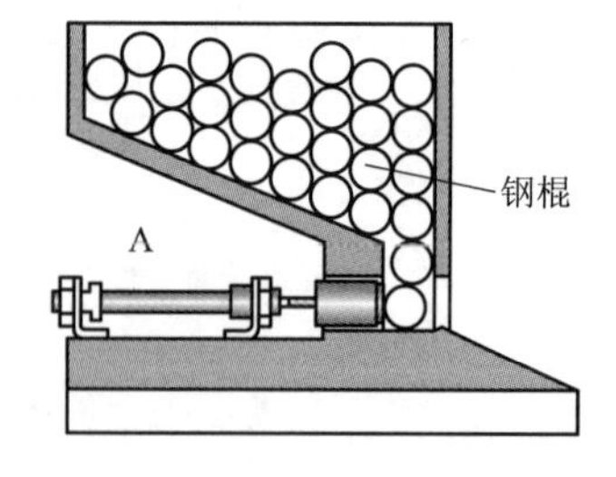

图 12-66　单缸气动推料系统示意图

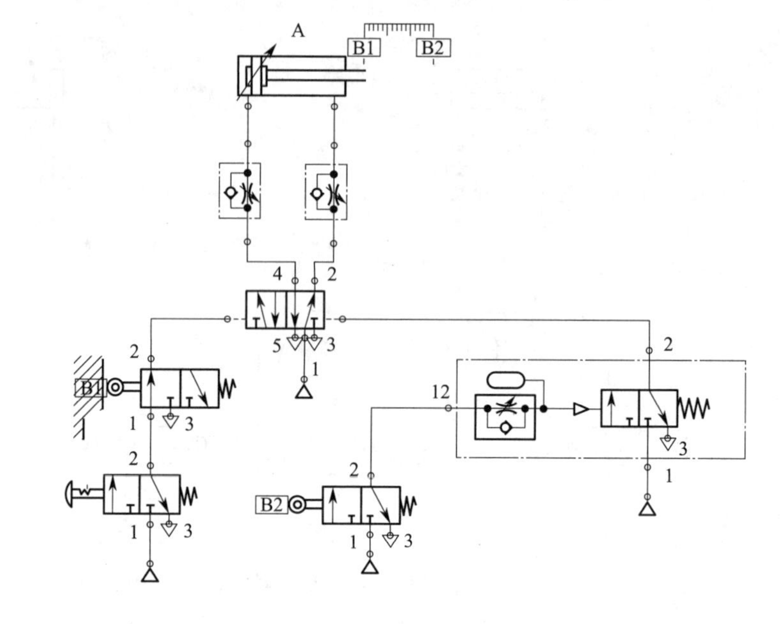

图 12-67　单缸气动推料系统原理图

1）工况描述

（1）起始状态：气缸处于缩回状态，A 为双作用气缸。

（2）启动定位开关，气缸伸出，推出钢棍；当活塞杆接触到行程阀 B2 时，活塞杆延时一段时间再缩回；当活塞杆缩回接触到行程阀 B1 时，活塞杆又伸出。

（3）A 缸的伸出、缩回速度均可调节，且气缸的运动速度不易受外负载的波动而产生变化。

（4）在气缸动作的过程中，如果关闭定位开关，气缸完成当前循环，停在缩回的位置。

2）任务分析

（1）由行程阀可联想到前面所学知识，控制气缸的主控阀宜采用 5/2 双气控换向阀。

（2）利用单向节流阀采用排气节流方式来调节气缸的伸出、退回速度。

（3）因为是连续循环，可采用行程阀 B1 与定位开关串联实现气缸的启动和停止；也可采用行程阀 B1 与定位开关用双压阀连接的方式实现。

（4）延时一段时间想到延时阀。

3）参考答案

思考：

（1）如何使用按钮开关完成连续循环？

（2）如果在 B1 位置延时一段时间，应做怎样的修改？

（3）如果气缸的初始位置在 B2，应做怎样的修改？

2. 染料桶振动机

图 12-68 所示为染料振动机结构示意图，图 12-69 所示为染料振动系统原理图。

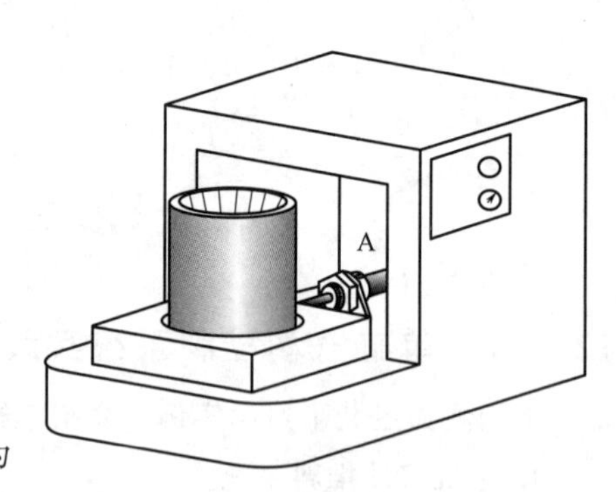

图 12-68　染料振动机结构示意图

1）工况描述

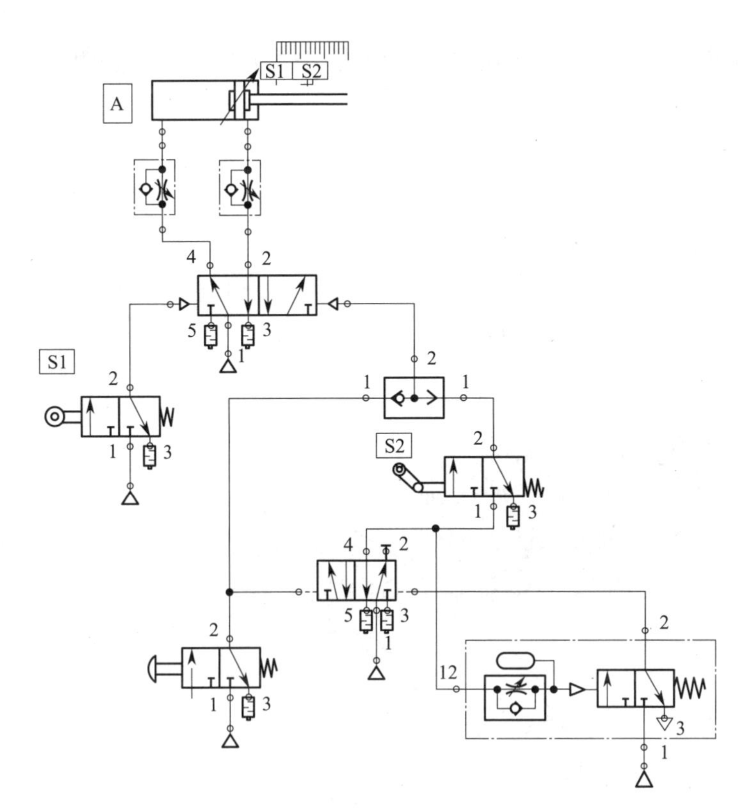

图 12-69　染料振动系统原理图

视　频

染料振动机气动仿真回路

（1）起始状态：A 为双作用气缸，初始位置处于伸出状态（行程的终点）

（2）将染料倒入到染料桶中，点动按下手动换向阀，A 缸开始返回，当碰到起点的行程阀 S1 时，A 缸伸出，当碰到行程中间的行程阀 S2 时，A 缸返回，就这样反复运动一段时间，使得染料在烘烤箱中充分烘烤融合。到达规定时间后，当 A 缸伸出再次碰到行程阀 S2 时不返回，一直伸出到终点。

（3）A 缸的伸出、返回速度均可调节；且气缸的运动速度不易受外负载的波动而产生变化。

（4）重新操作手动换向阀，开启下一个循环。

2）任务分析

这个回路较复杂，可做如下任务拆解：

（1）A 缸在行程阀 S1 和 S2 之间来回往复循环，这个回路很熟悉。

（2）往复运动一段时间，和时间有关的想到延时阀。

（3）要达到再次碰到行程阀 S2 不返回的目的，只要给行程阀 S2 切断供气即可。

（4）A 缸的返回可以由手动换向阀或者行程阀 S2 控制，它们之间是或的关系，因此采用梭阀来实现。

（5）因为涉及行程阀 S2 在中间的位置，S2 应采用可通过式行程阀，并且伸出时起作用。

3）参考答案

思考：

（1）如何满足气缸在初始 S1 位置时，按下按钮开关后完成一段时间的往复循环呢？

（2）如果可通过式行程开关 S2 的方向装反了，会出现什么结果？

12.2.2 多缸气动控制系统实践

下面将通过若干典型实例，来介绍多缸控制系统顺序控制的设计方法。

1. 双缸气动推料系统（先出先回）

图 12-70 所示为双缸气动推料系统示意图，图 12-71 所示为双缸气动推料系统原理图（先出先回）。

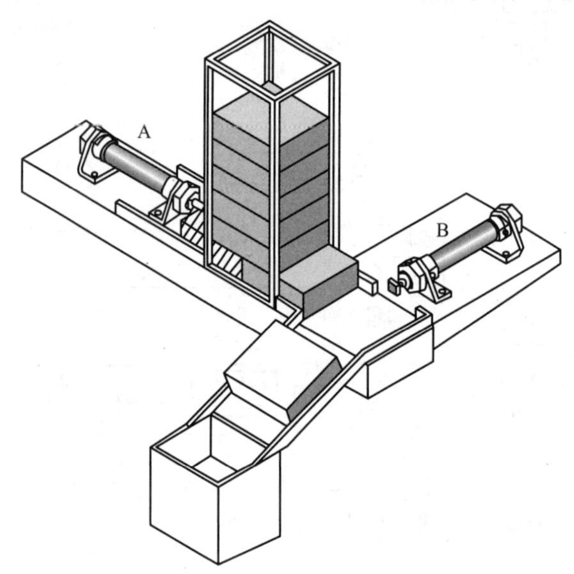

图 12-70 双缸气动推料系统示意图

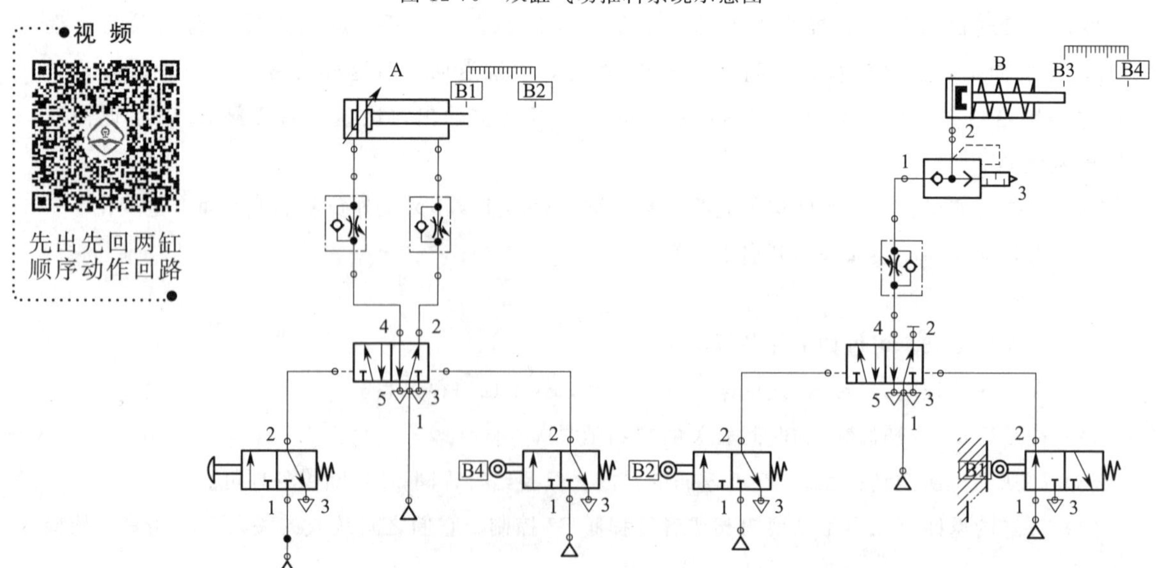

图 12-71 双缸气动推料系统原理图（先出先回）

1）工况描述

（1）起始状态：两个气缸均处于缩回状态，A 双作用气缸，B 单作用气缸。

（2）点动按下手动换向阀，A 缸伸出，开始推动物料；A 缸伸出到行程终点碰到行程阀 B2，B 缸伸出推动物料，使物料掉落到物料箱里；B 缸伸出到行程终点碰到行程阀 B4，A 缸返回；A 缸返回到行程起点碰到行程阀 B1，B 缸返回到行程起点。

（3）A 缸的伸出、返回速度均可调节，且气缸的运动速度不易受外负载的波动而产生变化。B 缸伸出速度可调节，能够实现加速返回。

（4）重新操作手动换向阀，开启下一个循环。

2）任务分析

（1）控制气缸的主控阀采用 5/2 双气控换向阀。

（2）利用单向节流阀调节气缸速度。一般情况下采用排气节流方式，但是要想控制单作用 B 缸的伸出速度，只能采用进口节流来控制。

（3）题目要求 B 缸快速返回，可以利用快排阀来实现。

3）参考答案

思考：

（1）如果右边的 5/2 双气控换向阀 2 口不堵会出现什么现象？

（2）如果加入某些元件，你能把它设计成连续往复循环吗？

（3）如果主控阀选用单气控 5/2 换向阀，又如何设计呢？

2. 双缸气动推料系统（先出后回）

1）工况描述参照图 12-70 双缸气动推料系统示意图，图 12-72 所示为双缸气动推料系统原理图（先出后回）。

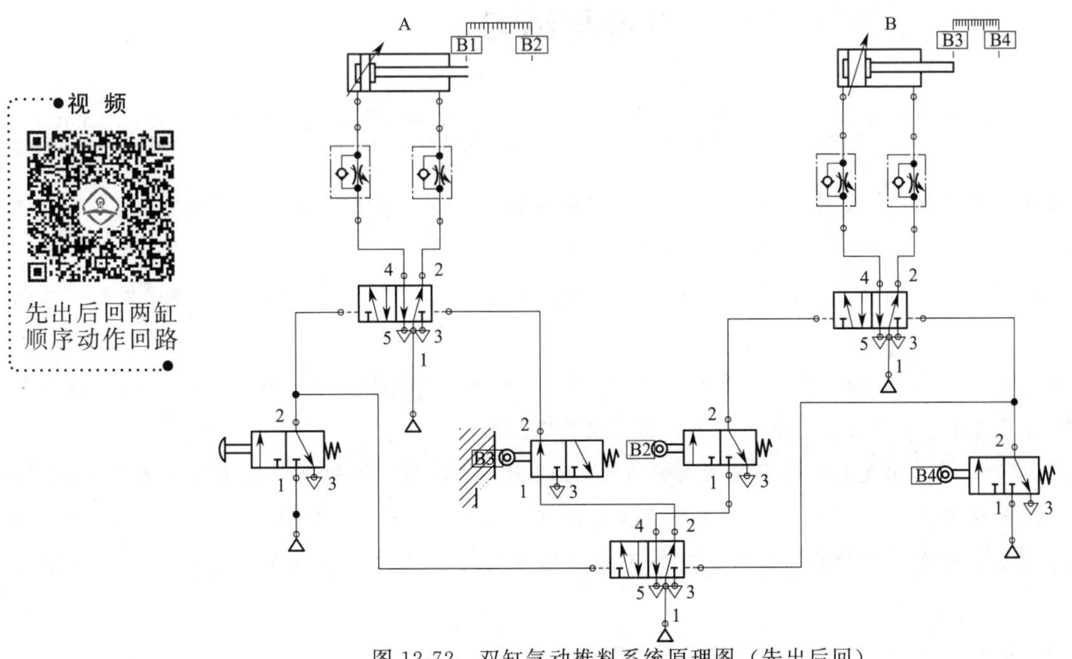

图 12-72　双缸气动推料系统原理图（先出后回）

(1) 起始状态：两个气缸均处于缩回状态，A、B均为双作用气缸。

(2) 点动按下手动换向阀，A缸伸出，开始推动物料；A缸伸出到行程终点碰到行程阀B2，B缸伸出推动物料，使物料掉落到物料箱里；B缸伸出到行程终点碰到行程阀B4，B缸返回；B缸缩回到行程起点碰到行程阀B3，A缸返回到行程起点。

(3) A、B气缸的伸出、返回速度均可调节，且气缸的运动速度不易受外负载的波动而产生变化。

(4) 重新操作手动换向阀，开启下一个循环。

2) 任务分析

此任务与前面回路唯一的区别是：B缸在返回时，要依靠行程阀B4控制B缸主控阀的右控制口得到压力，使主控阀换到右位，但是主控阀却不能换到右位，因为B缸主控阀的左控制口一直有压力（B缸主控阀的左控制口被行程阀B2控制，行程阀B2的进口是从气源引入），这个现象称为障碍信号；同样的障碍信号在A气缸伸出时也存在。所以要解决这个问题，应该从这个角度考虑：既然不能改变两个气缸的动作顺序（即行程阀一定要被控制着），但是可以让进入行程阀B2的压缩空气不从气源引入（给B2断气），问题迎刃而解。

3) 参考答案

提示：最下面的5/2双气控换向阀用于破解障碍信号。

思考：

(1) 其实这个回路障碍信号一共有2个，一个是刚刚分析过的B缸不能返回的障碍信号，那另一个障碍信号是什么呢?

(2) 如果这个任务换成A伸出→A返回→B伸出→B返回，如何操作?

思考与练习

1. 某夹紧用单作用气缸，要求有效夹紧力为100 kgf，试计算该气缸无杆腔工作压力为5 bar时，该气缸活塞直径为多少厘米?

2. 某单作用气缸，气缸行程为120 mm，活塞面积为30 cm^2，气缸每分钟工作20个循环，求若要气缸工作20 min，需要多少体积的压缩空气?

3. 某双作用气缸的活塞直径为50 mm，活塞杆直径为20 mm，求一个循环需要多少体积的压缩空气?

4. 假设一个3 m^3的储气罐，储气罐压力为7 bar，若将此储气罐与另一个1.2 m^3的储气罐连接在一起，请问储气罐的压力变为多大? 忽略压缩空气温度变化。

5. 某夹紧用单作用气缸，要求有效夹紧力为200 kgf，试计算该气缸无杆腔工作压力为6 bar时该气缸活塞直径是多少? 假设一个4 m^3的储气罐为其供气，储气罐压力为8 bar，气缸行程为100 mm，气缸每分钟工作18个循环，问储气罐压缩空气大约能用多长时间? 忽略压缩空气温度变化。

6. 图12-73所示为双作用气缸间接控制原理图，并回答下列问题：

(1) 此回路是如何动作的?

(2) 梭阀在此回路中起什么作用?

(3) 此回路气缸的速度调节，是进气节流还是排气节流?

7. 有人设计一个图 12-74 所示双手控制单作用气缸运动的回路，回答下列问题：

(1) 分别写出 S1、B、A 的元件名称。

(2) 问此回路能否正常工作?

(3) 如不能正常工作说明原因?

(4) 如何修改才能正常工作?

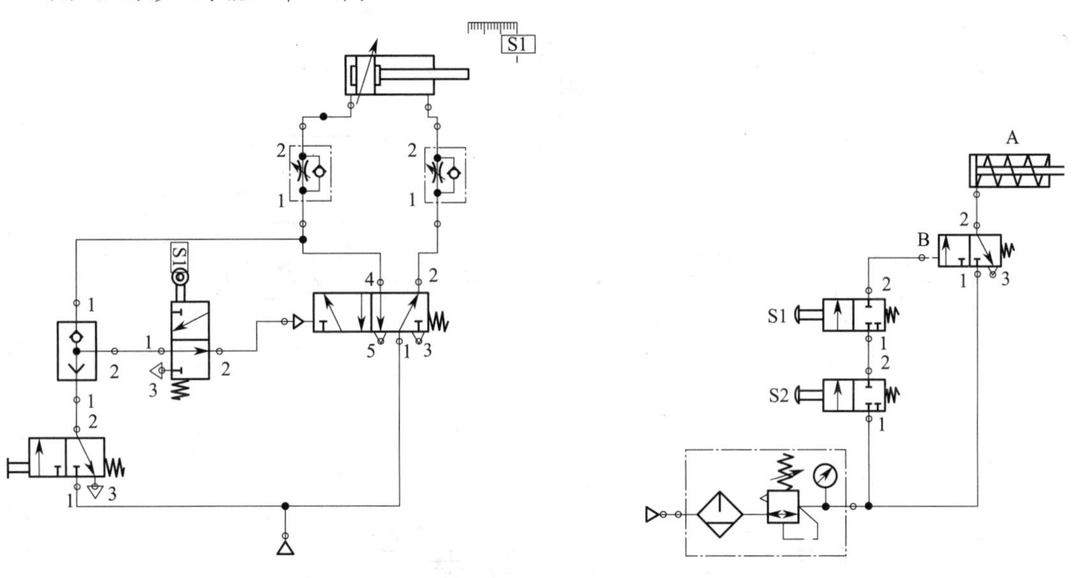

图 12-73　双作用气缸间接控制原理图（题 6 图）　　图 12-74　双手控制单作用气缸运动原理图（题 7 图）

8. 分析图 12-75 气缸如何运动? 图中两个延时阀起什么作用?

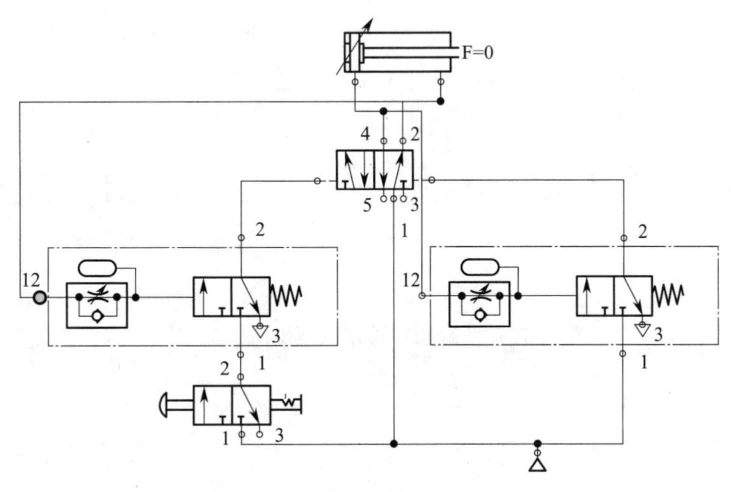

图 12-75　延时阀应用原理图（题 8 图）

9. 如图 12-76 所示，按任意开关 S1 或 S2 气缸活塞杆伸出，要求气缸伸出到 B1 点后，且按下 S3 后气缸活塞杆才能返回，试在图中方框内画出合适的气动元件满足工作要求。

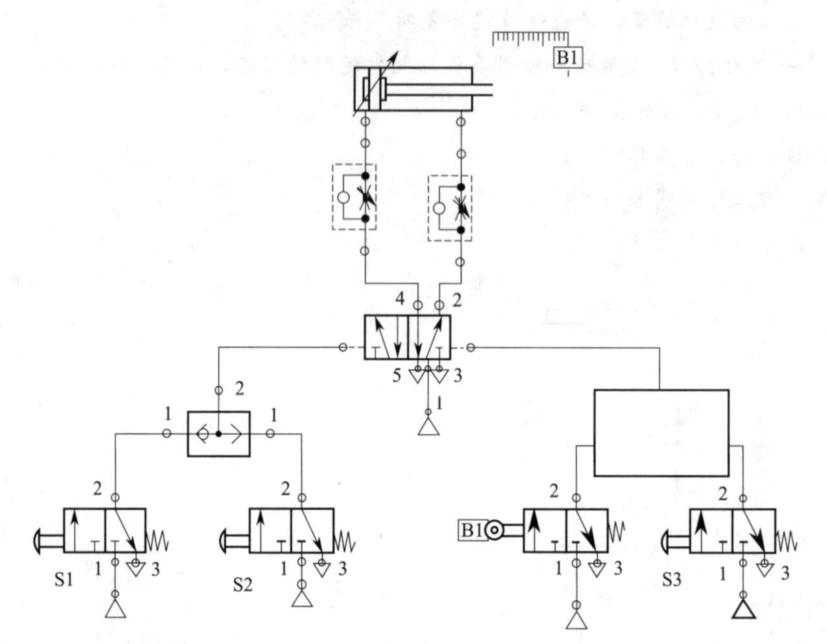

图 12-76　双作用气缸逻辑控制原理图（题 9 图）

10. 如图 12-77 所示原理图，分析气缸动作顺序。

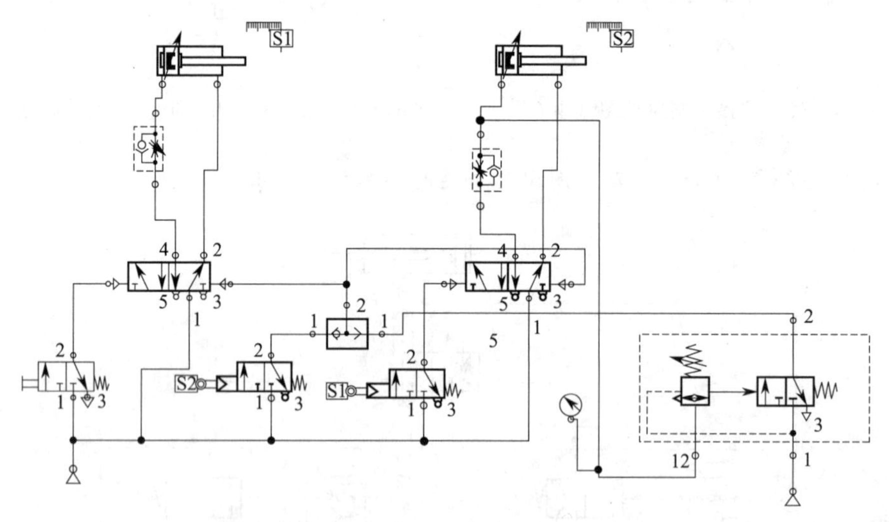

图 12-77　两缸顺序动作原理图（题 10 图）

单元13 电气气动系统认知与实践

知识目标

1. 了解电气气动控制系统中常用的各种低压电器控制元件的作用，掌握其工作原理及职能符号；
2. 了解由PLC控制的电气气动控制系统，了解PLC的作用、硬件组成及西门子S7软件常用的控制指令；
3. 掌握工业中常用的各种电磁换向阀的作用、工作原理及职能符号，了解电磁换向阀选用方法；
4. 理解典型电气气动系统的控制回路；
5. 掌握一种双缸电气气动系统障碍信号的判别及排除方法。

课 件

电气气动系统认知与实践

能力目标

1. 具有识读电气气动系统图的能力；
2. 初步具备可编程控制器应用能力；
3. 初步具备常见气动元件选型的能力；
4. 初步具备典型电气气动控制回路设计的能力；
5. 具备简单气动及电气气动系统安装与调试的能力。

13.1 电气气动系统的认知

从前面的学习中大家已经了解了在气动技术中，控制元件与执行元件之间的相互作用是建立在一些简单元件基础之上的。根据任务要求，这些元件可以组合成多种系统方案，例如用气控换向阀控制的纯气动系统，随着工业自动化技术的发展，为了使气动控制的机构或设备的机械化程度大大提高，完全实现自动化，产生了电与气结合的控制元件，同时借助常用的低压电器元件组成新的电气结合的气动控制系统，称为电气气动系统。由于电气气动系统的“廉价”性，目前，它广泛应用于工业生产领域中。如机床、各种产品的自动化生产线、电子产品制造机械、化工产品生产设备等。

电气气动控制系统传动链关系如图13-1所示。

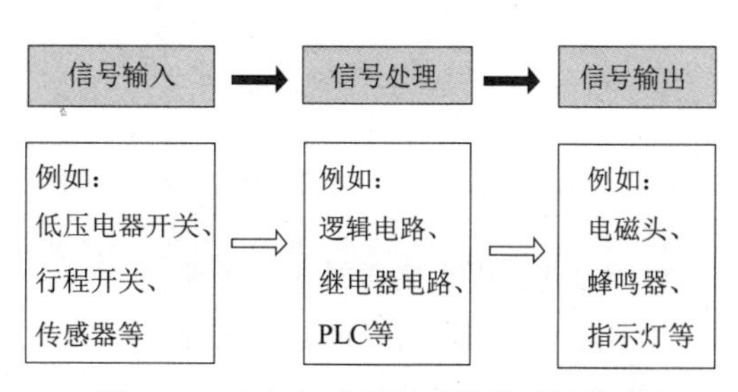

图13-1 电气气动控制系统传动链关系

学习电气气动系统所涉及的内容主要包括电气气动元件、电气气动回路图和控制电路图。本节学习的电气气动元件涉及信号输入元件、信号处理元件及信号输出元件。电气气动回路图和控制电路图，将在单缸气动控制回路认知与实践，双缸气动控制回路认知与实践中学习。

13.1.1　电气气动元件

1. 信号输入元件

1）低压电器开关

手动电气开关如图 13-2 所示，手动电气开关是用于发送电气控制信号的元件，对这类产品要求其操作频率高、抗冲击性强、机械寿命长。使用手动电气开关可以将电路接通或断开。手动电气开关结构由操纵机构和触点构成。

（1）操纵机构：主要包括手动或机械式，手动操纵的形式用图 13-3 所示图形符号来表示。

图 13-2　手动电气开关

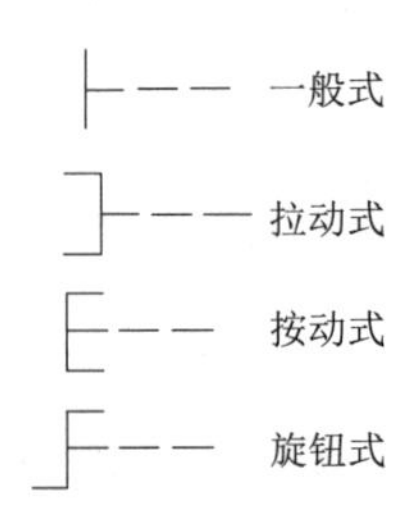

图 13-3　手动操纵形式

手动操纵可进一步分为定位和按钮开关两种，图形符号如图 13-4 所示。

当按动按钮开关[见图 13-4(a)]后，开关在接通开关位置上，松手后，开关自动返回到原始位置。开关图形符号中数字 3 和 4 表示常开触点，如果标注 1 和 2 表示常闭触点。

当操作定位开关[见图 13-4(b)]后，开关保持在接通位置上，重新复位操作才能使它复位到原始位置。

（2）触点类型：如图 13-5 所示，触点分为以下 3 种基本类型。

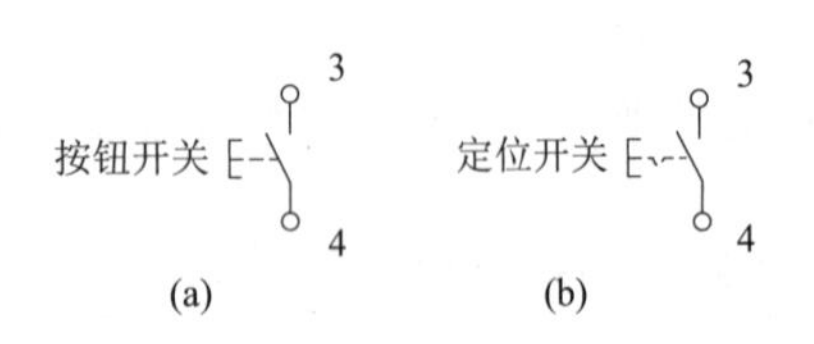

图 13-4　按钮开关与定位开关

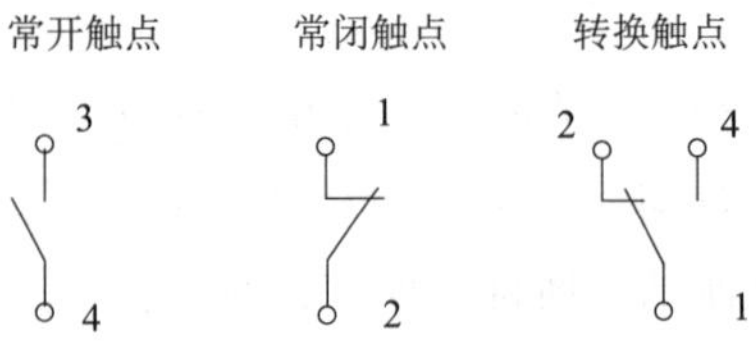

常开触点　常闭触点　转换触点

3　4　1　2　2　4　1

图 13-5　触点类型

常开触点：用于接通的开关元件。

常闭触点：用于断开的开关元件。

转换触点：用于转换的开关元件（常闭—常开—组合）。

2）行程开关

图 13-6 所示为滚轮式行程开关结构。

工作原理：移动装置将凸轮压下，触点 1 与 2 由导通变为断开，触点 1 与 4 由断开变为导通。

行程开关由于使用寿命低和故障率高，并且不适于恶劣环境，因此许多场合越来越多地被接近开关或非接触式电子传感器所代替。

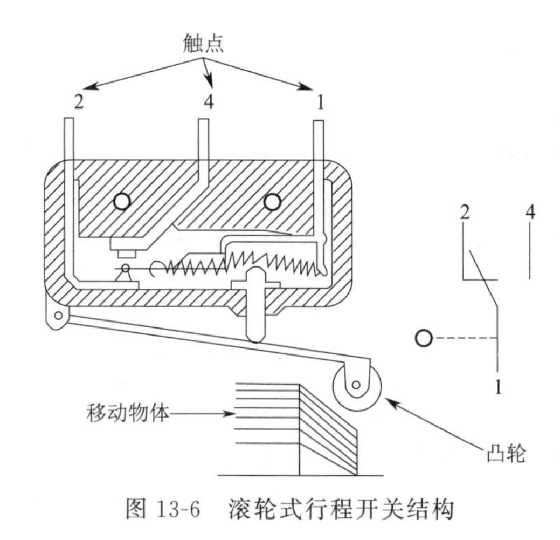

图 13-6　滚轮式行程开关结构

3）传感器

传感器（接近开关）是一种无须与运动部件进行机械接触而可以操作的位置开关。当物体接近开关的感应面到动作距离时，不需要机械接触及施加任何压力即可使开关动作，从而驱动交流或直流电器或给计算机装置提供控制指令。接近开关是一种开关型传感器（即无触点开关），它既有行程开关、微动开关的特性，同时还具有传感性能，且动作可靠，性能稳定，频率响应快，使用寿命长，抗干扰能力强等，并具有防水、防震、耐腐蚀等特点。产品有电感式、电容式、霍尔式、交/直流型。

接近开关又称无触点接近开关，是理想的电子开关量传感器。当检测体接近开关的感应区域，开关就能无接触、无压力、无火花、迅速发出电气指令，准确反应出运动机构的位置和行程，即使用于一般的行程控制，其定位精度、操作频率、使用寿命、安装调整的方便性和对恶劣环境的适应能力，是一般机械式行程开关所不能相比的。它广泛应用于机床、冶金、化工、轻纺和印刷等行业。在自动控制系统中可作为限位、计数、定位控制和自动保护环节。接近开关具有使用寿命长、工作可靠、重复定位精度高、无机械磨损、无火花、无噪声、抗震能力强等特点。因此到目前为止，接近开关的应用范围日益广泛，其自身的发展和创新的速度也是极其迅速的。

（1）干簧管式接近开关。干簧管式接近开关，是一种结构简单、价格便宜的非接触式感应气缸活塞位置的开关。它可以直接以机械方式安装在气缸上。它的触点是通过安装在活塞上的磁环产生的磁场进行吸合。也可以用电磁铁控制接近开关。安装接近开关的气缸，活塞上装有磁环，环缸缸筒的材料为铝合金或不锈钢。

工作原理：当气缸中的活塞运动到接近开关附近，活塞上的磁铁产生的磁场使接近开关簧片产生异性磁化，簧片吸合，电流导通，可输出控制信号。开关点 A 和 B 形成一个滞后，因为，用于接通簧片触点的磁场需要比断开簧片触点的磁场强。（B 为接通点，A 为断开点），如图 13-7 所示。

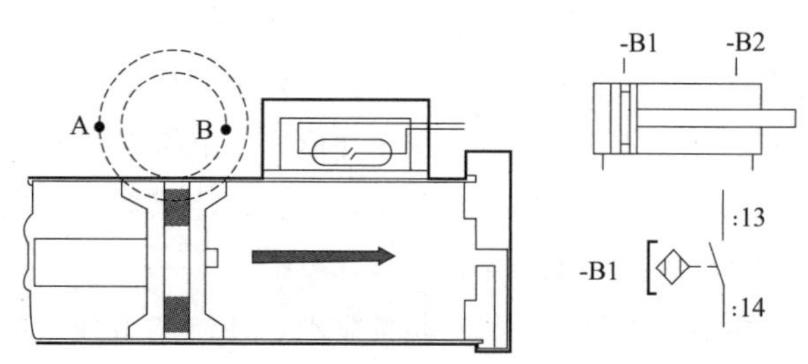

图 13-7　接近开关工作原理示意图

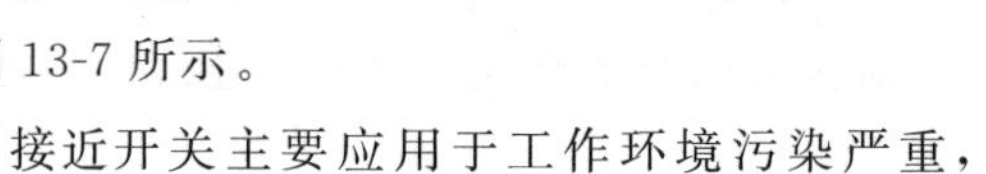

接近开关主要应用于工作环境污染严重，不能使用机械开关，安装开关的空间很小的场合，并且附近不能有其他磁场存在，否则会产生误动作。

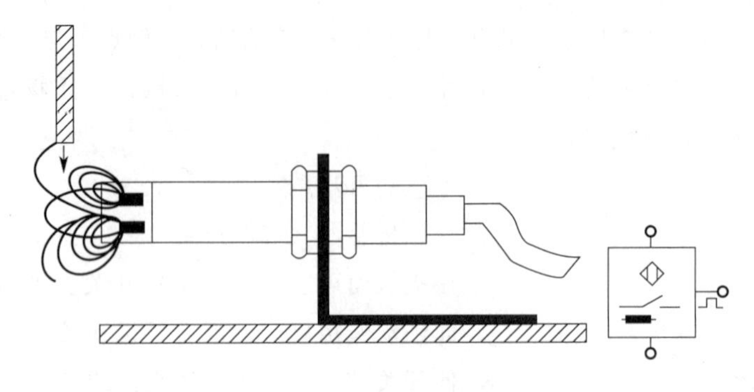

图 13-8　电感式传感器

(2) 电感式传感器。电感式传感器、电容式传感器和光电式传感器一样，都没有机械式触点和机械式操纵。电感式传感器在接近金属时有所反应，特别是对铁磁性材料，如铁、镍和钴。作为气缸开关，它只能用于由非铁族金属（铝和铜）制成的气缸上，如图 13-8 所示。

工作原理：电感式传感器主要由一个振荡器、触发级和一个信号放大器组成。给电感式传感器加上电压，处于静止状态的振荡器借助于振荡线圈产生一个高频电磁场，这时将一块金属物体放入磁场，放入磁场的金属产生涡流，它就会对磁场中产生一定影响，降低了振荡器能量，自由振荡的振幅减小，使得触发器动作，输出一个信号，如图 13-9 所示。电感式传感器只能用来检测金属物体。

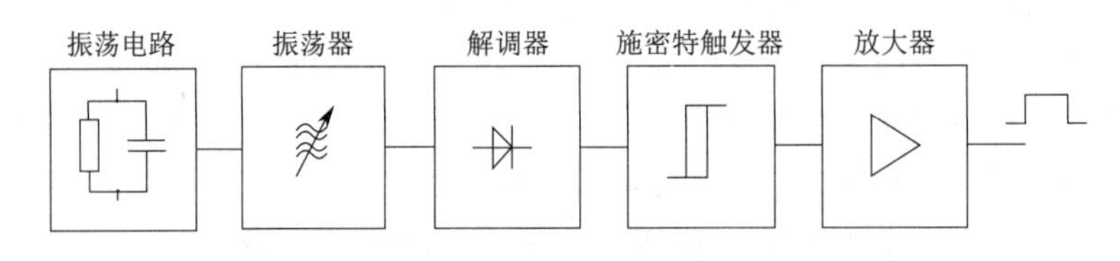

图 13-9　电感式/电容式电子元器件工作示意图

传感器感应距离与材料和工件的形状有着密切的关系。大而平的铁磁性材料最好识别（最大不超过 150 mm）。对于非铁族金属来讲，感应距离大约减小一半。

其特点是：动作迅速，对周围环境的影响不敏感，但对金属物体很敏感，必须保证它的有效作用距离，滞后较大，与机械式开关相比价格相对较高。

(3) 电容式传感器。电容式传感器按照与电感式传感器相同的振荡电路原理进行工作。是由电容器在一定的区域内辐射电场。当外来物体接近时，这一电场就会发生变化并由此改变了电容器的电容。电子装置处理这一变化并形成一个相应的输出信号，如图 13-10 所示。

从它的工作原理可以看出，电容式传感器受周围环境的影响较大，如果其有效工作表面上有潮气的话，都有可能产生误动作。

电容式传感器的优点是抗震动、冲击能力强，可检测所有金属材料，也可检测所有的介电常数大于 1 的材料（空气的介电常数等于 1）。例如，它除了对接近的金属有反应之外，还对油、油脂、水、玻璃、木材和其他绝缘材料或湿度有反应。

(4) 光电式传感器。光电式传感器是通过光栅来获取位置信息的。每一个光栅都由发射器和接收器组成。可分为反射式光栅、对射式光栅和单向式光栅。

反射式光栅的光电传感器：在元件的内部带有发射器和接收器（绝大多数是发光二极管和光电三极管），反射式光栅需要有一个精确调整的反光板，如图 13-11 所示。

对射式光栅、单向式光栅的发射器和接收器是分开空间放置的。

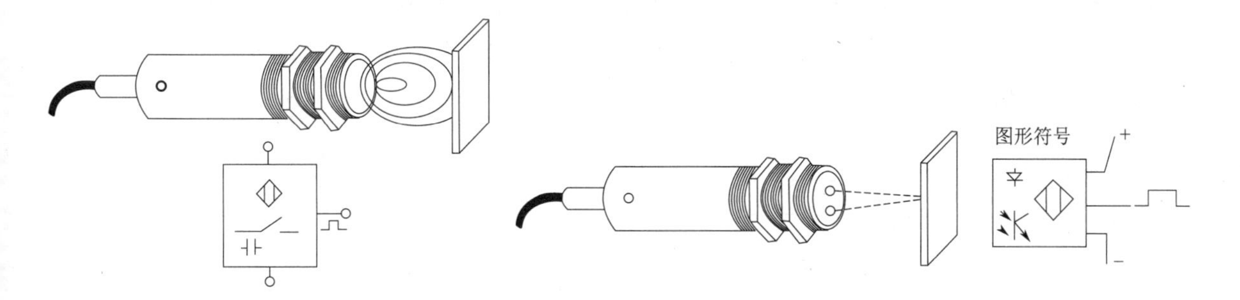

图 13-10　电容式传感器　　　　图 13-11　反射式光栅接近开关

① 反射式光栅传感器工作原理。当没有物体时，发射器发出的光线被反光板反射，由于反射信号较弱，接收器没有产生输出信号；当一个物体出现在发射器和反光板之间时，发射器发出的光线被物体反射，由于物体距离反射式光栅传感器较近，其上的接收器接收到较强的反射信号，因此接收器有信号输出。

② 对射式光栅传感器工作原理。此类传感器的发射器和接收器是分别独立的两个元件，将两元件对立放置，被感应物体在两元件之间。当没有物体时，发射器发出的光线被接收器接收，产生输出信号；当一个物体出现在两元件之间，即在被检测距离之内时，发射器发出的光线被阻隔，接收器没有信号输出。

作为发射器，光源绝大多数使用脉冲光、红外线、可见光、激光等。光栅的优点是具有相对比较大的探测距离、灵敏度高和温度范围宽。

（5）光纤式传感器。光纤式传感器由光纤检测头、光纤放大器两部分组成。放大器和光纤检测头是分离的两个部分，光纤检测头的尾端部分分成两条光纤，使用时分别插入放大器的两个光纤孔，如图 13-12 所示。如果没有被测物，放大单元会有输出信号送出。

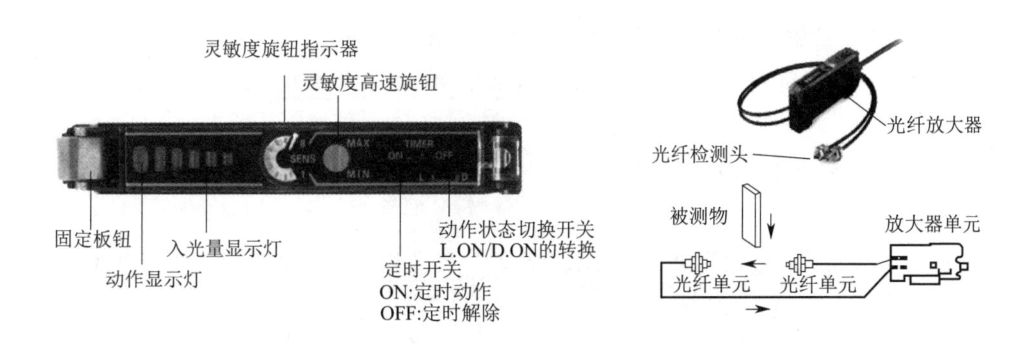

图 13-12　光纤传感器

（6）传感器接线图。电感式和电容式传感器输出信号有 PNP 和 NPN 两种输出形式，如图 13-13 和图 13-14 所示。

(7) 常用传感器选用注意事项。在系统设计过程中，对于不同材质的检测体和不同的检测距离，应选用不同类型的接近开关，以使其在系统中具有高的性能价格比，为此在选型中应考虑下列因素、遵循以下原则：

① 类型的选择。根据检测对象和环境确定类型。首先分析采用哪种原理的传感器进行检测，因为即使检测同一物理量，也可以通过不同的原理实现。其次考虑体积（空间是否足够）、安装方式、信号类型（模拟信号还是数字信号）、检测方式等因素。

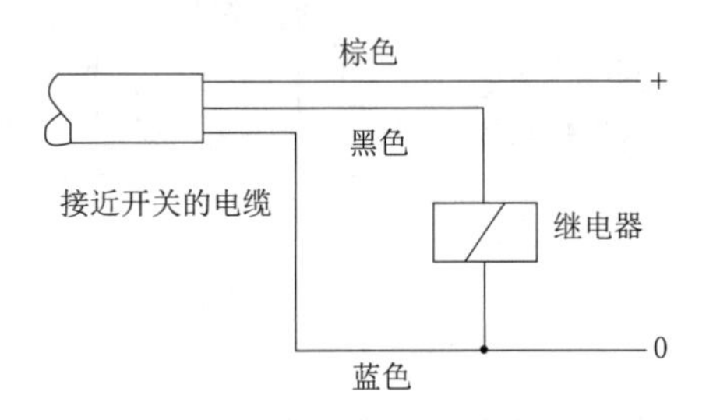

图 13-13　PNP 型接近开关接线图

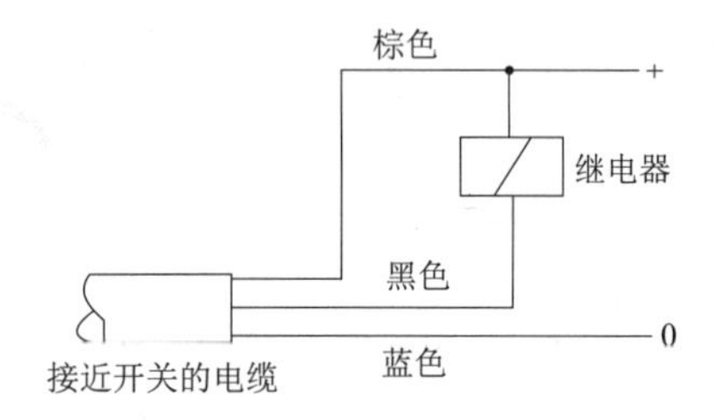

图 13-14　NPN 型接近开关接线图

② 接近开关技术指标：

动作距离：当动作的物体由正面靠近接近开关的感应面时，使接近开关动作的距离为接近开关的最大动作距离。

释放距离：当动作物体由正面离开接近开关的感应面，开关由动作转为释放时，动作物体离开感应面的最大距离。

动作频率：用调速电动机带动胶木圆盘，在圆盘上固定若干钢片，调整开关感应面和动作片间的距离，为开关动作距离的 80%左右，转动圆盘，依次使动作片靠近接近开关，在圆盘主轴上装有测速装置，开关输出信号经整形，接至数字频率计。此时启动电机，逐步提高转速，在转速与动作片的乘积与频率计数相等的条件下，可由频率计直接读出开关的动作频率。对于电气气动系统，动作频率不是主要指标。

③ 当检测体为金属材料时，应选用高频振荡型接近开关，该类型接近开关对铁镍、A3 钢类检测体检测最灵敏；对铝、黄铜和不锈钢类检测体，其检测灵敏度较低。

④ 当检测体为非金属材料时，如木材、纸张、塑料、玻璃和水等，应选用电容式接近开关。

⑤ 金属体和非金属要进行远距离检测和控制时，应选用光电式接近开关或超声波型接近开关。

⑥ 对于检测体为金属，若检测灵敏度要求不高时，可选用价格低廉的磁性接近开关或霍尔式接近开关。

⑦ 稳定性及可靠性。稳定性指使用时间长了以后，其性能还能维持不变的能力。影响稳定性的因素除自身原因外，主要还是环境因素。因此，选择传感器要具有较强的环境适应能力，必要的时候还得采取保护措施。

4）压力开关

气动压力开关利用气体压力变化来控制电气触点状态转换。可以将气动信号转换为电信号。如图 13-15 所示，X 口用于检测所连接气动系统部位的压力，当气动压力较低时，作用在活塞上面的气动力小于活塞下面可调的弹簧力，微动开关不动作；随着气动系统该部位气体压力的升高，当活塞上的气动力大于活塞下方的弹簧力时，活塞向下移动，使微动开关动作。发出电信号，使电气元件（如电磁铁、电动机、继电器等）动作，是气电转换元件。可用于需要将气动信号转换为电信号的工况。

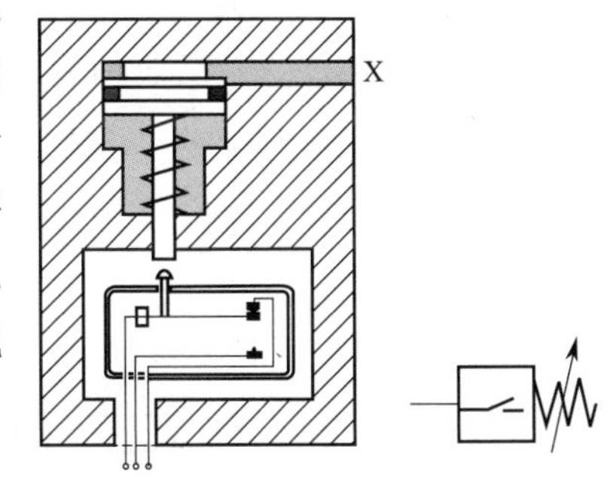

图 13-15　压力开关结构示意图及职能符号

因为气动系统工作压力比较低，因此调节弹簧力时，一定要注意，不能超范围调节，以避免损坏气动压力开关。

2. 信号处理元件

1）中间继电器

中间继电器是电磁驱动的开关元件，用于控制电路和防护装置。对这类产品要求其分断能力强、操作频率高、触点机械寿命长。对于电气气动控制系统来讲，一般情况下，只使用中间继电器，因为控制电磁阀所需要的功率很小。

工作原理：如图 13-16 所示，中间继电器由一个带铁芯的电磁线圈、一个衔铁和若干组触点组成。利用电流的磁效应，当电流通过线圈时，会产生一个强磁场，作用在衔铁上，衔铁克服弹簧力（调节的原始位置）通过杠杆机构操纵动触点，完成触点的接通或切断。例如：当线圈 K1 通电，则转换触点 11 和 12 断开，11 和 14 接通。

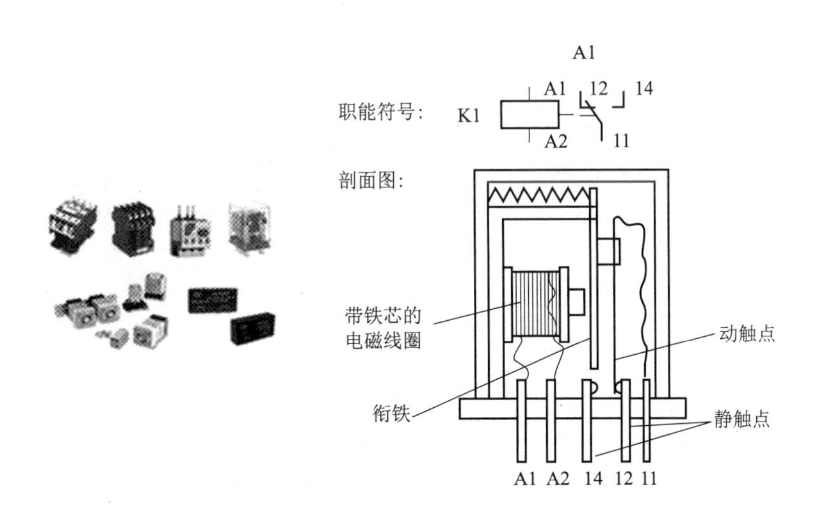

图 13-16　中间继电器

2）时间继电器

时间继电器作为继电器的一种，在线圈通电后可以延时接通或断开它的触点，达到对控制电路的时间控制。时间继电器精度较高（误差在 1%以下），触点延时动作的时间为 1 ms～24 h，并且控制的时间可以调节。

时间继电器可分为通电延时继电器和断电延时继电器两种，如图 13-17 和图 13-18 所示。在继电器图形符号的前面带×字方框的表示是通电延时继电器，带涂黑方框的表示是断电延时继电器。标注“T”的表示“延时时间”可以调节。

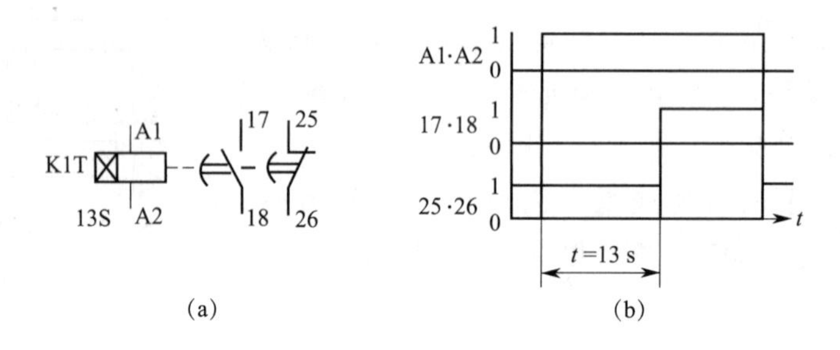

图 13-17　通电延时继电器

常闭触点和常开触点的连接号为 5 和 6 或 7 和 8，在机械作用线上画一个半圆线（开口向右或向左，分别表示延时动作触点）。

（1）通电延时继电器工作原理：当线圈 A1、A2 通电时，第一组开触点 7 和 8 延时接通，第二组闭触点 5 和 6 延时断开；线圈 A1、A2 断电时，第一组 7 和 8 触点瞬时断开，第二组 5 和 6 触点瞬时接通。

（2）断电延时继电器工作原理：当线圈 A1、A2 通电时，第一组开触点 7 和 8 瞬时接通，第二组闭触点 5 和 6 瞬时断开；线圈 A1、A2 断电时，第一组 7 和 8 触点延时断开，第二组 5 和 6 触点延时接通。

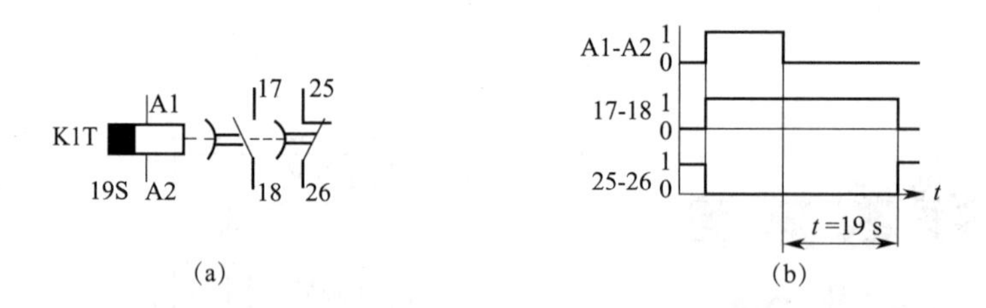

图 13-18　断电延时继电器

3）可编程控制器（PLC）

可编程控制器（Programmer Logic Controller，PLC）是以微处理器为核心，将计算机技术、自动控制技术和通信技术等融为一体的新型工业控制装置。具有体积小、功能强、灵活通用、抗干扰能力强、编程简单和维护方便等特点。目前，广泛应用于工业领域，特别是许多自动化设备，例如，各种阀均可采用 PLC 进行自动控制。这也是当今气动、液压控制系统采用的一种重要控制形式。本节以西门子公司生产的 S7-300 PLC 为例进行介绍。

（1）PLC 组成。西门子 S7-300 PLC 属于模块式 PLC，主要由导轨、CPU 模块、电源模块、信号模块、功能模块、接口模块、编程设备等组成，如图 13-19 所示。

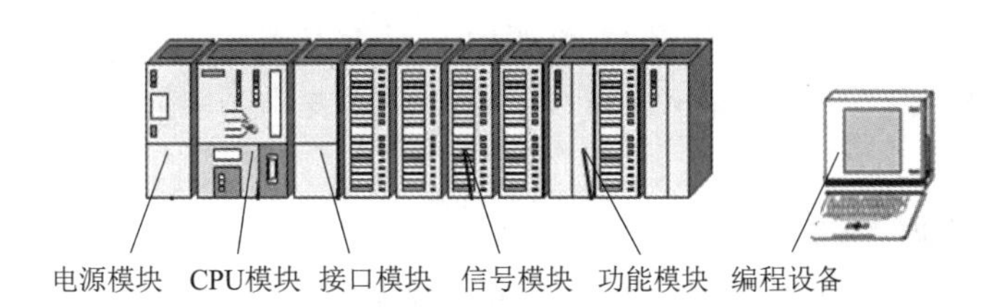

图 13-19 S7-300 PLC 组成

(2) 信号模块。信号模块（SM）可根据信号特性分为数字量信号模块和模拟量信号模块。

数字量信号模块用于连接开关量、传感器、阀和普通电动机等。模拟量信号模块用于连接电压、电流、温度传感器等，同时也可将模拟信号输出给比例阀、伺服阀和伺服电机等执行元件。

① 数字量输入/输出模块。数字量信号模块包括数字量输入模块（DI）、数字量输出模块（DO）和数字量输入/输出模块（DI/DO）三种。分别用型号 SM321、SM322、SM323 表示。

数字量输入模块（DI）和数字量输出模块（DO）按输入/输出点数又可分为 32 点、16 点和 8 点。

数字量输入/输出模块（DI/DO）按输入/输出点数又可分为 16 个输入点和 16 个输出点、8 个输入点和 8 个输出点。

② 模拟量输入/输出模块。模拟量信号模块包括模拟量输入模块（AI）、模拟量输出模块（AO）和模拟量输入/输出模块（AI/AO）三种。分别用型号 SM331、SM332、SM334 或 SM 335 表示。

③ 输入/输出地址分配。S7-300 的信号模块地址按字节进行编制，字节地址与所在机架号和槽编号有关。对于数字量模块，从 0 号机架的 4 号槽开始，每个槽分配 4 字节地址，每字节 8 位，相当于一个槽有 32 个 I/O 点。4 个机架累计字节范围 0～127，共 128 字节，累计有 1024 个 I/O 点。S7-300 为模拟量信号模块保留了专用的地址区域，字节地址范围为 256～767，具体分配见表 13-1。

表 13-1 I/O 模块的字节地址

机架号	模块类型	槽号							
		4	5	6	7	8	9	10	11
0	数字量	0～3	4～7	8～11	12～15	16～19	20～23	24～27	28～31
	模拟量	256～271	272～287	288～303	304～319	320～335	336～351	352～367	368～383
1	数字量	32～35	36～39	40～43	44～47	48～51	52～55	56～59	60～63
	模拟量	384～399	400～415	416～431	432～447	448～463	464～479	480～495	496～511
2	数字量	64～67	68～71	72～75	76～79	80～83	84～87	88～91	92～95
	模拟量	512～527	528～543	544～559	560～575	576～591	592～607	608～623	624～639
3	数字量	96～99	100～103	104～107	108～111	112～115	116～119	120～123	124～127
	模拟量	640～655	656～671	672～687	688～703	704～719	720～735	736～751	752～767

④ 数字量输入/输出地址。S7-300PLC 的数字量地址是由地址类型、字节地址和位地址组成，如图 13-20 所示。

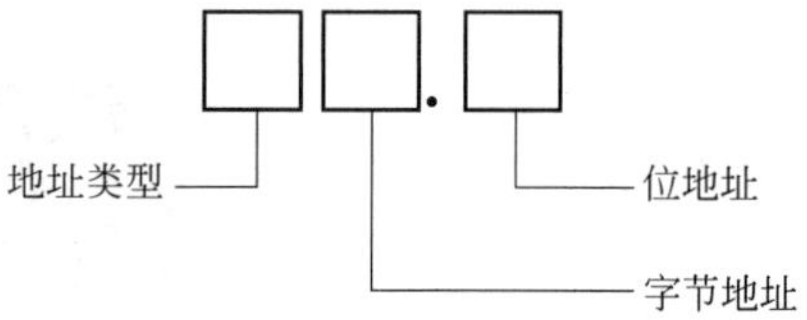

地址类型：用字母表示，I 表示输入、Q 表示输出，M 表示存储器；

字节地址：结合模块实际位置参考表 13-1。

位地址：结合接线端子的具体位置，由 0～7 共 8 位组成。

地址类型　字节地址　位地址

图 13-20　数字量模块地址构成

例如，“I4.1”表示是一个输入信号，模块位于 0 号机架上的第五个槽的第二个接线端子所输入的信号。

⑤ 模拟量输入/输出地址。模拟量是以通道为单位，一个通道占一个字的地址，或两字节地址，一个模拟量模块最多有 8 个通道，16 字节地址。例如模拟量输入通道“IW656”由字节 IB656 和 IB657 组成，具体分配见表 13-1。

在电气气动系统中，信号元件是作为 PLC 信号模块中的输入信号，能量转换元件是作为 PLC 信号模块中的输出信号，而逻辑关系是靠编写的控制程序来承担。

（3）创建 S7 项目。按照下列顺序操作创建 S7 项目。

① 启动 SIMATIC 管理器。如图 13-21 所示，在 Windows 桌面上有一个 SIMATIC Manager 图标，在启动菜单下有一个 SIMATIC Manager 命令。可以像启动任何 Windows 应用程序一样双击图标或通过菜单 SIMATIC→SIMATIC Manager 命令启动。

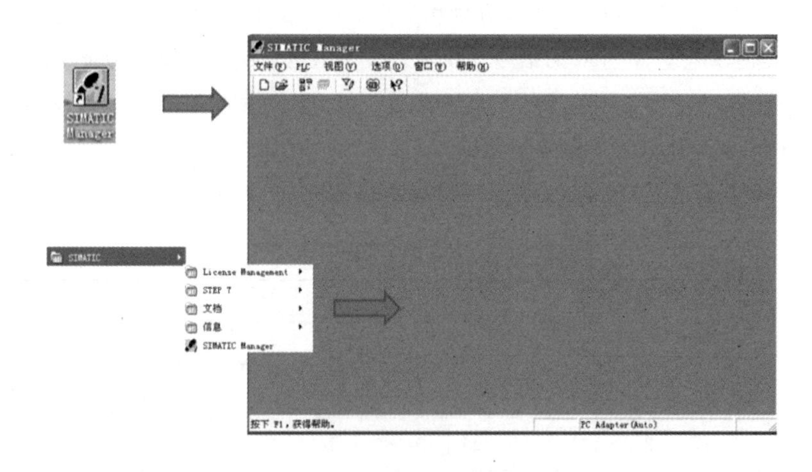

图 13-21　启动 SIMATIC 管理器

② SIMATIC 管理器菜单和工具条（见图 13-22）。

标题栏：包含窗口标题和控制窗口的按钮。

菜单栏：包含当前窗口的所有菜单。

工具栏：包含最常用的任务图标，这些图标带有浮动标注。

状态栏：显示当前状态和附加信息。

③ 创建 S7 项目。选择菜单“文件”→“新建”命令或“单击”工具条中的图标，打开建立

新项目或新库的对话窗，在“名称”文本框中输入项目名，然后单击“确定”按钮，如图 13-23 所示。

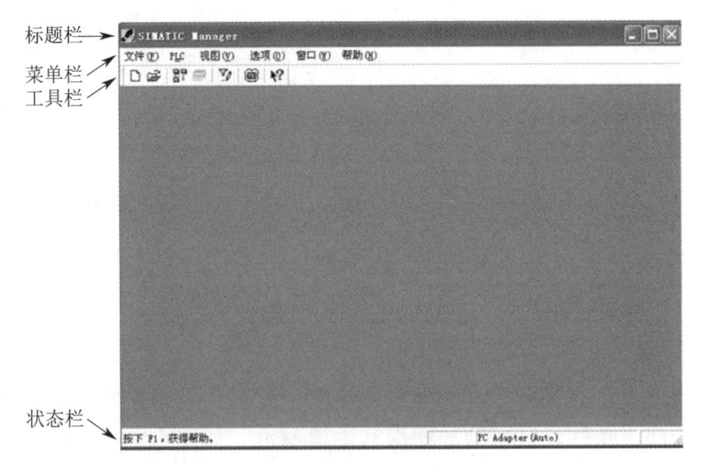

图 13-22　SIMATIC 管理器菜单和工具条

图 13-23　创建 S7 项目

④ 插入 S7 程序。选择菜单“插入”→“程序”→“S7 程序”命令，可以在当前项目下插入一个新程序，如图 13-24 所示。当插入一个新对象时，系统自动给出一个程序名，如“S7 程序（1）”，如果需要，可以修改这个程序名。

3. 信号输出元件

1）电磁换向阀介绍

电磁换向阀是气动控制元件中最主要的元件，品种繁多，结构各异，但原理区别不大，利用电信号作为驱动信号来控制阀芯位置，达到改变气体流动方向的阀。按照动作方式，有直动式和先导式；按阀芯结构形式，有滑阀式、截止式、截止滑阀式；按密封形式，有弹性密封和间隙密封；按使

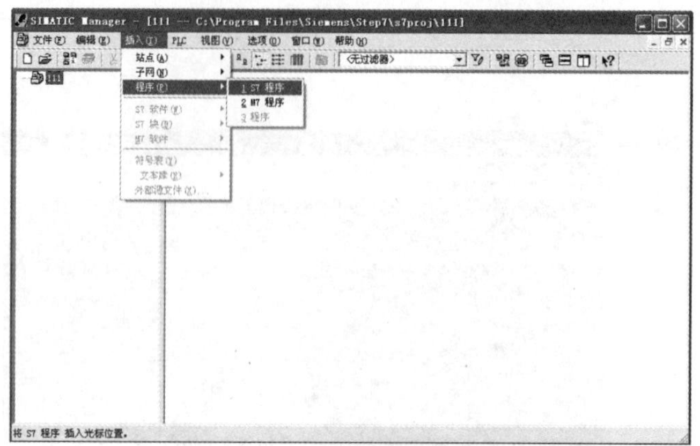

图 13-24　插入 S7 程序

用环境，有普通型、防滴型、防爆型和防尘型等；按所用电源，有直流式和交流式；按功率大小，有一般功率和低功率；按润滑条件，有不给油润滑和油雾润滑，如图 13-25 所示。

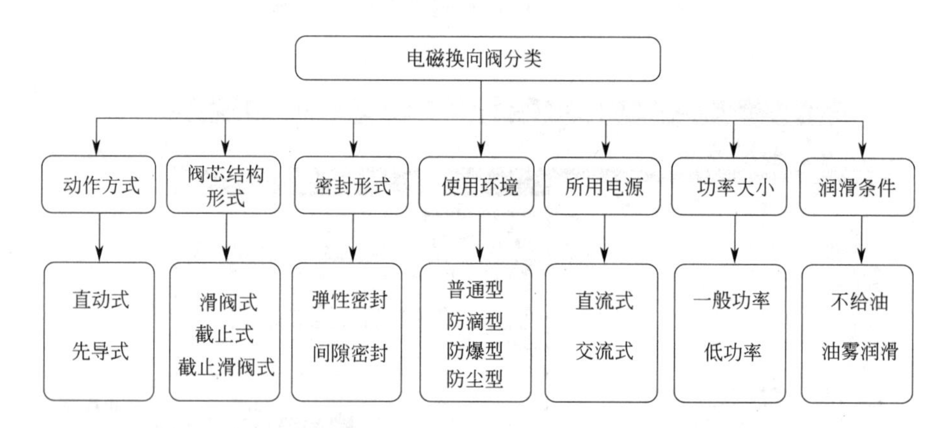

图 13-25　电磁换向阀分类

电磁换向阀的结构由两部分构成，电磁头和换向阀，通过电磁头中带电的线圈产生磁场，该磁场会对其中的铁芯（衔铁）产生一个作用力，将推动衔铁动作。从而完成推动换向阀阀芯运动的功效，即驱动换向阀换向。流过线圈的电流越大，电磁铁对衔铁的吸力就越强，电磁推动力就越大，如图 13-26 所示。

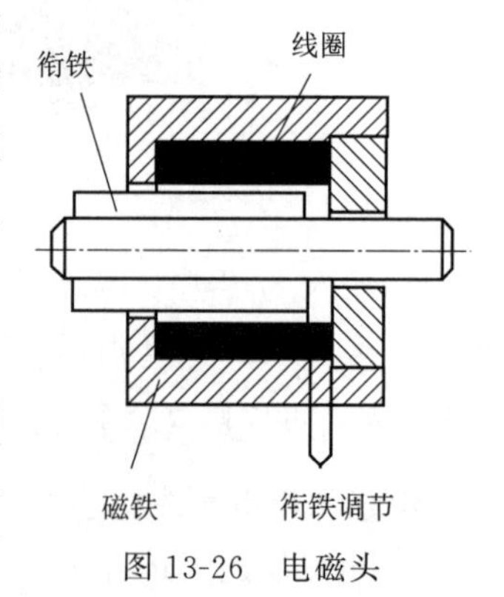

图 13-26　电磁头

2）直动式电磁换向阀

（1）二位三通直动式电磁换向阀（常断式）。图 13-27 所示为直动式常断式二位三通电磁换向阀的结构示意图。当图中电磁线圈 9 断电时，阀芯 7 在重力和弹簧力的作用下利用下端密封垫 5 将压力口 1 封闭，此时工作口 2 与排气口 3 相通。当电磁线圈 9 通电后，该阀处于换向位，线圈中流动的电流产生磁场，磁力克服弹簧力将阀芯 7 顶起。下端密封垫 5 抬起，压力口 1 与工作口 2 相通，上端密封垫 8 将排气口 3 封闭。图 13-27 右下方为此元件的职能符号。

图 片

常断式二位三通电磁阀结构图

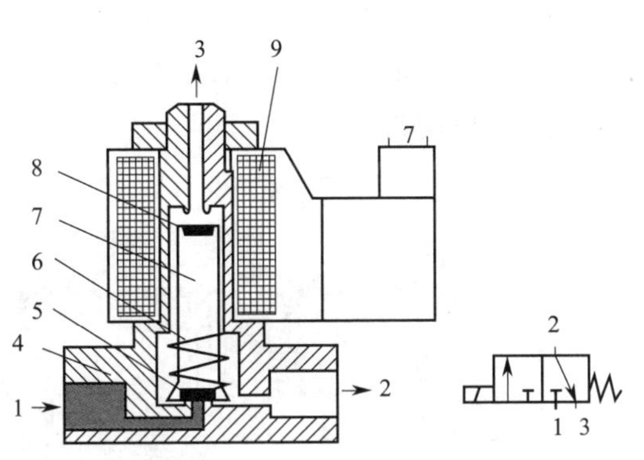

图 13-27　常断式二位三通电磁换向阀及其职能符号

1—压缩空气输入口（压力口）；2—压缩空气输出口（工作口）；3—排气口；4—阀体；
5—下端密封垫；6—弹簧；7—阀芯（衔铁）；8—上端密封垫；9—电磁线圈

（2）二位三通直动式电磁换向阀（常通式）。图 13-28 所示为常通式二位三通电磁换向阀结构示意图。当电磁线圈 10 不带电时压力口 1 和工作口 2 保持相通，电磁线圈 10 带电后，工作口 2 与排气口 3 相通。图 1-28 右下方为此元件的职能符号。

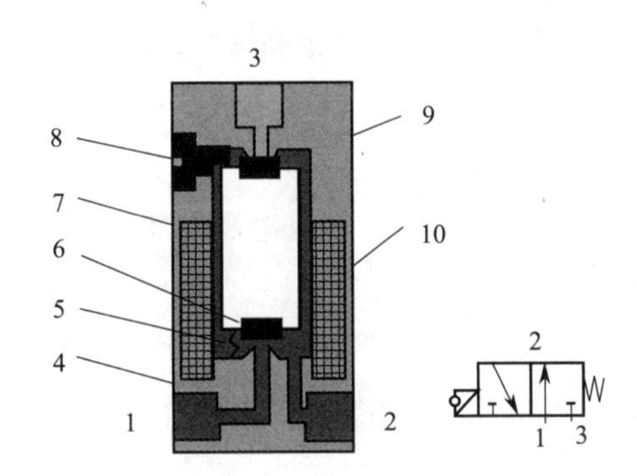

图 13-28　常通式二位三通电磁换向阀及其职能符号

1—压缩空气输入口（压力口）；2—压缩空气输出口（工作口）；3—排气口；4—阀体；
5—弹簧；6—下端密封垫；7—阀芯（衔铁）；8—手动应急螺钉；9—上端密封垫；10—电磁线圈

手动应急螺钉作用：手动应急螺钉 8 装在阀体上，使其转动 180°时，其端部的特殊结构使阀芯 7 及下端密封垫 6 一起向上运动，关闭阀口 1。手动应急装置 8 旋转所产生的效果与电线圈 10 带电所产生的效果相同，所以在使用时应该注意在线圈不带电的状态下使用。

特点：直动式电磁阀由于其结构决定的通径很小，一般做先导阀用。在使用直动式的电磁阀时要注意，换向时会出现瞬间 1、2、3 口相通，即出现泄漏，这是由其结构所决定的。

3）先导式电磁换向阀

先导式电磁换向阀采用的是电磁力驱动先导阀动作，打开气路，利用气体的压力驱动主阀换向。其优点是：相对较小的电磁力就可以操纵大通径的阀。由此可以减小发热并降低整个设备的电功率。

（1）二位三通单电控先导式电磁换向阀。图 13-29 所示为二位三通单电控先导式电磁换向阀。左边点画线框为直动式电磁阀，简称先导阀，右边点画线框为单气控二位三通换向阀，简称主阀，组合在一起构成了先导式二位三通电磁换向阀。

●图 片

先导式二位三通电磁换向阀结构图

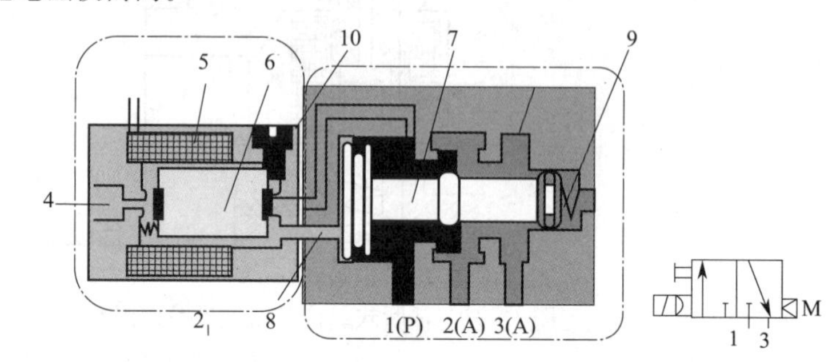

图 13-29　二位三通单电控先导式电磁换向阀及其职能符号

1（P）—进气口；2（A）—工作口；3（R）—排气口；4—先导阀排气口；5—线圈；6—衔铁；7—滑阀；8—滑阀阀芯左控制腔；9—弹簧；10—手动应急装置

工作原理：当电磁线圈通电时，线圈周围就建立起一个电磁场，磁力克服弹簧力将衔铁 6 吸到左位。直动阀打开，导通气路，利用气体作用在滑阀 7 左端的驱动力推动滑阀向右移动，换向到工作位置，此时进气口 1 与工作口 2 相通，排气口 3 截止；当电磁线圈断电时，磁场消失，衔铁在弹簧力的作用下右移，阀口关闭，滑阀 7 阀芯左腔压缩空气通过直动阀排气口 4 排出，滑阀阀芯在弹簧力的作用下返回到初始位置，此时压力口 1 封闭，工作口 2 与排气口 3 相通。此元件的职能符号见图 13-29 右下角。

特点：这种阀的优点是，可以使用较低的电压或电流驱动较大通径的换向阀，节省能源。此种阀为了保持在工作位置上，需要有一个持续的控制电压。所以称为“单稳态阀”或“自动复位阀”。

（2）二位四通单电控先导式电磁换向阀。图 13-30 所示为二位四通单电控先导式电磁换向阀。上部为直动式电磁阀，简称先导阀，下部为单气控二位四通换向阀，简称主阀，组合在一起构成了先导式二位四通单电控电磁换向阀。

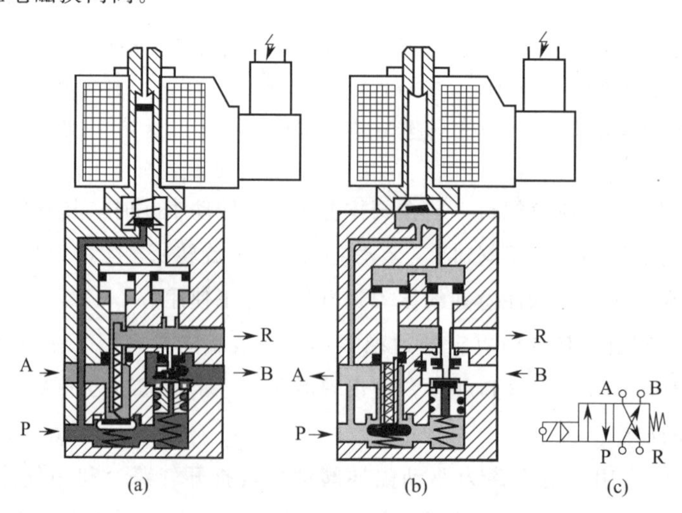

图 13-30　二位四通单电控先导式电磁换向阀及其职能符号

如图 13-30（a）所示，当电磁线圈不带电时，先导阀关闭，主阀芯上端与先导阀排气口相通，阀芯在弹簧力作用下，处于阀体上端，此时压力口 P 与工作口 B 相通，工作口 A 与排气口 R 相通。

如图 13-30（b）所示，当电磁线圈通电后，先导阀打开，主阀芯在气压力作用下，向下运动，弹簧被压缩，压力口 P 与工作口 A 相通，工作口 B 与排气口 R 相通。此元件的职能符号见图 13-30（c）。

（3）二位五通单电控先导式电磁换向阀。图 13-31 所示为二位五通单电控先导式电磁换向阀。其结构是由直动式单电控二位三通换向阀作为先导阀和单气控二位五通换向阀（主阀）组成，当电磁线圈不带电时，先导阀关闭，主阀芯左控制端与先导阀排气口相通，主阀芯在弹簧力作用下，处于阀体左端，此时压力口 1（P）与工作口 2（B）相通，工作口 4（A）与排气口 5（R）相通，排气口 3 截止。

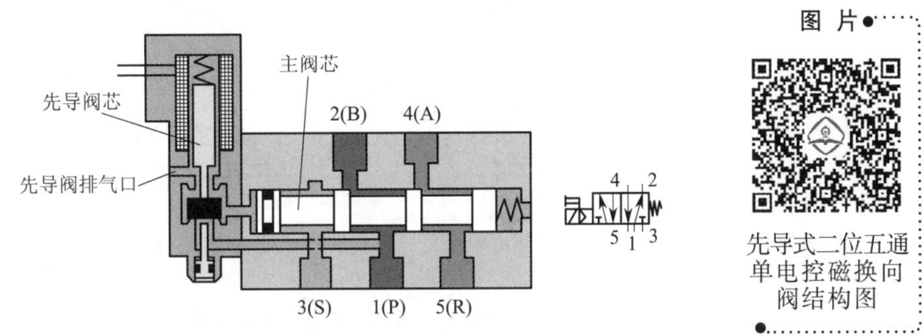

图 13-31　二位五通单电控先导式电磁换向阀及其职能符号

当电磁线圈通电后，电磁力推动先导阀芯上移，先导阀打开，先导阀排气口关闭，从 1（P）口进入的压缩空气进入主阀芯左控制端，主阀芯在压缩空气的作用下，向右运动，压缩弹簧，这时压力口 1（P）与工作口 4（A）相通，工作口 2（B）与排气口 3（S）相通；当电磁线圈断电时，先导阀芯通过弹簧力复位，主阀芯返回到初始位置。此元件职能符号见图右侧。

（4）二位五通双电控先导式电磁换向阀。

图 13-32 为二位五通双电控先导式电磁换向阀。当右端电磁线圈通电时，右端的先导阀打开，使压缩空气作用在阀芯右侧的控制端上，阀芯向左移动并保持在该位置上，接口 1 和 2 接通，4 口和 5 口相通，即使控制电压被断掉的话，阀芯也不会移动；当左端线圈通电时，左端的先导阀打开，使压缩空气作用在阀芯左侧的控制端上，阀被重新复位到右端，接口 1 和 4 接通，2 口和 3 口相通，即使线圈断电，阀芯仍保持静止不动。

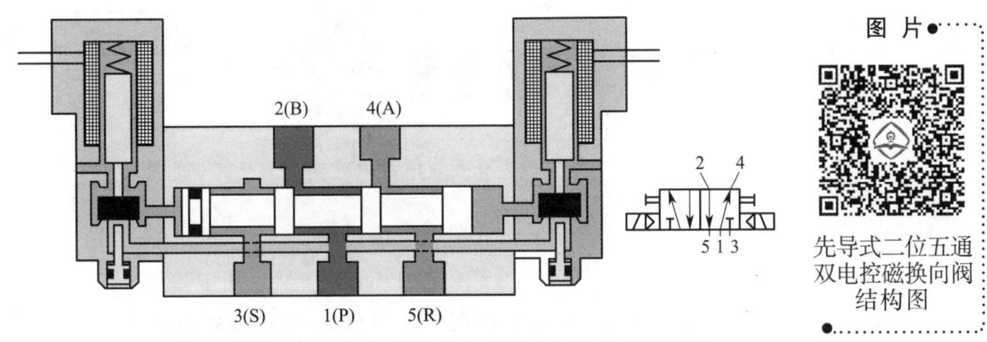

图 13-32　二位五通双电控先导式电磁换向阀及其职能符号

电磁头消耗功率低是此类双电控先导式电磁阀的优点，即使在断电的情况下，阀芯也会保持在最后一次被操纵的位置上，一般此种电磁换向阀的电磁头给电脉冲最短持续时间应该为30 ms。

图13-33所示为二位四通/二位五通先导式电磁换向阀职能符号。

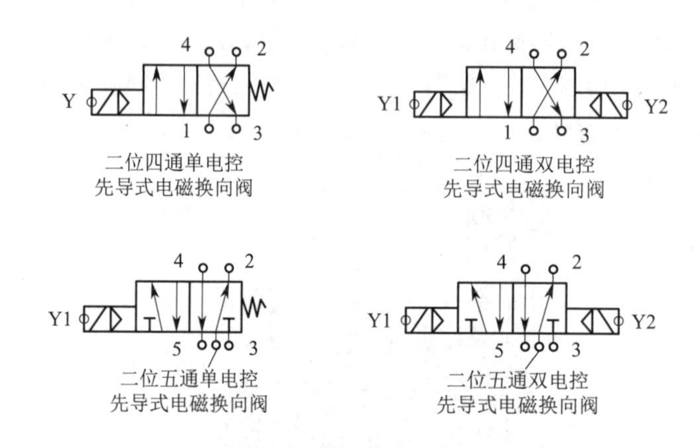

图13-33　二位四通/二位五通先导式电磁换向阀职能符号

（5）三位五通先导式电磁换向阀。图13-34所示为三位五通双电控先导式电磁换向阀。它的阀芯具有三个位置，为了确保在电磁线圈不带电时，阀芯处于中间位置，阀芯的两端需安装对中弹簧。如果电磁线圈14带电（线圈12失电），主阀芯右移，进气口1与出气口4接通，出气口2与排气口3接通，如果电磁线圈12带电（线圈14失电），主阀芯左移，进气口1与出气口2接通，出气口4与排气口5接通。

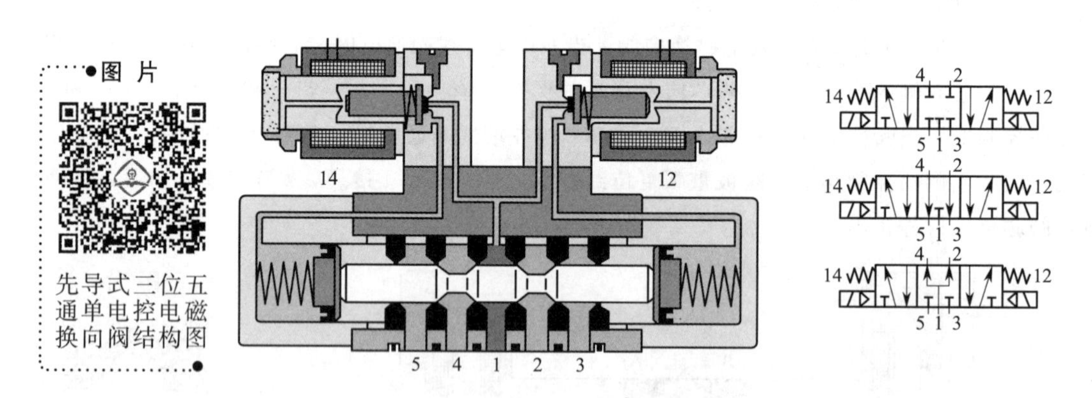

图13-34　三位五通先导式双电控电磁换向阀及其职能符号

此外，这类阀还有3种变形结构。主要区别于中位机能。

中位带截止机能的换向阀称为中间封闭式，即中位为O型，在中位时1、2、3、4、5口互不相通。中位带泄压机能的阀称为中间泄压式，即两个输出口2、4都分别与排气口3、5相通。中位带给压机能的阀称为中间加压式，即两个输出口2、4都与进气口1相通，可实现气缸的差动运动。

4. 电磁换向阀使用注意事项

(1) 安装前应查看阀的铭牌，注意型号、规格与使用条件是否相符，包括电源、电压、工作压力、通径、螺纹接口等。随后应进行通电、通气试验，检查阀的换向动作是否正常，对于先导式电磁阀用手动装置操作，观察阀是否换向，手动切换后，手动装置应复原。

(2) 安装前应彻底清除管内的粉尘、铁锈等污物，接管时应防止密封带碎片进入阀内。

(3) 应注意阀安装方向，大多数电磁阀对安装位置和方向无特别要求，有指定要求应注意。

(4) 应严格管理所用空气的质量，注意空气压缩机、后冷却器、干燥器等设备的管理，除去冷凝水等有害杂质。阀的密封元件材料通常是用丁腈橡胶，应选择对橡胶无腐蚀作用的透平油作为润滑油，即使对无油润滑的阀，一旦用了含油雾润滑的空气后，则不能中断使用，因为润滑油已将原有的油脂洗去，中断后会造成润滑不良。

(5) 对于双电控电磁阀应在电气回路中设互锁回路，为防止两端电磁铁同时通电而烧毁线圈。

(6) 使用小功率电磁阀时，应注意继电器接点保护电路 RC 元件漏电流造成的电磁阀误动作。因为，此漏电流在电磁线圈两端产生漏电压，若漏电压过大时，就会使电磁铁一直通电而不能关断，此时，可接入漏电阻。

(7) 应注意采用节流的方式和场合，对于截止式阀或有单向密封的阀，不宜采用排气节流，否则将引起误动作，对于内部先导式电磁阀，其入口不得节流，所有阀的呼吸孔或排气孔不得阻塞。

13.1.2　典型电气气动系统认知

1. 气动执行元件与电磁换向阀的类型匹配

前面已了解了气动执行元件包括气缸、摆动气缸、气马达等执行元件。而气缸又包括单作用气缸和双作用气缸两种类型；气马达分单向旋转和双向旋转两种；摆动气缸则既能正转又能反转；吸盘可实现吸料和放料。因此，按照执行元件需要多少气口可将其划分为，需要一个气口和需要两个气口两种类型的执行元件。需要一个气口的执行元件，需用具有一个输出口的电磁换向阀进行控制即可；需要两个气口的执行元件，需用具有两个输出口的电磁换向阀进行控制。因此，气动执行元件与电磁换向阀的匹配形式见表 13-2。

表 13-2　气动执行元件与电磁换向阀的匹配表

<table>
<tr><th>执行元件类型</th><th>所匹配的换向阀</th><th>阀输出口数量</th><th>备　注</th></tr>
<tr><td>单作用气缸</td><td rowspan="3">二位三通双电控电磁换向阀
二位三通单电控电磁换向阀</td><td rowspan="3">一个输入口</td><td rowspan="3">换向阀的输出口接
执行元件的进气口</td></tr>
<tr><td>单向旋转气马达</td></tr>
<tr><td>吸盘</td></tr>
<tr><td>双作用气缸</td><td rowspan="3">二位四通双电控电磁换向阀
二位四通单电控电磁换向阀
二位五通双电控电磁换向阀
二位五通单电控电磁换向阀
三位四通双电控电磁换向阀
三位五通双电控电磁换向阀</td><td rowspan="3">两个输入口</td><td rowspan="3">换向阀的输出口分别连接
执行元件的两个进气口</td></tr>
<tr><td>双旋向气马达</td></tr>
<tr><td>摆动气缸</td></tr>
</table>

2. 单缸电气气动系统认知

1）双电控电磁换向阀的应用

（1）单循环电气气动控制回路。图 13-35 所示为单循环运动的电气气动回路。图 13-35(a) 所示为气动回路图，由于执行元件为双作用气缸，选择了具有两个输出口的双电控二位五通电磁换向阀，由于实现自动往返，因此，在气缸的前终端安装了一个传感器 B1，用于到位后发出返回信号。来自气源的压缩空气，经过分水过滤器和减压阀进行过滤和稳压后进入系统。

图 13-35(b) 所示为控制电路原理图，当启动 S1 后，继电器 K1 线圈得电，K1 常开点闭合，电磁阀 Y1 电磁线圈带电，二位五通电磁阀换向，压缩空气从换向阀输出口 4 输出压缩空气，进入气缸无杆腔，即使松开 S1，Y1 断电，由于使用的是具有记忆功能的双电控二位阀，电磁换向阀仍保持换向位置，双作用气缸活塞杆伸出；到达前终端，传感器 B1 感应，输出信号使继电器线圈 K2 得电，继电器线圈所对应的开触点 K2 闭合，电磁阀 Y2 电磁线圈带电，二位五通电磁换向阀复位，压缩空气从换向阀输出口 2 输出，压缩空气进入气缸有杆腔，双作用气缸活塞杆缩回，气缸完成单循环运动。

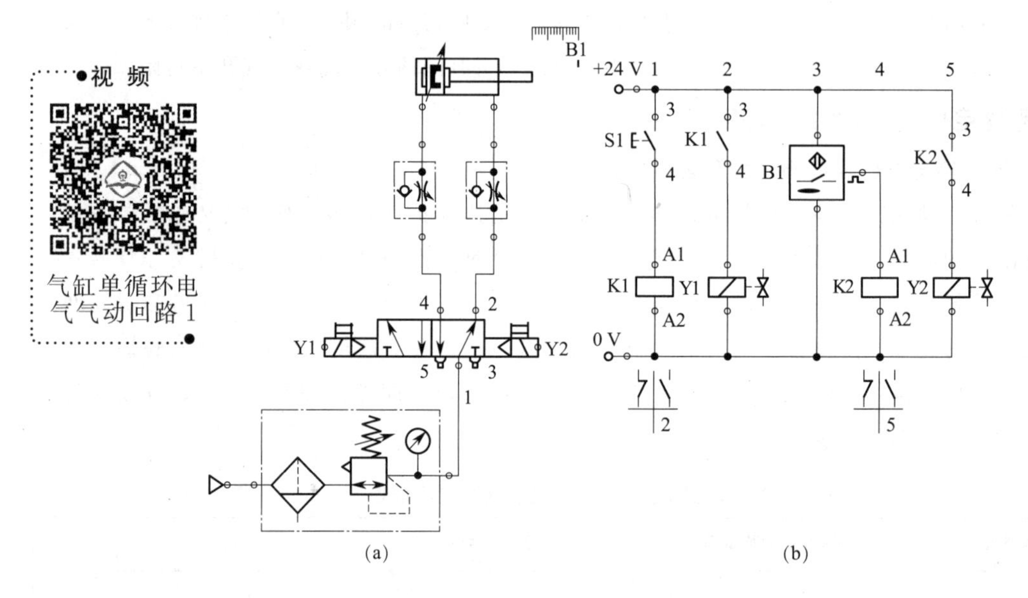

图 13-35　单循环运动电气气动回路

上述控制回路采用双电控二位五通电磁换向阀，由于该阀没有确定的原始位，所以在突然断电时，气缸活塞杆可能会处于原始位，也可能处于伸出位（B1 点）。如果要求气缸活塞杆在突然断电时，处于固定的位置，例如原始位，则必须选择单电控二位五通电磁换向阀。

（2）延时返回的单循环电气气动控制回路。图 13-36 所示为实现气缸在伸出位停留一段时间，延时返回的电气气动控制回路。图中 K2 继电器更换为带电延时继电器，当活塞杆伸出至 B1 点时，传感器 B1 感应，输出信号使延时继电器线圈 K2 得电，继电器线圈所对应的开触点 K2 延时闭合，电磁阀 Y2 电磁线圈延时得电，实现活塞杆在伸出位 B1 点停留，活塞杆延时返回。

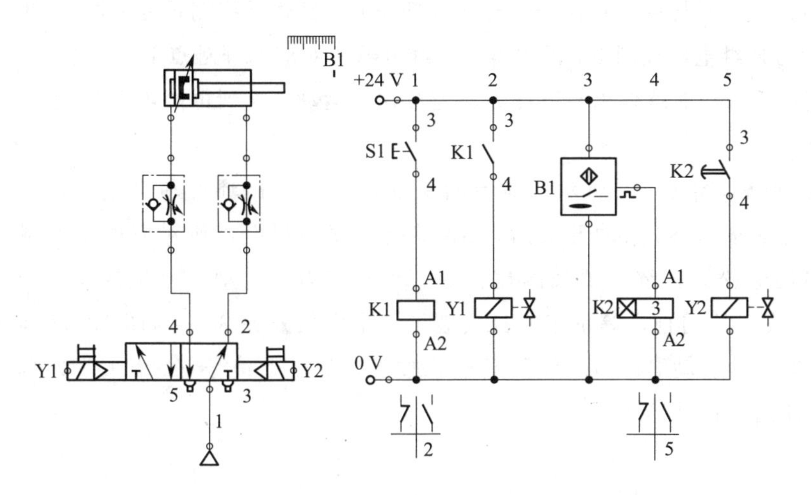

视　频

延时返回的单循环电气气动控制仿真回路 1

图 13-36　延时返回的单循环运动电气气动回路

（3）连续循环运动的电气气动控制回路。图 13-37 所示为连续循环运动的电气气动回路。由于执行元件为双作用气缸，选择了具有两个输出口的双电控二位五通电磁换向阀，由于实现连续循环，因此，在气缸的前终端和后终端分别安装了两个传感器 B1 和 B2，B1 用于回到初始位置后再次伸出发出信号，B2 用于到达前终端后发出返回信号，来自气源的压缩空气，经过分水过滤器和减压阀进行过滤和稳压后进入系统。

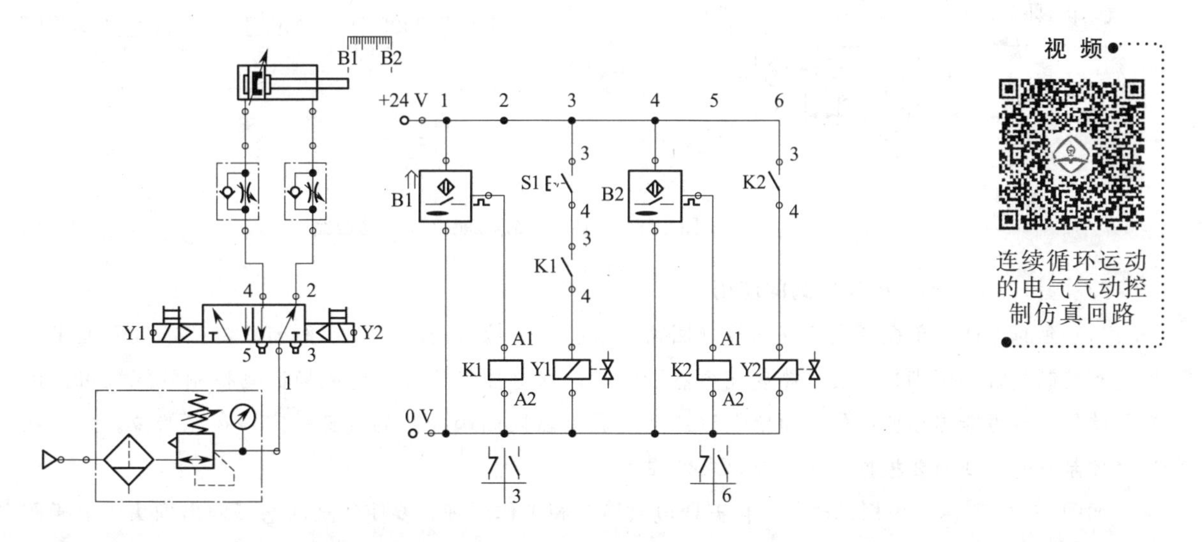

图 13-37　连续循环运动的电气气动控制回路

启动 S1 定位开关，电磁阀 Y1 电磁线圈带电，二位五通电磁阀换向，压缩空气从换向阀输出口 4 输出压缩空气，进入气缸无杆腔，双作用气缸活塞杆伸出，传感器 B1 感应信号消失，K1 线圈失电，已闭合的触点 K1 打开，Y1 电磁头失电，由于使用的是具有记忆功能的双电控二位阀，电磁换向阀仍保持换向位置，双作用气缸活塞杆继续伸出到达前终端；传感器 B2 有感应信号输出，使继电器线圈 K2 得电，继电器所对应的开触点 K2 闭合，电磁阀 Y2 带电，二位五通电磁阀复位，压缩空气从换向阀输出口 2 输出，压缩空气进入气缸有杆腔，双作用气缸活塞杆缩回，到达后终端，传感器 B1 再次获得感应信号输出，输出的信号使继电器线圈 K1 再次得电，继电器所对应的开触点 K1 闭合，电磁阀 Y1 电磁线圈再次带电，气缸活塞杆继续伸出，以此完成连续往复运动，直到再次操作 S1 使得开关断开，气缸停在初始位置。

（4）具有自锁功能电气气动回路。图 13-38 所示为具有自锁功能的连续循环运动电气气动回路。与上一个回路不同的是，启动按钮 SB 点动开关后，K3 继电器线圈得电，所对应的常开触点 K3 闭合，即使点动按钮 SB 已经松开，继电器线圈也会一直保持带电，启动信号被保持。因此，第 7 条线路上的 K3 触点一直保持闭合，等价于此处安装了一个定位开关 SB，与图 13-37 运动一样，因此可实现连续往复运动。启动 ST，K3 线圈断电，被保持的启动信号 K3 消失，回到后终端的气缸活塞杆不会再次伸出，运动结束。

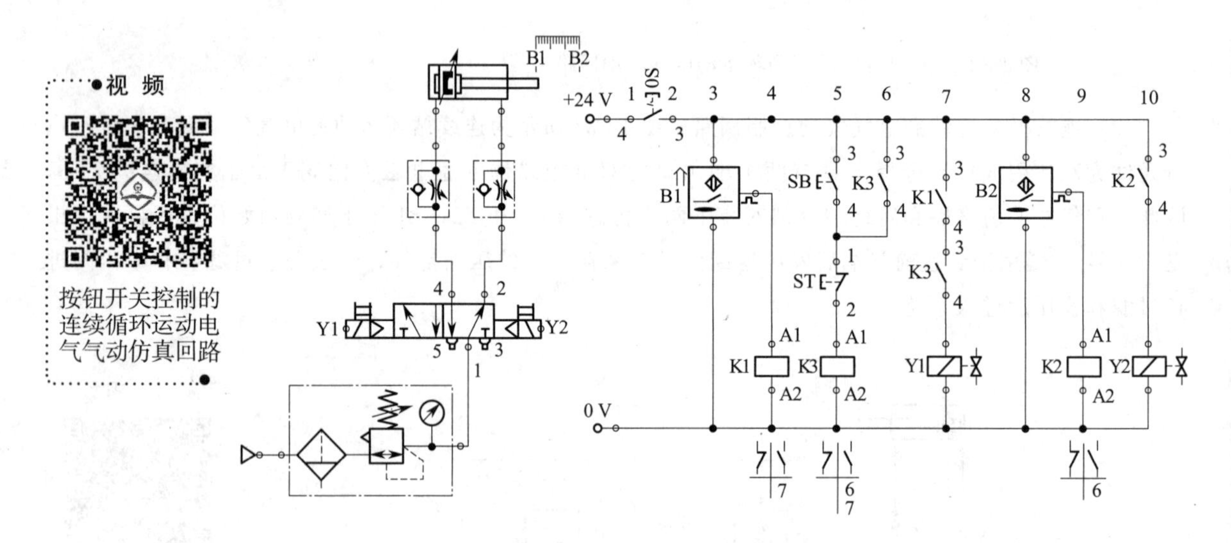

图 13-38 具有自锁功能电气气动回路

2）电控二位五通电磁换向阀的应用

（1）延时返回的单循环电气气动控制回路。双电控二位五通电磁换向阀与单电控二位五通电磁换向阀控制气缸的区别，主要是体现在突然断电时，双电控二位五通电磁换向阀控制的气缸可能停在原始位，也可能停在伸出位；而单电控二位五通电磁换向阀控制的气缸一定停在原始位。所以在选择控制阀的形式时要根据不同工况要求来选择。

如图 13-39 所示，根据单电控二位五通电磁换向阀工作原理，要使气缸活塞杆伸出到头，电磁阀电磁铁必须持续得电，所以控制 Y1 电磁铁的继电器 K2 需要自锁。

（2）具有自锁功能电气气动回路。如图 13-40 所示，S1 接通后，启动按钮开关 SB，气缸做往复循环运动；启动开关 ST，气缸回到初始位置后停止循环运动。在气缸运动过程中，断开 ST，气缸立刻回到初始位置。

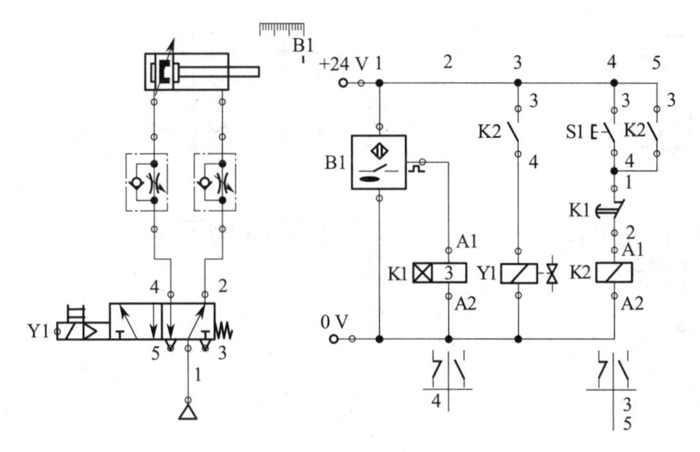

图 13-39 延时返回单循环电气气动回路

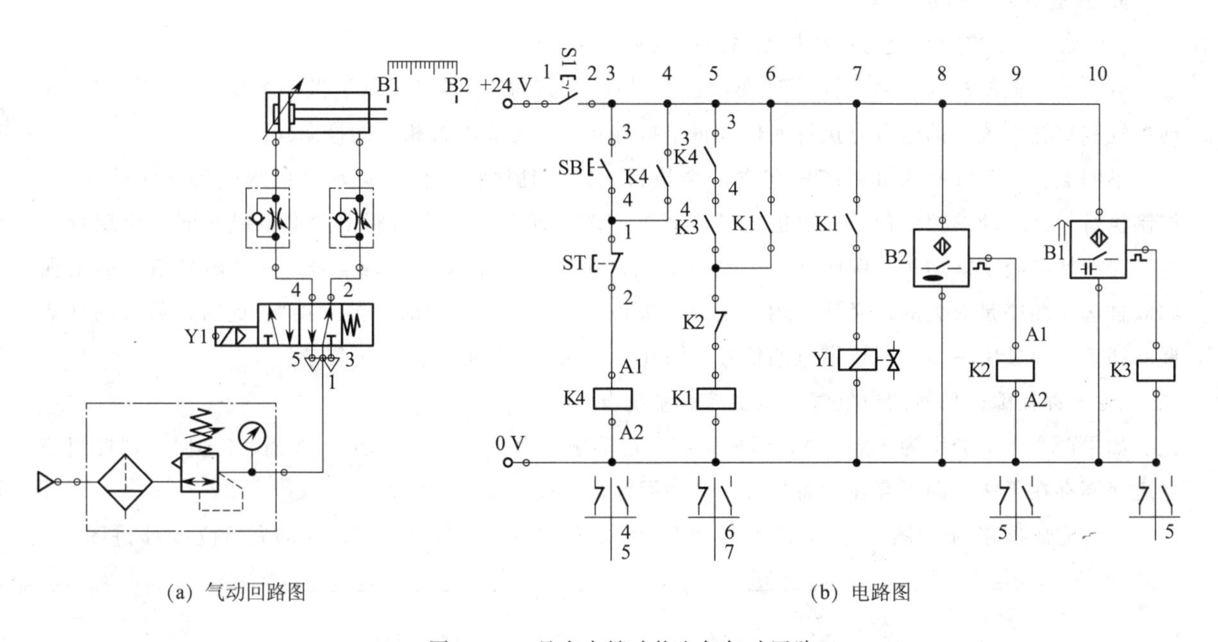

(a) 气动回路图

(b) 电路图

图 13-40 具有自锁功能电气气动回路

3）三位五通电磁换向阀的应用

视 频

连续循环运动的电气气动控制仿真回路 2

三位五通电磁换向阀与二位五通电磁换向阀的功能区别，就是二位五通电磁换向阀只能实现气缸活塞杆停在伸出位或返回位；而三位五通电磁换向阀理论上能使活塞杆停在任意位。当然，因为气体是可压缩的，如果要活塞杆可靠停在任意位置，还要考虑采用活塞杆带夹紧机构的气缸等手段。所以在选择换向阀时，需要根据工况要求，选择具体型号换向阀。

图 13-41 所示为点动控制三位五通电磁换向阀电气气动回路。

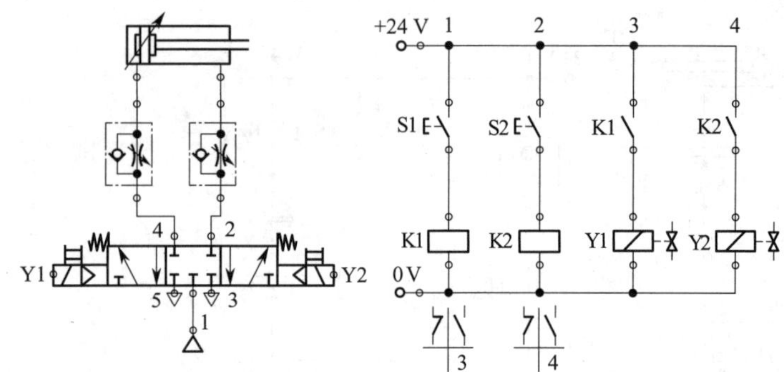

图 13-41　点动控制三位四通电磁换向阀电气气动回路

3. 双缸电气气动系统认知

1）双缸气动控制系统与单缸控制系统的区别

双缸与单缸的控制回路在设计时既存在相同点，也存在不同点，以下做一个比较。共同点：气动单缸和双缸系统中都包含有执行元件，每个执行元件都需要配置相应的换向阀。

不同点：由于气动双缸系统中包含两个执行元件，且执行元件的运动会出现先后顺序的问题，控制执行元件运动的控制信号有可能出现干扰的问题，即在一个换向阀上两端电磁头同时出现带电的情况，换向阀不能动作，顺序动作控制就会出现障碍，即出现了障碍信号，这种障碍信号的出现和双缸运动顺序是有关的，必须采用一定的方法将不需要的信号及时“消除掉”。此时，需借助已掌握的知识消除其中一个本不该带电的信号，因此，气动双缸控制回路会更复杂。

2）不存在障碍信号的电气气动双缸控制系统设计

如果两个气缸分别为1A、2A，组成系统后运动顺序为1A出、2A出、1A回、2A回，则控制信号之间不存在干扰，即不存在障碍信号，气动回路设计按照如下步骤。

（1）完成位移-步进图。图13-42所示为不带障碍信号的两个气缸顺序动作的完整位移-步进图。

名称	元件符号	状态	Zeit[s] Schritt 1 2 3 4 5=1
			2S1 1S3
气缸	1A	1 0	1S2
换向阀	1V1	14 12	
			2S2
气缸	2A	1 0	
换向阀	2V1	14 12	

图 13-42　不带障碍信号的双缸控制回路位移-步进图

通过启动按钮 S 使主控阀 1V1 换向，第一个气缸 1A 伸出，在行程的终点，气缸压下行程开关 1S3 输出电信号，使主控阀 2V1 换向，第二个气缸 2A 伸出，到前终端压下行程开关 2S2 输出电信号，使主控阀 1V1 复位，气缸 1A 返回到后终端压下行程开关 1S2 输出电信号，使主控阀 2V1 复位，气缸 2A 返回至初始位置 2S1。

（2）结合位移-步进图设计双缸控制回路。在已知控制顺序后，按顺序将行程开关发出的电信号（1S2、1S3、2S2）直接送到控制下一步动作的主控阀（1V1、2V1）控制口，就可构成如图 13-43 所示的控制回路。

① 两个双作用气缸，需分别用两个二位五通双电控电磁换向阀控制，因此，可按照单缸控制系统的设计方法，将每个控制阀与它所控制的气缸连接好，如图 13-43(a) 所示。

② 根据两个气缸的运动顺序，在气缸运动到终点需要发出信号的位置安装传感器，并利用传感器发出的电信号作为控制下一级动作的控制信号，并通过继电器控制电磁阀电磁铁。如图 13-43（b）所示。将行程开关 1S2、1S3 分别安装在气缸 1A 的后终端和前终端，将行程开关 2S1、2S2 分别安装在气缸 2A 的后终端和前终端。

从启动按钮处开始识图，由于在 1V1 和 1V2 换向阀的两个控制口上没有同时被施加控制信号，因此，该回路不存在障碍信号。

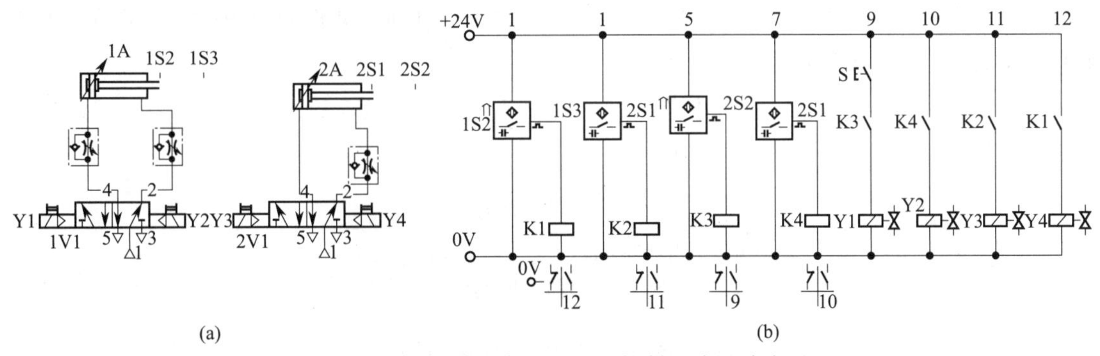

图 13-43　不带障碍信号的双缸控制回路设计步图

3）存在障碍信号的电气气动双缸控制系统设计

视　频

先出先回两缸顺序动作电气气动仿真回路

（1）障碍信号。在气动回路中障碍信号有三种类型：Ⅰ型障碍信号、Ⅱ型障碍信号和滞消障碍信号。

① Ⅰ型障碍信号。在一个完整的工作周期中每个气缸只往复一次的运动称为单循环，在单循环中，若在某个主控阀的两端控制上同时存在两个相互矛盾的输入信号，则称该障碍信号为Ⅰ型障碍信号。例如，如果两个气缸分别为 Z1、Z2，组成系统后运动顺序为 Z1 出、Z2 出、Z2 回、Z1 回，则 2 个信号之间就会存在干扰。当 Z1 缸伸出到头，B2 的输出信号使 Y3 带电，阀 2 左位，气缸 Z2 伸出后，触发 B4 输出信号，使 Y4 带电，阀 2 的两端电磁铁同时带电，主阀不能动作，即出现了Ⅰ型障碍信号。因此，必须采用一定的方法将不需要的信号及时“消除掉”，如图 13-44 所示。

② Ⅱ型障碍信号。若一个完整的运动周期中有气缸作两个以上的往复动作，则称这种运动为多缸往复循环运动。在这种运动中，可能存在一个多次出现的信号在不同节拍分别命令不同的气缸动

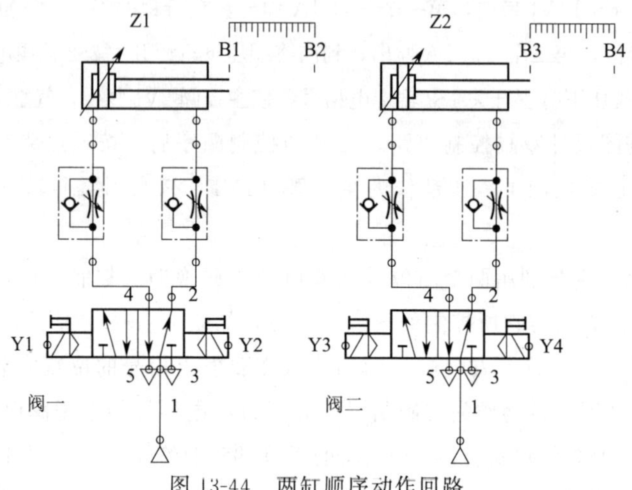

图 13-44　两缸顺序动作回路

作，或者分别命令同一个气缸的两个相反动作引起的障碍，这个信号称为Ⅱ型障碍信号。在多缸多往复运动中，可能既存在Ⅰ型障碍信号，又存在Ⅱ型障碍信号。

③ 滞消障碍信号。滞消障碍信号只可能存在于有两个气缸同步动作的程序中，一般情况下滞消障碍信号能自行消失，无须排除。

(2) 障碍信号的排除方法。由于本节学习的内容是双缸系统运动的Ⅰ型障碍信号，因此仅介绍Ⅰ型障碍信号的排除方法，如图 13-45 所示。

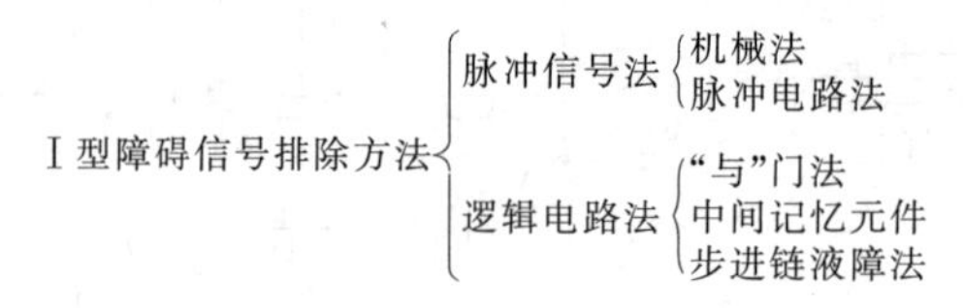

图 13-45　Ⅰ型障碍信号的排除方法

① 脉冲信号排除法：

a. 采用机械法。采用机械活络挡块或单向滚轮杠杆式行程开关，使得气缸在一次往复动作中只发出一次脉冲信号，把存在的长障碍信号变为脉冲信号，如图 13-46 所示。

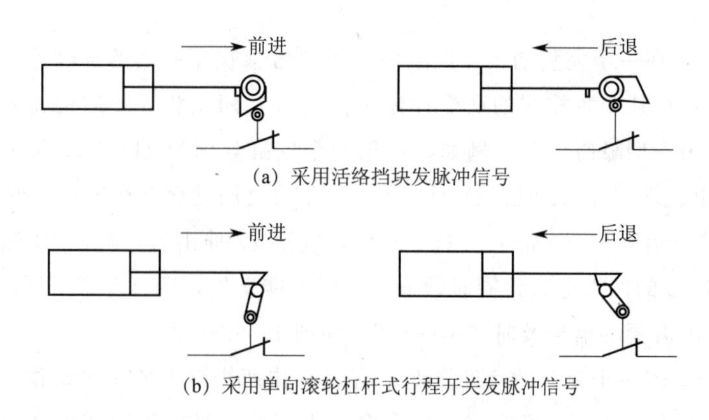

(a) 采用活络挡块发脉冲信号

(b) 采用单向滚轮杠杆式行程开关发脉冲信号

图 13-46　机械式脉冲信号排障法

这种方法排除障碍信号结构简单，但发信的定位精度较低，需要设置固定挡块来定位，特别是气缸行程较短时不宜采用。

b. 采用脉冲电路法。利用时间继电器将发信的长信号变为短信号，如图 13-47 虚线框中所示。

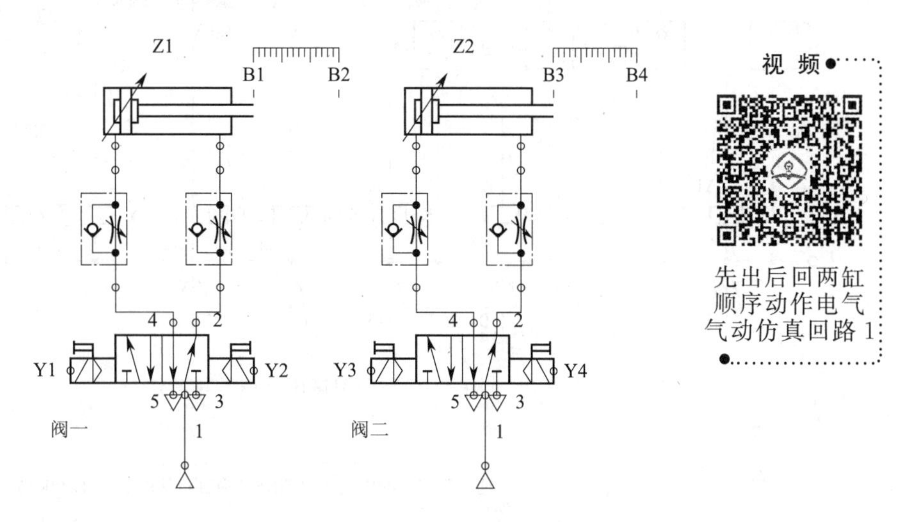

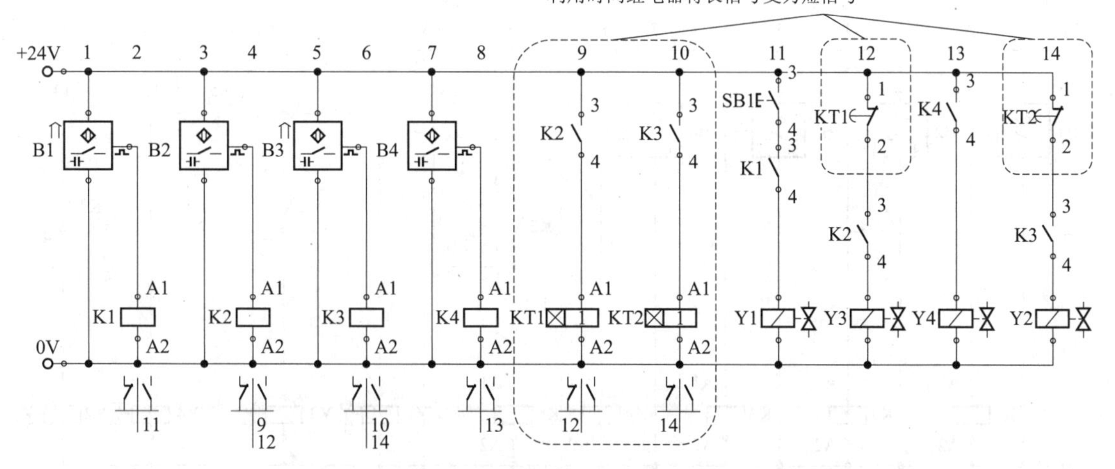

图 13-47 利用时间继电器将发信的长信号变为脉冲信号

② 逻辑电路法：

a. 逻辑“门”排障法是选择一个已有的信号作为制约信号，即 KT1、KT2，与存在障碍的原始信号 K2、K3 作为逻辑“与”门的两个输入，通过逻辑与运算的输出信号是既保持了原始信号 K2、K3 的执行段，又排除了障碍段的干扰信号，如图 13-48 虚线框中所示。

b. 引入中间记忆元件排障法。图 13-49 中存在两个障碍信号 B2 和 B3，利用自锁后的继电器 K5 的转换触点来消除这两个障碍信号。按动启动信号 SB1，K5 继电器线圈带电，并通过第 10 条线路上的 K5 触点闭合，使继电器 K5 保持带电，转换触点 K5 与第 11、12 条线路接通，保证了 Y2、Y4 所在线路 13、14 断开，消除了障碍信号 B2，当气缸运动到 B4 处，继电器 K5 线圈失电，K5 自锁断开，转换触点 K5 与第 13、14 条线路接通，保证了 Y1、Y3 所在线路 11、12 断开，消除了障碍信号 B3。

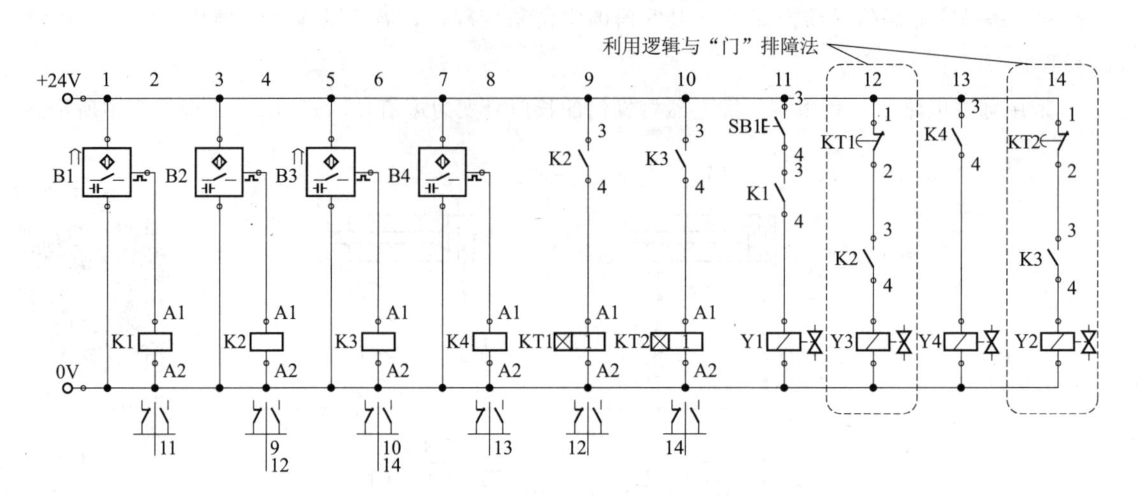

图 13-48 利用逻辑“门”排障法

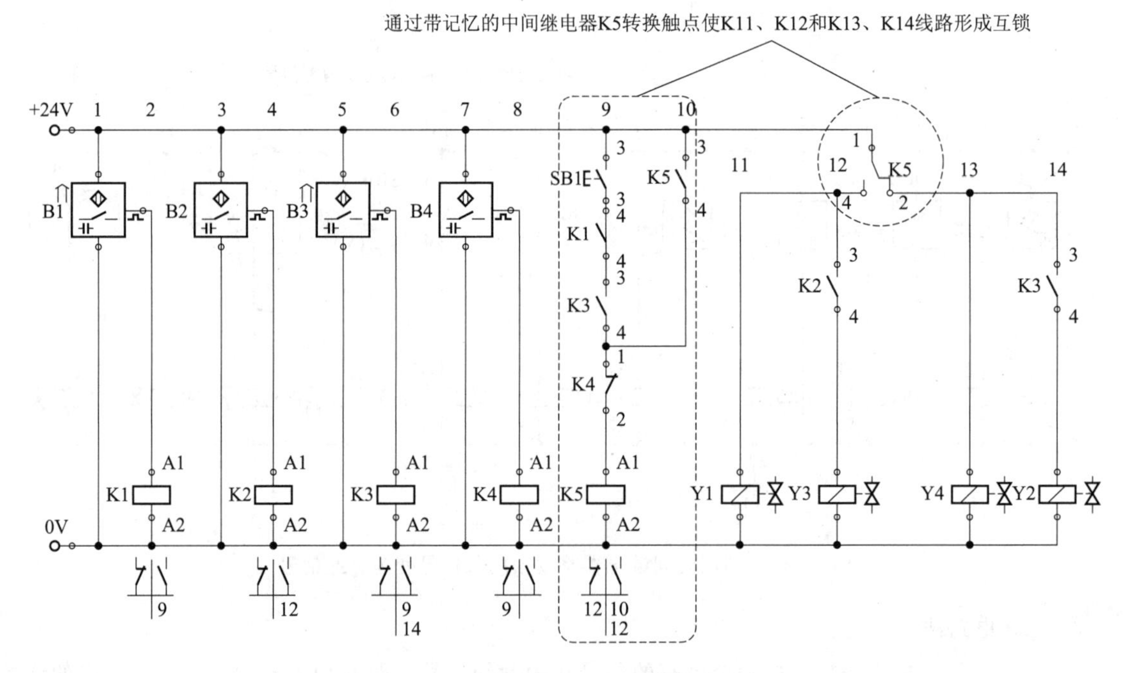

图 13-49 利用中间记忆元件排障法

③ 利用步进链排障法。如图 13-50 所示，电路图包含 4 个标准步进顺序，包括三个存储步一个复位步。由继电器 K1～K4 形成自锁回路。当 X1 常开触点闭合，信号元件 X2、X3 被依次感应，依次顺序形成各自的自锁回路，信号 X4 触发复位步骤，因此不需要存储。第一个自锁回路通过常闭触点 K4 复位，由此引发控制步进顺序的所有自锁回路从左至右被复位。由此可以达到消除障碍信号的目的。

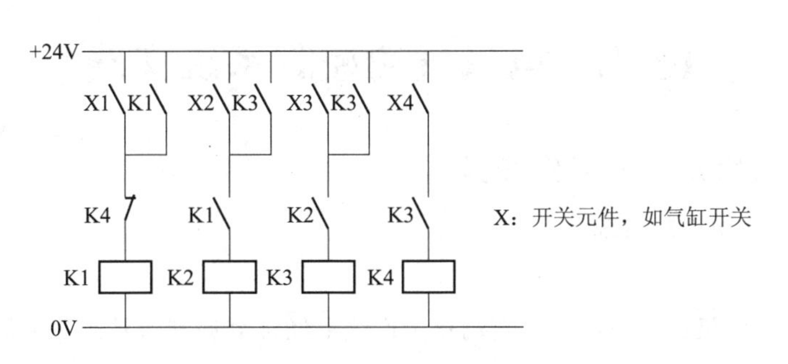

图 13-50　固定式步进链排障原理

参照图 13-47 两缸顺序动作回路，图 13-51 是利用固定式步进链排障法来完成两个气缸的顺序动作的控制电路图（Z1＋，Z2＋，Z2－，Z1－）。S1 按钮开关闭合，K1 继电器线圈得电并自锁，电磁铁 Y1 得电，第一个气缸伸出；伸出到 B2 点，继电器 K2 线圈得电并自锁，电磁铁 Y3 得电，第二个气缸伸出；伸出到 B4 点，继电器 K3 线圈得电并自锁，电磁铁 Y4 得电，Y3 断电，第二个气缸返回；返回到 B3 点，继电器 K4 线圈得电，电磁铁 Y2 得电，Y1 断电，第一个气缸返回；返回到 B1 点，继电器 K5 得电，第 1 路的 K5 常闭点断开，使得继电器 K1～K5 线圈依次断电。

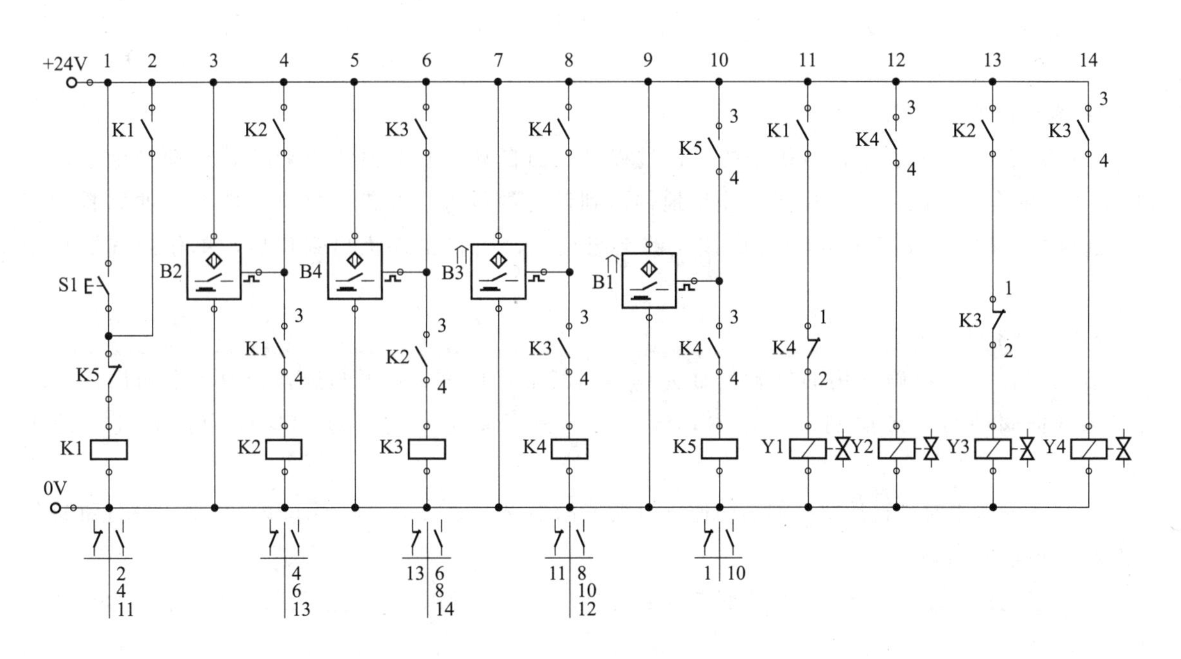

图 13-51　利用固定式步进链排障法

13.2 电气气动控制系统实践

13.2.1 单缸电气气动控制系统实践

1. 推料机构电气气动控制系统

1）任务介绍

图 13-52 所示为推料机构示意图。在自动化生产线上经常会遇到将被加工的原料或工件传递到指定的工位，传递的方式多种多样，可以利用工业机械手、机械手爪、气缸、传送带等机构。如图 13-52 所示介绍的是一种在生产中经常采用、造价低、安装与调试简单的气动推料机构，利用单作用气缸输送工件到达指定位置。试采用继电器控制和 PLC 控制 2 种方式，分别设计用继电器控制的该机构的气动/电气原理图并在实验台上完成系统的安装与调试，完成评价，填写实验报告；同时需完成纸面作业，即用 PLC 控制的该机构的控制程序设计工作。

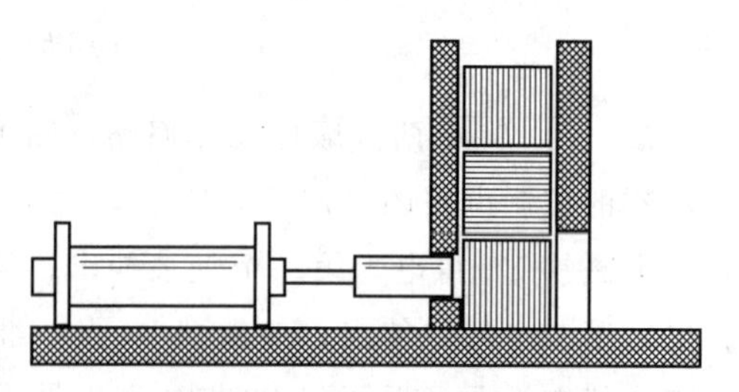

图 13-52　推料机构示意图

动作分析：启动按钮开关，单作用气缸伸出，且伸出速度应能够无级调节，将工件推出到位后，单作用气缸自动快速返回。

2）系统设计

(1) 所需元件的选择。推料机构的工作过程是，当自动上料装置上好料后，点动一个手动按钮 S1 后，单作用气缸的活塞杆尽可能快地伸出到前终端位置，并借助推头将料仓中的原料或工件传递到指定的工位，且伸出速度应该能够无级调节，当将工件推出到位后，单作用气缸自动快速返回。

元件的选择如下：

① 由于任务已明确采用的推料气缸为单作用气缸，由表 2-8 可知选择带有 1 个输出口的二位三通换向阀即可，考虑到节约成本，选择二位三通单电控电磁换向阀作为控制气缸的主控阀；

② 任务要求中对气缸活塞杆伸出的速度有调节的要求，返回的速度要求快。因此，在气缸进气口需安装单向节流阀；

③ 由于气缸运动到前终端完成推料任务后要自动返回，所以，在气缸的前终端安装了电感传感器 B1；

④ 起始开关为按钮开关，电磁阀为单电控阀，需要借助中间继电器对启动信号进行自锁；

⑤ 来自气源的压缩空气须经过过滤和调压，分水过滤器和减压阀是必选元件；

⑥ 考虑到降低噪声，换向阀的排气口需安装消声器；

⑦ 考虑到安全因素，完成本次任务搭接实验回路，需用一个 24V 输出的稳压电源。

鉴于上述分析，完成本次任务搭建实验回路，需要一个 24V 输出的稳压电源。系统回路图如

图 13-53 所示。

(2) 气动/电气原理图设计。图 13-53 所示为推料机构的气动/电气原理图，启动 S1 按钮后，中间继电器 K1 线圈得电，并通过电路图中 1、2 线路实现自锁，K1 触点闭合，电磁换向阀电磁头 Y1 得电，3/2 单电控电磁换向阀换向，压缩空气经过单向节流阀进入单作用气缸无杆腔，产生向右的推力，克服弹簧力，使活塞杆伸出，实现推料；当活塞运动到传感器 B1 感应区，传感器 B1 输出电信号，使中间继电器 K2 线圈得电，在电路图线路 1 上的 K2 闭触点打开，K1 线圈失电，对应线路 2 和线路 4 上的 K1 触点打开，Y1 电磁头失电，3/2 单电控电磁换向阀复位，气缸无活塞杆腔气体经单向节流阀中的单向阀从 3/2 单电控换向阀的排气口 3 排出，活塞杆在弹簧的作用下实现快速缩回，机构恢复到初始位置。

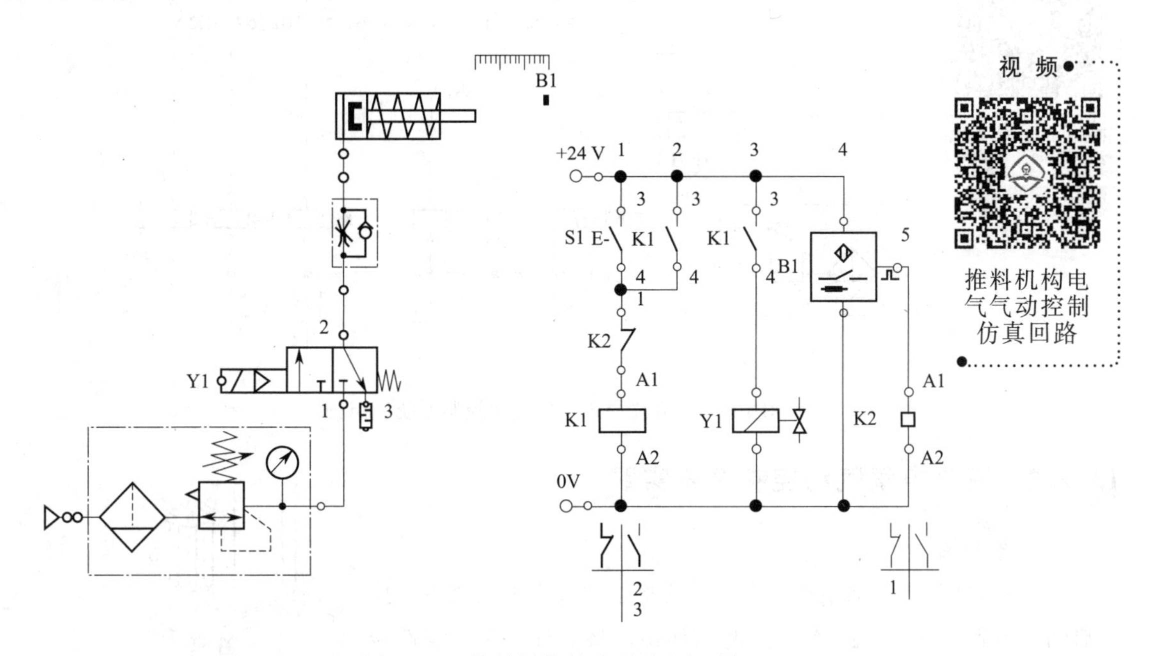

图 13-53　推料机构气动/电气原理图

2. 清洗装置电气气动控制系统

1) 任务介绍

图 13-54 所示为清洗装置示意图。

在清洗设备中清洗带孔的铝合金工件。将工件放在一个网篮中（见图 13-54）。按动启动按钮后，气缸应该带动网篮在清洗池中上下运动。上下运动的次数通过时间控制元件调节在 5 个往复循环。使用非接触式气缸开关来感应气缸行程的终点位置。使用带弹簧复位的单电控电磁换向阀作为主控元件。

附加条件：只有当网篮位于上端位置，即气缸的活塞杆处于缩回状态时，工作过程才能够被启动。用发光二极管（LED）显示运行过程，即运行时 LED 亮。第二个按钮可以操纵网篮浸入到清洗池

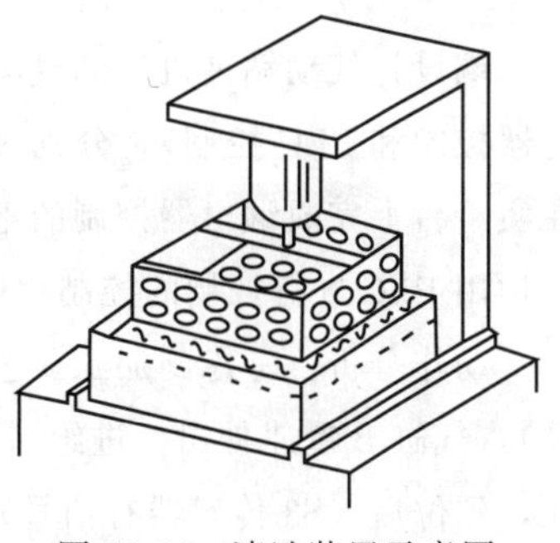

图 13-54　清洗装置示意图

中一次。

2）系统设计

如图 13-55 所示，本实验气动原理图要求明确、简单。关键是设计电气控制系统的循环次数控制设计。图中设计了与继电器 K2 同时带电的指示灯，用于显示运行状态；为了实现单循环，设置按钮开关 S2，通过持续按 S2 开关，可以实现气缸单循环，图中使用断电延时触点（KTI）控制继电器 K2 的带电时间，即控制了循环次数。

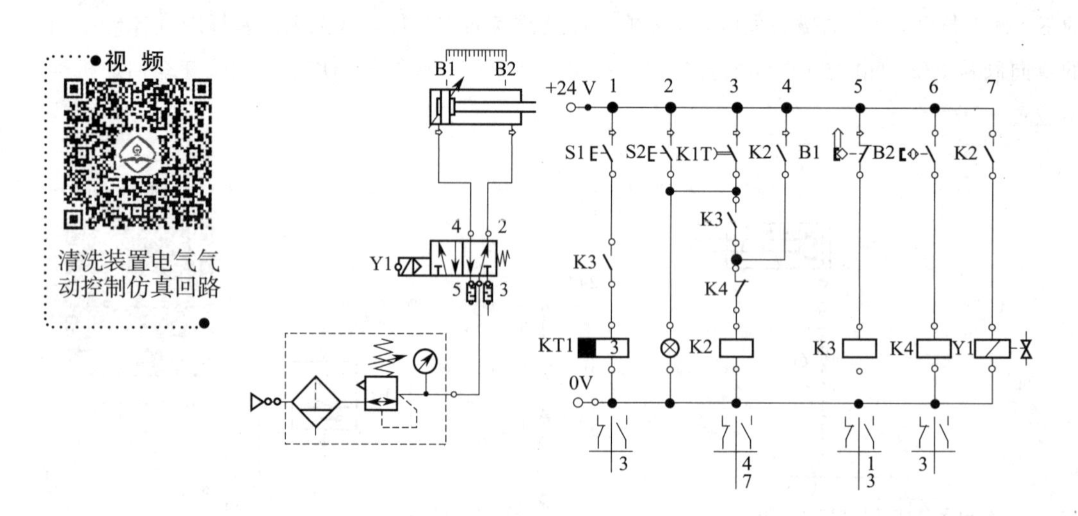

图 13-55　清洗装置电气气动控制系统回路图

13. 2. 2　双缸电气气动控制系统实践

1. 任务介绍

图 13-56 所示为气动钻夹机构。手动将工件放入夹具之中，按动启动开关后，夹紧气缸 A 的活塞杆伸出，将工件夹紧，容性传感器 S2 发出信号，气缸 B 的活塞杆带着钻孔机构完成对工件钻孔的进给加工（钻头由电机 C 驱动），钻孔加工深度到位后，容性传感器 S4 发出信号，气缸 B 的活塞杆退回到上端初始位置，容性传感器 S3 发出信号，气缸 A 的活塞杆退回到原始位置，容性传感器 S1 发出信号，工件加工完毕。

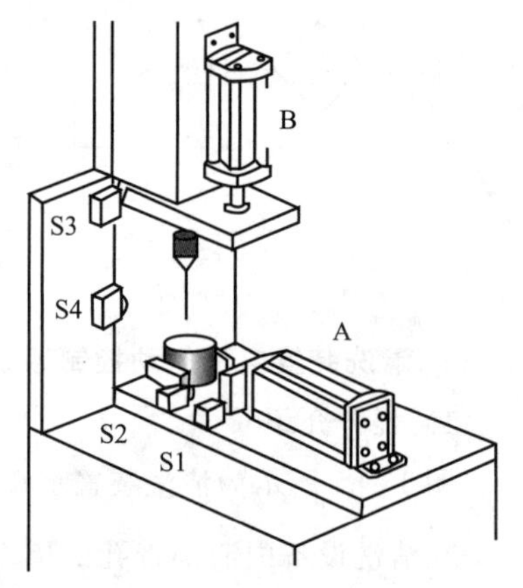

图 13-56　气动钻夹机构

试设计气动钻夹机构的气动回路图，并采用两种控制方式（继电器控制和 PLC 控制），分别完成对应的电气原理图和控制程序，在实验台上完成继电器控制的电气气动系统的安装与调试，完成评价，填写实验报告；课下完成该机构用 PLC 进行控制的控制程序设计。

动作分析：考虑到加工工艺，启动按钮后，气缸 A 活塞杆应慢速伸出，到位后（传感器 S2 有信号），气缸 B 慢速伸出（进给），同时电机开始旋转，B 到位后（传感器 S4 有信号），B 活塞杆慢速返回，到位后（S3 传感器有信号），电机停，同时 A 气缸活塞杆退回原位（S1 传感器有信号），工件加工完毕。

2. 系统设计

(1) 所需元件的选择。气动钻夹机构工作过程是启动按钮后，气缸 A 活塞杆应慢速伸出，到位后（传感器 S2 有信号），气缸 B 慢速伸出（进给），同时电机开始旋转，B 到位后（传感器 S4 有信号），B 活塞杆慢速返回，到位后（S3 传感器有信号），电机停，同时 A 气缸活塞杆退回原位（S1 传感器有信号），工件加工完毕。

元件的选择如下：

① 由于任务已明确有三个执行元件，夹紧气缸 A，钻头进给气缸 B，带动钻头转动的电机。夹紧气缸和控制钻头进给的气缸均采用双作用气缸，根据工况夹紧气缸选择二位阀控制，进给气缸选择三位阀控制，控制夹紧气缸的主控阀可选择带有 2 个输出口的二位五通双电控电磁换向阀，控制钻头进给的气缸主控阀选择三位五通电磁换向阀，为了防止急停后进给缸下滑，安装气控单向阀保证锁紧气缸。

② 任务要求中对 A 气缸活塞杆伸出的速度有调节的要求，返回没有速度要求；对 B 气缸伸出和返回都有速度要求。因此，在 A 气缸有杆腔进气口需安装单向节流阀，在气缸 B 的两个进气口都要安装单向节流阀。

③ 由于三个执行元件的运动流程自动完成，所以，在两个气缸的前、后终端都需要安装传感器 S1、S2、S3 和 S4。

④ 急停开关为定位开关，启动开关为按钮开关。

⑤ 来自气源的压缩空气须经过过滤和调压，分水过滤器和减压阀是必选元件。

⑥ 考虑到降低噪声，换向阀的排气口需安装消声器。

⑦ 考虑到安全因素，完成本次任务搭接实验回路须有一个 24 V 输出的稳压电源，并安装急停开关。

(2) 气动/电气原理图设计。在前面障碍信号的判别中已知有三个障碍信号 a1、b1 和 c1，为Ⅰ型障碍信号。因此，采用中间记忆元件进行消障处理。图 13-57 所示为钻夹机构的气动/电气原理图，启动 SB2 按钮后，中间继电器 K5 线圈得电，并通过电路图中 11 线路实现自锁，K5 触点闭合，电磁换向阀电磁头 Y1 得电，5/2 双电控电磁换向阀换向，压缩空气经过换向阀进入 A 缸无杆腔，作用在活塞上，产生向右的推力，克服摩擦阻力，使活塞杆伸出，实现夹紧，并通过出气口实现节流调速；当活塞杆运动到传感器 S2 感应区，传感器 S2 输出电信号，使 Y3 线圈得电，进给 B 气缸伸出，同时电机转动；当活塞杆到达 S4 感应区，K5 线圈失电，对应的 K5 触点打开，线路 15、16 上接通，Y4 电磁头得电，5/3 双电控电磁换向阀右位，双作用气缸 B 的活塞杆缩回，当活塞杆到达 S3 处，线圈 Y2 得电，同时，电机 C 停止转动，气缸 A 活塞杆缩回。

思考：分析图 13-57 中急停开关 SB1 对该控制系统的作用，一旦按下急停后，A 缸和 B 缸所处的位置？拔起急停开关 SB1 后，两气缸如何动作？

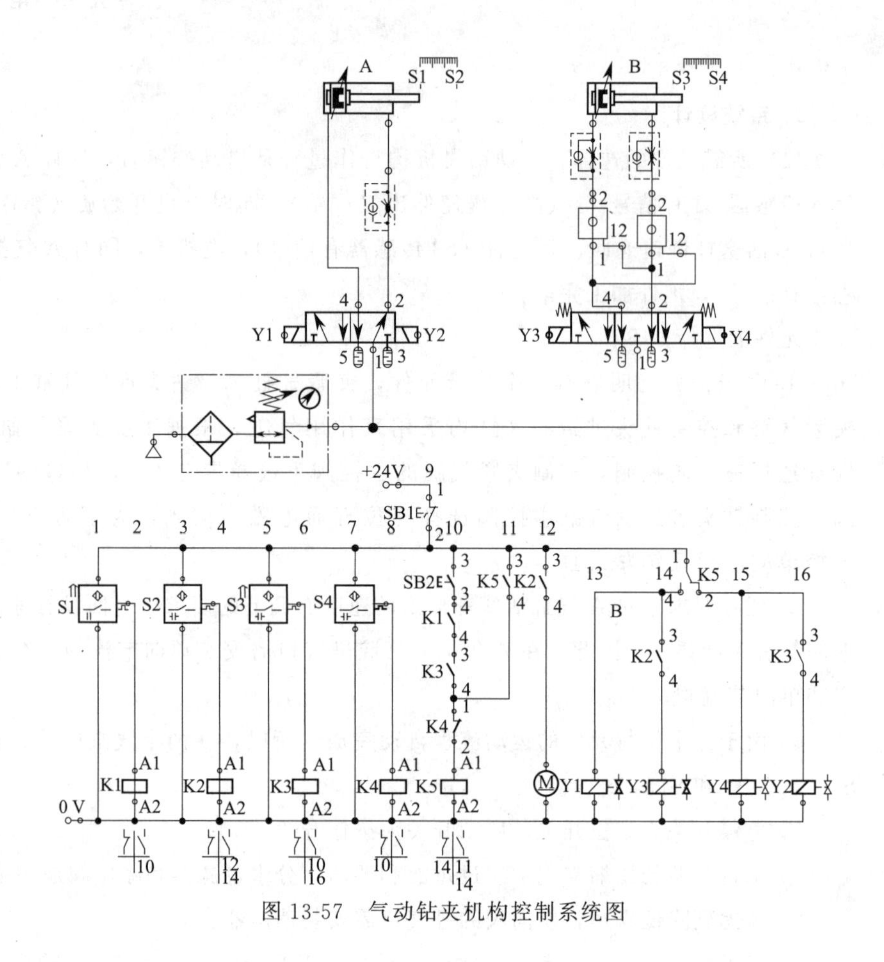

图 13-57 气动钻夹机构控制系统图

思考与练习

1. 使用一个带弹簧复位的二位三通电磁换向阀可以对什么样的气缸进行基本控制？

2. 通常可以采用一个二位五通电磁换向阀对一个什么样的气缸进行控制？

3. 在使用单电控二位五通电磁换向阀时，电磁铁的带电时间是否有基本要求？

4. 双电控二位五通脉冲式电磁换向阀是否有确定的初始位置？

5. 在继电器控制技术中，逻辑的基本功能"与"是如何实现的？

6. 在继电器控制技术中，逻辑的基本功能"或"是如何实现的？

7. 在电气-气动控制回路中，如果使用带弹簧复位的电磁换向阀，如何保障该阀的电磁头获得连续的电信号？

8. 如果电路中某信号需要用常闭触点，但是传感器只有常开触点的话，那么可以借助什么元件帮助将常开触点转换为常闭触点？

9. 在电气气动元件中哪个元件具有将气动信号转换为电信号的功能？

10. 在进行多缸系统障碍信号判别时，你习惯用哪种方法？

11. 在生产线上，如果遇到传递工件的运动方向、运动位置发生变化，通常采用图 13-58 所示物料转运平台来解决此问题，借助两个双作用气缸 Z1、Z2 来完成，要求 Z1 气缸伸出到位后，Z2 气缸伸出，到位后 Z1 气缸返回，Z1 气缸返回到位后，Z2 气缸返回，来实现使传递的工件运动方向和位置发生改变，为保证平稳运行两个气缸伸出的速度均可调节。试判断该系统动作流程是否存在障碍信号，并分别设计用继电器控制的满足上述功能的生产线物料转运装置的电气-气动回路图，用 PLC 控制的控制程序。

12. 图 13-59 所示为气动压销设备，水平气缸 A2 用于工件压紧，垂直气缸 A1 用于将两个放置在工件销孔上的销子压入销孔中。生产过程是全自动的：当操作启动按钮后，气缸 A2 将工件夹紧，然后，气缸 A1 将销钉压入到工件中。为了安全起见，夹紧气缸 A2 必须夹紧工件，一直到压入气缸 A1 返回到它的后端终点位置为止，才能松开。可选用二位五通脉冲式电磁换向阀作为主控元件。感性传感器作为信号元件，两个气缸活塞杆的伸出速度应该可以无级调节。试判断该机构动作流程是否存在障碍信号，试分别设计用继电器控制的该机构电气-气动控制回路图，用 PLC 控制的控制程序。

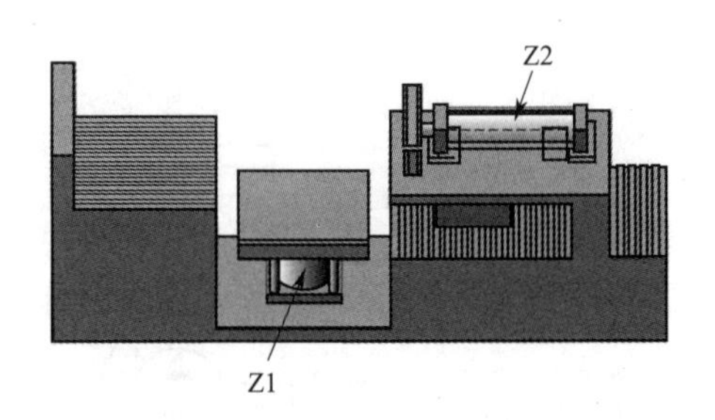

图 13-58　物料转运平台（题 11 图）

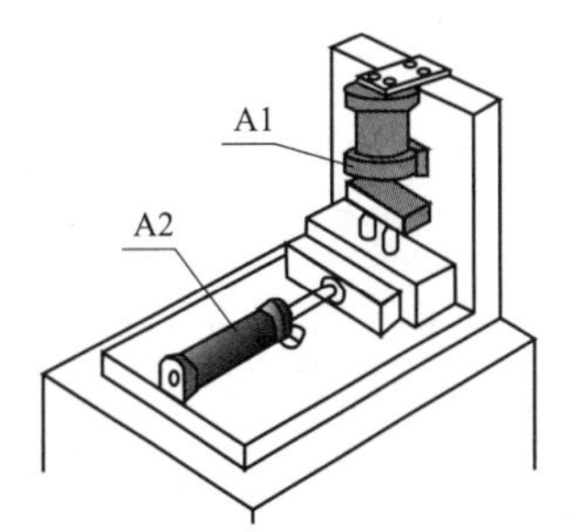

图 13-59　压销设备（题 12 图）

13. 图 13-60 所示为零件压装机构，夹紧气缸 Z1、压装气缸 Z2、推料气缸 Z3。将工件 1 和工件 2 放入压装工位，夹紧气缸 Z1 伸出夹紧后，压装气缸 Z2 快速下行，将工件 2 压入工件 1 中，Z2 缸返回，夹紧缸 Z1 快速返回后，推料气缸 Z3 伸出，将工件推入放料筐，返回到初始位置，1 个工作循环结束。试判断该机构动作流程是否存在障碍信号，试分别设计用继电器控制的该机构电气-气动控制回路图，用 PLC 控制的控制程序。

14. 图 13-61 所示为金属弯片机，夹紧气缸 Z1、弯片气缸 Z2、弯片气缸 Z3。将工件放置加工工位，夹紧气缸 Z1 伸出夹紧后，弯片气缸 Z2、Z3 同时快速伸出，利用气缸前的楔形冲头进行煨弯加工，到位后气缸 Z2、Z3 同时返回到初始位置后，夹紧气缸 Z1 返回。试判断金属弯片机动作流程是否存在障碍信号？试分别设计用继电器控制的该弯片机电气-气动控制回路图，用 PLC 控制的控制程序。

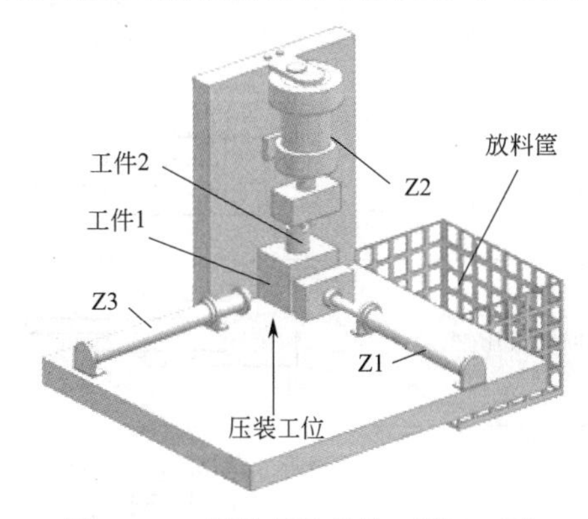

图 13-60　零件压装机构（题 13 图）

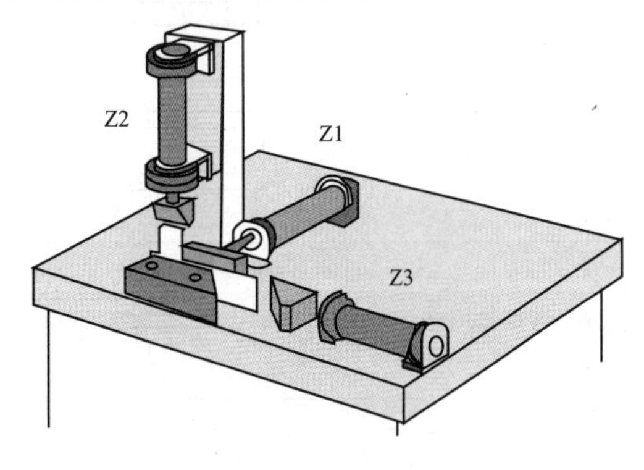

图 13-61　金属弯片机（题 14 图）

附录A 常见液压元件符号

（摘自 GB/T 786.1—2009/ISO 1219-1：2006《流体传动系统及元件图形符号和回路图，第一部分：用于常规用途及数据处理的图形符号》）

名 称		符 号	名 称		符 号
液压泵与液压马达					
单向定量泵			单向变量泵		
双向定量泵（双向旋转）			双向变量泵（顺时针旋转、带外泄油路）		
双向定量马达			双向变量马达		
液压缸、摆动马达、增压器					
单作用液压缸	单作用液压缸（弹簧复位）		双作用液压缸	单活塞杆双作用液压缸	
	单作用液压缸			双活塞杆双作用液压缸	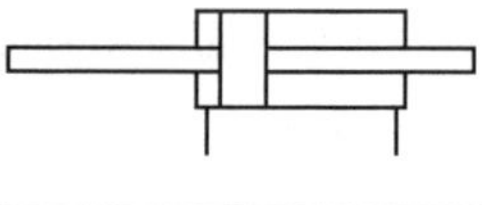
	柱塞液压缸			两端带可调缓冲的双作用单杆缸	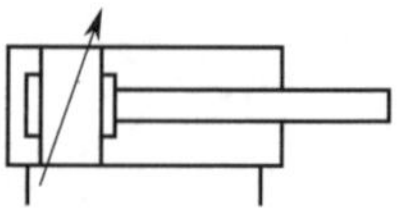
	伸缩液压缸			伸缩液压缸	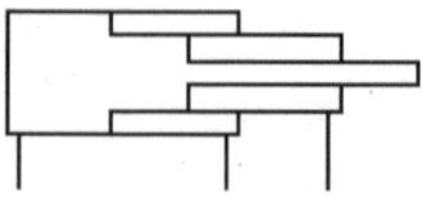
摆动马达			增压缸		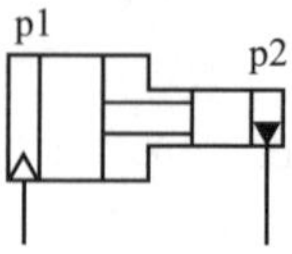 p1 p2

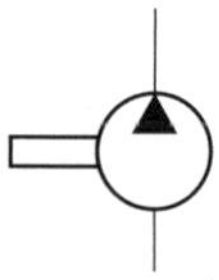

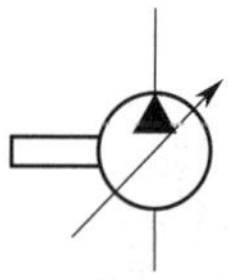

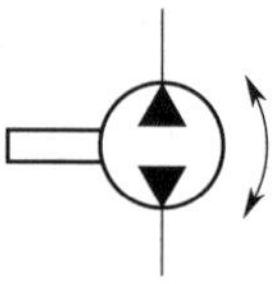

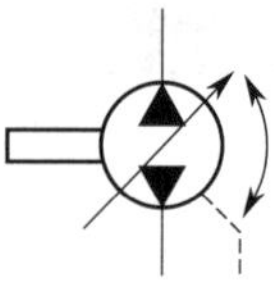

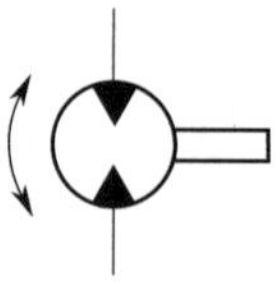

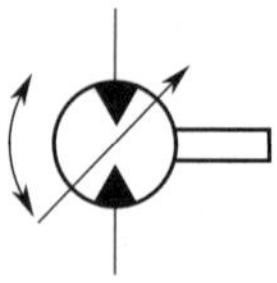

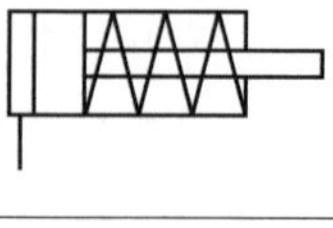

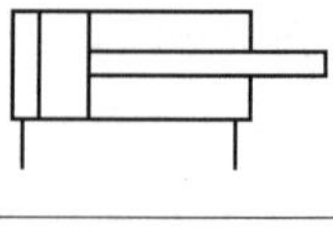

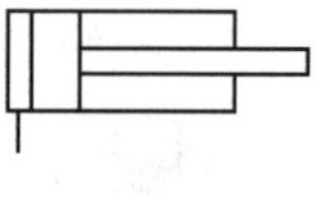

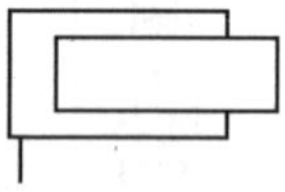

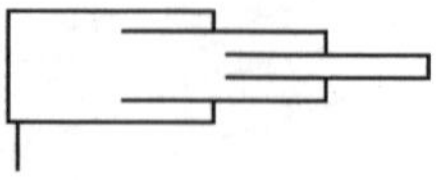

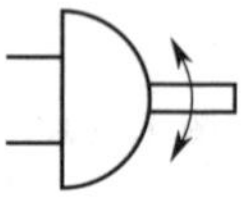

续表

名　称		符　号	名　称		符　号
控制机构					
人力控制	一般符号	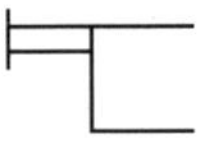	机械控制	顶杆式	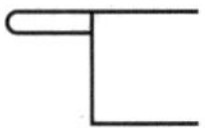
	按钮式	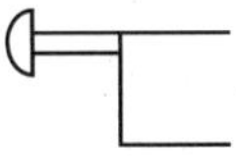		弹簧控制式	
	按钮式（带定位装置）	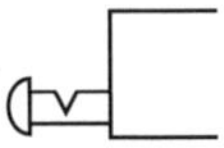		滚轮式	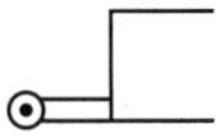
直接压力控制	手柄式	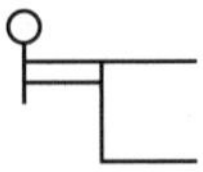		单向滚轮式	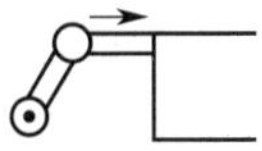
	踏板式	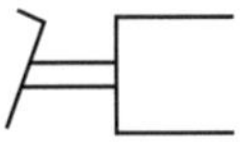	电气控制	电磁铁	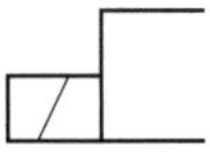
	加压或泄压控制	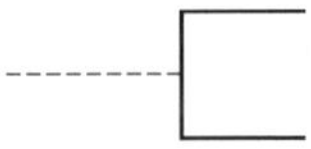		比例电磁铁	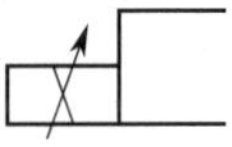
	内部压力控制	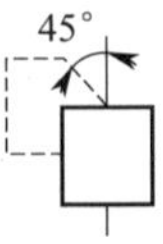 45°	先导加压控制	液压先导（外控）	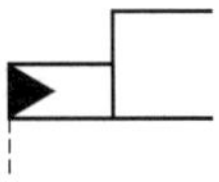
	外部压力控制	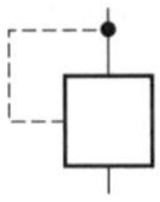		电液先导（内控）	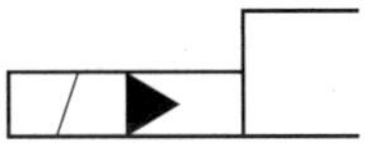
先导型压力控制阀（外泄）		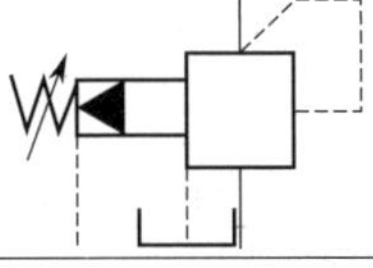	先导型比例压力控制阀		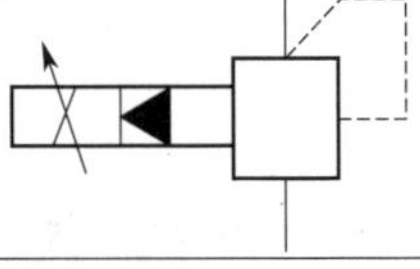
方向控制阀					
单向阀			液控单向阀		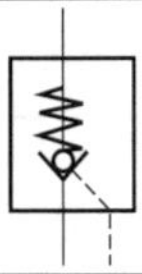
梭阀		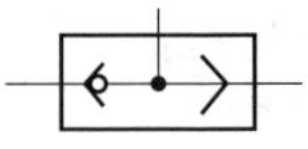	双向液压锁		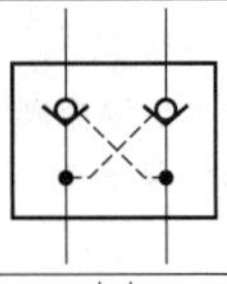
二位二通换向阀		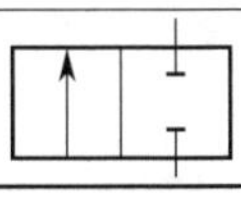	三位四通换向阀		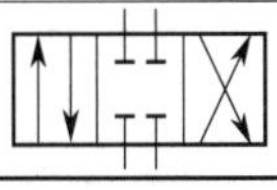

续表

名　称	符　号	名　称	符　号
二位三通换向阀		三位四通换向阀	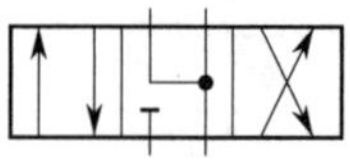
二位四通换向阀	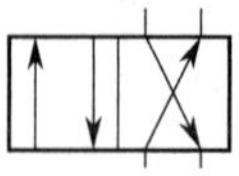	三位四通换向阀	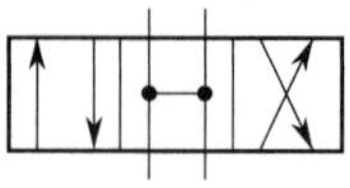
二位五通换向阀	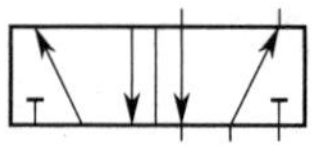	三位四通换向阀	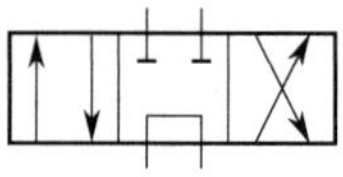
三位五通换向阀	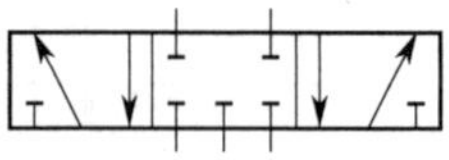	三位四通换向阀	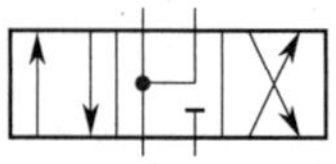
二位二通电磁换向阀（常开）	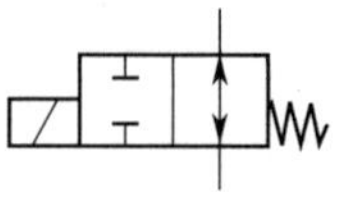	二位三通电磁换向阀（常闭）	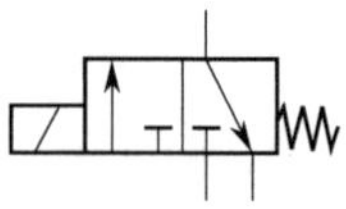
三位四通液压换向阀	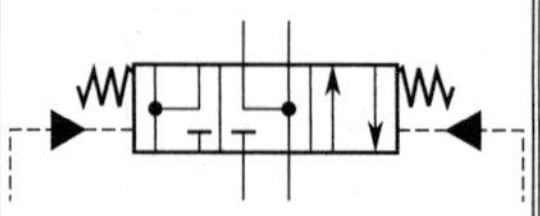	二位四通电液换向阀	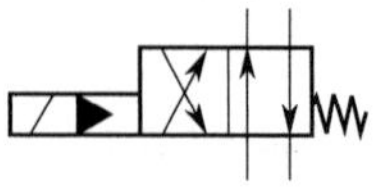
二位三通电磁换向座阀	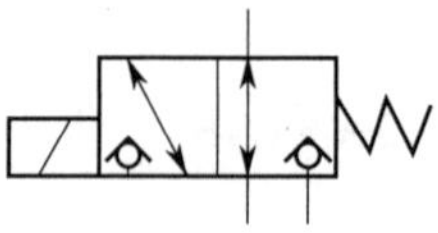	三位四通电液换向阀（外控外泄）	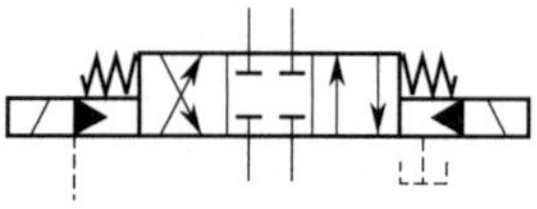
压力控制阀			
直动式溢流阀	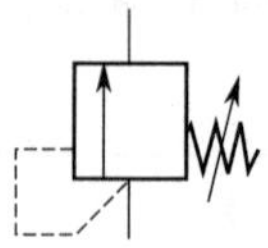	先导式溢流阀（内控内泄）	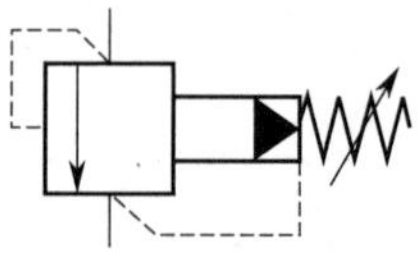
先导式电磁溢流阀（带电保压）	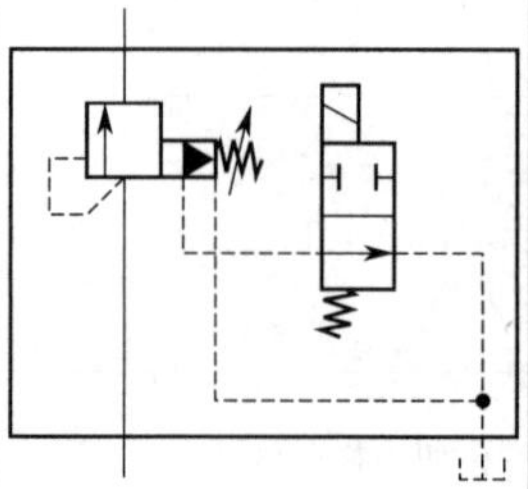	直动式减压阀（外泄）	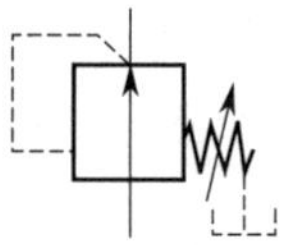

续表

名　称	符　号	名　称	符　号
压力控制阀			
先导式减压阀	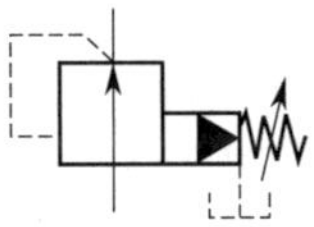	直动式三通减压阀	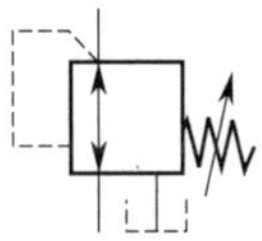
单向减压阀	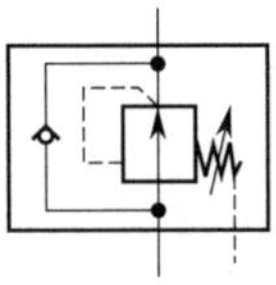	直动式顺序阀（内控外泄）	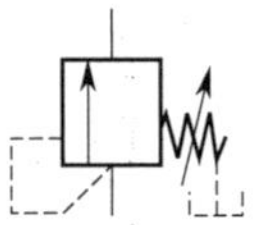
直动式顺序阀（外控外泄）	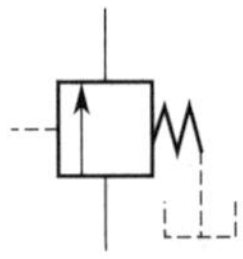	单向顺序阀	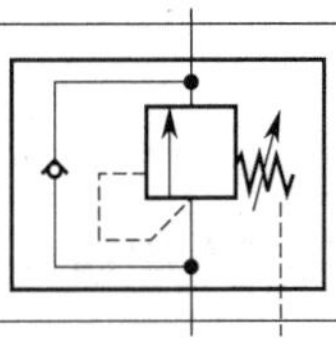
先导式顺序阀（内控外泄）	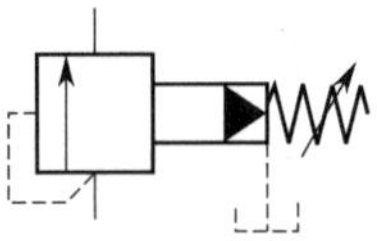	压力继电器	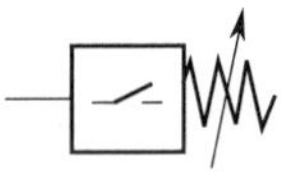
流量控制阀			
可调节流阀		单向节流阀	
调速阀	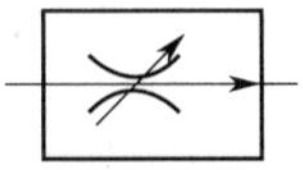	三通精密流量调节阀	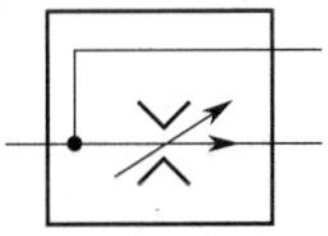
精密分流阀	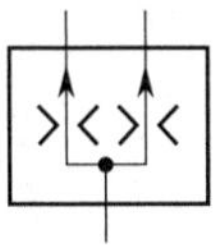	精密集流阀	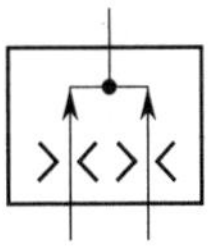
比例方向阀			
三位四通直动式比例换向阀	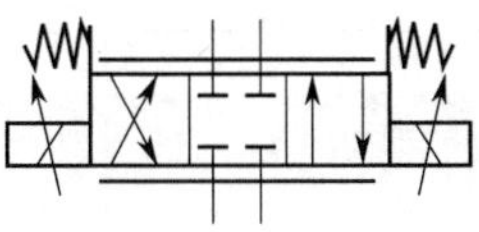	三位四通电液比例换向阀（带位移传感器、内置放大板）	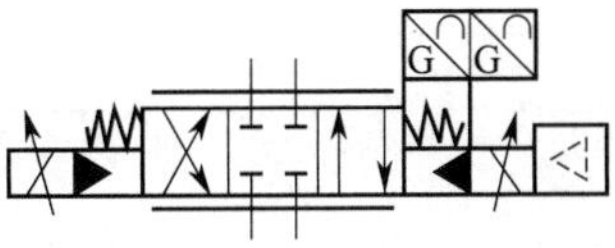 G G
三位四通先导式比例换向阀（带位移传感器、内置放大板、外控外泄）	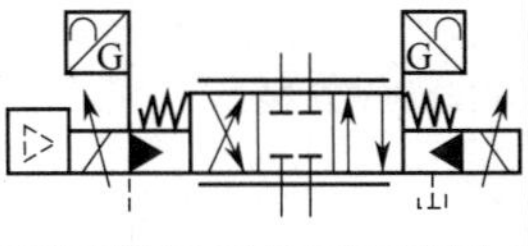 G G	四位四通比例伺服阀（带位移传感器、内置放大板）	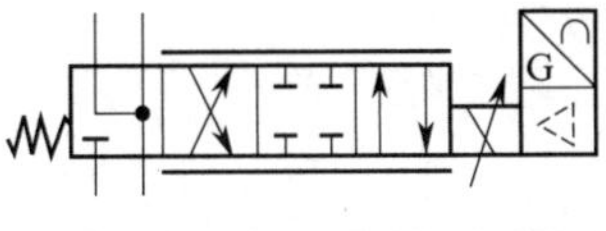 G

续表

名　称	符　号	名　称	符　号
比例溢流阀			
直控式比例溢流阀	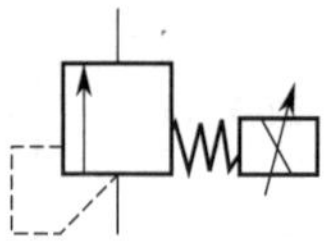	先导式比例溢流阀（带位置反馈）	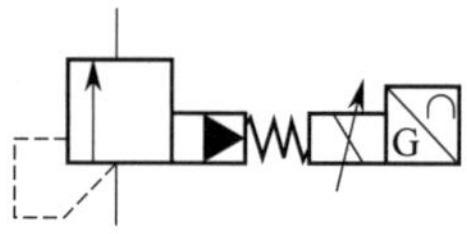
比例流量调节阀			
直控式比例流量阀	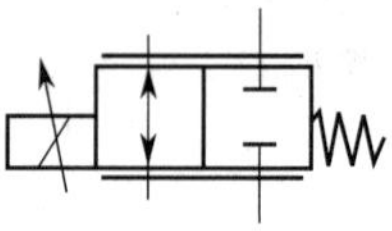	比例调速阀	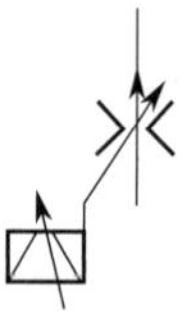
比例调速阀（带位移传感器）	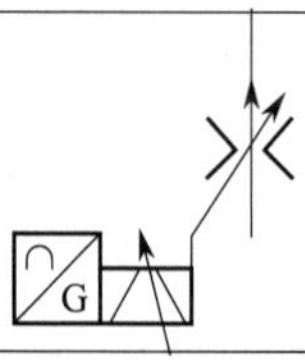	直控式比例流量阀（带位移传感器、内置放大板）	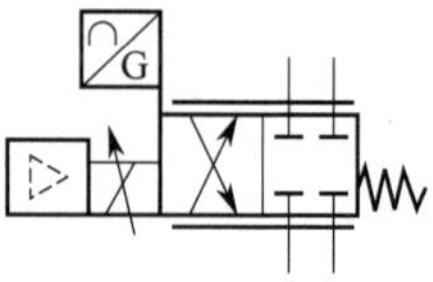
辅助元件			
过滤器		空气滤清器	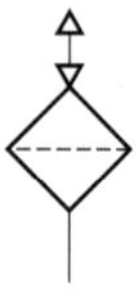
带旁通阀的过滤器	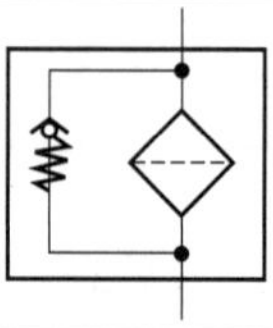	冷却器	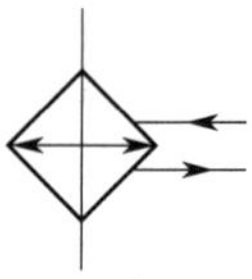
加热器		气囊式蓄能器	
流量计	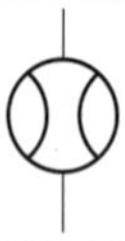	液位计	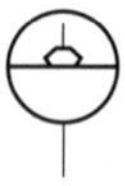
压力表		油箱	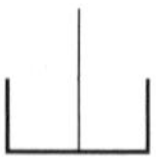
软管总成		带单向阀的快换接头	

附录B 常见气动元件符号

（摘自 GB/T 786.1—2009/ISO1219-1：2006《流体传动系统及元件图形符号和回路图，第一部分：用于常规用途及数据处理的图形符号》）

名　称	符　号	名　称	符　号
气源系统			
空压机	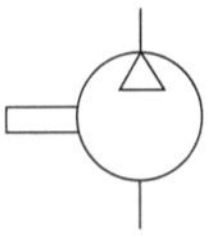	气罐	
冷却器	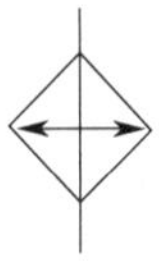	空气干燥器	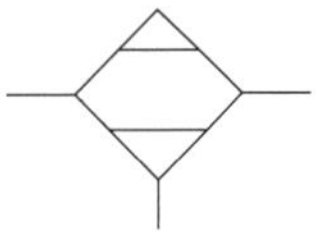
油水分离器	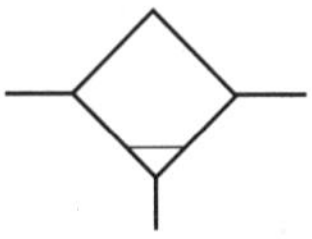	过滤器	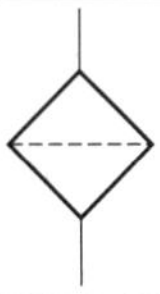
油水分离器（自动排水）	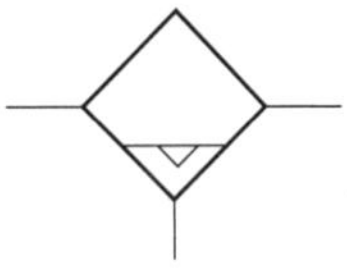	吸附过滤器	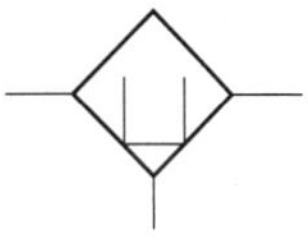
气源处理元件			
分水过滤器	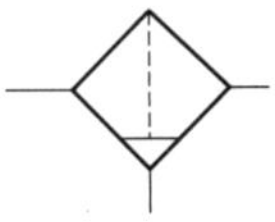	油雾器	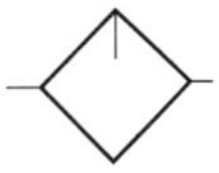
气动三联件（详细示意图）	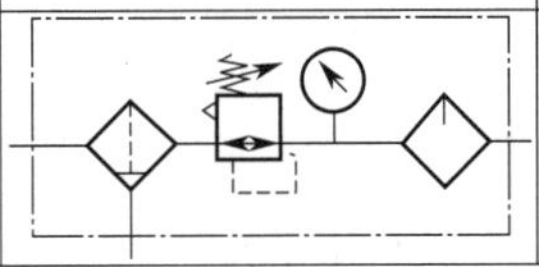	气动三联件（简化图）	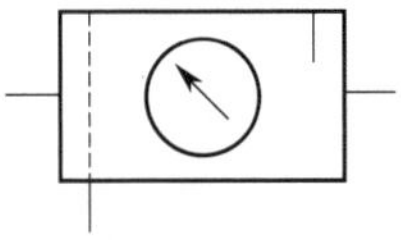
执行元件			
单作用气缸	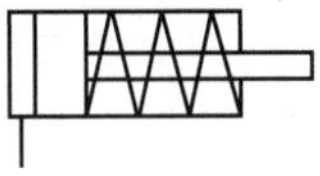	单作用气缸（两端带可调节流缓冲装置）	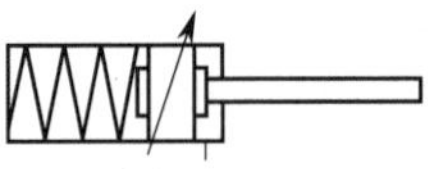
双作用单杆气缸	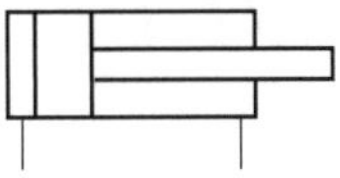	双作用单杆气缸（两端带可调节流缓冲装置）	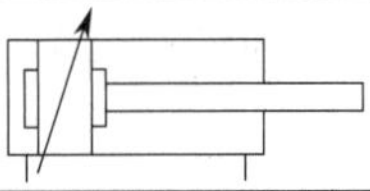

续表

名　称	符　号	名　称	符　号
执行元件			
双作用单杆气缸（两端带可调节流缓冲、活塞带磁环）	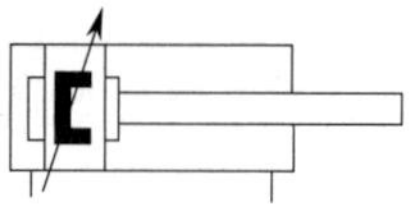	双作用双杆气缸（活塞杆直径不同，双侧带缓冲，右侧可调）	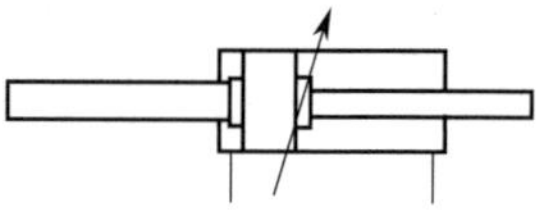
磁耦合无杆气缸	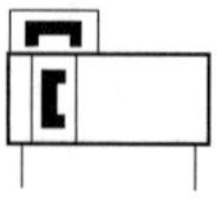	无杆气缸（两端带缓冲）	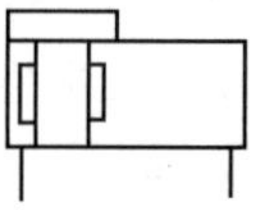
摆动马达（摆动缸）	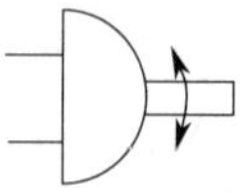	气马达	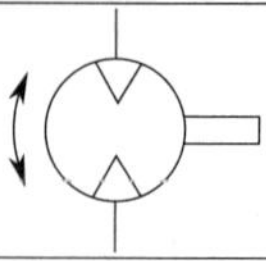
波纹管缸	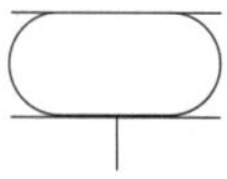	软管缸	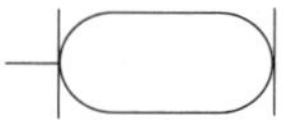
方向控制元件			
单向阀		气控单向阀	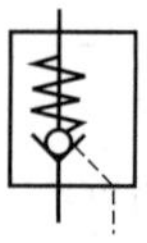
人力控制　二位二通手动换向阀（常闭）	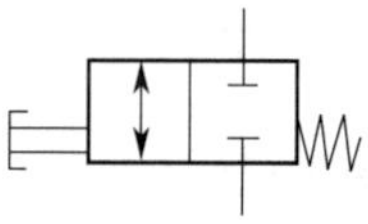	机械控制　二位三通机动换向阀（顶杆式）	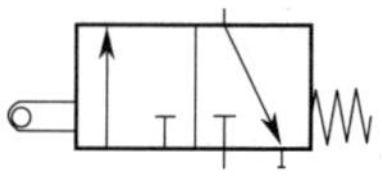
人力控制　二位三通手动换向阀	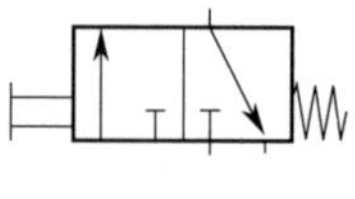	机械控制　二位三通机动换向阀（滚轮式、常闭）	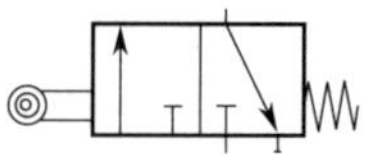
人力控制　二位三通手动换向阀（带定位）	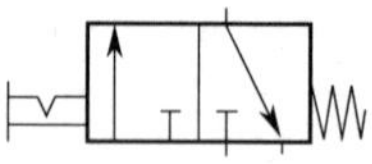	机械控制　二位三通机动换向阀（可通过式）	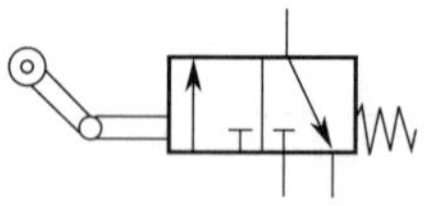
人力控制　二位五通手动换向阀	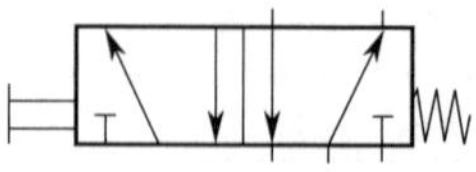	电气控制　直动式二位二通电磁换向阀（常开）	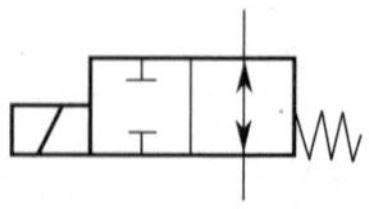
人力控制　三位五通手动换向阀（带定位）	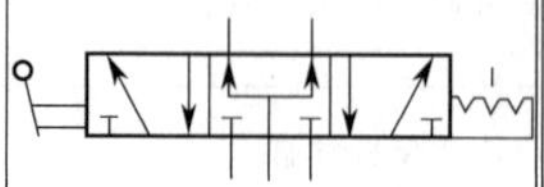	电气控制　直动式二位三通电磁换向阀（带手动应急装置）	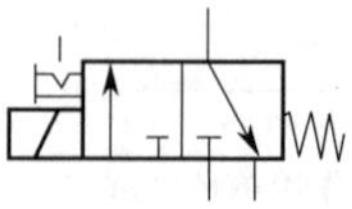

续表

名　称		符　号	名　称		符　号
方向控制元件					
气动控制	二位三通单气控换向阀	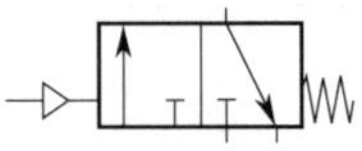	电气气动先导控制	先导式二位三通电磁换向阀	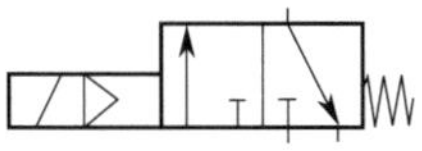
	二位五通单气控换向阀	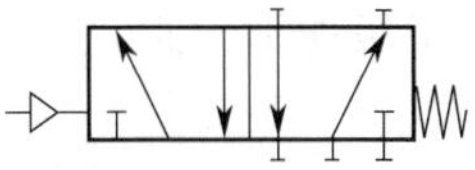		先导式二位五通单电控电磁换向阀（带手动应急装置）	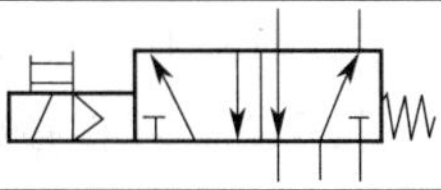
	二位五通双气控换向阀	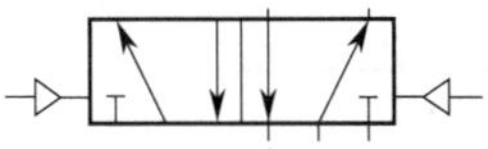		先导式二位五通双电控电磁换向阀	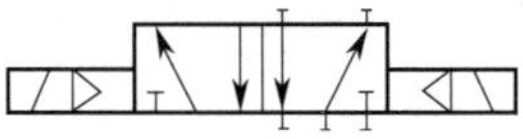
	三位五通双气控换向阀	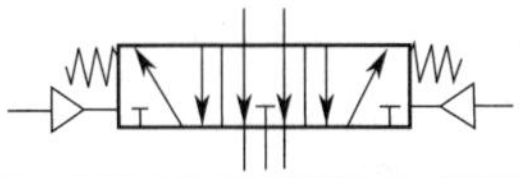		先导式三位五通电磁换向阀（带手动应急装置）	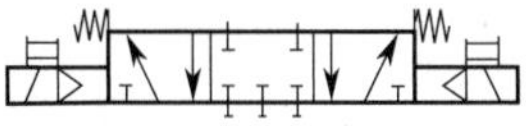
压力控制元件					
直动式溢流阀		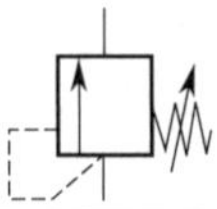	直动式减压阀（内部流向可拟）		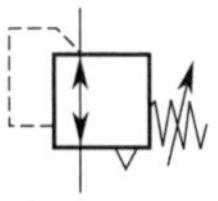
外控顺序阀		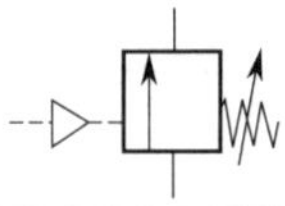	压力继电器		
流量控制元件					
节流阀			单向节流阀		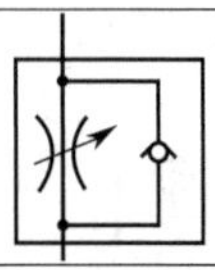
快速排气阀		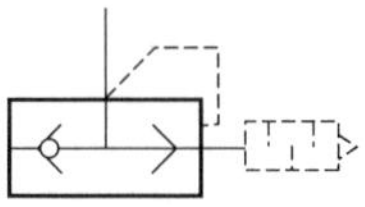	滚轮操纵的流量控制阀		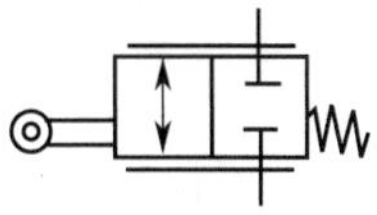
逻辑及时间控制元件					
梭阀		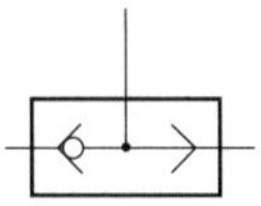	双压阀		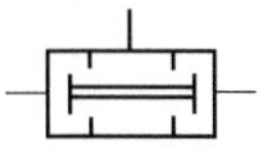
延时换向阀（延时接通）		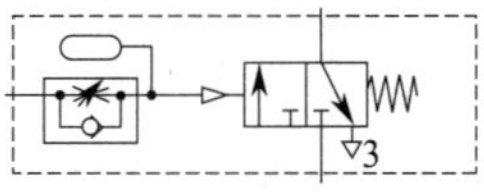	延时换向阀（延时断开）		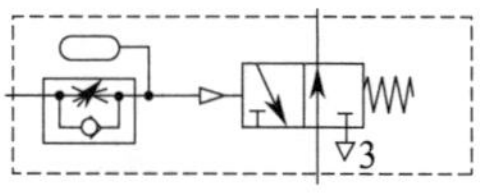
真空元件					
真空发生器		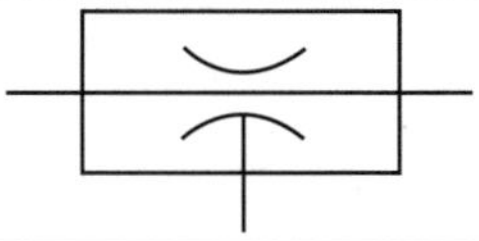	真空吸盘		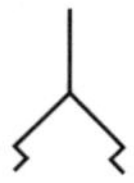

附录C 部分电子版学习内容

由于篇幅所限，将部分实际工作需要的内容，以电子版的形式提供给大家，方便使用者学习参考。

模块	单元	序号	资源名称	二维码	备注
模块1	单元1	1	1.1 液压工作介质的分类		
		2	1.2 液体动力黏度和运动黏度的测定		
		3	1.3 动量方程		
		4	1.4 湍流时的压力损失		
		5	1.5 缝隙流量		
	单元2	1	2.1 限压式单作用叶片泵(外反馈)		
		2	2.2 液压泵与电机的典型连接方式		

续上表

模块	单元	序号	资源名称	二维码	备注
模块1	单元3	1	3.1 重载型液压缸		
		2	3.2 径向柱塞式摆动马达		
		3	3.3 轴向柱塞式摆动马达		
	单元4	1	4.1 液控单向阀选型		
		2	4.2 换向阀五种典型中位机能的应用		
		3	4.3 换向阀的过渡位置特性		
		4	4.4 WMM6 型手动换向阀型号和技术参数		
		5	4.5 电磁换向阀特性曲线		
		6	4.6 先导式换向座阀		

续上表

模块	单元	序号	资源名称	二维码	备注
模块 1	单元 4	7	4.7 手动换向阀实验		
		8	4.8 液控单向阀实验		
	单元 5	1	5.1 溢流阀的性能界限		
		2	5.2 压力切换回路设计及实验		
	单元 6	1	6.1 FRM 6 型调速阀性能参数及特性曲线		
		2	6.2 节流阀实验		
		3	6.3 调速阀实验		
	单元 7	1	7.1 增压回路		
		2	7.2 防止过载和吸空回路		

续上表

模块	单元	序号	资源名称	二维码	备注
模块 1	单元 7	3	7.3 容积节流调速回路		
		4	7.4 用增速缸实现增速回路		
		5	7.5 桥式整流回路		
		6	7.6 多级速度切换回路		
		7	7.7 比例阀控制的多级速度切换回路		
		8	7.8 压力机液压系统		
	单元 9	1	9.1 比例溢流阀实验		
	单元 11	1	11.1 直动式比例方向阀控制阀芯结构		
		2	11.2 比例方向阀常见滑阀机能简介		

续上表

模块	单元	序号	资源名称	二维码	备注
模块 1	单元 11	3	11.3 比例方向阀用电控器		
		4	11.4 比例方向阀控制液压马达实验		
		5	11.5 比例方向阀控制液压缸实验		
模块 2	单元 12	1	12.1 空气的物理性质		
		2	12.2 气压传动常用的重要概念		
		3	12.3 空压机组的选择		
		4	12.4 后冷却器		
		5	12.5 压缩空气过滤器		
		6	12.6 油水分离器		

续上表

模块	单元	序号	资源名称	二维码	备注
模块 2	单元 12	7	12.7 压缩空气的干燥		
		8	12.8 二位五通手动换向阀		
		9	12.9 三位五通双气控换向阀		
		10	12.10 气动逻辑控制回路		
		11	12.11 气控单向阀		
	单元 13	1	13.1 PLC 常用指令		
		2	13.2 气动电磁换向阀选用方法		
		3	13.3 多缸顺序动作障碍信号的判别方法		
		4	13.4 清洗装置电气气动控制系统实验		

续上表

模块	单元	序号	资源名称	二维码	备注
附加模块			液压气动系统安装调试与故障诊断		
液压与气压传动相关网站					
中国大学 MOOC(慕课)国家精品在线学习平台			https://www.icourse163.org/		
博世力士乐公司			https://www.boschrexroth.com.cn/		
机械 CAD 论坛液压气动			https://www.jxcad.com.cn/forum-34-1.html		
Festo 公司			https://www.festo.com.cn		
机床与液压网			http://www.jcyyy.com.cn/		
中国知网			https://www.cnki.net/		

参考文献

[1] 冀宏．液压气压传动与控制［M］．武汉：华中科技大学出版社，2009.

[2] 左键民．液压传动与气压传动［M］．北京：机械工业出版社，2016.

[3] 姜继海，宋锦春，高常识．液压与气压传动［M］．北京：高等教育出版社，2009.

[4] 杨曙东，何存兴．液压传动与气压传动［M］．武汉：华中科技大学出版社，2007.

[5] 吴根茂．新编实用电液比例技术［M］．杭州：浙江大学出版社，2006.

[6] 中华人民共和国国家质量监督检验检疫总局，中国国家标准化管理委员会．GB/T 786.1—2009 流体传动系统及元件图形符号和回路图，第一部分：用于常规用途及数据处理的图形符号［S］．北京：中国标准出版社，2009.

[7] 雷天觉．新编液压工程手册［M］．北京：北京理工大学出版社，1998.

[8] REXROTH. 比例阀项目教程［M］．博世力士乐液压及自动化有限公司，2004.